国家出版基金项目
NATIONAL PUBLICATION FOUNDATION

"十三五"国家重点图书出版规划项目

家蚕转基因技术及应用

TRANSGENIC SILKWORM TECHNIQUES AND APPLICATIONS

赵爱春 | 向仲怀
主编

上海科学技术出版社

图书在版编目(CIP)数据

家蚕转基因技术及应用 / 赵爱春，向仲怀主编. —上海：上海科学技术出版社，2017.12

ISBN 978-7-5478-3751-1

Ⅰ.①家… Ⅱ.①赵…②向… Ⅲ.①家蚕—转基因技术 Ⅳ.①S881

中国版本图书馆 CIP 数据核字(2017)第 258173 号

家蚕转基因技术及应用

赵爱春　向仲怀　主编

上海世纪出版(集团)有限公司
上 海 科 学 技 术 出 版 社　出版、发行

(上海钦州南路 71 号　邮政编码 200235　www.sstp.cn)

上海中华商务联合印刷有限公司印刷

开本 787×1092　1/16　印张 33.25　插页 4

字数：550 千字

2017 年 12 月第 1 版　2017 年 12 月第 1 次印刷

ISBN 978-7-5478-3751-1/S·160

定价：198.00 元

内容提要

本书是当今国内外较为系统、全面地介绍家蚕转基因理论研究、技术方法和应用以及安全管理的学术专著。

本书出版将为研究人员利用转基因技术改良家蚕，推动家蚕转基因技术的发展及其在基因功能研究、生物反应器开发、新型蚕丝材料创制、安全转基因体系建立等领域的研究和应用提供有益参考。另外，家蚕是转基因研究和应用最为深入的昆虫之一，其科研成果可为广大科技工作者开展昆虫转基因研究提供理论、方法及实践的补益。

书中内容共分 12 章，分别介绍了家蚕转基因的技术路线，家蚕转基因的载体构建，外源基因导入技术，转基因家蚕的内外源基因整合、功能检测，基因定点突变家蚕的鉴定与筛选，家蚕转基因中特异序列捕获技术、基因特异性表达调控技术、条件基因打靶技术和基因组编辑技术，转基因家蚕素材创新、滞育性蚕品种转基因体系的建立，转基因家蚕的安全管理和安全评价等。

编委会

左起：郝占章　李春峰　潘敏慧　向仲怀　赵爱春　徐汉福　龙定沛

序　一

家蚕是我国十分重要的经济昆虫。远古时期蚕桑生产技术的发明、发展与应用，使我国纺织产业领先于世界上其他国家数千年。这些源自昆虫的纺织品，是中华文明的瑰宝和享誉世界的东方“名片”。丝绸贸易活动形成了古代丝绸之路经济圈，对我国社会和世界经济的发展历史产生了重大影响。进入 21 世纪，高科技的创新已成为影响世界各国产业竞争力的核心要素。在农业领域，生命科学前沿技术的突破产生了转基因技术，所培育的转基因玉米、棉花、大豆等作物品种已在世界范围内广泛应用，促进了现代农业的快速发展。

作为长期从事家蚕研究的杰出科学家，向仲怀院士及其团队一直引领我国蚕桑科学研究和技术创新的发展方向。他们从 20 世纪 80 年代以来，一直致力于家蚕转基因技术的研究工作，突破了一系列技术难点，建立了高效、成熟的家蚕转基因技术平台，并获得了具有生产应用价值的转基因家蚕系列品系。由赵爱春教授和向仲怀院士主编的《家蚕转基因技术及应用》一书，凝聚了家蚕转基因研究的科学知识和多项最新成果，包括家蚕转基因的载体构建、家蚕的遗传转化、家蚕基因组编辑技术、转基因家蚕的培育、转基因家蚕生物反应器和转基因家蚕的安全性评价等。全书内容丰富、系统性强、信息量大，反映了国际家蚕转基因技术的最新发展水平，是目前世界上第一部概述家蚕转基因技术的理论基础、方法与应用的专著。本书的出版为我国家蚕和昆虫学科研工作者提供了一本高水平的专业性工具书，对推动我国家蚕和昆虫学的科技创新具有重要价值。

向仲怀院士是我非常敬重的老一辈农业科学家。他为人正派、谦逊睿智、虚怀若谷，为我国家蚕研究辛勤耕耘数十载。他十分重视生命科学前沿技术的发展，不仅在家蚕遗传育种与家蚕基因组学研究方面取得了突出的成绩，还为国家培养了一大批优秀的高水平科技人才，建立了一支由老中青科学家相结合、具有世界领先水平的家蚕科技创新团队。该书的出版不但展示了家蚕转基因技术的发展，还反映了向仲怀院士科研团队对科学前沿的执着探索、扶携后人和不断传承的精神风貌。

吴孔明

中国农业科学院研究员

中国工程院院士

2017 年 7 月 16 日

序　二

《家蚕转基因技术及应用》是目前世界上第一部关于家蚕转基因的学术专著。该书全面、系统地向读者展示了家蚕转基因的原理、实验技术和应用展望。该书的出版发行，必定对推动蚕业科学和蚕业生产发展起到不可估量的重要作用。

《家蚕转基因技术及应用》是西南大学向仲怀研究团队继《蚕的基因组》《家蚕微孢子虫基因组生物学》《桑树基因组》之后，在蚕丝科学基础研究方面的又一重要著作，同时也是对昆虫转基因研究的重大贡献。毫无疑问，本书内容必将应用于蚕丝科学的基础研究和应用研究的最重要的前沿领域，促进这些方面的研究取得新突破。

家蚕转基因技术将给家蚕生物学基础研究和蚕丝应用研究带来新的光明前景。例如，利用家蚕转基因技术，可以鉴定未知基因的功能、探索已知基因的新功能；利用家蚕转基因技术探讨蚕丝蛋白质的合成分泌机制、家蚕变态和激素调节的分子机制、家蚕性别决定和调控的分子生物学机制；利用家蚕转基因技术已经建立家蚕绢丝腺生物反应器，可以生产各种具有生物活性的有用蛋白质；家蚕转基因技术为分子育种开创了新局面，可以预期，利用家蚕转基因技术能够制定精准育种目标、缩短育种周期，使蚕生产出各种新型茧丝，创造新的种质资源；利用家蚕转基因技术可望深入研究家蚕抗病性、抗逆性的分子机制；利用家蚕转基因技术可望创建人类疾病研究、药物筛选、检测化学毒物的家蚕动物模式；等等。

和其他的基础研究成果一样，家蚕转基因研究“现在还是万里长征第一步，途中有许多艰巨的工作要完成”。“任何一种理论，从基础研究到实际应用往往有一个过程。无条件地都要求立竿见影，是不合理的，也不公平。任何浮躁情绪，都不是科学态度。”（吕鸿声，2013）。

毋庸讳言，在转基因过程中，外源基因引起宿主基因表达变化（异位表达和过量表达等）、外源基因插入宿主基因组带来宿主基因之间相互作用的变化以及生长发育的变化等都需要进一步探讨，外源基因进入非转基因系统以及转移到近缘种等问题也还需要深入研究，等等。

发展世界蚕丝科学理论和技术的任务，历史性地落到了中国科学工作者的肩上。当今蚕桑产业正处在向多元化转型发展的历史时期，也是产业技术体系重建的发展阶段，需要突破性的理论和技术推动。家蚕转基因技术即是其中之一。

要促使蚕业科学深度融入生命科学，家蚕的基础生物学研究和生命科学研究有着密切的关系。家蚕是世界上第一个利用杂交优势的农业动物，也是世界上最早开展“基因操作”或“染色体工程”的动物。Tazima（1941，1951）和Strunnikov（1957）分别独立地用辐射和实验生物学方法，将目的基因易位到另外的染色体，获得雌雄幼虫斑纹限性或卵色限性的蚕品种；Strunnikov（1969）进一步运用辐射将隐性致死基因易位到W染色体，并结合实验生物学方法创造了雌蚕死在卵期、只有雄蚕孵化而能够只养雄蚕的蚕品种。

家蚕的自然变异很多，人工诱变容易。目前保存的基因突变系有500个以上，包括卵、幼虫、蛹、茧和蛾在形态、生理、生化等方面的各种变异体，是进行生命科学研究的好材料；家蚕的生活周期较短，一个世代40～50天，采用人工孵化技术可以随时饲养，一年之中可以连续饲养5个世代，继代容易；家蚕除用桑叶作饲料外，可以配制人工饲料在没有桑叶的冬季或任何时候、任何地区饲养，一个约 20 平方米的房间采用匾架进行多层饲养，一次可饲养 2 万～3 万头；繁殖容易，繁殖的方式可以人为控制，如采用实验生物学方法可以令雌蛾进行单性生殖（parthenogenesis）、双精雄核发育（dispermic androgenesis）等，产下的卵可以完全是雌蚕或完全是雄蚕，或者产下全部个体基因型完全相同的后代（parthenoclone），或者遗传上完全纯合的雌蚕、雄蚕；一个雌蛾产卵 400～700 粒，一个雄蛾可以和多个雌蛾交配；蚕体大小适中，5 龄幼虫如人小手指大小，雌雄个体容易区分，可以方便地摘取器官、组织做体外实验。如蜕皮激素（ecdysone）是从 50 万头蚕分离、精制、确定化学结构的，家蚕素（bombyxin）是从 60 万个家蚕头分离获得纯样品的，滞育激素（diapause hormone）是摘取 240 万个蚕蛾头分离、精制、确定化学结构的，促前胸腺激素（PTTH）是摘取 100 万个蚕幼虫头分离、精制、确定化学结构的，等等。

殷切期望不同学科的研究者对家蚕产生兴趣，用家蚕为材料进行生命科学的相关研究。

家蚕转基因研究也“需要动员不同学科的力量，分工协作，从不同角度……深入研究，共创蚕业科学未来，推动蚕业生产发展”（吕鸿声，2013）。

本书执笔者是从事家蚕转基因研究的一线科学工作者。值得欣慰的是，通过他们艰苦卓绝的长期研究，目前已经建立了高效的第三代蚕卵显微注射操作平台，建立了以实用蚕品种为受体的转基因体系，建立了以 *Fib-H* 启动子为基础的高效绢丝腺外源基因表达系统，涌现了一批掌握显微注射技术的优秀研究人员，获得了实用型家蚕转基因绿色茧品系。有志于家蚕转基因研究和昆虫转基因研究的科学工作者，能及时获得《家蚕转基因技术及应用》一书作为参考，真是难得的机遇。

受向仲怀之约，试作序。

黄君霆

中国农业科学院蚕业研究所研究员

2017 年 6 月 20 日

前　言

1982年“超级老鼠”问世，从此转基因动物研究成为世人关注的热点。昆虫转基因研究首先在果蝇上取得突破，其后在棉铃虫、蚊子、家蚕、赤拟谷盗等昆虫中相继取得成功，建立了以转座子介导和胚胎显微注射为主的昆虫转基因技术体系，至今已在40多种昆虫中成功应用。昆虫转基因技术日臻成熟和完善，在昆虫功能基因组研究、药物筛选、害虫遗传防治和表型改造等众多领域均有典型的应用报道。

家蚕转基因研究经历了一个漫长的探索过程。如果从Nawa（1971）的报道算起，至今已逾半个世纪。然而，真正的突破始于田村（2000）以*PiggyBac*为载体，以*EGFP*为报告基因，通过胚胎早期显微注射获得稳定遗传表达绿色荧光蛋白的转基因家蚕系统。这一经典方法，发展成为当今获得转基因家蚕最为有效的技术体系，为研究者广泛采用。

我国对家蚕转基因的探索始于20世纪80年代，其中陈元霖（1981）、李振刚（1986）分别以柞蚕和家蚕为材料做了最早的探索。到20世纪90年代，虽然从之者众，但并无突破性进展。在此期间，本研究室对家蚕转基因十分关注，并一直在不断探索，先后有周泽扬教授、鲁成教授带领研究生在家蚕转基因平台建立和技术方面做了许多可贵的探索性研究，但真正的突破得益于我们与日本信州大学的长期合作与交流。早在1982年，我曾在该校纤维学部家蚕遗传与发生学研究室学习，其后一直与该研究室保持着人员交往、学术交流等密切的合作关系。该研究室在家蚕转基因研究方面成果丰硕，如将蜘蛛丝基因成功转入家蚕丝腺表达，得到了含蜘蛛丝的蚕丝。本研究室赵爱春等4人先后在日本信州大学的研究室做家蚕转基因研究并取得博士学位。2006年赵爱春博士学成归来，作为我的博士后研究生继续家蚕转基因研究。我为之提了 3 个任务：一是建立高效、实用的研究平台；二是建立适于国情的技术体系；三是开展研究，培养队伍。经两年多的努力，我们建立了高效的第三代显微注射操作平台；建立了以实用蚕品种为受体的转基因技术体系；培养了一批掌握显微注射技术的人员；获得了实用型转基因家蚕绿色茧品系，并获农业部批准进入安全评价试验阶段。随着家蚕转基因技术体系的建立，得以规范性用于新育种材料的创新、基因功能锁定等研究，同时使转基因技术不断提升。

本书是以家蚕转基因技术体系的建立与材料创新为主线的阶段性研究总结，以图对家蚕转基因研究有所帮助。另外，也是为了进一步融入昆虫转基因研究的强大队伍中。2012 年，本研究室徐汉福博士到美国马里兰大学生物技术与科学研究所昆虫转基因中心从事昆虫转基因的学习与研究，在包含家蚕在内的昆虫转基因领域，从深度和广度上均有更深的了解与提升。2013 年徐汉福博士回国后，提出了参照马里兰大学的模式建立包括家蚕在内的开放性昆虫转基因研究平台。其任务：一是开展相关研究，二是促进开放合作，三是接受委托服务。我十分赞赏这种开放合作的态度与运行模式，也相信这种模式对提高我国家蚕乃至昆虫转基因研究和应用水平都很有益处。因此，本书也是为了总结和交流家蚕转基因研究成果，并促进与昆虫研究的融合，更多的是向昆虫学科学习。

本书经三年多时间的编写和不断修改，数易其稿，今天能够成册付梓，实为不易。本书内容共 12 章，包括家蚕与家蚕转基因的概述、家蚕的遗传转化、转基因家蚕的应用、家蚕细胞转基因技术及应用、转基因家蚕的安全评价与安全管理等内容。第一章家蚕与家蚕转基因，系统概述了家蚕转基因的特点、家蚕转基因的早期研究以及现状和发展；第二至第六章详细叙述了家蚕遗传转化的方法和技术体系；第七至第十章归纳总结了转基因家蚕的应用成果；第十一章概述了用家蚕细胞进行转基因研究的技术与方法；第十二章概述了转基因生物的安全评价与安全管理的法规、程序和内容，并对家蚕转基因研究的安全管理做了讨论。因此可以说，本书是当今国内外对家蚕转基因的相关理论、技术、方法、应用和安全管理介绍最为系统、全面的专著。

当今蚕桑产业正处于向多元化转型发展的历史时期，也是产业技术体系重建的发展阶段，迫切需要突破性的技术推动。转基因技术是当今农业核心技术之一。国家对转基因技术实行“加快研究、推进运用、规范管理、科学发展”的十六字开放政策。2015 年 11 月美国批准了转基因三文鱼上市申请。这是世界上第一例商品化转基因动物，其生长速度比普通三文鱼快一倍以上。我相信，这无疑是对我们认识和推进转基因动物商品化研究的一个促进。希望本书的出版能够对从事家蚕转基因研究和学习的同仁有所裨益；更希望我们广大的研究者应用转基因技术在当今蚕业转型中取得历史性突破，为开拓蚕业发展的新时代做出新贡献。

本书出版深得上海科学技术出版社的高度重视与大力支持，经申报被列入国家“十三五”重点图书出版规划项目；又蒙荣廷昭院士、陈剑平院士大力推荐，获得国家出版基金资助。中国农业科学院副院长吴孔明院士、中国农业科学院蚕业研究所黄君霆研究员百忙中为本书作序，对本书增色添辉。戴景锐院士也对本书出版给予诸多鼓励与指导。谨此对上海科学技术出版社和荣廷昭院士、陈剑平院士、吴孔明院士、黄君霆研究员、戴景锐院士等表示深深的感谢。

本书执笔者都是从事家蚕转基因的一线研究者，虽经三年多努力，但难免有遗误和不足之处，恳请读者批评指正。

谨识

2017 年 1 月 20 日于蚕学宫

2017 年 8 月 3 日修改于仙女山

目　录

第一章
家蚕与家蚕转基因

第二章
家蚕转基因的载体构建

第三章
家蚕外源基因导入技术

第四章
转基因家蚕的筛选与鉴定

第五章
基于转座子系统的家蚕基因功能分析技术

第六章
家蚕基因组编辑技术

第七章
转基因家蚕新品种培育

第八章
转基因家蚕生物反应器

第九章
家蚕基因功能鉴定与应用

第十章
家蚕安全转基因技术体系的建立与应用

第十一章
家蚕细胞转基因技术及其应用

第十二章
转基因家蚕的安全评价与安全管理

第一章

家蚕与家蚕转基因

家蚕是蚕丝业的基础，也是普遍采用的实验生物。家蚕是对人类贡献最大的昆虫，曾经对人类社会的经济发展和文明传播发挥了重要作用。有关家蚕的研究一直是生物学领域备受关注的课题，家蚕转基因研究也不例外，吸引了众多研究者的关注。本章概述家蚕转基因研究的意义、特点及其发展和应用研究现状。

第一节 家　　蚕

家蚕是重要的经济昆虫，有着宏大、悠久的产业背景；家蚕也是鳞翅目昆虫的代表，在农业和生物学上均有重要地位。

家蚕在动物分类学上的位置：

节肢动物门(Arthropoda)
　昆虫纲(Insecta)
　　鳞翅目(Lepidoptera)
　　　蛾亚目(Heterocera)
　　　　家蚕蛾科(Bombysidae)
　　　　　家蚕属(*Bombyx*)
　　　　　　家蚕(*Bombyx mori*)

家蚕属于完全变态昆虫，一个世代要经历卵、幼虫、蛹和成虫(蛾)4 个发育阶段(图 1-1)。其中，卵期(生种)为 10～12 天，幼虫期为 21～25 天，蛹期为10～15 天，蛾期为羽化成虫和交配、产卵的阶段，每一阶段的形态和功能完全不同。

家蚕是人类驯化最早的昆虫。5 000 多年前，我们祖先发明了蚕丝业，其后传至欧洲、亚洲其他地方及世界各地，造就了丝绸之路，为世界文化交流与社会经济发展做出了伟大贡献。至今，全世界仍有 40 多个国家和地区从事栽

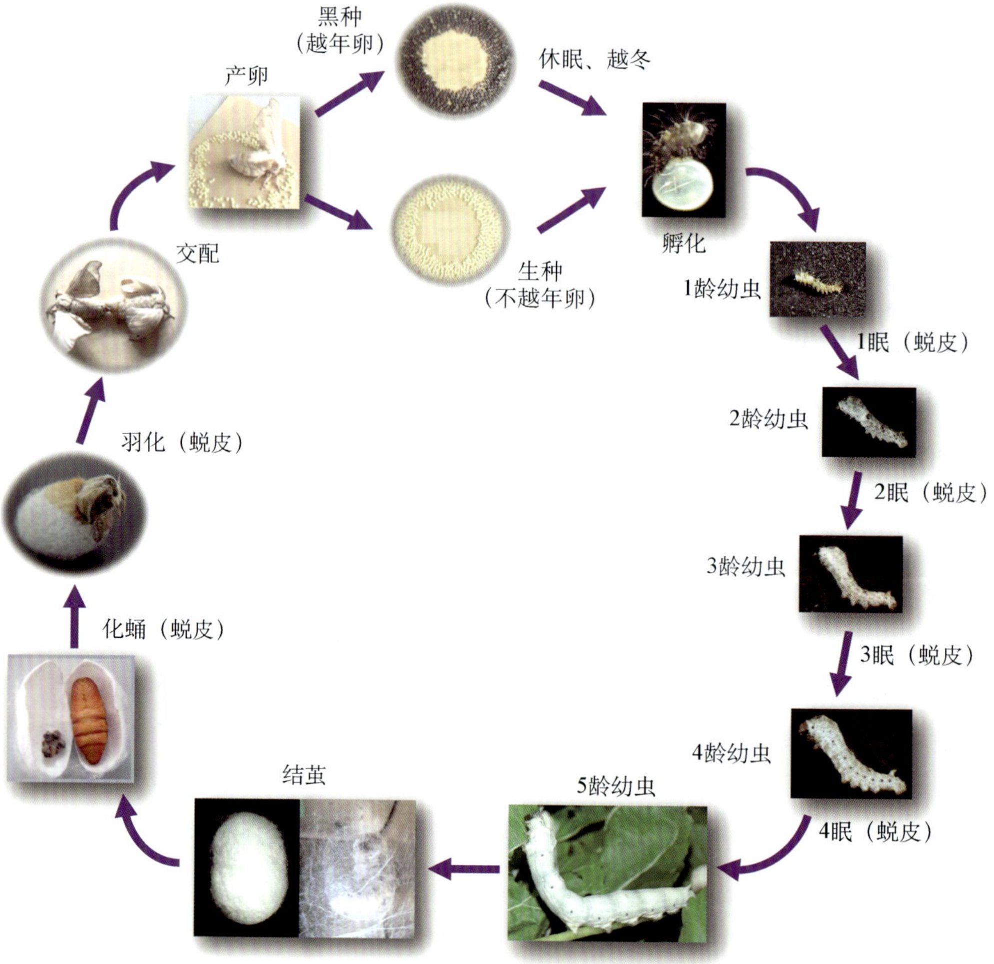

图 1-1　家蚕的生活史

桑养蚕。据《中国丝绸年鉴》(2014～2015年版)统计,2013年世界桑蚕茧总生产量为848 092吨,其中中国占世界总量的75.8%,印度占世界总量的16.8%。世界桑蚕丝生产量为151 170吨,其中中国占总生产量的82.8%,印度占总生产量的12.4%。近40年来,我国一直是世界桑蚕茧和桑蚕丝的第一生产国。20世纪,我国蚕业主要集中在江苏和浙江太湖流域地区。现在,西部地区占全国产茧量60%以上。年产茧5万吨以上的主产区有7个,分别为广西壮族自治区、四川省、江苏省、云南省、浙江省、广东省和山东省。养蚕业仍然是我国农村的重要产业,在蚕区农村经济发展中仍有重要作用。

家蚕也是重要的实验生物。在1900年孟德尔遗传规律发现以后，日本学者外山(1906)用家蚕的卵色、幼虫斑纹和茧色等性状做系统的遗传实验，乃是第一个用孟德尔规律研究动物遗传的学者。在1910年摩尔根发现果蝇的连锁遗传之后不久，田中(1913)随即建立了家蚕的第一连锁群(P-Y连锁群)。家蚕曾与果蝇并驾齐驱，为遗传学的早期发展做出了重要贡献。

家蚕属鳞翅目昆虫。鳞翅目含30万个种，是庞大的昆虫种族中仅次于鞘翅目的类群。特别值得关注的是，鳞翅目昆虫是农林卫生害虫的主要类群。据日本农林省报告称，农林卫生害虫有70%以上属鳞翅目昆虫，足见其与人类关系的重要性。2002年国际无脊椎动物协会在希腊会议上将家蚕确定为鳞翅目的模式昆虫，并协力推进家蚕全基因组测序的国际合作。人们期待家蚕的研究成果能有力推进鳞翅目害虫的有效防治，能有力推进减少过度施用农药的次生危害和环境污染，能有力推进防治药物的筛选和新防治途径的探寻。当今人们对家蚕在害虫防治和环境污染治理领域的期待远超过对传统蚕丝产业的需求。

随着科学技术的进步，模式生物的价值日益受到科学家的重视。许多经典的模式生物如果蝇、线虫、斑马鱼、拟南芥等成就了许多诺贝尔奖得主。生物学、医学的基础研究需要理想的模式生物，通过不同的模式生物组合可以获得更为综合的信息。英国和爱尔兰科学家发现，哺乳动物与昆虫的主要细胞在感染病原体以后会产生类似的抗病反应。以前用老鼠进行的药物试验，80%可用昆虫代替，而饲养蚕的成本仅为饲养老鼠的1%，因此家蚕受到了很多科学家的关注。日本东京大学药学系关水和久教授研究团队，长期围绕以家蚕为医学模型开发新药的研究，并取得了一批重要成果，受到了日本生物制药界的关注。家蚕中的大量突变系统，可以用于建立人类疾病的参考模型，科研成果值得期待。

第二节　家蚕转基因

家蚕转基因研究始于20世纪70年代，经过国内外研究人员近30年时间的探索，于2000年建立了首例绿色荧光蛋白(GFP)转基因家蚕体系。此后，家蚕转基因研究进入了技术不断改进与完善、转基因蚕应用领域不断拓展的快速发展时期，在包括农业、纺织业、医学与材料科学等不同学科领域的基础和应用研究方面均取得了一系列重要研究成果，极大地推动了现代蚕业科学和生物技术的发展。目前家蚕转基因已成为基因功能鉴定、素材创新和生物反应器等研究的重要平台技术，同时也是推动家蚕实验动物模式化发展、促进蚕业科学深度融入生命科学和不断提升传统蚕丝业的重要支撑。

一、家蚕转基因的特点

家蚕是应用最为成功和历史最为悠久的泌丝类经济昆虫，其最重要的生物学特征是具有一对极为发达的绢丝腺。绢丝腺是家蚕大量合成、加工和分泌蚕丝蛋白的器官。利用转基因技术对家蚕丝蛋白合成相关基因进行改良，从而创制出可在丝腺中大量合成和分泌具有高附加值的外源目的蛋白的转基因家蚕，即家蚕丝腺生物反应器，一直都是家蚕转基因研究的热点。蚕丝是一种重要的纺织纤维，也是优良的生物材料。利用家蚕转基因技术可创制具有多用途而又能大批量生产的功能性生物材料，也是家蚕转基因与其他动物转基因相比所具有的显著特点及优势。

家蚕是典型的鳞翅目完全变态昆虫。家蚕的遗传背景清楚、遗传资源丰富，从而为利用家蚕转基因研究昆虫发生、分化、生长、遗传和变异等变态发育模式提供了便利。因此，利用家蚕转基因建立的昆虫模型，不但可用于家蚕内源或外源基因的功能分析，而且还能够在鳞翅目害虫防治研究领域发挥重要作用。

家蚕幼虫具有大小适中、易于取材和易于隔离等特点，从而使其可作为良好的药物筛选动物模型，以实现新型药物动物个体水平的药理和药效分析。此外，家蚕还具有饲养成本低、显性表型（如颜色、体型大小、运动能力等）易于区分以及不存在伦理问题等优点。基于家蚕的上述优点，利用转基因和基因组编辑技术建立具有特定基因差异的转基因家蚕突变系统，可以成为药物初期筛选的候选动物，在药物筛查、治疗效果评估等研究领域得以应用。

家蚕是以桑叶为食的典型寡食性昆虫，也是完全驯化的家养昆虫。家蚕不具有飞行能力，其整个生命周期均需室内饲养，无逃逸扩散之虞。因用家蚕进行科学研究具有安全隐患少和便于监管的特点，故家蚕可以作为某些转基因产品安全评价研究的模式动物。

二、家蚕转基因的早期研究

家蚕转基因早期研究的主要内容：评估和探索家蚕转基因的可行性；寻求创制转基因家蚕的基本原理、方法并积累相应经验；期望能够在创制转基因家蚕的操作技术上实现突破，以建立高效的家蚕转基因技术平台。这一时期的主要研究进展包括外源 DNA 导入家蚕体腔、蚕卵，以及其他涉及外源 DNA 导入方法、启动子和筛选标记基因选择等。

（一）外源 DNA 导入家蚕体腔

家蚕转基因研究的技术探索阶段，其首要环节集中在如何有效地将外源基因导入家蚕体内。1971 年，日本学者 Nawa 等将提取自黑卵、黑眼表型的野生型家蚕（＋/＋）5 龄幼虫全基因组 DNA 注入隐性纯合的白卵、白眼表型的突变体家蚕（*w1*/*w1*）幼虫体腔，结果在连续培养的后代家蚕中观察到了黑眼、黑卵的变异家蚕（图 1－2）。这是关于家蚕转基因研究的最早报道。20 世纪 80 年代，国内研究人员也曾开展了将取自鳞翅目家蚕或栗蚕的全基因组 DNA 导入蓖麻蚕或柞蚕体内，进而观察到了异源 DNA 所引起的后代蚕体色及卵形的变化（陈元霖等，1981，1982；赵季英等，1985）。

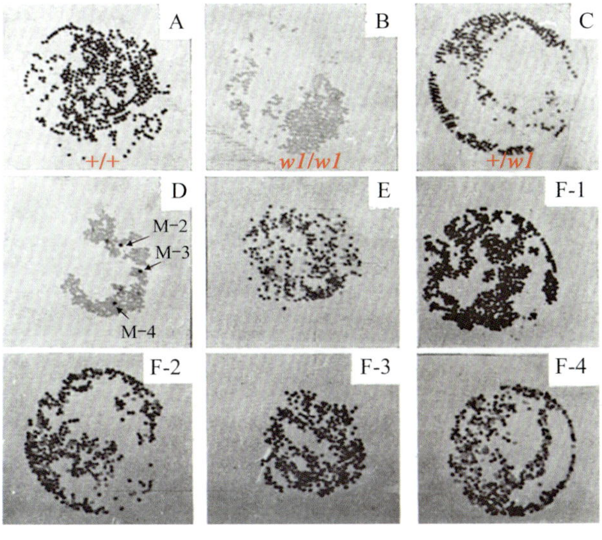

图 1－2　野生型和突变型家蚕卵照片（Nawa et al.，1971）

A. 野生型家蚕卵（＋/＋，黑色表型）；B. 突变型家蚕卵（*w1*/*w1*，白色表型）；C. 突变型雌蛾（*w1*/*w1*）与野生型雄蛾杂交获得的子代蚕卵（＋/*w1* 为中间态的褐色表型）；D. 注射过提取自野生型家蚕幼虫（＋/＋）DNA 的突变体雌蛾（*w1*/*w1*）与突变体雄蛾（*w1*/*w1*）杂交获得的子代蚕卵，从中可观察到 3 粒黑色蚕卵（M-2、M-3 和 M-4）；E. M-2 雄蛾与突变体雌蛾（*w1*/*w1*）杂交获得的子代蚕卵。用 E 中的黑色蚕卵孵化与饲养后获得的黑眼蚕蛾通过杂交得到的子代蚕卵：F-1. 全是黑色卵；F-2. 含有黑色与白色卵；F-3. 含有黑色与褐色卵；F-4. 同时含有黑色、褐色与白色卵上述研究结果，虽无法判定变异体的出现是由供体 DNA 在受体家蚕体内的转移所引起，还是由供体 DNA 促使受体家蚕原有隐性性状的表达所导致。但是，该研究至少证实，通过导入异源 DNA 确实能够引起后代家蚕出现遗传变异。

（二）外源 DNA 导入蚕卵

1985 年，Ninaki 等发明了家蚕胚胎显微注射装置，随后 Kanda 和 Tamura（1991）对该显微注射装置进行了改良。自家蚕胚胎显微注射装置诞生以来，包括日本、中国、苏联和印度等国家的研究人员相继开展了利用显微注射技术将外源 DNA 导入家蚕蚕卵的研究，以期实现外源 DNA 在胚胎发育时期与家蚕基因组的稳定整合（Nikolaev et al.，1989a；Joy and Gopinathan，1994；李振刚等，1989）。将外源 DNA 通过显微注射导入蚕卵的操作如图 1－3 所示。

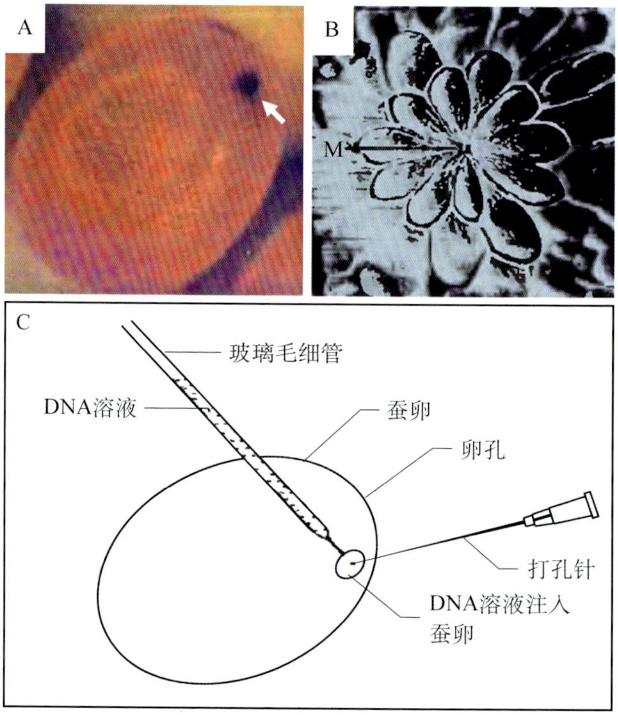

图 1－3　外源 DNA 通过显微注射导入蚕卵的操作流程（Joy and Gopinathan，1994）

A. 打孔后的蚕卵照片，箭头标示注射孔位置；B. 蚕卵卵孔部位的显微放大照片，M 标示卵孔位置；C. 利用不锈钢打孔针和玻璃毛细管将 DNA 溶液注入蚕卵的示意图

在家蚕转基因早期研究中，实现外源DNA导入蚕卵的研究热点主要包括：外源基因导入蚕卵的时期、外源基因在蚕卵的导入量和导入浓度、检测导入外源基因在蚕卵中的表达等(表1-1)。1989～1993年，苏联研究人员系统地开展了通过显微注射将携带外源基因的重组质粒导入G_0代蚕卵，从而观察外源基因在G_0代、G_1代甚至G_2代蚕蛾体内的存在形式。结果发现，导入的重组质粒以独立于家蚕染色体的形式在G_0代蚕蛾的体细胞与生殖细胞中存在，其中大多数重组质粒DNA的结构发生了变异，并且能够遗传至后代(Nikolaev et al., 1989a、b, 1992,1993; Chkoniia et al., 1992)。

表1-1 家蚕转基因早期研究

时间	研究人员	研究方法	研究结果
1971～1978	Nawa等	将黑卵、黑眼表型家蚕幼虫全基因组DNA注入白卵、白眼表型的突变体家蚕幼虫体腔	在后代中观察到黑眼、黑卵的变异体
1981～1982	陈元霖等	将家蚕幼虫全基因组DNA注入蓖麻蚕幼虫体腔	在后代中获得斑纹变异体
1985	赵季英等	将栗蚕蛹全基因组DNA注入柞蚕蛹体	获得了具有特异性状的变异蚕和变异卵
1985	Ninaki等	创制了世界上首个家蚕胚胎显微注射装置	利用显微注射装置将外源DNA导入非滞育蚕卵
1986	李振刚等	将家蚕模板活性染色质(TCA)分别通过显微注射及激光微束技术导入柞蚕卵	观察到茧色和体色变异
1989	李振刚等	将家蚕丝腺和蚕卵中的TCA分别通过显微注射导入不同种类家蚕卵	观察到茧色和卵色变异
1989	Nikolaev等	将含有果蝇*P*因子及人干扰素基因(*α2IFN*)序列的重组质粒通过显微注射导入蚕卵	在注射当代蚕蛾和后代家蚕体内检测到外源DNA
1990	Tamura等	将质粒pFbCAT通过显微注射导入家蚕卵并检测*CAT*表达	在产下12 h以内注射的蚕卵，能够检测到*CAT*表达

(续表)

时间	研究人员	研究方法	研究结果
1991	Kanda 和 Tamura	改进了家蚕胚胎显微注射装置	提高了蚕卵的注射效率及成活率
1992	Chkoniia 等	将含有劳氏肉瘤病毒长末端重复序列(*LTR*)的 p1.5LTR 质粒导入家蚕卵	在 F_2 代家蚕的基因组中检测到外源 DNA
1992	Nikolaev 等	将 p1.5LTR 质粒导入家蚕卵并检测质粒 DNA 存在形式	观察到质粒 DNA 在 G_0 和 G_1 代蛾体内以独立于染色体外的分子形式存在
1992	孟智启等	用含有钨弹的基因枪轰击新产蚕卵	观察到钨弹粒子成功穿透卵壳进入蚕卵
1993	Nikolaev 等	将质粒 pPrC-LTR1.5 通过显微注射导入家蚕卵并检测质粒 DNA 存在形式	观察到独立于染色体外存在的质粒 DNA 可遗传至后代
1993	Coulon-Bublex 等	将质粒 pA3-LacZ 通过显微注射导入家蚕卵并检测 *LacZ* 表达	在产下后 3～9 h 注射的蚕卵,能够检测到 *LacZ* 表达
1993	陈元霖等	将蓖麻蚕全基因组 DNA 注入蚕蛾体内	观察到遗传变异的后代家蚕
1994	Joy 和 Gopinathan	将 pA3-LacZ 质粒通过显微注射导入蚕卵	检测到外源基因在注射当代家蚕幼虫的组织器官中仍有表达
1995	李振刚等	将含有天蚕丝素基因的酵母人工染色体(YAC)克隆并通过扎卵法注入家蚕卵	检测到天蚕丝素基因整合至 F_2 代家蚕基因组并表达
1995	Mori 等	将含有荧光素酶基因表达框的 *AcNPV* 重组载体质粒导入 5 龄家蚕幼虫体腔	*AcNPV* 重组质粒可介导荧光素酶基因垂直传递至 F_2 代家蚕
1996	Nagaraju 等	将环状或线性化质粒 pBR322 和 pP25-LacZ 分别导入家蚕卵	线性质粒可发生环化或保存线性状态,质粒 DNA 不能在蚕体内复制但是可传递给后代
1997	Shamila 和 Mathavan	将质粒 DNA 经显微注射导入不同时间产下的蚕卵	产下 8 h 以后注射的蚕卵成活率显著高于产下 8 h 以前注射的蚕卵

（续表）

时间	研究人员	研究方法	研究结果
1997	Li 等	将 pFb-Ay 质粒和蚕卵共同包埋在低熔点胶中，或仅包埋蚕卵而质粒 DNA 置于样品槽，在脉冲场作用下电泳 3～4 h	利用该方法可将外源 DNA 通过遍布卵壳的气孔导入蚕卵
1998	钱信果等	通过扎卵法将质粒 SKFL 和 pFL 分别导入家蚕卵	检测到外源 DNA 在注射当代家蚕 5 龄幼虫丝腺和蚕体基因组中的整合
1998	Shamila 和 Mathavan	将外源 DNA 注入 5 龄雄蚕幼虫精囊中，待其化蛾后与雌蛾交配	证明通过精子介导能够将外源 DNA 导入家蚕体内
1998	范久戈等	将天蚕丝素基因通过显微注射导入家蚕受精卵	在后代中筛选到变异体
1999	Moto 等	将含有 *GFP* 基因表达框的质粒通过电穿孔导入体外蚕脑组织	观察到 *GFP* 基因在蚕脑细胞的瞬时表达
1999	Yamao 等	将含有丝素轻链基因（*Fib-L*）同源臂序列的 *GFP* 基因通过 *AcNPV* 重组载体感染雌蛾，随后将雌蛾与雄蛾交配	获得了基因组中丝素轻链基因中部被 *GFP* 基因取代的转基因蚕
1999	Zhang 等	将含有丝素重链基因（*Fib-H*）同源臂序列的 *GFP* 基因通过电穿孔导入蚕卵	获得了基因组中丝素重链基因中部被 *GFP* 基因取代的转基因蚕
1999	陈秀等	用基因枪将含有新霉素抗性基因（neo^R）的线性化质粒 pFN 片段导入家蚕卵	获得具有新霉素抗性的后代转基因蚕
1999	张峰等	用基因枪将线性化 pGL2Rz 质粒导入蚕卵	获得具有 BmNPV 抗性的后代转基因蚕
1999	赵昀等	分别用基因枪和压力渗透法将含有 *GFP* 基因表达框的质粒 pG 导入蚕卵	观察到 *GFP* 基因在 5 龄幼虫表皮的表达

（续表）

时间	研究人员	研究方法	研究结果
2000	陈秀等	用基因枪将线性化 pIELucRz 质粒导入蚕卵	获得具有 BmNPV 抗性的后代转基因蚕
2000	郭秀洋	利用精子介导法将质粒 pFbGFP 导向蚕卵	在连续传代培养的两代家蚕基因组中检测到 *GFP* 基因
2000	Komoto	通过显微注射并借助于莫洛尼氏鼠白血病病毒将携带 *GFP* 报告基因的反转录病毒载体导入蚕卵	检测发现病毒基因组在蚕体内的反转录扩增过程中，将病毒载体序列整合进入了家蚕基因组

该阶段的整体研究结果表明：外源基因能够通过显微注射导入胚胎并随胚胎的发育而进入家蚕细胞；家蚕细胞中的外源基因主要以独立于染色体之外的形式存在，且大多发生了结构变异；外源基因在家蚕体内的表达会引起家蚕个体某些性状的改变。但是，该研究阶段并无充分的证据证实，导入蚕卵的外源 DNA 能够整合进入家蚕基因组，而且转基因蚕的筛选鉴定方法并没有实现根本性突破。

（三）其他转基因方法探索

在家蚕转基因的早期探索阶段，除了上述外源 DNA 导入蚕体及蚕卵的研究之外，国内外的研究人员还曾尝试利用精子介导法、酵母人工染色体(YAC)介导转化法、电穿孔法、基因枪法、压力渗透法、病毒介导转化法、脉冲场电泳法和扎卵法等方法介导外源基因进入家蚕；利用家蚕肌动蛋白 *A3* 基因启动子、家蚕丝素重链基因 *Fib-H* 启动子、果蝇热激蛋白基因 *hsp70* 启动子和家蚕 *P25* 基因启动子等启动子调控外源基因表达；利用绿色荧光蛋白基因 *GFP*、荧光素酶基因 *Luc*、新霉素抗性基因 neo^R、氯霉素乙酰转移酶基因 *CAT* 和半乳糖苷酶基因 *LacZ* 等作为筛选报告基因等研究。上述家蚕转基因方法均不同程度地存在如转基因效率低、缺乏重演性、阳性个体筛选难度较大、操作繁杂等缺点，因此难以广泛应用。此外，研究人员在家蚕转基因研究中也曾借鉴了果蝇等其他昆虫转基因研究的方法和经验，采用同源重组(Yamao et al.，1999；Zhang et al.，1999)或 *P* 因子介导(Nikolaev et al.，

1989a、b)等方法来创制转基因家蚕。但遗憾的是,这些方法均未获实际应用。

综上所述,在家蚕转基因的早期研究阶段,国内外研究人员的关注点大多集中于外源基因导入蚕体或蚕卵的方法、调控外源基因表达的启动子以及筛选标记基因的选择等方面。在此期间,虽然国内外均有获得阳性转基因蚕的少量报道,但仍未有利用转基因技术高效地开展家蚕基因功能研究或应用开发研究的实例。家蚕转基因早期研究阶段的有益探索和积累的丰富经验,无疑为后来的转基因家蚕研究提供了宝贵的借鉴和启示。比如,早期研究过程中所使用的家蚕肌动蛋白 *A3* 基因启动子和 *GFP* 标记基因,不但被用于首例转基因家蚕的创制,而且至今都是家蚕转基因研究中应用最为广泛的转基因载体元件。

三、家蚕转基因研究现状与发展

从 1990 年开始,由日本蚕丝昆虫农业技术研究所(National institute of sericultural and entomological science)神田俊男(Kanda Toshio)和田村俊树(Tamura Toshiki)领导的研究小组经过长达 10 年的探索,最终于 2000 年利用 *piggyBac* 转座子结合基于胚胎显微注射的家蚕生殖系转化技术,成功创制出外源基因稳定整合、遗传和表达的转基因家蚕(Tamura et al., 2000)。这项研究正式宣告转基因家蚕的诞生,同时标志着家蚕转基因研究开始步入新的发展阶段。此后,包括法国(Thomas et al., 2002)、捷克(Uhlířová et al., 2002)、中国(代红久等,2005)、印度(Kanginakudru et al., 2007)和韩国(Kim et al., 2013)等在内的多国科研人员参照 Tamura 等的实验方法,相继获得了外源基因稳定遗传和表达的转基因家蚕。

自 2000 年以来,随着人们对生命科学认识的不断深入、研究手段的不断创新、研究技术的不断进步和研究经验的不断积累,加之生物基因组等组学技术体系的快速发展,使得家蚕转基因技术发展呈现出了手段多样性、筛选高通量的特点,转基因效率也获得了大幅提升。据统计,截至 2015 年 12 月 28 日,国内外研究人员发表的涉及应用家蚕转基因技术(包含基因组编辑技术)的非综述类 SCI 论文共计 187 篇(图 1-4);其中,2007 年发表 SCI 论文数量首次超过 10 篇。随着家蚕基因组编辑技术和家蚕高效实用转基因技术体系的逐

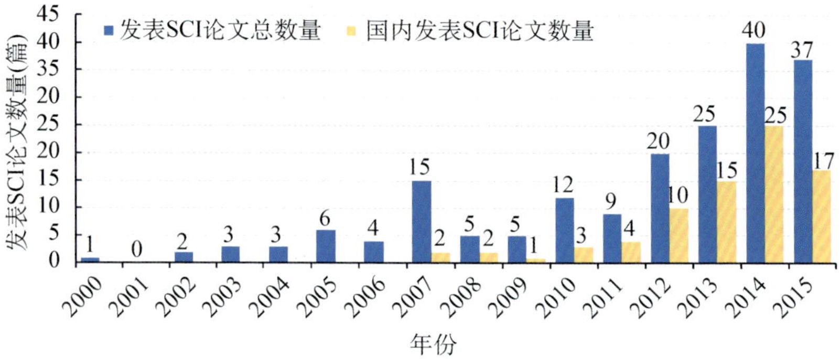

图 1-4　2000～2015 年发表的涉及应用家蚕转基因技术的 SCI 论文数量

步建立和完善，从 2010 年开始，每年发表的 SCI 论文数量呈现出快速增长趋势。虽然国内家蚕转基因技术研究起步较晚，至 2007 年才出现首篇 SCI 论文，但是国内家蚕转基因技术研究发展迅速，自 2012 年以来国内每年发表的 SCI 论文数量比例几乎均占国内外发表 SCI 论文总数量的 50%左右。这些数据说明，自 2000 年以来，国内外家蚕转基因技术快速发展并在家蚕基础与应用研究领域发挥了极大的促进作用。

基于上面数据统计分析表明，自 2000 年 Tamura 成功创制出外源基因稳定整合、遗传和表达的转基因家蚕以来，家蚕转基因研究大致分为以下 3 个方面。

(一) 显微注射技术的建立与发展

自 2000 年 Tamura 突破了显微注射技术获得第一例转基因家蚕以来，许多研究小组都在探索建立家蚕转基因技术，然而收效甚微。2005 年代红久等利用 *piggyBac* 转基因载体获得了国内首例眼发绿色荧光的转基因家蚕，但技术仍不完善，因此发展缓慢。随着家蚕基因组测序的完成，家蚕基因组学研究进入功能基因组学时代，而作为功能基因研究的重要技术平台——家蚕转基因技术体系的建立便显得更为迫切。2006 年赵爱春开始了国内家蚕转基因技术平台的建立工作，并于 2007 年建立了高效、实用的家蚕转基因技术平台，获得了第一个实用品种的转基因绿茧品系——"西绿"(赵爱春等，2006，2007a、b)。浙江大学、苏州大学、中科院上海植物生理生态研究所、江苏科技大学等高校和科研机构也相继建立了家蚕转基因技术平台，并开展了卓有成效的研究工作，国内的家蚕转基因研究呈现出了快速发展的局面。

在 2000 年之后，研究人员已经清楚地认识到，为了有效创制转基因家蚕，外源基因导入蚕胚胎的时机和效率是关键。外源基因导入蚕胚胎的时机，虽然从理论上讲越早越好，但是 Tamura 等(2000)的研究确定了外源基因导入蚕胚胎的有效时间为产卵后 3～6 h。为提高获得转基因家蚕的效率，2000 年后研究人员主要集中在提高外源基因导入蚕胚胎的效率方面，进一步建立和完善了外源基因导入家蚕胚胎的技术体系。例如，精子介导基因转移(sperm-mediated gene transfer, SMGT)技术被证实可实现将外源基因导入蚕卵，该技术近年来主要被苏州大学医学部基础医学与生物科学学院等国内少数研究机构应用和发展(Li et al., 2010; Zhou et al., 2012)。另外报道的外源基因导入家蚕胚胎的转基因操作技术还包括电穿孔法、压力渗透法、基因枪法和病毒介导法等。遗憾的是，这些外源基因导入技术发展缓慢，并未得到研发小组外其他研究人员的重复和广泛应用。统计表明：截至 2015 年底，在 187 篇涉及利用不同方法将外源基因导入家蚕的 SCI 论文中(图 1-5)，有 168 篇论文所述方法均是借助胚胎显微注射(embryo microinjection)技术将外源基因导入蚕卵。这些数据也有力地说明了，自 2000 年以来，随着胚胎显微注射仪器的不断发展和改进，再加上研究人员显微操作技术的不断提升，胚胎显微注射技术不仅成为目前蚕卵最为广泛和最为可靠与完善的外源基因导入技术，也成为最有效的转基因家蚕创制技术。

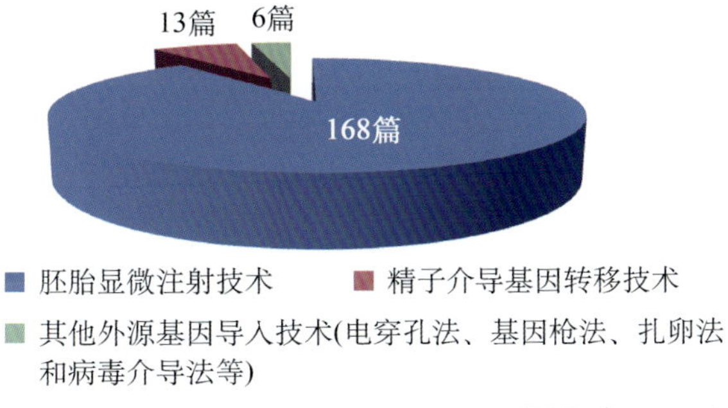

图 1-5　2000～2015 年发表的利用不同方法将外源基因导入家蚕的 SCI 论文数量

(二) 遗传改造技术的完善

自 2003 年以来，GAL4/UAS 双元表达调控技术(Imamura et al.,

2003)、组织和时空特异性表达调控技术(Uhlířová et al., 2002; Tomita et al., 2003; Kojima et al., 2007; Karasaki et al., 2009)、转基因 RNAi 技术(Isobe et al., 2004)和特异序列捕获技术(Uchino et al., 2008)等基于转座子系统的家蚕基因功能分析与遗传操作技术相继建立和完善,并被成功应用于调控目标基因在特定时期或特定组织部位受控激活或抑制,进而实现对家蚕基因的功能解析。此外,基于 FLP/*FRT*、Cre/*lox* 或 phiC31/*att* 位点特异性重组(site-specific recombination)系统的家蚕条件基因打靶技术(Long et al., 2012, 2013; Duan et al., 2013)和基于 ZFN、TALEN 或 CRISPR/Cas9 系统的家蚕基因组编辑技术(Takasu et al., 2010; Ma et al., 2012; Wang et al., 2013)也已经成功建立,并被应用于家蚕安全转基因技术体系开发(Long et al., 2015)、家蚕内源基因功能分析与鉴定(Osanai-Futahashi et al., 2015)、蚕丝合成与分泌机制研究(Xin et al., 2015)、家蚕变态发育激素调控研究(Daimon et al., 2015)以及转基因家蚕丝腺生物反应器开发(Wang and Nakagaki, 2014)等领域。到目前为止,已建立的家蚕转基因遗传改造技术(表 1-2),以及这些遗传改造技术的完善,极大地推动了后基因组时代家蚕基因功能的基础和应用研究发展。

表 1-2　2000～2015 年建立和完善的家蚕遗传操作技术

遗传操作技术名称	包含系统/工具	应用领域	参考文献
双链 RNA (dsRNA) 干涉技术	—	基因功能分析	Quan et al., 2002
转座子介导的转基因整合技术	*piggyBac* 转座子;*Minos* 转座子	基因功能分析;遗传改良研究;转基因素材创新	Tamura et al., 2000; Uchino et al., 2007
基因双元调控技术	GAL4/UAS 系统	基因功能分析	Imamura et al., 2003
转基因 RNAi 技术	—	基因功能分析;遗传改良研究	Isobe et al., 2004

（续表）

遗传操作技术名称	包含系统/工具	应用领域	参考文献
特异序列捕获技术	—	基因功能分析	Uchino et al. , 2008
条件基因打靶技术	FLP/*FRT* 系统；Cre/*lox* 系统；phiC31/*att* 系统	基因功能分析；基因结构变异(整合、删除和倒位等)；安全转基因体系开发	Long et al. , 2012, 2013; Duan et al. , 2013
组织和时空特异性表达调控技术	组织特异性表达系统(*Fib-L* 启动子、*Fib-H* 启动子等)；热激诱导表达系统(*DmHsp70* 启动子等)；四环素诱导表达系统(Tet-On/Tet-Off)	基因功能分析；转基因素材创新；转基因生物反应器开发	Uhlířová et al. , 2002; Tomita et al. , 2003; Kojima et al. , 2007; Karasaki et al. , 2009
基因组编辑技术	ZFN; TALEN; CRISPR/Cas9 系统	基因组编辑(定点突变或同源重组介导的整合)；基因功能分析；遗传改良研究	Takasu et al. , 2010; Ma et al. , 2012; Wang et al. , 2013

（三）应用拓展

随着多种不同家蚕遗传改造技术体系的建立、发展和完善，家蚕转基因已逐步拓展到了涉及农业、纺织业、医学与材料科学等众多领域生产实践的应用方面，其应用范围主要包括基因功能鉴定、生物反应器开发和新育种素材创制。

在家蚕功能基因组研究时代，利用转基因技术鉴定未知基因的功能或探索已知基因的新功能，其主要方法不外乎两种：一是通过转基因 RNAi 或基因组编辑系统完成目标基因敲低或敲除，从而实现基因功能的部分丧失或完全丧失；二是通过转座子或基因组编辑系统介导目标基因过表达或敲入，从而实现基因功能的获得。近年来，研究者们基于上述家蚕转基因技术完成了大量的家蚕基因功能鉴定与应用方面的研究，在家蚕吐丝机理(Zhao et al. , 2010)、变态发育与激素调节(Tan et al. , 2005)、性别决定与调控(Suzuki et al. , 2003)、抗病机理(Ito et al. , 2008)等领域均获得了大量研究成果。在家蚕功能基因组时代，家蚕基因功能研究必定是家蚕转基因应用拓展方面的一个热点和重点方向。

利用转基因家蚕生物反应器生产具有医药用活性的有用蛋白，是家蚕转基因在应用拓展方面的最重要尝试之一。与昆虫杆状病毒表达系统相比，转基因家蚕重组蛋白表达系统的主要优势在于，获得的转基因蚕能够稳定遗传和继代，并且易于扩大饲养。自从 Tomita 等(2003)报道了首个利用转基因家蚕生产重组人Ⅲ型原胶原蛋白以来，利用转基因家蚕生产重组蛋白的研究开始步入快速发展阶段并取得了丰硕的成果。据我们不完全统计，目前利用转基因家蚕丝腺生物反应器表达的重组外源蛋白已经超过 20 种，且大多具有生物活性。这些研究表明，利用家蚕转基因大量生产高附加值医药蛋白虽然在基础和实用化研究等许多方面还有待完善和提高，但是转基因家蚕生物反应器具有巨大的潜力，也将是今后很长一段时间家蚕转基因应用拓展方面的又一个热点和重点。

与传统的家蚕杂交育种相比，通过家蚕转基因技术培育家蚕新品种具有育种周期短、目标性强和更易控制等优点。因此，家蚕转基因已被广泛应用于多元化转基因素材创新研究领域，获得了许多有用的新育种素材。例如，已创制获得了转荧光蛋白基因的有色茧和转蜘蛛丝基因的高机械性能茧丝等新型转基因茧丝素材(赵爱春等，2006；Kojima et al.，2007；Wen et al.，2010)，以及培育获得了抗细菌病和可用作药物筛选模型的转基因家蚕新品系等素材(Kanginakudru et al.，2007；Matsumoto et al.，2014)。到目前为止，虽然家蚕模式实验动物化相关研究工作进展有限，但随着人类功能基因组研究和家蚕模式化工作的不断推进，利用这些现代生物学研究成果和完善的家蚕转基因技术体系创造特定疾病转基因家蚕模型开展药物大规模初步筛选的研究，能有效弥补哺乳动物模型生物伦理、安全及成本高等问题，将是今后家蚕转基因拓展应用的一个新的重要方向。同时，目前蚕丝也是世界上可以大量获取的优良的生物材料，在人类组织工程、药物缓释等方面应用潜力巨大。利用上述已建立的家蚕转基因技术体系，根据不同组织工程等要求创制新的功能性转基因蚕丝材料将会成为家蚕转基因拓展应用的一个重要而潜力巨大的发展方向，其影响和价值将会远远大于传统蚕丝产业的影响和价值。

（撰稿：赵爱春　向仲怀）

参考文献

[1] Chkoniia TT, Nikolaev AI, Kafiani-Eristavi KA. Restriction analysis of autonomously replicating molecules containing exogenous DNA in a transgenic silkworm line [J]. Molekuliarnaia Biologiia, 1992,25(5): 1 427 - 1 436.

[2] Coulon-Bublex M, Mounier N, Couble P, et al. Cytoplasmic actin A3 gene promoter injected as supercoiled plasmid is transiently active in *Bombyx mori* embryonic vitellophages [J]. Rouxs Archives of Developmental Biology, 1993,202(2): 123 - 127.

[3] Daimon T, Uchibori M, Nakao H, et al. Knockout silkworms reveal a dispensable role for juvenile hormones in holometabolous life cycle [J]. Proceedings of the National Academy of Sciences of the United States of America, 2015,112(31): 4 226 -4 235.

[4] Duan J, Xu H, Ma S, et al. Cre-mediated targeted gene activation in the middle silk glands of transgenic silkworms (*Bombyx mori*) [J]. Transgenic Research, 2013,22(3): 607 - 619.

[5] Imamura M, Nakai J, Inoue S, et al. Targeted gene expression using the GAL4/UAS system in the silkworm *Bombyx mori* [J]. Genetics, 2003,165(3): 1 329 - 1 340.

[6] Isobe R, Kojima K, Matsuyama T, et al. Use of RNAi technology to confer enhanced resistance to BmNPV on transgenic silkworms [J]. Archives of Virology, 2004,149(10): 1 931 - 1 940.

[7] Ito K, Kidokoro K, Sezutsu H, et al. Deletion of a gene encoding an amino acid transporter in the midgut membrane causes resistance to a *Bombyx* parvo-like virus [J]. Proceedings of the National Academy of Sciences of the United States of America, 2008,105(21): 7 523 - 7 527.

[8] Joy O, Gopinathan K. Expression of microinjected foreign DNA in silkworm, *Bombyx mori* [J]. Current Science, 1994,66(2): 145 - 151.

[9] Kanda T, Tamura T. Microinjection method for DNA in early embryos of the silkworm, *Bombyx mori*, using air-pressure [J]. Bulletin of the National Institute of Sericultural and Entomological Science, 1991, 2: 31 - 46.

[10] Kanginakudru S, Royer C, Edupalli SV, et al. Targeting *ie-1* gene by

RNAi induces baculoviral resistance in lepidopteran cell lines and in transgenic silkworms [J]. Insect Molecular Biology, 2007, 16(5): 635 - 644.

[11] Karasaki N, Mon H, Takahashi M, et al. Establishment of tetracycline-inducible gene expression systems in the silkworm, *Bombyx mori* [J]. Biotechnology Letters, 2009, 31(4): 495 - 500.

[12] Kim SW, Yun EY, Choi KH, et al. Utilization of the *Bombyx mori* heat shock protein 70 promoter for screening transgenic silkworms [J]. Entomological Research, 2013, 43(5): 282 - 287.

[13] Kojima K, Kuwana Y, Sezutsu H, et al. A new method for the modification of fibroin heavy chain protein in the transgenic silkworm [J]. Bioscience Biotechnology and Biochemistry, 2007, 71(12): 2 943 - 2 951.

[14] Komoto N, Thibert C, Boulo V, et al. Gene introduction into silkworm embryos with a pseudotyped retroviral vector [J]. Journal of Sericultural Science of Japan, 2000, 69(1): 55 - 61.

[15] Li Y, Cao G, Chen H, et al. Expression of the hGM-CSF in the silk glands of germline of gene-targeted silkworm [J]. Biochemical and Biophysical Research Communications, 2010, 391(3): 1 427 - 1 431.

[16] Li Z, Rong R, Zhang Z. A new technique of transgenesis by PFGE [J]. Sericologia, 1997, 37(3): 429 - 441.

[17] Long D, Lu W, Zhang Y, et al. An efficient strategy for producing a stable, replaceable, highly efficient transgene expression system in silkworm, *Bombyx mori* [J]. Scientific Reports, 2015, 5: 8 802.

[18] Long D, Zhao A, Xu L, et al. *In vivo* site-specific integration of transgene in silkworm via PhiC31 integrase-mediated cassette exchange [J]. Insect Biochemistry and Molecular Biology, 2013, 43(11): 997 - 1 008.

[19] Long DP, Zhao AC, Chen XJ, et al. FLP recombinase-mediated site-specific recombination in silkworm, *Bombyx mori* [J]. PloS One, 2012, 7(6): e40150.

[20] Ma SY, Zhang SL, Wang F, et al. Highly efficient and specific genome editing in silkworm using custom TALENs [J]. PloS One, 2012, 7(9): e45035.

[21] Matsumoto Y, Ishii M, Ishii K, et al. Transgenic silkworms expressing human insulin receptors for evaluation of therapeutically active insulin

receptor agonists [J]. Biochemical and Biophysical Research Communications, 2014,455(3-4): 159-164.

[22] Mori H, Yamao M, Nakazawa H, et al. Transovarian transmission of a foreign gene in the silkworm, *Bombyx mori*, by *Autographa californica* nuclear polyhedrosis virus [J]. Nature Biotechnology, 1995,13(9): 1 005-1 007.

[23] Moto K, Abdel Salam SE, Sakurai S, et al. Gene transfer into insect brain and cell-specific expression of bombyxin gene [J]. Development Genes Evolution, 1999,209(7): 447-450.

[24] Nagaraju J, Kanda T, Yukuhiro K, et al. Attempt at transgenesis of the silkworm (*Bombyx mori* L.) by egg-injection of foreign DNA [J]. Applied Entomology and Zoology, 1996,31(4): 587-596.

[25] Nawa S, Sakaguchi B, Yamada MA, et al. Hereditary change in *Bombyx* after treatment with DNA [J]. Genetics, 1971,67(2): 221-234.

[26] Nawa S, Yamada MA, Tsujita M. DNA-induced transformation in silkworm [J]. Japanese Journal of Genetics, 1978,53: 375-379.

[27] Nikolaev A, Chkoniya T, Kafianieristavi K. Extrachromosomal localization and hereditary transfer of a recombinant plasmid microinjected into silkworm eggs [J]. Molecular Biology, 1992,25(4): 896-904.

[28] Nikolaev A, Chkoniya T, Semenova N, et al. Microinjections of recombinant DNA into early embryos of the mulberry silkworm *Bombyx mori* [J]. Molecular Biology, 1989a, 23: 1 177-1 187.

[29] Nikolaev A, Tchkonia T, Kafiani-Eristavi C, et al. Preferential extrachromosomal localization of exogenous DNA in transgenic silkworm *Bombyx mori* L [J]. Molecular and General Genetics, 1993,236(2-3): 326-330.

[30] Nikolaev A, Tchkonia T, Kafiani C. Introduction of heterologous DNA into germ-line cells of the silkworm *Bombyx mori* L. by microinjection into early embryos [J]. Ontogenesis, 1989b, 20: 364-371.

[31] Ninaki O, Maekawa H, Gamo T, et al. Hatchability of silkworm eggs injected with DNA at early embryonic stages [J]. Journal of Sericultural Science of Japan, 1985,54(5): 428-434.

[32] Osanai-Futahashi M, Tatematsu KI, Futahashi R, et al. Positional cloning of a *Bombyx pink-eyed white egg* locus reveals the major role of *cardinal* in ommochrome synthesis [J]. Heredity, 2015,116(2): 135-145.

[33] Quan GX, Kanda T, Tamura T. Induction of the white egg 3 mutant phenotype by injection of the double-stranded RNA of the silkworm white gene [J]. Insect Molecular Biology, 2002,11(3): 217-222.

[34] Shamila Y, Mathavan S. Hatching ability of *Bombyx mori* (Lepidoptera: *Bombycidae*) eggs micro-injected with different concentrations of DNA at selected embryonic stages [J]. European Journal of Entomology, 1997,94: 553-556.

[35] Shamila Y, Mathavan S. Sperm-mediated gene transfer in the silkworm *Bombyx mori* [J]. Archives of Insect Biochemistry and Physiology, 1998, 37(2): 168-177.

[36] Suzuki MG, Funaguma S, Kanda T, et al. Analysis of the biological functions of a doublesex homologue in *Bombyx mori* [J]. Development Genes Evolution, 2003,213(7): 345-354.

[37] Takasu Y, Kobayashi I, Beumer K, et al. Targeted mutagenesis in the silkworm *Bombyx mori* using zinc finger nuclease mRNA injection [J]. Insect Biochemistry and Molecular Biology, 2010,40(10): 759-765.

[38] Tamura T, Kanda T, Takiya S, et al. Transient expression of chimeric CAT genes injected into early embryos of the domesticated silkworm *Bombyx mori* [J]. Idengaku Zasshi, 1990,65(6): 401-410.

[39] Tamura T, Thibert C, Royer C, et al. Germline transformation of the silkworm *Bombyx mori* L. using a *piggyBac* transposon-derived vector [J]. Nature Biotechnology, 2000,18(1): 81-84.

[40] Tan A, Tanaka H, Tamura T, et al. Precocious metamorphosis in transgenic silkworms overexpressing juvenile hormone esterase [J]. Proceedings of the National Academy of Sciences of the United States of America, 2005,102(33): 11 751-11 756.

[41] Thomas JL, Rocha MD, Besse A, et al. 3×P3-EGFP marker facilitates screening for transgenic silkworm *Bombyx mori* L. from the embryonic stage onwards [J]. Insect Biochemistry and Molecular Biology, 2002, 32 (3): 247-253.

[42] Tomita M, Munetsuna H, Sato T, et al. Transgenic silkworms produce recombinant human type III procollagen in cocoons [J]. Nature Biotechnology, 2003,21(1): 52-56.

[43] Uchino K, Imamura M, Shimizu K, et al. Germ line transformation of the

silkworm, *Bombyx mori*, using the transposable element *Minos* [J]. Molecular Genetics and Genomics, 2007,277(3): 213 - 220.

[44] Uchino K, Sezutsu H, Imamura M, et al. Construction of a *piggyBac*-based enhancer trap system for the analysis of gene function in silkworm *Bombyx mori* [J]. Insect Biochemistry and Molecular Biology, 2008, 38 (12): 1 165 - 1 173.

[45] Uhlířová M, Asahina M, Riddiford LM, et al. Heat-inducible transgenic expression in the silkmoth *Bombyx mori* [J]. Development Genes Evolution, 2002,212(3): 145 - 151.

[46] Wang YJ, Nakagaki M. Editing of the heavy chain gene of *Bombyx mori* using transcription activator like effector nucleases [J]. Biochemical and Biophysical Research Communications, 2014,450(1): 184 - 188.

[47] Wang YQ, Li ZQ, Xu J, et al. The CRISPR/Cas System mediates efficient genome engineering in *Bombyx mori* [J]. Cell Research, 2013, 23(12): 1 414 - 1 416.

[48] Wen H, Lan X, Zhang Y, et al. Transgenic silkworms (*Bombyx mori*) produce recombinant spider dragline silk in cocoons [J]. Molecular Biology Reports, 2010,37(4): 1 815 - 1 821.

[49] Xin HH, Zhang DP, Chen RT, et al. Transcription factor Bmsage plays a crucial role in silk gland generation in silkworm, *Bombyx mori* [J]. Archives of Insect Biochemistry and Physiology, 2015,90(2): 59 - 69.

[50] Yamao M, Katayama N, Nakazawa H, et al. Gene targeting in the silkworm by use of a baculovirus [J]. Genes and Development, 1999, 13 (5): 511 - 516.

[51] Zhang F, Zhao Y, Chen X, et al. Fluorescent transgenic silkworm [J]. Acta Biochimica et Biophysica Sinica, 1999,31(2): 119 - 123.

[52] Zhao A, Zhao T, Zhang Y, et al. New and highly efficient expression systems for expressing selectively foreign protein in the silk glands of transgenic silkworm [J]. Transgenic Research, 2010,19(1): 29 - 44.

[53] Zhao AC, Long DP, Ma SY, et al. Efficient strategies for changing the diapause character of silkworm eggs and for the germline transformation of diapause silkworm strains [J]. Insect Science, 2012,19(2): 172 - 182.

[54] Zhou W, Gong C, Xue R, et al. Germline transformation of the silkworm *Bombyx mori* L. by sperm-mediated gene transfer [J]. Biology of

reproduction, 2012,87(6): 144.
[55] 陈秀,张峰,赵昀,等. 荧光素酶报告基因在转基因蚕中的应用[J]. 高技术通讯,2000,10(1): 19 - 22.
[56] 陈秀,赵昀,张峰,等. 新霉素抗性基因在家蚕中的插入和表达[J]. 生物化学与生物物理学报,1999,31(1): 90 - 92.
[57] 陈元霖,桂慕燕,廖岚,等. 蓖麻蚕 DNA 对家蚕的诱变作用[J]. 厦门大学学报: 自然科学版,1993,32(S1): 20 - 27.
[58] 陈元霖,郑子修,胡保民,等. Study on heredltary variations induced by silkworm DNA — Mutagenecity of attacus cynthia ricini by *B. mori* DNA [J]. Science in China, Ser. B, 1982,25(2),141 - 151.
[59] 陈元霖,郑子修,张汉云,等. 蚕类 DNA 诱导遗传性变异的研究——家蚕 DNA 对蓖麻蚕的诱变作用[J]. 中国科学,1981,9(9): 1 153 - 1 159.
[60] 代红久,徐国江,Thomas Jean-luc,等. 利用鳞翅目来源的转座子 *piggyBac* 建立高效稳定的转基因家蚕技术[J]. 科学通报,2005,50(14): 1 470 - 1 474.
[61] 范久戈,肖林珍,刘明辉,等. 转天蚕丝素基因家蚕的茧丝变异研究[J]. 安徽农业科学,1998,2(2): 166 - 167.
[62] 郭秀洋. 家蚕转基因的外源基因导入法研究[D]. 重庆: 西南农业大学,2000.
[63] 李振刚,吴秋英,潭石慈,等. 利用模板活性染色质转移外源基因的研究[J]. 生物工程学报,1986,2(4): 22 - 28.
[64] 李振刚,吴秋莺,王为民,等. 以模板活性染色质转移家蚕基因的研究[J]. 昆虫学报,1989,(1): 1 - 5.
[65] 李振刚,周丛照,唐恒立,等. YAC 介导的天蚕丝素基因向家蚕的转移及其在 F_2 代中的表达[J]. 科学通报,1995,(24): 2 267 - 2 269.
[66] 孟智启,姚山麟,王为民,等. 基因枪喷射技术在家蚕外源基因转移中的应用[J]. 浙江农业学报,1992,4(1): 93 - 95.
[67] 钱信果,周丛照,李振刚. 转座子 K1. 4 可提高荧光素酶基因在转基因家蚕中的整合频率[J]. 中国科学技术大学学报,1998,28(6): 710 - 713.
[68] 张峰,陈秀,赵昀,等. 抗 NPV—核酶转基因蚕的研究[J]. 生物化学与生物物理学报,1999,31(3): 331 - 333.
[69] 赵爱春,马三垣,夏庆友,等. 家蚕滞育品种的早期浸酸转基因方法: 200710303904. 1,2007a[P]. 2010 - 06 - 02.
[70] 赵爱春,马三垣,徐汉福,等. 家蚕滞育品种的低温催青转基因方法: 200710303903. 7,2007b[P]. 2011 - 01 - 04.
[71] 赵爱春,夏庆友,鲁成,等. 利用家蚕丝心蛋白重链启动子大量表达外源蛋白

的方法：200610054442.X，2006[P].2009-10-28.
[72] 赵季英,王清芝,李景福,等.栗蚕蛹 DNA 诱导柞蚕遗传变异的研究[J].蚕业科学,1985,11(4)：235-240.
[73] 赵昀,张峰,陈秀,等.用绿色荧光蛋白进行转基因蚕研究[J].高技术通讯,1999,6：16-19.

第二章

家蚕转基因的载体构建

转基因载体是一类装载有外源 DNA 并使其随自身复制而得到扩增的 DNA 构造,而且具有在一定条件下可以将所携带的目的基因插入宿主基因组的功能。家蚕转基因载体通常包含目的基因、启动子、报告基因和转座序列等固有元件,以及如增强子、内含子等参与调控基因表达的其他相关元件。

第一节 目的基因的获得

在转基因研究中,通常将研究的基因称为目的基因,又称为目标基因或靶基因。转基因家蚕的目的基因大致分为以下几类:①编码调控家蚕自身生长、发育和生殖相关的基因,如蜕皮激素相关基因、保幼激素相关基因、性别调控相关基因等。②编码调控家蚕丝腺蛋白合成与分泌相关的基因,如丝腺因子 2(silk gland factor-2, SGF2)相关基因、家蚕内源性 bHLH(basic helix-loop-helix domain)家族转录因子 *Bmsage* 基因和 *Bmdimm* 基因等。③与家蚕丝腺蛋白融合表达以改良茧丝性状(颜色、染色性能、机械强度等)的相关蛋白基因,如荧光蛋白基因、蜘蛛丝结构蛋白相关基因、羊毛角蛋白相关蛋白基因等。④编码某些分泌蛋白的基因。目的在于将家蚕作为生物反应器,生产具有重要经济价值的异源蛋白。较有价值的候选基因包括人Ⅲ型原胶原蛋白基因、干扰素基因、鼠单克隆抗体基因和植酸酶基因等。⑤增强家蚕抗病作用的相关基因及免疫调控因子,如家蚕核型多角体病毒(*B. mori* nucleopolyhedrovirus, BmNPV)相关抗性基因、家蚕浓核病毒(*B. mori* densovirus, BmDNV)相关抗性基因、家蚕微孢子虫(*Nosema bombycis*, *Nb*)相关抗性基因等。⑥以研究基因功能为目的进行上调或下调表达的家蚕内源或外源性相关基因,以及为实现增强子或启动子捕获、条件性基因打靶、外源基因组织和时空特异性表达、基因敲除与敲入等家蚕相关基因或 DNA 调控序列。

全长目的基因或其全长 cDNA 序列的获得是制备转基因家蚕的先决条

件。获得目的基因的方法主要有以下几种。

一、从基因组 DNA 文库获取目的基因

基因组 DNA 文库(genomic DNA library)是指从某种生物组织细胞提取出该生物的全部基因组 DNA,先用物理方法(搅拌剪力、超声波等)或酶解法(依赖于限制性核酸内切酶的不完全酶解)将基因组 DNA 降解成预期大小范围的一系列 DNA 片段;然后将这些片段与适当载体(常用黏粒、噬菌体、BAC 载体或 YAC 载体)连接,转入受体细菌或细胞,并让宿主菌长成含单克隆的菌落,这样使每 1 个单菌落包含的宿主细菌或细胞均接受了含有 1 个基因组 DNA 片段与载体连接的重组 DNA 分子,而整个单菌落宿主菌群体共同组成了一个包含该生物基因组不同 DNA 片段克隆的集合体,即称为基因组 DNA 文库(图 2-1)。如果构建的 DNA 文库包含的不同 DNA 片段克隆种类足够大,能囊括该生物基因组 DNA 的全部序列,就是该生物完整的基因组 DNA 文库。理论上,能从构建的基因组 DNA 文库中通过分子杂交等技术钓取该生物的任意基因或 DNA 序列。

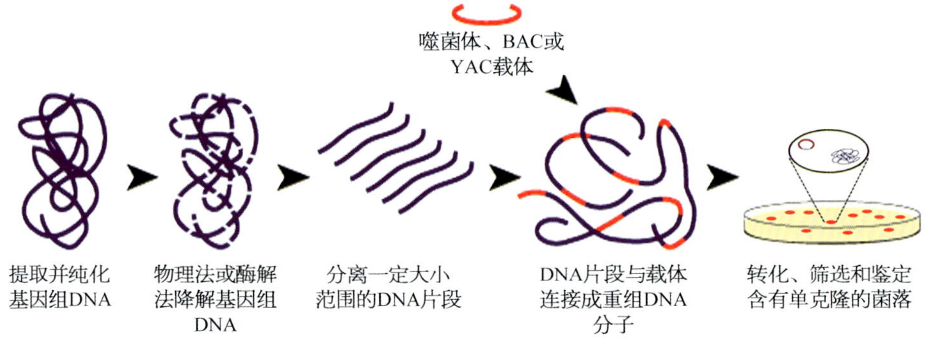

图 2-1 构建基因组 DNA 文库的基本流程

1999 年,Wu 等建立了 2 个家蚕后部丝腺组织基因组的细菌人工染色体(bacterial artificial chromosomal, BAC)DNA 文库。随后,这 2 个 BAC 文库被广泛应用于 Toll 样受体(Toll-like receptor, TLR)基因 *BmToll*(Imamura and Yamakawa, 2002)、蜕皮激素受体信号早期应答基因 *Broad-Complex* (*BR-C*)(Ijiro et al., 2004)、丝素重链蛋白(fibroin heavy chain, Fib-H)基因

Fib-H(Zhou et al., 2000,2001,2003)和 γ 微管蛋白基因 *γ-tubulin*(Matsuda et al., 2007)等家蚕新基因的克隆与鉴定。此外，利用家蚕个体基因组 DNA 构建的 BAC 文库曾被应用于家蚕 Z 染色体新基因(Koike et al., 2003)、W 染色体上的非自主转座元件(non-autonomous transposable elements)序列和雌特异性决定区域(female-determining region)的克隆与分析(Abe et al., 2000,2005,2008,2010)。

二、从 cDNA 文库获取目的基因

cDNA 文库(complementary DNA library)通常需要以某种生物特定的组织器官或特定发育时期的全部 mRNA 为模板，在反转录酶的催化下于体外经反转录 PCR 合成与 mRNA 互补的 DNA，即 cDNA(complementary DNA)，然后将这些 cDNA 与适当载体(常用噬菌体或质粒载体)连接并转化受体菌。因此，每个能够繁殖扩增的受体菌中均接受了 1 个由 cDNA 片段与载体连接而成的重组 DNA 分子。这种包含着细胞全部 mRNA 信息的 cDNA 克隆集合就称为该组织细胞的 cDNA 文库。由于生物基因组中含有的基因在不同类型的组织或细胞中仅有部分会转录成 mRNA，且处于不同分化时期与不同环境条件的细胞其基因表达的种类和强度也不尽相同，而 cDNA 文库特异地反映某种组织或细胞在特定发育阶段表达的蛋白质的编码基因，因此 cDNA 文库具有组织或细胞特异性。cDNA 文库显然要比基因组 DNA 文库小很多，而且一般情况下每 1 个 cDNA 克隆仅含有 1 种 mRNA 序列，于是在目的基因的选择中出现假阳性的概率比较低。相对于基因组 DNA 文库，cDNA 文库的构建更为简单，阳性克隆的筛选也更容易。

构建生物各种器官、组织、细胞或病理组织的 cDNA 文库，并通过大规模随机选取 cDNA 克隆进行表达序列标签(expressed sequence tags, ESTs)测序分析，可用于直接研究该生物在某个重要生理过程或疾病中具有重要功能的新基因或候选目的基因，获得该生物基因组中与生物学、医学和生物制药等关系最密切的信息，并可较为全面地了解该生物各组织器官中基因的表达情况(Adams et al., 1991; Hieter and Boguski, 1997)。Mita 等于 1998 年开始了家蚕 EST 测序计划，构建了包括家蚕培养细胞(BmN 细胞)、5 龄幼虫、中肠、丝腺、蚕卵、血细胞、性腺等组织器官的共计 36 个 cDNA 文库，经挑选克隆

测序，共计获得包含约 11 000 条平均长度为 1.25 kb 的非重组 EST 序列，最终建立了家蚕 EST 数据库 SilkBase（Mita et al.，2003）。邱咏梅于 2001 年利用家蚕未受精卵的 cDNA 文库开展了 EST 测序工作，并根据 EST 测序结果对家蚕卵黄受体基因、热休克蛋白基因、转录调控延伸因子等基因进行了克隆与表达调控研究（邱咏梅，2003）。2003 年，程道军等构建了 13 个家蚕不同组织的 cDNA 文库，经测序共获得 84 791 条 EST 序列，初步拼接得到 27 693 个非重复 EST 序列。

将从家蚕蛹期 cDNA 文库中测序获得的 EST 序列与家蚕基因组数据库 KAIKOBLAST（Shimomura et al.，2009）和 cDNA 数据库 SilkBase 进行比对分析，曾鉴定到了 79 种不同类型的在家蚕蛹期过量表达的蛋白基因（Zhang et al.，2007）。目前，利用家蚕性信息素腺和脂肪体等组织器官或胚胎、幼虫和蛹等不同发育时期个体的 cDNA 文库，通过分析 EST 测序信息，已经鉴定、克隆和分析的家蚕内源蛋白基因包括：性信息素生物合成相关蛋白基因（Yoshiga et al.，2000，2002）、表皮蛋白基因（Takeda et al.，2001；Zhong et al.，2006；Futahashi et al.，2008）、保幼激素生物合成相关蛋白基因（Kinjoh et al.，2007）、变态发育相关蛋白基因（Oh et al.，2006）和天蚕葛老素（gloverin）抗微生物肽同系物基因（Kawaoka et al.，2008）等。

三、通过 PCR 技术分离目的基因

聚合酶链式反应（polymerase chain reaction，PCR）是一种用于放大扩增特定的 DNA 片段的分子生物学技术。该技术的设想最早由美国科学家 Kary Mullis 于 1983 年提出。1985 年，Mullis 等申请了 PCR 技术的专利，并在 *Science* 杂志上发表了第一篇 PCR 技术的学术论文，标志着 PCR 技术的正式诞生（Saiki et al.，1985）。PCR 可看作是生物体外的特殊 DNA 复制，其最大特点是可从极微量的 DNA 乃至单细胞含有的 DNA 起始，在短时间内通过指数式反应扩增出微克级的 PCR 产物（图 2-2）。PCR 技术发明至今，已经成为应用最为广泛甚至不可或缺的一种从特定生物物种的不同组织和细胞的基因组 DNA 或 cDNA 快速扩增并分离全部或部分序列已知的目的基因的方法。

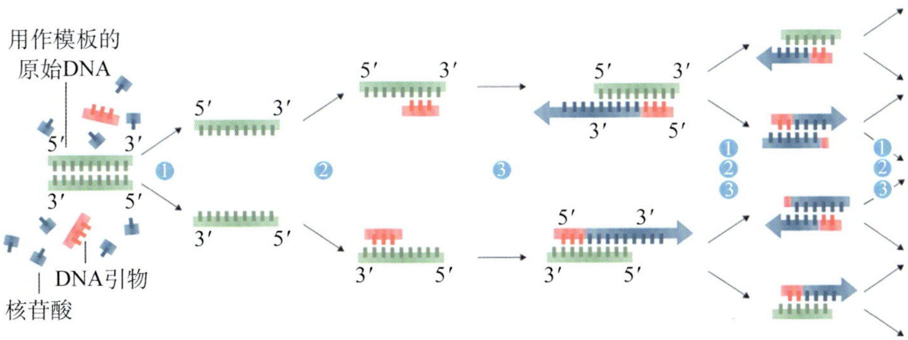

图 2-2　PCR 扩增获得目的基因的反应原理(据 Wikipedia 网站图片修改)

图中：❶94～96℃变性，❷68℃退火，❸72℃延伸

PCR 技术具有灵敏度高、特异性强、操作简便和产物易于纯化等特点。在 Mullis 创建的 PCR 基本技术的基础上，又陆续发展出了反向 PCR(inverse PCR)、反转录 PCR(reverse transcription, RT-PCR)、多重 PCR(multiplex PCR)、巢式或嵌套式 PCR(nested PCR)、不对称 PCR(asymmetric PCR)、差异显示反转录 PCR(differential display reverse transcription PCR, DDRT-PCR)和实时定量 PCR(real-time quantitative PCR)等众多 PCR 技术。这些 PCR 技术自诞生以来，已经迅速渗透到了分子生物学的各个领域，除了用于目的基因的克隆外，PCR 技术还被广泛应用于法医鉴定、疾病检测、商品检疫和新药研发等众多领域。

自 2000 年人类全基因组计划开展以来，全球性多物种全基因组测序以及转录组测序工作的持续性开展与序列信息的陆续公布，为利用 PCR 技术从不同物种的基因组扩增目的基因用于基因工程与转基因研究提供了大量完善的基因信息资源和素材。在转基因家蚕研究领域，目前已经通过利用包括病毒、细菌、人类、小鼠甚至桑树等不同生物物种的基因组或转录组信息，依赖 PCR 技术合成或用 PCR 直接扩增的方法从这些物种的基因组中克隆获得了传染性法氏囊病毒(IBDV)衣壳蛋白(Xu et al., 2014c)、黑曲植酸酶(Xu et al., 2014b)、人碱性成纤维细胞生长因子(Hino et al., 2006)、人血清白蛋白(Ogawa et al., 2007)、鼠单克隆抗体(Iizuka et al., 2009)和尿素酶(Jiang et al., 2015b)等外源蛋白的基因。

四、利用电子克隆获取目的基因

通过生物信息学(bioinformatics)知识和计算机来检索包括 EST 或基因组数据库在内的不同的生物学数据库,对现有的基因序列、表达序列标签(ESTs)、蛋白序列等进行扫描,通过核酸或蛋白序列间的比对分析,确定目的基因片段与已知基因的同源性和成为新基因的可能性,并依靠现有已知基因序列对目的基因片段进行拼接加工以获得目的基因序列全长信息,最后设计引物经 RT-PCR 的方法对目的基因序列进行克隆分析及测序验证,此种基因克隆技术称为电子克隆(in silico cloning)或计算机杂交(computer hybridization)。电子克隆具有成本低、效率高、技术要求低和针对性强等优点。需要特别指出的是,经信息学分析和预测所获得的全长基因序列,必须经过实验验证才能确定结果的真伪,即最终的基因序列必须以实际克隆和测序获得的序列为准。因此,在实际应用中,电子克隆往往需要与其他实验操作技术联合使用才能发挥优势。

电子克隆目的基因,主要是以与所研究物种亲缘较近物种的某基因全长 cDNA 或 EST 序列为查询探针,或者直接以目标物种某基因 EST 序列为查询探针,搜索不同 EST 数据库进行 Blast 比对,随后经过反复的筛选、比对和拼接,最终获得全新的序列。该序列极可能是该物种某个新基因的部分序列甚至 cDNA 全长。其具体步骤主要包括:选择与物种亲缘关系较近物种的某个基因全长 cDNA 或某个家族基因特征结构域序列为查询探针,基于 NCBI 的 GenBank 或者某个特定物种基因组或转录组数据库进行 Blast 比对分析,从结果中筛选出同源性较高、含外显子的该物种基因组重叠群或转录组序列;随后对这些序列进行进一步筛选、甄别,通过人工拼接或者软件预测分析,得到可能的新基因序列;最后将获得的可能的新基因序列基于 GenBank 中的非冗余数据库或其他数据库做 Blast 分析,以验证其新颖性和真实性。目前,利用其他昆虫物种的某基因序列在不同数据库进行信息学比对分析,或者根据某基因家族的共有结构域(或特征基因序列)直接通过家蚕基因组数据库进行 Blast 比对分析,已经成为通过电子克隆获取家蚕内源性目的基因的常用方法。家蚕 *nanos* 基因(Zhao et al., 2008)、家蚕内源性 *HE-like* 基因(Lu et al., 2010)、家蚕氨酰-tRNA 合成酶基因(曹广力等,2009)、家蚕山梨醇脱氢酶 2 基因(Rubio et al.，2011)、家蚕磷脂酶 A2 基因(Orville Singh et al.，2016)等，均是通过基于家蚕基因组数据库或 EST 数据库的电子克隆方式最终获得了基因的全长 cDNA 序列。

随着人类基因组研究的深入开展和高通量测序技术的不断发展，推动了其他模式生物和非模式生物全基因组测序和转录组测序的快速发展，各种不同物种海量的序列信息促使了基于基因组序列或转录组序列的新型基因预测软件的开发，使得基因功能研究的方式产生了根本性变化。传统的、对某物种单个基因的功能进行逐一鉴定的方式，在全基因组测序或转录组测序获得海量序列信息的背景下，逐渐演变成了对该物种的某个甚至多个基因家族的一群基因的功能同时进行预测和分析。因此，通过基因组数据库或转录组数据库结合电子克隆以及各种不同的 PCR 技术鉴定并分离目的基因，是近年来最为常用和高效的获取目的基因的方法。家蚕全基因组和转录组测序鉴定到的一系列新基因或差异表达基因，以及其他生物物种特别是果蝇、蚊子等昆虫的全基因组测序和转录组测序鉴定到的新基因或差异表达基因，为家蚕转基因研究提供了丰富的候选基因。

五、人工合成目的基因

基因的人工合成是指利用化学合成技术，在由计算机控制的全自动核酸合成仪上，体外人工合成基因的双链 DNA 分子。基因合成与寡核苷酸序列合成不同，寡核苷酸序列是单链 DNA 分子，目前所能合成的最长寡聚核苷酸片段仅为 100 nt 左右，而可人工合成的基因双链 DNA 分子的长度范围则为 50 bp～12 kb。一般而言，需要通过人工体外化学合成的方式获得的目的基因主要包含以下几类。

(1) 模板 DNA 较难获取的基因：对于某些地理分布较为狭窄、数量较为稀少的珍稀动植物物种，其 DNA 样本可能难以收集，无法获得可用于 PCR 方法扩增目的基因序列的模板 DNA。在这样的前提条件下，就需要通过人工合成的方式来克隆目的基因。

(2) 含有大量重复序列的基因：对于某些含有较多重复结构的长片段目的基因序列，即使在拥有模板 DNA 的情况下，也无法设计合适的引物通过常规 PCR 方法扩增得到可用于后续载体构建的目的基因片段。在这种情况下，往往就需要人工合成该含有重复序列的目的基因全长序列，或者首先合成重复序列的结构单元，然后通过重复多次的酶切、连接、转化等克隆步骤，最终将结构单元组合成完整的全长目的基因序列。利用上述方法人工合成的重组蜘蛛丝蛋白基因（Teule et al.，2012）和羊毛角蛋白相关蛋白基因（张阳，2013），都曾被用于通过转基因技术实现的蚕丝改性研究。

（3）需要进行序列突变或优化的基因：在转基因研究领域，往往需要根据研究目的对外源基因的原始序列进行突变，或者为了提高外源基因在转入的宿主生物体内的表达水平，需要根据该外源基因对应蛋白质的氨基酸序列以及宿主生物编码蛋白质密码子的偏好性，对外源基因进行优化。于是，人工合成法就成了获得突变或优化后的外源基因的最有效方法之一。目前所报道的在转基因家蚕体内表达的重组人脂联素（Shin et al.，2014）、传染性法氏囊病毒（IBDV）衣壳蛋白（Xu et al.，2014c）、黑曲植酸酶（Xu et al.，2014b）、人碱性成纤维细胞生长因子（Wang et al.，2014）、尿素酶（Jiang et al.，2015b）等外源蛋白的基因，均按照家蚕体内编码蛋白质密码子的偏好性进行了优化设计，随后经体外人工合成而获得。

利用人工合成法获取目的基因的优点是时间短、基因序列可靠、基因的分离纯化简单。例如，在人工体外合成目的基因的过程中，可在目的基因两端引入适宜的限制性酶切位点，以便于后续的克隆载体的构建；或者在合成目的基因的5′端或3′端引入组氨酸标签或其他标签序列，以便于后续对表达的外源蛋白的检测与纯化。如转基因家蚕体内表达的重组传染性法氏囊病毒（IBDV）衣壳蛋白（Xu et al.，2014c）、黑曲植酸酶（Xu et al.，2014b）、人碱性成纤维细胞生长因子（Wang et al.，2014）等外源蛋白，均是在其N端或者C端融合了1个组氨酸标签。人工合成基因的最大局限性在于：由于目前人们并未掌握使得核酸序列具有生命功能的规律，所以无法通过人为设计或随意组合的方式合成出具有生物功能的新基因，因而只能模仿自然界生物中已知的基因序列来合成。此外，通过人工化学合成序列较长的基因序列，其成本远高于用 PCR 法获得的目的基因，因而目前很少全部使用人工化学方法合成整个长片段基因表达框序列。

第二节　启动子的选择

在转基因研究中，启动子（promoter）在调控外源基因表达方面具有至关重要的作用。它决定了外源基因在宿主体内的表达部位、表达时期以及表达水平等。同一基因在不同启动子调控下的表达水平差异很大。目前报道的在转基因家蚕体内调控目的基因或筛选标记基因表达的启动子主要包括：家蚕细胞质肌动蛋白 *Actin3* 基因启动子、*Fib-H* 基因启动子、*Fib-L* 基因启动子、*Ser1* 基因启动子、脂肪体特异性基因 *Bmlp3* 启动子、中肠特异性基因启动子等来自家蚕内源基因的启动子；杆状病毒极早期基因 *ie1* 启动子、果蝇 hsp70 蛋白基因启动子等来自外源生物基因的启动子；3×P3 等人工合成的启动子。根据启动子作用方式及功能的不同，可将家蚕转基因研究中的启动子分为 3 类，即组成型启动子（constitutive promoter）、诱导型启动子（inducible promoter）和组织特异性启动子（tissue-specific promoter）。对于非特异性表达基因而言，一般需选用组成型启动子；对于特异性表达基因而言，则必须选用具有时空特异性的诱导型启动子或组织特异性启动子。此外，一些表达小片段 RNA 的 RNA 聚合酶Ⅲ启动子也曾被应用于家蚕转基因研究，如在转基因家蚕 RNA 干扰、CRISPR/Cas9 系统介导的家蚕基因组编辑等研究中用于表达短发夹 RNA（short hairpin RNA, shRNA）或小向导 RNA（small guide RNA, sgRNA）的 *BmU6* 启动子等。

一、组成型启动子

组成型启动子指能够驱动基因在家蚕所有组织和器官中表达的启动子。组成型启动子在转基因家蚕中的调控作用不受外界条件的影响，所启动外源基因的表达具有持续性，但一般不表现出时空特异性。应用于转基因家蚕中的组成型启动子具有多样性，其主要来源于家蚕管家基因和家蚕病毒基因。

（一）家蚕肌动蛋白基因启动子

肌动蛋白（Actin）是一类由管家基因编码的存在于所有真核生物细胞骨

架中的蛋白。该类蛋白在进化上具有高度的保守性。家蚕基因组中共含有4个肌动蛋白基因,其中*Actin1* 和 *Actin2* 为肌肉细胞特有的肌动蛋白基因,*Actin3*和 *Actin4* 为细胞质肌动蛋白基因(Mounier and Prudhomme, 1986; Mangé et al., 1996)。目前对家蚕肌动蛋白基因的研究多集中于 *Actin3* 和 *Actin4*,其中 *Actin3* 基因由2个内含子、1个非编码的外显子和2个编码的外显子组成,*Actin4* 基因则由3个内含子、2个非编码的外显子和2个编码的外显子组成(Mounier and Prudhomme, 1986; Mangé et al., 1996)。*Actin3* 和 *Actin4* 基因具有不同的5′端非编码区及侧翼序列,但是它们的编码区核苷酸及氨基酸序列均表现出高度的一致性(>98%),暗示两者可能由共同的祖先基因进化而来(Mangé et al., 1996)。*Actin3* 和 *Actin4* 基因核心启动子区均含有TATA框,上游调控区和内含子区含有血清响应元件(serum response element, SRE)和激活元件(activator element 1, ActE1)等调控序列(Mangé et al., 1996,1997)。由于家蚕 *Actin3* 和 *Actin4* 基因在家蚕各种组织和器官中都能转录表达,再加上对它们启动子调控区域的研究已经比较透彻,*Actin3* 和 *Actin4* 基因启动子近年来逐渐被广泛应用于调控家蚕内源或外源目的基因在转基因家蚕体内的表达。

1. *Actin3* 基因启动子

图2-3 含有A3-EGFP表达框的、全身发绿色荧光的转基因家蚕(Tamura et al., 2000)

家蚕肌动蛋白 *Actin3* 基因(*A3*)编码mRNA,长约1.8 kb,最早由Mounier和Prudhomme于1986年在家蚕基因组中分离获得。家蚕 *A3* 启动子是目前转基因家蚕中应用最为广泛的组成型启动子。1997年,Mangé等鉴定到了 *A3* 启动子−128~−97区域起正调控作用的顺式作用元件SRE(serum response element)以及−1 893~−128区域的负调控元件。随后,携带SRE元件的家蚕截短型 *A3* 启动子被用于构建调控 *piggyBac* 转座酶(PBase)基因表达的辅助质粒pHA3PIG和携带A3-EGFP表达框的 *piggyBac* 重组载体pPIGA3GFP,并通过显微注射成功建立了全身发绿色荧光的转基因家蚕(图 2-3)。此后,包括法国、捷克、中国和印度在内的多个国家的不同研究团队利用 *piggyBac* 转座子成功建立的转基因家蚕,几乎都使用辅助质粒 pHA3PIG 作为转座酶来源。直到现在,pHA3PIG 仍是多个国内外研究团队通过显微注射建立转基因家蚕过程中用于瞬时表达 *PBase* 基因的首选辅助质粒。此外,家蚕 *A3* 启动子还曾被用于建立调控 *Minos* 转座酶基因表达的辅助质粒 pMiA3helper 和 *Minos* 重组载体 pMiA3GFP 的研究(Uchino et al., 2007)。

上述研究结果证实,家蚕 *A3* 启动子是一种可用于实现调控不同的外源基因在家蚕胚胎中高效瞬时表达以及转基因个体所有细胞中持续性表达的组成型启动子。由 *A3* 启动子调控外源基因在转基因家蚕体内的组成型表达,已经被广泛应用于转基因家蚕筛选标记系统的开发(Quan et al., 2007)、外源或内源基因的功能研究(Suzuki et al., 2005; Yamaguchi et al., 2013; Yoda et al., 2014)和家蚕生物反应器的开发研究(汪泰初等,2011; Shin et al., 2014)等领域。此外,家蚕 *A3* 启动子还曾被用于家蚕条件基因打靶技术(Long et al., 2012,2013)、家蚕 GAL4/UAS 二元调控系统(Imamura et al., 2003)和家蚕转基因 RNA 干扰(RNAi)研究(Tanaka et al., 2005,2007)等。

2. *Actin4* 基因启动子

1996 年,Mangé 等首次克隆获得了家蚕 *Actin4* 基因(*A4*)的编码序列。进一步研究发现,*A4* 基因编码 1 个典型的、能在幼虫的所有器官中表达的细胞骨架肌动蛋白。2006 年,王云等比较了家蚕 *A4* 基因、α 微管(α-tubulin)蛋白基因、丝素重链(Fib-H)蛋白基因以及 BmNPV 的 *ie1* 基因的 4 种启动子调控 *DsRed* 基因在家蚕细胞(Bm-e-HNU5)中的瞬时表达情况,结果发现 *Fib-H* 启动子活性相对较强,*ie1* 启动子次之,*A4* 启动子最弱。

近年来,*A4* 启动子逐渐被应用于调控外源蛋白基因组成型表达的转基因家蚕创制研究,包括携带 *A4* 启动子的 *piggyBac* 重组载体构建与瞬时表达(张美蓉等,2007)、*A3* 和 *A4* 启动子调控 *PBase* 基因表达介导的转基因效率比较(马三垣等,2009)、携带 hr3CQ 增强子的 hr3-A4 高效转基因表达启动子系统的开发研究(Wang et al., 2013a, 2013b)等。Liu 等(2014)和 Ma 等(2014a)利用携带 hr3-A4 启动子组合调控 Cas9 蛋白高效瞬时表达的辅助载体 pUC57-hA4-Cas9 成功介导,实现了家蚕细胞和个体水平的高效基因组编辑。此外，*A4* 启动子或 hr3-A4 启动子组合也能够被用于构建增量表达 BmNPV 抗性蛋白基因的转基因过表达载体或针对 BmNPV 增殖必需基因的转基因干扰载体，进而实现经不同调控途径抑制病毒增殖的抗 BmNPV 转基因家蚕的建立(Jiang et al.，2012a，2013c)。最近，*A4* 启动子还被应用于调控家蚕雌特异基因 $Bmdsx^{F3}$ 在雄性家蚕体内的异位表达，以实现对该基因的功能分析(Duan et al.，2013)。

(二) 其他家蚕内源性组成型启动子

除了上述来源于家蚕肌动蛋白基因的 *A3* 和 *A4* 启动子外，其他家蚕内源性组成型启动子的鉴定及其在家蚕转基因研究中应用的报道则相对较少。

Tsubota 等(2014b)鉴定到了 1 个具有增强子/启动子活性的家蚕内源性组成型启动子 *Bmhsp90*。研究结果显示，*Bmhsp90* 启动子在不同种类家蚕细胞中调控荧光素酶表达的活性均显著高于 *A3* 启动子，且该启动子还具有应用的广谱性，能够适用于家蚕及其相近昆虫物种中介导外源基因的表达。Nakade 等(2014)构建了利用 Bmhsp90-EGFP 表达框作为筛选标记的供体质粒，并成功实现了由 TALEN 介导供体质粒在家蚕 *BmBLOS2* 基因靶位点的定点敲入。

Goo 等(2011)从 950 个随机筛选的家蚕幼虫 cDNA 克隆中，鉴定得到了 9 个转录活性比家蚕 *Actin3* 基因更强的克隆子，其中表达量最高的 cDNA 克隆序列是 1 个与粉纹夜蛾(*Trichoplusia ni*)热休克蛋白 70 基因序列高度同源(94%)的家蚕内源性 *bHsp70* 基因(*B. mori* heat shock protein 70)。经热激处理结果显示，*bHsp70* 基因在热激和非热激处理的家蚕几乎所有组织及所有发育阶段均具有高水平的表达活性，且利用 *bHsp70* 启动子在非热激处理的家蚕细胞中调控荧光素酶报告基因表达的活性要远高于 *BmA3* 启动子与果蝇 *Hsp70* 启动子(*dHsp70*)。随后，Kim 等(2013)建立了含有 bHsp70-EGFP 基因表达框的转基因家蚕。荧光检测结果显示，转基因家蚕胚胎、幼虫表皮、丝腺和成虫翅膀等器官均具有绿色荧光。

Lee 等(2004)对家蚕翻译控制肿瘤蛋白(translationally controlled tumor protein，TCTP)基因 *BmTCTP* 的 cDNA 序列进行了预测，并通过反向 PCR 克隆获得了 *BmTCTP* 基因 5′端的启动子与部分编码区序列。检测结果显示，*BmTCTP* 基因可能是一个在家蚕各组织器官中均能表达的管家基因。周博等（2007）随后克隆获得了 *BmTCTP* 基因的全长序列，PCR 结果证实 *BmTCTP* 基因在家蚕发育的各个时期和各个组织中均能稳定表达，说明该基因是一个家蚕生命周期中各组织都不可或缺的重要基因。

Lee 等(2003)从家蚕 EST 数据库中鉴定到了一个家蚕 *Hsp70* 同源蛋白基因 *BmHSC70-4*，其包含－1 639～＋26 区域的启动子序列介导报告基因的转录活性约为 BmNPV 的 *ie1* 启动子的 2 倍。最近，Lee 等（2014）比较了 *BmTCTP*、*BmA3* 和 *BmHSC70-4* 启动子在杆状病毒浸染的家蚕幼虫体内的表达水平，结果发现病毒载体携带的 *BmHSC70-4* 启动子可介导外源基因在被侵染家蚕的不同组织中高效转录表达，其中在家蚕脂肪体中的表达效率最高。

Hachouf-Gheras 等（1998）曾对克隆得到的家蚕 α 微管蛋白基因（*BmTubA*）在家蚕不同组织的表达情况进行了分析，结果发现 *BmTubA* 基因在家蚕的各个组织器官中均有表达。Kawasaki 等(2003)利用家蚕 EST 数据库进一步分析了 *BmTubA* 基因在不同发育时期的家蚕组织器官中的表达。王云等(2006)实现了利用 *BmTubA* 启动子调控 *DsRed* 基因在家蚕 Bm-e-HNU5 细胞中的瞬时表达。

Goo 等(2010)鉴定得到了 1 个与巴西天蚕蛾(*Lonomia obliqua*)假定蛋白 32(hypothetical protein 32)氨基酸同源性高达 85％的家蚕内源性假定蛋白 32(bHp32)基因。RT-PCR 结果显示，*bHp32* 基因在家蚕 5 龄幼虫的各组织中均有表达。通过克隆 *bHp32* 基因 5′端的启动子序列并利用双荧光素酶报告系统进行检测，结果显示 *bHp32* 基因启动子活性约为家蚕 *A3* 启动子活性的 42 倍。

综上所述，虽然目前还没有真正建立利用 *BmTCTP*、*BmHSC70-4*、*BmTubA* 或 *bHp32* 基因的启动子调控外源基因表达的转基因家蚕，但是来自上述国内外不同研究小组的研究结果暗示，这 4 个基因的启动子均可作为有实际应用潜力的候选组成型启动子，用于介导外源基因在转基因家蚕体内有效表达。

(三) 外源性组成型启动子

家蚕转基因研究中所用外源性组成型启动子主要来源于昆虫病毒，如

BmNPV 的 *ie1* 基因启动子、苜蓿银纹夜蛾多核型多角体病毒(*Autographa californica* nuclear polyhedrosis virus，AcNPV)的 hr5-ie1 启动子组合以及黄杉毒蛾多核衣壳核多角体病毒(*Orgyia pseudotsugata* multicapsid nucleopolyhedrosis virus，OpMNPV)极早期蛋白基因 2(*ie2*)启动子等。

1. BmNPV 的 *ie1* 基因启动子

病毒复制相关的极早期蛋白基因 1(immediately early gene 1，*ie1*)存在于已经测序的所有鳞翅目类昆虫的核型多角体病毒(NPV)基因组中，其表达产物 IE1 蛋白作为许多早期病毒基因的反式调节因子，也是病毒 DNA 复制所必需的(Pathakamuri and Theilmann，2002)。*ie1* 基因在病毒侵入宿主细胞后，立即利用宿主昆虫细胞的翻译系统进行翻译，由于其结构上具有与真核生物相似的启动子元件以及具有多种启动途径以适应细胞的复杂调控机制的特点，因此 *ie1* 启动子被认为是转基因实验中的优良启动子(Guarino and Summers，1986；朱守林等，2012)。

来源于 BmNPV 的 *ie1* 启动子，是目前转基因家蚕中应用最为广泛的外源性组成型启动子。Masumoto 等(2012)证实，*ie1* 启动子是 1 个能够在鳞翅目与双翅目昆虫的胚胎期、幼虫期和蛹期等不同发育时期的多个不同组织或器官中调控外源基因表达的广谱性组成型启动子。自从 Suzuki 等于 2003 年首次建立了由 *ie1* 启动子调控 $Bmdsx^{F}$ 基因(家蚕双性基因 *Bmdsx* 的雌特异性拼接体)在雄性家蚕体内异位表达的转基因家蚕以来，*ie1* 启动子即被广泛应用于建立调控内源或外源基因组成性表达的转基因家蚕，以实现对基因的功能分析(Funaguma et al.，2005)或用作转基因筛选标记(Li et al.，2015)。此外，BmNPV 的 *ie1* 启动子还曾被用于在转基因家蚕体内调控 TALEN 蛋白基因(Xu et al.，2014d)和家蚕 *Bmlipase-1* 基因(Jiang et al.，2012b)的表达，以及家蚕转基因 RNAi 载体的构建(Isobe et al.，2004；Kanginakudru et al.，2007；Jiang et al.，2013c)。

2. AcNPV 的 hr5-ie1 启动子组合

1995 年，Pullen 和 Friesen 发现来源于 AcNPV 的 *ie1* 启动子与 *hr5* 增强子结合而成的 hr5-ie1 启动子组合，能够在昆虫细胞中有效提高下游基因的转录活性。随后的研究证实，hr5-ie1 启动子组合具有在白纹伊蚊(*Aedes albopictus*)细胞和冈比亚按蚊(*Anopheles gambiae*)胚胎中介导实现荧光素酶报告基因(*Luc*)瞬时表达的活性(Huynh and Zieler, 1999)。此后,hr5-ie1启动子组合分别被成功应用于转基因冈比亚按蚊和地中海实蝇(*Ceratitis capitata*)中调控荧光蛋白报告基因的表达(Grossman et al., 2001; Gong et al., 2005)。

最近几年,AcNPV的hr5-ie1启动子组合才逐渐被应用于家蚕细胞(王娜等,2010)或个体水平(Osanai-Futahashi et al., 2012)中介导外源基因的表达。2013年,Tan等建立了利用hr5-ie1启动子组合调控*DsRed2*报告基因表达作为筛选标记的转基因家蚕,并观察到了hr5-ie1启动子组合介导*DsRed2*基因在家蚕胚胎中的瞬时表达活性(图2-4)。Wang等(2014)构建了含有hr5-ie1-DsRed2-SV40表达框的供体质粒,利用基于TALEN核酸酶的位点特异性转基因系统介导实现了供体质粒上的hr5-ie1-DsRed2-SV40表达框在家蚕*BmBLOS2*基因靶位点的定点整合。虽然目前AcNPV的hr5-ie1启动子组合在家蚕中的应用还较为有限,但是由于hr5-ie1启动子组合在上述研究中表现出的介导外源基因表达的高效性,暗示其在家蚕转基因研究领域必将具有更大的应用潜力。

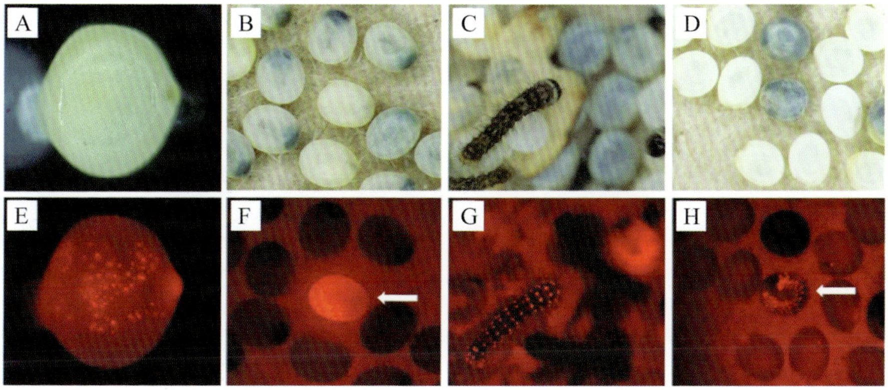

图2-4 hr5-ie1启动子组合调控*DsRed2*基因的荧光表型检测(Tan et al., 2013)

A~D和E~H分别显示家蚕在白光和红色荧光下的照片。A和E显示*DsRed2*基因在G_0代蚕卵中的瞬时表达;B和F显示G_1代阳性转基因蚕卵(箭头标示);C和G显示G_1代阳性转基因蚁蚕;D和H显示胚胎发育最后阶段致死的G_1代阳性转基因蚁蚕(箭头标示)

3. 其他外源性组成型启动子

除了上述来源于BmNPV的*ie1*启动子和来源于AcNPV的hr5-ie1启动

子组合外，其他外源性组成型启动子在转基因家蚕中的应用则更为有限。Hegedus 等(1998)证实了来源于 OpMNPV 的 *ie2* 基因启动子具有在鳞翅目和双翅目昆虫细胞中调控外源基因表达的活性。此后，*ie2* 启动子相继被应用于调控人白介素-28A 基因（*hIL-28A*）（崔琳琳等，2011）、荧光蛋白基因（Komoto and Tomita, 2012）以及家蚕 *Argonaute2*（*BmAgo2*）基因（Li et al., 2015）等在转基因家蚕体内的过量表达。

此外，王娜等(2010)证实，来源于黑腹果蝇的多聚泛素(polyubiquitin, PUB)基因启动子具有在家蚕细胞中调控荧光素酶报告基因表达的活性；郭学双等（2010b）利用来源于一种经济鱼类——团头鲂（*Megalobrama amblycephala*）的肌动蛋白 *β-actin* 组成型启动子，在家蚕细胞和胚胎中成功实现了驱动 *DsRed* 报告基因的表达。虽然目前尚没有实现利用 PUB 启动子和 *β-actin* 启动子在转基因家蚕个体水平调控外源基因表达的报道，但王娜等和郭学双等的研究无疑为上述启动子在家蚕转基因研究的应用以及新型外源性组成型启动子的筛选提供了有用参考。

二、诱导型启动子

尽管利用组成型启动子能够在转基因家蚕体内有效驱动外源基因的转录和翻译，但是组成型启动子调控外源基因在家蚕各组织中的表达，可能会引起大量异源蛋白或代谢产物在家蚕体内的积累，从而可能打破家蚕体内的代谢平衡，使转基因个体的生长发育受到影响。此外，利用组成型启动子调控非必需基因或具有毒性的外源基因在转基因个体各组织中的高量表达会阻碍其正常生长，甚至将导致转基因个体死亡。因此，研究人员试图通过寻找更为有效的诱导型启动子或组织特异性启动子代替组成型启动子，以便更好地调控外源基因在转基因家蚕体内的表达。

诱导型启动子是指在某些特定的化学或物理信号刺激下，可以大幅度地提高下游基因转录水平的启动子。利用诱导型启动子，通过人为引入或控制诱导信号，即可实现对外源基因在转基因家蚕体内的可调控表达。目前转基因家蚕研究领域应用最为广泛和有效的诱导型启动子主要是来源于果蝇或家蚕的不同种类的热休克蛋白(HSP)基因启动子。此外，家蚕抗菌肽 B 基因(cecropin B, *CecB*)启动子与来源于 AcNPV 的 39k 蛋白基因启动子等免疫诱导型启动子也曾被应用于转基因家蚕中调控外源基因的表达。

（一）热休克蛋白基因启动子

2002 年，Uhlírová 等建立了利用黑腹果蝇热休克蛋白 *Dmhsp70* 基因启动子调控家蚕核受体 Ftz-F1 基因（*BmFtz-F1*）表达的转基因家蚕，通过 42 ℃热激处理，最终成功检测到 *BmFtz-F1* 基因在转基因家蚕表皮、丝腺以及幼虫整体内的快速诱导表达（图 2－5）。该研究首次证实，*Dmhsp70* 启动子能够被应用于转基因家蚕中，通过热激诱导的方式调控下游目标基因的表达。此外，*Dmhsp70* 启动子曾被应用于家蚕转基因 RNAi 研究（Dai et al.，2007）、调控 *PBase* 基因在转基因家蚕体内诱导表达研究（Long et al.，2015a）、调控

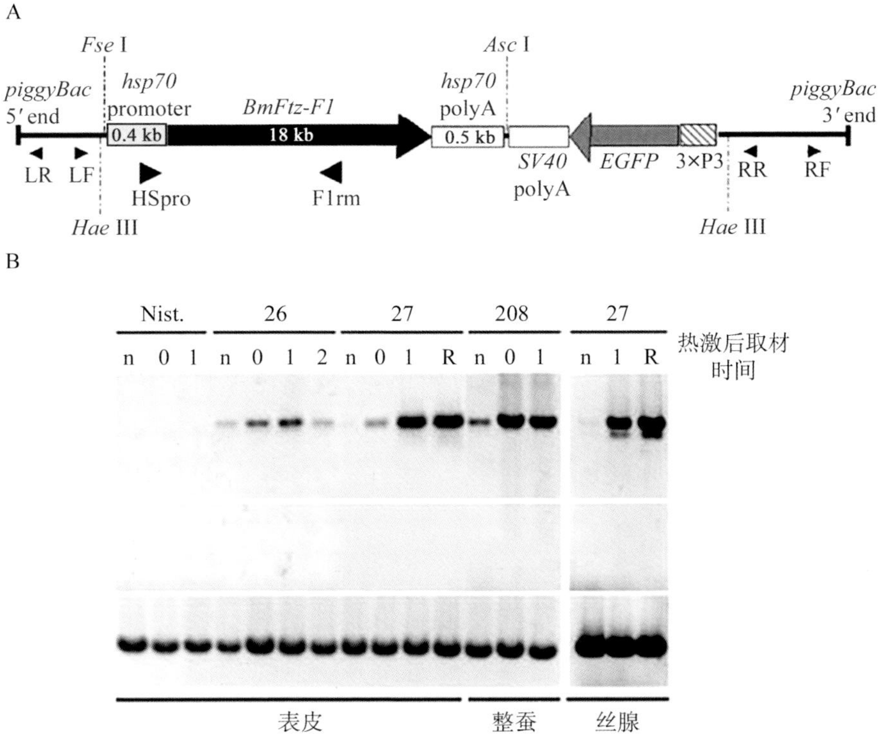

图 2－5　热激诱导 *Dmhsp70* 启动子调控 *BmFtz-F1* 基因在转基因家蚕体内表达（Uhlirova et al.，2002）

A. 含有 Dmhsp70-BmFtz-F1 表达框的 *piggyBac* 转基因载体结构示意图；B. RT-PCR 检测 *BmFtz-F1* 基因在转基因家蚕体内的热激诱导表达，其中 Nist. 表示非转基因家蚕 Nistari，26、27 和 208 分别表示不同的转基因家蚕系，n、0、1 和 2 分别表示不热激、热激后 0 h、1 h 和 2 h 取材，R 表示重复热激处理，即 42℃热激 60 min，间隔 1 h 后再热激 60 min

PBase 基因（Yamamoto et al.，2004）和 FLP 重组酶基因（Tomita et al.，1999）在家蚕细胞或胚胎中的瞬时表达研究等。

如上文所述，*Dmhsp70* 启动子无疑是目前家蚕转基因研究领域应用最为广泛和有效的诱导型启动子，而许多家蚕内源性热休克蛋白基因启动子也于近年被相继克隆，并在家蚕细胞、组织甚至转基因个体水平验证了其启动子活性，如家蚕 *hsp23.7* 启动子（张星等，2009；Zhang et al.，2012b）、*hsp20.4* 启动子（谢敏等，2009；Wang et al.，2011）、*hsp19.9* 启动子（王晓娟等，2010）、*hsp70-538* 和 *hsp70-305* 启动子（庄兰芳等，2011）等。

值得注意的是，在非诱导条件下不具有或仅具有较低水平的本底表达活性，是诱导型启动子所必须具备的基本特性。如家蚕 *Bmhsp90* 启动子（Tsubota et al.，2014b）和 *bHsp70* 启动子（Goo et al.，2011）虽然均具有热休克元件（HSE）等温度诱导型启动子的特征序列，但是由于这 2 个启动子在非热激条件下即具有在家蚕各个组织中介导下游基因高水平表达的活性，因此家蚕 *Bmhsp90* 启动子和 *bHsp70* 启动子更适合被定义为组成型启动子而非诱导型启动子。

（二）其他诱导型启动子

2006 年，Imamura 等为了检测家蚕抗菌肽 B 的基因启动子（P-*CecB*）在转基因家蚕体内介导外源基因表达的活性，建立了 P-*CecB* 启动子调控 *EGFP* 基因表达的转基因家蚕。进一步研究结果显示，通过将大肠杆菌注射进入转基因家蚕幼虫体内，可诱导转基因家蚕脂肪体和血细胞中 *EGFP* 基因的显著上调表达。

早期研究表明，来源于 AcNPV 的 *39k* 基因是 1 个延迟早期基因（delayed-early gene），其在非感染昆虫细胞中并不具有转录活性，但能被共转染的 AcNPV 病毒激活（Guarino and Summers，1986）。受上述研究启发，潘敏慧等（2010）从 BmNPV 的基因组中克隆获得了 *39k* 启动子，并通过家蚕细胞实验证实该启动子是 1 个能够被 BmNPV 感染激活的诱导型启动子。此后，潘敏慧等（2013）又将来源于 BmNPV 的 hr3 序列和 PU（polh-up）序列作为增强元件与 *39k* 启动子相连组成增强型 BmNPV 诱导型启动子 En39k。研究发现，En39k 启动子调控报告基因的表达活性约为 *39k* 启动子的 155 倍。

Jiang 等(2012a)建立了利用 hr3-39k 启动子组合调控 *hycu-ep32* 基因表达的转基因家蚕;添毒实验结果显示,*hycu-ep32* 基因表达量随着转基因家蚕感染 BmNPV 被诱导显著增加,进而提高转基因家蚕对 BmNPV 的抗性。

三、组织特异性启动子

组织特异性启动子又称器官特异性启动子(organ-specificity promoter)。在这类启动子调控下,外源基因往往只能在转基因动植物的某些特定器官或组织部位表达,并表现出发育调节的特性。一般而言,该类启动子组织细胞特异性的产生多是由于基因侧翼或内部某些顺式作用元件与特定的反式作用因子结合相互作用的结果;而发育特异性的产生则是由宿主细胞的生长、发育、分化相关基因的调控所导致。由此可见,家蚕体内许多具有龄期表达时空性的组织特异性启动子,同时也兼具有诱导型启动子的特性。

在转基因家蚕研究领域,来源于家蚕丝腺、眼睛与神经系统、中肠、脂肪体、血液、生殖腺等组织和器官中的各种不同组织特异性表达基因的启动子,均已经被成功应用于实现调控外源基因在这些组织中的特异性表达。其中,编码产生家蚕丝素轻链(Fib-L)、丝素重链(Fib-H)和丝胶 1(Ser1)等主要茧丝蛋白的丝腺特异性表达基因的启动子,无疑是目前转基因家蚕研究中应用最为广泛的组织特异性启动子系统。

(一) 丝腺特异性表达启动子

家蚕茧丝蛋白主要由丝素和丝胶组成。其中,由家蚕后部丝腺(posterior silk gland, PSG)合成的、位于茧丝内部的丝素含量约为茧丝蛋白总量的 75%,而由家蚕中部丝腺(middle silk gland, MSG)合成的、位于茧丝外部的丝胶含量约为茧丝蛋白总量的 25%。分别编码组成丝素的 3 种主要蛋白——Fib-L、Fib-H 和 fhx/P25 蛋白基因的启动子,被称为丝素特异表达启动子系统;而编码组成丝胶的主要蛋白 Ser1、Ser2 和 Ser3 蛋白基因的启动子,则被称为丝胶特异表达启动子系统。

1. 丝素特异表达启动子系统

2003 年,Tomita 等创制了由家蚕 *Fib-L* 基因启动子调控 *Fib-L* 基因 cDNA 与人Ⅲ型原胶原蛋白(human type Ⅲ procollagen)基因编码序列以及

EGFP 基因融合表达的转基因家蚕。该研究首次证实,利用家蚕 *Fib-L* 启动子可通过融合表达的方式在家蚕丝腺中合成重组外源蛋白,并经过体内加工程序将重组外源蛋白最终分泌至转基因蚕茧。此后,Inoue 等(2005)曾探索利用 *Fib-L* 基因突变家蚕品系($Nd\text{-}s^D$)作为转基因研究对象,用于进一步提高 *Fib-L* 启动子介导外源蛋白的表达效率及其在茧丝总蛋白中所占比例。目前,利用家蚕 *Fib-L* 启动子表达的外源蛋白和多肽包括:人Ⅲ型原胶原蛋白(Tomita et al., 2003)、EGFP(Inoue et al., 2005)、人碱性成纤维细胞生长因子(Hino et al., 2006)、人 μ 型阿片受体(Tateno et al., 2009)、黑曲植酸酶(李春峰等,2009)、胶原蛋白和纤连蛋白多肽(Coll-F 和 RGD)(Yanagisawa et al., 2007)、单链抗体(Sato et al., 2012,2014)和层粘连蛋白 B1 链多肽序列(YIGSR)(Asakura et al., 2014)等。最近,*Fib-L* 启动子还被成功用于创制含有非天然氨基酸的转基因蚕丝(Teramoto and Kojima, 2014)。此外,*Fib-L* 启动子也曾被用于建立含有 FibL-GAL4 表达框的转基因家蚕,通过与含有 UAS-靶基因表达框的转基因家蚕杂交的方式,实现在双转基因家蚕丝腺组织中特异性地激活靶基因表达(Imamura et al., 2003; Ma et al., 2011)。

虽然利用 *Fib-L* 启动子能够在转基因家蚕后部丝腺中有效地合成重组外源蛋白,但是最终分泌至转基因茧丝中的重组蛋白含量相对较低。除了 Inoue 等(2005)以 $Nd\text{-}s^D$ 品系为实验材料、利用 *Fib-L* 启动子在转基因茧丝中表达重组蛋白的含量达到茧丝总蛋白含量 10%之外;其余有研究报道,以正常家蚕品系为实验材料,获得的重组蛋白含量仅占茧丝总蛋白含量的 0.04%~0.84%(Tomita, 2011)。为了提高外源蛋白在转基因茧丝中的含量,赵爱春等(2006)和 Kojima 等(2007)先后建立了由家蚕 *Fib-H* 启动子、部分外显子及内含子序列、外源基因序列以及 3′端轻链结合位点(LBS)序列共同构成的家蚕丝素重链表达系统,并利用该系统在转基因茧丝中成功表达了重组 EGFP/H-chain 融合蛋白(赵爱春等,2006; Kojima et al., 2007)。Kurihara 等(2007)利用该丝素重链表达系统建立了在丝腺中特异表达重组猫干扰素(feline interferon, FeIFN)的转基因家蚕,获得的转基因茧丝中重组 FeIFN 蛋白含量为 1%~6%。随后,国内外多个研究小组分别对 *Fib-H* 启动子序列进行了优化,获得的优化型 *Fib-H* 启动子能够有效提高外源蛋白在转基因茧丝中的表达含量(Shimizu et al.，2007；Zhao et al.，2010)。目前，利用家蚕 *Fib-H* 启动子表达的重组外源蛋白和多肽包括：EGFP 蛋白(赵爱春等，2006；Kojima et al.，2007)、猫干扰素(Kurihara et al.，2007)、部分蜘蛛丝蛋白序列(Zhu et al.，2010；Teule et al.，2012；Kuwana et al.，2014)、Ca 结合序列{[(AGSGAG)4E8AS]$_4$}(Nagano et al.，2011)、DsRed 蛋白(Iizuka et al.，2013)、橙色荧光蛋白(mKO)(Iizuka et al.，2013)、胶原蛋白和纤连蛋白多肽(Coll-F 和 RGD)(Asakura et al.，2014)、重组羊毛角蛋白相关蛋白(张阳，2013)和重组人表皮生长因子(陆威健，2015)等。此外，*Fib-H* 启动子也曾与 GAL4 序列联合应用于建立 FibH-GAL4 转基因家蚕系，通过将其与含有 UAS-EGFP 表达框的转基因家蚕杂交，以研究 *Fib-H* 启动子在双转基因家蚕中调控 *EGFP* 基因表达的组织及时空特异性(Sezutsu et al.，2009)。

家蚕糖蛋白 P25 又被称为 fibrohexamarin(fhx)，通常简写为 fhx/P25 或 P25。在家蚕后部丝腺中，Fib-L、Fib-H 和 P25 蛋白按照 6∶6∶1 的比例(物质的量之比)组成丝素基本单元(elementary unit)，大量的丝素基本单元再聚集形成丝素蛋白复合体(Inoue et al.，2000，2004)。P25 蛋白在丝素蛋白中的含量仅次于 Fib-H 蛋白和 Fib-L 蛋白。2005 年，Royer 等率先建立了由 *P25* 启动子调控 *DsRed* 在 PSG 特异性表达的转基因家蚕。随后，*P25* 启动子还曾被应用于调控 *DsRed* 在家蚕细胞和丝腺组织中的瞬时表达(刘炜彬等，2007)，以及调控人胰岛素样生长因子Ⅰ在转基因家蚕 PSG 中的特异性表达(Li et al.，2011c)。目前，*P25* 启动子调控外源蛋白在转基因家蚕丝腺及茧丝中表达的低效性，是限制 *P25* 启动子在家蚕转基因研究领域应用的主要原因。在将来的研究中，科研人员需要对 *P25* 启动子的活性及其所含调控元件的功能进行进一步的分析，这不但有利于阐明丝素蛋白基因表达调控的分子机制，而且将有助于调控外源基因高效表达的优化型 *P25* 启动子系统的建立(汪生鹏等，2011)。

2. 丝胶特异表达启动子系统

丝胶由家蚕中部丝腺细胞合成与分泌，包裹在茧丝的丝素纤维外层。由于丝胶蛋白易溶于水，因此外源蛋白表达在丝胶层比表达在丝素层更容易分离和纯化。2007 年，Tomita 等建立了 *Ser1* 启动子调控 *EGFP* 基因在 MSG 特异性合成，并最终分泌至茧丝丝胶层的转基因家蚕。来源于 BmNPV 的

hr3 增强子与作为反式调控元件的 IE1 蛋白基因(*ie1*),以及来源于 BmNPV 的多角体蛋白(polyhedrin)基因 *pol* 的 5′-UTR 能够增强 *Ser1* 启动子在 MSG 中调控外源基因的表达活性(Tomita et al., 2007; Iizuka et al., 2008)。目前报道的含有 *hr3* 增强子的优化型 *Ser1* 启动子表达系统,在转基因家蚕茧丝中表达的重组蛋白含量最高可占茧层总质量的 9.5%(Wang et al., 2013b)。值得注意的是,有研究表明,*ie1* 基因在丝腺中的过量表达会破坏 *Ser1* 启动子的组织特异性,导致外源基因发生异位表达现象(图 2-6)(Tomita et al., 2007; Iizuka et al., 2008);持续性的异位表达还可能导致外源蛋白在家蚕组织中的过量累积,甚至引起转基因家蚕死亡(Tomita et al., 2007)。

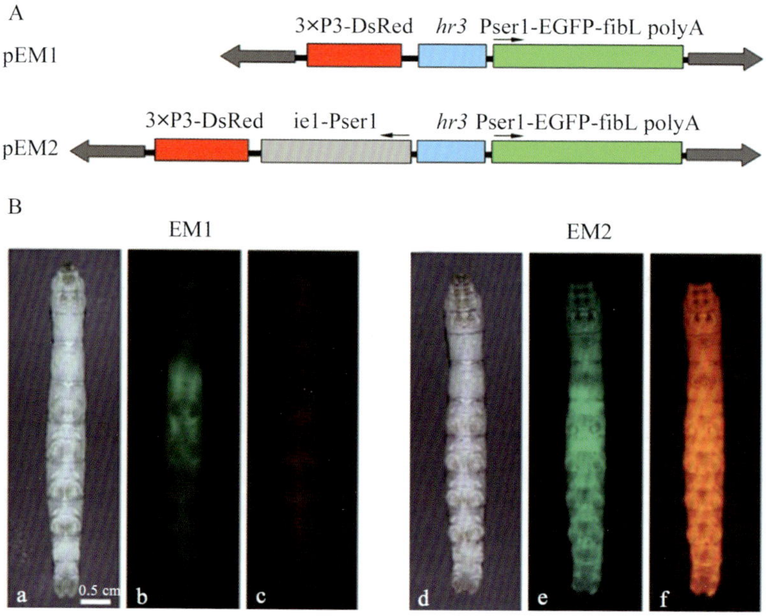

图 2-6　MSG 过量表达 *ie1* 基因引起的外源基因异位表达现象(Tomita et al., 2007)

A. 携带 *hr3* 增强子序列(pEM1)和携带 *hr3* 增强子及 *ie1* 基因表达框序列(pEM2)的转基因表达载体结构示意图;B. *ie1* 基因在 EM2 品系家蚕(由 pEM2 载体插入获得)MSG 过量表达引起的外源基因异位表达现象,不表达 *ie1* 基因的 EM1 品系家蚕(由 pEM1 载体插入获得)用作对照,a、d 为白光下的照片,b、e 为 GFP 荧光下的照片,c、f 为 RFP 荧光下的照片

目前,利用家蚕 *Ser1* 启动子表达的外源蛋白或多肽包括:EGFP 蛋白(Tomita et al., 2007)、人胰岛素样生长因子 Ⅰ(Zhao et al., 2009)、人血清白

蛋白(Ogawa et al.，2007)、鼠单克隆抗体(Iizuka et al.，2009)、人脑源性神经营养因子(段建平等，2009)、狂犬病病毒核蛋白(尤征英等，2013)、蜘蛛牵引丝蛋白(Wen et al.，2010)、人Ⅰ型胶原蛋白 α1 链(Adachi et al.，2010)、胶原结合域与骨形态发生蛋白 4 组成的融合蛋白(CBD-BMP4)(Lu et al.，2012)、人脂联素(Shin et al.，2014)、传染性法氏囊病毒(IBDV)衣壳蛋白 VP2(Xu et al.，2014c)和人酸性成纤维细胞生长因子 1(Wang et al.，2014)等。另外，*Ser1* 启动子也曾与 GAL4/UAS 系统联合应用于建立可人为调控外源基因在 MSG 组织特异性表达的转基因家蚕(Tatematsu et al.，2010)。值得注意的是，尽管激活活性较为微弱，但携带 Ser3-GAL4 表达框的转基因家蚕同样能够通过有性杂交的方式实现调控外源蛋白在 MSG 中的特异性表达(Tatematsu et al.，2010)。

利用 *Ser1* 启动子表达外源蛋白的优点在于，所表达的外源蛋白位于转基因茧丝亲水性的丝胶层，因此更利于外源蛋白的分离纯化(Xu，2014)。由于利用 *Fib-L* 启动子与 *Fib-H* 启动子表达的外源基因大多与 Fib-H 或 Fib-L 蛋白融合表达，这种融合表达的模式往往会破坏外源蛋白特有的空间结构，再加上带有部分丝素蛋白氨基酸的融合蛋白还可能会经过糖基化、磷酸化等翻译后修饰以及更为复杂的组装过程，这些都将影响重组外源蛋白的活性(Tomita et al.，2003；Kurihara et al.，2007)。*Ser1* 启动子表达系统则可实现外源蛋白的非融合性表达，表达的外源蛋白也不需经过额外加工过程即可分泌至丝胶层，因此利用 *Ser1* 启动子生产的外源蛋白一般可保留其生物学活性(Iizuka et al.，2009；Adachi et al.，2010；Wang et al.，2014)。

(二) 眼和神经特异性表达启动子

Pax 基因家族是一类最早发现于果蝇的小型多基因家族，随后在斑马鱼和人类基因组中均发现 *Pax* 基因的存在。进一步的研究证实，*Pax* 基因在脊椎动物和无脊椎动物发育过程中广泛表达，其编码一组特异 DNA 序列结合转录因子，具有调节细胞分化表达的能力，特别是在胚胎期中枢神经系统的发育中发挥重要作用(Bopp et al.，1986；Wehr and Gruss，1996)。*Pax* 基因家族共含有 9 个成员，分别命名为基因 *Pax-1*～*Pax-9*，其中 *Pax-6* 基因编码产物(Pax-6 转录因子)是一类结构中同时含有配对结构域(paired domain，

PD)及同源结构域(homeodomain, HD)的转录因子,两者在功能上高度保守,通过识别并结合特定 DNA 序列而调节其靶基因的表达(Stapleton et al., 1993; Quiring et al., 1994)。早期研究表明,Pax-6 转录因子是果蝇和许多脊椎动物的眼睛发育所必需的调控因子,在不同类型的多细胞动物眼睛进化过程中高度保守(Simpson and Price, 2002)。1997 年,Sheng 等发现来源于果蝇的 Pax-6 蛋白同系物 eyeless(*ey*)的同源结构域,能够与一种光感受器官结构基因 *rhodopsin 1*(*rh1*)启动子上游的 HD 结合位点 P3/RCS1 发生特异性结合,进而调控 *rh1* 基因的表达。序列分析表明,果蝇基因组中的所有 *rhodopsin* 基因以及许多脊椎动物视蛋白基因的启动子区域都具有保守的 P3/RCS1 位点。Sheng 等随后构建了 TATA 框上游含有 3 个串联 P3/RCS1 位点结构的人工合成的启动子序列,结果发现该人造启动子能够调控报告基因在果蝇体内所有光感受细胞中的表达,该启动子即为目前昆虫转基因研究中应用最为广泛的眼和神经特异性表达启动子 3×P3。

1999 年,德国科学家 Ernst A. Wimmer 的实验室构建了含有 3×P3 启动子调控 *EGFP* 基因表达用作筛选标记的转座子载体,并率先成功建立了眼睛和神经组织特异性发出绿色荧光的转基因黑腹果蝇与转基因赤拟谷盗(Berghammer et al., 1999)。随后,该实验室又构建了一系列含有利用 3×P3 启动子调控 EGFP、ECFP 和 EYFP 等荧光蛋白基因表达的通用型转座子载体(包括 *mariner*、*Hermes* 和 *piggyBac* 转座子),并通过建立眼睛特异性发出相应荧光的转基因果蝇来对这些通用型转座子的功能进行了验证(Horn and Wimmer, 2000)。2002 年,Thomas 等利用上述 Wimmer 实验室构建的 *piggyBac* 重组载体——pBac{3×P3-EGFPaf},首次成功建立了含有 3×P3-EGFP表达框作为筛选标记的转基因家蚕,在转基因个体的胚胎、幼虫、蛹和成虫发育时期的眼睛与神经组织中均能观察到强烈的绿色荧光,特别是在胚胎期即可观察到 EGFP 蛋白的表达,简化了转基因个体的筛选,极大地提高了筛选效率。随后,Tomita 等(2003)又建立了含有 3×P3-DsRed 表达框的转基因家蚕,通过胚胎发育时期眼睛与神经组织中的红色荧光来筛选阳性转基因家蚕(图 2-7)。此外,3×P3 启动子还曾被应用于调控 *ECFP*(Uchino et al., 2008)和 *AmCyan*(Kimoto et al., 2014)等荧光蛋白基因在转基因家蚕体内的表达。

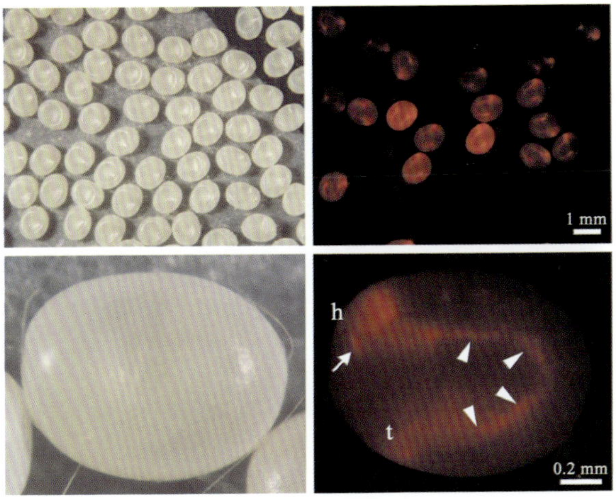

图 2-7　含有 3×P3-DsRed 筛选标记的阳性转基因蚕卵(Thomas et al., 2002)

如图显示,转基因蚕卵在白光(左)和红色荧光(右)下的照片,箭头和三角分别表示单眼和腹部神经发出的红色荧光,h 和 t 分别表示胚胎头部和尾部

目前,3×P3 启动子不但是转基因昆虫研究领域应用最为广泛的人工合成启动子,而且也是建立阳性转基因家蚕个体筛选标记(主要指荧光蛋白报告基因)的首选启动子系统。但是,3×P3 启动子在家蚕转基因其他方面的应用较为有限。Imamura 等(2003)曾在早期研究中建立了含有 3×P3-GAL4 表达框的转基因家蚕。最近,3×P3 启动子被用于建立基于转基因 RNAi 技术实现的调控家蚕芳烷胺 N-乙酰基转移酶 2 基因在眼睛和头部神经组织特异性下调表达的转基因家蚕(Long et al., 2015b)。

(三) 中肠特异性表达启动子

中肠是家蚕体内消化食物和吸收营养的重要器官,同时也是通过免疫应答抵御病原微生物入侵的第一道防线。通过鉴定并研究中肠特异性表达基因启动子的功能与活性,对揭示其表达调控机理、免疫应答的效应机制以及利用该类启动子建立具有病原微生物抗性的转基因家蚕新品种的应用研究具有重要意义。

2011 年,Ngernyuang 等从泰国家蚕品系 Nanglai 的基因组中克隆获得了

1个家蚕α淀粉酶(BmAmy)基因的全长cDNA序列,RT-PCR检测结果显示*BmAmy*基因仅在家蚕前部中肠(foregut)组织表达。*BmAmy*启动子结合GAL4/UAS系统的进一步研究结果表明,该启动子是1个可调控外源基因在转基因家蚕前部中肠特异性表达的组织启动子(图2-8)。

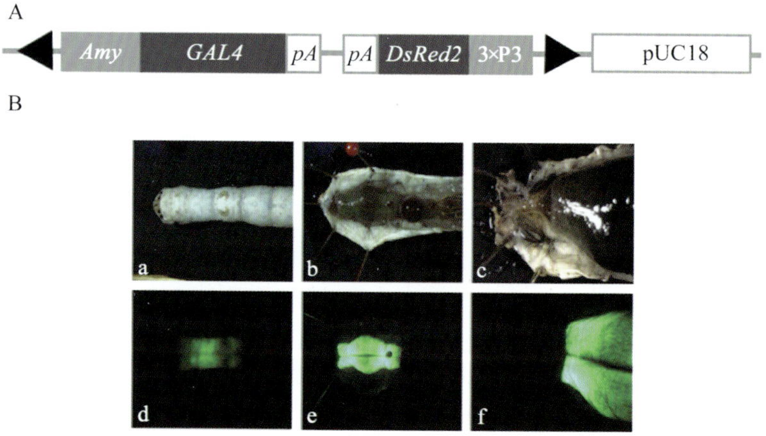

图2-8 *BmAmy*启动子结合GAL4/UAS系统调控*EGFP*基因在转基因家蚕中肠组织的特异性表达(Ngernyuang et al., 2011)

A. *BmAmy*启动子调控*GAL4*基因的转基因表达载体结构示意图;B. 双转基因家蚕活体幼虫(a和d)和解剖后幼虫在低倍(b和e)及高倍(c和f)显微镜下的白光(a~c)与绿色荧光(d~f)照片

近年来,虽然研究人员通过利用家蚕基因组芯片数据和家蚕组织、时期表达谱筛选到了许多中肠特异表达候选基因(Xia et al., 2007),但是目前通过转基因技术鉴定并验证的家蚕中肠特异性启动子还较为有限,仅包括家蚕氨肽酶N基因*BmAPN*启动子(陆改等,2012)又称为*P3*启动子(Jiang et al., 2015a)和家蚕中肠高效且特异性表达基因(编号:BGIBMGA014298)*P2*启动子(Jiang et al., 2013a)。Jiang等(2013b, 2015b)曾分别建立了由*P2*启动子调控病毒抗性基因*Bmlipase-1*和脲酶基因在中肠组织特异性表达的转基因家蚕,以研究转基因家蚕抗BmNPV的能力和桑树来源的脲酶基因促进转基因家蚕氮代谢过程的功能。

(四) 脂肪体特异性表达启动子

脂肪体既是家蚕体内营养物质合成与贮存的重要组织器官,也是激素(如蜕皮激素和保幼激素等）作用的靶组织，在蚕的生长发育和变态过程中扮演着关键角色。家蚕脂肪体在幼虫期和蛹期的形态差异较大，根据脂肪体表达基因启动子调控外源基因表达时期的不同，可将其分为幼虫期和蛹期脂肪体特异性启动子。

邓党军等（2011）建立了由 1 660 bp 的家蚕幼虫血清蛋白（*B. mori* larval serum protein，BmLSP）基因 *BmLSP* 启动子调控 *DsRed* 基因表达的转基因家蚕，结果观察到 *DsRed* 基因在转基因幼虫脂肪体中高效转录表达，同时还发现 *DsRed* 基因在丝腺中存在微量异位表达现象。此外，家蚕 30K 蛋白家族的 *Bmlp3* 基因启动子也被证实是 1 个家蚕幼虫期脂肪体组织特异性启动子（Deng et al.，2013）。随后，Xu 等（2014a）检测了 *Bmlp3* 启动子在家蚕胚胎细胞和斜纹夜蛾（*Spodoptera litura*）胚胎细胞中的活性，并成功建立了 *Bmlp3* 启动子调控黑曲植酸酶基因在脂肪体中表达的转基因家蚕（Xu et al.，2014b）。

卵黄原蛋白（vitellogenin，Vg）是卵生动物所特有的一类蛋白，其主要功能是为卵的形成和胚胎发育提供营养。不同昆虫物种基因组中 *Vg* 基因的数目不尽相同，家蚕仅含有 1 个于 1994 年被鉴定到的卵黄原蛋白基因（*BmVg*），其主要是在雌性幼虫发育至蛹变态期时特异性地在脂肪体中合成（Yano et al.，1994）。杨从文等（2014）克隆了 1.5 kb 的 *BmVg* 基因启动子序列，并在体外培养的家蚕胚胎细胞 BmE-SWU1 中验证了不同长度截短 *BmVg* 启动子驱动荧光素酶报告基因的表达活性。Xu 等（2014e）建立了由 798 bp 的 *BmVg* 启动子调控 *EGFP* 基因表达的转基因家蚕，结果观察到 *EGFP* 基因在雌性转基因家蚕蛹期脂肪体中的特异表达，且 *EGFP* 基因的表达与家蚕内源 *BmVg* 基因相一致，均会受到 20－羟基蜕皮激素（20-hydroxyecdysone）的调控。该研究结果证实，*BmVg* 启动子是 1 个具有性别、组织和发育时期特异性的、可用于在转基因家蚕体内调控外源蛋白表达的蛹期脂肪体特异性启动子。

（五）血液特异性表达启动子

血液细胞在昆虫的生理代谢、变态发育以及天然免疫等生长发育过程中发挥着重要作用。血液细胞不但直接执行了昆虫体内吞噬、集结和包裹作用等细胞免疫过程，而且还参与了黑化作用等体液免疫过程（Strand，2008；Liu et al.，2013)。但是，目前研究人员对血液细胞在包括家蚕、蚊子等昆虫体内功能的研究还非常有限。其主要原因之一：这些昆虫物种中仍缺乏用于调控外源基因表达的血液特异性启动子，从而无法实现通过遗传操作来研究基因的功能。

2011 年，韩国研究人员 Park 等通过分析家蚕基因组芯片数据并结合 RT-PCR 检测，筛选到了 1 个在家蚕血液细胞中特异性高效表达的基因，其探针编号为 sw17255。随后，Park 等(2012)克隆了 sw17255 基因 5′端 2 112 bp 的启动子序列，通过对 5 龄 2 天幼虫进行质粒注射的方式，利用双荧光素酶报告系统对不同长度的截短型 sw17255 基因启动子在家蚕体内调控报告基因的表达活性进行了检测。2015 年，Zhang 等同样利用家蚕基因组芯片数据，筛选到了 4 个在家蚕血液细胞组织中高量表达的候选基因，分别命名为 *Bmintβ2*(探针号：sw18286)、*Bmintβ3*(sw08491)、*BmCatO*(sw05834 和 sw17255)和 *BmSw0486*，并通过 RT-PCR 对这 4 个基因在家蚕血液细胞中的表达特异性进行了鉴定。值得注意的是，Zhang 等鉴定到的血液细胞特异表达基因 *BmCatO*，实际上与 Park 等鉴定到的是同一个基因。Zhang 等的检测结果显示，4 个候选基因的启动子均具有介导 *DsRed* 基因在血液细胞中高效表达的活性，其中 *BmCatO* 基因启动子的活性最强，*BmSw04862* 基因启动子在家蚕血液细胞之外的脂肪体、丝腺等组织仍具有活性。虽然 Park 等和 Zhang 等最终并没有建立转基因家蚕，但是他们的研究为建立真正意义上的血液特异性启动子调控外源蛋白表达的转基因家蚕提供了非常有用的参考。特别是他们筛选到的 *BmCatO*(sw17255)基因启动子，将是用于实现建立血液细胞组织特异性表达转基因家蚕的最优候选启动子之一。

日本研究人员 Tsubota 等(2014a)鉴定到了 3 个能够在家蚕血液细胞组织中高效表达的候选基因(*Ip44*、*HP1* 和 *hemocytin*)，并分别建立了由上述 3 个启动子序列调控 *GAL4* 基因表达的转基因家蚕。将上述转基因蚕蛾与含有 UAS-GFP 表达框的转基因蚕蛾杂交，结果发现来源于家蚕 *Ip44* 启动子能够调控 *GAL4* 在双转基因家蚕血液细胞中的表达，进而诱导 *GFP* 基因的转录和翻译(图 2 - 9A 和 B)。进一步的研究结果证实，*Ip44* 启动子主要调控 *GFP* 基因在家蚕拟绛色细胞(oenocytoids)中表达，另外该启动子在家蚕前部中肠组织也具有较高的活性(图 2 - 9C)。该研究结果表明，*Ip44* 启动子是一个能

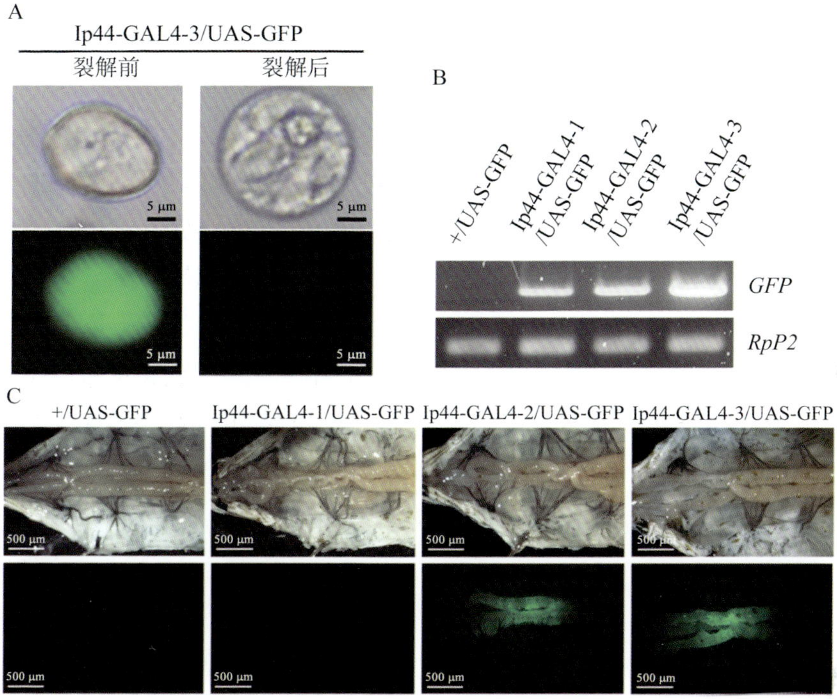

图 2-9 *Ip44* 启动子结合 GAL4/UAS 系统调控 *GFP* 基因在转基因家蚕血液组织表达及在中肠组织的异位表达检测(Tsubota et al., 2014a)

A. 荧光检测 *GFP* 基因在双转基因家蚕(Ip44-GAL4-3/UAS-GFP)血液细胞中的表达，可观察到绿色荧光在裂解后的家蚕血液细胞中迅速淬灭的现象；B. RT-PCR 检测 *GFP* 基因在双转基因家蚕(Ip44-GAL4-1/UAS-GFP、Ip44-GAL4-2/UAS-GFP 和 Ip44-GAL4-3/UAS-GFP)血液细胞中的表达，单转基因家蚕(+/UAS-GFP)用作阴性对照，*RpP2* 基因用作内参基因；C. 荧光检测 *Ip44* 启动子调控 *GFP* 基因在双转基因家蚕前部中肠组织的异位表达

够调控外源蛋白在转基因家蚕中肠和拟绛色血液细胞中表达的组织特异性启动子。

(六) 生殖腺特异性表达启动子

近年来，昆虫的生殖发育和性别决定一直是研究人员关注的热点。筛选并鉴定昆虫生殖腺特异性启动子，将对人为控制昆虫的繁殖和发育，从而实现对有害昆虫的防控研究，以及更为有效地提高经济昆虫的利用价值具有重要意义。

家蚕属于雌异配型动物,其性别由 Z 和 W 染色体决定,雌性个体为 ZW,雄性个体为 ZZ。家蚕幼虫的生殖腺位于第 5 腹节背管两侧,呈对称分布,雄性为精巢,雌性为卵巢。为了鉴定家蚕生殖腺特异性表达启动子,首先需要对生殖腺特异表达基因进行分析。自家蚕基因组测序计划完成以来,通过利用家蚕基因组芯片数据(Xia et al., 2007)及大规模家蚕转录组测序(Suetsugu et al., 2013),鉴定到许多家蚕生殖腺特异表达基因,但是目前尚未有根据这些生殖腺特异表达基因筛选得到组织特异性启动子的报道。鉴于此,研究人员采取了以其他昆虫物种已经研究较为透彻的生殖腺发育相关基因为参考,通过研究家蚕基因组中来自相同家族的同系物基因的方式来筛选和鉴定家蚕生殖腺特异性表达启动子。

实际上,昆虫生殖腺发育调控与相关基因功能的早期研究,主要集中在果蝇这一双翅目模式昆虫物种。*vasa*(Schupbach and Wieschaus, 1986)、*mago nashi*(Boswell et al., 1991)、*homeobox*(Mcginnis et al., 1984)等生殖腺与胚胎发育相关基因最早都是从果蝇中鉴定而来。其中,*vasa* 基因的转录产物与 VASA 蛋白均是果蝇生殖质的主要成分,在生殖腺中特异表达。早在 1999 年,家蚕中的 *vasa* 同源基因(*B. mori vasa*-like gene, *Bmvlg*)已经被克隆与研究(Nakao, 1999)。2006 年,柴春利等利用地高辛标记探针对家蚕幼虫生殖腺及胚胎的全胚原位杂交结果证实,*Bmvlg* 基因是 1 个家蚕生殖腺特异性表达基因。随后,Cao 等(2012)证实,*Bmvlg* 启动子具有在家蚕胚胎细胞和蚕卵中调控 *DsRed* 基因瞬时表达的组织特异性活性;Xue 等(2014)建立了 *Bmvlg* 启动子调控家蚕卵巢发育相关基因 *Bmovo-1* 在生殖腺过量表达的转基因家蚕,用来研究 *Bmovo-1* 基因过量表达对家蚕卵巢发育及产卵量的影响。

除了上述研究在家蚕精巢和卵巢均能调控外源基因表达的 *Bmvlg* 启动子以外,如果根据生殖腺特异性启动子调控外源基因表达的性别特异性,可将家蚕生殖腺特异性启动子分为精巢特异性表达启动子和卵巢特异性表达启动子。目前利用家蚕性别决定基因 *Bmdsx* 前体 mRNA(pre-mRNA)所具有的性别特异性剪切特性,已经能够实现建立雌性特异性致死或不孕的转基因家蚕(Tan et al., 2013; Xu et al., 2014d)。而前文所述的 *BmVg* 启动子也已经被证实是一个可调控外源基因在雌性转基因家蚕体内特异性表达的启动子

(Xu et al., 2014e)。但是,这些研究均没有实现具有卵巢组织特异性的转基因家蚕表达系统的建立,实际上迄今为止并没有筛选和鉴定到真正意义上的家蚕卵巢特异性表达启动子。家蚕内源性辐射丝头端 1 基因(*B. mori Radial spoke head 1* gene, *BmR1*)和β微管蛋白 4 基因(*B. mori betatubulin 4* gene, *Bmβ4*)启动子是目前仅有的成功应用于家蚕转基因研究的精巢特异性启动子。Xu 等(2015)成功建立了分别由 *BmR1* 和 *Bmβ4* 启动子调控 *EGFP* 基因在精巢组织中特异性表达的转基因家蚕,这项研究有助于促进鳞翅目昆虫雄性特异性表达基因的功能研究,并将对基于雄性昆虫遗传改良的害虫防治研究提供有用参考。

(七) 其他组织特异性表达启动子

昆虫性信息素(pheromone)是指昆虫成虫性成熟后,由性信息素腺(pheromone gland, PG)生物合成并释放至体外,借以吸引同种异性个体进行交配活动的一类微量挥发性化学物质(Regnier and Law, 1968)。2011 年,Sakurai 等分别建立了利用家蚕性信息素气味受体基因 *BmOR1* 和 *BmOR3* 启动子调控 *GAL4* 基因在嗅觉受体神经元(olfactory receptor neurons, ORNs)中特异性表达的转基因家蚕,并将其与含有 UAS-PxOR1 基因表达框的转基因家蚕杂交,用来研究小菜夜蛾(*Plutella xylostella*)的性信息素气味受体基因 *PxOR1* 在双转基因家蚕 ORNs 组织异位表达对其交配行为的影响。含有 BmOR1-GAL4 表达框的转基因家蚕,还曾被用于激活光敏感通道蛋白 2(channelrhodopsin-2, ChR2)在转基因家蚕 ORNs 中的表达研究(Tabuchi et al., 2013)。此外,家蚕性信息素腺特异性去饱和酶 1(PG-specific desaturase 1, Bmpgdesat1)基因启动子也曾被用于实现调控外源报告基因在家蚕性信息素腺中的特异表达(Moto and Matsumoto, 2012)。

具有相同发育时期特异性的家蚕卵壳蛋白基因(chorion genes)按照成对的方式反向串联排列在染色体上,通过共用 1 个 5′端的启动子调控序列,能够编码产生具有不同转录本的 α/β 类型基因对(Mitsialis and Kafatos, 1985)。Tsatsarounos 等(2015)构建了利用不同突变型家蚕早中期卵壳蛋白基因 *L9* 启动子调控 *LacZ* 报告基因的瞬时表达载体,通过观察报告基因在上皮细胞中的表达,结果鉴定到了 *L9* 启动子所含顺式作用元件及抑制子序列。该研究为建立外源基因在家蚕卵壳中特异性表达的转基因家蚕提供了有用的候选启动子。

家蚕一生要经历卵、幼虫、蛹和成虫 4 个不同的发育阶段，其中蛹期是家蚕由幼虫向成虫转变的中间阶段。通过分析家蚕全基因组芯片数据结果显示，*BmCP283* 基因(探针号：sw10648)是 1 个家蚕蛹期特异表达基因。程道军等(2013)曾建立了由 2 004 bp 的 *BmCP283* 启动子调控 *DsRed* 基因表达的转基因家蚕，通过 RT-PCR 证实，*DsRed* 基因与 *BmCP283* 基因的表达特征完全一致，其同样仅在转基因蚕蛹化蛹 7 天时开始表达，而在胚胎期和幼虫期均没有表达。随后，康丽霞等(2013)构建了不同截短型 *BmCP283* 启动子驱动的荧光素酶基因报告载体，通过转染 BmE 细胞的方式对 *BmCP283* 启动子序列的活性进行了分析。另外，康丽霞等还发现蜕皮激素参与了 *BmCP283* 基因的转录调控，且能够增强 *BmCP283* 启动子的活性。该研究结果不仅有助于阐明 *BmCP283* 基因的转录调控机理，也为建立人为调控家蚕蛹期发育的转基因家蚕提供了潜在的候选启动子。

四、家蚕 RNA 聚合酶Ⅲ启动子

RNA 聚合酶Ⅲ(RNA polymerase Ⅲ，Pol Ⅲ)是真核生物合成 tRNA、5S rRNA、小核 RNA(small nuclear RNA，snRNA)和胞质内小 RNA(small cytoplasmic RNA，scRNA)必需的酶。Pol Ⅲ能识别 tRNA 基因中的一些特征性 DNA 序列，进而启动其下游 DNA 转录，这些特征性序列统称为 Pol Ⅲ型启动子。Pol Ⅲ型启动子的特点在于，其完全位于转录序列上游，具有明确的转录起始和终止位点，总是在离启动子一个固定距离的位置开始转录合成 RNA，遇到 4～5 个连续的 T 即终止转录，不需要额外的转录终止信号。因此，Pol Ⅲ型启动子适用于介导产生 shRNA、sgRNA 等短 RNA 序列。但是，由于 Pol Ⅲ型启动子驱动外源基因在宿主体内的表达具有广谱性，所以无法实现组织细胞特异性。

家蚕 U6 snRNA 启动子(*BmU6* promoter)是家蚕转基因研究领域应用最为广泛的 Pol Ⅲ型启动子。2008 年，Ohtsuka 等建立了由 *BmU6* 启动子调控 shRNA 的表达系统，用于实现在体外培养的 BmN 细胞系中的 RNA 干扰研究。Tanaka 等(2009)基于靶标序列的单链反向重复(IR)DNA 序列和 Bst

DNA 聚合酶的特性，开发了 1 种简单的构建 *BmU6* 启动子调控 shRNA 表达骨架的方法，用于在家蚕细胞系中实现诱导产生序列特异性 RNA 干扰效应(图 2-10)。在此后的研究中，*BmU6* 启动子曾被应用于在家蚕 BmN 细胞、幼虫血淋巴或表皮细胞中调控针对 BmNPV 靶基因(Roy et al.，2013)、*EGFP* 基因和家蚕 ABC 转运蛋白 *w-3* 基因(Ando and Fujiwara，2013)的 shRNA 表达，进而通过 RNAi 作用下调目标基因表达量的研究。此外，*BmU6* 启动子也曾被用于创制调控针对 BmNPV 复制相关基因(*ie1*、*lef1*、*lef2* 和

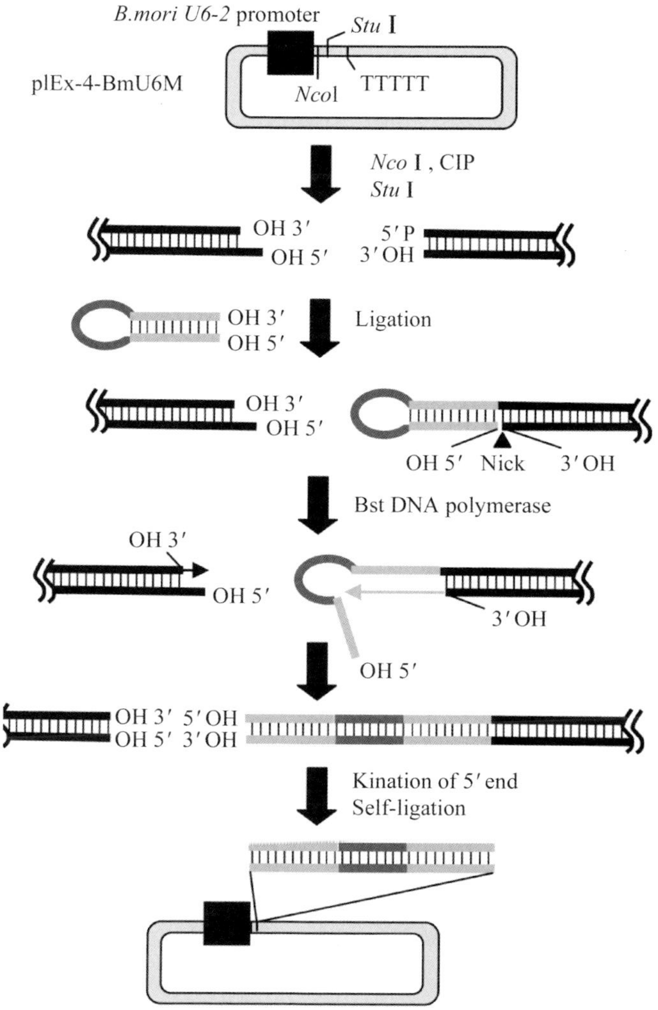

图 2-10 **shRNA 表达载体骨架的构建方法(Tanaka et al.，2009)**

lef3)shRNA 表达的具有稳定 BmNPV 抗性的转基因 BmN 细胞系(Zhou et al., 2014)和调控 *BmBloS2* 基因 shRNA 表达的具有半透明"油蚕"表型(oily skin phenotype, OSP)的转基因家蚕(Li et al., 2015)。*BmU6* 启动子还被成功应用于基于 CRISPR/Cas9 基因组编辑系统调控目标基因 sgRNA 在家蚕胚胎和细胞中的高效瞬时表达,以实现家蚕个体和细胞水平的靶基因定点修饰(Liu et al., 2014; Ma et al., 2014a)。

表 2-1 列出了家蚕转基因研究所用启动子,供参考。

表 2-1 家蚕转基因研究所用启动子

种类	名称	参考文献
组成型启动子	家蚕 *Actin3* 基因启动子	Mangé et al., 1997
	家蚕 *Actin4* 基因启动子	Mangé et al., 1996
	家蚕 *Bmhsp90* 基因启动子	Tsubota et al., 2014b
	家蚕 *bHsp70* 基因启动子	Goo et al., 2011
	家蚕 *BmTCTP* 基因启动子	Lee et al., 2004
	家蚕 *BmHSC70-4* 基因启动子	Lee et al., 2003
	家蚕 *BmTubA* 基因启动子	王云等,2006
	家蚕 *bHp32* 基因启动子	Goo et al., 2010
	BmNPV 的 *ie1* 基因启动子	Suzuki et al., 2003
	AcNPV 的 hr5-ie1 启动子组合	Osanai-Futahashi et al., 2012
	OpMNPV 的 *ie2* 基因启动子	Hegedus et al., 1998
	黑腹果蝇多聚泛素(PUB)基因启动子	王娜等,2010
	团头鲂肌动蛋白 *β-actin* 基因启动子	郭学双等,2010b
诱导型启动子	黑腹果蝇热休克蛋白 *Dmhsp70* 基因启动子	Uhlírová et al., 2002
	家蚕热休克蛋白 *hsp23.7* 基因启动子	张星等,2009
	家蚕热休克蛋白 *hsp20.4* 基因启动子	谢敏等,2009
	家蚕热休克蛋白 *hsp19.9* 基因启动子	王晓娟等,2010
	家蚕热休克蛋白 *hsp70-538* 基因启动子	庄兰芳等,2011

（续表）

种类	名称	参考文献
	家蚕热休克蛋白 *hsp70－305* 基因启动子	庄兰芳等，2011
	家蚕抗菌肽 B 基因（P-*CecB*）启动子	Imamura et al.，2006
	BmNPV 的 *39k* 基因启动子	潘敏慧等，2010
	增强型 BmNPV 诱导型 En39k 启动子	潘敏慧等，2013
	hr3-39k 启动子组合	Jiang et al.，2012a
组织特异性启动子	家蚕 *Fib-L* 基因启动子	Tomita et al.，2003
	家蚕 *Fib-H* 基因启动子	赵爱春等，2006；Kojima et al.，2007
	家蚕 *P25* 基因启动子	Royer et al.，2005
	家蚕 *Ser1* 基因启动子	Tomita et al.，2007
	家蚕 *Ser3* 基因启动子	Tatematsu et al.，2010
	人工合成 3×P3 启动子	Imamura et al.，2003
	家蚕 *BmAmy* 基因启动子	Ngernyuang et al.，2011
	家蚕 *BmAPN* 基因启动子	陆改等，2012
	家蚕 *P2* 基因（编号：BGIBMGA014298）启动子	Jiang et al.，2013a
	家蚕 *BmLSP* 基因启动子	邓党军等，2011
	家蚕 *Bmlp3* 基因启动子	Deng et al.，2013
	家蚕 *BmVg* 基因启动子	杨从文等，2014
	家蚕血液细胞特异表达基因（探针编号：sw17255）启动子	Park et al.，2011
	家蚕 *Ip44* 基因启动子	Tsubota et al.，2014a
	家蚕 *Bmvlg* 基因启动子	Xue et al.，2014
	家蚕 *BmR1* 基因启动子	Xu et al.，2015
	家蚕 *Bmβ4* 基因启动子	Xu et al.，2015
	家蚕 *BmOR1* 基因启动子	Sakurai et al.，2011
	家蚕 *BmOR3* 基因启动子	Sakurai et al.，2011
	家蚕 *Bmpgdesat1* 基因启动子	Moto and Matsumoto，2012
	家蚕 *L9* 基因启动子	Tsatsarounos et al.，2015
	家蚕 *BmCP283* 基因启动子	康丽霞等，2013
RNA 聚合酶Ⅲ启动子	家蚕 U6 snRNA 启动子	Ohtsuka et al.，2008

第三节 标记基因

转基因家蚕的制备需要经历外源基因在 G_0 代家蚕胚胎的导入、G_1 代阳性转基因家蚕的筛选与鉴定、纯合后代转基因家蚕的筛选和饲养等一系列较为繁琐而漫长的操作过程。为了在转基因操作、筛选甚至后续跟踪鉴定过程中,能高效、便捷地检测出阳性转基因家蚕,则需要引入合适的标记基因(marker gene)来灵敏地、非介入地显示外源目的基因的导入、整合、表达及调控状况。

标记基因一般指具有已知功能或效应的基因。这类基因能够使标记的细胞或个体具备特定的特征,并且通过生理学、形态学、生物化学或分子生物学检测能够发现其存在。广义的标记基因可分为报告基因(reporter gene)和选择基因(selectable gene)两大类。目前在转基因家蚕研究领域常用的标记基因主要包括:荧光蛋白基因(fluorescent protein gene)、荧光素酶基因(luciferase gene)、抗性筛选基因(resistance selectable gene)和其他可视化标记基因(visible marker gene)等。

一、荧光蛋白基因

(一) 绿色荧光蛋白基因

绿色荧光蛋白(green fluorescent protein, GFP)是由 238 个氨基酸组成的单肽链蛋白,受蓝光激发可产生绿色荧光,其蛋白性质极其稳定,易耐受高温处理。GFP 的激发光范围为 395～475 nm,发射光谱为 509～540 nm。1962 年,日本科学家 Shimomura 等首先于多管水母(*Aequorea victoria*)中发现了 GFP(图 2-11A)。1992 年,Prasher 等从多管水母的 cDNA 文库中首次筛选获得了 *GFP* 基因的 cDNA 克隆,并测定其序列。1994 年,Chalfie 等通过基因重组方法实现了 GFP 在除水母以外的其他生物(大肠杆菌和线虫)中的表达(图 2-11B 和 C)。该研究结果不仅证实了 GFP 与活体生物的相容性,同时阐明生物体内不需要额外的底物或其他辅助因子的参与,即可产生具有荧光活性的 GFP 分子,且 GFP 的荧光能够持续较长时间。随后,Tsien 的实验室系统地研究了 GFP 的工作原理，并通过定点突变的方法对其进行了化学改造，不但大大增强了 GFP 的发光效率，还发展出了蓝色、红色、黄色以及红外线荧光蛋白(Heim et al.，1995)。目前世界范围内的生物学实验室普遍使用的荧光蛋白，大部分出自 Tsien 的实验室改造的 GFP 变种。2008 年 10 月 8 日，下村修(Osamu Shimomura)、马丁·查尔菲(Martin Chalfie)和钱永健(Roger Y Tsien)因为发现和改造 GFP 而获得了当年的诺贝尔化学奖。

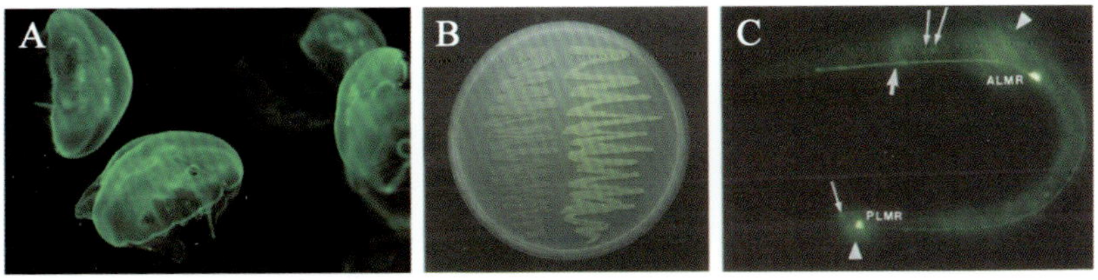

图 2-11　GFP 在水母中的发现及其在其他生物中的表达(Chalfie et al.，1994)

A. 多管水母发出的绿色荧光；B. GFP 在大肠杆菌中表达；C. GFP 在线虫中表达

20 世纪 90 年代末，*GFP* 基因作为报告基因被逐渐广泛应用于多种生物中标记外源基因表达及外源蛋白在活体细胞中的定位(Chalfie et al.，1994；Plautz et al.，1996；Brand，1999)。但是，野生型 GFP 却始终没有被成功应用于昆虫个体水平的遗传转化研究。其主要原因在于，野生型 GFP 的可溶性相对较差，且野生型 GFP 的最大激发光处于紫外光谱区域，长期曝光于紫外光下往往会对昆虫造成致命伤害(Horn et al.，2002)。为了有效克服野生型 GFP 的上述缺点，Cormack 等对野生型 GFP 的氨基酸序列进行了突变。他们发现，当野生型 GFP 第 55～57 位的 Ser-Tyr-Gly 氨基酸序列发生随机突变之后，获得的突变型 GFP 的荧光强度比野生型 GFP 的高 20～35 倍，而激发光的峰值变为 488 nm，即突变型 GFP 用无害的蓝光照射即可被激发(Cormack et al.，1996)。这种突变型 GFP 就是之后逐渐被广泛应用的增强型绿色荧光蛋白(enhanced GFP，EGFP)。

2000 年，Tamura 等建立了首例含有 A3-EGFP 表达框作为筛选标记的转基因家蚕。此后，3×P3-EGFP 表达框也随即被用作转基因家蚕的筛选标记(Thomas et al., 2002)。另外,*EGFP* 基因还曾作为报告基因被应用于筛选 *piggyBac* 转座子稳定转化的家蚕细胞(Zhuang et al., 2010;王娜等,2010)。由于 EGFP 在转基因家蚕的检测极为简便,利用荧光显微镜、流式细胞仪或显微图像分析仪等即可在活体家蚕器官、组织或细胞中检测 *EGFP* 基因的表达,再加上 EGFP 具有荧光强烈且对家蚕细胞伤害较小等优点,使得 *EGFP* 基因逐渐发展成为转基因家蚕研究中应用最为广泛的报告基因。

(二) 红色荧光蛋白基因

红色荧光蛋白(red fluorescent protein, RFP)最早是由 Matz 等于 1999 年从香菇珊瑚(*Discosoma* sp.)中分离出的 GFP 同源荧光蛋白。由于该红色荧光蛋白在紫外线的照射下可发射红色荧光,其最大吸收波长为 558 nm,最大发射波长为 583 nm,因此其最初被命名为 drFP583。drFP583 蛋白发射波长较长,灵敏度与信噪比均比 GFP 高,为基于 GFP 的体内研究提供了一个很好的互补工具。但是,drFP583 蛋白所具有的寡聚化、成熟过程缓慢和具有细胞毒性等缺点也限制了它的广泛应用。因此,人们在随后的研究中对 drFP583 蛋白进行各种修饰和改进,期望得到不同发光特性、不同聚集状态和适用于不同细胞的蛋白突变体。不久之后,Clontech 公司将获得的 1 个具有低毒性、低寡聚化及成熟快的 drFP583 蛋白突变体 E57-NA 商业化,该突变体即为我们现在所熟知的 DsRed 蛋白(Yarbrough et al., 2001;王志芳等,2013)。

自 Tomita 等于 2003 年首次利用 3×P3 启动子调控 *DsRed* 基因在转基因家蚕眼睛和神经组织特异性表达以来,*DsRed* 作为筛选标记基因逐渐被广泛应用于转基因家蚕阳性个体的筛选鉴定(Adachi et al., 2006; Hino et al., 2006; Tomita et al., 2007;马三垣等,2009; Long et al., 2012)。在筛选含有 3×P3-EGFP 表达框的转基因家蚕的实际操作过程中,约在转基因家蚕胚胎发育 6.5 天时即可观察到绿色荧光,而 3×P3-DsRed 表达框作为筛选标记时,则需要在转基因家蚕胚胎发育至 7 天时才能观察到红色荧光。这主要是由于 DsRed 蛋白的成熟时间比 EGFP 慢所致。为了获得成熟时间较短的红色荧光蛋白,Clontech 公司将野生型的 *DsRed* 基因密码子进行了人源性密码子优化,通过突变其氨基酸获得了可溶性和成熟速度均得到改进的 DsRed2

蛋白(Yanushevich et al. , 2002)。目前,*DsRed2* 基因也已经被国内外的多个研究小组广泛应用于转基因家蚕的筛选与鉴定研究(Inoue et al. , 2005; Tan et al. , 2005; Tan et al. , 2013; Xu et al. , 2015)。此外,在家蚕转基因研究中,DsRed 蛋白还能够与 GFP 系列荧光蛋白(如 EGFP、ECFP 等)共同应用于标记含有多个不同转基因表达框或不同 *piggyBac* 转座子插入的转基因个体(Tan et al. , 2005; Uchino et al. , 2008; Long et al. , 2013,2015a)。

(三) 其他荧光蛋白基因

除了目前应用最为广泛的 EGFP 和 DsRed 蛋白外,有报道的曾在家蚕转基因研究中用作筛选标记的荧光蛋白还包括通过突变 GFP 获得的增强型青色荧光蛋白(enhanced cyan fluorescent protein, ECFP)(Uchino et al. , 2008)以及来自 1 种造礁珊瑚(*Anemonia majano*)的青色荧光蛋白 AmCyan (Kimoto et al. , 2014)等。ECFP 的激发峰和发射峰分别为 434 nm 和477 nm (Rizzo et al. , 2004),由于其能够用更无害的蓝光进行激发,且稳定性强,因此 ECFP 适宜用作昆虫转化的筛选标记(Horn and Wimmer, 2000)。但是,由于 ECFP 与 EGFP 的光谱不能完全分开,限制了其与带有 *GFP* 或 *EGFP* 基因的载体在家蚕等昆虫转基因研究中的联合应用。

值得注意的是,荧光蛋白的标记作用与调控其转录的启动子类型具有直接关系。不同类型的启动子调控荧光蛋白基因在家蚕不同发育时期和不同组织中的表达,决定了筛选转基因阳性个体的不同时间和方法。如果利用 3×P3-EGFP 表达框作为筛选标记,则可在转基因家蚕胚胎发育至第 6.5 天的眼睛和神经组织中观察 EGFP 的表达,并且在整个幼虫期、蛹期以及成虫期均能观察到明显的绿色荧光;如果利用 BmA3-EGFP 表达框作为筛选标记,则需要待幼虫孵化并饲养 1 天之后,才能通过其体表的绿色荧光筛选出阳性转基因个体(马三垣等,2009)。除了 3×P3 和 *BmA3* 启动子,其他曾在家蚕转基因研究中用于调控作为筛选标记的荧光蛋白基因表达的启动子还包括:来自 BmNPV 的 *ie1* 启动子(Li et al. , 2015)、来自 AcNPV 的 hr5-ie1 启动子组合(Tan et al. , 2013)、来自果蝇的 *bHsp70* 启动子(Kim et al. , 2013)和家蚕 *Bmhsp90* 启动子(Tsubota et al. , 2014b)等。此外,利用 *Fib-H* 启动子驱动 *EGFP* 基因在家蚕丝腺组织特异性表达,不但可获得含有 EGFP/H-chain 融合蛋白的转基因绿茧，而且 *EGFP* 基因又可作为筛选标记，通过观察新孵化蚁蚕丝腺组织的绿色荧光即可筛选出阳性转基因个体（Long et al.，2015a）。

二、荧光素酶基因

荧光素酶（luciferase）是生物体内能够催化荧光素（luciferin）或脂肪醛（aliphatic aldehyde）氧化发光的一类酶的总称。荧光素酶通常来自于自然界能够发光的生物，如细菌、萤火虫和海星等。荧光素酶在催化荧光素底物发生氧化性羧化作用过程中发射出光子，即产生生物荧光（bioluminescence）。这种生物荧光可通过荧光测定仪进行测定。一些含有多种不同荧光素酶的生物，能够催化同一荧光素底物发出不同颜色的生物荧光。目前研究和应用最为广泛的商品化荧光素酶主要包括萤火虫荧光素酶（firefly luciferase，FLuc）、海肾荧光素酶（renilla luciferase，RLuc）和细菌荧光素酶（bacterial luciferase，BLuc）等。

在转基因家蚕研究中，荧光素酶基因多用作报告基因，在家蚕或其他动物细胞中对家蚕内源或外源基因启动子及增强子/启动子组合的活性进行鉴定。将不同的截短型启动子序列与荧光素酶基因序列连接组成重组报告载体并转染细胞，测定转染细胞在添加相应的荧光素底物后发出的荧光强度，即可对该启动子的活性进行检测，通过比较分析还能够进一步对该启动子序列的转录因子结合活性或抑制位点等进行鉴定。这种检测转录因子与目的基因启动子区 DNA 相互作用活性的方法，通常被称为报告基因检测法或荧光素酶检测法（luciferase assay）。有报道的利用荧光素酶检测法在家蚕或其他动物细胞中鉴定其启动活性的家蚕内源或外源基因启动子包括：hr3-A4 启动子组合（Wang et al.，2013b）、*Bmhsp90* 启动子（Tsubota et al.，2014b）、*bHsp70* 启动子（Goo et al.，2011）、*BmTCTP* 启动子（Lee et al.，2004）、*BmHSC70-4* 启动子（Lee et al.，2003）、*bHp32* 启动子（Goo et al.，2010）、*BmVg* 启动子（杨从文等，2014）、*Bmlp3* 启动子（Xu et al.，2014a）和 *BmCP283* 启动子（康丽霞等，2013）等。王娜等（2010）曾利用 FLuc/RLuc 双荧光素酶报告系统对 8 种不同启动子在家蚕 BmN 细胞中的活性进行了比较研究。此外，荧光素酶报告基因还曾被用于在家蚕细胞系中验证家蚕四环素诱导基因表达(Tetracycline-inducible gene expression, Tet-On)系统活性(Karasaki et al., 2009)、家蚕 *BmAgo2* 基因下调表达对RNAi效果的影响(Li et al., 2015)以及TALEN识别/切割家蚕基因组靶DNA序列活性(Ma et al., 2014b)等研究。

相对于在细胞水平的广泛应用,荧光素酶在转基因家蚕个体水平应用的报道则较为有限。早期的研究曾证实,荧光素酶基因能够在活体家蚕中表达,表明荧光素酶基因具有作为转基因家蚕筛选标记基因的潜力(陈秀等,2000)。然而遗憾的是,荧光素酶基因至今并没有作为报告基因被真正广泛应用于转基因家蚕阳性个体的筛选鉴定研究,目前相关报道仅限于利用FLuc/RLuc双荧光素酶报告系统在转基因家蚕个体中比较研究远端 *Ser1* 启动子序列(约4 kb)及多拷贝的近端 *Ser1* 启动子序列(约0.5 kb)调控外源基因表达水平的差异(Ye et al., 2015b)。

由于荧光素酶作为报告标记,在应用过程中需要与能够产生荧光的底物(如荧光素等)发生氧化反应才能产生生物荧光,因此检测荧光素酶表达的操作过程相对更为复杂。这也是限制荧光素酶在转基因家蚕个体水平应用的最根本原因之一。但是,荧光素酶检测法仍不失为一种非常有效的在细胞中检测家蚕内源或外源启动子活性的通用方法。利用荧光素酶作为报告标记鉴定并筛选到的启动子或增强子/启动子组合,为建立个体水平的转基因家蚕提供了非常有用的启动子参考信息。

三、抗性筛选基因

抗性筛选(resistance selection)的概念最早出现于原核生物基因工程重组菌的筛选,随后逐渐拓展至植物和动物基因工程的转基因细胞及个体的筛选研究。将携带抗性标记基因的载体DNA分子导入受体动物和植物细胞,在选择压力的条件下,即可根据抗性基因在受体细胞中的表达,从大量非转化克隆中筛选出携带抗性基因的转化细胞,进而获得转基因动物和植物个体。目前,在转基因家蚕研究中应用的抗性筛选基因主要包括新霉素(neomycin)抗性基因(neo^R)、氯霉素乙酰转移酶(chloramphenicol acetyltransferase, CAT)基因(*CAT*)和博莱霉素(zeocin)抗性基因(zeo^R)。

(一) 新霉素抗性基因

neo^R 基因是编码氨基糖苷磷酸核糖转移酶(aminoglycoside phosphoribosyltransferase, APH)的基因,能够对新霉素、卡那霉素(Kanamycin)、G418(geneticin,遗传霉素)等氨基糖苷类抗生素产生抗性。1992 年,Okano 等获得了利用 G418 筛选的可继代培养的含有 neo^R 报告基因表达框的家蚕 BmN 细胞系。1999 年,陈秀将含有 ie1-neo^R 表达框的重组质粒导入家蚕胚胎,通过添食含新霉素人工饲料的方法,筛选获得了具有新霉素抗性的家蚕个体。2012 年,Hu 等利用 neo^R 基因作为筛选标记,成功建立了能够通过 N-糖基化途径(N-glycosylation pathway)产生人源化糖蛋白(humanized glycoprotein)的家蚕转基因 BmN 细胞系。近年来,苏州大学贡成良研究团队构建了多个不同的利用 neo^R 基因作为抗性筛选标记的 *piggyBac* 重组载体,通过精子介导法将重组载体导入家蚕受精卵,并用涂抹 G418 溶液的桑叶喂食孵化幼虫的方式筛选转基因阳性个体,对包括 $BmKIT_3^R$(Wang et al., 2011; Zhang et al., 2012a)、hIGF-I (Zhao et al., 2009; Li et al., 2011c)、*egt*(Zhang et al., 2012b)和 *Bmovo-1*(Xue et al., 2014)等基因的功能进行了研究。

(二) 氯霉素乙酰转移酶基因

CAT 由大肠杆菌 Tn9 转座子上的 *CAT* 基因编码。该基因是基因工程中最早、最常用的报告基因之一。真核细胞中不含有内源性 *CAT* 基因,但是大多数种类的真核细胞基因启动子却能够驱动细菌来源的 *CAT* 基因的表达。由于 CAT 可以通过催化乙酰基团从乙酰辅酶 A(acetyl-CoA)转移到氯霉素分子上,导致单乙酞化或双乙酸化作用修饰并灭活氯霉素。通常将 *CAT* 作为报告基因置于不同启动子下游,构建成能够在转染的细胞或组织中瞬时表达 CAT 的重组表达载体。利用液体闪烁计数仪可较为精确地测定 CAT 的表达活性,从而比较不同启动子的转录效率。*CAT* 作为报告基因,其优点是,能适用于多种不同的启动子,CAT 表达活性的测定方法较为可靠;其缺点是,在测定过程中需利用同位素标记,且 CAT 的 mRNA 在生物体内的积累水平往往较低。

CAT 作为报告基因,主要应用于家蚕显微注射技术发展初期。1990 年,Tamura 等曾建立了 *Fib-H* 启动子驱动 *CAT* 基因的报告载体,通过检测 *CAT* 基因在家蚕受精卵的瞬时表达活性,进而判断外源基因导入蚕卵的最优

时期。另外，Tamura 等还构建了多个由不同真核生物基因启动子调控 *CAT* 基因表达的重组载体质粒，用于比较含有不同启动子和不同形式（环状或线性）的载体 DNA 在家蚕受精卵中的瞬时表达活性。1998 年，Shamila 和 Mathavan 构建了由家蚕 *A3* 启动子驱动 *CAT* 基因的表达载体，通过精子介导法将其导入家蚕受精卵，最终在孵化的家蚕体内检测到了 CAT 表达。

（三）博莱霉素抗性基因

博莱霉素是一种来自链霉菌的含铜糖肽类抗生素，自 20 世纪 60 年代中期被用于肿瘤治疗以来，目前已经成为临床上肿瘤化疗的一个重要药物。博莱霉素抗性标志基因 zeo^R 已经被广泛用于基因工程的穿梭载体构建。博莱霉素对细菌、真菌、酵母、动植物细胞均有极强的毒性，因此在利用 zeo^R 基因作为抗性筛选标记建立转基因家蚕或转基因家蚕细胞的过程中，需要考虑博莱霉素是否会对家蚕细胞及个体造成致死性。Pfeifer 等（1997）证实，zeo^R 基因能够作为筛选标记基因被应用于双翅目和鳞翅目昆虫细胞的转化研究。Nakayama 等（2006）利用 OpMNPV 来源的 *ie1* 启动子调控 zeo^R 基因与 *EGFP* 基因融合表达作为筛选标记，借助 *piggyBac* 重组表达载体建立了稳定转化的 BmN 细胞系。近年来，利用 zeo^R 基因作为筛选标记，通过转座子或非转座子载体介导产生稳定转化的家蚕 BmN 细胞系表达的外源蛋白包括：人粒细胞—巨噬细胞集落刺激因子（hGM-CSF）（李曦等，2009；陈慧梅等，2010）、人白介素 28A（hIL-28A）（陆叶等，2010）和 DsRed 蛋白（陈和等，2013）等。此外，国内外的不同研究小组均利用 zeo^R-*EGFP* 融合基因作为筛选标记基因，分别在家蚕胚胎中实现了独立于染色体外（质粒之间）的由 phiC31 整合酶介导的盒式交换（phiC31-RMCE）反应（Yonemura et al.，2012）以及在家蚕细胞中实现了 phiC31 整合酶介导供体质粒在基因组内源性伪 *att*P（pseudo *att*P）位点的稳定整合反应（Yin et al.，2014）。上述一系列研究结果表明，利用 zeo^R 基因筛选家蚕转基因细胞系能够取得良好的效果。但是，目前尚没有利用 zeo^R 基因作为抗性筛选标记建立转基因家蚕系的报道。曾有报道指出，饲养的转基因家蚕会拒食添加博莱霉素的桑叶及人工饲料，因而在建立个体水平的转基因家蚕研究过程中不宜使用博莱霉素（鲁兴萌，2012）。

除了上述 3 种抗性基因外，其他种类的抗性筛选基因在转基因家蚕个体及细胞中应用的报道则极为有限。其他动植物物种生物工程中，常用的正向选择标记基因有潮霉素（hygromycin）抗性基因或潮霉素 B 磷酸转移酶（hygromycin phosphotransferase, HPT）基因、分泌型碱性磷酸酶（secreted alkaline phosphatase, SEAP）基因、次黄嘌呤鸟嘌呤磷酸核糖基转移酶（hypoxanthine-guanine phosphoribosyl transferase, HGPRT）基因等；常用的负向选择标记基因有胸腺激酶（thymidine kinase, TK）基因、二氢叶酸还原酶（dihydrofolate reductase, DHFR）基因等。虽然这些抗性基因目前尚未被应用于家蚕转基因研究，但是并不能排除它们具有在转基因家蚕个体及细胞中潜在应用的可能。

四、其他可视化标记基因

犬尿氨酸-3-单氧化酶（kynurenine 3-monooxygenase, KMO）是一种烟酰胺腺嘌呤二核苷酸磷酸（nicotinamide adenine dinucleotide phosphate, NADP）依赖型黄素蛋白酶，其能够催化犬尿氨酸形成 3-羟基犬尿氨酸（3-hydroxykynurenine），在昆虫眼睛着色的过程中发挥着重要作用。早期研究表明，突变体家蚕 *white egg 1*（*w-1*）的白眼和白卵表型由其体内 KMO 活性的缺失所引起（Kikkawa, 1937; Kikkawa, 1941）。进一步研究发现，*w-1* 家蚕的突变表型是由 *KMO* 基因序列的缺失突变引起（Quan et al., 2002）。Quan 等（2007）证实，通过转基因技术在 *w-1* 家蚕体内引入 *KMO* 基因表达，将使得突变体家蚕眼睛和卵的着色能力得到一定程度的恢复（图 2-12）。特别是利

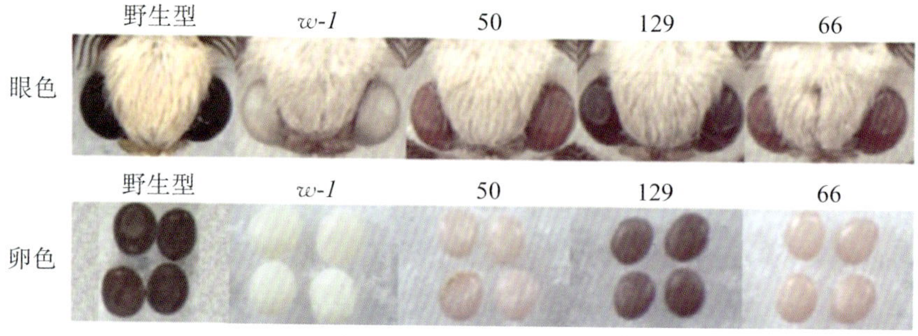

图 2-12 转基因家蚕的眼色与卵色变化（Quan et al., 2007）

以 *w-1* 突变体家蚕为材料建立的含有 BmA3-KMO 表达框的转基因家蚕，可观察到转基因家蚕（50、129 和 66）的眼色和卵色由 *w-1* 突变体的白色变为褐色。野生型家蚕用作对照

用 *BmA3* 启动子调控 *KMO* 基因表达作为可视化筛选标记，仅通过肉眼观察孵化 G_1 代幼虫的体色即能够筛选出阳性转基因家蚕个体。值得注意的是，利用 *KMO* 基因作为筛选标记需要选择颜色较浅的卵色突变品系家蚕（如 *w-1*、*w1-pnd* 等）作为注射材料。因此，这在一定程度上限制了该基因的应用（Kobayashi et al.，2007；Quan et al.，2007）。

家蚕芳烷基胺 N 乙酰基转移酶基因（*Bm-aaNAT*）和家蚕 β 丙氨酰多巴胺合成酶基因（*Bm-ebony*）是参与家蚕体内黑色素合成与代谢的关键基因。2012 年，Osanai-Futahashi 等证实，通过转基因技术过量表达 *Bm-aaNAT* 基因或 *Bm-ebony* 基因，都将使得转基因家蚕幼虫体色由黑色变为浅棕色。进一步研究发现，异位表达 *Bm-aaNAT* 基因还能够使异色瓢虫和果蝇的体色变浅。该研究表明，*Bm-aaNAT* 基因和 *Bm-ebony* 基因具有作为筛选标记被应用于包括家蚕在内的不同种类昆虫转基因研究的潜在价值。此外，包括调控家蚕表皮斑纹形成的 *Wnt1* 基因（Yamaguchi et al.，2013）、家蚕转录因子 apontic-like 基因（*apt-like*）（Yoda et al.，2014）等，由于其表达部位或表达含量不同而能够引起肉眼可见表型变化，这些基因均可作为候选可视化筛选标记基因并具有应用于家蚕甚至其他昆虫转基因研究的潜力。

家蚕是典型的排尿酸昆虫，通过嘌呤代谢在脂肪体生成尿酸，一部分通过马氏管排出体外，一部分尿酸颗粒在真皮细胞蓄积。野生型家蚕幼虫皮肤内含有大量的球状白色尿酸盐结晶，因而皮肤呈不透明状。突变体家蚕品种由于真皮细胞中尿酸盐的含量极少，整个体壁透明或半透明，如同一层油纸，故称油蚕。Fujii 等（2008）发现，具有油蚕表型的突变体家蚕 *distinct oily*（*od*），其 Z 染色体上含有的人类 *BLOS2* 基因的同源基因 *BmBLOS2* 外显子 1～3 发生了缺失突变。Fujii 等（2010）以 *od* 家蚕为材料，利用转基因技术通过回补实验证实，正是由于 *BmBLOS2* 基因的突变所造成的功能缺失才导致 *od* 家蚕呈现油蚕表型。同年，Takasu 等（2010）利用锌指核酸酶（ZFN）对野生型家蚕的 *BmBLOS2* 基因进行了定点突变，最终获得了可稳定遗传的、呈油蚕表型的 *BmBLOS2* 基因定点敲除家蚕。在此后的家蚕基因组编辑研究中，*BmBLOS2* 基因逐渐成为基因定点突变的首选标记基因，国内外多个研究小组均陆续成功实现了利用 TALEN 核酸酶（Ma et al.，2012；Sajwan et al.，2013；Takasu et al.，2013；Zhou et al.，2014；Nakade et al.，2014；）或

Cas9 蛋白(Wang et al.，2013d；Liu et al.，2014)对家蚕 *BmBLOS2* 基因的定点突变,并获得了具有油蚕表型的突变体家蚕。此外,1 个新近鉴定到的 *Bm-ok* 基因也能够被用作产生油蚕表型的筛选标记(Wang et al.，2013c)。*Bm-ok* 基因定点敲除的人工突变体家蚕,同样表现出油蚕表型(Wei et al.，2014)。

第四节　调 控 元 件

为了实现外源基因在转基因动物体内的有效表达,除了必须具有合适的启动子和开放阅读框以外,内含子、增强子(enhancer)、非翻译区(UTRs)、绝缘子(insulator)、信号肽编码序列(signal coding sequence)、核定位信号(nuclear localization signal，NLS)编码序列等调控元件序列同样决定了外源基因在宿主细胞内的转录、翻译及翻译后修饰等阶段的表达水平。调控元件是决定外源基因在转基因家蚕体内表达水平的最关键因素之一。因此,在家蚕转基因表达载体的设计过程中要特别注意调控元件的选择、组合及构建。

一、内含子

绝大多数真核生物的基因为断裂基因(interrupted gene),主要由内含子和外显子组成。内含子序列在前体 mRNA(pre-mRNA)中被除去,以形成具有完整编码框的成熟 mRNA,这一过程被称为内含子的剪接(intron splicing)。在断裂基因被发现的初期,人们一直认为外显子的主要功能是编码蛋白质,而内含子没有功能作用,是一种垃圾 DNA(junk DNA)。但随着分子生物学的深入研究和基因工程技术的飞速发展,越来越多的研究结果证实内含子在基因表达中具有重要的调控作用。Choi 等(1991)发现,在含有内含子的条件下,*CAT* 基因在转基因小鼠中的转录活性比不含该内含子条件下的转录活性高 5～300 倍。随后,Palmiter 等(1991)进一步证实,内含子能提高外源基因在转基因小鼠体内的表达效率,说明内含子中可能存在一些调控外源基因表达的元件序列。

早期体外实验结果表明,包含多个丝素调制结合蛋白(fibroin-modulatorbinding proteins, FMBPs)结合位点的家蚕 *Fib-H* 基因的内含子和位于启动子区的调控元件序列,均具有增强 *Fib-H* 基因本底转录活性的功能(Takiya et al., 1997; Martinez et al., 2004)。Zhao 等(2010)证实,*Fib-H* 基因的内含子序列能够在转录和翻译水平调控转基因家蚕丝腺中外源基因的表达。同年,Tatematsu 等证实,分别来源于家蚕 *Ser1* 基因和 *fhx/P25* 基因的外显子-内含子(exon-intron)组合序列能够提高 *Ser1* 启动子介导的外源基因在转基因家蚕丝腺中的表达量。Jiang 等(2015a)证实,含有内含子及 5′-UTR 序列的中肠特异性基因 *BmAPN4* 的启动子组合(P3P+5UI),不但能够提高外源基因在家蚕中肠组织的表达量,而且还会对外源基因的表达部位产生影响(图 2-13)。

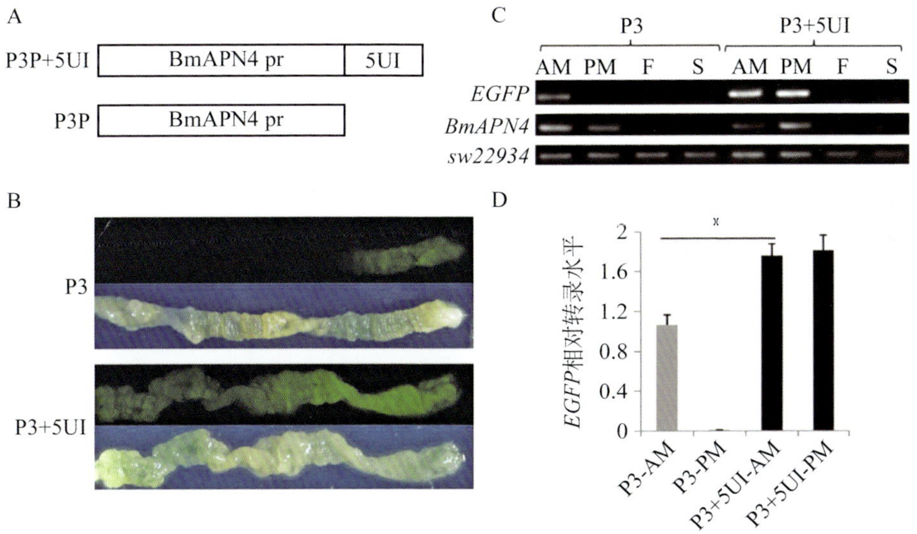

图 2-13 P3P+5UI 启动子组合调控 *EGFP* 基因在转基因家蚕中肠组织的表达检测(Jiang et al., 2015a)

A. 不同的启动子组合结构示意图;B. 不同转基因家蚕中肠组织的荧光检测;C. RT-PCR 检测 *EGFP* 基因和 *BmAPN4* 基因在转基因家蚕不同组织的表达,AM、PM、F 和 S 分别表示前部中肠、后部中肠、脂肪体和丝腺组织,*sw22934* 基因用作内参;D. qRT-PCR 检测 *EGFP* 基因在转基因家蚕中肠组织的表达,* 表示差异显著($p < 0.05$)

二、增强子

增强子是指能强化转录起始的 DNA 序列,故又被称为强化子。一般而言，增强子是通过启动子来增加转录活性的，其在转基因动植物中对外源基因的表达具有显著性提高作用。增强子对外源基因表达水平的增强作用无方向性和位置性，有效的增强子可以位于基因的5′端，也可以位于基因的3′端，有的还可以位于基因的内含子中。当外源基因整合至宿主基因组临近增强子序列区域时，就可能受到增强子的影响而使其转录水平显著提高。因此，在家蚕转基因表达载体的构建过程中引入增强子序列，将会有效地提高目的基因的表达水平。在实际研究中发现，某些增强子具有组织特异性，对实现目的基因的组织特异性表达具有重要作用；而某些增强子与组织特异性启动子的组合，能够使启动子丧失原有的组织特异性，调控目的基因发生组成性表达或异位表达。

由来源于杆状病毒基因组中的重复序列构成的同源区域（homologous regions, *hrs*）(Maeda and Majima, 1990)，除了具有作为病毒DNA复制起始位点的功能外(Kool et al., 1993)，同时也能作为增强子起到显著提高 *39k* (Guarino et al., 1986)、*p35* (Nissen and Friesen, 1989)和 *ie1* (Carson et al., 1991)等杆状病毒复制早期基因启动子活性的作用。此外，某些 *hrs* 序列还能够增强来自家蚕(Lu et al., 1997)和果蝇(Viswanathan et al., 2003)等昆虫的非杆状病毒基因启动子的活性。如前文所述，来源于BmNPV的 *hr3* 增强子已经被证实能够增强包括家蚕 *A3* (Lu et al., 1997)、*A4* (Jiang et al., 2012a; Wang et al., 2013b)、*Ser1* (Tomita et al., 2007; Iizuka et al., 2008; Wang et al., 2013b)等基因启动子调控下游外源基因在家蚕细胞或个体水平转录表达的活性，是目前家蚕转基因研究中应用最为广泛的增强子。有研究表明，当 *hr3* 增强子与作为反式调控元件的IE1蛋白(由 *ie1* 基因编码)联合应用时，能够使 *BmHSC70-4*、*BmTCTP* 以及 *BmA3* 基因启动子调控外源报告基因在体外培养的家蚕细胞系中的瞬时表达活性提高560倍(Lee et al., 2008)；同时也能够显著提高 *Ser1* 启动子调控 *EGFP* 基因在转基因家蚕丝腺中的表达效率(Tomita et al., 2007)。但是值得注意的是，*hr3* 增强子与IE1蛋白联合应用存在无法避免的缺陷，即在提高外源蛋白表达量的同时，也会使启动子驱动外源蛋白的表达失去组织和时期特异性(Tomita et al., 2007)。来源于AcNPV基因组的 *hr5* 增强子与同源 *ie1* 启动子组成的hr5-ie1启动子组合，不但在家蚕BmN细胞中的活性超过了家蚕 *A3* 启动子(王娜等，2010)，而且能够被应用于调控外源基因在转基因家蚕各个组织中的高效表达(Osanai-Futahashi et al.，2012；Tan et al.，2013；Zhou et al.，2014)。除了上述来源于杆状病毒基因组的 *hrs* 序列外，新近鉴定的家蚕内源性 *Bmhsp90* 基因的启动子序列，不但能够作为强组成型启动子调控位于其下游的外源基因的高效表达，而且同时也兼具增强子的功能，可显著提高位于其附近的其他内源或外源基因启动子的活性(Tsubota et al.，2014b)。

三、非翻译区

非翻译区序列是指 mRNA 分子两端的非编码片段。5′-UTR 从 mRNA 起点的甲基化鸟嘌呤核苷酸帽延伸至甲硫氨酸(AUG)起始密码子，3′-UTR 从编码区末端的终止密码子延伸至多聚腺苷酸信号序列(polyA)末端。在真核细胞中，内源及外源基因 mRNA 转录后修饰及翻译的起始均是较为复杂的过程。众多研究表明，非编码区序列与外源基因的表达具有密切关系。

在真核细胞所有已知的 mRNA 中，位于 5′端的帽子结构均需要与 40S 的核糖体亚基结合，由 40S 核糖体亚基与翻译起始因子形成复合物，并沿着 mRNA 的 5′-UTR 迁移，直到碰到 Kozak 序列中的起始密码子 AUG。因此，5′-UTR 的一级序列信息及其所决定的二级结构信息对外源基因的 mRNA 在转基因家蚕体内的翻译具有重要调控作用。Iizuka 等(2008)证实，4 种不同来源的昆虫 NPV 的多角体蛋白基因 *pol* 的 5′-UTR 均能调控家蚕 *Ser1* 启动子驱动报告基因的上调表达。Tatematsu 等(2010)发现，利用家蚕 *Ser1* 基因的 5′-UTR 序列能够有效提高外源基因在转基因家蚕体内的转录水平。Zhao 等(2010)证实，*Fib-H* 基因的 5′-UTR 序列能够有效提高转基因家蚕中 *Fib-H* 启动子驱动外源基因表达的效率。此外，家蚕中肠特异性基因 *BmAPN4* 的 5′-UTR 序列也已经被证实能够提高转基因家蚕中 *BmAPN4* 启动子的活性(Jiang et al.，2015a)。

真核生物细胞中初始转录的 mRNA 需要经过转录后的加工过程才能成为具有功能的成熟体 mRNA，3′-UTR 对 mRNA 的表达起着重要的调控作用。现有研究表明，3′-UTR 具有调控真核生物 mRNA 在细胞内的定位、稳定性及降解速率，控制其利用效率，协助辨认特殊密码子的功能，而且还能够决定 mRNA 的翻译位点和控制 mRNA 的翻译效率(Ito et al.，1998；Ali and

Taylor, 2001; Yang et al., 2009; Tangphatsornruang et al., 2011)。Wang 等(2013b)比较了不同家蚕基因的 3′-UTR 序列(*Fib-H*、*Fib-L*、*Ser1* 基因)在体外培养的昆虫细胞中对荧光素酶报告基因表达效率的影响,结果显示 *Ser1* 基因的 3′-UTR 能够使荧光素酶基因的表达效率显著提高。

四、绝缘子

在真核生物基因组中,基因及基因簇被一些 DNA 区段或者边界 DNA 元件隔开,这些边界 DNA 元件能阻止邻近基因间的相互作用。绝缘子就是一种边界 DNA 元件,通常处于基因的侧翼区,起到防止邻近致密染色质和其他基因结构域之间发生相互影响的屏障作用(Bushey et al., 2008)。目前在海胆、果蝇和鸡等动物基因组中已发现包括 *Ars*(Akasaka et al., 1999)、*gypsy*(Geyer and Corces, 1992)、*scs/scs′*(Kellum and Schedl, 1991)和 *β-globin* 5′ HS4(cHS4)(Chung et al., 1993)等多种绝缘子。它们大多是通过阻断邻近的调控元件与其所界定的启动子之间的相互作用而产生调控效应。Sarkar 等(2006)利用 *scs/scs′*绝缘子在果蝇中最大限度地减小了位置效应对外源基因表达的影响,使 3×P3 启动子调控荧光蛋白报告基因在不同转基因果蝇眼睛中的表达呈现相同水平(图 2-14)。另一种来源于果蝇的 *gypsy* 绝缘子被鉴定可以阻断 20 种以上不同的顺式调控元件的作用(Gaszner and Felsenfeld, 2006)。Markstein 等(2008)发现,*gypsy* 绝缘子可以提高位于果蝇基因组不同染色体的 20 个整合位点的单拷贝报告基因的表达水平,并使外源基因在这些插入位点的表达水平基本保持一致。

目前,有报道的研究多是利用 *piggyBac* 转座子介导外源基因随机整合的方式来建立转基因家蚕。随机整合可能会导致外源基因的表达受到插入位点的影响,即所谓的位置效应。利用绝缘子可以有效防止邻近异染色质的传递,克服转座子随机整合位置效应引起的外源基因表达差异甚至基因沉默现象。由此可见,虽然目前尚未有绝缘子被应用于家蚕转基因研究的报道,但绝缘子无疑是一种可用于实现克服外源基因在家蚕基因组随机整合位置效应的重要调控元件。如果能够在研究中将绝缘子引入家蚕转基因研究,将有助于调控外源基因在转基因家蚕体内的表达,尤其是利用绝缘子所具有的抗基因沉默功能,无疑将对家蚕转基因研究的发展产生重要意义。

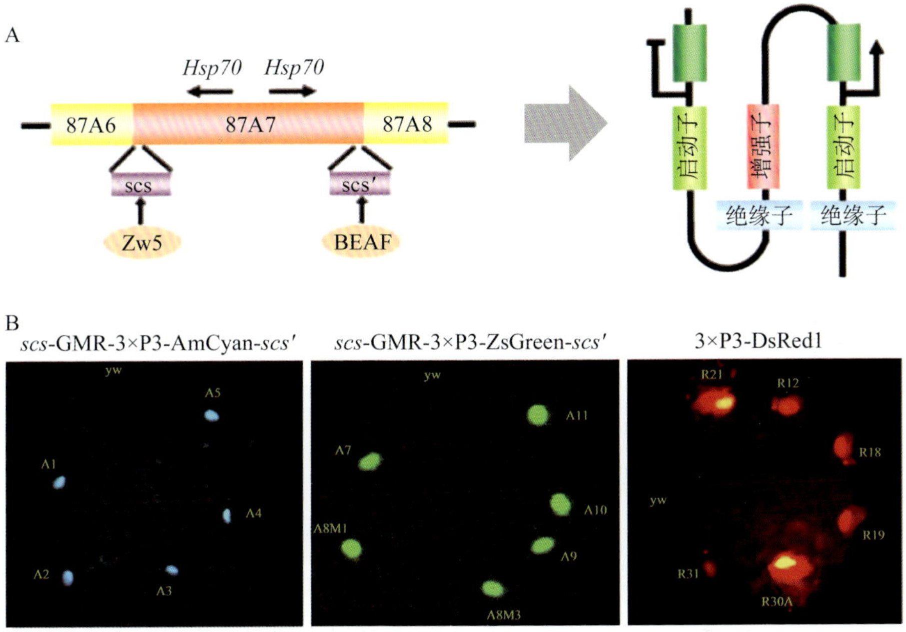

图 2－14　利用 *scs*/*scs*′绝缘子减少位置效应对转基因果蝇中外源基因表达的影响（Sarkar et al.，2006）

A. *scs*/*scs*′绝缘子作用原理示意图；B. 利用 *scs*/*scs*′绝缘子在转基因果蝇中实现减少位置效应对报告基因表达的影响

五、其他调控元件

为了实现外源基因在转基因家蚕细胞（如丝腺细胞）中的分泌表达，必须在外源基因 cDNA 前添加合适的信号肽编码序列，才能使信号肽酶在正确位置切割前体蛋白，以获得具有活性的成熟外源蛋白产物，并引导外源蛋白分泌至细胞外。Wang 等（2006）发现，Fib-H 蛋白的信号肽对外源蛋白在家蚕丝腺细胞中的分泌具有重要作用。Zhao 等（2010）进一步证实，Fib-H 蛋白的信号肽是内源 Fib-H 蛋白及外源蛋白从转基因家蚕丝腺细胞分泌至丝腺腔所必需的调控元件。目前，包括 Ser1（Guo et al.，2008；Tatematsu et al.，2010）、fhx/P25（Tatematsu et al.，2010）等主要丝腺蛋白的信号肽均已经被证实能够促进外源蛋白在家蚕丝腺中的分泌。

核定位信号（NLS）是一段富含 Pro、Arg 和 Lys 的氨基酸序列，一般存在于真核细胞核蛋白和病毒蛋白中(如鱼精蛋白、鸡贫血病毒 VP3 和 SV40 大 T 抗原等)。NLS 多由 4~8 个氨基酸组成,具有引导其连接的蛋白质趋向定位于核区的功能。由于 NLS 对其所连接的蛋白质序列无特殊要求,并且完成核输入后不被切除,因此可用作引导外源蛋白进入细胞核的调控元件。在转基因家蚕研究中,SV40 大 T 抗原的 NLS 序列曾被添加至 phiC31 整合酶编码序列的 5′端或/和 3′端,用于引导整合酶进入细胞核,进而通过位点特异性重组反应实现介导外源 DNA 在家蚕细胞或个体基因组的定点整合(Nakayama et al., 2006; Yin et al., 2014)。不同研究小组将 SV40 大 T 抗原的 NLS 与 TALEN 核酸酶或 Cas9 蛋白融合表达,期望通过提高 TALEN 核酸酶或 Cas9 蛋白在家蚕胚胎细胞核区中积累量的方式,达到提高基于 TALEN 或 CRISPR/Cas9 系统的家蚕基因组编辑效率的目的(Wang et al., 2013a; Ma et al., 2014a, 2014b; Wei et al., 2014)。

内部核糖体进入位点(internal ribosome entry site, IRES)是最早发现于动物病毒基因组 mRNA 5′-UTR 的一段特殊序列,其具有不依赖于 5′端帽子结构的翻译起始功能。在若干多顺反子 mRNA 中,IRES 可以用来表达独立的顺反子,有时将 IRES 添加到 5′-UTR 序列中,将有利于单顺反子在特定细胞和组织中的表达。Ye 等(2013)发现,由来源于脑心肌炎病毒(encephalomyocarditis virus, EMCV)和禾谷缢管蚜病毒(Rhopalosiphum padi virus, RhPV)的两种不同 IRES 组成的融合型 IRES,比分别单独应用两种 IRES 更有利于在 *Sf9* 细胞及家蚕组织中促进下游基因的表达。此外,Ye 等还进一步证实,融合型 IRES 能够有效促进位于其下游的外源报告基因在转基因家蚕体内的表达。

翻译起始密码子 ATG 临近的核苷酸序列基序(ATG-context motifs)会影响 mRNA 的翻译效率及蛋白产物的合成。在脊椎动物中,ATG 临近的 13 bp 核苷酸序列对蛋白的翻译具有重要作用,一般归纳为 GCCGCC(A/G)CcatgG 基序,也就是通常所称的 Kozak 序列(Kozak, 1987a、b)。其中－3 和＋4 位(将起始密码子 ATG 中的“A”记为＋1)的核苷酸被认为是 Kozak 序列中起决定作用的核苷酸位点,其发生突变会使蛋白的翻译效率显著降低(Kozak, 1986)。但是,在昆虫物种中所含的这种能优化蛋白表达的核苷酸序列基序(称为 ATG 临近基序)与脊椎动物中 Kozak 序列的差异非常大。

黑腹果蝇基因中曾鉴定到出现频率最高的 ATG 临近基序为(C/A)AA(A/C)atg(Cavener, 1987)。在仅有的对该序列进行突变研究的报道中,Feng等(1991)发现点突变后的 ATG 临近基序会使目标蛋白的翻译效率显著降低。Tatematsu 等(2014)比较了 50 个不同家蚕基因的包含 ATG 及其临近核苷酸的共计 14 bp 序列,统计发现,出现比例最高的序列组合为(A/T)AN(A/T)ATCAAAatgN(记作"PC"),而出现比例最低的序列组合为 CCN(C/G)CGN(C/T/G)(G/C/T)(T/G)atgC(记作"NC")。随后,Tatematsu 等构建了一系列 5′端分别含有 PC、NC 基序等不同 ATG 临近基序携带报告基因的瞬时表达载体。通过体外细胞转染实验证实,含有 PC 基序的瞬时表达载体在 BmN 细胞中调控外源蛋白翻译的效率最高。但是,Tatematsu 等在随后建立的分别含有不同 ATG 临近基序的转基因家蚕中,却没有观察到与 BmN 细胞中相一致的结果。其实验结果显示,来源于 *Ser1* 基因 ATG 临近基序调控外源蛋白的翻译表达效率最高。虽然并没有获得能够在家蚕个体水平调控外源基因高效表达的最为优化的 ATG 临近基序,但 Tatematsu 等的研究初步证实,ATG 临近基序对外源基因 mRNA 在转基因家蚕体内的翻译具有重要调控作用。该结论将在以后的研究中为利用转基因家蚕表达重组外源蛋白的优化设计提供有用参考。

第五节　家蚕转基因常用载体

目前已知的包括 *P* 因子、*piggyBac* 转座子、*Mos1* 转座子、*Minos* 转座子和 *hobo* 转座子等转座载体,无疑是应用最为广泛和有效地建立转基因昆虫的载体系统。其中,*piggyBac* 转座子是家蚕转基因研究中应用最为成熟的转座载体。此外,*Minos* 转座子和 *P* 因子也曾被成功应用于建立转基因家蚕。其余曾被用于家蚕转基因研究的非转座子类载体系统还包括:含有同源臂的基因打靶载体和新近发展起来的人工核酸酶(ZFN、TALEN 和 Cas9 核酸酶)表达载体等。

一、转座载体

自 Rubin 和 Spradling 于 1982 年建立由改造的 *P* 因子介导外源基因在基因组稳定整合的首例转基因果蝇以来，基于转座子介导的遗传转化技术已经被广泛地应用于昆虫和其他无脊椎动物的基础和应用研究领域。截至 2015 年底，研究者已经在包括直翅目、鞘翅目、双翅目、鳞翅目和膜翅目等 5 个目的 43 种昆虫物种中成功建立了基于转座子介导的转基因技术(表 2-2)。但在家蚕转基因研究领域，目前仅有 *piggyBac* 转座子、*Minos* 转座子和 *P* 因子被成功应用于建立外源基因可稳定遗传转基因家蚕的报道。

表 2-2　利用转座子介导创制的转基因昆虫

目	属名	种名	转座子	参考文献
直翅目	*Gryllus*	*bimaculatus*	*piggyBac*	Nakamura et al., 2010
鞘翅目	*Harmonia*	*axyridis*	*piggyBac*	Kuwayama et al., 2006
	Tribolium	*castaneum*	*Hermes*	Berghammer et al., 1999
			mariner/Mos1	Berghammer et al., 1999
			piggyBac	Berghammer et al., 1999
			Minos	Pavlopoulos et al., 2004
	Hypothenemus	*hampei*	*piggyBac*	O'Brochta，未公开发表
			Minos	O'Brochta，未公开发表
双翅目	*Aedes*	*aegypti*	*Hermes*	Jasinskiene et al., 1998
			mariner/Mos1	Coates et al., 1998
			piggyBac	Kokoza et al., 2001
			Tn5	Rowan et al., 2004
		albopictus	*piggyBac*	Labbe et al., 2010
		fluviatilis	*piggyBac*	Rodrigues et al., 2006
	Anopheles	*albimanus*	*piggyBac*	Perera et al., 2002
		gambiae	*piggyBac*	Grossman et al., 2001
		stephensi	*Minos*	Catteruccia et al., 2000
			piggyBac	Nolan et al., 2002

（续表）

目	属名	种名	转座子	参考文献
双翅目	*Culex*	*quinquefasciatus*	*Hermes*	Allen et al.，2001
	Anastrepha	*ludens*	*piggyBac*	Condon et al.，2007
		suspensa	*piggyBac* *Hopper*	Handler and Harrell，2001 Handler and O'Brochta，2012
	Bactrocera	*dorsalis*	*piggyBac*	Handler and Harrell，2001
		oleae	*Minos*	Koukidou et al.，2006
		tryoni	*piggyBac*	Raphael et al.，2011
	Ceratitis	*capitata*	*Hermes* *Minos* *piggyBac*	Michel et al.，2001 Loukeris et al.，1995b Handler et al.，1998
	Teleopsis	*dalmanni*	*Minos* *piggyBac*	Warren et al.，2010 Warren et al.，2010
	Drosophila	*ananassae*	*piggyBac*	Holtzman et al.，2010
		erecta	*piggyBac*	Holtzman et al.，2010
		hawaiiensis	*P*	Brennan et al.，1984
		melanogaster	*P* *Hobo* *mariner/Mos1* *Hermes* *Minos* *piggyBac* *Herves* *Hopper*	Spradling and Rubin，1982 Blackman and Gelbart，1989 Garza et al.，1991 O'Brochta et al.，1996 Loukeris et al.，1995a Handler and Harrell，1999 Arensburger et al.，2005 Handler and O'Brochta，2012
		mojavensis	*piggyBac*	Holtzman et al.，2010
		pseudoobscura	*piggyBac*	Holtzman et al.，2010
		sechellia	*piggyBac*	Holtzman et al.，2010
		simulans	*P* *piggyBac*	Scavarda and Hartl，1984 Holtzman et al.，2010

（续表）

目	属名	种名	转座子	参考文献
双翅目		*virilis*	*Hobo* *mariner/Mos1* *piggyBac*	Lozovskaya et al.，1996 Lohe and Hartl，1996 Holtzman et al.，2010
		willistoni	*piggyBac*	Finokiet et al.，2007
		yakuba	*piggyBac*	Holtzman et al.，2010
	Musca	*domestica*	*piggyBac*	Hediger et al.，2001
	Stomoxys	*calcitrans*	*Hermes*	O'Brochta et al.，2000
	Lucilia	*cuprina* *sericata*	*piggyBac* *piggyBac*	Heinrich et al.，2002 Concha et al.，2011
	Cochliomyia	*hominivorax*	*piggyBac*	Allen et al.，2004
鳞翅目	*Pectinophora*	*gossypiella*	*piggyBac*	Peloquin et al.，2000
	Plutella	*xylostella*	*piggyBac*	Martins et al.，2012
	Cydia	*pomonella*	*piggyBac*	Ferguson et al.，2011
	Ostrinia	*furnacalis*	*piggyBac*	Liu et al.，2012
	Helicoverpa	*zea*	*Hobo*	DeVault et al.，1996
	Bombyx	*mori*	*piggyBac* *P* *Minos*	Tamura et al.，2000 Kim et al.，2003 Uchino et al.，2008
	Bicyclus	*Anynana*	*Hermes* *piggyBac*	Marcus et al.，2004 Marcus et al.，2004
膜翅目	*Athalia*	*Rosae*	*piggyBac*	Sumitani et al.，2003
	Apis	*Mellifera*	*piggyBac*	Schulte et al.，2014

（一）*piggyBac* 转座载体

来源于粉纹夜蛾（*Trichoplusia ni*）的 *piggyBac* 转座子被证实是 1 个广谱性的转座载体系统，其已经被应用于真菌类的酵母（*Schizosaccharomyces pombe*）（Li et al.，2011a）、无脊椎动物类的真涡虫（*Girardia tigrina*）

(Gonzalez-Estevez et al., 2003)和40多种昆虫物种(表2-2),以及脊椎动物类的小鼠(Ding et al., 2005)、大鼠(Jang and Behringer, 2007)、鸡(Park and Han, 2012)、牛(Kim et al., 2011)、猪(Wu et al., 2013)、斑马鱼(*Danio rerio*)(Lobo et al., 2006)和人类细胞(Ding et al., 2005)等个体或细胞中,成功介导实现了外源基因在宿主基因组的整合和表达。有研究证实,*piggyBac*转座子在水稻(Nishizawa-Yokoi et al., 2014)和烟草(Johnson and Dowd, 2014)中仍具有介导外源基因发生转座的活性。

1. *piggyBac*转座子结构及其转座机理

*piggyBac*是典型的Ⅱ型转座子系统,其内部编码框序列编码1个由594个氨基酸组成的*piggyBac*转座酶(PBase)。该转座酶用于介导*piggyBac*转座子从原位点的切除及新位点的再整合(Fraser et al., 1996)。*piggyBac*转座子末端含有13 bp的末端反向重复(inverted terminal repeat, ITR)序列,ITR内侧不对称地分布着19 bp的内部反向重复(inverted repeat, IR)序列,ITR和IR之间分别间隔3 bp和31 bp的碱基序列(Elick et al., 1996a; Handler, 2002)(图2-15A)。*piggyBac*的转座遵循"剪切—粘贴"机制,特异性识别并整合至宿主基因组中含有"TTAA"序列的染色体位点(Cary et al., 1989; Elick et al., 1996b)。

*piggyBac*转座子在TTAA靶位点的转座过程如图2-15B所示(Mitra et al., 2008)。首先,转座酶对转座子3′末端的GGG与TTAA位点之间的T-G进行单链切割形成3′端缺口(nick),使3′端羟基(3′-OH)暴露出来;随后,3′-OH亲核攻击互补链上的TTAA靶位点使其断裂,并在转座子末端形成发夹结构(hairpin),将*piggyBac*转座子释放;与此同时,原切割位点5′末端TTAA靶位点通过连接互补链精确地修复了转座子切出后留下的裂痕;转座子末端的发夹结构再次被转座酶降解,形成了悬挂在5′ ITR末端的TTAA 4个核苷酸结构,并再次将3′-OH暴露出来;3′-OH交错连接至TTAA/AATT靶序列中的5′端T位点;随后,因转座了插入造成的单链缺口被修复,并在新插入的*piggyBac*转座子两侧形成TTAA靶位点重复,至此整个转座过程完成。

2. *piggyBac*转座子的特点和优势

由于动植物基因组中含有大量的TTAA序列,*piggyBac*转座子识别并

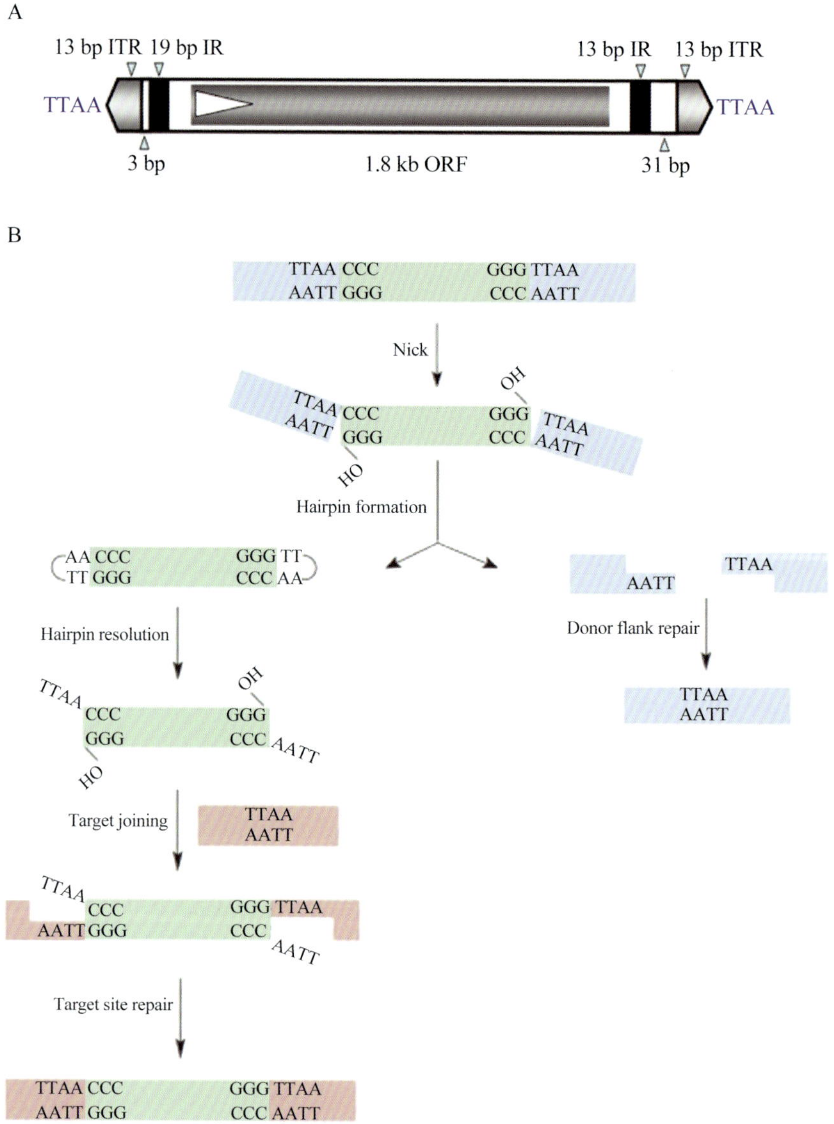

图 2-15　*piggyBac* 转座子结构及转座机制示意图(Handler, 2002; Mitra et al., 2008)

A. *piggyBac* 转座子结构示意图;B. *piggyBac*"剪切—粘贴"转座原理示意图

整合至 TTAA 位点的特点决定了其在宿主基因组的插入具有随机性(Elick et al., 1996b)。此外,在宿主基因组中,*piggyBac* 转座子还存在发生整合后再转座的现象(Horn *et al.*, 2003)。与其他转座子系统相比,*piggyBac* 转座子的优势除了体现在其应用物种的广泛性之外,还表现在 *piggyBac* 转座子介导外源基因整合的高效性和负载外源 DNA 片段容量较大等方面(Cadinanos and Bradley, 2007; Solodushko et al., 2014)。有报道证实,*piggyBac* 转座子能够介导超过 100 kb 的大片段 DNA 在宿主基因组的整合,而且其整合效率并未显著下降(Li et al., 2011b, 2013a; Rostovskaya et al., 2012)。*piggyBac* 转座子在转座后不会在原位点留下"足迹"(footprint),也不会造成插入位点本身和附近 DNA 序列的突变,因此可以对转座反应后的宿主基因组实现精确的切除后修复,在可逆转基因的应用中具有重要作用(Elick et al., 1996a; Fraser et al., 1996)。此外,*piggyBac* 转座酶可塑性高,可通过与其他功能蛋白融合表达以提高外源基因转座的靶向性(Maragathavally et al., 2006; Kettlun et al., 2011; Owens et al., 2013),或者通过突变改变转座酶的功能区域,创制出突变型转座酶以改变原转座酶的活性和作用方式(比如仅具有切割活性的转座酶突变体),从而优化 *piggyBac* 转座系统的应用(Li et al., 2013b)。

3. 家蚕 *piggyBac* 转座载体的来源及其改造

2000 年,Tamura 等根据 *piggyBac* 转座子的结构特点,用 1 个外源基因表达框(A3-GFP-SV40)替换 *PBase* 基因的编码序列,构成了重组 *piggyBac* 转座载体 pPIGA3GFP,并构建了由 *A3* 启动子调控 *PBase* 基因表达的辅助质粒 pHA3PIG(图 2-16)。通过胚胎显微注射将 pPIGA3GFP 和 pHA3PIG 混合导入非滞育家蚕受精卵,经饲养和筛选,最终实现了首例身体发绿色荧光的转基因家蚕(Tamura et al., 2000)。此后,为了在胚胎发育时期即可实现阳性转基因家蚕的筛选与鉴定,Thomas 等(2002)和 Tomita 等(2003)先后利用含有 3×P3-EGFP 和 3×P3-DsRed 筛选标记基因表达框的重组 *piggyBac* 转座载体(图 2-17)建立了胚胎、幼虫以及成虫期眼睛发红色或绿色荧光的转基因家蚕。

在随后的研究中,研究人员进一步确认了 *piggyBac* 转座载体在家蚕中介导外源基因整合的高效性和可负载大片段 DNA 整合的能力,再加上 *piggyBac* 转座后不会在原位点留下"足迹"、不会引起插入位点附近 DNA 序

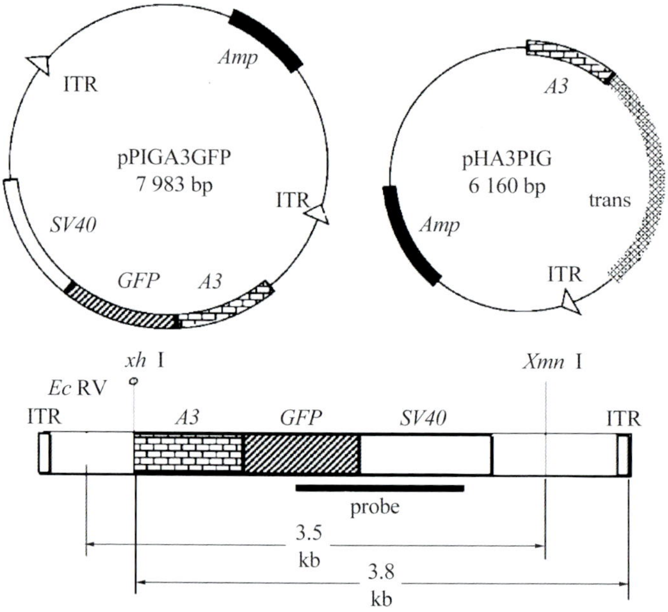

图 2-16　首个用于建立转基因家蚕的重组 *piggyBac* 转座载体及转座酶表达辅助质粒(Tamura et al.，2000)

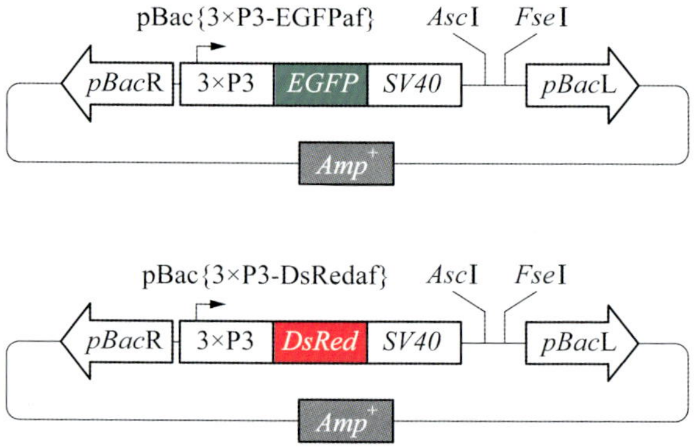

图 2-17　分别含有 3×P3-EGFP(上)和 3×P3-DsRed(下)筛选标记的家蚕 *piggyBac* 转座载体结构示意图

列突变等优点，其逐渐成为了国内外多个实验室应用最为广泛以及公认最为可靠的建立转基因家蚕的载体系统。目前家蚕转基因研究中所使用的 *piggyBac* 转座载体，几乎都是根据不同研究需求，以上述 3 种家蚕 *piggyBac* 转座载体为基础进行改造的，从而构建了多种不同类型且各具特色的重组

piggyBac 转基因载体系统。例如，利用不同组织特异性或诱导型启动子（*A3*、*Fib-H*、*Fib-L*、*Ser1*、*ie1* 和 *Dmhsp70* 等）调控外源基因在家蚕不同组织或不同发育时期特异性表达的 *piggyBac* 转座载体（Uhlirova et al.，2002；Suzuki et al.，2003；Tomita et al.，2003，2007；Suzuki et al.，2005；Kojima et al.，2007；Ando and Fujiwara，2013）；含有不同增强子调控元件序列（*hr3* 和 *hr5* 等）的 *piggyBac* 转座载体（Tomita et al.，2007；Osanai-Futahashi et al.，2012）；含有不同长度转座元件序列（转座子臂序列）的 *piggyBac* 转座载体（Zhuang et al.，2010）等。Long 等（2015a）和 Wang 等（2015）分别建立了含有 4 个和 3 个转座元件序列的复合型 *piggyBac* 转座载体系统，通过其插入家蚕基因组后的再转座事件介导转座子双侧或单侧臂序列的删除，从而达到实现外源目标基因在家蚕基因组稳定整合的目的（图 2－18）。

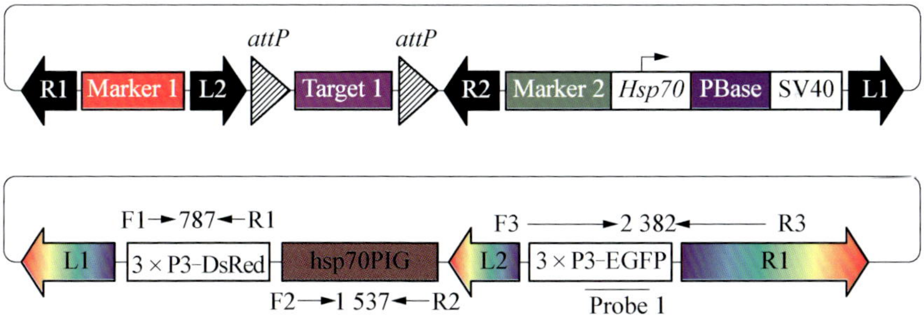

图 2－18　分别含有 4 个(上)和 3 个(下)转座子臂序列的复合型家蚕 *piggyBac* 转座载体示意图(Long et al.，2015a；Wang et al.，2015)

虽然利用 *piggyBac* 转座载体介导外源基因在家蚕基因组的随机整合可能会引起位置效应和插入突变等负面影响，但是其所具有的在家蚕中介导外源基因整合的高效性和负载大片段 DNA 整合的能力是其他转座子系统无法比拟的。*piggyBac* 转座载体已经被证实能够介导超过 11 kb 的外源 DNA 序列在家蚕基因组中的整合（Long et al.，2015a），如果能够将目前经过改造并鉴定具有转座子活性的仅含有 98 bp 转座子臂序列的 minimal-*piggyBac* 转座载体应用于家蚕转基因研究（Solodushko et al.，2014），将有望进一步提高 *piggyBac* 转座载体介导大片段 DNA 在家蚕基因组整合的能力。此外，通过将来自植物病原体黄单胞杆菌（*Xanthomonas* spp.）的、能特异性识别并结合 DNA 序列的 TAL 结合域与 PBase 蛋白融合表达，以提高外源基因在家蚕基因组靶位点定点整合效率的尝试(Ye et al., 2015a),也在一定程度上推动了*piggyBac*转座载体在家蚕转基因研究中应用的发展。

(二) *Minos* 转座载体

来源于海德氏果蝇(*Drosophila hydei*)的*Minos*转座子属于Tc1/Mariner超家族转座元件成员,基因全长1 775 bp,末端含有长达255 bp的反向重复序列,其转座酶序列含有2个外显子和1个60 bp的内含子(Franz and Savakis, 1991)。*Minos*转座子同样属于Ⅱ型转座系统,其转座机理与*piggyBac*转座子类似,同样是在宿主基因组中实现"剪切—粘贴"的运作机制。此外,*Minos*转座子在转座时偏向插入TA位点并且主要集中于内含子区域,从而有利于减少插入位置效应对内源基因表达的影响。

2000年,Shimizu等将Minos转座酶表达辅助质粒(helper)、含有转座元件序列的供体质粒(donor)以及目标质粒(target)共同导入发育早期的家蚕胚胎,结果证实*Minos*转座子具有在家蚕胚胎中发生独立于染色体外质粒间的转座活性。通过对发生转座插入的目标质粒的测序分析结果发现,*Minos*转座子偏爱插入含有"TA"特征序列的位点处,但插入位点两侧的DNA序列并不具有绝对的一致性。

2007年,Uchino等根据类似*piggyBac*转座载体的方法,构建了适用于家蚕的*Minos*转座载体系统并成功获得了转基因家蚕(图2-19)。2008年,

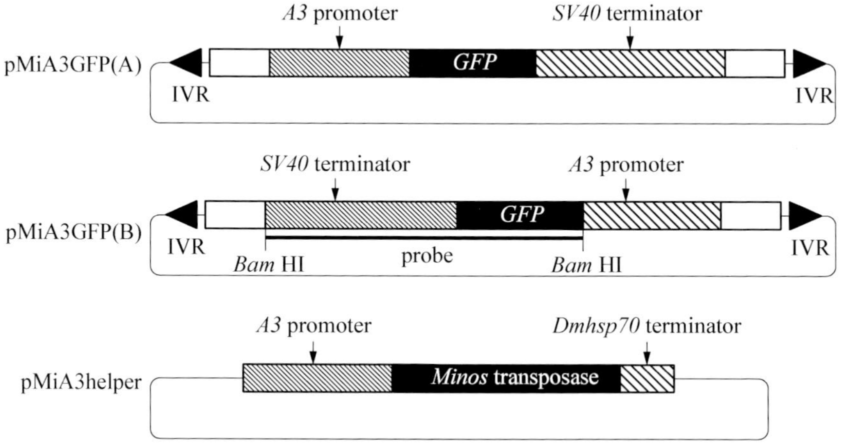

图2-19 家蚕*Minos*转座载体系统(Uchino et al., 2007)

Uchino等还利用 *Minos* 转座载体建立了基因组中含有稳定整合的 A3-PBase 表达框的转基因家蚕。但是,由于 *Minos* 转座子在家蚕中实现的转座效率较低,再加上 *Minos* 转座子会引起插入位点两侧的 DNA 序列发生突变,从而限制了 *Minos* 转座子在家蚕转基因研究领域的广泛应用。

(三) 其他转座载体

1. *P* 因子

P 因子(*P* element)最早由 Rubin 等从黑腹果蝇(*D. melanogaster*)基因组中克隆获得(Rubin et al., 1982)。如图 2-20 所示,完整的 *P* 因子全长 2 907 bp,含有 4 个外显子(exon 0～3,标记为 ORF 0～3)和 3 个内含子(intron 1～3,标记为 IVS 1～3)(刘旭等,2000)。在 *P* 因子两端分别含有 31 bp 的反向末端重复和 11 bp 的反向亚末端重复;*P* 因子两端的亚末端重复区域是转座酶结合部位,一旦结合则抑制转录;若再与 GTP 结合则激活 *P* 因子转座。exon 0 内含有 17 bp 反向重复,exon 3 内含有 20 bp 重叠同向重复,而 intron 3 则属于种系特异内含子。果蝇基因组中 2/3 的 *P* 因子都属于部分缺失型,长度从几百 bp 至 2 kb 不等。*P* 因子同样属于Ⅱ型转座子,其转座过程严格遵循"剪切—粘贴"原理。在果蝇基因组中,*P* 因子对插入位点有一定的偏好性,如常染色体区和基因的 5′非编码区等,并存在一些转座热点。

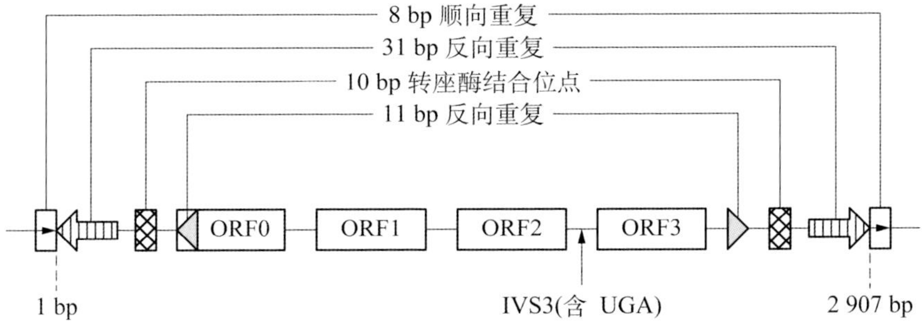

图 2-20 *P* 因子的结构示意图(刘旭等,2000)

虚线间部分表示完整的 *P* 因子结构;4 个 ORF 可编码转座酶或转座抑制物,31 bp 反向重复、10 bp 结合位点和 11 bp 反向重复是转座必需的顺式元件,IVS 3 与转座的组织特异性有关,*P* 因子的插入会在靶位点处形成 8 bp 顺向重复

韩国 Suh 等的研究团队曾报道，他们成功建立了由来自果蝇的 *P* 因子介导外源基因稳定整合的转基因家蚕，并通过 Southern 杂交和反向 PCR 对转基因在后代家蚕基因组中的遗传稳定性进行了鉴定（Kim et al.，2003）。随后，Suh 等的研究团队还分别建立了由 *P* 因子介导重组人红细胞生成素（rhEPO）基因和重组人胰岛素样生长因子Ⅰ（rhIGF-I）基因在丝腺中表达的转基因家蚕（Seong et al.，2011，2013）。遗憾的是，由于 *P* 因子介导外源基因在家蚕基因组插入效率较低，以及 *P* 因子可负载的外源 DNA 片段大小较为有限，因而 *P* 因子在家蚕转基因研究领域并未得到广泛应用。

2. *Mos1* 转座子

来源于毛里求斯果蝇（*Drosophila muritina*）的 Tc1/Mariner 超家族的 *Mos1* 转座子基因全长 1 286 bp，编码 346 个氨基酸残基的转座酶，其末端含有 28 bp 不完整的非对称反向重复序列（Bryan et al.，1987）。*Mos1* 转座子的转座机制为“剪切—粘贴”模式，基因组整合位点的特征序列为 TA 重复（Bryan et al.，1987；Medhora et al.，1988）。

在家蚕转基因早期研究中，Wang 等（2000）曾证实 *Mos1* 转座子能够介导外源基因在家蚕 *Bm5* 细胞基因组中的整合，表明 *Mos1* 转座子同样具有应用于家蚕等鳞翅目昆虫生殖系转化的潜力。

二、基因打靶载体

基因打靶载体是随着 20 世纪 80 年代初发展起来的基因打靶技术（gene targeting technology）而建立的载体系统。最初的基因打靶载体特指针对靶位点设计的目的基因两端含有同源臂序列的载体系统，被称为基于同源重组的完全基因打靶载体。其介导外源目的基因在家蚕基因组的整合以同源重组为基础，理论上可实现外源基因定向整合进入家蚕细胞基因组中的特定位点，进而达到对特定靶位点定点修饰改造的目的。随着科学技术的进步与发展，能够有效提高外源基因靶向修饰效率的、基于位点特异性重组的条件基因打靶技术逐渐被广泛应用于果蝇、家蚕等昆虫的转基因研究领域，因此基于位点特异性重组的条件基因打靶载体也应运而生。

(一) 基于同源重组的家蚕完全基因打靶载体

在家蚕转基因研究的前期探索阶段,国内外的不同研究小组曾构建了针对家蚕丝素轻链和重链蛋白编码基因(*Fib-L* 和 *Fib-H*)的家蚕完全基因打靶载体,此后有报道的家蚕完全基因打靶载体几乎都是针对这 2 个基因进行设计的。苏州大学的贡成良研究组曾建立了多个针对 *Fib-H* 或 *Fib-L* 基因的家蚕完全基因打靶载体,结合精子介导法将含有 *GFP*(李静芝等,2013)和 *hGM-CSF*(Li et al.,2010;Xue et al.,2012)等基因的打靶载体导入家蚕受精卵并筛选获得了转基因阳性家蚕个体(图 2-21)。但是到目前为止,利用基于同源重组的家蚕基因打靶载体成功实现外源基因在家蚕基因组靶位点定点整合的研究报道相对较少,而且获得的转基因家蚕存在传代培养过程中外源基因丢失现象(Wu and Cao,2004)。

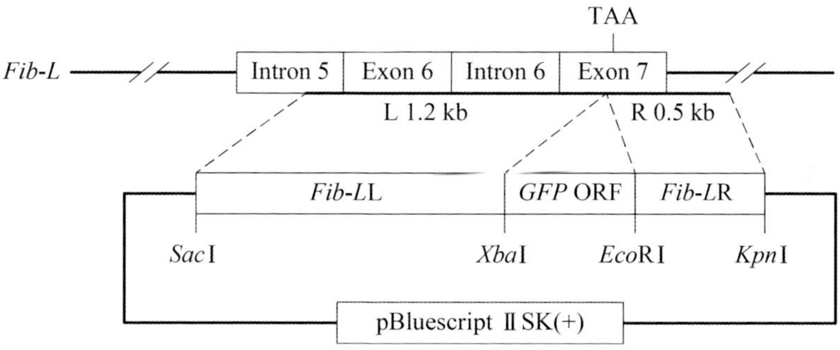

图 2-21 家蚕完全基因打靶载体 pSK-FibL-L-GFP-FibL-R 结构示意图(李静芝等,2013)

Fib-L:家蚕丝素轻链基因结构;L:丝素轻链基因终止密码子 TAA 上游约 1.2 kb 片段;R:丝素轻链基因终止密码子 TAA 下游约 0.5 kb 片段;*Fib-L*L:打靶载体左侧同源臂;*Fib-L*R:打靶载体右侧同源臂;*GFP* ORF:绿色荧光蛋白基因开放阅读框

客观而言,由于家蚕细胞中的同源重组效率极低,从而导致单纯利用家蚕完全基因打靶载体实现外源基因在家蚕基因组定点整合的概率极低。再加上针对序列较长的外源目的基因序列,需要同时增加同源臂序列的长度,进而增加了基因打靶载体的构建难度,从而极大地限制了完全基因打靶载体在家蚕转基因研究中的广泛应用。

(二) 基于位点特异性重组的家蚕条件基因打靶载体

为了有效克服利用家蚕完全基因打靶载体介导外源基因定点整合的低效性并降低载体的构建难度，研究人员建立了基于位点特异性重组系统（site-specific recombination system）的条件基因打靶技术。首先构建基因组中含有重组酶特异识别位点（如 *FRT*、*loxP*、*attP* 或 *attB* 等）的靶品系家蚕，随后利用位点特异性重组酶（如 FLP、Cre 或 phiC31 等）介导位于靶品系基因组与条件基因打靶载体上的重组酶特异识别位点对（如 *FRT*/*FRT*、*loxP*/*loxP* 或 *attP*/*attB* 等）之间的重组反应，即可实现外源基因在靶品系家蚕基因组靶位点的定点整合或替换。2006 年，Nakayama 等利用其建立的基于 phiC31/*att* 系统的家蚕条件基因打靶载体（图 2－22A），实现了介导 *DsRed* 基因序列在含有 *attB* 靶位点的家蚕 BmN4 细胞基因组的定点整合。2013 年，Yonemura 等利用携带 *attB* 位点的家蚕条件基因打靶载体（图 2－22B），实现了介导 *EGFP* 基因表达框在预先建立的转基因靶品系家蚕基因组接纳位点（*attP* 位点）的定点整合。同年，Long 等（2013）分别建立了含有 *attP1*/*attP2* 和 *attB1*/*attB2* 位点对的家蚕条件基因打靶载体（图 2－22C），实现了介导 3×P3-EGFP 基因表达框在靶品系家蚕基因组的盒式交换（RMCE）反应。

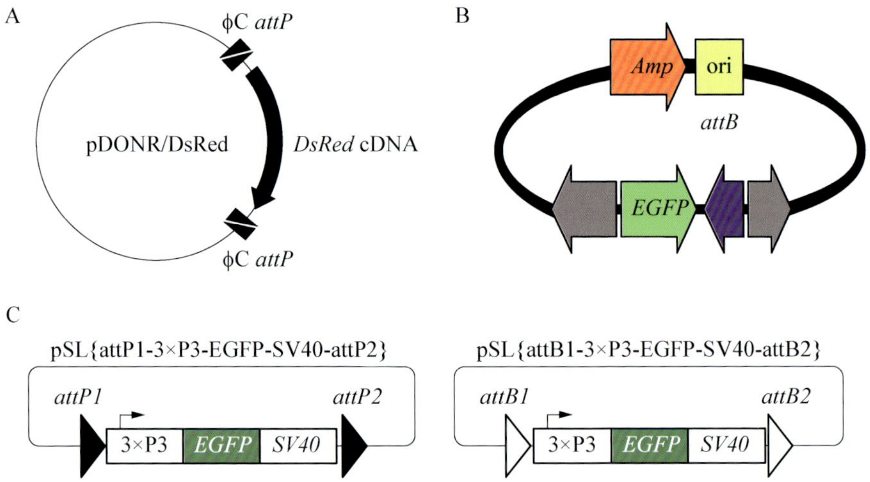

图 2－22　**基于 phiC31/*att* 系统的家蚕条件基因打靶载体结构示意图（Nakayama et al., 2006; Yonemura et al., 2013; Long et al., 2013）**

由于位点特异性重组酶介导特异识别位点间的重组反应效率远高于同源重组反应，而且载体所携带的特异性识别位点长度仅为 30～50 bp，极大地简化了条件基因打靶载体的构建难度。这些优点将有力地推动基于位点特异性重组的家蚕条件基因打靶载体的应用和家蚕条件基因打靶技术的发展。

三、人工核酸酶表达载体

人工核酸酶表达载体是指基于新近发展起来的基因组编辑技术而建立的调控 ZFN、TALEN、Cas9 核酸酶基因以及 sgRNA 片段表达，或用于体外反转录产生这 3 种核酸酶 mRNA 的表达载体系统，其表达产物可用于靶向介导家蚕内源目标基因产生 DNA 双链断裂(DSB)，进而在 DSB 修复过程中引起目标基因靶向修饰。

目前应用最为广泛的无疑是由 *T7* 或 *SP6* 启动子体外转录表达产生 ZFN、TALEN 或 Cas9 核酸酶 mRNA 的载体系统(图 2－23A)(Takasu et al. , 2010; Ma et al. , 2012; Wang et al. , 2013d)。此外，Ma 等(2014a)构

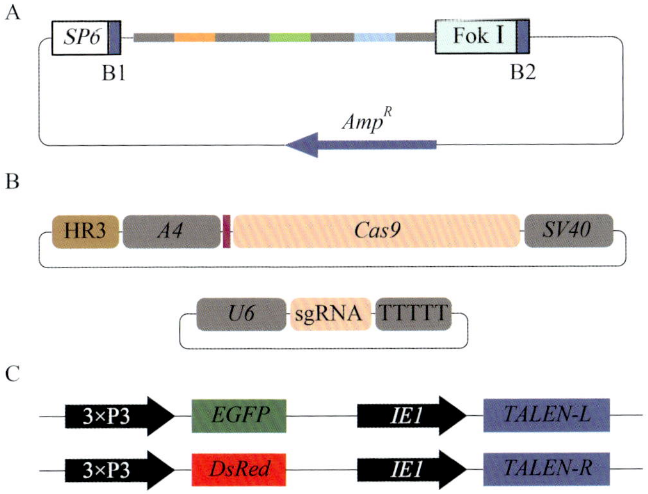

图 2－23　不同类型人工核酸酶表达载体结构示意图(Takasu et al. , 2010; Ma et al. , 2014a; Xu et al. , 2014d)

A. 利用 *SP6* 启动子体外转录产生 ZFN mRNA 的表达载体；B. 利用 HR3-A4 启动子组合调控 *Cas9* 基因表达和利用 *U6* 启动子调控 sgRNA 表达的载体系统；C. 含有不同筛选标记(3×P3-EGFP 和 3×P3-DsRed)的由 *IE1* 启动子分别调控 TALEN-L 和 TALEN-R 核酸酶基因表达的核酸酶表达系统结构示意

建了基于质粒 DNA 显微注射的 Cas9 核酸酶与 sgRNA 表达载体系统(图 2-23B),以用于实现家蚕个体基因组水平目标基因的点突变敲除研究。Xu 等(2014d)建立了 *IE1* 启动子分别调控 1 对 TALEN 的左臂和右臂核酸酶(TALEN-L 和 TALEN-R)编码基因表达的、基于 *piggyBac* 转座系统的核酸酶表达载体(图 2-23C),用于通过杂交的方式调控 TALEN 在双转基因家蚕体内的持续性表达,从而实现对目标基因的敲除。

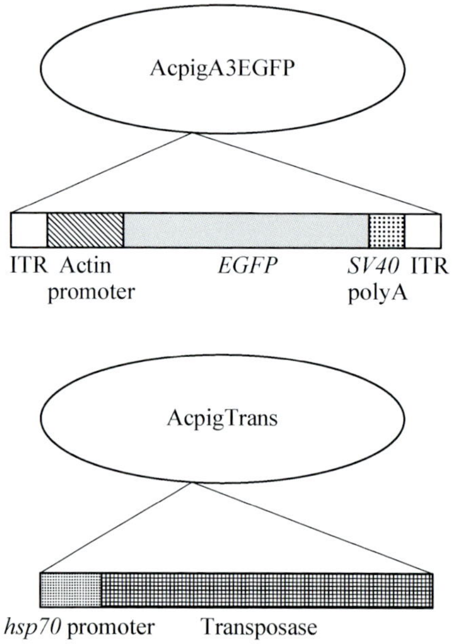

图 2-24 基于昆虫杆状病毒构建的家蚕重组 AcNPV 载体(Yamamoto et al., 2004)

携带 A3-EGFP 表达框和 *piggyBac* 转座元件序列(ITR)的重组 AcNPV 载体(上);携带由 *hsp70* 启动子调控 *piggyBac* 转座酶基因表达的重组 AcNPV 载体(下)

四、其他类型载体

除了上述家蚕转基因载体系统,其他曾用于家蚕转基因研究的载体系统还包括早期报道中所用的酵母人工染色体(YAC)载体(李振刚等,1995)、反转录病毒的 LTR 序列载体(Komoto et al., 2000)以及后来发展起来的昆虫杆状病毒重组 AcNPV 载体(图 2-24; Yamamoto et al., 2004)。但是,由于这些转基因载体介导外源基因在家蚕基因组整合的低效性,从而限制了其在家蚕转基因研究中的广泛应用。有研究表明,由 Invitrogen 公司开发的 pIZT/V5-His 转基因载体也可用于家蚕 BmN 细胞及个体的转基因操作(陈慧梅等,2010;郭学双等,2010a;崔琳琳等,2011)。

第六节 转基因载体构建流程

用于转基因家蚕研究的各类载体的构建流程与常规基因工程的方法相同。主要流程包括:目的片段获得、目的片段与载体的酶切和连接、连接产物的转化、重组子的筛选与鉴定等(图 2 - 25)。下面以 Zhao 等(2010)构建的含有 FibH-EGFP-LBS 表达框的 *piggyBac* 重组转座载体的步骤为例,简述转基因载体构建的一般流程。

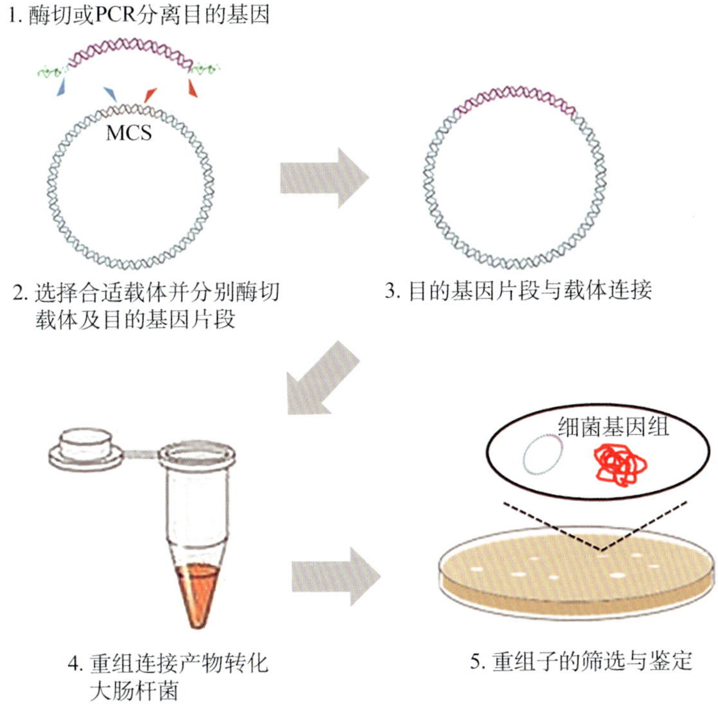

图 2 - 25　转基因载体构建的一般流程示意图

一、pSL-FibH-EGFP-LBS 中间载体的构建

(一) PCR 扩增目的片段序列

(1) 以含有 *Fib-H* 基因的 BAC 质粒为模板,利用引物 FibH-P-f(5′-AAAATGCTCTAGTGTTATACCTTTCC-3′)和含有 *Xba*I 酶切位点的引物 FibH-P-r(5′-gctatctagaGCTGAAATCGCTCGTATATCCTTG-3′)通过 PCR 扩增获得包含 *Fib-H* 基因 5′侧翼序列、外显子 1、内含子 1 以及外显子 2 的 5′终止序列的 *Fib-H* 启动子序列(2 304 bp)。

(2) 同样以含有 *Fib-H* 基因的 BAC 质粒为模板,利用含有 *Bam*HI 酶切位点的引物 LBS-f(5′-gtacggatccaAGTTACGGAGCTGGCAG-3′)和含有 *Sal*I

酶切位点的引物 LBS-r(5′-gcgc gtcgacTAGTACATTCAAATAA AATGCA TAC-3′)通过 PCR 扩增获得包含 *Fib-H* 基因 3′终止序列(含有 Cys-c20)、3′侧翼序列以及 *Fib-H* 基因多聚腺苷酸信号(polyA)序列的轻链结合位点(LBS)序列(333 bp)。

(3) 利用包含 *Xba*I 酶切位点的引物 pEGFP-f(5′-ctag tctagaAT GGTGA GCAAGGGCGAGG-3′)和含有 *Bam*HI 酶切位点的引物 pEGFP-r(5′-cag tggatc CTTGTACAGCTCGTCCATGCCG-3′),从 pBS-A3EGFP 质粒上扩增获得 *EGFP* 基因序列(720 bp)。

(4) PCR 程序设置:94 ℃预变性 5 min;[94 ℃变性 1 min,50 ℃退火 1 min,72 ℃延伸 90 s]×5 个循环;[94 ℃变性 1 min,55 ℃退火 1 min,72 ℃延伸 90 s]×25 个循环;72 ℃延伸 7 min;4 ℃保存。

(二) 目的片段酶切克隆至 pSLfa1180fa 载体

(1) 将 LBS 片段用 *Sal*I 和 *Bam*HI 双酶切连接进入相同酶切的 pSLfa1180fa 载体(Horn and Wimmer, 2000),获得 pSL-LBS 质粒。

(2) 用 *Bam*HI 和 *Xba*I 酶切 *EGFP* 基因片段并插入相同酶切的 pSL-LBS 质粒,获得 pSL-EGFP-LBS 质粒。

(3) 将 *Fib-H* 启动子片段用 *Xba*I 和 *Hind*III 双酶切连接至相同酶切的 pSL-EGFP-LBS 质粒,获得 pSL-FibH-EGFP-LBS 质粒(图 2-26)。

(4) PCR 或质粒 DNA 双酶切体系(30 μL)设置如下:

PCR 产物或质粒 DNA	0.8~1 μg
10×酶切 buffer	3 μL
限制性内切酶 1	1 μL
限制性内切酶 2	1 μL
ddH_2O 至	30 μL

将各溶液小心混匀,37 ℃酶切过夜,然后取少量酶切产物(2 μL)电泳检测。

(5) 双酶切回收产物(PCR 扩增目的片段和载体质粒)连接体系(10 μL)设置如下:

目的片段回收产物　　4~6 μL

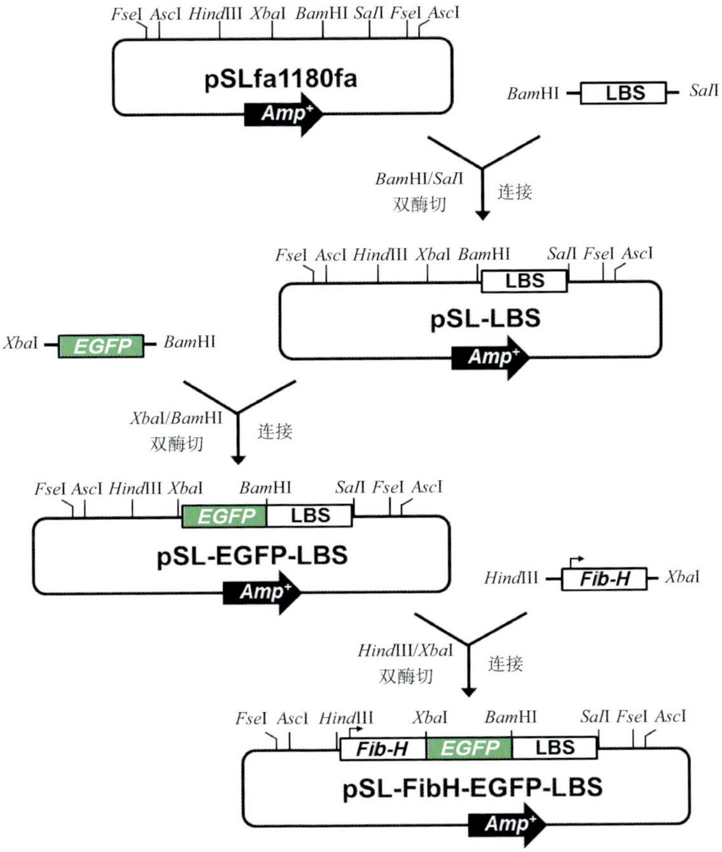

图 2-26　pSL-FibH-EGFP-LBS 质粒的载体构建流程示意图(根据 Zhao et al., 2010 文献绘制)

质粒 DNA	1～3 μL
10×T4 DNA 连接 buffer	1 μL
T4 DNA 连接酶	0.5 μL
ddH_2O 至	10 μL

将各溶液轻柔混匀，16 ℃连接过夜，然后取 5～10 μL 连接产物转化大肠杆菌。

(6) 连接产物转化大肠杆菌步骤参见《分子克隆》(第三版)(萨姆布鲁克，2009)。

(7) 重组子的鉴定步骤：挑取平板上生长的单克隆菌落置于含有 150～

300 μL LB 培养基(氨苄抗性,Amp^+)的 1.5 mL 离心管中,37 ℃摇床培养过夜;采用菌液电泳或菌液 PCR 的方法鉴定阳性重组子;将经鉴定为阳性的克隆送专门公司测序确认。

二、*piggyBac* 重组转座载体的构建

(1) 通过 *Asc*I 和 *Fse*I 双酶切 pSL-FibH-EGFP-LBS 质粒,回收约 3 350 bp的 FibH-EGFP-LBS 目的片段。

(2) 将 FibH-EGFP-LBS 片段克隆至同样经 *Asc*I/*Fse*I 双酶切的 pBac{3×P3-DsRedaf}载体(Thomas et al., 2002),获得最终所需 *piggyBac* 重组转座载体——pBac{3×P3-DsRed; FibH-EGFP-LBS}(图 2-27)。

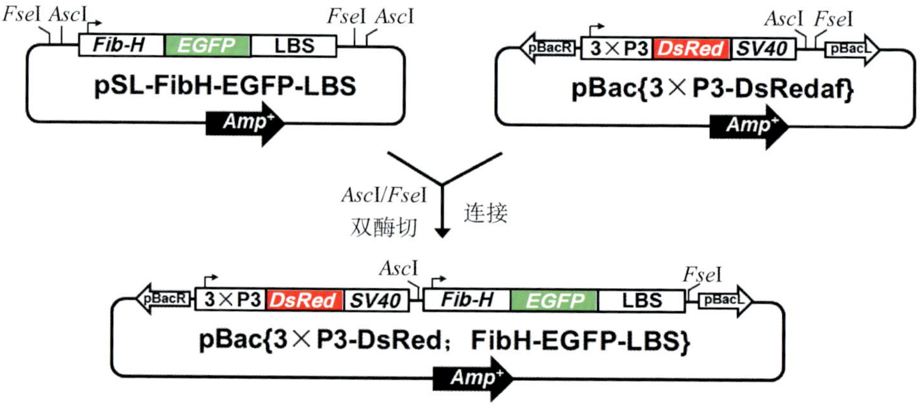

图 2-27 pBac{3×P3-DsRed; FibH-EGFP-LBS}重组转座载体构建示意图(根据 Zhao et al., 2010 文献绘制)

(3) 质粒 DNA 双酶切体系(30 μL)设置如下:

pSL-FibH-EGFP-LBS 或 pBac{3×P3-DsRedaf}质粒	1 μg
10×NEB buffer 4	3 μL
*Fse*I	1 μL
*Asc*I	1 μL
ddH_2O 至	30 μL

将各溶液小心混匀,37 ℃酶切过夜,然后取 2 μL 酶切产物电泳检测。

(4) 双酶切回收片段与 pBac{3×P3-DsRedaf}质粒连接体系(10 μL)设置如下:

FibH-EGFP-LBS 片段	4～5 μL
质粒 DNA	2.5～3 μL
10×T4 DNA 连接 buffer	1 μL
T4 DNA 连接酶	0.5 μL
ddH_2O 至	10 μL

将各溶液轻柔混匀，16 ℃连接过夜，然后取 5～10 μL 连接产物转化大肠杆菌。

(5) 连接产物转化大肠杆菌以及重组子的鉴定步骤与上文相同，故不再赘述。

（撰稿：龙定沛　赵爱春）

参考文献

[1] Abe H, Fujii T, Shimada T, et al. Novel non-autonomous transposable elements on W chromosome of the silkworm, *Bombyx mori* [J]. Journal of Genetics, 2010,89(3): 375 - 387.

[2] Abe H, Fujii T, Tanaka N, et al. Identification of the female-determining region of the W chromosome in *Bombyx mori* [J]. Genetica, 2008,133(3): 269 - 282.

[3] Abe H, Mita K, Yasukochi Y, et al. Retrotransposable elements on the W chromosome of the silkworm, *Bombyx mori* [J]. Cytogenetic and Genome Research, 2005,110(1 - 4): 144 - 151.

[4] Abe H, Ohbayashi F, Shimada T, et al. Molecular structure of a novel gypsy-Ty3-like retrotransposon (*Kabuki*) and nested retrotransposable elements on the W chromosome of the silkworm *Bombyx mori* [J]. Molecular and General Genetics, 2000,263(6): 916 - 924.

[5] Adachi T, Tomita M, Shimizu K, et al. Generation of hybrid transgenic silkworms that express *Bombyx mori* prolyl-hydroxylase alpha-subunits and human collagens in posterior silk glands: Production of cocoons that contained collagens with hydroxylated proline residues [J]. Journal of Biotechnology, 2006,126(2): 205 - 219.

[6] Adachi T, Wang XB, Murata T, et al. Production of a non-triple helical collagen alpha chain in transgenic silkworms and its evaluation as a gelatin substitute for cell culture [J]. Biotechnology and Bioengineering, 2010,106 (6): 860 - 870.

[7] Adams MD, Kelley JM, Gocayne JD, et al. Complementary-DNA sequencing: Expressed sequence tags and human genome project [J]. Science, 1991,252(5013): 1 651 - 1 656.

[8] Akasaka K, Nishimura A, Takata K, et al. Upstream element of the sea urchin arylsulfatase gene serves as an insulator [J]. Cellular and Molecular Biology, 1999,45(5): 555 - 565.

[9] Ali S, Taylor WC. The 3′ non-coding region of a C4 photosynthesis gene increases transgene expression when combined with heterologous promoters [J]. Plant Mol Biol, 2001,46(3): 325 - 333.

[10] Allen ML, Handler AM, Berkebile DR, et al. *piggyBac* transformation of the New World screwworm, *Cochliomyia hominivorax*, produces multiple distinct mutant strains [J]. Medical and Veterinary Entomology, 2004,18 (1): 1 - 9.

[11] Allen ML, O'Brochta DA, Atkinson PW, et al. Stable, germ-line transformation of *Culex quinquefasciatus* (Diptera: Culicidae) [J]. Journal of Medical Entomology, 2001,38(5): 701 - 710.

[12] Ando T, Fujiwara H. Electroporation-mediated somatic transgenesis for rapid functional analysis in insects [J]. Development, 2013,140(2): 454 - 458.

[13] Arensburger P, Orsetti J, Kim Y, et al. A new active transposable element, *Herves*, from the African malaria mosquito *Anophelesgambiae* [J]. Genetics, 2005,169: 697 - 708.

[14] Asakura T, Isozaki M, Saotome T, et al. Recombinant silk fibroin incorporated cell-adhesive sequences produced by transgenic silkworm as a possible candidate for use in vascular graft [J]. Journal of Materials Chemistry B, 2014,2(42): 7 375 - 7 383.

[15] Berghammer AJ, Klingler M, Wimmer EA. Genetic techniques: A universal marker for transgenic insects [J]. Nature, 1999, 402 (6760): 370 - 371.

[16] Blackman RK, Gelbart WM. The transposable element *hobo* of *Drosophila*

melanogaster. In Berg DE and Howe MM (Eds.), Mobile DNA, American Society for Microbiology [M]. Washington D. C., USA: 1989: 523 - 529.

[17] Bopp D, Burri M, Baumgartner S, et al. Conservation of a Large Protein Domain in the Segmentation Gene Paired and in Functionally Related Genes of Drosophila [J]. Cell, 1986,47(6): 1 033 - 1 040.

[18] Boswell RE, Prout ME, Steichen JC. Mutations in a newly identified *Drosophila melanogaster* gene, mago nashi, disrupt germ cell formation and result in the formation of mirror-image symmetrical double abdomen embryos [J]. Development, 1991,113(1): 373 - 384.

[19] Brand A. GFP as a cell and developmental marker in the Drosophila nervous system [J]. Methods in Cell Biology, 1999,58(1): 165 - 181.

[20] Brennan MD, Rowan RG, Dickinson WJ. Introduction of a functional *P* element into the germ-line of *Drosophila hawaiiensis* [J]. Cell, 1984,38: 147 - 151.

[21] Bryan GJ, Jacobson JW, Hartl DL. Heritable somatic excision of a *Drosophila* transposon [J]. Science, 1987,235(4796): 1 636 - 1 638.

[22] Bushey AM, Dorman ER, Corces VG. Chromatin insulators: regulatory mechanisms and epigenetic inheritance [J]. Molecular Cell, 2008,32(1): 1 - 9.

[23] Cadinanos J, Bradley A. Generation of an inducible and optimized *piggyBac* transposon system [J]. Nucleic Acids Research, 2007, 35 (12): e87.

[24] Cao GL, Zhang YY, Xue RY, et al. Alternative splicing, expression patterns and promoter characters of vasa-like gene from the silkworm, Bombyx mori [J]. Molecular Biology Reports, 2012,39(5): 5 967 - 5 976.

[25] Carson DD, Summers MD, Guarino LA. Transient expression of the *Autographa californica* nuclear polyhedrosis virus immediate-early gene, IE-N, is regulated by three viral elements [J]. Journal of Virology, 1991, 65: 945 - 951.

[26] Cary LC, Goebel M, Corsaro BG, et al. Transposon mutagenesis of baculoviruses: analysis of *Trichoplusia ni* transposon IFP2 insertions within the FP-locus of nuclear polyhedrosis viruses [J]. Virology, 1989, 172(1): 156 - 169.

[27] Catteruccia F, Nolan T, Blass C, et al. Toward Anopheles transformation:

Minos element activity in anopheline cells and embryos [J]. Proceedings of the National Academy of Sciences of the United States of America, 2000,97(5): 2 157 - 2 162.

[28] Cavener DR. Comparison of the consensus sequence flanking translational start sites in *Drosophila* and *Vertebrates* [J]. Nucleic Acids Research, 1987,15(4): 1 353 - 1 361.

[29] Chalfie M, Tu Y, Euskirchen G, et al. Green fluorescent protein as a marker for gene-expression [J]. Science, 1994,263(5148): 802 - 805.

[30] Choi T, Huang M, Gorman C, et al. A generic intron increases gene-expression in transgenic mice [J]. Molecular and Cellular Biology, 1991,11(6): 3 070 - 3 074.

[31] Chung JH, Whiteley M, Felsenfeld G. A 5′ element of the chicken β-globin domain serves as an insulator in human erythroid-cells and protects against position effect in *Drosophila* [J]. Cell, 1993,74(3): 505 - 514.

[32] Coates CJ, Jasinskiene N, Miyashiro L, et al. *Mariner* transposition and transformation of the yellow fever mosquito, *Aedes aegypti* [J]. Proceedings of the National Academy of Sciences of the United States of America, 1998,95(7): 3 748 - 3 751.

[33] Concha C, Belikoff EJ, Carey BL, et al. Efficient germ-line transformation of the economically important pest species *Lucilia cuprina* and *Lucilia sericata* (Diptera, Calliphoridae) [J]. Insect Biochemistry and Molecular Biology, 2011,41(1): 70 - 75.

[34] Condon KC, Condon GC, Dafa'alla TH, et al. Germ-line transformation of the Mexican fruit fly [J]. Insect Molecular Biology, 2007, 16(5): 573 - 580.

[35] Cormack BP, Valdivia RH, Falkow S. FACS-optimized mutants of the green fluorescent protein (GFP) [J]. Gene, 1996,173(1): 33 - 38.

[36] Dai HJ, Jiang RJ, Wang J, et al. Development of a heat shock inducible and inheritable RNAi system in silkworm [J]. Biomolecular Engineering, 2007,24(6): 625 - 630.

[37] Deng D, Xu H, Wang F, et al. The promoter of *Bmlp3* gene can direct fat body-specific expression in the transgenic silkworm, *Bombyx mori* [J]. Transgenic Research, 2013,22(5): 1 055 - 1 063.

[38] DeVault JD, Hughes KJ, Leopold RA, et al. Gene transfer into corn

earworm (*Helicoverpa zea*) embryos [J]. Genome Research, 1996,6(7): 571-579.

[39] Ding S, Wu X, Li G, et al. Efficient transposition of the *piggyBac* (*PB*) transposon in mammalian cells and mice [J]. Cell, 2005,122(3): 473-483.

[40] Duan J, Xu H, Wang F, et al. Novel female-specific trans-spliced and alternative splice forms of dsx in the silkworm *Bombyx mori* [J]. Biochemical Biophysical Research Communication, 2013,431(3): 630-635.

[41] Elick TA, Bauser CA, Fraser MJ. Excision of the *piggyBac* transposable element in vitro is a precise event that is enhanced by the expression of its encoded transposase [J]. Genetica, 1996a, 98(1): 33-41.

[42] Elick TA, Bauser CA, Principe NM, et al. PCR analysis of insertion site specificity, transcription, and structural uniformity of the Lepidopteran transposable element IFP2 in the TN-368 cell genome [J]. Genetica, 1996b, 97(2): 127-139.

[43] Feng Y, Gunter LE, Organ EL, et al. Translation initiation in *Drosophila Melanogaster* is reduced by mutations upstream of the Aug initiator codon [J]. Molecular and Cellular Biology, 1991,11(4): 2 149-2 153.

[44] Ferguson HJ, Neven LG, Thibault ST, et al. Genetic transformation of the codling moth, *Cydia pomonella* L., with *piggyBac EGFP* [J]. Transgenic Research, 2011,20(1): 201-214.

[45] Finokiet M, Goni B, Loreto ELS. Genetic transformation of *Drosophila willistoni* Using *piggyBac* transposon and GFP [J]. Brazilian Archives of Biology and Technology, 2007,50(1): 113-120.

[46] Franz G, Savakis C. *Minos*, a new transposable element from *Drosophila hydei*, is a member of the Tc1-like family of transposons [J]. Nucleic Acids Research, 1991,19(23): 6 646.

[47] Fraser MJ, Ciszczon T, Elick T, et al. Precise excision of TTAA-specific lepidopteran transposons *piggyBac* (IFP2) and *tagalong* (TFP3) from the baculovirus genome in cell lines from two species of Lepidoptera [J]. Insect Molecular Biology, 1996,5(2): 141-151.

[48] Fujii T, Abe H, Katsuma S, et al. Mapping of sex-linked genes onto the genome sequence using various aberrations of the Z chromosome in Bombyx mori [J]. Insect Biochemistry and Molecular Biology, 2008,38(12): 1 072-1 079.

[49] Fujii T, Daimon T, Uchino K, et al. Transgenic analysis of the *BmBLOS2* gene that governs the translucency of the larval integument of the silkworm, *Bombyx mori* [J]. Insect Molecular Biology, 2010,19(5): 659 - 667.

[50] Funaguma S, Suzuki MG, Tamura T, et al. The *Bmdsx* transgene including trimmed introns is sex-specifically spliced in tissues of the silkworm, *Bombyx mori* [J]. Journal of Insect Science, 2005,5(2): 17.

[51] Futahashi R, Okamoto S, Kawasaki H, et al. Genome-wide identification of cuticular protein genes in the silkworm, *Bombyx mori* [J]. Insect Biochemistry and Molecular Biology, 2008,38(12): 1 138 - 1 146.

[52] Garza D, Medhora M, Koga A, et al. Introduction of the transposable element *mariner* into the germline of *Drosophila melanogaster* [J]. Genetics, 1991,128: 303 - 310.

[53] Gaszner M, Felsenfeld G. Insulators: exploiting transcriptional and epigenetic mechanisms [J]. Nature Reviews Genetics, 2006,7(9): 703 - 713.

[54] Geyer PK, Corces VG. DNA position-specific repression of transcription by a *Drosophila* zinc finger protein [J]. Genes and Development, 1992,6(10): 1 865 - 1 873.

[55] Gong P, Epton MJ, Fu GL, et al. A dominant lethal genetic system for autocidal control of the Mediterranean fruitfly [J]. Nature Biotechnology, 2005,23(4): 453 - 456.

[56] González-Estévez C, Momose T, Gehring WJ, et al. Transgenic planarian lines obtained by electroporation using transposon-derived vectors and an eye-specific GFP marker [J]. Proceedings of the National Academy of Sciences of the United States of America, 2003,100(24): 14 046 - 14 051.

[57] Goo TW, Kim SW, Kim SR, et al. Utilization of the *Bombyx mori* hypothetical protein 32 promoter for efficient transgene expression [J]. International Journal of Industrial Entomology, 2010,20(2): 107 - 114.

[58] Goo TW, Kim SW, Kim YB, et al. A powerful ubiquitous activity of *Bombyx mori* heat shock protein 70 promoter [J]. Genes and Genomics, 2011,33(6): 635 - 643.

[59] Grossman GL, Rafferty CS, Clayton JR, et al. Germline transformation of the malaria vector, *Anopheles gambiae*, with the *piggyBac* transposable

element [J]. Insect Molecular Biology, 2001,10(6): 597 - 604.

[60] Guarino LA, Gonzalez MA, Summers MD. Complete sequence and enhancer function of the homologous DNA regions of *Autographa californica* nuclear polyhedrosis virus [J]. Journal of Virology, 1986,60(1): 224 - 229.

[61] Guarino LA, Summers MD. Functional mapping of a trans-activating gene required for expression of a baculovirus delayed-early gene [J]. Journal of Virology, 1986,57(2): 563 -571.

[62] Guo X, Zhang Y, Zhang X, et al. Recognition of signal peptide by protein translocation machinery in middle silk gland of silkworm *Bombyx mori* [J]. Acta Biochimica et Biophysica Sinica, 2008,40(1): 38 - 46.

[63] Hachouf-Gheras S, Besson MT, Bosquet G. Identification and developmental expression of a *Bombyx mori* alpha-tubulin gene [J]. Gene, 1998,208(1): 89 - 94.

[64] Handler AM. Use of the *piggyBac* transposon for germ-line transformation of insects [J]. Insect Biochemistry and Molecular Biology, 2002, 32(10): 1 211 - 1 220.

[65] Handler AM, Harrell RA. Germline transformation of *Drosophila melanogaster* with the *piggyBac* transposon vector [J]. Insect Molecular Biology, 1999,8(4): 449 - 457.

[66] Handler AM, Harrell RA. Transformation of the Caribbean fruit fly, *Anastrepha suspensa*, with a *piggyBac* vector marked with polyubiquitin-regulated GFP[J]. Insect Biochemistry and Molecular Biology, 2001, 31(2): 199 - 205.

[67] Handler AM, McCombs SD, Fraser MJ, et al. The lepidopteran transposon vector, *piggyBac*, mediates germ-line transformation in the Mediterranean fruit fly [J]. Proceedings of the National Academy of Sciences of the United States of America, 1998,95(13): 7 520 - 7 525.

[68] Handler AM, O'Brochta DA. Transposable elements for insect transformation. In L I Gilbert (Ed.), Insect Molecular Biology and Biochemistry [M]. San Diego. USA: Academic Press, 2012: 90 - 133.

[69] Hediger M, Niessen M, Wimmer EA, et al. Genetic transformation of the housefly *Musca domestica* with the lepidopteran derived transposon *piggyBac* [J]. Insect Molecular Biology, 2001,10(2): 113 - 119.

[70] Hegedus DD, Pfeifer TA, Hendry J, et al. A series of broad host range shuttle vectors for constitutive and inducible expression of heterologous proteins in insect cell lines [J]. Gene, 1998,207(2): 241 - 249.
[71] Heim R, Cubitt AB, Tsien RY. Improved green fluorescence [J]. Nature, 1995,373(6516): 663 - 664.
[72] Heinrich JC, Li X, Henry RA, et al. Germ-line transformation of the Australian sheep blowfly *Lucilia cuprina* [J]. Insect Molecular Biology, 2002,11(1): 1 - 10.
[73] Hieter P, Boguski M. Functional genomics: It's all how you read it [J]. Science, 1997,278(5338): 601 - 602.
[74] Hino R, Tomita M, Yoshizato K. The generation of germline transgenic silkworms for the production of biologically active recombinant fusion proteins of fibroin and human basic fibroblast growth factor [J]. Biomaterials, 2006,27(33): 5 715 - 5 724.
[75] Holtzman S, Miller D, Eisman R, et al. Transgenic tools for members of the genus *Drosophila* with sequenced genomes [J]. Fly, 2010,4(4): 1 - 14.
[76] Horn C, Offen N, Nystedt S, et al. *piggyBac*-based insertional mutagenesis and enhancer detection as a tool for functional insect genomics [J]. Genetics, 2003,163(2): 647 - 661.
[77] Horn C, Schmid BGM, Pogoda FS, et al. Fluorescent transformation markers for insect transgenesis [J]. Insect Biochemistry and Molecular Biology, 2002,32(10): 1 221 - 1 235.
[78] Horn C, Wimmer EA. A versatile vector set for animal transgenesis [J]. Development Genes Evolution, 2000,210(12): 630 - 637.
[79] Hu JB, Zhang P, Wang MX, et al. A transgenic Bm cell line of *piggyBac* transposon-derived targeting expression of humanized glycoproteins through N-glycosylation [J]. Molecular Biology Reports, 2012,39(8): 8 405 - 8 413.
[80] Hu Z, Chen K, Wang L, et al. Identification and characterization of *Bombyx mori* eIF5A gene through bioinformatics approaches [J]. Silico Biology, 2005,5(5 - 6): 573 - 580.
[81] Huynh CQ, Zieler H. Construction of modular and versatile plasmid vectors for the high-level expression of single or multiple genes in insects and insect cell lines [J]. Journal of Molecular Biology, 1999,288(1): 13 - 20.
[82] Iizuka M, Ogawa S, Takeuchi A, et al. Production of a recombinant mouse

monoclonal antibody in transgenic silkworm cocoons [J]. FEBS Journal, 2009,276(20): 5 806 - 5 820.
[83] Iizuka M, Tomita M, Shimizu K, et al. Translational enhancement of recombinant protein synthesis in transgenic silkworms by a 5′-untranslated region of polyhedrin gene of *Bombyx mori* Nucleopolyhedrovirus [J]. Journal of Bioscience and Bioengineering, 2008,105(6): 595 - 603.
[84] Iizuka T, Sezutsu H, Tatematsu K, et al. Colored fluorescent silk made by transgenic silkworms [J]. Advanced Functional Materials, 2013,23(42): 5 232 - 5 239.
[85] Ijiro T, Urakawa H, Yasukochi Y, et al. cDNA cloning, gene structure, and expression of Broad-Complex (BR-C) genes in the silkworm, *Bombyx mori* [J]. Insect Biochemistry and Molecular Biology, 2004,34(9): 963 - 969.
[86] Imamura M, Nakahara Y, Kanda T, et al. A transgenic silkworm expressing the immune-inducible cecropin B-GFP reporter gene [J]. Insect Biochemistry and Molecular Biology, 2006,36(5): 429 - 434.
[87] Imamura M, Nakai J, Inoue S, et al. Targeted gene expression using the GAL4/UAS system in the silkworm *Bombyx mori* [J]. Genctics, 2003,165(3): 1 329 - 1 340.
[88] Imamura M, Yamakawa M. Molecular cloning and expression of a Toll receptor gene homologue from the silkworm, *Bombyx mori* [J]. Biochimica Et Biophysica Acta, 2002,1576(3): 246 - 254.
[89] Inoue S, Kanda T, Imamura M, et al. A fibroin secretion-deficient silkworm mutant, $Nd\text{-}s^D$, provides an efficient system for producing recombinant proteins [J]. Insect Biochemistry and Molecular Biology, 2005,35(1): 51 - 59.
[90] Inoue S, Tanaka K, Arisaka F, et al. Silk fibroin of *Bombyx mori* is secreted, assembling a high molecular mass elementary unit consisting of H-chain, L-chain, and P25, with a 6 : 6 : 1 molar ratio [J]. Journal of Biological Chemistry, 2000,275(51): 40 517 - 40 528.
[91] Inoue S, Tanaka K, Tanaka H, et al. Assembly of the silk fibroin elementary unit in endoplasmic reticulum and a role of L-chain for protection of alpha1,2-mannose residues in N-linked oligosaccharide chains of fibrohexamerin/P25 [J]. European Journal of Biochemistry, 2004,271(2): 356 - 366.

[92] Isobe R, Kojima K, Matsuyama T, et al. Use of RNAi technology to confer enhanced resistance to BmNPV on transgenic silkworms [J]. Archives of Virology, 2004,149(10): 1 931 - 1 940.

[93] Ito T, Tahara SM, Lai MM. The 3′-untranslated region of hepatitis C virus RNA enhances translation from an internal ribosomal entry site [J]. Journal of Virology, 1998,72(11): 8 789 - 8 796.

[94] Jang CW, Behringer RR. Transposon-mediated transgenesis in rats [J]. CSH Protocols, 2007: pdb. prot4866.

[95] Jasinskiene N, Coates CJ, Benedict MQ, et al. Stable transformation of the yellow fever mosquito, *Aedes aegypti*, with the *Hermes* element from the housefly [J]. Proceedings of the National Academy of Sciences of the United States of America, 1998,95(7): 3 743 - 3 747.

[96] Jiang L, Cheng T, Dang Y, et al. Identification of a midgut-specific promoter in the silkworm *Bombyx mori* [J]. Biochemical and Biophysical Research Communications, 2013a, 433(4): 542 - 546.

[97] Jiang L, Cheng T, Zhao P, et al. Resistance to BmNPV via overexpression of an exogenous gene controlled by an inducible promoter and enhancer in transgenic silkworm, *Bombyx mori* [J]. PloS One, 2012a, 7(8): e41838.

[98] Jiang L, Huang CL, Sun Q, et al. The 5′-UTR intron of the midgut-specific BmAPN4 gene affects the level and location of expression in transgenic silkworms [J]. Insect Biochemistry and Molecular Biology, 2015a, 63: 1 - 6.

[99] Jiang L, Huang CL, Sun Q, et al. Overexpression of host plant urease in transgenic silkworms [J]. Molecular Genetics and Genomics, 2015b, 290 (3): 1 117 - 1 123.

[100] Jiang L, Wang GH, Cheng TC, et al. Resistance to Bombyx mori nucleopolyhedrovirus via overexpression of an endogenous antiviral gene in transgenic silkworms [J]. Archives of Virology, 2012b, 157(7): 1 323 - 1 328.

[101] Jiang L, Zhao P, Cheng T, et al. A transgenic animal with antiviral properties that might inhibit multiple stages of infection [J]. Antiviral Research, 2013b, 98(2): 171 - 173.

[102] Jiang L, Zhao P, Wang G, et al. Comparison of factors that may affect

the inhibitory efficacy of transgenic RNAi targeting of baculoviral genes in silkworm, *Bombyx mori* [J]. Antiviral Research, 2013c, 97(3): 255 - 263.

[103] Johnson ET, Dowd PF. A non-autonomous insect *piggyBac* transposable element is mobile in tobacco [J]. Molecular Genetics and Genomics, 2014, 289(5): 895 - 902.

[104] Kanginakudru S, Royer C, Edupalli SV, et al. Targeting ie-1 gene by RNAi induces baculoviral resistance in lepidopteran cell lines and in transgenic silkworms [J]. Insect Molecular Biology, 2007, 16(5): 635 - 644.

[105] Karasaki N, Mon H, Takahashi M, et al. Establishment of tetracycline-inducible gene expression systems in the silkworm, *Bombyx mori* [J]. Biotechnology Letters, 2009,31(4): 495 - 500.

[106] Kawaoka S, Katsuma S, Daimon T, et al. Functional analysis of four *Gloverin*-like genes in the silkworm, *Bombyx mori* [J]. Archives of Insect Biochemistry and Physiology, 2008,67(2): 87 - 96.

[107] Kawasaki H, Sugaya K, Quan G-X, et al. Analysis of α- and β-tubulin genes of *Bombyx mori* using an EST database [J]. Insect Biochemistry and Molecular Biology, 2003,33(1): 131 - 137.

[108] Kellum R, Schedl P. A position-effect assay for boundaries of higher-order chromosomal domains [J]. Cell, 1991,64(5): 941 - 950.

[109] Kettlun C, Galvan DL, George Jr AL, et al. Manipulating *piggyBac* transposon chromosomal integration site selection in human cells [J]. Molecular Therapy, 2011,19(9): 1 636 - 1 644.

[110] Kikkawa H. Studies on the relation between the eye-color and the egg-color of a silkworm by means of ovarian transplantation [J]. Doubutsugaku Zasshi, 1937,49: 348 - 353.

[111] Kikkawa H. Mechanism of pigment formation in *Bombyx* and *Drosophila* [J]. Genetics, 1941,26(6): 587 - 607.

[112] Kim SJ, Saadeldin IM, Choi WJ, et al. Production of transgenic bovine cloned embryos using *piggyBac* transposition [J]. Journal of Veterinary Medical Science, 2011,73(11): 1 453 - 1 457.

[113] Kim SJ, Sung SH, Seung JY, et al. Production of transgenic silkworm (*Bombyx mori* L.) by *P* element-mediated integration of recombinant

luciferase with silkworm fibroin promoter [J]. Korean Journal of Genetics, 2003,25(1): 57 - 62.

[114] Kim SW, Yun EY, Choi KH, et al. Utilization of the *Bombyx mori* heat shock protein 70 promoter for screening transgenic silkworms [J]. Entomological Research, 2013,43(5): 282 - 287.

[115] Kimoto M, Tsubota T, Uchino K, et al. Hox transcription factor Antp regulates sericin-1 gene expression in the terminal differentiated silk gland of *Bombyx mori* [J]. Developmental Biology, 2014,386(1): 64 - 71.

[116] Kinjoh T, Kaneko Y, Itoyama K, et al. Control of juvenile hormone biosynthesis in *Bombyx mori*: Cloning of the enzymes in the mevalonate pathway and assessment of their developmental expression in the corpora allata [J]. Insect Biochemistry and Molecular Biology, 2007,37(8): 808 - 818.

[117] Kobayashi I, Uchino K, Sezutsu H, et al. Development of a new *piggyBac* vector for generating transgenic silkworms using the kynurenine 3-mono oxygenase gene [J]. Journal of Insect Biotechnology and Sericology, 2007,76(3): 145 - 148.

[118] Koike Y, Mita K, Suzuki MG, et al. Genomic sequence of a 320 kb segment of the Z chromosome of *Bombyx mori* containing a kettin ortholog [J]. Molecular Genetics and Genomics, 2003,269(1): 137 - 149.

[119] Kojima K, Kuwana Y, Sezutsu H, et al. A new method for the modification of fibroin heavy chain protein in the transgenic silkworm [J]. Bioscience Biotechnology and Biochemistry, 2007,71(12): 2 943 - 2 951.

[120] Kokoza V, Ahmed A, Wimmer EA, et al. Efficient transformation of the yellow fever mosquito *Aedes aegypti* using the *piggyBac* transposable element vector pBac[3 × P3-EGFPafm] [J]. Insect Biochemistry and Molecular Biology, 2001,31(12): 1 137 - 1 143.

[121] Komoto N, Thibert C, Boulo V, et al. Gene introduction into silkworm embryos with a pseudotyped retroviral vector [J]. Journal of Sericultural Science of Japan, 2000,69(1): 55 - 61.

[122] Komoto N, Tomita S. Development of a clonal analysis system in the silkworm, *Bombyx mori*, mediated by FLP and FRT [J]. Journal of Insect Biotechnology and Sericology, 2012,81(2): 63 - 67.

[123] Kool M, Voeten JT, Goldbach RW, et al. Identification of seven putative

origins of *Autographa californica* multiple nucleocapsid nuclear polyhedrosis virus DNA replication [J]. Journal of General Virology, 1993,74(12): 2 661 – 2 668.

[124] Koukidou M, Klinakis A, Reboulakis C, et al. Germ-line transformation of the olive fly *Bactrocera oleae* using a versatile transgenesis marker [J]. Insect Molecular Biology, 2006,15(1): 95 – 103.

[125] Kozak M. Point mutations define a sequence flanking the AUG initiator codon that modulates translation by eukaryotic ribosomes [J]. Cell, 1986, 44(2): 283 – 292.

[126] Kozak M. An analysis of 5′-noncoding sequences from 699 vertebrate messenger-RNAs [J]. Nucleic Acids Research, 1987a, 15(20): 8 125 – 8 148.

[127] Kozak M. At least six nucleotides preceding the AUG initiator codon enhance translation in mammalian cells [J]. Journal of Molecular Biology, 1987b, 196(4): 947 – 950.

[128] Kurihara H, Sezutsu H, Tamura T, et al. Production of an active feline interferon in the cocoon of transgenic silkworms using the fibroin H-chain expression system [J]. Biochemical and Biophysical Research Communications, 2007,355(4): 976 – 980.

[129] Kuwana Y, Sezutsu H, Nakajima K, et al. High-toughness silk produced by a transgenic silkworm expressing spider (*Araneus ventricosus*) dragline silk protein [J]. PloS One, 2014,9(8): e105325.

[130] Kuwayama H, Yaginuma T, Yamashita O, et al. Germ-line transformation and RNAi of the ladybird beetle, *Harmonia axyridis* [J]. Insect Molecular Biology, 2006,15(4): 507 – 512.

[131] Labbe GMC, Nimmo DD, Alphey L. *piggyBac* and phiC31-mediated genetic transformation of the asian tiger mosquito, *Aedes albopictus* (Skuse) [J]. PloS Neglected Tropical Diseases, 2010,4(8): e788.

[132] Lee JM, Takahashi M, Mona H, et al. Construction of gene expression systems in insect cell lines using promoters from the silkworm, *Bombyx mori* [J]. Journal of Biotechnology, 2008,133(1): 9 – 17.

[133] Lee JM, Kusakabe T, Kawaguchi Y, et al. Molecular cloning and characterization of the translationally controlled tumor protein gene in *Bombyx mori* [J]. Comparative Biochemistry and Physiology B, 2004,139

(1): 35 - 43.
[134] Lee JM, Kusakabe T, Kawaguchi Y, et al. Molecular Characterization of a Heat Shock Cognate 70 - 4 Promoter from the Silkworm, *Bombyx mori* [J]. Journal of Insect Biotechnology and Sericology, 2003,72(1): 33 - 39.
[135] Lee JM, Xu J, Mon H, et al. Baculovirus-mediated gene transfer systems in silkworm larvae using constitutive host promoters [J]. Journal of Asia-Pacific Entomology, 2014,17(1): 73 - 78.
[136] Li J, Zhang JM, Li X, et al. A *piggyBac* transposon-based mutagenesis system for the fission yeast *Schizosaccharomyces pombe* [J]. Nucleic Acids Research, 2011a, 39(6): e40.
[137] Li MA, Turner DJ, Ning ZM, et al. Mobilization of giant *piggyBac* transposons in the mouse genome [J]. Nucleic Acids Research, 2011b, 39 (22): e148.
[138] Li RB, Zhuang Y, Han M, et al. *piggyBac* as a high-capacity transgenesis and gene-therapy vector in human cells and mice [J]. Disease Models and Mechanisms, 2013a, 6(3): 828 - 833.
[139] Li XH, Burnight ER, Cooney AL, et al. *piggyBac* transposase tools for genome engineering [J]. Proceedings of the National Academy of Sciences of the United States of America, 2013b, 110(25): 2 279 - 2 287.
[140] Li Y, Cao G, Chen H, et al. Expression of the hGM-CSF in the silk glands of germline of gene-targeted silkworm [J]. Biochemical and Biophysical Research Communications, 2010,391(3): 1 427 - 1 431.
[141] Li YM, Cao GL, Wang Y, et al. Expression of the hIGF-I gene driven by the Fhx/P25 promoter in the silk glands of germline silkworm and transformed BmN cells [J]. Biotechnology Letters, 2011c, 33 (3): 489 - 494.
[142] Li ZQ, Zeng BS, Ling L, et al. Enhancement of larval RNAi efficiency by over-expressing *Argonaute2* in *Bombyx mori* [J]. International Journal of Biological Sciences, 2015,11(2): 176 - 185.
[143] Liu D, Yan SC, Liu D, et al. Genetic transformation mediated by *piggyBac* in the Asian Corn Borer, *Ostrinia furnacalis* (Lepidoptera: Crambidae) [J]. Archives of Insect Biochemistry and Physiology, 2012,80 (3): 140 - 150.
[144] Liu F, Xu Q, Zhang Q, et al. Hemocytes and hematopoiesis in the

silkworm, *Bombyx mori* [J]. Invertebrate Survival Journal, 2013,10(1): 102 - 109.

[145] Liu YY, Ma SY, Wang XG, et al. Highly efficient multiplex targeted mutagenesis and genomic structure variation in *Bombyx mori* cells using CRISPR/Cas9 [J]. Insect Biochemistry and Molecular Biology, 2014,49: 35 - 42.

[146] Lobo NF, Fraser TS, Adams JA, et al. Interplasmid transposition demonstrates *piggyBac* mobility in vertebrate species [J]. Genetica, 2006,128(1 - 3): 347 - 357.

[147] Lohe AR, Hartl DL. Germline transformation of *Drosophila virilis* with the transposable element *mariner* [J]. Genetics, 1996,143(1): 365 - 374.

[148] Long D, Lu W, Zhang Y, et al. An efficient strategy for producing a stable, replaceable, highly efficient transgene expression system in silkworm, *Bombyx mori* [J]. Scientific Reports, 2015a, 5: 8 802.

[149] Long D, Zhao A, Xu L, et al. *In vivo* site-specific integration of transgene in silkworm via phiC31 integrase-mediated cassette exchange [J]. Insect Biochemistry and Molecular Biology, 2013, 43(11): 997 - 1 008.

[150] Long DP, Zhao AC, Chen XJ, et al. FLP recombinase-mediated site-specific recombination in silkworm, *Bombyx mori* [J]. PloS One, 2012,7 (6): e40150.

[151] Long YH, Li JR, Zhao TF, et al. A new arylalkylamine N-scetyltransferase in silkworm (*Bombyx mori*) affects integument pigmentation [J]. Applied Biochemistry and Biotechnology, 2015b, 175 (7): 3 447 - 3 457.

[152] Loukeris TG, Arca B, Livadaras I, et al. Introduction of the transposable element *Minos* into the germ line of *Drosophila melanogaster* [J]. Proceedings of the National Academy of Sciences of the United States of America, 1995a, 92(21): 9 485 - 9 489.

[153] Loukeris TG, Livadaras I, Arca B, et al. Gene transfer into the medfly, *Ceratitis capitata*, using a *Drosophila hydei* transposable element [J]. Science, 1995b, 270(5244): 2 002 - 2 005.

[154] Lozovskaya ER, Nurminsky DI, Hartl DL, et al. Germline transformation of *Drosophila virilis* mediated by the transposable element

hobo [J]. Genetics, 1996,142(1): 173 - 177.

[155] Lu FH, Tang SM, Shen XJ, et al. Molecular cloning and characterization of hatching enzyme-like gene in the silkworm, *Bombyx mori* [J]. Molecular Biology Reports, 2010,37(3): 1 175 - 1 182.

[156] Lu HX, Kawazoe N, Kitajima T, et al. Spatial immobilization of bone morphogenetic protein-4 in a collagen-PLGA hybrid scaffold for enhanced osteoinductivity [J]. Biomaterials, 2012,33(26): 6 140 - 6 146.

[157] Lu M, Farrell PJ, Johnson R, et al. A baculovirus (*Bombyx mori* nuclear polyhedrosis virus) repeat element functions as a powerful constitutive enhancer in transfected insect cells [J]. Journal of Biological Chemistry, 1997,272(49): 30 724 - 30 728.

[158] Ma L, Xu H, Zhu J, et al. *Ras1*^{CA} overexpression in the posterior silk gland improves silk yield [J]. Cell Research, 2011,21(6): 934 - 943.

[159] Ma S, Chang J, Wang X, et al. CRISPR/Cas9 mediated multiplex genome editing and heritable mutagenesis of *BmKu70* in *Bombyx mori* [J]. Scientific Reports, 2014a, 4: 4 489.

[160] Ma SY, Wang XG, Liu YY, et al. Multiplex genomic structure variation mediated by TALEN and ssODN [J]. BMC Genomics, 2014b, 15(1): 1 - 9.

[161] Ma SY, Zhang SL, Wang F, et al. Highly efficient and specific genome editing in silkworm using custom TALENs [J]. PloS One, 2012, 7 (9): e45035.

[162] Maeda S, Majima K. Molecular cloning and physical mapping of the genome of *Bombyx mori* nuclear polyhedrosis virus [J]. Journal of General Virology, 1990,71(8): 1 851 - 1 855.

[163] Mangé A, Julien E, Prudhomme JC, et al. A strong inhibitory element down-regulates SRE-stimulated transcription of the A3 cytoplasmic actin gene of *Bombyx mori* [J]. Journal of Molecular Biology, 1997,265(3): 266 - 274.

[164] Mangé A, Couble P, Prudhomme JC. Two alternative promoters drive the expression of the cytoplasmic actin A4 gene of *Bombyx mori* [J]. Gene, 1996,183(1 - 2): 191 - 199.

[165] Maragathavally KJ, Kaminski JM, Coates C J. Chimeric *Mos1* and *piggyBac* transposases result in site-directed integration [J]. FASEB

Journal, 2006,20(11): 1 880 - 1 882.

[166] Marcus JM, Ramos DM, Monteiro A. Germline transformation of the butterfly *Bicyclus anynana* [J]. Proceedings Biological Sciences, 2004, 271, PP, S263 - S265.

[167] Markstein M, Pitsouli C, Villalta C, et al. Exploiting position effects and the gypsy retrovirus insulator to engineer precisely expressed transgenes [J]. Nature Genetics, 2008,40(4): 476 - 483.

[168] Martinez L, Almagro JC, Coll JL, et al. Sequence variability in the fibroin-H intron of domesticated and wild silk moths [J]. Insect Biochemistry and Molecular Biology, 2004,34(4): 343 - 352.

[169] Martins S, Naish N, Walker AS, et al. Germline transformation of the diamondback moth, *Plutella xylostella* L., using the *piggyBac* transposable element [J]. Insect Molecular Biology, 2012, 21 (4): 414 - 421.

[170] Masumoto M, Ohde T, Shiomi K, et al. A Baculovirus immediate-early gene, *iel*, promoter drives efficient expression of a transgene in both *Drosophila melanogaster* and *Bombyx mori* [J]. PloS One, 2012, 7 (11): e49323.

[171] Matsuda Y, Sahara K, Yasukochi Y, et al. Detection of γ-tubulin in spermatogonial cells of *Bombyx mori* (Lepidoptera) and *Chortophaga viridifasciata* (Orthoptera) [J]. Zoological Science, 2007, 24 (8): 781 - 786.

[172] Matz MV, Fradkov AF, Labas YA, et al. Fluorescent proteins from nonbioluminescent *Anthozoa species* [J]. Nature Biotechnology, 1999,17 (10): 969 - 973.

[173] Maxam AM, Gilbert W. A new method for sequencing DNA [J]. Proceedings of the National Academy of Sciences of the United States of America, 1977,74(2): 560 - 564.

[174] Mcginnis W, Garber RL, Wirz J, et al. A homologous protein-coding sequence in *Drosophila* homeotic genes and Its conservation in other metazoans [J]. Cell, 1984,37(2): 403 - 408.

[175] Medhora MM, MacPeek AH, Hartl DL. Excision of the *Drosophila* transposable element mariner: identification and characterization of the *Mos* factor [J]. EMBO Journal, 1988,7(7): 2 185 - 2 189.

[176] Michel K, Stamenova A, Pinkerton AC, et al. *Hermes*-mediated germline transformation of the mediterranean fruit fly *Ceratitis capitata* [J]. Insect Molecular Biology, 2001,10(2): 155 - 162.

[177] Mita K, Morimyo M, Okano K, et al. The construction of an EST database for *Bombyx mori* and its application [J]. Proceedings of the National Academy of Sciences of the United States of America, 2003,100(24): 14 121 - 14 126.

[178] Mitra R, Fain-Thornton J, Craig NL. *piggyBac* can bypass DNA synthesis during cut and paste transposition [J]. EMBO Journal, 2008,27(7): 1 097 - 1 109.

[179] Mitsialis SA, Kafatos FC. Regulatory elements controlling chorion gene-expression are conserved between flies and moths [J]. Nature, 1985,317(6036): 453 - 456.

[180] Moto K, Matsumoto S. Construction of an in vivo system for functional analysis of the genes involved in sex pheromone production in the silkmoth, *Bombyx mori* [J]. Frontiers in Endocrinology, 2012,3(2): 30.

[181] Mounier N, Prudhomme JC. Isolation of actin genes in *Bombyx mori*: the coding sequence of a cytoplasmic actin gene expressed in the silk gland is interrupted by a single intron in an unusual position [J]. Biochimie, 1986, 68(9): 1 053 - 1 061.

[182] Nagano A, Tanioka Y, Sakurai N, et al. Regeneration of the femoral epicondyle on calcium-binding silk scaffolds developed using transgenic silk fibroin produced by transgenic silkworm [J]. Acta Biomaterialia, 2011, 7(3): 1 192 - 1 201.

[183] Nakade S, Tsubota T, Sakane Y, et al. Microhomology-mediated end-joining-dependent integration of donor DNA in cells and animals using TALENs and CRISPR/Cas9 [J]. Nature Communications, 2014, 5: 5 560.

[184] Nakamura T, Yoshizaki M, Ogawa S, et al. Imaging of transgenic cricket embryos reveals cell movements consistent with a syncytial patterning mechanism [J]. Current Biology, 2010,20(18): 1 641 - 1 647.

[185] Nakao H. Isolation and characterization of a Bombyx vasa-like gene [J]. Development Genes Evolution, 1999,209(5): 312 - 316.

[186] Nakayama G, Kawaguchi Y, Koga K, et al. Site-specific gene integration

in cultured silkworm cells mediated by phiC31 integrase [J]. Molecular Genetics and Genomics, 2006,275(1): 1 - 8.

[187] Ngernyuang N, Kobayashi I, Promboon A, et al. Cloning and expression analysis of the *Bombyx mori* α-amylase gene (*Amy*) from the indigenous Thai silkworm strain, *Nanglai* [J]. Journal of Insect Science, 2011, 11: 38.

[188] Nishizawa-Yokoi A, Endo M, Osakabe K, et al. Precise marker excision system using an animal-derived *piggyBac* transposon in plants [J]. Plant Journal, 2014,77(3): 454 - 463.

[189] Nissen MS, Friesen PD. Molecular analysis of the transcriptional regulatory region of an early baculovirus gene [J]. Journal of Virology, 1989,63(2): 493 - 503.

[190] Nolan T, Bower TM, Brown AE, et al. *piggyBac*-mediated germline transformation of the malaria mosquito *Anopheles stephensi* using the red fluorescent protein dsRED as a selectable marker [J]. Journal of Biological Chemistry, 2002,277(11): 8 759 - 8 762

[191] O'Brochta DA, Atkinson PW, Lehane MJ. Transformation of *Stomoxys calcitrans* with a *Hermes* gene vector [J]. Insect Molecular Biology, 2000,9(5): 531 - 538.

[192] O'Brochta DA, Warren WD, Saville KJ, et al. *Hermes*, a functional non-drosophilid insect gene vector from *Musca domestica* [J]. Genetics, 1996, 142: 907 - 914.

[193] Ogawa S, Tomita M, Shimizu K, et al. Generation of a transgenic silkworm that secretes recombinant proteins in the sericin layer of cocoon: Production of recombinant human serum albumin [J]. Journal of Biotechnology, 2007,128(3): 531 - 544.

[194] Oh JH, Jeon YJ, Jeong SY, et al. Gene expression profiling between embryonic and larval stages of the silkworm, *Bombyx mori* [J]. Biochemical and Biophysical Research Communications, 2006, 343(3): 864 - 872.

[195] Ohtsuka D, Nakatsukasa T, Fujita R, et al. Use of *Bombyx mori* U6 promoter for inducing gene-silencing in silkworm cells [J]. Journal of Insect Biotechnology and Sericology, 2008,77(3): 125 - 131.

[196] Okano K, Miyajima N, Takada N, et al. Basic conditions for the drug

selection and transient gene expression in the cultured cell line of *Bombyx mori* [J]. Vitro Cellular and Developmental Biology, 1992,28A(11-12): 779-781.

[197] Orville Singh C, Xin HH, Chen RT, et al. *Bm*PLA2 containing conserved domain WD40 affects the metabolic functions of fat body tissue in silkworm, *Bombyx mori* [J]. Insect Science, 2016,23(1): 28-36.

[198] Osanai-Futahashi M, Ohde T, Hirata J, et al. A visible dominant marker for insect transgenesis [J]. Nature Communications, 2012,3: 1 295.

[199] Owens JB, Mauro D, Stoytchev[, et al. Transcription activator like effector (TALE)-directed *piggyBac* transposition in human cells [J]. Nucleic Acids Research, 2013,41(19): 9 197-9 207.

[200] Palmiter RD, Sandgren EP, Avarbock MR, et al. Heterologous introns can enhance expression of transgenes in mice [J]. Proceedings of the National Academy of Sciences of the United States of America, 1991,88 (2): 478-482.

[201] Park SW, Goo TW, Kim SR, et al. Analysis of hemocyte-specific gene expression from *Bombyx mori* [J]. International Journal of Industrial Entomology, 2011,23(1): 137-141.

[202] Park SW, Goo TW, Kim SR, et al. Hemocyte-specific promoter for the development of transgenic silkworm, *Bombyx mori* [J]. International Journal of Industrial Entomology, 2012,25(1): 111-114.

[203] Park TS, Han JY. *piggyBac* transposition into primordial germ cells is an efficient tool for transgenesis in chickens [J]. Proceedings of the National Academy of Sciences of the United States of America, 2012, 109(24): 9 337-9 341.

[204] Pathakamuri JA, Theilmann DA. The acidic activation domain of the baculovirus transactivator IE1 contains a virus-specific domain essential for DNA replication [J]. Journal of Virology, 2002,76(11): 5 598-5 604.

[205] Pavlopoulos A, Berghammer AJ, Averof M, et al. Efficient transformation of the beetle *Tribolium castaneum* using the *Minos* transposable element: Quantitative and qualitative analysis of genomic integration events [J]. Genetics, 2004,167(2): 737-746.

[206] Peloquin JJ, Thibault ST, Staten R, et al. Germ-line transformation of pink bollworm (Lepidoptera: Gelechiidae) mediated by the *piggyBac*

transposable element [J]. Insect Molecular Biology, 2000, 9 (3): 323 - 333.

[207] Perera OP, Harrell RA, Handler AM. Germ-line transformation of the South American malaria vector, *Anopheles albimanus*, with a *piggyBac/EGFP* transposon vector is routine and highly efficient [J]. Insect Molecular Biology, 2002, 11: 291 - 297.

[208] Pfeifer TA, Hegedus DD, Grigliatti TA, et al. Baculovirus immediate-early promoter-mediated expression of the Zeocin (TM) resistance gene for use as a dominant selectable marker in Dipteran and Lepidopteran insect cell lines [J]. Gene, 1997, 188(2): 183 - 190.

[209] Plautz JD, Day RN, Dailey GM, et al. Green fluorescent protein and its derivatives as versatile markers for gene expression in living *Drosophila melanogaster*, plant and mammalian cells [J]. Gene, 1996, 173 (1): 83 - 87.

[210] Prasher DC, Eckenrode VK, Ward WW, et al. Primary structure of the *Aequorea victoria* green-fluorescent protein [J]. Gene, 1992, 111 (2): 229 - 233.

[211] Pullen SS, Friesen PD. Early transcription of the ie-1 transregulator gene of autographa californica nuclear polyhedrosis virus is regulated by DNA-sequences within its 5′ noncoding leader region [J]. Journal of Virology, 1995, 69(1): 156 - 165.

[212] Quan GX, Kim I, Komoto N, et al. Characterization of the kynurenine 3-monooxygenase gene corresponding to the white egg 1 mutant in the silkworm *Bombyx mori* [J]. Molecular Genetics and Genomics, 2002, 267 (1): 1 - 9.

[213] Quan GX, Kobayashi I, Kojima K, et al. Rescue of white egg 1 mutant by introduction of the wild-type *Bombyx* kynurenine 3-monooxygenase gene [J]. Insect Science, 2007, 14(2): 85 - 92.

[214] Quiring R, Walldorf U, Kloter U, et al. Homology of the eyeless gene of *Drosophila* to the small eye gene in mice and aniridia in humans [J]. Science, 1994, 265(5173): 785 - 789.

[215] Raphael KA, Shearman DCA, Streamer K, et al. Germ-line transformation of the Queensland fruit fly, *Bactrocera tryoni*, using a *piggyBac* vector in the presence of endogenous *piggyBac* elements [J].

Genetica, 2011,139(1): 91 - 97.
[216] Regnier FE, Law JH. Insect pheromones [J]. Journal of Lipid Research, 1968,9(5): 541 - 551.
[217] Rizzo MA, Springer GH, Granada B, et al. An improved cyan fluorescent protein variant useful for FRET [J]. Nature Biotechnology, 2004,22(4): 445 - 449.
[218] Rodrigues FG, Oliveira SB, Rocha BC, et al. Germline transformation of *Aedes fluviatilis* (Diptera: Culicidae) with the *piggyBac* transposable element [J]. Memorias do Instituto Oswaldo Cruz, 2006, 101 (7): 755 - 757.
[219] Rostovskaya M, Fu J, Obst M, et al. Transposon-mediated BAC transgenesis in human ES cells [J]. Nucleic Acids Research, 2012, 40 (19): e150.
[220] Rowan KH, Orsetti J, Atkinson PW, et al. Tn5 as an insect gene vector [J]. Insect Biochemistry and Molecular Biology, 2004,34(7): 695 - 705.
[221] Roy B, Zhou F, Liang S, et al. Short hairpin RNA expression for enhancing the resistance of *Bombyx mori* (Bm) to nucleopolyhedrovirus in vitro and in vivo [J]. African Journal of Biotechnology, 2013, 12 (49) (49): 6 801 - 6 808.
[222] Royer C, Jalabert A, Da Rocha M, et al. Biosynthesis and cocoon-export of a recombinant globular protein in transgenic silkworms [J]. Transgenic Research, 2005,14(4): 463 - 472.
[223] Rubin GM, Kidwell MG, Bingham PM. The molecular basis of P-M hybrid dysgenesis: the nature of induced mutations [J]. Cell, 1982, 29 (3): 987 - 994.
[224] Rubin GM, Spradling AC. Genetic transformation of *Drosophila* with transposable element vectors [J]. Science, 1982,218(4570): 348 - 353.
[225] Rubio RO, Suzuki A, Mitsumasu K, et al. Cloning of cDNAs encoding sorbitol dehydrogenase-2a and b, enzymatic characterization, and up-regulated expression of the genes in *Bombyx mori* diapause eggs exposed to 5 ℃ [J]. Insect Biochemistry and Molecular Biology, 2011, 41 (6): 378 - 387.
[226] Saiki RK, Scharf S, Faloona F, et al. Enzymatic amplification of β-globin genomic sequences and restriction site analysis for diagnosis of sickle-cell

anemia [J]. Science, 1985,230(4732): 1 350 - 1 354.

[227] Sajwan S, Takasu Y, Tamura T, et al. Efficient disruption of endogenous *Bombyx gene* by TAL effector nucleases [J]. Insect Biochemistry and Molecular Biology, 2013,43(1): 17 - 23.

[228] Sakurai T, Mitsuno H, Haupt SS, et al. A single sex pheromone receptor determines chemical response specificity of sexual behavior in the silkmoth *Bombyx mori* [J]. PloS Genetics, 2011,7(6): 171 - 177.

[229] Sanger F, Nicklen S, Coulson AR. DNA sequencing with chain-terminating inhibitors [J]. Proceedings of the National Academy of Sciences of the United States of America, 1977,74(12): 5 463 - 5 467.

[230] Sarkar A, Atapattu A, Belikoff EJ, et al. Insulated *piggyBac* vectors for insect transgenesis [J]. BMC Biotechnology, 2006,6: 27.

[231] Sato M, Kojima K, Sakuma C, et al. Production of scFv-conjugated affinity silk powder by transgenic silkworm technology [J]. PloS One, 2012,7(4): e34632.

[232] Sato M, Kojima K, Sakuma C, et al. Production of scFv-conjugated affinity silk film and its application to a novel enzyme-linked immunosorbent assay [J]. Scientific Reports, 2014,4: 4 080.

[233] Scavarda NJ, Hartl DL. Interspecific DNA transformation in *Drosophila* [J]. Proceedings of the National Academy of Sciences of the United States of America, 1984,81: 7 515 - 7 519.

[234] Schulte C, Theilenberg E, Müller-Borg M, et al. Highly efficient integration and expression of *piggyBac*-derived cassettes in the honeybee (*Apis mellifera*) [J]. Proceedings of the National Academy of Sciences of the United States of America, 2014,111(24): 9 003 - 9 008.

[235] Schupbach T, Wieschaus E. Maternal-effect mutations altering the aterior-posterior pattern of the *Drosophila* embryo [J]. Rouxs Archives of Developmental Biology, 1986,195(5): 302 - 317.

[236] Seong J, Kim MJ, Kim HS, et al. Generation of transgenic silkworms for production of erythropoietin in *Bombyx mori* [J]. Genes and Genomics, 2011,33(3): 237 - 243.

[237] Seong J, Kim MJ, Lee SW, et al. Analysis of transgenic silkworms producing insulin-like growth factor-I in *Bombyx mori* [J]. Genes and Genomics, 2013,35(5): 623 - 630.

[238] Sezutsu H, Uchino K, Kobayashi I, et al. Conservation of fibroin gene promoter function between the domesticated silkworm *Bombyx mori* and the wild silkmoth *Antheraea yamamai* [J]. Journal of Sericultural Science of Japan, 2009,78(1): 1 - 10.
[239] Shamila Y, Mathavan S. Sperm-mediated gene transfer in the silkworm *Bombyx mori* [J]. Archives of Insect Biochemistry and Physiology, 1998, 37(2): 168 - 177.
[240] Sheng GJ, Thouvenot E, Schmucker D, et al. Direct regulation of rhodopsin 1 by Pax-6/eyeless in *Drosophila*: Evidence for a conserved function in photoreceptors [J]. Genes and Development, 1997, 11(9): 1 122 - 1 131.
[241] Shimizu K, Kamba M, Sonobe H, et al. Extrachromosomal transposition of the transposable element *Minos* occurs in embryos of the silkworm *Bombyx mori* [J]. Insect Molecular Biology, 2000,9(3): 277 - 281.
[242] Shimizu K, Ogawa S, Hino R, et al. Structure and function of 5′-flanking regions of *Bombyx mori* fibroin heavy chain gene: Identification of a novel transcription enhancing element with a homeodomain protein-binding motif [J]. Insect Biochemistry and Molecular Biology, 2007,37(7): 713 - 725.
[243] Shimomura M, Minami H, Suetsugu Y, et al. KAIKObase: An integrated silkworm genome database and data mining tool [J]. BMC Genomics, 2009,10: 486.
[244] Shimomura O, Johnson FH, Saiga Y. Extraction, purification and properties of aequorin, a bioluminescent protein from the luminous hydromedusan, *Aequorea* [J]. Journal of Cellular Physiology, 1962, 59(3): 223 - 239.
[245] Shin S, Kim BY, Jeon HY, et al. Expression system for production of bioactive compounds, recombinant human adiponectin, in the silk glands of transgenic silkworms [J]. Archives of Pharmacal Research, 2014, 37(5): 645 - 651.
[246] Simpson TI, Price DJ. Pax6; a pleiotropic player in development [J]. Bioessays, 2002,24(11): 1 041 - 1 051.
[247] Solodushko V, Bitko V, Fouty B. Minimal *piggyBac* vectors for chromatin integration [J]. Gene Therapy, 2014,21(1): 1 - 9.
[248] Spradling AC, Rubin GM. Transposition of cloned *P* elements into

Drosophila germ line chromosomes [J]. Science, 1982, 218: 341 - 347.
[249] Stapleton P, Weith A, Urbanek P, et al. Chromosomal localization of seven PAX genes and cloning of a novel family member, PAX-9 [J]. Nature Genetics, 1993, 3(4): 292 - 298.
[250] Strand MR. The insect cellular immune response [J]. Insect Science, 2008, 15(1): 1 - 14.
[251] Suetsugu Y, Futahashi R, Kanamori H, et al. Large scale full-length cDNA sequencing reveals a unique genomic landscape in a Lepidopteran model insect, *Bombyx mori* [J]. Genes Genomes Genetics, 2013, 3(9): 1 481- 1 492.
[252] Sumitani M, Yamamoto DS, Oishi K, et al. Germline transformation of the sawfly, *Athalia rosae* (Hymenoptera: Symphyta), mediated by a *piggyBac*-derived vector [J]. Insect Biochemistry and Molecular Biology, 2003, 33(4): 449 - 458.
[253] Suzuki MG, Funaguma S, Kanda T, et al. Analysis of the biological functions of a doublesex homologue in *Bombyx mori* [J]. Development Genes Evolution, 2003, 213(7): 345 - 354.
[254] Suzuki MG, Funaguma S, Kanda T, et al. Role of the male BmDSX protein in the sexual differentiation of *Bombyx mori* [J]. Evolution and Development, 2005, 7(1): 58 - 68.
[255] Tabuchi M, Sakurai T, Mitsuno H, et al. Pheromone responsiveness threshold depends on temporal integration by antennal lobe projection neurons [J]. Proceedings of the National Academy of Sciences of the United States of America, 2013, 110(38): 15 455 - 15 460.
[256] Takasu Y, Kobayashi I, Beumer K, et al. Targeted mutagenesis in the silkworm *Bombyx mori* using zinc finger nuclease mRNA injection [J]. Insect Biochemistry and Molecular Biology, 2010, 40(10): 759 - 765.
[257] Takasu Y, Sajwan S, Daimon T, et al. Efficient TALEN construction for *Bombyx mori* gene targeting [J]. PloS One, 2013, 8(9).
[258] Takeda M, Mita K, Quan GX, et al. Mass isolation of cuticle protein cDNAs from wing discs of *Bombyx mori* and their characterizations [J]. Insect Biochemistry and Molecular Biology, 2001, 31(10): 1 019 - 1 028.
[259] Takiya S, Kokubo H, Suzuki Y. Transcriptional regulatory elements in the upstream and intron of the fibroin gene bind three specific factors

POU-M1, Bm Fkh and FMBP-1 [J]. Biochemical Journal, 1997, 321: 645 - 653.

[260] Tamura T, Kanda T, Takiya S, et al. Transient expression of chimeric cat genes injected into early embryos of the domesticated silkworm *Bombyx mori* [J]. Japanese Journal of Genetics, 1990,65(6): 401 - 410.

[261] Tamura T, Thibert C, Royer C, et al. Germline transformation of the silkworm *Bombyx mori* L. using a *piggyBac* transposon-derived vector [J]. Nature Biotechnology, 2000,18(1): 81 - 84.

[262] Tan A, Tanaka H, Tamura T, et al. Precocious metamorphosis in transgenic silkworms overexpressing juvenile hormone esterase [J]. Proceedings of the National Academy of Sciences of the United States of America, 2005,102(33): 11 751 - 11 756.

[263] Tan AJ, Fu GL, Jin L, et al. Transgene-based, female-specific lethality system for genetic sexing of the silkworm, *Bombyx mori* [J]. Proceedings of the National Academy of Sciences of the United States of America, 2013,110(17): 6 766 - 6 770.

[264] Tanaka H, Fujita K, Sagisaka A, et al. shRNA expression plasmids generated by a novel method efficiently induce gene-specific knockdown in a silkworm cell line [J]. Molecular Biotechnology, 2009,41(2): 173 - 179.

[265] Tanaka H, Matsuki H, Furukawa S, et al. Identification and functional analysis of Relish homologs in the silkworm, *Bombyx mori* [J]. Biochimica et Biophysica Acta, 2007,1769(9): 559 - 568.

[266] Tanaka H, Yamamoto M, Moriyama Y, et al. A novel Rel protein and shortened isoform that differentially regulate antibacterial peptide genes in the silkworm *Bombyx mori* [J]. Biochimica et Biophysica Acta, 2005, 1730(1): 10 - 21.

[267] Tangphatsornruang S, Birch-Machin I, Newell CA, et al. The effect of different 3′ untranslated regions on the accumulation and stability of transcripts of a gfp transgene in chloroplasts of transplastomic tobacco [J]. Plant Molecular Biology, 2011,76(3): 385 - 396.

[268] Tatematsu K, Kobayashi I, Uchino K, et al. Construction of a binary transgenic gene expression system for recombinant protein production in the middle silk gland of the silkworm *Bombyx mori* [J]. Transgenic

Research, 2010,19(3): 473 - 487.

[269] Tatematsu K, Uchino K, Sezutsu H, et al. Effect of ATG initiation codon context motifs on the efficiency of translation of mRNA derived from exogenous genes in the transgenic silkworm, *Bombyx mori* [J]. Springer Plus, 2014,3(1): 1 - 12.

[270] Tateno M, Toyooka M, Shikano Y, et al. Production and characterization of the recombinant human mu-opioid receptor from transgenic silkworms [J]. Journal of Biochemistry, 2009,145(1): 37 - 42.

[271] Teramoto H, Kojima K. Production of *Bombyx mori* silk fibroin incorporated with unnatural amino acids [J]. Biomacromolecules, 2014,15(7): 2 682 - 2 690.

[272] Teule F, Miao YG, Sohn BH, et al. Silkworms transformed with chimeric silkworm/spider silk genes spin composite silk fibers with improved mechanical properties [J]. Proceedings of the National Academy of Sciences of the United States of America, 2012,109(3): 923 - 928.

[273] Thomas JL, Rocha MD, Besse A, et al. 3×P3-EGFP marker facilitates screening for transgenic silkworm *Bombyx mori* L. from the embryonic stage onwards [J]. Insect Biochemistry and Molecular Biologys, 2002,32(3): 247 - 253.

[274] Tomita M. Transgenic silkworms that weave recombinant proteins into silk cocoons [J]. Biotechnology Letters, 2011,33(4): 645 - 654.

[275] Tomita M, Hino R, Ogawa S, et al. A germline transgenic silkworm that secretes recombinant proteins in the sericin layer of cocoon [J]. Transgenic Research, 2007,16(4): 449 - 465.

[276] Tomita M, Munetsuna H, Sato T, et al. Transgenic silkworms produce recombinant human type III procollagen in cocoons [J]. Nature Biotechnology, 2003,21(1): 52 - 56.

[277] Tomita S, Kanda T, Imanishi S, et al. Yeast FLP recombinase-mediated excision in cultured cells and embryos of the silkworm, *Bombyx mori* (Lepidoptera: Bombycidae) [J]. Applied Entomology and Zoology, 1999, 34(3): 371 - 377.

[278] Tsatsarounos SP, Rodakis GC, Lecanidou R. Analysis of developmentally regulated chorion gene promoter architecture via electroporation of silk moth follicles [J]. Insect Molecular Biology, 2015,24(1): 71 - 81.

[279] Tsubota T, Uchino K, Kamimura M, et al. Establishment of transgenic silkworms expressing GAL4 specifically in the haemocyte oenocytoid cells [J]. Insect Molecular Biology, 2014a, 23(2): 165 - 174.

[280] Tsubota T, Uchino K, Suzuki TK, et al. Identification of a novel strong and ubiquitous promoter/enhancer in the silkworm *Bombyx mori* [J]. Genes Genomes Genetics, 2014b, 4(7): 1 347 - 1 357.

[281] Uchino K, Imamura M, Shimizu K, et al. Germ line transformation of the silkworm, *Bombyx mori*, using the transposable element *Minos* [J]. Molecular Genetics and Genomics, 2007, 277(3): 213 - 220.

[282] Uchino K, Sezutsu H, Imamura M, et al. Construction of a *piggyBac*-based enhancer trap system for the analysis of gene function in silkworm *Bombyx mori* [J]. Insect Biochemistry and Molecular Biology, 2008, 38(12): 1 165 - 1 173.

[283] Uhlírová M, Asahina M, Riddiford LM, et al. Heat-inducible transgenic expression in the silkmoth *Bombyx mori* [J]. Development Genes Evolution, 2002, 212(3): 145 - 151.

[284] Viswanathan P, Venkaiah B, Kumar MS, et al. The homologous region sequence (*hr1*) of *Autographa californica* multinucleocapsid polyhedrosis virus can enhance transcription from non-baculoviral promoters in mammalian cells [J]. Journal of Biological Chemistry, 2003, 278(52): 52 564- 52 571.

[285] Wang F, Ma S, Xu H, et al. High-efficiency system for construction and evaluation of customized TALENs for silkworm genome editing [J]. Molecular Genetics and Genomics, 2013a, 288(12): 683 - 690.

[286] Wang F, Wang R, Wang Y, et al. Remobilizing deleted *piggyBac* vector post-integration for transgene stability in silkworm [J]. Molecular Genetics and Genomics, 2015, 290(3): 1 181 - 1 189.

[287] Wang F, Xu H, Yuan L, et al. An optimized sericin-1 expression system for mass-producing recombinant proteins in the middle silk glands of transgenic silkworms [J]. Transgenic Research, 2013b, 22(5): 925 - 938.

[288] Wang F, Xu HF, Wang YC, et al. Advanced silk material spun by a transgenic silkworm promotes cell proliferation for biomedical application [J]. Acta Biomaterialia, 2014, 10(12): 4 947 - 4 955.

[289] Wang LY, Kiuchi T, Fujii T, et al. Mutation of a novel ABC transporter

gene is responsible for the failure to incorporate uric acid in the epidermis of ok mutants of the silkworm, *Bombyx mori* [J]. Insect Biochemistry and Molecular Biology, 2013c, 43(7): 562 - 571.

[290] Wang SP, Guo TQ, Guo XY, et al. *In vivo* analysis of fibroin heavy chain signal peptide of silkworm *Bombyx mori* using recombinant baculovirus as vector [J]. Biochemical and Biophysical Research Communications, 2006, 341: 1 203 - 1 210.

[291] Wang W, Swevers L, Iatrou K. *Mariner* (*Mos1*) transposase and genomic integration of foreign gene sequences in *Bombyx mori* cells [J]. Insect Molecular Biology, 2000,9(2): 145 - 155.

[292] Wang X, Cao G, Xue R, et al. Effects of BmkiT$_3^R$ gene transfer on the development and survival of silkworm *Bombyx mori* [J]. Journal of Bioscience and Bioengineering, 2011,112(6): 523 - 528.

[293] Wang YQ, Li ZQ, Xu J, et al. The CRISPR/Cas system mediates efficient genome engineering in *Bombyx mori* [J]. Cell Research, 2013d, 23(12): 1 414 - 1 416.

[294] Warren IA, Fowler K, Smith H. Germline transformation of the stalk-eyed fly, *Teleopsis dalmanni* [J]. BMC Molecular Biology, 2010,11: 86.

[295] Wehr R, Gruss P. Pax and vertebrate development [J]. International Journal of Developmental Biology, 1996,40(1): 369 - 377.

[296] Wei W, Xin HH, Roy B, et al. Heritable genome editing with CRISPR/Cas9 in the silkworm, *Bombyx mori* [J]. PloS One, 2014,9(7): e101210.

[297] Wen HX, Lan XQ, Zhang YS, et al. Transgenic silkworms (*Bombyx mori*) produce recombinant spider dragline silk in cocoons [J]. Molecular Biology Reports, 2010,37(4): 1 815 - 1 821.

[298] Wu C, Asakawa S, Shimizu N, et al. Construction and characterization of bacterial artificial chromosome libraries from the silkworm, *Bombyx mori* [J]. Molecular and General Genetics, 1999,261(4 - 5): 698 - 706.

[299] Wu X, Cao C. Targeting of human aFGF gene into silkworm, *Bombyx mori* L. through homologous recombination [J]. Journal of Zhejiang University Science, 2004,5(6): 644 - 650.

[300] Wu ZF, Xu ZQ, Zou X, et al. Pig transgenesis by *piggyBac* transposition in combination with somatic cell nuclear transfer [J]. Transgenic Research, 2013,22(6): 1 107 - 1 118.

[301] Xia Q, Cheng D, Duan J, et al. Microarray-based gene expression profiles in multiple tissues of the domesticated silkworm, *Bombyx mori* [J]. Genome Biology, 2007,8(8): 1 - 13.

[302] Xu HF. The advances and perspectives of recombinant protein production in the silk gland of silkworm Bombyx mori [J]. Transgenic Research, 2014,23(5): 697 - 706.

[303] Xu HF, Deng DJ, Yuan L, et al. Identification of a functional element in the promoter of the silkworm (*Bombyx mori*) fat body-specific gene *Bmlp3* [J]. Gene, 2014a, 546(1): 129 - 134.

[304] Xu HF, Liu YW, Wang F, et al. Overexpression and functional characterization of an *Aspergillus niger* phytase in the fat body of transgenic silkworm, *Bombyx mori* [J]. Transgenic Research, 2014b, 23 (4): 669 - 677.

[305] Xu HF, Yuan L, Wang F, et al. Overexpression of recombinant infectious bursal disease virus (IBDV) capsid protein VP2 in the middle silk gland of transgenic silkworm [J]. Transgenic Research, 2014c, 23 (5): 809 - 816.

[306] Xu J, Bi H, Chen R, et al. Transgenic characterization of two testis-specific promoters in the silkworm, *Bombyx mori* [J]. Insect Molecular Biology, 2015,24(2): 183 - 190.

[307] Xu J, Wang Y, Li Z, et al. Transcription activator-like effector nuclease (TALEN)-mediated female-specific sterility in the silkworm, *Bombyx mori* [J]. Insect Molecular Biology, 2014d, 23(6): 800 - 807.

[308] Xu J, Wang YQ, Li ZQ, et al. Functional characterization of the vitellogenin promoter in the silkworm, *Bombyx mori* [J]. Insect Molecular Biology, 2014e, 23(5): 550 - 557.

[309] Xue R, Chen H, Cui L, et al. Expression of hGM-CSF in silk glands of transgenic silkworms using gene targeting vector [J]. Transgenic research, 2012,21(1): 101 - 111.

[310] Xue RY, Hu XL, Cao GL, et al. *Bmovo-1* regulates ovary size in the silkworm, *Bombyx mori* [J]. PloS One, 2014,9(8): e104928.

[311] Yamaguchi J, Banno Y, Mita K, et al. Periodic Wnt1 expression in response to ecdysteroid generates twin-spot markings on caterpillars [J]. Nature Communication, 2013,4: 1 857.

[312] Yamamoto M, Yamao M, Nishiyama H, et al. New and highly efficient method for silkworm transgenesis using *Autographa californica* nucleopolyhedrovirus and *piggyBac* transposable elements [J]. Biotechnology and Bioengineering, 2004,88(7): 849 - 853.

[313] Yanagisawa S, Zhu Z, Kobayashi I, et al. Improving cell-adhesive properties of recombinant *Bombyx mori* silk by incorporation of collagen or fibronectin derived peptides produced by transgenic silkworms [J]. Biomacromolecules, 2007,8(11): 3 487 - 3 492.

[314] Yang L, Wakasa Y, Kawakatsu T, et al. The 3′-untranslated region of rice glutelin GluB-1 affects accumulation of heterologous protein in transgenic rice [J]. Biotechnology Letters, 2009,31(10): 1 625 - 1 631.

[315] Yano K, Sakurai MT, Izumi S, et al. Vitellogenin gene of the silkworm, *Bombyx mori*: Structure and sex-dependent expression [J]. FEBS Letters, 1994,356(2 - 3): 207 - 211.

[316] Yanushevich YG, Staroverov DB, Savitsky AP, et al. A strategy for the generation of non-aggregating mutants of Anthozoa fluorescent proteins [J]. FEBS Letters, 2002,511(1 - 3): 11 - 14.

[317] Yarbrough D, Wachter RM, Kallio K, et al. Refined crystal structure of DsRed, a red fluorescent protein from coral, at 2.0-angstrom resolution [J]. Proceedings of the National Academy of Sciences of the United States of America, 2001,98(2): 462 - 467.

[318] Ye L, You Z, Qian Q, et al. TAL effectors mediate high-efficiency transposition of the *piggyBac* transposon in silkworm *Bombyx mori* L [J]. Scientific Reports, 2015a, 5: 17 172.

[319] Ye LP, Qian QJ, Zhang YY, et al. Analysis of the *sericin*1 promoter and assisted detection of exogenous gene expression efficiency in the silkworm *Bombyx mori* L [J]. Scientific Reports, 2015b, 5: 8 301.

[320] Ye LP, Zhuang LF, Li JS, et al. Analysis of the activity of virus internal ribosome entry site in silkworm *Bombyx mori* [J]. Acta Biochimica Et Biophysica Sinica, 2013,45(7): 534 - 539.

[321] Yin YJ, Cao GL, Xue RY, et al. Construction of transformed, cultured silkworm cells and transgenic silkworm using the site-specific integrase system from phage phiC31 [J]. Molecular Biology Reports, 2014,41(10): 6 449 - 6 456.

[322] Yoda S, Yamaguchi J, Mita K, et al. The transcription factor Apontic-like controls diverse colouration pattern in caterpillars [J]. Nature Communications, 2014,5: 4 936.

[323] Yonemura N, Tamura T, Uchino K, et al. phiC31 integrase-mediated cassette exchange in silkworm embryos [J]. Molecular Genetics and Genomics, 2012,287(9): 731 - 739.

[324] Yonemura N, Tamura T, Uchino K, et al. phiC31-integrase-mediated, site-specific integration of transgenes in the silkworm, *Bombyx mori* (Lepidoptera: Bombycidae) [J]. Applied Entomology and Zoology, 2013, 48(3): 265 - 273.

[325] Yoshiga T, Okano K, Mita K, et al. cDNA cloning of acyl-CoA desaturase homologs in the silkworm, *Bombyx mori* [J]. Gene, 2000,246 (1 - 2): 339 - 345.

[326] Yoshiga T, Yokoyama N, Imai N, et al. cDNA cloning of calcineurin heterosubunits from the pheromone gland of the silkmoth, *Bombyx mori* [J]. Insect Biochemistry and Molecular Biology, 2002,32(4): 477 - 486.

[327] Zhang HK, Cao GL, Zhang XR, et al. Effects of $BmKIT_3^R$ gene transfer on pupal development of *Bombyx mori* linnaeus using a Gal4/UAS binary transgenic system [J]. Journal of Agricultural and Food Chemistry, 2012a, 60(12): 3 173 - 3 179.

[328] Zhang K, Yu S, Su JJ, et al. Identification and characterization of three novel hemocyte-specific promoters in silkworm *Bombyx mori* [J]. Biochemical and Biophysical Research Communications, 2015, 461 (1): 102 - 108.

[329] Zhang X, Xue R, Cao G, et al. Effects of egt gene transfer on the development of *Bombyx mori* [J]. Gene, 2012b, 491(2): 272 - 277.

[330] Zhang YZ, Chen J, Nie ZM, et al. Expression of open reading frames in silkworm pupal cDNA library [J]. Applied Biochemistry and Biotechnology, 2007,136(3): 327 - 343.

[331] Zhao AC, Zhao TF, Zhang YS, et al. New and highly efficient expression systems for expressing selectively foreign protein in the silk glands of transgenic silkworm [J]. Transgenic Research, 2010,19(1): 29 - 44.

[332] Zhao G, Chen K, Yao Q, et al. Cloning and characterization of nanos gene in silkworm *Bombyx mori* [J]. Journal of Genetics and Genomics, 2008,

35(2): 77 - 83.

[333] Zhao Y, Li X, Cao GL, et al. Expression of hIGF-I in the silk glands of transgenic silkworms and in transformed silkworm cells [J]. Science in China Series C-Life Sciences, 2009,52(12): 1 131 - 1 139.

[334] Zhong YS, Mita K, Shimada T, et al. Glycine-rich protein genes, which encode a major component of the cuticle, have different developmental profiles from other cuticle protein genes in *Bombyx mori* [J]. Insect Biochemistry and Molecular Biology, 2006,36(2): 99 - 110.

[335] Zhou CZ, Confalonieri F, Esnault C, et al. The 62 kb upstream region of *Bombyx mori* fibroin heavy chain gene is clustered of repetitive elements and candidate matrix association regions [J]. Gene, 2003,312: 189 - 195.

[336] Zhou CZ, Confalonieri F, Jacquet M, et al. Silk fibroin: structural implications of a remarkable amino acid sequence [J]. Proteins, 2001,44 (2): 119 - 122.

[337] Zhou CZ, Confalonieri F, Medina N, et al. Fine organization of *Bombyx mori* fibroin heavy chain gene [J]. Nucleic Acids Research, 2000,28(12): 2 413 - 2 419.

[338] Zhou F, Chen RT, Lu Y, et al. piggyBac transposon-derived targeting shRNA interference against the *Bombyx mori* nucleopolyhedrovirus (BmNPV) [J]. Molecular Biology Reports, 2014,41(12): 8 247 - 8 254.

[339] Zhu ZH, Kikuchi Y, Kojima K, et al. Mechanical properties of regenerated *Bombyx mori* silk fibers and recombinant silk fibers produced by transgenic silkworms [J]. Journal of Biomaterials Science-Polymer Edition, 2010,21(3): 395 - 412.

[340] Zhuang LF, Wei H, Lu CD, et al. The relationship between internal domain sequences of *piggyBac* and its transposition efficiency in BmN cells and *Bombyx mori* [J]. Acta Biochimica Et Biophysica Sinica, 2010, 42(6): 426 - 431.

[341] 曹广力,薛仁宇,朱越雄,等.家蚕氨酰- tRNA 合成酶基因分析[J].遗传, 2009,31(12): 1 248 - 1 258.

[342] 柴春利,钱平,关国平,等.家蚕 *vasa* 基因的结构及表达型研究[J].蚕业科学,2006,32(4): 469 - 476.

[343] 陈和,陈琴,梅文枫,等.一种红色荧光蛋白基因稳定转化的家蚕细胞株构建及应用[J].蚕业科学,2013,39(3): 507 - 513.

[344] 陈慧梅,曹广力,薛仁宇,等. 非转座子载体介导的稳定转化家蚕 BmN 细胞表达人粒细胞-巨噬细胞集落刺激因子[J]. 生物工程学报,2010,26(6): 830 - 836.
[345] 陈秀,张峰,赵昀,等. 荧光素酶报告基因在转基因蚕中的应用[J]. 高技术通讯,2000,10(1): 19 - 22.
[346] 陈秀,赵昀,张峰,等. 新霉素抗性基因在家蚕中的插入和表达[J]. 生物化学与生物物理学报: 英文版,1999,31(1): 90 - 92.
[347] 程道军,唐林,孟勐,等. 家蚕蛹期特异表达基因 *BmCP283* 鉴定及其启动子的克隆分析[J]. 中国农业科学,2013,46(11): 2 353 - 2 362.
[348] 程道军,夏庆友,周泽扬,等. 家蚕 cDNA 文库构建及大规模 EST 测序[J]. 蚕业科学,2003,29(4): 335 - 339.
[349] 崔琳琳,薛仁宇,陆叶,等. 非转座子载体介导的转基因家蚕表达 hIL-28A [J]. 生物化学与生物物理进展,2011,(8): 724 - 729.
[350] 邓党军,徐汉福,王峰,等. *BmLSP* 基因启动子驱动 *DsRed* 在转基因家蚕中的表达分析[J]. 蚕业科学,2011,37(2): 200 - 205.
[351] 段建平,徐汉福,马三垣,等. 人脑源性神经营养因子基因(*hBDNF*)在转基因家蚕丝腺中的特异表达[J]. 蚕业科学,2009,35(2): 248 - 252.
[352] 郭学双,曹广力,贡成良,等. BmNPV 多角体对稳定转化细胞表达荧光蛋白的包埋现象初探[J]. 蚕业科学,2010a, 36(4): 625 - 630.
[353] 郭学双,周阳,贡成良,等. 团头鲂 *β-actin* 启动子在家蚕中活性分析[J]. 江苏蚕业,2010b, 32(2): 1 - 5.
[354] 康丽霞,孟勐,王永虎,等. 家蚕蛹期特异基因 *BmCP283* 的启动子活性分析[J]. 蚕业科学,2013,39(5): 881 - 886.
[355] 李春峰,黄科,甘进锋,等. 转植酸酶基因家蚕的制作及表达检测[J]. 昆虫学报,2009,52(7): 713 - 720.
[356] 李静芝,曹广力,杨李阳,等. 基于同源重组的产绿色荧光蚕丝转基因家蚕的制备[J]. 蚕业科学,2013,39(4): 702 - 709.
[357] 李曦,赵越,周文林,等. 稳定转化家蚕 BmN 细胞表达人粒细胞-巨噬细胞集落刺激因子[J]. 蚕业科学,2009,35(2): 302 - 307.
[358] 李振刚,周丛照,唐恒立,等. YAC 介导的天蚕丝素基因向家蚕的转移及其在 F-2 代中的表达[J]. 科学通报,1995,(24): 2 267 - 2 269.
[359] 刘炜彬,贡成良,薛仁宇,等. 家蚕丝蛋白 *fhx/P25* 基因启动子区域的克隆及序列分析[J]. 动物学研究,2007,28(1): 17 - 23.
[360] 刘旭,葛广韬,邓可京. 果蝇中 P 因子研究与应用的新进展[J]. 生命科学,

2000,12(4)：162－165.
[361] 鲁兴萌. 蚕桑高新技术研究与进展[M]. 北京：中国农业大学出版社,2012.
[362] 陆改,程廷才,蒋亮,等. 家蚕中肠特异启动子 *BmAPN* 的克隆及活性分析[J]. 中国农业科学,2012,45(20)：4 279－4 287.
[363] 陆威健. hEGF 生物活性新型蚕丝材料的创制与研究[D]. 重庆：西南大学,2015.
[364] 陆叶,郑小坚,薛仁宇,等. 构建稳定转化的 BmN 细胞表达人白介素－28A 及表达产物的体外抗肿瘤活性[J]. 蚕业科学,2010,36(3)：452－457.
[365] 马三垣,徐汉福,段建平,等. 家蚕转基因技术中若干因素对转基因效率的影响[J]. 昆虫学报,2009,52(6)：595－603.
[366] 潘敏慧,鲁成,匡秀秀,等. 增强型家蚕核型多角体病毒诱导型启动子 En39k 及其应用：201310641709.5[P]. 2014－03－19.
[367] 潘敏慧,鲁成,李娜,等. 家蚕核型多角体病毒 *39k* 诱导型启动子及其应用：201010231957.9[P]. 2010－12－15.
[368] 邱咏梅. 家蚕未受精卵表达序列标签(EST)分析[D]. 重庆：西南农业大学,2003.
[369] J. 萨姆布鲁克. 分子克隆实验指南(第 3 版)[M]. 北京：科学出版社,2009.
[370] 汪生鹏,孙霞,沈小绢,等. 家蚕丝素 P25 蛋白基因启动子顺式作用元件的功能分析[J]. 昆虫学报,2011,54(6)：623－633.
[371] 汪泰初,李瑞雪,郭秋红,等. 哺乳动物 N－糖基化途径中关键酶唾液酸合酶和 CMP－唾液酸合成酶基因在转基因家蚕中的表达[J]. 昆虫学报,2011,54(8)：853－858.
[372] 王娜,杜希宽,蒋明星,等. 家蚕 BmN 细胞中 8 种启动子的活性比较及利用 hr5-IE1 启动子实现 EGFP 的稳定表达[J]. 昆虫学报,2010,53(3)：279－285.
[373] 王晓娟,谢敏,张星,等. 家蚕热休克蛋白基因 *Bmhsp19.9* 启动子的活性分析[J]. 江苏农业科学,2010,3(6)：34－38.
[374] 王云,叶向群,吴亦亮,等. 四种启动子调控 *RFP* 报告基因在家蚕细胞(Bm-e-HNU5)内的瞬时表达[J]. 昆虫学报,2006,49(2)：167－171.
[375] 王志芳,安建梅,孔建强. 含 DsRed 类似生色团的红色荧光蛋白的发展及应用[J]. 中国生物化学与分子生物学报,2013,(3)：197－206.
[376] 谢敏,贡成良,薛仁宇,等. 家蚕 *hsp20.4* 启动子克隆及其驱动表达产物 EG[illegible]对家蚕蛹体发育的影响[J]. 昆虫学报,2009,52(3)：246－253.
[377] [illegible]文,沈关望,张海燕,等. 家蚕卵黄原蛋白(BmVg)基因启动子的克隆与[illegible]性鉴定[J]. 蚕业科学,2014,40(3)：382－388

[378] 尤征英,危浩,阮系真,等. 家蚕丝腺生物反应器表达狂犬病病毒核蛋白[J]. 中国农业科学,2013,46(18): 3 922 - 3 929.
[379] 张美蓉,陈玉琳,徐汉福,等. 红色荧光标记载体 pBacA4DsRed 的构建及其在蚕卵中的瞬时表达[J]. 农业生物技术学报,2007,15(2): 346 - 347.
[380] 张星,胡小龙,王晓娟,等. 家蚕 *hsp23.7* 启动子瞬时表达载体的构建及活性检测[J]. 中国科技论文在线,2009,2(11): 1 194 - 1 202.
[381] 张阳. 转羊毛 *KAP* 基因家蚕的茧丝改性研究[D]. 重庆: 西南大学,2013.
[382] 赵爱春,夏庆友,鲁成,等. 利用家蚕丝心蛋白重链启动子大量表达外源蛋白的方法: ZL200610054442.X, 2006[P]. 2009 - 10 - 28.
[383] 周博,黄健华,贾世海,等. 家蚕 *TCTP* 基因的克隆、分析及其表达[J]. 中国农业科学,2007,40(8): 1 809 - 1 816.
[384] 朱守林,李光田,郭旭丽,等. 昆虫及其病毒基因启动子的研究及应用[J]. 生物学杂志,2012,29(4): 65 - 69.
[385] 庄兰芳,危浩,林健荣,等. 家蚕 *hsp70* 启动子的克隆及功能研究[J]. 中国细胞生物学学报,2011,33(5): 503 - 509.

第三章

家蚕外源基因导入技术

实现将外源基因导入宿主细胞(特别是原始生殖细胞)的转基因操作技术是制作转基因动物最为关键的技术之一。为了获得能稳定传代的转基因家蚕,一般要求导入的外源基因(或特定的DNA片段)能够进入家蚕的性母细胞。因此,在主要的基因操作方法中,人为导入外源基因的时机往往会选择家蚕胚胎发育早期,并且大多以未受精卵或初产2～8 h的早期受精卵(尚处于单细胞或未分化状态)作为外源基因导入的受体。也有少量以家蚕幼虫或蛹作为外源基因导入受体的报道,但在这些发育时期发生的转化往往仅能使外源基因整合至体细胞基因组,获得对家蚕体细胞的不可遗传修饰。胚胎显微注射技术是目前最为常用和有效的转基因蚕制作方法,其余还报道有精子介导基因转移技术、电穿孔法、脉冲场电泳法、基因枪法、病毒介导法和压力渗透法等。本章详细介绍胚胎显微注射技术的建立、发展和操作流程,并对精子介导基因转移技术和其他外源基因导入家蚕胚胎的转基因技术进行总结性概述。

第一节　胚胎显微注射技术

胚胎显微注射(embryo microinjection)技术,是指在显微镜下将外源基因用注射的方式导入受体细胞或受精卵的方法。胚胎显微注射技术是目前制作转基因动物应用最为广泛、效果最好的外源基因导入技术。该技术不受外源基因大小的限制,且具有精确度高和重复性好等特点。在转基因家蚕研究中,基丁胚胎显微注射的家蚕种系转化技术是应用最早、最为成熟与高效的稳定生产转基因家蚕的方法。

一、家蚕胚胎显微注射仪器的诞生与发展

众所周知,包括斑马鱼、爪蟾、线虫、小鼠等模式动物甚至果蝇、蚊子等模

式昆虫的胚胎显微注射，均是用钢化玻璃或硼硅玻璃拉制的显微注射针直接刺入胚胎或受精卵，然后将外源基因导入受体细胞。而家蚕胚胎的显微注射方式与上述方式不同。由于蚕卵表面具有一层 13～17 μm 的硬蛋白(即卵壳包裹)，直接用玻璃针无法刺破卵壳，因此家蚕胚胎的显微注射需要先用细而坚硬的金属针(钨丝针或钢针)在卵壳的适当部位打一小孔，然后再把内装外源基因的玻璃针沿卵壳上小孔处注入卵内以导入外源基因。家蚕胚胎这种需要利用金属针和玻璃注射针两次插入的特殊注射方法，导致了通用于其他动物的显微注射装置不能用于蚕卵注射。因此，建立可将外源基因导入家蚕胚胎的高效、实用的胚胎显微注射装置，是获得转基因家蚕的最基本技术保障。自 20 世纪 80 年代以来，家蚕胚胎显微注射装置主要经历了三代变革与发展。

(一) 第一代家蚕胚胎显微注射仪器

1985 年，Ninaki 等首次描述了其发明的由显微注射器(microinjector)和显微操纵器(micromanipulator)两部分组成的家蚕胚胎显微注射装置，即第一代家蚕胚胎显微注射仪器。图 3－1 为第一代家蚕胚胎显微注射系统的结构示意图。利用该注射仪进行蚕卵注射的具体操作步骤如下：首先让交配完的雌蛾在 1 个塑料容器中产卵，然后用水将蚕卵洗脱下来，用 70%的乙醇快速刷洗蚕卵并让水分迅速风干；为了便于注射，用双面胶将干燥后蚕卵在黑色呢绒纸上整齐地固定成一列；注射前在蚕卵两侧滴加 0.8%的生理盐水，再用亚硝酸钠($NaNO_2$)研磨锐利的钨针在蚕卵上打一小孔，然后将针尖直径为 30～50 μm 的玻璃注射针沿卵壳破孔处插入蚕卵；用改装过的液压微电极控制的操纵器将浓度为 75 μg/mL 的 DNA 溶液注入蚕卵，每粒蚕卵注入 5～10 nL；注射后随即用高黏性的石蜡封闭注射孔。Ninaki

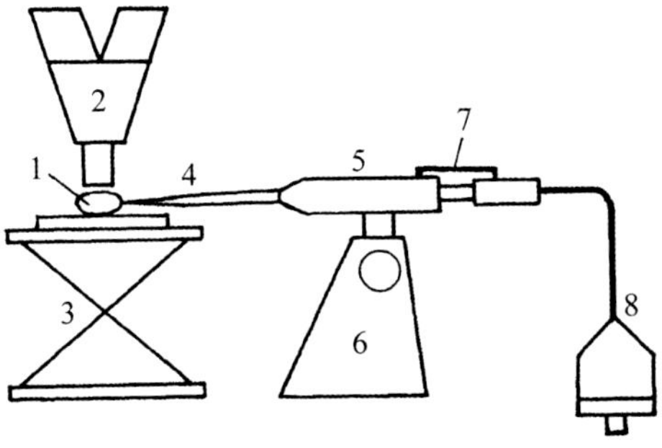

图 3－1　第一代家蚕胚胎显微注射系统 (Ninaki et al., 1985)

1. 受体蚕卵；2. 双目显微镜；3. 千斤顶(用作载物台)；4. 玻璃毛细管(用作注射针)；5. 手动可调式微量液体分配器；6. 微操纵器(MK-2)；7. 金属连接杆；8. 油压式微操纵器(MO-10)

等的研究是首例家蚕早期胚胎显微注射的报道，其创制的显微注射系统为家蚕胚胎显微注射技术的发展奠定了基础。

(二) 第二代家蚕胚胎显微注射仪器

自 1990 年开始，由日本蚕丝昆虫研究所的神田俊男(Kanda Toshio)和田村俊树(Tamura Toshiki)领导的研究小组，系统地开展了通过显微注射法创制转基因家蚕的研究工作。Kanda 和 Tamura 以上述第一代显微注射装置为雏形，于 1991 年获得了第二代家蚕胚胎显微注射仪器(图 3－2)。他们首先改进了显微注射的进液器，以脚踏开关的电磁阀控制外源基因的注入量，通过气压的压力将外源基因注入蚕卵。由于电磁阀是一个三通的结构，因此在关闭的同时，毛细管玻璃注射针内的液压和大气压相等，从而避免了由于针内负压而产生的卵内容物倒灌现象。改进后仪器的主要优点还体现在：所使用的显微注射装置与以前的设备相比更便宜，耗材花费更低；注射的开关用脚踏的方式进行控制，在注射时能够释放双手用于更好地掌握和控制注射针与蚕卵的相对位置，以提高注射的精度；注射针中的 DNA 溶液仅与注射针内壁和尾部的空气接触，降低了 DNA 溶液被化学药品或微生物污染的可能。Kanda 和

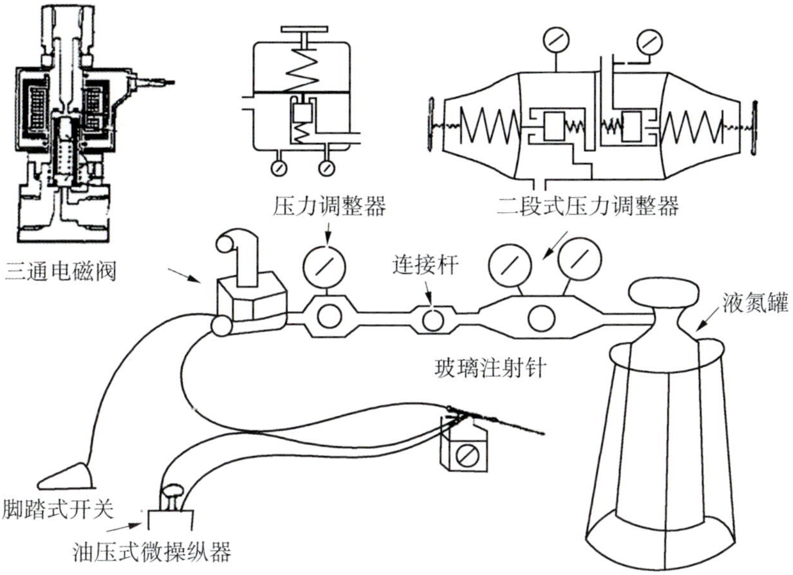

图 3－2　第二代家蚕胚胎显微注射系统(Kanda and Tamura, 1991)

Tamura的实验室利用第二代家蚕胚胎显微注射仪器，每小时能注射约 60 粒蚕卵，每天能够注射的蚕卵超过 300 粒，而且注射后蚕卵的成活率有了较大提高。他们在实际操作中还发现，在注射过程中蚕卵不用浸泡在水溶液中，注射后的注射孔可以用石蜡或树胶封闭，不同品系家蚕注射后的成活率差别很大。

（三）第三代家蚕胚胎显微注射仪器

2006 年 6～12 月，赵爱春博士与德国著名显微注射仪器生产厂家 Eppendorf 公司工程师刘晓博士进行反复研究改进，于 2007 年 5 月建立起国内首台不同于日本所用第二代胚胎显微注射仪的新型家蚕胚胎显微注射系统。如图 3－3 所示，该系统主要由气压式微量显微注射仪、体式显微镜、机械注射臂和摇杆控制器组成。此后又对许多关键环节进行了改进，使注射的精度与转基因的效率大为提高，建立起了我国第一个高效、实用的转基因技术平台(Zhao et al.，2010；Zhao et al.，2012)。随后，浙江大学、苏州大学和江苏科技大学等国内高校和研究机构均参照这套装置及其操作技术，先后建立了家蚕转基因技术平台。

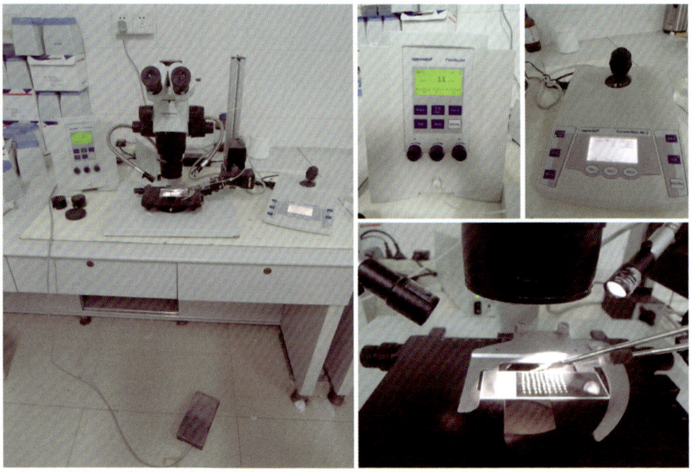

图 3－3　新型家蚕胚胎显微注射系统

日本学者 Tamura 等于 2007 年报道了他们对第二代家蚕胚胎显微注射系统的改造升级。新型显微注射装置最主要的特点是用先进的气压式显微注射装置替代了原始的三通电磁阀，并配置了先进的体式显微镜，从而使显微注射蚕卵的效率和精度与第二代家蚕胚胎显微注射系统相比得到了进一步提高(图 3－4)。

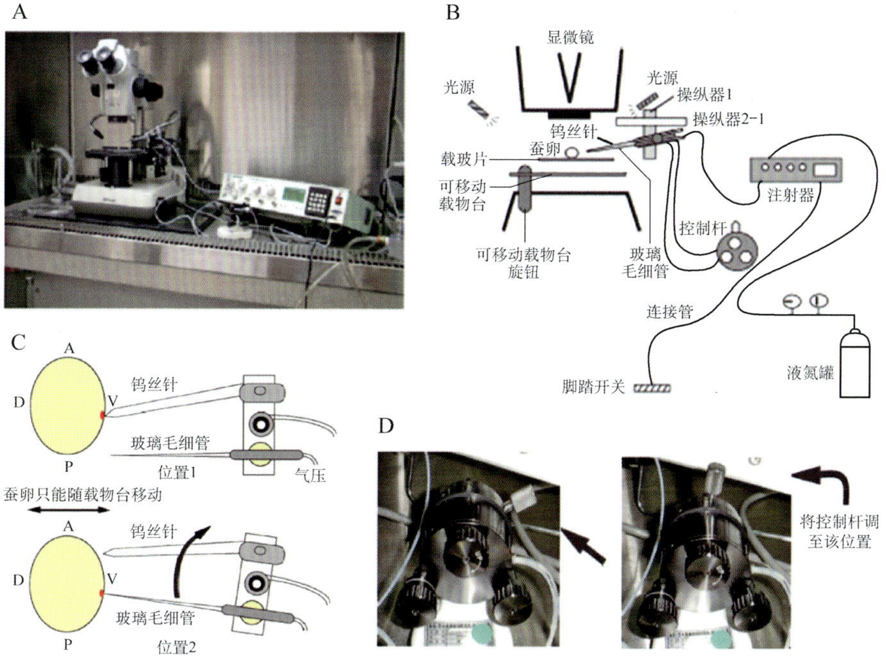

图 3-4　日本新型家蚕胚胎显微注射系统(Tamura et al.，2007)

A. 胚胎显微注射仪照片；B. 胚胎显微注射仪各部件结构示意图；C. 外源 DNA 导入蚕卵示意图；D. 打孔针与注射针转换装置照片

赵爱春等和 Tamura 等改进的新型家蚕胚胎显微注射装置均被视为第三代家蚕胚胎显微注射仪器。由于其相对于第二代家蚕胚胎显微注射仪器操作更为便捷、注射效率得到显著提高，因而其作为创制转基因家蚕最为有效的显微操作装置逐渐被广泛推广。

二、家蚕胚胎显微注射操作流程

在家蚕胚胎显微注射操作过程中，金属针对卵壳的穿刺是一个损伤作用很大的操作，而玻璃注射针的两次插入又会对蚕卵造成进一步的损伤，再加上卵龄早期的受精卵内压大、胚胎生命力弱，两次插入往往会导致被注射蚕卵的成活率过低。由此可见，家蚕胚胎显微注射对操作精度的要求非常高。下面以赵爱春等装配的第三代家蚕胚胎显微注射仪器创制转基因家蚕的实验步骤为例(图 3-5)，简述家蚕胚胎显微注射操作和转基因蚕筛选流程。

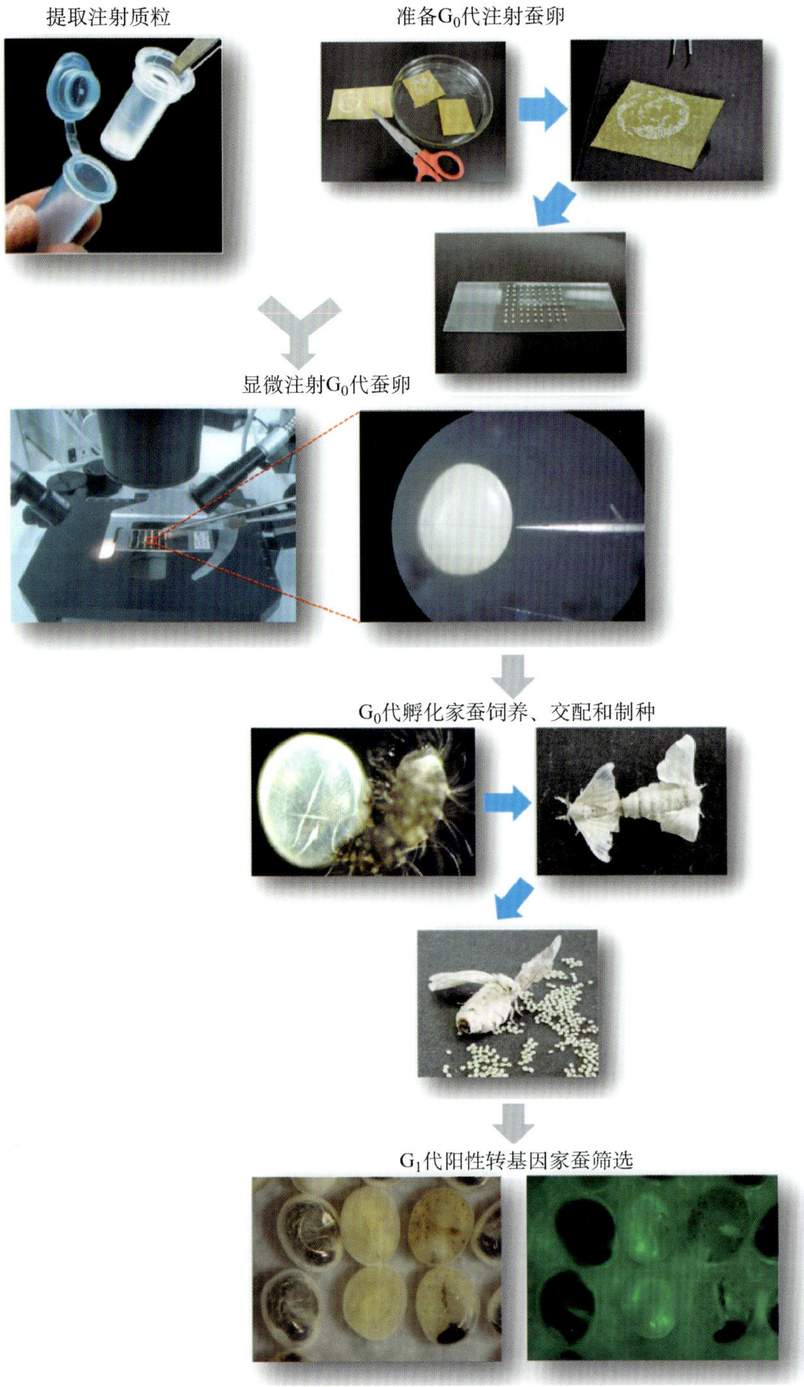

图 3－5　家蚕胚胎显微注射创制转基因家蚕的实验流程

(一) 注射质粒的提取

将经分子克隆构建的 *piggyBac* 转基因重组载体与转座酶表达载体 pHA3PIG 分别转化大肠杆菌菌株；挑取单菌落接种至 4 mL 的 LB 液体培养基(Amp^{+})，37 ℃摇床培养 16 h，然后按照 QIAGEN Plasimd Mini Kit 试剂盒说明书的操作步骤提取适用于家蚕胚胎显微注射的超纯质粒。

(二) 注射蚕卵的准备

将非滞育家蚕品种或亲代经浸酸和低温催青处理(Zhao et al.，2012)的滞育性家蚕品种所产下的非滞育子代蚕卵用作注射材料；将正常交配 5 h 后的雌蛾置于上浆的蚕连纸上，让其在避光环境中产卵，每隔 0.5 h 收集 1 次蚕卵；将产后 1 h 的非滞育 G_0 代蚕卵固定于载玻片上(卵孔均朝上，80 粒/片)，用 35%～37%的甲醛蒸气消毒 5 min 以备注射之用。

(三) 蚕卵显微注射操作

将用超纯质粒提取试剂盒提取的 *piggyBac* 重组载体(约 400 ng/μL)与转座酶表达载体 pHA3PIG(约 400 ng/μL)按 1∶1(物质的量之比)混合；使用显微注射仪将混合质粒导入固定于载玻片上的非滞育 G_0 代蚕卵，每粒蚕卵注射 5～10 nL 混合溶液，蚕卵注射需在产卵后 8 h 内完成；注射后立即用无毒胶水封闭注射孔，经甲醛蒸气(35%～37%，5 min)消毒后，置于相对湿度 85%～90%的环境中，25 ℃催青直至蚕卵孵化；G_0 代孵化幼虫在 25 ℃、相对湿度 75%～80%的环境中饲养至上蔟。图 3-6 显示了胚胎显微注射及无毒胶水封闭注射孔的蚕卵照片。

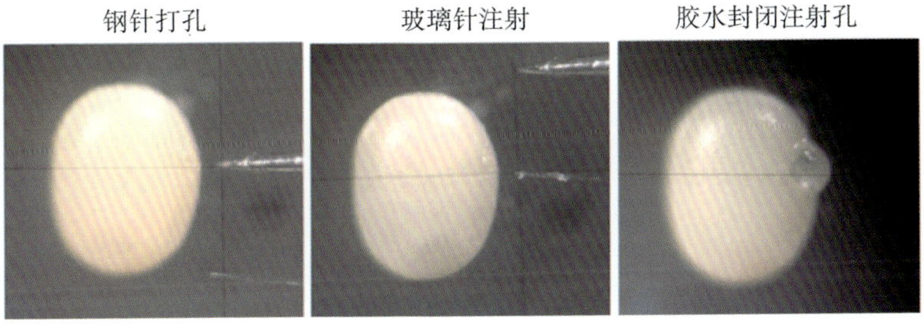

图 3-6 胚胎显微注射和封闭注射孔的蚕卵照片

(四) 阳性转基因家蚕的筛选与饲养

将 G_0 代蚕蛾自交或野生型蚕蛾回交制种，获得的 G_1 代家蚕蚕卵、幼虫、蛹或蛾在体视荧光显微镜下检测，筛选眼部和中枢神经部发出红色荧光（3×P3-DsRed 标记）或者绿色荧光（3×P3-EGFP 标记）的阳性转基因家蚕个体（图 3－7），并以蛾区为单位进行单蛾饲育，以建立阳性转基因家蚕系。

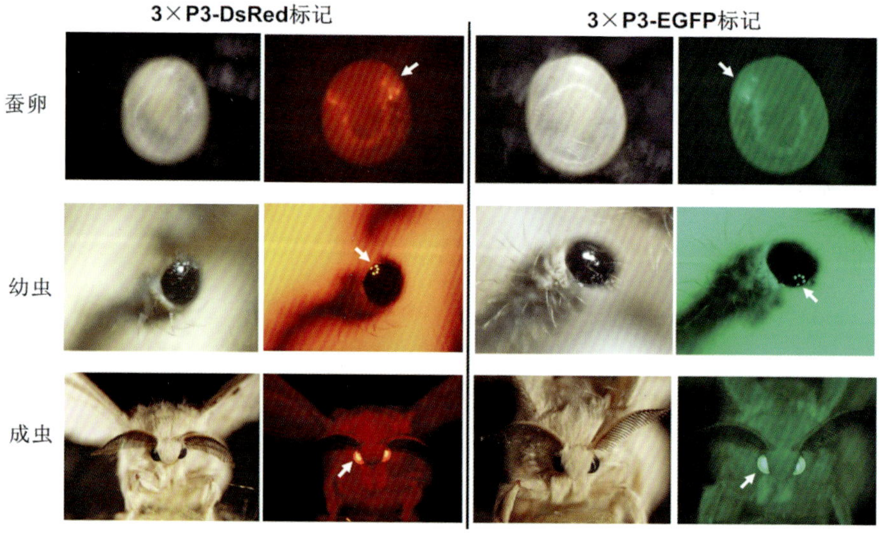

图 3－7　含有红色或绿色荧光的 G_1 代阳性转基因家蚕照片

由于胚胎显微注射技术操作相对稳定，包括质粒 DNA、mRNA、小分子蛋白质等物质均能够通过显微注射导入蚕卵，因此该技术在家蚕转基因研究中的应用越来越广。但是正如上文所述，因为适用于蚕卵的显微注射装置不同于普通显微注射仪，其往往需经过研究人员的改装，同时家蚕胚胎显微注射操作的技术难度较高，再加上操作过程中存在诸多关键技术，因此家蚕胚胎显微注射必须由专门训练的技术人员负责，上述问题也在一定程度上限制了家蚕显微注射技术的快速推广。尽管如此，家蚕胚胎显微注射技术经过近 20 年的发展与进步，其具有整合率高、稳定性好等其他家蚕外源基因导入技术所不能替代的优点。因此，该技术仍是目前获得转基因蚕最为常用和有效的方法。

第二节 精子介导基因转移技术

精子介导基因转移(sperm-mediated gene transfer, SMGT)技术简称“精子介导法”。这一方法是家蚕转基因技术发展阶段除胚胎显微注射法之外,研究和应用最多的外源基因导入技术。精子介导法的基本原理:利用精子能捕获外源 DNA 的特性,通过受精作用将精子所携带的外源 DNA 导入受精卵。精子介导的外源 DNA 导入方法简单、高效、适用性广泛,并且不需要精密的注射仪器及熟练的注射技术,从而引起了许多研究者的关注。虽然目前精子介导外源 DNA 导入受精卵的确切机制尚不明确,但许多研究者均通过此方法将外源 DNA 成功转入了鱼类、鸟类、哺乳动物和昆虫的受精卵中并获得转基因后代(Khoo et al., 1992; Smith and Spadafora, 2005; Lanes et al., 2008; Ma et al., 2011)。

一、家蚕精子介导转基因技术的建立

家蚕是多精子受精的动物,受精过程中可能有多个精子进入 1 个卵子。该特性有助于提高精子介导基因转移的效率。家蚕与高等哺乳动物不同,通过交配雄蛾精子进入雌蛾的交配囊中,然后进入受精囊,产卵时进入卵内,产卵后 120~140 min 卵子和精子才结合。根据这一特点,Shamila 和 Mathavan (1998)将外源 DNA 注入到 5 龄雄蚕幼虫精囊中,待其化蛾后与雌蛾交配,结果证实通过精子介导能够将外源 DNA 导入家蚕体内。郭秀洋(2000)利用精子介导法将质粒 pFbGFP 导入蚕卵,结果在连续传代培养 2 代的家蚕基因组中检测到 *GFP* 基因。2000 年以来,包括西南大学、江苏大学和江苏科技大学等国内多个研究单位均利用精子介导法成功实现了将外源 DNA 导入蚕卵并获得了转基因家蚕(郭秀洋等,2001;吴春旭,2002;曹广力等,2006;张业顺等,2007; Li et al., 2010; Zhou et al., 2012)。苏州大学贡成良研究组曾系统地开展了利用家蚕精子介导转基因技术建立转基因家蚕的研究工作,通过精子介导转基因技术成功创制出了表达人粒细胞—集落细胞刺激因子(hGM-CSF)、人胰岛素样生长因子Ⅰ(hIGF-Ⅰ)等多种外源蛋白的转基因家蚕

(Cong et al., 2011; Xue et al., 2012)。

二、家蚕精子介导转基因操作流程

如上文所述,家蚕交配时精子储存于雌蛾的交配囊中,卵子和精子在蚕卵产下后约 2 h 才结合成受精卵。在家蚕精子介导转基因技术发展初期,许多研究者根据家蚕交配与受精的特性,曾尝试了多种利用精子介导外源 DNA 导入蚕卵的方法(郭秀洋等,2001),主要有以下几种。

方法一:将交配 30 min 后的雌雄蛾拆对,解剖雌蛾,将取自交尾囊中的精液与外源 DNA 混匀后注入处女蛾交配囊再进行交配。

方法二:直接用毛细玻璃针将外源 DNA 注入处女蛾交配囊,然后进行交配。

方法三:将交配 30 min 后的雌雄蛾拆对,再往雌蛾交配囊中注入外源 DNA。

方法四:将外源 DNA 直接注入 5 龄雄蚕幼虫精巢部位,并将由此产生的雄蛾与处女蛾进行交配。

2012 年,Zhou 等对家蚕精子介导外源 DNA 导入蚕卵的方法进行了优化,其主要包括以下步骤:首先将待注射的外源 DNA 导入至 1 个直径为 20~40 μm 的玻璃针;随后按照 3.0 μL/头的含量将外源 DNA 通过雌蛾产道(交配的孔径)(图 3-8A)导入新孵化处女蛾的交配囊(图 3-8B);注射后雌性蚕蛾与雄性蚕蛾正常交配;交配 3 h 后拆对,将雌蛾置于黑暗环境中产卵。

家蚕精子介导法的优点在于:以精子为载体能够将外源基因较为顺利和精准地输送进入家蚕受精卵,不仅产卵量不受影响,而且受精卵也没有损伤,浸酸处理不受限制,整个操作流程简单易行且无需昂贵设备。此外,由于 1 头蚕蛾可产数百粒蚕卵,通过 1 次交配囊注射导入的外源 DNA 就可能获得多条阳性转基因家蚕,这也是其他外源基因导入方法所无法比拟的(郭秀洋等,2001)。该技术的明显缺点在于:导入蚕卵的外源基因大多以附加体形式存在,从而导致实验可重复性差。但是,精子在受精过程中携带外源 DNA 进入受精卵的特性,决定了其成为介导外源 DNA 转移的理想载体。随着研究人员对精子与外源 DNA 的相互作用及其 DNA 在卵内变化的分子机制的进一

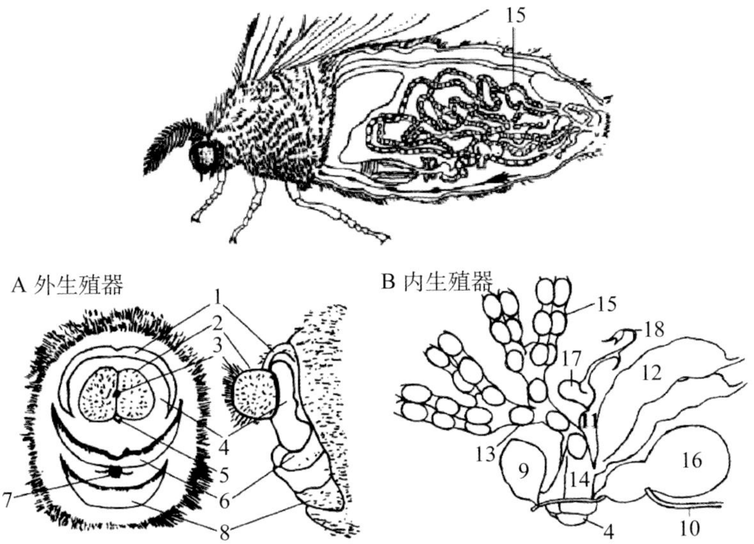

图 3-8　雌蛾生殖系统示意图(Zhou et al., 2012)

1. 背部几丁质板;2. 乳头生殖器;3. 肛门;4. 小囊外侧(诱惑腺);5. 产卵孔;6. 腹侧骨板;7. 产道(交配的孔径);8. 腹部板;9. 交配囊;10. 直肠;11. 扭曲的管;12. 唾液腺;13. 输卵管;14. 产卵器;15. 卵巢管;16. 直肠囊;17. 受精囊;18. 受精囊附属腺

步探索,将有望推动精子介导转基因技术成为制备转基因家蚕的一种简便易行且易于推广的方法。

第三节　其他外源基因导入技术

除胚胎显微注射技术和精子介导基因转移技术两种常用的技术外,制作转基因家蚕的外源基因导入技术还包括电穿孔法、脉冲场电泳法、基因枪法、病毒介导法和压力渗透法等。由于这些技术均存在导入外源基因整合效率低、产生转基因嵌合体较多、导入外源 DNA 大小受限或所需仪器设备昂贵等缺点,故这些技术在家蚕转基因领域并未得到广泛使用。以下仅对这些介导外源基因导入技术在家蚕转基因研究中的应用作简要概述。

一、电穿孔法

电穿孔(electroporation)法是以瞬间高压脉冲改变细胞膜的结构，使膜临时产生可修复性穿孔，从而使外源 DNA 分子通过细胞膜孔进入细胞内的一种基因转移方法。利用电穿孔法将外源 DNA 导入细菌、真菌及培养细胞株是基因工程中较为成熟的技术之一。电穿孔法曾有被用于介导外源基因导入蚕卵的少量报道(赵昀和陈秀，2001；Guo et al.，2004)。通过电穿孔法介导外源基因导入蚕卵的操作较为便利，但是其缺点在于导入的外源基因在家蚕受精卵基因组的整合效率太低。后来，Ando 和 Fujiwara(2013)建立了一种电穿孔介导的昆虫体细胞转基因技术，可用于实现介导 *piggyBac* 重组载体在家蚕、柑橘凤蝶或赤拟谷盗体细胞基因组中的整合，从而快速产生体细胞表达外源基因的嵌合体转基因昆虫。

二、压力渗透法

压力渗透法(osmotic method，OM)指利用压力变化而将外源 DNA 导入细胞的一种方法。利用压力渗透法将外源基因导入蚕卵的一般程序：将蚕卵浸入到一定浓度的外源 DNA 溶液中，用真空泵抽真空，再缓慢地放回到正常大气压，反复数次，使卵孔在内压作用下短暂开放，外源基因即可在大气压作用下由卵孔进入蚕卵。压力渗透法曾被应用于介导 *piggyBac* 重组转基因载体与辅助质粒 helper 共同导入家蚕蚕卵，进而筛选表达荧光标记基因的转基因家蚕研究(曹广力等，2006)。压力渗透法的优点是对实验设备要求简单，其缺点在于外源基因导入蚕卵的效率及实验的可重复性尚无法保证。

三、基因枪法

基因枪法又称粒子轰击(particle bombardment)技术，是一种利用高速微弹将外源遗传物质传递到细胞或组织中的独特方法。利用基因枪法可通过利用瞬间发生的电压或气压的强大改变驱动结合 DNA 分子的微弹穿透卵壳进入蚕卵内部。该方法在早期的家蚕转基因研究中曾有过较多的尝试。2006 年，Adachi 等报道了将含有荧光素酶报告基因(*Luc*)的质粒通过基因枪法导入家蚕 5 龄幼虫丝腺，随后将丝腺移植进入蚕体并检测报告基因表达的研究。

虽然利用基因枪法可以一次性处理许多蚕卵，且操作技术简单，但是外源基因整合效率较低，再加上实验设备昂贵，对不同品种蚕卵(卵壳厚度不同)的轰击条件需摸索建立，从而限制了该技术在家蚕转基因研究中的应用。

四、病毒介导法

根据昆虫杆状病毒AcNPV具有能够通过感染家蚕，使其DNA进入家蚕细胞核但不会大量复制而引起细胞死亡的性质，建立了由重组AcNPV载体系统介导外源基因进入家蚕细胞，并通过基因打靶等手段使外源基因整合进入家蚕基因组的技术，即病毒介导的外源基因转化家蚕胚胎或细胞的方法。Yamamoto等(2004)曾将杆状病毒载体系统和*piggyBac*转座子系统相结合，构建含有*piggyBac*转座子反向重复序列(ITR)元件和外源目的基因表达框序列的AcNPV穿梭载体，以及装载转座酶表达框序列的AcNPV重组病毒helper载体(Yamamoto et al.，2004)。Yamamoto等随后通过金属针沾混合的2种重组病毒穿刺G_0代蚕卵，并在G_0代和G_1代家蚕中筛选基因组含有外源DNA序列的阳性转基因个体。病毒介导法应用于家蚕转基因研究的最主要优点：重组逆转录病毒可以同时感染大量胚胎且感染后整合率高；其缺点：由于选用的受体往往是家蚕早期胚胎而非受精卵，从而导致G_0代个体多为嵌合体，且AcNPV重组载体负载外源DNA的大小较为有限(＜15 kb)。

五、脉冲场电泳法

脉冲场电泳法(pulsed field gel electrophoresis，PFGE)是将受精卵与外源DNA溶液放在一个特制的电泳槽中，施加一定强度的电脉冲，从而使外源DNA进入受精卵。脉冲场电泳法最早被应用于转基因鱼的研究。研究人员发现，在低电压作用下，外源DNA能够通过鱼类受精卵膜上存在的天然小孔进入受精卵(Martin，1981)。Li等(1997)曾将含有家蚕和天蚕丝素蛋白基因片断的重组质粒pFb-Ay与蚕卵共同包埋在低熔点胶中，随后通过脉冲场电泳法介导外源DNA通过遍布卵壳的气孔进入蚕卵。脉冲场电泳法操作方法简单，可同时处理大批量受精卵，但由于外源DNA在电脉冲场中的无定向性，从而导致转移率较低。

（撰稿：龙定沛　赵爱春）

参考文献

[1] Adachi T, Tomita M, Shimizu K, et al. Generation of hybrid transgenic silkworms that express *Bombyx mori* prolyl-hydroxylase α-subunits and human collagens in posterior silk glands: Production of cocoons that contained collagens with hydroxylated proline residues [J]. Journal of Biotechnology, 2006,126(2): 205 - 219.

[2] Ando T, Fujiwara H. Electroporation-mediated somatic transgenesis for rapid functional analysis in insects [J]. Development, 2013, 140 (2): 454 - 458.

[3] Cong L, Cao GL, Xue RY, et al. Reducing blood glucose level in TIDM mice by orally administering the silk glands of transgenic hIGF-Ⅰ silkworms [J]. Biochemical and Biophysical Research Communications, 2011,410(4): 721 - 725.

[4] Guo XY, Liang D, Wang SP, et al. Introduction of foreign genes into silkworm eggs by electroporation and its application in transgenic vector test [J]. Acta Biochimica Et Biophysica Sinica, 2004,36(5): 323 - 330.

[5] Kanda T, Tamura T. Microinjection method for DNA in early embryos of the silkworm, *Bombyx mori*, using air-pressure [J]. Bulletin of the National Institute of Sericultural and Entomological Science, 1991, 2: 31 - 46.

[6] Khoo HW, Ang LH, Lim HB, et al. Sperm cells as vectors for introducing foreign DNA into zebrafish [J]. Aquaculture, 1992,107(1): 1 - 19.

[7] Lanes C, Sampaio LA, Marins LF. Evaluation of DNase activity in seminal plasma and uptake of exogenous DNA by spermatozoa of the Brazilian flounder *Paralichthys orbignyanus* [J]. Theriogenology, 2008,71(3): 525 - 533.

[8] Li Y, Cao G, Chen H, et al. Expression of the hGM-CSF in the silk glands of germline of gene-targeted silkworm [J]. Biochemical and Biophysical Research Communications, 2010,391(3): 1 427 - 1 431.

[9] Li Z, Rong R, Zhang Z. A new technique of transgenesis by PFGE [J]. Sericologia, 1997,37(3): 429 - 441.

[10] Ma H, Quan F, Chen D, et al. Protective function of alpha-lipoic acid on sperm motility and mitochondrial function during goat sperm-mediated gene

transfer [J]. Small Ruminant Research, 2011,99(2): 191 - 198.

[11] Martin GR. Isolation of a pluripotent cell line from early mouse embryos cultured in medium conditioned by teratocarcinoma stem cells [J]. Proceedings of the National Academy of Sciences of the United States of America, 1981,78(12): 7 634 - 7 638.

[12] Ninaki O, Maekawa H, Gamo T, et al. Hatchability of silkworm eggs injected with DNA at early embryonic stages [J]. Journal of Sericultural Science of Japan, 1985,54(5): 428 - 434.

[13] Shamila Y, Mathavan S. Sperm-mediated gene transfer in the silkworm *Bombyx mori* [J]. Archives of Insect Biochemistry and Physiology, 1998, 37(2): 168 - 177.

[14] Smith K, Spadafora C. Sperm-mediated gene transfer: Applications and implications [J]. Bioessays, 2005,27(5): 551 - 562.

[15] Tamura T, Kuwabara N, Uchino K, et al. An improved DNA injection method for silkworm eggs drastically increases the efficiency of producing transgenic silkworms [J]. Journal of Insect Biotechnology and Sericology, 2007,76(3): 155 - 159.

[16] Xue R, Chen H, Cui L, et al. Expression of hGM-CSF in silk glands of transgenic silkworms using gene targeting vector [J]. Transgenic research, 2012,21(1): 101 - 111.

[17] Yamamoto M, Yamao M, Nishiyama H, et al. New and highly efficient method for silkworm transgenesis using *Autographa californica* nucleopolyhedrovirus and *piggyBac* transposable elements [J]. Biotechnology and Bioengineering, 2004,88(7): 849 - 853.

[18] Zhao A, Zhao T, Zhang Y, et al. New and highly efficient expression systems for expressing selectively foreign protein in the silk glands of transgenic silkworm [J]. Transgenic Research, 2010,19(1): 29 - 44.

[19] Zhao AC, Long DP, Ma SY, et al. Efficient strategies for changing the diapause character of silkworm eggs and for the germline transformation of diapause silkworm strains [J]. Insect Science, 2012,19(2): 172 - 182.

[20] Zhou W, Gong C, Xue R, et al. Germline transformation of the silkworm *Bombyx mori* L. by sperm-mediated gene transfer [J]. Biology of Reproduction, 2012,87(6): 144.

[21] 曹广力,薛仁宇,何泽,等. 基于 *piggyBac* 转座子转 *hGM-CSF* 基因家蚕的研

究[J]. 蚕业科学,2006,32(3): 324 - 327.
[22] 郭秀洋. 家蚕转基因的外源基因导入法研究[D]. 重庆: 西南农业大学,2000.
[23] 郭秀洋,周泽扬,冯丽春,等. 利用精子介导法向蚕卵导入外源基因的研究[J]. 生物化学与生物物理进展,2001,28(3): 423 - 425.
[24] 马三垣,徐汉福,段建平,等. 家蚕转基因技术中若干因素对转基因效率的影响[J]. 昆虫学报,2009,52(6): 595 - 603.
[25] 吴春旭. 家蚕精子介导基因转移技术的研究[D]. 厦门: 厦门大学,2002.
[26] 张业顺,夏定国,张国政,等. 家蚕精子介导转基因技术体系的优化 [J]. 蚕业科学,2007,33(2): 201 - 206.
[27] 赵爱春,马三垣,夏庆友,等. 家蚕滞育品种的早期浸酸转基因方法: ZL200710303904.1,2007a[P]. 2010 - 06 - 02.
[28] 赵爱春,马三垣,徐汉福,等. 家蚕滞育品种的低温催青转基因方法: ZL200710303903.7,2007b[P]. 2011 - 01 - 04.
[29] 赵昀,陈秀,彭卫平,等. 利用同源重组改变家蚕丝心蛋白重链基因[J]. 生物化学与生物物理学报(英文版),2001,33(1): 112 - 116.

第四章

转基因家蚕的筛选与鉴定

当导入目的基因的亲代家蚕(G_0 代)产卵后,需要对子代家蚕(G_1 代)进行检测,以期从中筛选出阳性个体。此外,利用位点特异性重组系统和基因组编辑技术对亲代家蚕基因或染色体实行的定点操作(包括突变、插入、删除或替换等)研究,同样需要在其后代家蚕中筛选出具有特定表型的阳性个体。随后,再通过分子生物学手段对获得的阳性家蚕个体进行进一步确认。最后,根据转基因家蚕表达产物的特性,对其进行功能分析与鉴定。本章介绍携带目的基因转基因家蚕的筛选与鉴定方法,主要内容包括:利用可视化识别标记或表型筛选转基因个体、外源基因整合或内源基因突变分析、RNA 转录鉴定、蛋白质翻译和功能分析等,即在表型、分子和机能 3 个水平进行检测分析。

第一节　转基因家蚕的筛选

在转基因昆虫研究领域,为了简化阳性转基因个体的筛选程序,在转基因表达载体设计或制备转基因个体的过程中,往往需要引入可以通过简单观察就能直接分辨转基因个体的可视化识别的筛选标记或突变,包括不同组织器官的荧光表型或颜色变化、某些器官组织的突变表型甚至动作特征的变化等。在转基因家蚕研究中,常利用荧光标记基因或能引起卵、眼睛与表皮等组织器官颜色变化的标记基因作为可视化识别的筛选报告基因。此外,某些通过 RNAi、基因编辑技术等建立的转基因家蚕,其本身即具有容易鉴别的、区别于野生型家蚕的突变表型。这类转基因家蚕仅通过简单的表型观察即可筛选鉴别。

一、荧光标记

目前,*EGFP*、*DsRed* 等荧光蛋白基因是转基因家蚕中应用最为广泛和有效的转基因个体可视化识别、检测和筛选标记基因。在相应波长的激发光

(荧光或紫外光)照射下,携带由不同基因启动子(*A3*、3×P3、*Fib-H*、*Fib-L* 或 *Ser1* 等)调控 *EGFP* 或 *DsRed* 标记基因表达的转基因家蚕,会在其不同发育阶段(胚胎、幼虫、蛹或成虫)的不同组织器官(表皮、眼睛、丝腺等)中发出绿色或红色荧光,进而筛选出阳性转基因个体(图 4-1A、B)。此外,利用 *Fib-H*、*Fib-L* 和 *Ser1* 启动子在转基因家蚕丝腺中表达的荧光蛋白,还能够经 5 龄幼虫吐丝结茧而分泌至茧丝,于是仅通过肉眼(荧光蛋白表达量较高)或荧光显微镜(荧光蛋白表达量较低)观察茧色的变化就能够筛选出转基因个体,而无需再在胚胎或幼虫期进行逐一筛选,进一步简化了转基因个体的筛选程序(图 4-1C)。西南大学赵爱春研究组利用 Ser1-DsRed 表达框作为筛选标记,获得了茧丝中含有羊毛角蛋白相关蛋白(KAP)的转基因家蚕。

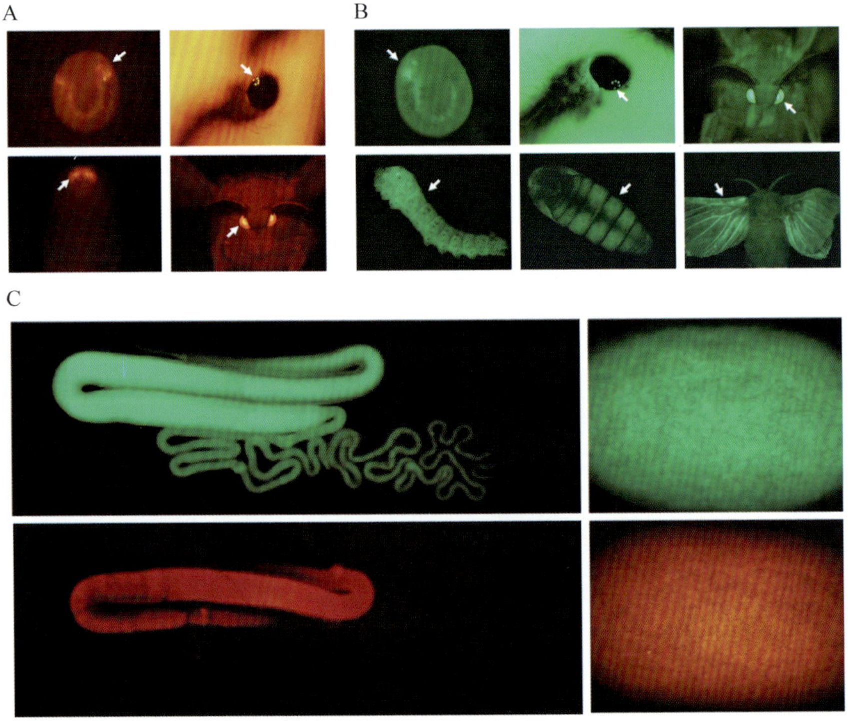

图 4-1 *DsRed* 或 *EGFP* 标记基因在转基因家蚕及茧壳中的表达

A. *DsRed* 基因在不同发育阶段转基因家蚕眼睛或中枢神经中表达;B. *EGFP* 基因在不同发育阶段转基因家蚕眼睛或表皮中表达;C. *DsRed* 基因或 *EGFP* 基因在转基因家蚕丝腺和茧壳中表达

二、显性颜色变化标记

内源基因的突变会引起昆虫不同组织和器官在不同发育阶段的颜色发生变化。这些肉眼可见的显性颜色变化(特别是易于观察的卵、眼睛和表皮等的颜色变化)可作为突变体昆虫与野生型昆虫的识别标记。在家蚕体内同样存在许多能够调控色素与其他有色蛋白,在卵、眼睛和表皮等器官中合成代谢或发生着色沉淀反应的内源基因,利用不同启动子驱动这些内源基因在转基因家蚕不同组织中的过量表达,会引起转基因个体卵、眼睛和表皮颜色的变化,从而区分出野生型家蚕。比如,利用 *BmA3* 启动子调控犬尿氨酸-3-单氧化酶(KMO)基因在 *w-1* 品系家蚕(白眼和白卵表型)体内过表达,能够使转基因个体的眼色和卵色由白色转变为褐色,其体色也由浅灰色变为浅棕色(图 4-2A);利用 GAL4/UAS 系统分别调控家蚕芳烷基胺 N 乙酰基转移酶基因(*Bm-aaNAT*)和 β 丙氨酰多巴胺合成酶基因(*Bm-ebony*)的组成型过表达,不但均能够使新孵化家蚕幼虫的体色由黑色变成浅棕色,而且在异色瓢虫和果蝇体内异位表达 *Bm-aaNAT* 基因,也能够使转基因个体的体色变浅(图 4-2B 和 C)。其他由于表达部位或表达含量不同,可引起肉眼可见的家蚕表皮颜色变化,从而有利于转基因阳性个体筛选的家蚕内源基因还包括 *Wnt1*(Yamaguchi et al.,2013)和 *apt-like*(Yoda et al.,2014)等。

C

图 4-2　家蚕内源基因过表达引起的昆虫显性颜色变化 (Quan et al., 2007; Osanai-Futahashi et al., 2012)

A. *KMO* 基因组成型过表达引起转基因家蚕体色变为浅棕色；B. *Bm-aaNAT* 和 *Bm-ebony* 基因组成型过表达引起转基因家蚕幼虫体色由黑色变成浅棕色；C. *Bm-aaNAT* 基因在果蝇(上)和异色瓢虫(下)体内过表达使转基因昆虫体色变浅

三、其他表型变化识别标记

除了通过表达荧光蛋白基因和能够引起明显显性颜色变化的基因作为转基因个体的筛选标记外，由过表达、RNAi 或基因敲除反应介导的某些家蚕内源或非荧光标记外源基因表达量的变化，进而引起肉眼可观察的表型变化，均可作为转基因阳性家蚕个体的识别标记。比如，过表达家蚕保幼激素酯酶(JHE)基因能引起家蚕早熟现象，转基因个体在 3 龄幼虫期即开始化蛹，比野生型个体提前了 2 个龄期(Tan et al., 2005)；利用转基因干涉技术介导家蚕蜕皮触发激素(ETH)基因的下调表达，能够引起转基因个体的蜕皮而致死，阻碍其从蛹到成虫的发育以及使受精卵的数量减少(Dai et al., 2007, 2008)。利用近几年发展起来的基因编辑技术，已经成功介导实现了 *BmBLOS2*

(Takasu et al., 2010)、*Bm-ok*(Wei et al., 2014)和*Fib-H*(Ma et al., 2014a; Wang and Nakagaki, 2014)、*Bmdsx*(Xu et al., 2014c)、*Bmawd* 和 *Bmfng* (Ling et al., 2015)等家蚕内源基因的敲除,进而获得了具有幼虫体壁呈现半透明状的"油蚕"(图 4-3A)、茧丝中不含有丝素重链蛋白的"裸蛹"、雌性生殖腺发育异常造成的不孕以及翅原肌发育异常导致的残翅等不同突变表型并易于识别的阳性基因敲除个体(图 4-3B)。

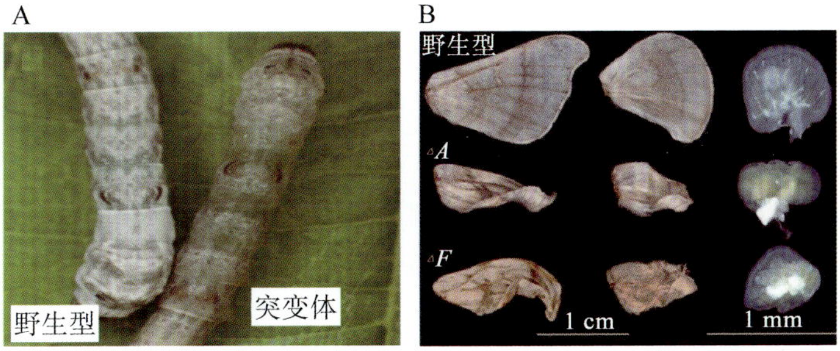

图 4-3 内源基因敲除导致的家蚕突变表型(Wei et al., 2014; Ling et al., 2015)

A. *Bm-ok* 基因敲除导致的"油蚕"表型;B. *Bmawd*(Δ*A*)和 *Bmfng*(Δ*F*)基因敲除导致翅原肌发育异常的"残翅"表型

第二节 外源基因的整合与表达分析

一、外源基因的整合分析

检测外源基因在家蚕、果蝇和蚊子等转基因昆虫基因组整合的方法主要有聚合酶链式反应(PCR)、Southern 印迹杂交、反向 PCR、DNA 斑点杂交和染色体原位杂交等。其中,聚合酶链式反应、Southern 印迹杂交和反向 PCR 是检测外源基因在转基因家蚕基因组整合的最为常用和公认最为有效的方法。结合这 3 种方法,不但能够确认外源基因在基因组中的整合,还能够鉴定外源基因的整合拷贝数及插入位点附近的基因组序列。根据测序获得的插入位点处的基因组序列,结合家蚕基因组数据库就能够将外源基因定位于特定染色体位点。由于所有检测外源基因在家蚕基因组整合的方法,均是以转基因家蚕整个个体或其各组织器官的基因组 DNA 为检测对象，因此转基因家蚕样品的采集和基因组 DNA 的提取自然成了外源基因整合检测的前提和重要步骤。

（一）样品采集

转基因家蚕样品采集是外源基因整合分析的第一步，根据检测目的和不同组织的样品情况，可按照如下几种方式采集样品。

1. 个体采样

转基因阳性家蚕个体采样，一般以蛾区为单位进行。通常情况下，利用 *piggyBac* 转座子系统建立的转基因家蚕，G_1 代阳性蛾区中含有的转基因家蚕个体数量不等，少则数头甚至 1 头，多则数十头甚至近百头。如果需要采集 G_1 代转基因家蚕样品，若 G_1 代蛾区阳性个体数量较少，则需要在 G_1 代阳性蚕蛾交配产卵后，将整个蚕蛾冻存于－20 ℃冰箱或者直接进入提取 DNA 步骤。需要注意的是，由于家蚕基因组 DNA 在蛾期容易降解，因此在其交配或产卵后应迅速冻存。若 G_1 代蛾区阳性个体数量较多，则根据实验需要，在保留足够制种的阳性个体之后，其余的阳性个体在胚胎、幼虫、蛹期和成虫（蚕蛾）期取样冻存于－20 ℃即可。

2. 血液采样

用注射针头刺破 5 龄或 5 龄期家蚕腹足，立即将血液滴入在冰上预冷的 1.5 mL 离心管中，4 ℃下 3 000 r/min 离心 5 min，弃上清液，沉淀即为家蚕血细胞。随后加入约 500 μL 的 PBS 溶液重悬血细胞后冻存于－80 ℃冰箱，或者加入约 500 μL 的 DNA 抽提缓冲液重悬血细胞后直接提取 DNA。

3. 其他组织采样

家蚕其他组织器官样品采集操作相对简单，仅需要取解剖后家蚕各组织样品冻存于－80 ℃即可。需要注意的是，在采集家蚕幼虫中肠样品时，要将中肠中的桑叶去除，以免后续提取的家蚕基因组 DNA 中混有桑树 DNA。

（二）基因组 DNA 提取

从家蚕个体和组织样品中提取基因组 DNA（genomic DNA，gDNA）的方法有很多，其中最常用的是蛋白酶 K（proteinase K）法（Nagaraja and

Nagaraju，1995；夏庆友等，1996；侯成香等，2005；陈冬妹等，2007；刘岩等，2008）。此外，也有利用 CTAB（十六烷基三乙基溴化铵）法提取家蚕 gDNA 的报道（刘岩等，2008）。在此分别归纳叙述可通用的蛋白酶 K 法和 CTAB 法提取家蚕 gDNA 的步骤。

1. 蛋白酶 K 法

（1）取家蚕胚胎、幼虫、蛹、蛾或除血细胞以外的其他各组织样品放入研钵，加入液氮，将样品迅速研磨成粉末状，加入 DNA 抽提缓冲液，混匀后转入离心管中；家蚕血细胞不需要经过液氮研磨，直接在离心管中加入 DNA 抽提缓冲液重悬血细胞即可进行后续步骤。

（2）在离心管中加入蛋白酶 K（终浓度为 50～150 μg/mL），轻轻混匀后置于 50 ℃恒温箱中温育 4～6 h。

（3）在离心管中加入 RNase（终浓度为 50～100 μg/mL），37 ℃恒温温育 2 h。

（4）取出裂解消化后的组织悬液，加入等体积的平衡酚，温和振荡 5～10 min，12 000 r/min 离心 10 min。

（5）用去尖的枪头小心移出上层水相至一个新离心管中，加入 1/2 体积平衡酚和 1/2 体积氯仿，温和振荡 5～10 min，12 000 r/min 离心 10 min。

（6）小心移出上层水相至一新离心管中，加入等体积氯仿，温和振荡 5～10 min，12 000 r/min 离心 10 min。

（7）转移上层水相至一新离心管中，加入 2.5 倍体积预冷的无水乙醇和 1/10 体积的 3 mol/L NaAC（pH5.2），缓慢颠倒混匀，使 DNA 沉淀析出。

（8）用高压过的牙签或小枪头挑出絮状 DNA 沉淀至一新离心管中，用 1 mL 70％乙醇洗涤 2 次，然后尽量弃去乙醇并自然晾干，使乙醇挥发殆尽。

（9）根据 DNA 沉淀的含量，加入 50～500 μL 的 TE 溶液或 ddH_2O 溶解 DNA，电泳检测并用分光光度计测浓度和纯度后于－20 ℃保存备用。图 4－4 显示利用蛋

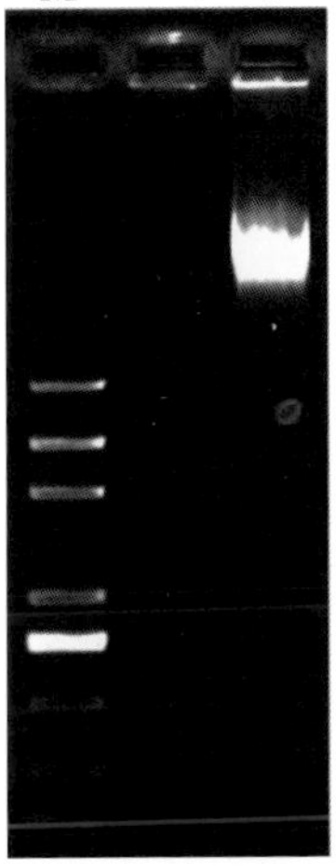

图 4－4　蛋白酶 K 法提取的家蚕 gRNA 电泳条带

M 为 Trans2K Plus DNA Marker

白酶 K 法提取的家蚕 gDNA 电泳检测条带。

2. CTAB 法

(1) 在 1 个 2 mL 离心管中，加入 500 μL 的 2×CTAB 和 20 μL 的 β-巯基乙醇(β-mercaptoethanol, 2ME)，65 ℃预热。

(2) 将裂解后的家蚕血细胞样品或用液氮研磨成粉末状的家蚕个体与其他组织样品转移至预热的 2 mL 离心管中，总体积达到 1 mL 并混匀后置于 65 ℃水浴中保温 30～45 min，期间每隔 5 min 轻摇试管数次以使裂解更充分。

(3) 随后按照蛋白酶 K 法步骤(3)～(9)提取 DNA。

3. 主要试剂与仪器

gDNA 抽提缓冲液：

Tris-HCl	10 mmol/L, pH 8.0
EDTA	0.1 mmol/L, pH 8.0
SDS	0.5%

CTAB 裂解缓冲液：

CTAB	2%(w/v)
Tris	100 mmol/L, pH 8.0
EDTA	20 mmol/L, pH 8.0
NaCl	1.4 mol/L

TE 缓冲液：

Tris-Cl	10 mmol/L, pH8.0
EDTA	1 mmol/L, pH 8.0

以上试剂均需要高压灭菌。其余试剂和仪器包括：蛋白酶 K(10 mg/mL，用无菌水配制)、无 DNase 的 RNase(10 mg/mL)、平衡酚、氯仿、无水乙醇、70%乙醇、高速冷冻离心机、恒温水浴箱、紫外分光光度计等。

4. 注意事项

(1) 研磨样品量以 50～100 mg 为宜。如组织样品量过大，释放的 gDNA 多，会使溶液过于黏稠，影响提取效果。

(2) 用平衡酚及氯仿抽提蛋白时，应温和振荡，尽量减少 gDNA 的断裂。

(3) 如果析出的 gDNA 含量较多且难以溶解，可以于 50～65 ℃加热，使其充分溶解。

（4）按照上述方法提取的 gRNA，可直接用于基因组 PCR 检测外源基因的插入。

（5）用于反向 PCR 或 Southern 印迹杂交的 gDNA 样品需要经过纯化，即重复上述提取 gDNA 的步骤（4）～（6），用平衡酚、酚：氯仿（1：1）混合液以及氯仿再次抽提 gDNA 各 1 次，随后在离心管中加入 2 倍体积无水乙醇，12 000 r/min离心 8 min，DNA 沉淀用 70％的乙醇洗涤 2 次，室温干燥后用 50～200 μL 的TE 溶液或 ddH_2O 溶解 DNA；纯化后的 gDNA 即可用于反向 PCR 及 Southern 印迹杂交实验操作。

（6）上述方法同样适用于体外培养的家蚕细胞 gDNA 的制备。

（三）聚合酶链式反应

聚合酶链式反应（PCR）是一种非常有效的 DNA 体外放大扩增技术，其基本原理与体内 DNA 复制相同，均需要经过 DNA 模板（template）解链、引物（primer）结合以及模板指导下的链延伸过程。在 PCR 反应中，依靠温度的调整及 DNA 聚合酶的作用，通过 94～95 ℃时的 DNA 模板解链（变性），50～65 ℃时引物与单链模板依靠碱基互补配对的结合（复性）以及 70～76 ℃时 Taq DNA 聚合酶（Taq DNA polymerase）沿引物方向合成模板的互补链（延伸）。通过重复上述过程，经过 25～36 个循环，即可在较短的时间内使 2 条引物间的目的 DNA 在体外扩增数十万至百万倍。因 PCR 技术具有灵敏度高、所需 DNA 模板样品量少和操作简便等优点，如今已经被广泛应用于检测外源基因在转基因昆虫体内的整合及表达。下面简要叙述以家蚕 gDNA 为模板，经 PCR 扩增检测外源基因在转基因家蚕基因组整合的通用方法。

1. PCR 引物的设计与合成

参考《分子克隆实验指南》（第三版）（萨姆布鲁克，2009）并根据 PCR 引物设计原则，利用 GENETYX version 7.0 软件、Primer Premier 5 软件或人工设计待检测外源目的基因的特异性引物对，由基因公司合成所需引物序列。

2. PCR 操作程序

常规基因组 PCR 反应体系如下：

PCR 缓冲液　　　　1×

$MgCl_2$	1～1.5 mmol/L
dNTPs	0.1～0.2 mmol/L
正向引物	0.2～0.4 μmol/L
反向引物	0.2～0.4 μmol/L
gDNA 模板	0.1～0.2 μg
Taq DNA 聚合酶	1～2 IU
ddH_2O	定容至 25 μL 体积

PCR 反应程序设置如下：

94 ℃预变性 4 min	1 个循环
94 ℃变性 30 s 按 Tm 值温度(通常 50～65 ℃)退火 30 s 72 ℃延伸 30 s～5 min(按 1 kb/min 扩增速度计算)	25～36 个循环
72 ℃延伸 7～10 min	1 个循环
4 ℃保存	

PCR 反应结束后，取 2～5 μL PCR 产物电泳检测。图 4－5 显示以转基因家蚕 gDNA 为模板，通过 PCR 扩增获得的不同大小外源 DNA 产物电泳检测条带。

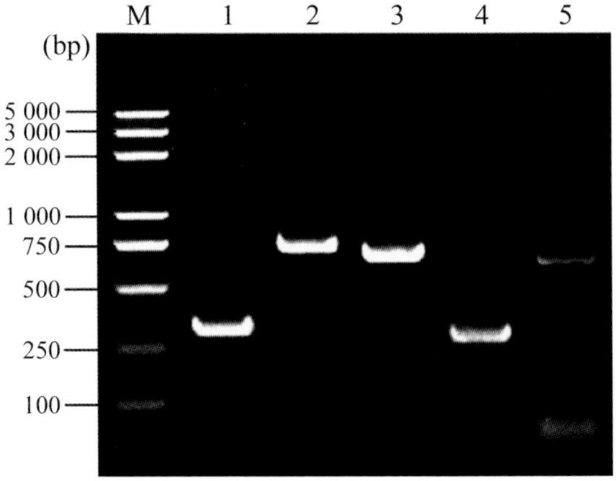

图 4－5　转基因家蚕基因组 PCR 扩增获得的产物条带

M 为 Trans2K Plus DNA Marker；1～5 表示不同大小的 PCR 扩增产物条带

3. 主要试剂及仪器

10×PCR 缓冲液：

Tris-HCl	0.1 mol/L，pH 8.3
KCl	0.5 mol/L
Gelatin	0.01%
Triton X-100	0.5%
$MgCl_2$	25 mmol/L

dNTPs(2.5 mmol/L)、Taq DNA 聚合酶 5 IU/μL、正向引物(10 μmol/L)、反向引物(10 μmol/L)、gDNA(0.1～0.2 μg)、PCR 仪、电泳仪等。

4. 注意事项

(1) 含量 0.1～0.2 μg 的 gDNA 已经足够用于 PCR 反应的模板，过量的 gDNA 反而会影响 PCR 反应的扩增效率。

(2) DNA 变性过程中，温度和时间是关键因素。延长变性时间并不能提高变性效率，反而可能影响 Taq 酶的活性。一般遵循"高温短时变性"的原则，设置 94～96 ℃变性 5～20 s，变性时间不能超过 30 s。

(3) 复性温度是影响 PCR 扩增特异性的主要因素之一。一般不可低于(Tm－5)℃，复性时间也不可大于 30 s。

(4) 链延伸温度设置为 72～76 ℃均可，延伸时间根据扩增目的 DNA 长度确定，一般情况按照 1 kb/min 延伸速度计算。

(5) Taq DNA 聚合酶的用量为 1～2 IU，酶的用量过多同样会增加非特异性扩增的概率。

(6) 在设计引物过程中，需遵循引物设计的基本原则。引物的浓度一般为 0.1～1 μmol/L，浓度过大容易出现引物二聚体。

(7) PCR 反应的循环数应保持 30～35 个，循环数过多容易导致非特异性扩增。

(8) 以 gDNA 为模板扩增外源基因可能出现假阳性现象。因此，要求用于检测外源基因的引物对需具有特异性，并且每次扩增过程中要以野生型家蚕 gDNA 作为阴性对照。此外，在条件允许的情况下，PCR 扩增产物条带需经过测序，以确定其正确性。

(四) Southern 印迹杂交

Southern 印迹杂交(Southern blot)是分析基因结构或检测 DNA 中是否含有特定序列的有效技术之一。该技术于 1975 年由英国科学家埃德温·迈勒·萨瑟恩(Edwin Mellor Southern)首创,并取其姓氏命名(Southern, 1975)。Southern 印迹杂交是对转基因昆虫进行分子生物学鉴定的经典方法,可在 DNA 水平上检测外源基因在包括果蝇、家蚕等昆虫染色体的整合并确定其拷贝数。其基本原理:将待检测的 DNA 样品用限制性内切酶消化,随后通过琼脂糖凝胶电泳进行分离,继而将其变性并按照待检测 DNA 在凝胶中的位置转移至硝酸纤维素膜(nitrocellulose membrane,简称 NC 膜)或尼龙(nylon)膜上,固定后与同位素或其他标记物标记的 DNA 或寡核苷酸探针经碱基互补配对原理进行杂交结合反应,最后将游离探针洗脱并检测杂交信号。

Southern 印迹杂交中所使用的探针包括同位素标记探针和非同位素标记探针。放射性同位素标记的探针灵敏度较高,但存在半衰期限制,对操作者和环境会造成放射性辐射危害。使用非同位素标记探针可避免放射性危害(Matthews and Kricka, 1988)。非同位素标记探针主要有地高辛标记探针和生物素标记探针两种。其中,生物素标记比地高辛标记的灵敏性高;而地高辛标记的优势在于,由于地高辛一般不存在于生物体内,因而能有效消除内源性背景信号对研究结果带来的干扰。随着化学发光底物研究的不断发展和改进,地高辛标记系统灵敏度不断增强,甚至超过放射性同位素标记系统,因而大多数实验室已将此项技术运用于转基因动植物研究中检测外源基因在宿主基因组中的插入。下面按照 Roche 公司 DIG DNA Labeling and Detection Kit Ⅱ试剂盒使用说明书,简要介绍利用随机引物标记法制备的地高辛(DIG)标记探针通过 Southern 印迹杂交检测外源基因在转基因家蚕基因组中整合的一般流程与方法。

1. 操作程序

(1) DIG 标记 DNA 探针的合成:在转基因家蚕研究中,利用随机引物标记法制备 Southern 印迹杂交探针所需 DNA 模板量为 1～3 μg;按照试剂盒说明书步骤,将待标记的模板 DNA 于 100 ℃变性 10 min,冰浴 5 min,然后加入 4 μL Mix DIG-High Prime(vial 1),加入 ddH_2O 定容至 20 μL,混匀后瞬时离心,37 ℃反应 16～20 h;加入 2 μL 0.2 mol/L EDTA(pH 8.0)或 65 ℃加热

10 min 终止反应；测定完成标记的探针浓度，−20 ℃保存标记探针。

值得注意的是，除了随机引物标记法外，PCR 标记法也是转基因家蚕研究中制备 Southern 印迹杂交探针的常用方法。但是，由于 PCR 标记法制备探针时偶尔会出现非特异条带，特别是以 gDNA 为模板进行扩增时出现非特异性条带的概率较大，故在探针合成之前一定要对 PCR 条件进行优化，以保证标记探针的特异性。其他 DNA 探针标记方法还包括缺口平移法和末端标记法等，这些探针标记方法均具有在今后被应用于家蚕转基因研究的潜力。

(2) gDNA 酶切、纯化及电泳：①选取合适的限制性内切酶，对 25～30 μg 的家蚕 gDNA 进行酶切，酶切反应体系控制在 50～200 μL，37 ℃酶切过夜，然后取少量酶切产物（约 2 μL）电泳检测。②将酶切完全的 DNA 产物置于65 ℃水浴或金属浴反应 15 min 以灭活酶切产物，加入 2 倍体积的无水乙醇与酶切产物混合均匀；−20 ℃放置 20 min 沉淀 DNA，13 000 r/min 离心15 min 后去上清液；自然风干，待无水乙醇完全挥发，加入 40 μL ddH_2O 溶解 DNA 沉淀。③制备 0.8%（w/v）的琼脂糖凝胶，经电泳分离酶切产物条带。

(3) 转膜：①将电泳完的琼脂糖凝胶放入 80 mL 浓度为 0.25 mol/L 的 HCl 溶液中，缓慢振荡 20 min。②将琼脂糖凝胶移入 80 mL 变性缓冲液（denaturation buffer）中，缓慢振荡 15 min。③重复上述步骤（2）。④切取大小合适的带正电尼龙膜，并用铅笔在膜上做好记号。⑤用 ddH_2O 将膜浸湿后放入变性缓冲液中平衡 5～10 min 待用。⑥按从下到上，即尼龙膜、塑料隔离层、凝胶的顺序安装到真空转膜仪上。⑦压力保持在 50 mbar 左右转膜 90 min，转膜过程中用变性缓冲液封住胶表面。⑧将转膜后的尼龙膜浸入 50 mmol/L 的Na-Pi buffer（pH 6.5）中和 30 s，注意从此开始保持含有 DNA 的膜面向上。⑨用干净的滤纸吸干尼龙膜水分，放入 120 ℃高温烘箱固定 30 min 或利用紫外交联仪照射固定 5 min。

(4) 预杂交与杂交：①将 64 mL 高压过的 ddH_2O 分两部分加入 DIG Easy Hyb Granules（bottle 7）中，37 ℃混匀，制成杂交液。②按照 10 mL/100 cm^2 尼龙膜往杂交筒内加入适量的杂交液（约 6 mL），在杂交仪中预热至 68 ℃。③将尼龙膜卷曲放入到杂交筒，打开旋转开关，68 ℃预杂交 1 h。④另外取杂交液20 mL放在 50 mL 的塑料离心管中预热至 68 ℃。⑤将合成的探针于 100 ℃沸水中变性 10 min，冰上急冷 5 min，随后将探针加入步骤(4)预热的杂交液中，使终浓度为 25 ng/mL。⑥倒出杂交筒中的预杂交液，加入步骤(5)配置好的杂交液，68 ℃杂交过夜。

(5) 洗膜：①倒出杂交筒内的杂交液，加入 0.1% SDS 和 2×SSC 的洗膜液 10 mL(配制方法：100 μL 10% SDS+1 mL 20×SSC+8.9 mL ddH_2O)，室温(25 ℃)条件下洗膜 2 次，每次 5 min。②倒出杂交筒内的洗膜液，加入 0.1% SDS 和 0.1×SSC 的洗膜液 10 mL(配制方法：100 μL 10% SDS+50 μL 20×SSC+9.85 mL ddH_2O)，置于杂交筒内 65 ℃洗膜 2 次，每次 15 min；洗膜完成后倒掉杂交筒内的洗膜液。

(6) 荧光检测：①将完成洗膜过程的尼龙膜置于干净的培养皿中，加入适量体积(60～100 mL)的 Washing Buffer 摇床清洗 5 min。②倒掉培养皿内的 Washing Buffer，加入 80 mL 新配制的 1×Blocking buffer[用 Maleic acid 稀释 10×Blocking buffer(vial 6)至 1 倍即可]，室温孵育 30 min。③倒掉培养皿内的 1×Blocking buffer，加入适量(能没过尼龙膜表面即可，过多浪费，通常 20 mL)新配制的 Antibody solution[1∶10 000 稀释于 1×Blocking buffer 中并充分混匀，即 20 mL 1×Blocking buffer 中加入 2 μL Anti-digaoxigenin-AP Conjugate(vial 4)，注意 vial 4 在使用前 10 000 r/min 离心 5 min 后吸取上清液使用]，室温缓慢摇动孵育 30 min。④倒掉培养皿内的 Antibody solution，加入 100 mL Washing buffer，室温剧烈振动 15 min，共进行 2 次。⑤倒掉培养皿内的 Washing buffer，加入 20 mL Detection buffer 平衡 5 min。⑥将带有 DNA 的尼龙膜面朝上，放在 1 张干净的保鲜膜上，向膜上滴加 1 mL 即用型 CSPD(bottle 5)溶液，然后将保鲜膜翻覆盖于保鲜膜并推匀溶液，注意不要产生气泡。⑦室温(25 ℃)孵育 5 min。⑧挤去尼龙膜上覆盖的多余液体，并将保鲜膜边缘封口(注意保持尼龙膜的湿润)。⑨将潮湿的尼龙膜放在 37 ℃条件下孵育 10 min，以增强发光反应。⑩保持含有 DNA 的尼龙膜面朝上，用化学发光成像系统曝光 1～5 min，采集并保存图片。图 4－6 显示以 *DsRed* 基因片段为探针通过 Southern 印迹杂交检测不同限制性内切酶消化的转基因家蚕 gDNA。

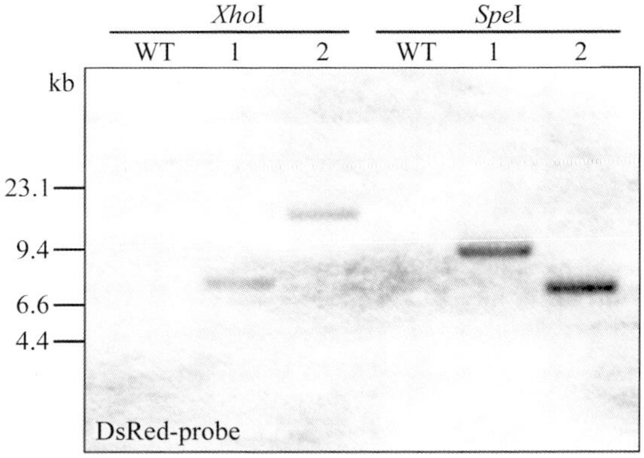

图 4-6　Southern 印迹杂交检测 *Xho*I 或 *Spe*I 消化的转基因家蚕 gDNA

DIG 标记的 *DsRed* 探针(DsRed-probe)检测不同限制性内切酶消化的转基因家蚕 gDNA(1 和 2);非转基因家蚕(WT)用作阴性对照

2. 主要试剂和仪器

变性缓冲液:

NaCl	1.5 mol/L
NaOH	0.5 mol/L

1 mol/L Na-Pi buffer:

$Na_2HPO_4 \cdot 12H_2O$	0.5 mol/L, pH 6.5

经 0.45 μm 滤膜过滤

20×SSC(50 mL):

NaCl	3 mol/L
柠檬酸三钠	0.3 mol/L, pH 7.0

经 0.45 μm 滤膜过滤

Maleic acid buffer:

马来酸(maleic acid)	0.1 mol/L
NaCl	0.15 mol/L, pH 7.5

Washing buffer:

马来酸(maleic acid)	0.1 mol/L
NaCl	0.15 mol/L

吐温 20(tween20)	0.3%，pH 7.5

Detection buffer：

Tris-HCl	0.1 mol/L
NaCl	0.1 mol/L，pH 9.5

另外，还需要 1×Blocking buffer、Antibody solution、无水乙醇、限制性内切酶、电泳仪、恒温水浴箱、真空转膜仪、脱色摇床、高温烘箱、化学发光成像仪等。

3. 注意事项

(1) 在实际操作过程中，往往需要通过点杂交的方式对探针标记的效率进行检测，从而确定杂交所需的最适探针浓度及检测探针的敏感性。

(2) 合成的单链探针长度应保持在 300～1 000 nt，合成探针长度太长会影响探针的标记效率与结合效率；合成探针太短则容易造成非特异性结合，从而产生假阳性信号。

(3) gDNA 的纯度决定了酶切的效果，适当放大酶切反应体系有利于改进酶切效果；家蚕 gDNA 的上样总量一般需大于 20 μg，至少不低于 15 μg。

(4) 取适量的基因组消化产物和未消化基因组进行预电泳，若消化产物呈弥散状，位置较未消化基因组低，且在最上方没有出现很明显的条带，则说明消化充分；在选酶时应尽量避免星活性(star 活性)；为了较为精确地鉴定外源基因在家蚕染色体中的插入拷贝数，一般需要利用 2 种或 2 种以上的限制性内切酶对 gDNA 进行酶切。

(5) 将尼龙膜放入杂交筒的过程中，膜与筒内壁不能有气泡，膜要能在筒内自由滑动，否则会影响杂交效果。

(6) 根据所选择的预杂交液确定杂交温度，如选用上述步骤试剂盒中的标准缓冲液(Standard buffer)进行杂交时，杂交温度应控制在 65～68 ℃；而当标准缓冲液中加入 50%的甲酰胺(formamide)或选用 High SDS buffer 时，杂交温度应控制在 37～42 ℃。在满足温度条件的情况下，杂交的成败取决于杂交时间，时间过短则杂交不充分，时间过长则可能导致非特异结合增多，杂交时间一般控制在 16～20 h 为宜。

(7) 完成转膜和固定的尼龙膜以及完成杂交和洗膜的尼龙膜，均可风干保存于 4 ℃约 1 个月。如保存更长时间，则尼龙膜容易发霉。

(8) 使用过的预杂交液和杂交液可分别装入干净的 50 mL 离心管，冻存于−20 ℃，待下次杂交实验前于 68 ℃预热解冻后即可再次使用。

（五）反向 PCR

反向 PCR(inverse PCR)是利用反向的互补引物来扩增一段已知序列旁侧的 DNA，可用于研究与已知 DNA 区段相连接的未知染色体序列，因此又称为染色体缓移或染色体步移。反向 PCR 的基本步骤：首先用适当的限制性内切酶消化样品 DNA，然后利用 DNA 连接酶将酶切产物连接成环状 DNA 分子用作模板，随后设计与已知序列互补结合但其 3′端延伸方向相反(分别向已知序列两侧延伸)的引物对，经 PCR 反应扩增已知序列的上、下游 DNA 片段。利用反向 PCR 技术不但能够获得已知序列旁侧的 DNA 序列信息，而且可被应用于制备未知序列探针。

在动植物转基因研究中，由病毒载体或转座子载体介导的外源基因整合往往具有随机性，通过反向 PCR 可便捷地获得外源基因插入位点附近的基因组信息，并在随后的外源基因插入鉴定和定位中发挥重要作用。由于家蚕基因组框架图与精细图已经绘制完成，因此只要利用反向 PCR 获得外源基因插入位点附近的基因组序列信息，就能够实现外源基因在家蚕染色体的精确定位。此外，根据反向 PCR 产物的电泳结果还能够在一定程度上反映出外源基因的整合拷贝数。下面简要叙述通过反向 PCR 对 *piggyBac* 转座子介导的外源基因在转基因家蚕基因组的插入位点序列进行鉴定的具体实验步骤。

1. 操作程序

(1) 提取并纯化转基因家蚕个体或组织样品的 gDNA。

(2) 用限制性内切酶 *Hae*Ⅲ消化 gDNA。酶切体系(50 μL)如下：

gDNA	10～15 μg
*Hae*Ⅲ	4 μL
10×M Buffer	5 μL
ddH_2O 至	50 μL

充分混匀酶切体系中各溶液，37 ℃酶切过夜。

(3) 用乙醇沉淀法纯化酶切产物，最后加入 20 μL ddH_2O 溶解 DNA 沉淀。

(4) 纯化产物的环化连接反应体系(50 μL)如下：

纯化的 gDNA	5 μL
T4 连接酶	1 μL
T4 连接酶 Buffer	5 μL
ddH_2O 至	50 μL

充分混匀连接反应体系中各溶液，置于金属连接仪 16 ℃连接过夜。

（5）环化连接产物的纯化，同上述步骤（3）。

（6）将纯化后的连接产物用作模板，PLF/PLR（*pBac*L 臂端）和 PRF/PRR（*pBac*R 臂端）分别用作反向 PCR 扩增反应的引物对进行 PCR 反应，反应体系（25 μL）如下：

环化连接的 DNA 产物	5 μL（50～100 ng）
10×PCR buffer	2.5 μL
25 mmol/L $MgCl_2$	2.5 μL
2 mmol/L dNTPs	2 μL
10 mol/L 正反向引物	各 0.5 μL
LA Taq DNA 聚合酶	0.3 μL
ddH_2O 至	25 μL

PCR 反应程序如下：

*pBac*L 臂端——95 ℃ 5 min，（95 ℃ 30 s，65 ℃ 45 s，72 ℃ 3 min）×35 个循环，72 ℃ 10 min，4 ℃保存。

*pBac*R 臂端——95 ℃ 5 min，（95 ℃ 30 s，63 ℃ 45 s，72 ℃ 3 min）×35 个循环，72 ℃ 10 min，4 ℃保存。

所使用的引物序列如下：

PLF（5′-CTTGACCTTGCCACAGAGGACTATTAGAGG-3′）；

PLR（5′-CAGTGACACTTACCGCATTGACAAGCACGC-3′）；

PRF（5′-CGATAAAACACATGCGTCAATTTTACGC-3′）；

PRR（5′-GCTCTCGACAAATAACTTTTTTGCAT-3′）。

（7）用 0.8%～1%琼脂糖凝胶电泳分离 PCR 产物，将回收的 PCR 产物克隆至 pMD19-T Simple 载体后测序；测序结果通过家蚕基因组数据库 SilkDB（http://www.silkdb.org/silkdb/）进行 Blast 比对；利用 SilkMap（http://www.silkdb.org/silksoft/silkmap.html）对外源基因在家蚕染色体

的插入位点进行定位分析。图 4－7 显示 *piggyBac* 转座子在转基因家蚕基因组插入位点的反向 PCR 检测及插入位点定位。

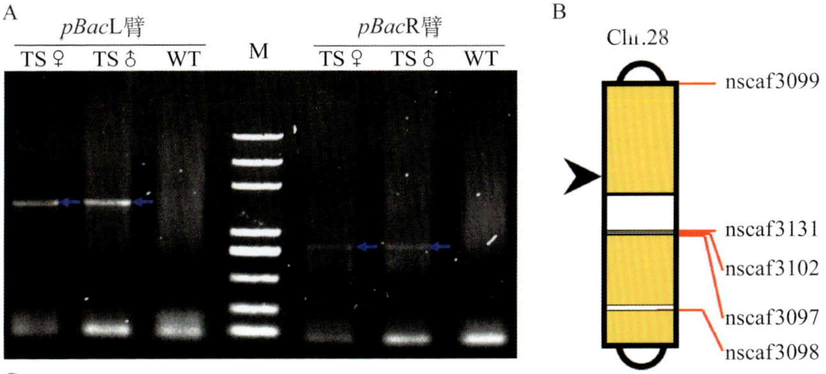

C

Scaffold	Chromosome	5′-Genomic sequence	3′-Genomic sequence
nscaf3099	28	AAAACGTTTATAAAAAAACATTAA—*piggyBac*—TTAAATATACGAAATAAACTAATA	

图 4－7　*piggyBac* 转座子在转基因家蚕基因组插入位点反向 PCR 检测及定位

A. 反向 PCR 扩增转基因家蚕雌雄个体(TS♀和 TS♂)的 *pBac*L 臂和 *pBac*R 臂两侧插入序列，非转基因家蚕(WT)用作阴性对照，M 表示 Trans2K Plus DNA Marker；B. *piggyBac*转座子在转基因家蚕基因组插入位点定位，箭头标示转座子在第 28 号染色体的插入位置；C. 反向 PCR 产物测序获得 20 bp 的 5′-Genomic sequence(*pBac*L 臂)和 3′-Genomic sequence(*pBac*R 臂)

2. 主要试剂和仪器

限制性内切酶 *Hae*Ⅲ、DNA 连接酶、常规 PCR 所需试剂、*piggyBac* 转座子臂特异性结合引物对(PLF/PLR 和 PRF/PRR)、pMD19-T Simple 载体、金属浴、PCR 仪、电泳仪等。

3. 注意事项

(1) 在转基因家蚕研究中，利用反向 PCR 检测 *piggyBac* 转座子介导外源基因在基因组中的插入位点，通常选择 T4 碱基酶 *Hae*Ⅲ来消化家蚕 gDNA。主要原因：由于家蚕 gDNA 上 2 个 *Hae*Ⅲ酶切识别位点(GG↓CC)之间的平均 DNA 长度约为 500 bp，有利于酶切及环化反应的进行；环化后经反向 PCR 扩增获得的产物条带大小为 500～1 000 bp，同样有利于 PCR 反应条件的设置及后续克隆反应。此外，*Hae*Ⅲ能够将 *piggyBac* 转座子切割为可预知的 *pBac*L 臂及 *pBac*R 臂两部分序列，从而有利于特异结合反向引物对的设计。

(2) 用于最初酶切的 gDNA 总量应为 10～15 μg,且要求提取的 gDNA 纯度较高;用作模板的环化后 DNA 产物的总量应为 50～100 ng,过多或过低都不利于 PCR 反应。

(3) 由于 *piggyBac* 转座子在来源不同的转基因家蚕基因组插入位点不同,因而反向 PCR 产物条带大小并不确定。为了确保每次反应过程中产物扩增延伸完全,PCR 反应 72 ℃延伸过程应设定为 3～5 min。

(4) 根据反向 PCR 扩增产物条带的数量,可在一定程度上初步判断外源基因在转基因家蚕基因组的插入拷贝数。一般情况下,外源基因在家蚕染色体上的精确定位,需结合 *piggyBac* 转座子插入位点两侧(*pBac*L 和 *pBac*R)的基因组序列信息才能最终确定;而对于某些外源基因插入染色体富含重复序列区域的转基因家蚕个体,只能够确定其转座子插入位点单侧的基因组序列,这样的转基因个体则仅能依靠有限的基因组序列信息对外源基因插入位点进行大致定位甚至不能够进行定位。

(六) 其他外源基因整合检测技术

上述基因组 PCR、Southern 印迹杂交和反向 PCR 是目前公认鉴定外源基因在转基因家蚕基因组整合的最为常用和有效的方法,其余可用于外源基因整合检测的方法还包括 DNA 斑点杂交(dot blot hybridization)和染色体原位杂交(*in situ* hybridization)技术等。

(1) DNA 斑点杂交(简称 DNA 点杂交):通过直接将变性的待检测 DNA 样品点于尼龙膜或硝酸纤维素膜(NC 膜)等固体支持物上,然后与标记的探针分子杂交,从而检测样品中是否存在目的 DNA 序列的分子生物学技术。DNA 点杂交在转基因家蚕研究中应用的报道较为有限,目前仅有苏州大学的贡成良研究组(Zhao et al., 2009; Li et al., 2010; Zhang et al., 2012a, 2012b)曾利用该方法检测过转基因家蚕(图 4-8)。DNA 点杂交技术的具体实验操作程序与 Southern 印迹杂交技

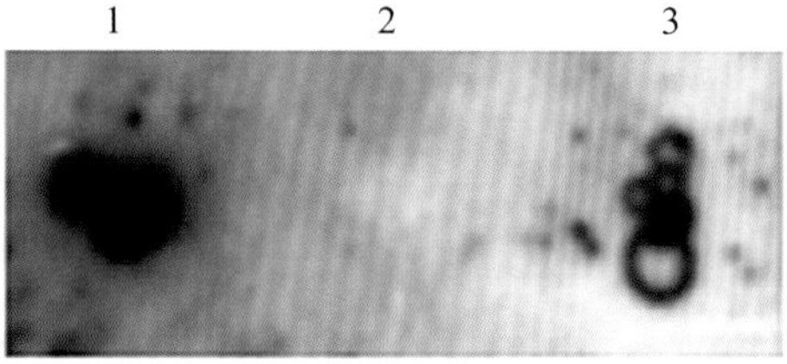

图 4-8 转基因家蚕基因组 DNA 点杂交检测(Li et al., 2010)

1. 转基因家蚕 gDNA 样品;2. 非转基因家蚕 gDNA 样品;3. 携带目标 DNA 序列的阳性质粒样品

术相类似且相对更为简单，同样需经过探针标记、DNA 变性、点膜、预杂交及杂交、洗膜和信号检测等过程，在此不再赘述。需要指出的是，客观而言，Southern 印迹杂交技术在检测外源基因整合研究方面比 DNA 点杂交技术更具可信度与权威性。因为利用 DNA 点杂交技术检测出的杂交信号可能来源于导入家蚕体内的非整合性（独立于染色体存在）质粒 DNA。再加上 DNA 点杂交的特异性较差，有时甚至会出现假阳性，尤其是当外源基因与家蚕内源基因的同源性较高时，可能无法使用点杂交进行检测。总而言之，DNA 点杂交检测阳性转基因家蚕的优点在于，可通过 1 次杂交实验在同 1 张膜上检测几十个不同样品，但是该方法只可用于大批子代个体的粗选，检测出的阳性转基因个体还需要用 Southern 印迹杂交进一步确认。

（2）染色体原位杂交：指根据碱基互补配对原则，以同位素或非同位素标记的序列已知的 DNA 片段作为探针，与细胞或组织样品染色体上的基因组 DNA 进行杂交，从而精确定位目的 DNA 序列在染色体上位置的分子生物学技术。利用染色体原位杂交技术可以确定外源基因在宿主染色体上的确切位置并能够反映外源基因的整合拷贝数。该技术曾被应用于果蝇（Lozovskaya et al.，1996）和蚊子（Adelman et al.，2004）等昆虫中鉴定外源基因在转基因个体染色体中的插入，也曾被应用于家蚕内源基因的染色体定位分析（宋方洲等，2003；孙卫忠等，2007）（图 4－9）。虽然目前尚未有染色体原位杂交技术在转基因家蚕研究中应用的报道，但是该技术具有被用于转基因家蚕外源基因整合分析的潜力。

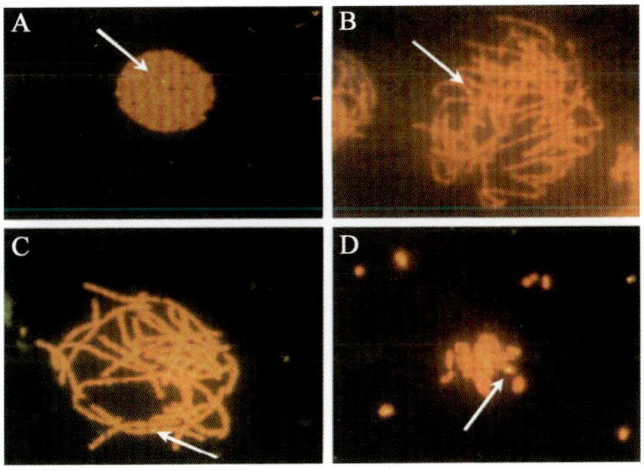

图 4－9　家蚕内源基因 *hsp20.8* 在染色体复制不同时期的荧光原位杂交（孙卫忠等，2007）

A. 细胞间期染色体；B. 细胞细线期染色体；C. 细胞粗线期染色体；D. 中期染色体。箭头指示出荧光杂交信号位置

二、外源基因的表达分析

检测外源基因在转基因昆虫组织和细胞中的表达包括转录和翻译2个环节。转录分析，即在mRNA水平检测外源基因是否具有表达并鉴定表达量的高低，通常在完成外源基因的整合检测，并有足够的子代转基因阳性个体时进行。可采用的检测方法包括Northern印迹杂交、反转录PCR、实时荧光定量PCR、RNase保护分析等。翻译水平检测，即指在蛋白质水平检测外源基因是否具有表达。可采用的检测方法包括聚丙烯酰胺凝胶电泳、Western印迹杂交、免疫组织化学检测等。其中，Northern印迹杂交、反转录PCR、实时荧光定量PCR、聚丙烯酰胺凝胶电泳和Western印迹杂交是转基因家蚕研究中最为常用的外源基因表达分析方法。

(一) 外源基因转录分析——mRNA检测

1. 总RNA提取

(1) 将保存于−80 ℃中的家蚕个体或除血细胞之外的各组织样品置于液氮预冷的干净研钵中，加液氮后迅速将样品研磨成粉末状。

(2) 将家蚕血细胞或其他研磨后家蚕组织样品移入1个1.5 mL的RNase-free离心管，加入1 mL TRIzol，涡旋20 s，室温静置5 min，12 000 r/min、4 ℃离心10 min。

(3) 吸取上清液移入1个新的1.5 mL的RNase-free离心管，加入200 μL氯仿，涡旋20 s，室温静置5 min，12 000 r/min、4 ℃离心10 min。

(4) 吸取上清液移入1个新的1.5 mL的RNase-free离心管，重复步骤(3)。

(5) 吸取上清液移入1个新的1.5 mL的RNase-free离心管，加入500 μL异丙醇，上下颠倒离心管，混匀后室温静置10 min(或者4 ℃冰箱中放置30 min)，12 000 r/min、4 ℃离心10 min。

(6) 小心吸去上清液，离心管底部的RNA沉淀用DEPC水配置的75%乙醇洗涤2次，12 000 r/min离心5 min，室温干燥。

(7) 用30～50 μL DEPC水溶解干燥的RNA沉淀(可于65 ℃水浴5 min助溶)，电泳检测并用分光光度计测纯度后于−80 ℃保存备用。

注意事项：在 RNA 提取过程中，为了避免操作者手上携带 RNase 的污染，整个操作过程要带一次性手套，工作环境要保持清洁，尽可能减小空气流动。整个 RNA 提取过程需在冰上进行，从而能够有效地减少 RNA 的降解。提取的 RNA 样品纯度测定 A260/A280 的比值应满足 1.8～2.0，若比值小于 1.8，则 RNA 溶液中可能存在蛋白或者其他有机物的污染，应重复提取步骤(3)～(6)，但可能造成 RNA 的损失；若比值大于 2.2，表明 RNA 发生了降解，通过电泳检测 RNA 的完整性，若降解较为明显，则需要重新提取 RNA。

2. Northern 印迹杂交

Northern 印迹杂交(Northern blot)是通过探针和已结合于 NC 膜或尼龙膜上的 RNA 分子杂交，检测样品中是否存在目的 RNA 序列的方法。由于该技术操作简便，当转入的外源基因和内源基因的同源性较小时，可利用该方法检测外源基因 mRNA 的表达。利用 Roche 公司 DIG DNA Labeling and Detection Kit II 试剂盒，通过 Northern 印迹杂交检测外源基因 mRNA 在转基因家蚕体内表达的主要步骤与 Southern 印迹杂交相类似，主要包括 DIG 标记探针的合成、RNA 样品的电泳和转膜、预杂交与杂交、洗膜及荧光检测等。

(1) DIG 标记探针的合成：利用随机引物标记法制备 Northern 印迹杂交探针，其方法与 DIG 标记的 Southern 印迹杂交探针制备相同。

(2) RNA 样品的电泳和转膜：将提取的家蚕总 RNA 样品(约 10 μg)和 RNA Maker 一起经 0.8%(w/w)琼脂糖凝胶电泳分离后，按照与 Southern 印迹杂交相同的方法，利用真空转膜仪转移到 NC 膜或尼龙膜上，于 80 ℃固定 90 min或 120 ℃固定 30 min。

(3) 预杂交与杂交：按照与 Southern 印迹杂交相同的步骤进行预杂交，温度设置为 42 ℃，预杂交时间为 15～60 min；倒出预杂交液，加入配制好的探针浓度为 25 ng/mL 的杂交液，42 ℃杂交过夜。

(4) 洗膜及荧光检测：洗膜和荧光检测的步骤与方法与 Southern 印迹杂交完全相同。图 4-10 显示热激诱导 *BmCPT1* 基因在转基因家蚕体内表达的 Northern 印迹杂交检测结果。

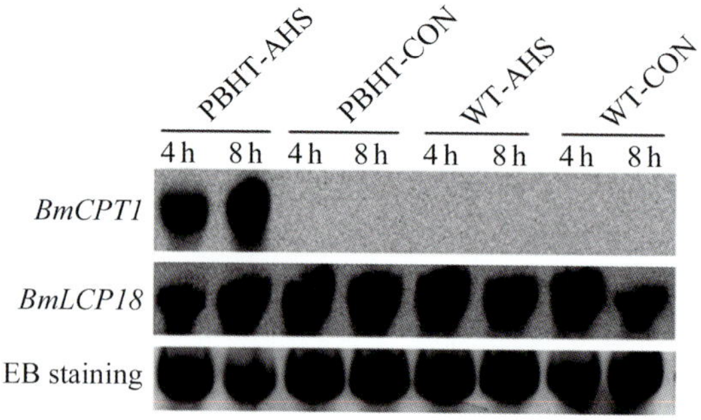

图 4-10 Northern 印迹杂交检测 *BmCPT1* 基因在转基因家蚕体内的热激诱导表达(Liang et al., 2015)

PBHT-AHS 为热激处理的转基因家蚕；PBHT-CON 为未经热激处理的转基因家蚕；WT-AHS 为热激处理的非转基因家蚕；WT-CON 为未经热激处理的非转基因家蚕。家蚕表皮蛋白基因 *BmLCP18* 作为对照，28sRNA 经过 EB 染色作为 Northern 印迹杂交实验上样对照

注意事项：用于 Northern 印迹杂交的家蚕总 RNA 样品的上样量应不小于 10 μg；由于 RNA 容易降解，所有用作杂交的 RNA 最好为新鲜制品。RNA 样品可用 0.8%的琼脂糖凝胶直接进行电泳，也可用 1%的甲醛变性凝胶进行电泳分离。只有把胶上的样品完全转到膜上，才能真实反映各样品中待检测 RNA 分子的质量。因此，转膜效果直接影响到整个实验结果。除了用上述章节提到的真空转膜法外，也可采用毛细管吸印转膜法或电转膜法进行转膜。当转入的外源基因和内源基因同源性较高时，应考虑增加洗膜的严格程度，否则将会出现假阳性。

3. 反转录 PCR

反转录 PCR(RT-PCR)技术是一种检测和定量分析半衰期短的、低丰度 mRNA 的、快速而精确的方法。RT-PCR 的基本原理：以总 RNA 或特定的 mRNA 为模板，利用 Oligo(dt)、随机引物或特异引物在逆转录酶作用下合成 cDNA 的第一条链，再以该单链 cDNA 为模板进行 PCR 扩增而获得目的基因或检测基因表达。利用 RT-PCR 不但能够检测外源基因在宿主体内的表达，而且在内标基因存在的条件下，还能够对外源基因 mRNA 的拷贝数进行精确定量。目前通过 RT-PCR 检测昆虫各组织中的内源或外源基因表达，多利用体外反转录试剂盒进行。下面简要介绍利用 Takara 公司的 mRNA 体外反转录试剂盒，通过 RT-PCR 检测转基因家蚕外源基因 mRNA 表达的具体实验步骤。

(1) 反转录合成 cDNA 第一条链：根据试剂盒说明书所示步骤，取 1 μL 提取的总 RNA 于 1 个 RNase-free 的 PCR 管中，加入 2 μL 5×gDNA Eraser Buffer、1 μL gDNA Eraser，再加入 RNase-free ddH_2O 定容至 10 μL。42 ℃

反应 2 min，4 ℃保存以去除 gDNA。在反应后的混合物中加入4 μL 5× PrimerScript® Buffer 2，1 μL PrimerScript® RT Enzyme Mix I，1 μL RT Primer Mix，加入 RNase-free ddH_2O 定容至 20 μL。设置程序为 37 ℃ 15 min，85 ℃ 5 s。将反应后获得的含有 cDNA 第一条链的混合液用 ddH_2O 稀释 4 倍，−20 ℃保存备用。

(2) 聚合酶链式反应：根据需要，取适量经上述步骤获得的逆转录反应混合液作为 PCR 反应模板。

PCR 反应体系(20 μL)如下：

模板	1～5 μL
PCR buffer	1×
$MgCl_2$	2 mmol/L
dNTPs	0.2 mmol/L
正、反向 PCR 引物	0.1～0.5 μmol/L
Taq DNA 聚合酶	2 IU
加 ddH_2O 至总体积	20 μL

PCR 反应程序：95 ℃预变性 3～5 min，(95 ℃变性 30 s，60 ℃退火30 s，72 ℃延伸 0.5～3 min)×25～40 个循环，72 ℃延伸 5 min，4 ℃保存；PCR 反应之后用 0.8%～1.5%的琼脂糖凝胶电泳分离 PCR 产物，溴化乙锭(EB)染色后用凝胶成像系统拍照。图 4 - 11 显示转基因家蚕后部丝腺特异表达 *EGFP* 基因的 RT-PCR 检测结果。

图 4 - 11　RT-PCR 检测 *EGFP* 基因在转基因家蚕后部丝腺中的表达(Long et al.，2015b)

TSL 和 TSP-1～TSP-4 表示转基因家蚕，WT 表示非转基因家蚕，PSG 表示家蚕后部丝腺组织，FB 表示家蚕脂肪体组织，*BmActin A3* 基因用作内参对照

注意事项：在反转录合成 cDNA 第一条链的反应中，20 μL 反应体系所需家蚕 RNA 量应不少于 1 μg；如果反应体系扩大，则 RNA 量需按相同比例

增大。根据实验需要，在合成 cDNA 第一条链的反应中可选择 Oligo(dt)、随机引物或特异引物等不同类型引物。为了检测家蚕内源或外源基因在不同组织或不同发育时期表达量的差异，一般需使用内源性组成型表达基因作为内参基因。家蚕 RT-PCR 检测中最常用的内参基因主要包括肌动蛋白基因（*BmActin A3*）、α 微管蛋白基因（*α-tubulin*）和 28S 核糖体 RNA 基因（*28SrRNA*）等。在设计外源或内源基因检测引物的过程中，最好能够跨过至少 1 个内含子，以排除 DNA 污染造成的假阳性结果。如果靶基因无内含子，则需要利用 DNase 彻底消化处理 RNA 样品，以避免假阳性结果。为了便于电泳分离检测 PCR 产物条带，建议在引物设计过程中将 RT-PCR 产物条带大小范围设置为 500～1 500 bp。

4. 实时荧光定量 PCR

实时荧光定量 PCR(qRT-PCR)技术，是在 PCR 反应体系中加入荧光基团，利用荧光信号积累实时监测整个 PCR 进程，最后通过标准曲线对未知模板进行定量分析的技术。由于在 PCR 扩增的指数时期，模板的 Ct 值和该模板的起始拷贝数存在线性关系，所以成为定量的依据。根据最终得到的数据不同，qRT-PCR 可以分为相对定量和绝对定量两种。典型的相对定量是比较不同来源或不同处理的 2 个样本中基因表达水平的高低变化，得到的结果是百分比；绝对定量则需要使用标准曲线确定样本中基因的拷贝数或浓度。根据所使用的技术不同，qRT-PCR 又可分为 TaqMan 探针标记法和 SYBR Green Ⅰ荧光染料法。其中，探针杂交技术在原理上更为严格，所获得的数据更为精确；荧光染料法的优势则在于其成本更为低廉，实验设计更为简便。qRT-PCR 目前已经成为定性和定量检测转基因昆虫中外源基因 mRNA 表达的最为常用和有效的方法之一。下面简要介绍通过 SYBR Green Ⅰ荧光染料法，利用 Takara 公司的反转录试剂盒检测转基因家蚕外源基因 mRNA 表达的步骤。

(1) 按照 RT-PCR 步骤中相同的方法，将家蚕 mRNA 反转录合成 cDNA 第一条链用作 qRT-PCR 反应模板。

(2) 根据待检测外源基因编码序列设计引物对，并利用家蚕转录激活因子 4A 基因(SilkDB 探针号：sw22934)作为内参基因，按照 Takara 公司的 SYBR® Premix Ex TaqTM Ⅱ试剂盒说明书，在 96 孔荧光定量板中加入如下试剂。

SYBR	10 μL
前引物	0.4 μL
后引物	0.4 μL
Rox	0.4 μL
模板	2 μL
添加 ddH_2O 至总体积	20 μL

(3) 每个反应重复 3 次，加完样品后小心贴好荧光定量 PCR 专用膜，3 000 r/min 离心 5 min 后上机运行程序。

(4) qRT-PCR 反应在 Applied Biosystems StepOne Plus Real-Time PCR system 中进行。PCR 反应程序为：95 ℃预变性 30 s，(95 ℃变性 5 s，60 ℃退火 30 s)×40 个循环。

(5) 使用 $2^{-\Delta Ct}$ 法计算目的基因相对于内参基因的表达水平，目的基因的相对表达量为：$2^{-[Ct\ (target\ gene)-Ct\ (control\ gene)]}\times 1\ 000$。图 4-12 显示 FLP 重组酶 mRNA 在转基因家蚕体内表达水平的 qRT-PCR 检测结果。

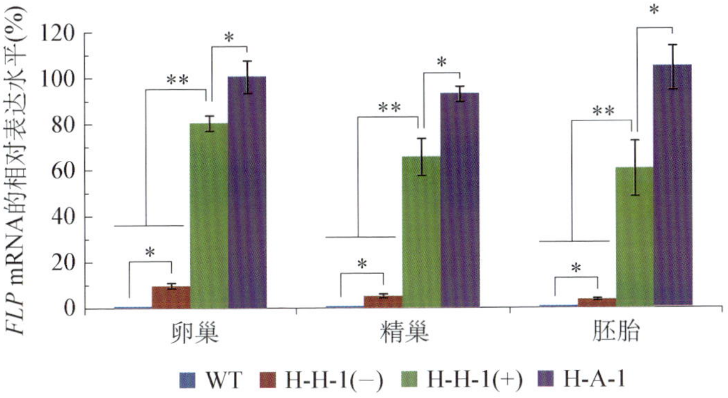

图 4-12　qRT-PCR 检测 *FLP* 基因在转基因家蚕不同组织中的相对表达量(Long et al., 2016)

H-H-1(−)和 H-H-1(+)分别代表非热激和热激处理的含有 hsp70-FLP 表达框的转基因家蚕，H-A-1 代表含有 A3-FLP 表达框的转基因家蚕，WT 代表非转基因家蚕；家蚕转录激活因子 4A 基因用作内参基因；误差线表示标准偏差 (n = 3)，统计上的显著性差异：* 表示差异显著($p < 0.05$)，** 表示差异极显著($p < 0.01$)

注意事项：qRT-PCR上下游引物的长度一般为18～30 bp，且Tm值为58～62 ℃，上下游引物的Tm值相差最好不超过2 ℃。qRT-PCR扩增产物长度不能太大，一般在80～250 bp，以80～150 bp最为合适(最多可以延长至300 bp)，并且在正式进行qRT-PCR反应前，往往需要通过常规PCR反应来检测引物扩增产物的特异性。与RT-PCR引物设计的方法相同，为了排除DNA污染造成的假阳性结果，引物设计应该跨外显子。通常来讲，qRT-PCR的反应程序不需要像常规的PCR那样经过变性、退火和延伸的完整3步，由于其产物长度在80～250 bp，所以只需要变性和退火就可以了。利用SYBR Green等染料法进行检测时，最好在PCR扩增程序结束后增加一个溶解程序，通过形成溶解曲线来判断PCR产物扩增的特异性。除了上述家蚕转录激活因子4A基因外，家蚕qRT-PCR检测中常用的内参基因还包括 *BmActin A3* 和家蚕甘油醛-3-磷酸脱氢酶基因(*GAPDH*)。

5. 其他外源基因mRNA表达检测技术

其他可用于检测外源基因mRNA在转基因家蚕体内表达的方法还包括RNA斑点杂交(简称“RNA点杂交”)技术和RNA原位杂交技术等。

(1) RNA点杂交与DNA点杂交方法类似，只是将检测的样品从DNA变为了总RNA(经酚/氯仿或异硫氰酸胍提取纯化)。一般而言，RNA点杂交是将RNA溶于适量的DEPC溶液，加入甲醛/SSC缓冲液使RNA变性，然后取5～8 μL样品点于处理好的滤膜上，烘干，其他步骤与DNA点杂交方法相同。RNA点杂交的操作比Northern印迹杂交等更简单，其检测结果也更为直观，适合大批样品的检测。虽然目前尚未有RNA点杂交应用于转基因家蚕研究的报道，但是该技术无疑具有用于批量检测外源基因mRNA在转基因家蚕体内表达的潜力。

(2) RNA原位杂交又称RNA原位核酸杂交(RNA nucleic acid hybridization *in situ*)或RNA原位杂交组织化学(RNA *in situ* hybridization histochemistry)。这是一种运用RNA或DNA探针检测细胞和组织内RNA表达的原位杂交技术。如上文所述，虽然Northern印迹杂交可用于检测特定基因在不同器官、不同发育时期的表达，但是如果要在显微或亚显微水平对特定基因的时空表达进行研究，Northern印迹杂交就显得无能为力。与

Northern 印迹杂交相比，RNA 原位杂交是分析组织或细胞内 RNA 分布的行之有效的方法，通过对 mRNA 分布的研究就可以了解特定基因的表达情况。值得注意的是，RNA 原位杂交检测和分析的对象主要为内源基因，因此该技术在转基因家蚕中应用的报道较为有限。2015 年 Daimon 等将 RNA 原位杂交技术用于保幼激素甲基转移酶基因（*JHAMT*）敲除的突变体家蚕中，并对保幼激素信号途径下游的 *Kr-h1* 转录因子的表达进行了检测（图 4－13）。

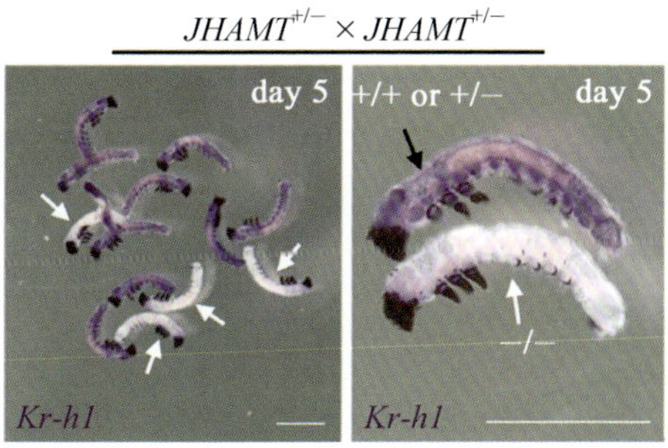

图 4－13 *JHAMT* 基因敲除家蚕的全胚胎 RNA 原位杂交染色检测 *Kr-h1* 转录因子表达（Daimon et al.，2015）

黑色箭头标示被杂交染色的野生型（＋/＋）或杂合敲除突变体（＋/－）胚胎，白色箭头标示未被杂交染色的纯合敲除突变体（－/－）胚胎

（二）外源基因翻译分析——蛋白质产物检测

1．蛋白样品的制备

（1）家蚕血液蛋白提取：将新鲜或冻存的家蚕血液样品于 12 000×g、4 ℃离心 10 min，将上清液收集于另一个干净的离心管中，－20 ℃保存备用；将获得的沉淀（即血细胞）用新配制的裂解液重悬，摇匀并放置于 4 ℃冰箱中裂解30 min；裂解后样品于 12 000×g、4 ℃离心 15 min，取上清液重复离心 1 次，然后吸取上清蛋白质溶液至另一个干净的离心管，－20 ℃保存备用。

（2）家蚕其他组织蛋白提取：除血细胞以外的家蚕个体或各组织蛋白样品可采用直接研磨提取的方法，即用研钵在液氮冷冻条件下将家蚕个体或各组织蛋白样品研磨成粉末。每克样品加入约 0.5 mL 裂解液，摇匀并放置在 4 ℃冰箱裂解 40 min，随后的操作步骤与上述血液组织蛋白的提取步骤相同。

（3）家蚕茧丝蛋白提取：由于家蚕茧丝极难溶于 PBS 溶液，检测茧丝中的外源蛋白时，需要首先将茧丝尽量剪碎，然后用硫氰酸锂（LiSCN）或尿素（urea）溶液进行溶解。一般而言，检测表达并分泌至丝素中的外源蛋白，需要用浓度为 60％的 LiSCN 溶液在室温下过夜溶解茧丝碎片，随后室温 1 000×g 离心 15 min 后取上清液移至 1 个新的离心管，－20 ℃冻存。检测表达并分泌至丝胶层中的外源蛋白，除了可用 60％的 LiSCN 溶液溶解之外，也可用

50 mmol/L 的Tris-HCl 与 8 mol/L 尿素(pH 7.0)的混合溶液于 4 ℃中过夜溶解(每 1 mL 混合溶液可溶解约 30 mg 茧丝),随后室温 1 000×g 离心 15 min 后取上清液移至 1 个新的离心管,−20 ℃冻存。

注意事项:如果不区分血清和血细胞,家蚕血液组织总蛋白的提取也可以采用加入液氮直接研磨提取的方法。实验中使用的蛋白裂解液需新配制(简易裂解液配制:8 mol/L 尿素、4% CHAPS 和 1% DTT),或者使用商业化的蛋白裂解液,如 RIPA 裂解液(强或中)或 NP-40 裂解液等。对于在组织中表达量较高的外源蛋白,将组织充分研磨后也可不用细胞裂解液裂解,而采取直接用 0.5~1 mL 的 PBS(pH 7.5)溶液充分溶解,12 000×g、4 ℃离心 15 min,取上清液保存即可。

2. 聚丙烯酰胺凝胶电泳

聚丙烯酰胺凝胶电泳(SDS-PAGE)是对蛋白质进行量化、比较及特性鉴定的一种经济、快速而且可重复的方法。利用 SDS-PAGE 技术仅根据蛋白质亚基分子量的不同就可以将不同大小的蛋白质条带分离。该技术最初由 Shapiro 等(1967)建立,并由 Weber 和 Osborn(1969)进一步完善。他们发现在样品介质和聚丙烯酰胺凝胶中加入离子去污剂和强还原剂——十二烷基磺酸钠(SDS)后,电荷因素可被忽略,蛋白质亚基的电泳迁移率主要取决于亚基分子量的大小。利用 SDS-PAGE 技术能在较短的时间内实现不同大小蛋白质的分离、多肽分子量大小的鉴定,以及初步鉴定转基因动植物体内外源蛋白的表达。下面简要叙述利用 SDS-PAGE 分离和染色鉴定转基因家蚕组织蛋白的步骤。

(1) 制备浓缩胶浓度为 5%、分离胶浓度为 10%~15%的 SDS-PAGE 凝胶。

(2) 提取的各组织蛋白质溶液,加入 pH 6.8 的 250 mmol/L Tris-HCl 上样缓冲液(含 25% Tris-HCl、1% SDS、0.5%溴酚蓝、50%甘油以及 5% 2ME),蛋白质溶液与上样缓冲液体积比为 4∶1。

(3) 将蛋白质溶液与上样缓冲液混匀后在沸水中处理 5 min,放入冰盒中冷却,以 12 000×g 离心 15 min,取上清液上样。

(4) 10 mA 电泳 30 min,待溴酚蓝条带泳出浓缩胶之后,将电流加大到 13~15 mA。

(5) 电泳约 1 h 后，溴酚蓝离胶底约 0.5 cm，此时小心取出分离胶，用考马斯亮蓝 R-250 染色液染色 10～15 min。

(6) 用银染脱色液对分离胶进行脱色，随后用扫描仪将分离胶扫描成图片。图 4－14A 显示转基因茧丝中表达 Fib-H/EGFP 融合蛋白的 SDS-PAGE 电泳检测。

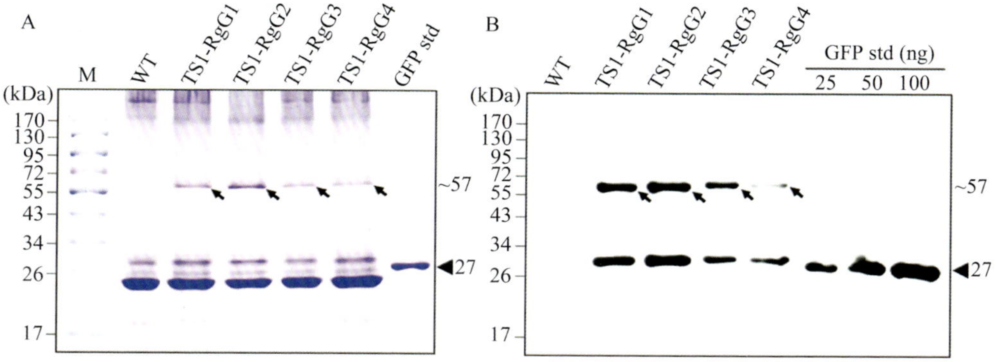

图 4－14　SDS-PAGE 和 Western 印迹杂交检测转基因茧丝中表达的 Fib-H/EGFP 融合蛋白 (Long et al., 2015a)

A. 转基因茧丝的 SDS-PAGE 检测，M 代表蛋白 Marker，TS1-RgG$_1$～TS1-RgG$_4$ 表示转基因茧丝，WT 表示非转基因茧丝，黑色箭头标示出 Fib-H/EGFP 融合蛋白，三角形标示 GFP 蛋白标准品(GFP std)；B. 利用 GFP 抗体对转基因茧丝的 Western 杂交检测，蛋白样品顺序与 A 中相同，黑色箭头标示出 Fib-H/EGFP 融合蛋白，三角形标示 GFP 蛋白标准品(GFP std，25 ng、50 ng、100 ng)

注意事项：在蛋白样品上样过程中，需保证每个泳道的蛋白溶液体积相同。对于没有蛋白样品的泳道，需要用上样缓冲液或与溶解样品相同的溶剂补齐上样空，否则蛋白条带在电泳过程中容易跑歪。对于用 LiSCN 等高离子含量溶剂溶解的丝蛋白溶液，需制备低浓度凝胶，并通过提高丝蛋白溶液的浓度以达到减少上样体积的方法进行电泳，或者将丝蛋白溶液进行透析以降低其溶剂的离子含量，否则电泳将无法进行。对于在组织中表达量较高的外源蛋白，利用考马斯亮蓝染色即能分辨出外源蛋白条带；而对于在组织中表达量较低的外源蛋白，考马斯亮蓝的染色效果可能不太明显，需考虑进行银染染色。

3. Western 印迹杂交

Western 印迹杂交(Western blot)是将提取的蛋白质样品首先通过 SDS-PAGE 电泳按分子量大小分离，随后将 PAGE 胶中的蛋白质条带转移到固相膜(PVDF 膜或 NC 膜)上,利用待检测蛋白特异性抗体(一抗)和靶蛋白结合,然后加入能与一抗专一性结合的二抗复合物,最后通过二抗上带标记化合物的特异性反应进行检测。根据检测结果可得知被检测生物的组织细胞中是否含有目的蛋白,并对目的蛋白的表达量及分子量进行分析。Western 印迹杂交是目前进行蛋白质分析最流行和成熟的技术之一。利用该技术可以较为灵敏地检测转基因家蚕各组织中外源蛋白的表达,尤其是对于表达量较低的外源蛋白。单纯利用 SDS-PAGE 电泳分离和染色可能无法观察到清晰的外源蛋白条带,而利用 Western 印迹杂交则能够检测出微量表达的外源蛋白。下面简要介绍利用 Western 印迹杂交检测转基因家蚕组织细胞中外源蛋白表达的基本步骤。

(1) 电转膜:①转基因家蚕组织蛋白样品经 SDS-PAGE 分离后,小心取出分离胶,用灭菌水清洗数秒,然后放入转膜缓冲液中。②裁剪出 1 张比 SDS-PAGE 凝胶稍大的 PVDF 膜,将其在甲醇中浸泡 10 s,然后再将 PVDF 膜在灭菌水中清洗 10 s。③按照自下而上海绵垫、厚滤纸、SDS-PAGE 凝胶、PVDF 膜、厚滤纸、海绵垫的顺序组装好转膜装置。④设置电压 100 V,电流 200 mA,转膜 1 h。

(2) 封闭:①转膜完成后,小心拆开转膜装置,将 PVDF 膜取出。②将 PVDF 膜在 1×TBST 中清洗 1 次,保持蛋白面向下放入封闭液中(减去 PVDF 膜的一角作为记号)。③4 ℃封闭过夜或室温(25 ℃)封闭 2 h。

(3) 抗体杂交:①从封闭液中取出封闭完成的 PVDF 膜,在 1×TBST 中清洗 10 s。②用 1×TBST 按一定比例稀释[1∶(500～10 000)]待检测蛋白特异性抗体配制成一抗杂交液。③将 PVDF 膜浸入一抗杂交液中,保持蛋白面向下,37 ℃缓慢摇动孵育 1 h(为保证杂交效果,可采用 37 ℃缓慢孵育 1 h 后再室温孵育 1 h)。④将 PVDF 膜从一抗杂交液中取出,放入 1×TBST 中缓慢摇动清洗 3 次,每次 10 min。⑤根据一抗的来源选择合适的二抗,并根据鉴定方法选择辣根过氧化物酶(HRP)或碱性磷酸酶(AP)标记的抗体,按照相应比例稀释[1∶(1 000～10 000)]配制成二抗杂交液。⑥第 3 次清洗完后,将 PVDF 膜从清洗液中取出,放入二抗杂交液中,保持蛋白面向下,室温孵育 1 h。⑦将 PVDF 膜从二抗杂交液中取出,放入 1×TBST 中缓慢摇动清洗 3 次,每次 10 min。

(4) 检测：①吸取适量的、等体积的 ECL 化学发光显色液 A 和 B，在 1.5 mL干净的离心管中混匀，放入 4 ℃冰箱备用。②在实验台上铺一张干净的保鲜膜，将清洗完毕的 PVDF 膜取出，用吸水纸小心吸净表面的清洗液，平铺在保鲜膜上，保持蛋白面向上。③将配好的 ECL 显色液滴在 PVDF 膜上，保证 PVDF 膜全部被显色液覆盖，显色 5 min（避光显色效果会更好）。④显色完毕，用吸水纸小心吸干 PVDF 膜表面的显色液，用化学发光成像仪曝光 15～60 s，观察结果并保存图片。图 4－14B 显示利用 GFP 抗体对转基因茧丝中表达 Fib-H/EGFP 融合蛋白的 Western 印迹杂交检测。

注意事项：Western 印迹杂交最常用的转移膜主要是 NC 膜和 PVDF 膜，一般不采用尼龙膜。这主要是由于尼龙膜电荷密度高，使得非结合区的封闭比疏水性 NC 膜困难，对于灵敏度高的检测方法，容易出现背景色过深的问题；而且当转移缓冲液中存在 SDS 时，蛋白质容易从尼龙膜上泄漏。在电转膜过程中，转膜仪和转膜液会发热。为了避免温度过高对膜产生影响，需要将转膜仪置于冰水混合物中进行降温处理。上述电转膜采用的是湿式电转膜方法，Western 印迹杂交也可采用半干式电转膜方法。对于不同的待检测蛋白质，一抗、二抗的最佳稀释度、孵育时间和温度一般需要经过预实验来确定。显色液必须要现用现配。

4. 其他外源蛋白表达检测技术

除了上述 SDS-PAGE 和 Western 印迹杂交外，其他可用于检测外源蛋白在转基因家蚕体内表达的技术还包括免疫组织化学技术和酶联免疫吸附试验等。

(1) 免疫组织化学（immunology and histology chemistry，IHC）又称免疫细胞化学。是指带有显色剂标记的特异性抗体在组织细胞原位通过抗原抗体反应和组织化学的呈色反应，对相应抗原进行定性、定位、定量测定的一项新技术。利用该项技术借助荧光显微镜或电子显微镜的显像和放大作用，将免疫反应的特异性与组织化学反应的可见性相结合，能够在细胞或亚细胞水平检测包括蛋白质、多肽、激素、酶、病原体等抗原性物质。免疫组织化学技术曾被用于检测转基因家蚕丝腺及茧丝中表达的重组人血清白蛋白（rHSA）（Ogawa et al.，2007）（图 4－15）和人类酸性成纤维细胞生长因子（haFGF）（Wang et al.，2014）。

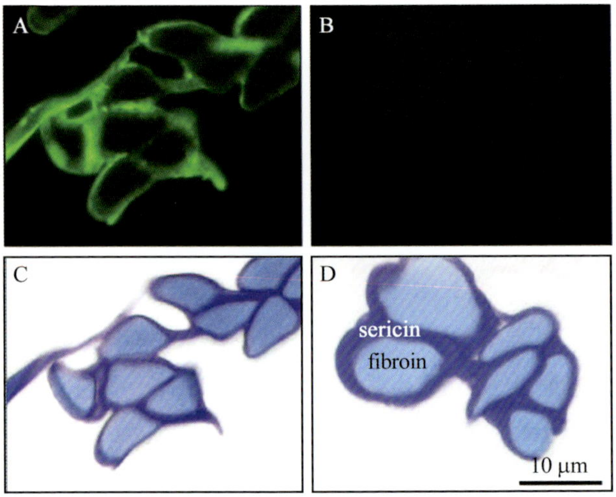

图 4-15 荧光免疫组化方法检测转基因茧丝丝胶层中表达的 rHSA 蛋白(Ogawa et al., 2007)

转基因茧丝切片(A 和 C)和非转基因茧丝切片(B 和 D)在绿色荧光(A 和 B)及白光(C 和 D)下的 HAS 抗体荧光免疫组织化学检测

(2) 酶联免疫吸附试验(enzyme linked immunosorbent assay, ELISA)也是依据抗原抗体杂交原理进行蛋白质检测的。利用 ELISA 技术能够将抗原抗体的免疫反应和酶的催化反应相结合。该技术也是酶免疫测定中应用最为广泛的技术。与 Western 印迹杂交不同,ELISA 技术首先将已知的抗原或抗体吸附在固相载体(如聚苯乙烯微量反应板)表面,再用免疫反应检测,因此不仅可以进行定性分析,还可用于定量检测。相对于 Western 印迹杂交检测法而言,ELISA 技术更易商业化,且更适合对大规模转基因样品进行检测。目前,ELISA 技术已经被广泛用于测定转基因家蚕丝腺等组织中表达的 EGFP 蛋白(Tatematsu et al., 2010)、人胰岛素样生长因子Ⅰ(hIGF-Ⅰ)(Zhao et al., 2009)、重组传染性法氏囊病毒(IBDV)衣壳蛋白(rVP2)(Xu et al., 2014b)、人粒细胞—巨噬细胞集落刺激因子(hGM-CSF)(Li et al., 2010)和人白介素 28A(hIL-28A)(崔琳琳等,2011)等。

第三节　外源基因表达产物的生物活性及功能检测

在实际研究过程中，除了需要对外源基因在转基因家蚕体内的整合与表达进行检测以外，还需要对目的基因表达产物的生物活性和功能进行检测与研究，如分析作为生物反应器的转基因家蚕表达产物的活性、测试新型转基因茧丝生物材料的功能等。

一、表达产物的生物活性分析

无论是利用转基因家蚕作为生物反应器在其丝腺、脂肪体或中肠组织中表达具有经济价值的外源蛋白产物，还是通过在茧丝中融合表达外源小分子多肽、结构蛋白或功能蛋白，以创制具有医用和药用价值的新型转基因茧丝生物材料，均需要对转基因家蚕体内或茧丝中的外源基因表达产物的活性进行检测和分析。由于受不同启动子调控的不同外源基因在转基因家蚕体内的表达部位不同，且各组织中表达产物的含量差异较大，再加上不同表达产物分离提纯的工艺及活性测定方法差别较大。因此，在实际研究过程中，应以不同蛋白种类及其在转基因家蚕体内的不同表达部位确定相应的活性测定方法。下面以在转基因家蚕脂肪体和丝腺中均表达过的植酸酶(phyA)为例介绍其活性测定方法，并简要概述现有报道中转基因家蚕表达的其他外源蛋白的活性测定方法。

(一) 脂肪体中植酸酶活性的测定方法

参照 Xu 等(2014a)文献所述，下面介绍利用国标法(钒钼酸铵分光光度法)测定转基因家蚕脂肪体中重组植酸酶活性的实验方法与步骤。

1. 实验原理

在一定温度和 pH 条件下，植酸酶水解底物植酸钠，生成正磷酸和肌醇衍生物，然后在酸性溶液中用钒钼酸铵处理会生成黄色的$(NH_4)_3PO_4NH_4VO_3\cdot 16MoO_3$复合物，在波长 415 nm 下进行比色测定。

2. 实验方法

(1) 样品制备：分别取化蛹 2 天的转基因家蚕和非转基因家蚕(用作阴性

对照)的脂肪体组织、鲜蛹或干蛹于研钵中,加入液氮后研磨成粉末状;按 1 g 样品中加入 2 mL 乙酸缓冲液Ⅱ(0.25 mol/L, pH 5.50±0.01)的比例于 4 ℃过夜溶解样品;4 ℃条件下 12 000 r/min 离心 10 min,吸取上清蛋白溶液于 1 个新的离心管中,用 BAC 法测定提取的脂肪体组织总蛋白浓度。

(2) 实验步骤:脂肪体中的植酸酶活性测定步骤与结果计算,均按照饲用植酸酶活性的国家标准(GB/T 18634—2009)进行。

① 标准曲线的绘制:准确称取 0.680 4 g 在 105 ℃烘至恒重的基准磷酸二氢钾,在 100 mL 容量瓶中,用乙酸缓冲液Ⅱ溶解并定容至 100 mL,配制成终浓度为 50 mmol/L 的标液。按表 4-1 的比例将标液稀释成不同浓度,与试样一起反应测定,以无机磷浓度为横坐标、吸光值为纵坐标,列出直线回归方程 ($y = ax + b$)。

表 4-1 标液稀释量与浓度对应关系

标准序号	稀释量(mL)	浓度(mmol/L)
1	0.5→1	25
2	0.5→2	12.5
3	0.5→4	6.25
4	0.5→8	3.125
5	0.5→16	1.562 5

② 试样溶液的制备:取 0.2 mL 制备的脂肪体组织蛋白样品作为待检测试样溶液。

③ 反应:取 10 mL 试管,严格按表 4-2 所示的反应顺序进行操作。在反应过程中,从加入底物溶液(植酸钠溶液,7.5 mmol/L, pH 5.50±0.01)起,直至向每支试管中加入反应终止液的时间间隔要绝对一致,36 ℃水解反应30 min。

表 4-2 家蚕脂肪体中植酸酶活性测定反应

反应顺序	样品(标准)	样品空白(标准空白)
加入乙酸缓冲液Ⅰ或Ⅱ	1.8 mL	1.8 mL (2.0 mL)
↓		

（续表）

反应顺序	样品(标准)	样品空白(标准空白)
加入待反应液	0.2 mL	0.2 mL
↓		
混合	√	√
↓		
37 ℃预热 5 min	√	—
↓		
依次加入底物溶液	4 mL	4 mL(第二步)
↓		
混合	√	√
↓		
37 ℃水解 30 min	√	—
↓		
依次加入反应终止液	4 mL	4 mL(第一步)
混合	√	√
总体积	10 mL	10 mL

④ 样品测定：反应后的试样在室温下静置 10 min，4 000 r/min 离心 10 min。用分光光度计测量上清液的吸光值。以标准曲线的空白调零，在 415 nm 波长处测定样品空白(A_0)和样品溶液(A)的吸光值，$A-A_0$ 即为实测吸光值。用直线回归方程计算植酸酶的活性。

⑤ 结果计算和表示：试样中植酸酶的活性用每克(g)试样中的活性单位"U"表示，计算公式如下。

$$U = \frac{c}{m \times 30} \times F$$

式中，U 为试样中植酸酶的活性，单位为 U/g；c 为根据实际吸光值由直线回归方程计算出的 x 值，单位为 U；F 为试样溶液反应前的总稀释倍数；m 为试样质量，单位为 g；30 为反应时间，单位为 min。

结果表示：两个平行样品的测定结果用算术平均值表示，保留整数。

重复性：同一样品两个平行测定值的相对偏差需小于10%。

根据样品试样中植酸酶活性的不同，建议称样量见表4-3。

表4-3 不同植酸酶活性的建议称样量

植酸酶活性(U/g)	称样量(g)	植酸酶活性(U/g)	称样量(g)
5 000以上	0.1～1	1～500	2～5
1 000～5 000	0.2～1	0.1～1	5～10
500～1 000	1～2		

3. 试剂及仪器

① 基准物：磷酸二氢钾(KH_2PO_4)。

② 乙酸缓冲液Ⅰ(0.25 mol/L)：称取20.52 g无水乙酸钠(CH_3COONa)于1 000 mL烧杯中，加入800 mL水搅拌溶解，用冰乙酸调节pH至5.50±0.01，再转移至1 000 mL容量瓶中，用蒸馏水定容至刻度。

③ 乙酸缓冲液Ⅱ(0.25 mol/L)：称取20.52 g无水乙酸钠、0.5 g Triton X-100和0.5 g牛血清白蛋白(BSA)，在1 000 mL烧杯中加入800 mL水搅拌溶解，用冰乙酸调节pH至5.50±0.01，再转移至1 000 mL容量瓶中，并用蒸馏水定容至刻度。

④ 底物溶液：称取0.692 9 g植酸钠($C_6H_6O_{24}P_6Na_{12}$)，在100 mL容量瓶中用0.25 mol/L乙酸缓冲液Ⅰ溶解，并用冰乙酸调节pH至5.50±0.01后定容至刻度(需现用现配，要求实际反应液中的最终浓度为5.0 mmol/L)。

⑤ 硝酸溶液：将纯硝酸溶液与蒸馏水按照1∶2的体积比混合配制而成。

⑥ 钼酸铵溶液(100 g/L)：称取10 g钼酸铵[$(NH_4)_6Mo_6O_{24}\cdot 4H_2O$]于100 mL容量瓶中，加入1 mL氨水(25%)，用蒸馏水溶解后定容至刻度。

⑦ 偏钒酸铵溶液(2.35 g/L)：称取0.235 g偏钒酸铵(NH_4VO_3)于100 mL棕色容量瓶中，加入2 mL硝酸溶液，用蒸馏水溶解后定容至刻度(避光条件下保存1周有效)。

⑧ 反应终止液：按2∶1∶1的体积比混合硝酸溶液、钼酸铵溶液和偏钒

酸铵溶液后使用，需现配现用。

4. 注意事项

(1) 酶活力测试过程中，必须做标准样酶活力的标准曲线。

(2) 为了便于检验整个操作过程是否有偏差，建议在测定样品时附加 1 个已知酶活性的植酸酶参考样。

(3) 植酸酶的酶活力会受到 pH 及温度的影响，所以在测定酶活性时，一定要用对应的最佳酶活力的 pH 及温度。在最佳酶活力的 pH 及温度未知的情况下，还需要检测 pH 和温度变化对植酸酶活性的影响。

(4) 在检测过程中，应避免反应液与任何影响酶活力的因素相接触，如重金属、洗涤剂和表面活性剂等，以免影响酶活力。

(二) 丝腺中植酸酶活性的测定方法

测定转基因家蚕丝腺中表达的重组植酸酶活性的方法与上述方法相类似，区别仅在于提取蛋白样品的家蚕组织不同。如果提取整个丝腺组织的蛋白，则需解剖获取 5 龄 3 天或 4 天的转基因家蚕丝腺组织，加入液氮，研磨成粉末状后用乙酸缓冲液Ⅱ溶解；如果丝腺组织细胞表达的植酸酶能够分泌至丝腺腔中，此时也可以仅提取丝腺腔中的蛋白，只需去除新鲜丝腺的细胞层，将丝腺腔中的蛋白用液氮研磨或不经过研磨而直接用乙酸缓冲液Ⅱ溶解即可。随后的植酸酶活性测定操作步骤与上文所述方法相同。

(三) 其他外源蛋白活性的测定方法

除了对上述在家蚕丝腺和脂肪体中均有表达的重组植酸酶活性的测定外，其余有报道的外源蛋白活性的测定研究，主要集中在对转基因家蚕生物反应器(特别是家蚕丝腺生物反应器)表达的具有经济价值的外源蛋白的活性检测。例如，通过致细胞病变效应(cytopathic effect，CPE)实验对转基因茧丝蛋白溶液中的丝素重链(Fib-H)/重组猫干扰素(feline interferon，FeIFN)融合蛋白的活性分析(Kurihara et al.，2007)；利用圆二色谱法分析转基因茧丝溶液中重组人血清白蛋白(HSA)的二级结构，并采用解离平衡常数(K_D)衡量配基(华法林和萘普生)与重组 HAS 蛋白相互结合能力的方法测定其生物学活性(Ogawa et al.，2007)；通过配体结合实验(ligand-binding assay)检测转基因家蚕脂肪体和后部丝腺组织中的重组人 μ 型阿片受体(human μ-opioid receptor)活性(Tateno et al., 2009);通过抗原亲和力结合(antigen-binding affinity)实验检测转基因茧丝中的重组鼠 IgG 单克隆抗体(IgG mAb)的抗原结合活性(Iizuka et al., 2009)。Xu 等(2014b)从转基因茧丝分离纯化获得了重组传染性法氏囊病毒(IBDV)衣壳蛋白(rVP2),并利用其进行了小鼠皮内免疫实验,通过间接 ELISA 测试和琼脂凝胶沉淀试验(agar-gel precipitation, AGP)的方法对 rVP2 蛋白的免疫原性进行了检测评估。

苏州大学的贡成良研究组曾利用精子介导法建立了一系列由 *Fib-H*、*fhx/P25* 以及 *Ser1* 等丝腺特异表达基因启动子调控人胰岛素样生长因子Ⅰ(hIGF-Ⅰ)基因在丝腺表达的转基因家蚕系(Zhao et al., 2009; Cong et al., 2011; Li et al., 2011; Xue et al., 2012; Song et al., 2014)。为检验转基因家蚕后部丝腺或茧丝中表达的 hIGF-Ⅰ蛋白的活性,研究人员将后部丝腺冻干粉溶液或提取自茧丝的 hIGF-Ⅰ蛋白溶液灌喂糖尿病模型小鼠,通过检测糖尿病模型小鼠连续口服 hIGF-Ⅰ蛋白溶液 1 周之后的血糖含量变化来评估转基因家蚕丝腺和茧丝中表达的 hIGF-Ⅰ蛋白的降血糖活性(Cong et al., 2011; Xue et al., 2012; Song et al., 2014)。

其他在转基因家蚕丝腺中表达并经过提取、纯化过程获得的外源蛋白还包括:人碱性成纤维细胞生长因子(hbFGF)(Hino et al., 2006)、胶原蛋白和纤连蛋白多肽(Coll-F 和 RGD)(Yanagisawa et al., 2007)、胶原结合域(CBD)与骨形态发生蛋白 4(BMP4)组成的融合蛋白(CBD-BMP4)等。这些重组外源蛋白所具有的生物学活性测定,主要是通过对其促进体外培养细胞的有丝分裂活性(Hino et al., 2006)、黏附活性(Yanagisawa et al., 2007)、增殖能力(Lu et al., 2012)以及诱导个体水平小鼠的成骨细胞分化能力(Lu et al., 2012)的检测结果来进行衡量与判断。

二、表达产物的功能测试

上文所述的研究报道,均需要首先从转基因家蚕组织器官或茧丝中提取总蛋白或分离出外源蛋白,进而检测外源蛋白的活性。而在转基因家蚕研究领域,除了将转基因家蚕作为生产外源蛋白的生物反应器外,许多研究人员同时也致力于通过在家蚕体内表达一些具有特殊用途的外源基因,用以创制物理或化学性状发生改变的新型转基因茧丝材料的研究(Wen et al.，2010；Zhu et al.，2010；Nagano et al.，2011；Teule et al.，2012；Kuwana et al.，2014；Wang et al.，2014)。对于这类具有特殊用途的外源基因，则需要对其表达产物的功能进行测试，并且要根据其不同用途而采取不同的功能测试方法，如用 Brdu 免疫荧光检测法、CCK-8 检测法和 MTT 比色法测定茧丝促细胞生长活性，用电子万能材料试验机测定茧丝机械性能，用核磁共振(nuclear magnetic resonance，NMR)和 X 射线衍射(X-ray diffraction)测定茧丝结构等。下面分别以笔者实验室创制的表达重组人表皮生长因子(rhEGF)的转基因茧丝促细胞生长和表达重组羊毛角蛋白相关蛋白(KAP)的转基因茧丝增强茧丝机械性能的检测为例，对转基因家蚕表达产物的功能测试加以阐述。

(一) 转 *rhEGF* 基因茧丝促细胞生长试验

西南大学赵爱春课题组创制了后部丝腺表达重组 Fib-H/rhEGF 融合蛋白的转基因家蚕，获得的转 *rhEGF* 基因茧丝具有促进哺乳动物细胞生长的活性(陆威健，2015)。下面简述通过 Brdu 免疫荧光检测法和 MTT 比色法对转基因茧丝促细胞生长活性进行检测的方法。

1. Brdu 免疫荧光检测法

(1) 实验原理：细胞周期指细胞一个世代所经历的时间，即从一次细胞分裂结束到下一次分裂结束为一个周期。细胞周期反映了细胞增殖速度。Brdu 免疫荧光检测法是一种测定细胞复制周期的方法，根据 Brdu(5-溴脱氧尿嘧啶核苷)可代替胸腺嘧啶作为细胞 DNA 合成原料的性质，在细胞复制的 S 期，往细胞培养基中添加 Brdu，孵育一段时间后，利用抗 Brdu 单克隆抗体杂交并染色，可以使得这段时间内进行过增殖的细胞(阳性细胞)显示出荧光信号；利用 DAPI 对细胞核染色并计算出总细胞数，通过计算视野中 S 期细胞比率来反映培养基中细胞的增殖情况。计算公式为：S 期细胞比率＝阳性细胞数/总细胞数×100％。

本研究采用分别浸泡过非转基因和转基因茧丝(进行过脱胶处理)的含有1％胎牛血清(fetal bovine serum，FBS)的 DMEM 培养基来培养细胞，通过计算并比较每个不同处理组中的 S 期细胞比率，检验转 *rhEGF* 基因茧丝促进细胞分裂的能力。

(2) 实验方法：

① 称取 0.01 g 脱胶蚕丝浸泡于 1 mL 含有 1% FBS 的 DMEM 培养基中，于 4 ℃环境中保存 24 h 备用。

② 将人皮肤成纤维细胞(HSAS1)均匀分到 24 孔细胞板中，每孔约 5 000 个细胞，待细胞完全贴壁后，加入 500 μL 不含 FBS 的 DMEM 培养基饥饿处理 12 h。

③ 吸尽细胞液，加入 500 μL 浸泡过脱胶蚕丝的 DMEM 培养基处理 12 h。

④ 每孔按体积比 1∶100 加入 Brdu(终浓度 10 μmol/mL)，于 37 ℃孵育 1 h。吸尽培养基，用 PBS 清洗 3 次，每次 5 min。

⑤ 每孔加入 500 μL 4%多聚甲醛，于 25 ℃固定 30 min。吸尽溶液，用 PBS 清洗 3 次，每次 5 min。

⑥ 每孔加入 500 μL 盐酸(2 mol/L)，于 37 ℃处理 30 min。吸尽溶液，用 1%的 PBT 清洗 3 次，每次 5 min。

⑦ 每孔加入 200 μL 封闭液，于 25 ℃封闭 1 h。吸尽溶液，加入 200 μL 的 Brdu 抗体(按 1∶400 稀释)于 4 ℃摇床孵育过夜。回收 Brdu 抗体，用 PBST 清洗 3 次，每次 5 min。

⑧ 每孔加入 200 μL FITC 标记山羊抗小鼠 IgG(H+L)(按 1∶10 000 稀释)，25 ℃放置 1 h，吸尽溶液。

⑨ 每孔加入 150 μL DAPI，25 ℃放置 15 min，吸尽溶液。

⑩ 每孔加入 150 μL PBST 清洗 3 次，每次 15 min。加入 200 μL PBS，荧光显微镜观察。图 4-16 显示 Brdu 免疫荧光法检测转 *rhEGF* 基因茧丝促细胞分裂活性。

(3) 注意事项：

① 本实验共进行了 3 次重复，每次重复实验包含 4 种处理条件：不作任何处理的含有 1% FBS 的 DMEM 培养基作为空白对照；浸泡过非转基因和转基因脱胶蚕丝的含有 1% FBS 的 DMEM 培养基作为实验处理组；含有 hEGF(终浓度为300 ng/mL)的含有 1% FBS 的 DMEM 培养基作为阳性对照。

② 每个处理随机挑选 5 个视野，计算视野中 S 期细胞比率，取平均值，得

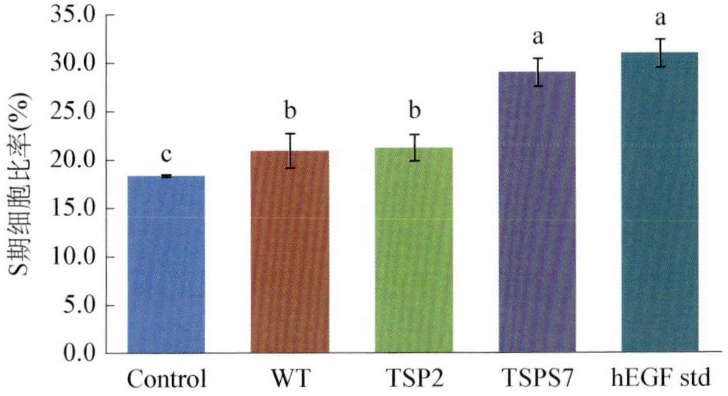

图 4-16 转 *rhEGF* 基因茧丝促细胞分裂活性的 Brdu 免疫荧光检测(陆威健,2015)

Control 为含有 1% FBS 的 DMEM 培养基;WT 为浸泡过非转基因脱胶蚕丝的含有 1% FBS 的 DMEM 培养基;TSP2 为浸泡过转基因脱胶蚕丝 TSP2 的含有 1% FBS 的 DMEM 培养基;TSPS7 为浸泡过转基因脱胶蚕丝 TSPS7 的含有 1% FBS 的 DMEM 培养基;hEGFstd 为含有终浓度为 300 ng/mL hEGF 标准品的含有 1% FBS 的 DMEM 培养基。图中字母相同表示差异不显著,字母不同表示差异显著($p=0.01$)

到一次重复实验的数据。

③ 对 3 次重复实验获得的数据采用 Duncan's 新复极差(SSR)法检测显著性。

2. MTT 比色检测法

(1) 实验原理:MTT 又名 3-(4,5-二甲基噻唑-2)-2,5-二苯基四氮唑溴盐,是一种商品名为噻唑蓝的黄色染料。MTT 比色法是一种检测细胞存活和生长的方法。其检测原理为,活细胞线粒体中的琥珀酸脱氢酶能将外源性 MTT 还原为水不溶性的蓝紫色结晶甲瓒(formazan),并沉积在细胞中,而死细胞无此功能。二甲基亚砜(DMSO)能溶解细胞中的甲瓒,用酶联免疫检测仪在 570 nm 波长处测定其光吸收值,可间接反映活细胞数量。在一定细胞数范围内,MTT 结晶形成的量与细胞数成正比。

本研究采用分别浸泡过非转基因和转基因圆形茧片(进行过脱胶处理)的含有 1% FBS 的 DMEM 培养基来培养细胞,通过 MTT 比色法检测每个不同处理组细胞液的 OD 值,检验转 *rhEGF* 基因茧丝促进细胞增殖的能力。

(2) 实验方法：

① 将人皮肤成纤维细胞(HSAS1)均匀分到96孔细胞板中，每孔约5 000个细胞，待细胞完全贴壁后，加入100 μL不含FBS的DMEM培养基饥饿处理12 h。

② 吸尽细胞液，加入200 μL含有1% FBS的DMEM培养基，将消过毒的圆形脱胶茧片铺在培养基上。

③ 连续传代培养5天后，取走铺在培养基上的脱胶茧片，按体积比1∶10加入MTT(终浓度0.5 mg/mL)，于37 ℃孵育4 h。

④ 孵育完成后吸尽溶液，加入150 μL DMSO，置摇床上低速振荡10 min，使结晶物充分溶解。

⑤ 在酶联免疫检测仪的570 nm处测量各孔的光吸收OD值。图4-17显示MTT比色法检测转*rhEGF*基因茧丝促细胞增殖活性。

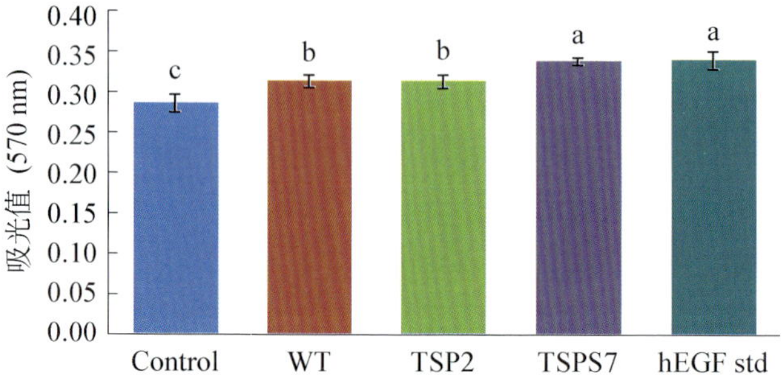

图4-17　转*rhEGF*基因茧丝促细胞增殖活性的MTT比色检测法(陆威健,2015)

图中字母相同表示差异不显著，字母不同表示差异显著(p=0.01)

(3) 注意事项：

① 本实验共进行了3次重复，每次重复实验包含4种处理条件：没有铺脱胶茧片的空白对照；浸泡过非转基因和转基因脱胶茧片的实验处理组；添加hEGF(终浓度为300 ng/mL)的阳性对照。

② 每个处理选择3个复孔，计算平均值，得到一次重复的数据。

③ 对3次重复实验获得的吸光值数据采用Duncan's新复极差(SSR)法检测显著性。

(二) 转基因茧丝机械性能测定试验

赵爱春课题组建立了后部丝腺表达重组 Fib-H/KAP 融合蛋白的转基因家蚕，获得的转基因茧丝的机械性能(强度和韧性)与非转基因茧丝相比显著提高(张阳，2013)。下面简述转 *KAP* 基因茧丝机械性能的测定方法。

1. 单丝(单根茧丝纤维)的制备

采用非转基因蚕茧和转基因蚕茧(已经过烘茧处理)作为试验对象，同时用标准和碱液两种缫丝方法进行单丝的制备。标准缫丝法：先将蚕茧放在 90 ℃水中浸泡 15 min，然后取出蚕茧放入40 ℃双蒸水中理绪，并用手动单粒缫丝机按常规的单粒茧缫丝方法进行单粒茧缫丝。碱液缫丝法：将蚕茧放入 42 ℃的碱液(5 g/L 硅酸钠和 1 g/L 氢氧化钠的混合液)中浸泡 30 min，然后取出蚕茧放入 25 ℃双蒸水中理绪，并用手动单粒缫丝机按常规的单粒茧缫丝方法进行单粒茧缫丝。

缫丝时将找出头绪丝的蚕茧理绪后用检尺器匀速摇取 5～7 次，注意应使茧丝分开，不要使丝粘连；为保证所取单丝性质稳定，舍弃刚开始 50 m 左右的茧丝；待检尺器上的单丝晾干后，将其缠绕在用硬纸片卷成的柱子上收集起来作为待检测样品。

2. 单丝横截面积的测定

(1) 茧丝切割和扫描样品的制备：

① 取一段单丝样品置于坚硬的试验平板上，固定茧丝两端，使其自然伸直。

② 用锋利的刀片垂直快速切断单根茧丝样品，获得 2～3 段长 4～5 cm 的小段单根茧丝样品，置于干净塑料培养皿内。

③ 将培养皿编号，置于 20 ℃、相对湿度 60％的培养箱中备用。

④ 将黑色的橡皮块切成约 1 cm^3 的小方块，用锋利的刀片从其中的一个面快速下切，切缝深度 3～5 mm。

⑤ 用镊子将前述操作获得的 4～5 cm 长的单根茧丝样品小心放入切好的橡皮缝中，调节茧丝位置，使其切口一端与橡皮小方块的一个面尽量保持齐平。

⑥ 将其对面用导电双面胶固定在扫描电子显微镜的样品扫描台上，放入真空镀金器喷镀一层金属膜。

（2）扫描电子显微镜观察：

① 扫描电子显微镜预热 30 min 后，放入准备好的扫描样品。

② 开动真空系统进行排气，在真空高度达到 0.5 kPa 以上，打开高压。

③ 设定观察条件，观察图像。

（3）横截面积的计算：由于单根茧丝纤维的横截面形状不太一致，根据单根茧丝纤维横截面的形状采用不同方法测量其横截面积——如果横截面近似为椭圆，则测量椭圆的长短轴后，用公式 $S=\pi ab/4$ 进行计算；如果横截面为非椭圆形，则采用微积分的方法计算其面积。具体操作过程中，首先利用画图软件方格对横截面图进行有效而细致的分割，然后把分割的所有部分面积相加得到整个单根茧丝纤维横截面面积。

3. 茧丝物理性质的测定

将单茧丝样品用电子万能材料试验机进行拉伸测试。测试拉伸条件为：夹距距离 20 mm，拉伸速度 10 mm/min；环境温度 20 ℃，相对湿度 65%。

试验得到单根茧丝的真实张力—位移曲线，根据前述单茧丝纤维横截面积测量方法测得的该单茧丝纤维的横截面积及其真实张力—位移曲线读取的拉伸阶段最大负荷 p，由 $\sigma t=p/s$（σt、p、s 分别表示纤维的抗拉强度、最大负荷及横截面积）计算纤维的抗拉强度，即可获得该单茧丝的强度—弹性（应力—应变）曲线。

第四节 内源基因定点突变家蚕的鉴定

近年来，针对利用基因编辑系统（ZFN、TALEN 和 CRISPR/Cas9）介导实现内源基因定点敲除所获得的突变体家蚕，不仅需要通过表型的变化（如油蚕、裸蛹等表型）来区分突变体家蚕和野生型家蚕，而且需要通过分子生物学手段对定点突变的靶基因序列进行严格的鉴定和分析。特别是针对表型变化不易观察甚至完全无肉眼可见表型变化的突变体家蚕（如隐性突变的杂合个体），更需要对靶基因的定点突变事件进行个体水平的分子鉴定。

根据靶基因定点突变位点附近的 DNA 序列设计引物，并对基因组 PCR 产物进行测序分析，是实现鉴定靶基因定点突变家蚕的最为直接和有效的方法。但是,针对某些定点突变效率较低的靶基因位点,需要通过扩大待检测个体数量的方法来筛选突变体家蚕,此时对所有待检测个体基因组 PCR 产物进行直接测序验证的方法就显得极为繁琐,而且会极大地提高测序检测费用。于是,在实际研究过程中,往往需要在 PCR 产物测序验证之前,通过简单、快速的方法筛选出可能发生靶基因突变的个体,随后再通过测序对其进行最终的鉴定与分析。目前在包括小鼠、家蚕、果蝇等转基因动物定点突变个体的鉴定研究中,应用最为广泛和有效的初步筛选靶基因定点突变个体的方法是基于 T7 核酸内切酶 1(T7 endonuclease 1, T7E1)的错配酶切鉴定法。下面简述 T7E1 酶切鉴定突变体家蚕的原理和操作过程,并概述其他目前可应用于初步筛选鉴定定点突变家蚕个体的核酸内切酶(又称"错配酶")以及限制性内切酶酶切检测法。

一、T7E1 酶切鉴定内源基因定点突变家蚕

(一) T7E1 酶切鉴定定点突变个体的原理

T7E1 是一种来源于细菌噬菌体 T7(bacteriophage T7)的具有底物选择性的核酸内切酶,最早由 Center 和 Richardson(1970)从 T7 噬菌体侵染的大肠杆菌中分离纯化,随后 Sadowski(1971)正式将该酶命名为 T7 核酸内切酶 1。T7E1 能够识别并切割不完全配对 DNA、十字形结构 DNA、Holliday 结构或交叉 DNA、异源双链 DNA 或者含缺刻的双链 DNA,其切割部位是错配碱基 5′端的第 1、第 2 或第 3 个磷酸二酯键。

经 ZFN、TALEN 或 Cas9 核酸酶切割后的基因组 DNA 靶序列由于缺乏修复模板,将主要以非同源末端连接(NHEJ)的方式进行修复,在修复的过程中或多或少会插入或删除一些碱基,因此通过 PCR 扩增修复的靶序列经变性、退火,最终将形成错配。根据 T7E1 能够识别和切割错配双链 DNA 的特性,通过电泳的方式将 T7E1 酶切后的产物进行分离,通过比较 T7E1 酶切前后的产物条带差异,就能够筛选出发生靶基因定点突变的阳性个体。此外,通过比较电泳分离的 T7E1 切割条带与未切割条带的比例,还能够反映出 ZFN、TALEN 或 Cas9 蛋白对靶序列的切割活性。T7E1 酶切检测法目前已经被广泛应用于人类细胞(Kim et al., 2009)、小鼠(Sakurai et al., 2014)、果蝇(Zhang et al., 2014)、家蚕(Wang et al., 2013)等动物定点突变个体的鉴定

和分析。

(二) T7E1 酶切鉴定突变体家蚕的操作流程

(1) 提取待检测突变体家蚕及野生型家蚕(用作阴性对照)的 gDNA。

(2) 根据突变位点上、下游 200～300 bp 位置的序列设计引物,以提取的 gDNA 为模板按以下程序进行 PCR 反应(按照 20 μL 体系加样)。

95 ℃预变性 5 min	1 个循环
95 ℃变性 30 s 按 Tm 值温度(通常 50～65 ℃)退火 30 s 72 ℃延伸 30 s～1 min	30 个循环
72 ℃延伸 5 min	1 个循环

95 ℃变性 5 min

设置梯度 95 ℃→85 ℃	−2 ℃/min
设置梯度 85 ℃→25 ℃	−0.1 ℃/s

4 ℃保存

(3) PCR 反应结束后,取 5～10 μL PCR 产物进行 T7E1 酶切,酶切反应体系如下。

PCR 产物	5～10 μL (600～1 000 ng)
10×T7 buffer	2 μL
5 U/μL T7E1	0.5～1 μL
添加 ddH_2O 至总体积	20 μL

将反应液混匀后瞬时离心,37 ℃反应 15～30 min,随后 65 ℃反应 10 min 终止反应。

(4) 配制浓度为 1.5%～2%的琼脂糖凝胶,通过电泳分离约 10 μL 酶切反应液并对切割条带进行观察和分析。图 4 - 18 显示 T7E1 酶切鉴定 TALEN 核酸酶介导的家蚕基因组靶位点定点突变。

(三) T7E1 酶切检测法的注意事项

(1) 在针对靶位点设计引物时,最好使得设计的上、下游引物与理论切割位点的距离不同(如上游引物距切割位点 200 bp,下游引物距切割位点

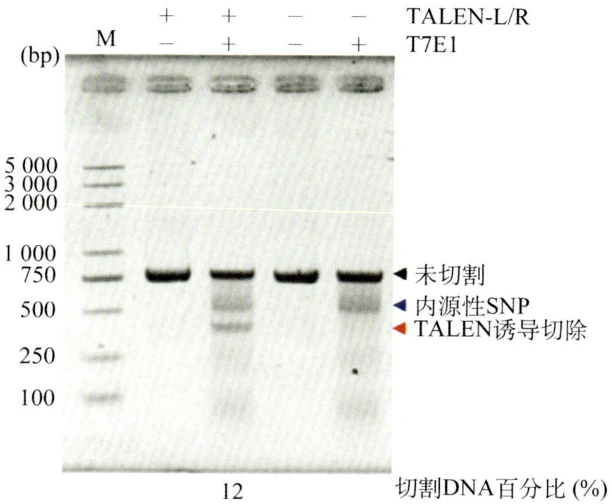

图 4-18　TALEN 核酸酶介导家蚕基因组靶位点定点突变的 T7E1 酶切检测(Wang et al.，2013)

300 bp)，以便于通过观察电泳条带即能够判断 T7E1 的酶切效果。

(2) 在进行 T7E1 酶切反应时，需要控制 PCR 产物含量、T7E1 用量以及酶切反应时间。如果上述条件控制不当，可能会引起 T7E1 的非特异性切割或使酶的活性降低，产生假阳性或假阴性结果。

(3) 由于家蚕基因组中存在单核苷酸多态性(single nucleotide polymorphisms, SNPs)，因此在利用 T7E1 对野生型家蚕靶位点的 PCR 产物进行酶切时，由于受 SNPs 的影响也可能将 PCR 产物切割成特定大小的条带。在实验过程中，需要经过仔细分析和判断，将 SNPs 产生的切割条带与定点突变产生的切割条带区分开来。

(4) 在实际研究过程中，通过利用 Image J 等图像分析软件对 T7E1 切割条带与未切割条带的比例进行计算和分析，能够初步判断基因编辑系统对该靶位点的突变效率。这种方法在人类细胞(Kim et al.，2011)和家蚕(Wang et al.，2013)等动物的定点突变研究中均有过报道。

(5) T7E1 酶切检测法不但可用于鉴定家蚕个体水平的定点突变，还能够被应用于家蚕细胞(Liu et al.，2014)与胚胎(Ma et al.，2014b)中鉴定和比较基因编辑系统介导不同靶位点的突变效率。此外，上述在家蚕中的 T7E1 酶切操作流程具有通用性，可广泛适用于其他动植物物种。

二、其他鉴定突变个体的核酸内切酶

与 T7E1 酶切鉴定法相类似，其他可识别并切割由单个或多个核苷酸突变所形成的错配 DNA 双链的核酸内切酶还包括同属于*CEL* Ⅰ 内切酶家族的、来自 Transgenomic 公司的 Surveyor 核酸酶和来自 Genloci 公司的 Cruiser™ 核酸酶。

（一）Surveyor 核酸酶

CEL Ⅰ 核酸内切酶最早是由美国宾夕法尼亚州 Fox Chase 癌症研究中心的 Yeung 博士和他的同事从芹菜（celery）中分离获得的一种单链特异性核酸酶，属于 S1 核酸内切酶家族，在需要 Mg^{2+} 和 Zn^{2+} 的参与下，能从 3′端准确切割异源双链 DNA 错配的单核苷酸碱基对（Oleykowski et al.，1998）。*CEL* Ⅰ 内切酶也是首个从真核生物中提取并鉴定的可用于高效特异切割 DNA 错配双链和 DNA 扭曲（DNA distortion）的内切酶。

鉴于*CEL* Ⅰ 内切酶在遗传学研究和应用领域中扮演重要的角色及其具有的广阔应用前景，美国环球基因有限公司（Transgenomic Inc.）与 Yeung 研究小组合作，生产了以*CEL* Ⅰ 内切酶为核心成分的 SURVEYOR 试剂盒。在早期的研究中，利用该试剂盒中的 Surveyor 核酸酶，结合双色变性聚丙烯酰胺凝胶电泳技术，能大量而准确地发现人类细胞基因组特定区域或基因突变产生的 SNPs 等多态性（Janne et al.，2006）。在基于 ZFN 等基因编辑系统的靶基因定点敲除技术建立以来，Surveyor 核酸酶逐渐被广泛应用于通过酶切筛选鉴定阳性靶基因定点突变的动植物细胞或个体（Wu et al.，2015）。Surveyor 核酸酶与 T7E1 相比，其优点在于 Surveyor 核酸酶具有更好的酶切稳定性和特异性，目前尚未有使用 Surveyor 核酸酶出现假阳性或非特异性酶切的文献报道。最新研究指出，T7E1 更适合被用于切割由缺失突变形成的双链错配 DNA，而 Surveyor 核酸酶在检测单核苷酸替换引起的 DNA 错配中更具优势（Sakuma et al.，2013；Vouillot et al.，2015）。

（二）Cruiser™ 核酸酶

虽然 Surveyor 核酸酶及反应的试剂盒在国内已经能够购买，但是

Surveyor 核酸酶作为进口产品的购买费用较高，而且由于运输路程较远，无法保证运输至国内的 Surveyor 核酸酶的活性。为了有效解决 Surveyor 核酸酶价格昂贵、长途运输酶活性无法保证的使用局限性，以及克服 T7E1 因识别多种 DNA 结构（如十字形 DNA 结构、Holliday 结构等）而易于出现假阳性的缺点，江苏吉锐生物技术有限公司（Genloci Biotechnologies Inc.）于 2014 年开发并通过植物基因工程生产出了一种商品化的具有天然强活性的*CEL* Ⅰ同源核酸内切酶——Cruiser™核酸酶。

Cruiser™核酸酶与 Surveyor 核酸酶类似，其能够从突变位点的 3′端高效切割所有形式的、由碱基突变形成的异源 DNA 双链。与 T7E1 相比，Cruiser™核酸酶具有更好的酶切稳定性、特异性及高效性；与 Surveyor 核酸酶相比，Cruiser™核酸酶的价格更为便宜；再加上 Cruiser™核酸酶同样可广泛应用于精确检测哺乳动物、细菌、真菌、病毒以及植物基因的突变，并可用于基因的多态性分析。这些优点预示着 Cruiser™核酸酶具有应用于鉴定阳性定点突变个体的潜力。

三、限制性内切酶酶切检测法

采用限制性内切酶（restriction endonuclease, RE）酶切检测法检测由 NHEJ 修复引起的靶序列切割位点的插入缺失型（insertion-deletion, InDel）突变相对较为简单易行。这种方法依据的原理是，基因编辑系统造成的 InDel 突变往往会导致切割位点处原有的酶切位点被破坏。因此，使用该方法只需要在设计靶点时，选择带有 1 个独有的 RE 酶切位点。随后的检测方法和步骤与上述 T7E1 及*CEL* Ⅰ核酸内切酶的酶切检测方法相类似，同样通过提取 gDNA 进行 PCR，并用特定的限制性内切酶切割 PCR 产物，随后通过凝胶电泳分离酶切产物并观察和分析。

从 RE 酶切检测法的检测结果中可观察到，野生型靶位点 DNA 应该能够被完全酶切，产生 1～2 个较短的条带；而经 ZFN、TALEN 或 Cas9 蛋白处理过的样品则会由于部分靶位点 DNA 的酶切位点发生改变，导致出现一定比例的 PCR 产物未被切开的情况，从而据此初步筛选出靶基因定点突变个体（沈延等，2013）。将未切开的条带回收后克隆测序，就可以进一步对突变个体进行确认并检测具体的突变类型。与核酸内切酶酶切检测相类似，凝胶中未被切开条带的亮度(密度)占总条带的比例同样能直接反映 ZFN、TALEN 或 Cas9 蛋白对靶位点序列的切割活性或效率(图 4－19)。

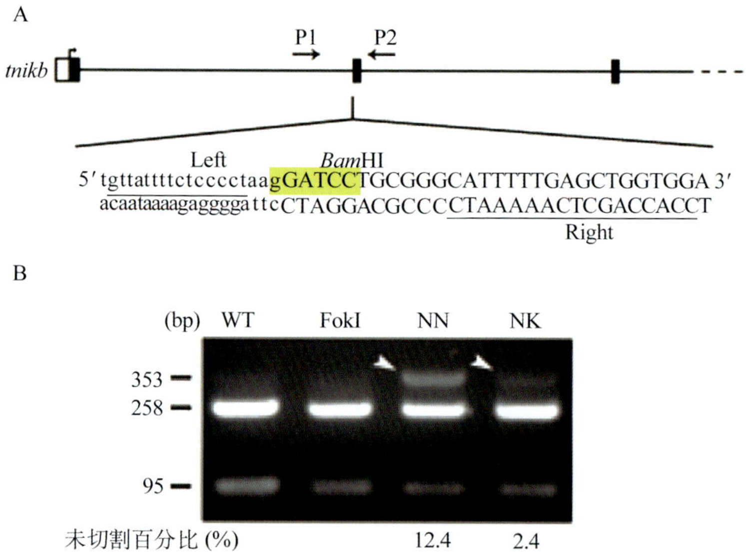

图 4－19　TALEN 核酸酶介导斑马鱼 *tnikb* 基因定点突变的 *Bam*HI 酶切鉴定(Huang et al.，2011)

A. 斑马鱼 *tnikb* 基因的结构及突变位点序列，P1 和 P2 表示用作 PCR 的引物对，Left 和 Right 标示 TALEN 核酸酶结合的 DNA 序列，黄色背景字母标示 *Bam*HI 酶切位点序列(gGATCC)；B. *Bam*HI 酶切检测 *tnikb* 基因靶位点突变，白色箭头标示出可能发生定点突变的靶位点 PCR 扩增条带(未切割条带)，WT 代表未加入 *Bam*HI 酶的空白对照，FokI 表示加入 2 条同侧 TALEN 核酸酶的阴性对照组，NN 和 NK 分别表示 2 种具有不同编码序列的 TALEN 核酸酶

当然，RE 酶切检测法的局限性也非常明显，因为并非所有需要突变的目标基因均能够找到合适且唯一的酶切位点，这极大地限制了该方法的广泛应用。在建立靶基因定点敲除家蚕的研究中，虽然目前尚未有使用该方法的报道，但 RE 酶切检测法不失为一种在对家蚕某些特定靶基因位点进行定点突变时可供选择的有效方法。

值得注意的是，无论是利用上述 T7E1、Surveyor 核酸酶或 Cruiser™ 核酸酶，还是限制性内切酶对靶位点进行酶切鉴定，筛选获得的阳性突变个体在实际研究过程中均需要经过基因组 PCR 产物测序，以实现对突变个体的最终确认及具体突变类型的检测和统计。

(撰稿：龙定沛　赵爱春)

参考文献

[1] Adelman ZN, Jasinskiene N, Vally KJM, et al. Formation and loss of large, unstable tandem arrays of the *piggyBac* transposable element in the yellow fever mosquito, *Aedes aegypti* [J]. Transgenic Research, 2004,13(5): 411-425.

[2] Center MS, Richardson CC. An endonuclease induced after infection of *Escherichia coli* with bacteriophage T7 [J]. The Journal of Biological Chemistry, 1970,245(23): 6 285-6 291.

[3] Cong L, Cao GL, Xue RY, et al. Reducing blood glucose level in TIDM mice by orally administering the silk glands of transgenic hIGF-I silkworms [J]. Biochemical and Biophysical Research Communications, 2011,410(4): 721-725.

[4] Dai H, Ma L, Wang J, et al. Knockdown of ecdysis-triggering hormone gene with a binary UAS/GAL4 RNA interference system leads to lethal ecdysis deficiency in silkworm [J]. Acta Biochimica Et Biophysica Sinica, 2008,40(9): 790-795.

[5] Dai HJ, Jiang RJ, Wang J, et al. Development of a heat shock inducible and inheritable RNAi system in silkworm [J]. Biomolecular Engineering, 2007,24(6): 625-630.

[6] Daimon T, Uchibori M, Nakao H, et al. Knockout silkworms reveal a dispensable role for juvenile hormones in holometabolous life cycle [J]. Proceedings of the National Academy of Sciences of the United States of America, 2015,112(31): 4 226-4 235.

[7] Hino R, Tomita M, Yoshizato K. The generation of germline transgenic silkworms for the production of biologically active recombinant fusion proteins of fibroin and human basic fibroblast growth factor [J]. Biomaterials, 2006,27(33): 5 715-5 724.

[8] Huang P, Xiao A, Zhou MG, et al. Heritable gene targeting in zebrafish using customized TALENs [J]. Nature Biotechnology, 2011, 29(8): 699-700.

[9] Iizuka M, Ogawa S, Takeuchi A, et al. Production of a recombinant mouse monoclonal antibody in transgenic silkworm cocoons [J]. FEBS Journal, 2009,276(20): 5 806-5 820.

[10] Janne PA, Borras AM, Kuang Y, et al. A rapid and sensitive enzymatic method for epidermal growth factor receptor mutation screening [J]. Clinical Cancer Research, 2006,12(3 Pt 1): 751 - 758.

[11] Kim H, Um E, Cho SR, et al. Surrogate reporters for enrichment of cells with nuclease-induced mutations [J]. Nature Methods, 2011, 8 (11): 941 - 943.

[12] Kim HJ, Lee HJ, Kim H, et al. Targeted genome editing in human cells with zinc finger nucleases constructed via modular assembly [J]. Genome Research, 2009,19(7): 1 279 - 1 288.

[13] Kurihara H, Sezutsu H, Tamura T, et al. Production of an active feline interferon in the cocoon of transgenic silkworms using the fibroin H-chain expression system [J]. Biochemical and Biophysical Research Communications, 2007,355(4): 976 - 980.

[14] Kuwana Y, Sezutsu H, Nakajima K, et al. High-toughness silk produced by a transgenic silkworm expressing spider (*Araneus ventricosus*) dragline silk protein [J]. PloS One, 2014,9(8): e105325.

[15] Li Y, Cao G, Chen H, et al. Expression of the hGM-CSF in the silk glands of germline of gene-targeted silkworm [J]. Biochemical and Biophysical Research Communications, 2010,391(3): 1 427 - 1 431.

[16] Li YM, Cao GL, Wang Y, et al. Expression of the hIGF-I gene driven by the Fhx/P25 promoter in the silk glands of germline silkworm and transformed BmN cells [J]. Biotechnology Letters, 2011,33(3): 489 - 494.

[17] Liang J, Wang T, Xiang Z, et al. Tweedle cuticular protein BmCPT1 is involved in innate immunity by participating in recognition of *Escherichia coli* [J]. Insect Biochemistry and Molecular Biology, 2015,58: 76 - 88.

[18] Ling L, Ge X, Li Z, et al. MiR-2 family targets awd and fng to regulate wing morphogenesis in *Bombyx mori* [J]. RNA Biology, 2015,12(7): 742 - 748.

[19] Liu YY, Ma SY, Wang XG, et al. Highly efficient multiplex targeted mutagenesis and genomic structure variation in *Bombyx mori* cells using CRISPR/Cas9 [J]. Insect Biochemistry and Molecular Biology, 2014,49: 35 - 42.

[20] Long D, Lu W, Hao Z, et al. Highly efficient and inducible DNA excision in transgenic silkworms using the FLP/*FRT* site-specific recombination system [J]. Transgenic Research, 2016,25(6): 795 - 811.

[21] Long D, Lu W, Zhang Y, et al. An efficient strategy for producing a stable, replaceable, highly efficient transgene expression system in silkworm, *Bombyx mori* [J]. Scientific Reports, 2015a, 5: 8 802.

[22] Long DP, Lu WJ, Zhang Y, et al. New insight into the mechanism underlying fibroin secretion in silkworm, *Bombyx mori* [J]. FEBS Journal., 2015b, 282(1): 89 - 101.

[23] Lozovskaya ER, Nurminsky DI, Hartl DL, et al. Germline transformation of *Drosophila virilis* mediated by the transposable element *hobo* [J]. Genetics, 1996,142(1): 173 - 177.

[24] Lu HX, Kawazoe N, Kitajima T, et al. Spatial immobilization of bone morphogenetic protein-4 in a collagen-PLGA hybrid scaffold for enhanced osteoinductivity [J]. Biomaterials, 2012,33(26): 6 140 - 6 146.

[25] Ma SY, Shi R, Wang XG, et al. Genome editing of BmFib-H gene provides an empty *Bombyx mori* silk gland for a highly efficient bioreactor [J]. Scientific Reports, 2014a, 4: 6 867.

[26] Ma SY, Wang XG, Liu YY, et al. Multiplex genomic structure variation mediated by TALEN and ssODN [J]. BMC Genomics, 2014b, 15(1): 1 - 9.

[27] Matthews JA, Kricka LJ. Analytical strategies for the use of DNA probes [J]. Analytical Biochemistry, 1988,169(1): 1 - 25.

[28] Nagano A, Tanioka Y, Sakurai N, et al. Regeneration of the femoral epicondyle on calcium-binding silk scaffolds developed using transgenic silk fibroin produced by transgenic silkworm [J]. Acta Biomaterialia, 2011,7(3): 1 192 - 1 201.

[29] Nagaraja GM, Nagaraju J. Genome fingerprinting of the silkworm, *Bombyx mori*, using random arbitrary primers [J]. Electrophoresis, 1995, 16(1): 1 633 - 1 638.

[30] Ogawa S, Tomita M, Shimizu K, et al. Generation of a transgenic silkworm that secretes recombinant proteins in the sericin layer of cocoon: Production of recombinant human serum albumin [J]. Journal of Biotechnology, 2007,128(3): 531 - 544.

[31] Oleykowski CA, Mullins CRB, Godwin AK, et al. Mutation detection using a novel plant endonuclease [J]. Nucleic Acids Research, 1998, 26(20): 4 597 - 4 602.

[32] Osanai-Futahashi M, Ohde T, Hirata J, et al. A visible dominant marker for insect transgenesis [J]. Nature Communications, 2012,3(4): 1 295.

[33] Quan GX, Kobayashi I, Kojima K, et al. Rescue of white egg 1 mutant by introduction of the wildtype *Bombyx* kynurenine 3-monooxygenase gene [J]. Insect Science, 2007,14(2): 85 - 92.

[34] Sadowski PD. Bacteriophage T7 endonuclease. I. Properties of the enzyme purified from T7 phage-infected *Escherichia coli B* [J]. Journal of Biological Chemistry, 1971,246(1): 209 - 216.

[35] Sakuma T, Hosoi S, Woltjen K, et al. Efficient TALEN construction and evaluation methods for human cell and animal applications [J]. Genes to Cells, 2013,18(4): 315 - 326.

[36] Sakurai T, Watanabe S, Kamiyoshi A, et al. A single blastocyst assay optimized for detecting CRISPR/Cas9 system-induced indel mutations in mice [J]. BMC Biotechnol, 2014,14: 69.

[37] Shapiro AL, Vinuela E, Maizel JV. Molecular weight estimation of polypeptide chains by electrophoresis in SDS-polyacrylamide gels [J]. Biochemical and Biophysical Research Communications, 1967,28(5): 815 - 820.

[38] Song ZW, Zhang MY, Xue RY, et al. Reducing blood glucose levels in TIDM mice with an orally administered extract of sericin from hIGF-I-transgenic silkworm cocoons [J]. Food and Chemical Toxicology, 2014,67: 249 - 254.

[39] Southern EM. Detection of specific sequences among DNA fragments separated by gel-electrophoresis [J]. Journal of Molecular Biology, 1975, 98(3): 503 - 517.

[40] Takasu Y, Kobayashi I, Beumer K, et al. Targeted mutagenesis in the silkworm *Bombyx mori* using zinc finger nuclease mRNA injection [J]. Insect Biochemistry and Molecular Biology, 2010,40(10): 759 - 765.

[41] Tan A, Tanaka H, Tamura T, et al. Precocious metamorphosis in transgenic silkworms overexpressing juvenile hormone esterase [J]. Proceedings of the National Academy of Sciences of the United States of America, 2005,102(33): 11 751 - 11 756.

[42] Tatematsu K, Kobayashi I, Uchino K, et al. Construction of a binary transgenic gene expression system for recombinant protein production in the

middle silk gland of the silkworm *Bombyx mori* [J]. Transgenic Research, 2010,19(3): 473 – 487.

[43] Tateno M, Toyooka M, Shikano Y, et al. Production and characterization of the recombinant human-opioid receptor from transgenic silkworms [J]. Journal of Biochemistry, 2009,145(1): 37 – 42.

[44] Teule F, Miao YG, Sohn BH, et al. Silkworms transformed with chimeric silkworm/spider silk genes spin composite silk fibers with improved mechanical properties [J]. Proceedings of the National Academy of Sciences of the United States of America, 2012,109(3): 923 – 928.

[45] Vouillot L, Thelie A, Pollet N. Comparison of T7E1 and surveyor mismatch cleavage assays to detect mutations triggered by engineered nucleases [J]. Genes Genomes Genetics, 2015,5(3): 407 – 415.

[46] Wang F, Ma SY, Xu HF, et al. High-efficiency system for construction and evaluation of customized TALENs for silkworm genome editing [J]. Molecular Genetics and Genomics, 2013,288(12): 683 – 690.

[47] Wang F, Xu HF, Wang YC, et al. Advanced silk material spun by a transgenic silkworm promotes cell proliferation for biomedical application [J]. Acta Biomaterialia, 2014,10(12): 4 947 – 4 955.

[48] Wang YJ, Nakagaki M. Editing of the heavy chain gene of *Bombyx mori* using transcription activator like effector nucleases [J]. Biochemical and Biophysical Research Communications, 2014,450(1): 184 – 188.

[49] Weber K, Osborn M. The reliability of molecular weight determinations by dodecyl sulfate-polyacrylamide gel electrophoresis [J]. Journal of Biological Chemistry, 1969,244(16): 4 406 – 4 412.

[50] Wei W, Xin HH, Roy B, et al. Heritable genome editing with CRISPR/Cas9 in the silkworm, *Bombyx mori* [J]. PloS One, 2014,9(7): e101210.

[51] Wen HX, Lan XQ, Zhang YS, et al. Transgenic silkworms (*Bombyx mori*) produce recombinant spider dragline silk in cocoons [J]. Molecular Biology Reports, 2010,37(4): 1 815 – 1 821.

[52] Wu H, Wang Y, Zhang Y, et al. TALE nickase-mediated SP110 knockin endows cattle with increased resistance to tuberculosis [J]. Proceedings of the National Academy of Sciences of the United States of America, 2015, 112(13): 1 530 – 1 539.

[53] Xu HF, Liu YW, Wang F, et al. Overexpression and functional

characterization of an *Aspergillus niger* phytase in the fat body of transgenic silkworm, *Bombyx mori* [J]. Transgenic Research, 2014a, 23 (4): 669 - 677.

[54] Xu HF, Yuan L, Wang F, et al. Overexpression of recombinant infectious bursal disease virus (IBDV) capsid protein VP2 in the middle silk gland of transgenic silkworm [J]. Transgenic Research, 2014b, 23 (5): 809 - 816.

[55] Xu J, Wang Y, Li Z, et al. Transcription activator-like effector nuclease (TALEN)-mediated female-specific sterility in the silkworm, *Bombyx mori* [J]. Insect Molecular Biology, 2014c, 23(6): 800 - 807.

[56] Xue RY, Wang Y, Cao GL, et al. Lowering the blood glucose of diabetes mellitus mice by oral administration with transgenic human insulin-like growth factor I silkworms [J]. Journal of Agricultural and Food Chemistry, 2012,60(26): 6 559 - 6 564.

[57] Yamaguchi J, Banno Y, Mita K, et al. Periodic Wnt1 expression in response to ecdysteroid generates twin-spot markings on caterpillars [J]. Nature Communications, 2013,4: 1 857.

[58] Yanagisawa S, Zhu ZH, Kobayashi I, et al. Improving cell-adhesive properties of recombinant *Bombyx mori* silk by incorporation of collagen or fibronectin derived peptides produced by transgenic silkworms [J]. Biomacromolecules, 2007,8(11): 3 487 - 3 492.

[59] Yoda S, Yamaguchi J, Mita K, et al. The transcription factor Apontic-like controls diverse colouration pattern in caterpillars [J]. Nature Communications, 2014,5: 4 936.

[60] Zhang HK, Cao GL, Zhang XR, et al. Effects of $BmKIT_3^R$ gene transfer on pupal development of *Bombyx mori* linnaeus using a Gal4/UAS binary transgenic system [J]. Journal of Agricultural and Food Chemistry, 2012a, 60(12): 3 173 - 3 179.

[61] Zhang X, Ferreira IR, Schnorrer F. A simple TALEN-based protocol for efficient genome-editing in Drosophila [J]. Methods, 2014,69(1): 32 - 37.

[62] Zhang X, Xue RY, Cao GL, et al. Effects of egt gene transfer on the development of *Bombyx mori* [J]. Gene, 2012b, 491(2): 272 - 277.

[63] Zhao Y, Li X, Cao GL, et al. Expression of hIGF-I in the silk glands of transgenic silkworms and in transformed silkworm cells [J]. Science in

China Series C: Life Sciences, 2009,52(12): 1 131 - 1 139.
[64] Zhu ZH, Kikuchi Y, Kojima K, et al. Mechanical properties of regenerated *Bombyx mori* silk fibers and recombinant silk fibers produced by transgenic silkworms [J]. Journal of Biomaterials Science-Polymer Edition, 2010,21(3): 395 - 412.
[65] 陈冬姝,林英,王艳霞,等.一种简便分离高质量家蚕基因组 DNA 的方法[J].蚕学通讯,2007,27: 5 - 9.
[66] 崔琳琳,薛仁宇,陆叶,等.非转座子载体介导的转基因家蚕表达 hIL-28A[J].生物化学与生物物理进展,2011,08 期: 724 - 729.
[67] 侯成香,李木旺,苗雪霞,等. ISSR 方法在蓖麻蚕品种遗传多样性研究中的应用[J].蚕业科学,2005,31: 358 - 361.
[68] 刘岩,孟智启,何丽华,等.两种抽提家蚕基因组 DNA 方法的比较[J].蚕桑通报,2008,39: 23 - 26.
[69] 陆威健. hEGF 生物活性新型蚕丝材料的创制与研究[D].重庆:西南大学,2015.
[70] J.萨姆布鲁克.分子克隆实验指南(第 3 版)[M].北京:科学出版社,2009.
[71] 沈延,肖安,黄鹏,等.类转录激活因子效应物核酸酶(TALEN)介导的基因组定点修饰技术[J].遗传,2013,4(4): 395 - 409.
[72] 宋方洲,常平安,张平波,等.家蚕丝胶基因 1(*Ser1*)和胰凝乳蛋白酶抑制因子 13 基因(*CI-13*)的 FISH 定位[C]//中国细胞生物学学会第八届会员代表大会暨学术大会论文摘要集. 2003,124 - 130.
[73] 孙卫忠,李斌,王彦文,等.家蚕 *HSP20.8* 基因体外表达及荧光原位杂交研究[J].蚕业科学,2007,33(1): 14 - 19.
[74] 夏庆友,周泽扬,鲁成,等.家蚕 RAPD 的扩增条件、重复性及遗传模型研究[J].蚕业科学,1996: 20 - 25.
[75] 张阳.转羊毛 *KAP* 基因家蚕的茧丝改性研究[D].重庆:西南大学,2013.

第五章

基于转座子系统的家蚕基因功能分析技术

基因是控制生物性状的遗传单位，同时也是可通过人工操纵实现生物性状改造的靶标元件。纵观生命科学和生物技术的发展历程，包括近年来蓬勃开展的基因组与功能基因组计划、动植物育种、药物设计与开发、疾病预防及诊治等，无一不是以基因的发现和研究为基础、以基因的改造和利用为目的。特别是基因组计划的实施，改变了过去主要研究单个或局部基因的局面，将基因发现和研究的格局提升到了全局化或者网络化水平。

其实，阐释一个已知基因的新功能或未知基因的功能，关键策略不外乎两种：一是基因功能丧失，主要通过基因干涉或基因敲除技术实现；二是基因功能获得，主要通过基因过表达或基因敲入技术实现。关于家蚕基因敲除和基因敲入技术（统称基因组编辑技术），将在本书第六章进行详细介绍。本章着重介绍在转座子介导的家蚕转基因技术基础上，建立和应用的基因功能研究技术。

第一节 GAL4/UAS 双元调控技术

一、GAL4/UAS 系统的基本原理

GAL4/UAS 系统来源于酵母，是迄今为止建立的一种功能极为强大的基因研究和改造工具。该系统依赖于 2 个基本元件：类似于高等真核生物增强子的上游激活序列 UAS (upstream active sequence, UAS)和类似于原核生物乳糖操纵子的转录激活因子 GAL4(galactose-regulated upstream promoter element, GAL)。其中，GAL4 是组件式结构，含有 2 个功能上相互独立的结构域——DNA 结合功能域(DNA binding domain, DBD)和转录激活结构域(activation domain, AD)。当 2 个结构域分开时仍分别具有功能，但不能激活转录；当 2 个结构域在空间上较为接近时呈现完整的 GAL4 转录因子活性，

能够激活 UAS 的下游启动子，进而启动下游基因的转录。

1988 年，Fischer 等在果蝇中验证了 GAL4/UAS 的功能，发现 GAL4 能以组织特异性的方式激活与 UAS 相连的下游基因的转录，表明该系统在生物体基因功能研究方面有巨大的开发应用潜力。其后，Brand 和 Perrimon (1993)利用 *P* 因子介导的果蝇转基因技术，在个体水平上证实了 GAL4/UAS 系统具有调控基因表达的强大功能。构建和应用 GAL4/UAS 系统的关键步骤：首先，分别建立 GAL4 转基因系和 UAS 转基因系，其中 GAL4 由特异的启动子或增强子控制，目的基因由 UAS 调控元件控制；在 UAS 转基因系中不存在 GAL4，因而目的基因处于沉默状态。其次，将 2 个转基因系杂交，筛选携带有 GAL4 和 UAS 的杂交后代。该后代中表达的 GAL4 蛋白识别并结合 UAS 元件，进而激活 UAS 下游目的基因的表达。目的基因的表达时间和场所取决于调控 GAL4 的启动子，因而通过启动子的选择可以较容易地人为调控目的基因的时空表达。

基于转基因技术的 GAL4/UAS 双元表达系统至少有 4 个突出优势：①该系统能够同时分析单个靶标基因在不同组织器官和不同发育时期的表达和功能，也可同时分析不同基因在同一组织器官和同一发育时期的表达和功能；②该系统可用于研究对生物体发育具有致死或毒性效应的靶标基因；③该系统具有类似于增强子的功能，能够显著提高靶标基因的表达水平(即过量表达)；④该系统能够与其他基因分析技术进行整合，开发出功能更加强大和实用的基因分析工具。

二、家蚕 GAL4/UAS 系统的建立

家蚕中的 GAL4/UAS 系统建立于 2003 年。Imamura 等(2003)借鉴了果蝇 GAL4/UAS 系统的策略，构建了以 *piggyBac* 转座子为介导的转基因表达载体 pBacBmA3-GAL4(全身表达)、pBac3×P3-GAL4(眼睛和神经特异表达)、pBacFiL-GAL4(后部丝腺特异表达)和 pBacUAS-GFP。研究人员首先通过胚胎瞬时表达检测证实，构建的 GAL4/UAS 系统能够在家蚕中工作，随后制作相应的转基因系并进行杂交检测，确认 GAL4/UAS 转基因系统构建成功(图 5-1)。其后，西南大学、中国科学院上海植物生理生化研究所、东京大学等少数研究机构也报道了家蚕 GAL4/UAS 系统。总的来看，国内外在

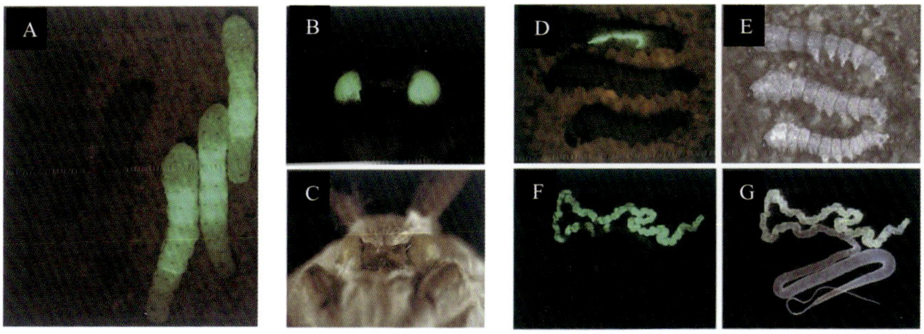

图 5-1　家蚕 GAL4/UAS 系统的构建和荧光观察(Imamura et al.，2003)

A. BmA3-GAL4/UAS-GFP；B～C. 3×P3-GAL4/UAS-GFP；D～G. FiL-GAL4/UAS-GFP

家蚕 GAL4/UAS 系统的建立方面主要开展了以下 2 个方面的工作。

(一) 特异 GAL4 转基因系

研究人员利用从家蚕中鉴定的特异启动子，建立了一批特异调控 GAL4 表达的转基因系，如 Yamagata 等(2008)建立了脑神经细胞特异的转基因系 PTTH-GAL4；Tatematsu 等(2010)和 Xu 等(2014)建立了中部丝腺特异的转基因系 Ser1-GAL4 和 Ser3-GAL4；Ma 等(2011)建立了后部丝腺特异的转基因系 FiL-GAL4；Zhang 等(2012)建立了蛹期特异的转基因系 BmWCP4-GAL4 和 PDP-GAL4；Tsubota 等(2014)建立了血细胞类绛色细胞特异的转基因系 Ip44-GAL4(图 5-2)。这些特异 GAL4 系的建立，为分析家蚕基因功能提供了更多选择。

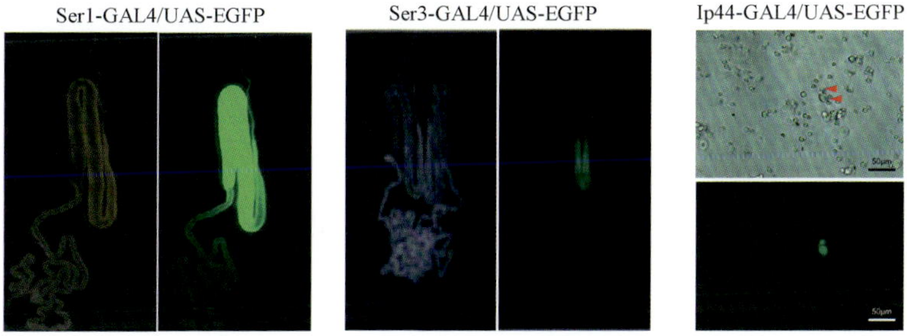

图 5-2　家蚕特异 GAL4 转基因系的构建和荧光观察(Tatematsu et al.，2010；Xu et al.，2014；Tsubota et al.，2014)

(二) 新型 GAL4/UAS 系统

在果蝇、家蚕等昆虫中使用的 GAL4/UAS 系统是由长约 3.2 kb 的 GAL4 蛋白编码基因和 5 倍重复的 UAS 元件(5×UAS)组成。尽管该系统能够用于基因表达和功能分析,但在表达载体构建、启动靶标基因表达的强度等方面仍显困难和不足,在部分昆虫中还发现 GAL4 蛋白具有较低的转录激活效率或毒性(Viktorinová and Wimmer, 2007)。

Kobayashi 等(2011)通过对 GAL4 原始骨架的改造,构建了序列长度更小的 7 种 GAL4 突变体,如 GAL4Δ、GAL4VP16、GAL4NFκB、GAL4Rel 等(图 5-3A)。胚胎及细胞瞬时检测结果显示,7 种突变体均能在家蚕胚胎中作用,其中 GAL4Δ、GAL4VP16 和 GAL4NFκB 的转录激活活性显著优于原始 GAL4,且以 GAL4NFκB 的转录激活活性最佳(图 5-3B)。随后通过制作转基因系,在个体水平上对 7 种突变体进行了验证。结果表明:GAL4VP16 和 GAL4NFκB 突变体的转录激活效果最为显著,但对家蚕具有较大的毒性;GAL4VPmad2 和 GAL4VPmad3 也有较好的转录激活活性,但对家蚕的毒性也较大。

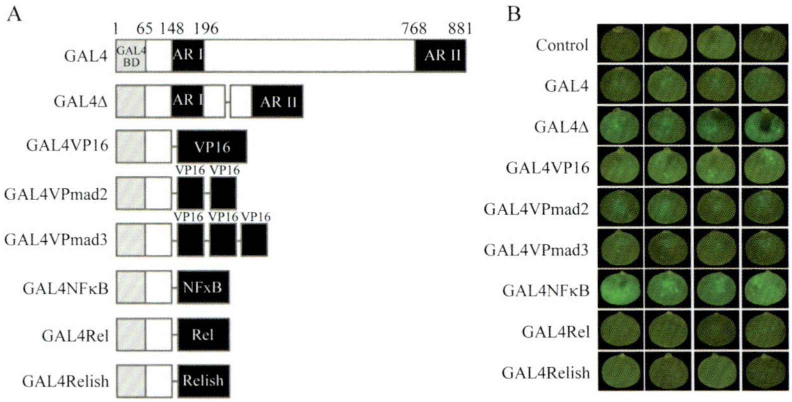

图 5-3 家蚕 GAL4 突变体的构建和瞬时表达检测(Kobayashi et al., 2011)

西南大学徐汉福研究组也开展了 GAL4/UAS 原始骨架的改造,构建了 GAL4Δ、GAL4VP16、GAL4NFκB 突变体以及 10 倍重复的 UAS(10×UAS)表达载体,并证实这些突变体组合的转录激活活性显著优于原始 GAL4/UAS 系统。

第二节 转基因 RNAi 技术

RNA 干扰(RNA interference, RNAi)是近十年发展起来的一种利用双链 RNA(double-stranded RNA, dsRNA)介导的抑制靶标基因表达的实验技术。该技术已被广泛应用于基因功能研究。RNAi 技术具有简单、快速、经济、特异等特点,但利用该技术获得的 RNA 干扰效应是瞬时的,获得的干涉表型无法继代。为建立可遗传的 RNA 干扰效应,研究人员利用 *piggBac* 转座子介导的转基因方法,在家蚕中建立了能够稳定遗传的转基因 RNAi 技术。

家蚕转基因 RNAi 的核心技术环节是构建能够持续表达 dsRNA 的 *piggyBac* 载体。dsRNA 表达框由启动子元件、Spacer 序列间隔的靶标基因的正向与反向功能片段以及转录终止序列 3 部分构成。Spacer 序列通常选用一段 70 bp 左右的内含子序列,靶标基因的正向与反向功能片段通常在 300 bp 左右(图 5-4)。当 *piggyBac* 介导的 dsRNA 表达框整合至家蚕基因组后,其能够在启动子的调控下,持续产生特异抑制靶标基因转录的 dsRNA 效应分子,从而实现可遗传的靶标基因干涉效应。若选用特异的启动子元件,则可在转基因蚕中实现靶标基因的时空特异干涉或条件性诱导干涉。

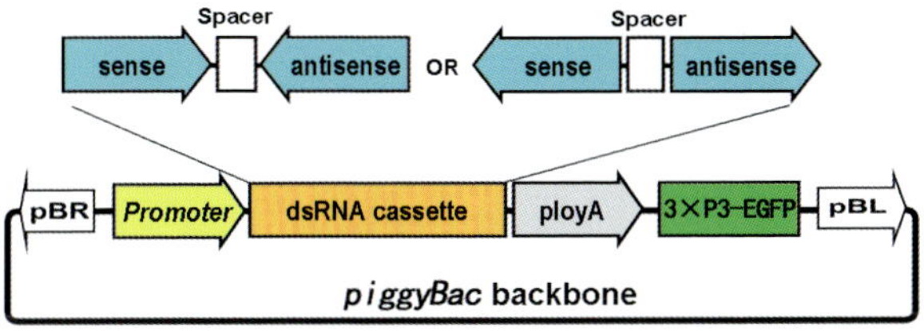

图 5-4 *piggyBac* 介导的转基因干扰载体示意图

通常情况下,转基因 RNAi 技术并未彻底关闭靶标基因的表达,这可能会给基因功能的准确阐释造成影响。如何进一步提高转基因干涉的效果,是技术层面有待解决的问题。研究表明,在家蚕培养细胞中过表达线虫 RNAi 通路的核心因子 SID-1 (Mon et al., 2012)、家蚕 RNAi 通路的核心因子 Argonaute2 (Li et al., 2015)或大肠杆菌 RNase Ⅲ基因(Lee et al., 2013),

均能有效提高 RNA 干涉的效应。然而，当将这些因子在转基因蚕个体中表达后，并未检测到预期的 RNA 干涉效应提升，其原因还有待进一步分析。

利用转基因 RNAi 技术已经研究了羽化激素（eclosion hormone，EH）（Dai et al.，2007）等多个家蚕内源和外源基因。转基因 RNAi 技术还曾与 GAL4/UAS 系统相结合，通过建立由 UAS 控制 dsRNA 表达框的双元转基因干涉技术来研究家蚕内源基因的功能（Dai et al.，2008）。此外，利用转基因 RNAi 技术制作抗病遗传素材也是近年来家蚕转基因研究的热点之一。

第三节　序列捕获技术

序列捕获（sequence trapping）技术是发现和研究未知基因或基因功能的重要工具。根据捕获的序列类型以及捕获载体中报告基因激活表达的方式，可分为增强子捕获、启动子捕获和基因捕获等。它们均需通过构建特异的转基因捕获载体来实现。其中，增强子捕获载体含有 1 个最小的启动子和翻译起始位点，当载体整合到顺式增强子元件附近时，此增强子将调控报告基因的表达；启动子捕获载体通常由不含任何启动子元件的报告基因和筛选标记基因组成，当载体插入到内源基因编码区序列中产生融合转录本时报告基因才可能表达；基因捕获载体略为复杂，载体中需要在无启动子序列的报告基因上游和下游分别加入剪接受体（splice acceptor，SA）和转录终止序列 polyA。当含有顺式作用的启动子和增强子元件被捕获基因转录激活时，载体中的 SA 与内源基因剪接供体（splice donor，SD）作用，产生上游内源基因编码序列与报告基因融合的转录本并使内源基因发生突变，同时报告基因的表达提示内源基因的表达特点。

在家蚕中建立的捕获技术主要有启动子捕获和增强子捕获两种。杨惠娟等（2008）以增强型绿色荧光蛋白基因 *EGFP* 为筛选标记，构建了仅含报告基因的启动子缺陷型 *piggyBac* 表达载体，并制作了相应的转基因系，但目前尚未见到捕获启动子的具体报道。

Uchino 等（2008）利用 GAL4/UAS 系统开展了家蚕增强子捕获研究（图 5－5）。研究人员构建了 3 个转基因系：广谱表达 GAL4 的 BmA3-GAL4

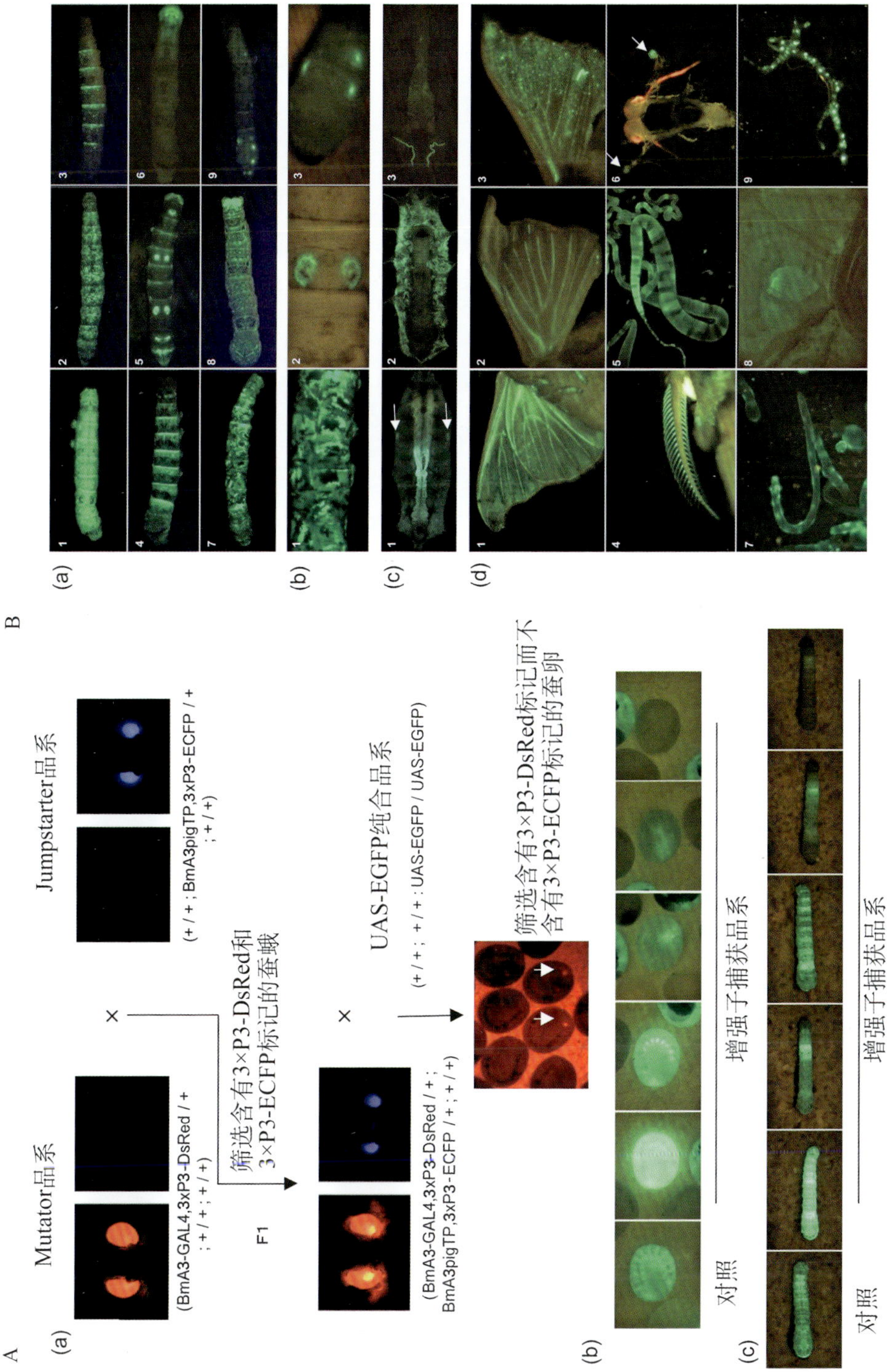

图 5-5　家蚕增强子捕获策略(A)和报告基因表达检测(B)(Uchino et al., 2008)

(Mutator)、广谱表达 *piggyBac* 转座酶的 BmA3pigTP(Jumpstarter),以及 UAS 调控报告基因的转基因系 UAS-EGFP(Reporter)。Mutator 和 Reporter 转基因系的建立是以 *piggyBac* 转座子为介导,Jumpstarter 的建立则以 *Minos* 转座子为介导,从而避免了因 *piggyBac* 转座酶表达对其自身的催化转座。

Uchino 等(2008)将 Mutator 与 Jumpstarter(F_1 代)进行杂交,通过标记基因筛选出同时表达 Mutator 和 Jumpstarter 的转基因个体(F_2 代)。在 F_2 代个体中,*piggyBac* 转座酶的表达能够促使 BmA3-GAL4 发生二次转座并整合至新的基因组位点。因此,将 F_2 代个体与 Reporter 进行杂交,在 F_3 代胚胎期开始通过检测 UAS 驱动的 *EGFP* 表达便可初步确定 BmA3-GAL4 整合位点附近是否有增强子元件。增强子捕获的效率主要取决于 BmA3pigTP 能否高效催化 BmA3-GAL4 发生二次转座。通过大量的杂交筛选,研究人员最终建立了 4 个高效表达 *piggyBac* 转座酶的 Jumpstarter 系。通过对 F_2 代杂交后代的调查发现,在 10%~40%的 Mutator 系中发生了 BmA3-GAL4 的二次转座,并且在胚胎、幼虫、蛹和成虫(蛾)期均能检测到报告基因的异位表达。对发生二次转座的 BmA3-GAL4 的基因组整合位点分析发现,其在染色体上的新整合位点分布较为广泛和随机,整合到外显子、内含子、基因间区和重复序列区域的频率分别为 12%、9%、36%和 40%。

第四节　基因特异表达调控技术

由于大部分基因在体内都是在特定组织或特定发育阶段表达,要想有效研究这些特定基因的作用,就需要在特定的时间以适当的表达水平实现目的基因的可控表达。目前在家蚕中建立的基因特异表达调控技术包括热激诱导系统、四环素诱导系统等。

一、热激诱导表达技术

热激诱导表达(heat inducible expression)技术是利用热激蛋白基因启动子调控目的基因的表达。由于启动子的活性只受温度控制,因而研究人员可根据表达需要,在特定的发育时期或组织器官进行热激诱导。该方法克服了利用诱导物对生物体产生毒性的缺点。2002年，Uhlírová等以家蚕核受体蛋白基因*BmFtz-F1*为靶标，研究了利用果蝇热激蛋白基因（*Dmhsp70*）启动子调控家蚕基因表达的可行性。

二、四环素诱导表达技术

四环素诱导表达（tetracycline inducible expression）技术，简称Tet-On/Tet-Off技术。是一个由四环素（Tet）控制的顺式激活因子（tTA）和含有tTA结合位点（TetO）的tTA响应启动子组成的双元表达系统。在缺乏Tet及其衍生物Dox的条件下，tTA与TetO序列结合使tTA依赖启动子的转录过程被激活；在存在Tet或Dox的条件下，tTA无法与其靶位点相互作用，转录无法进行。该系统中tTA的作用称为Tet-Off。反式tTA（rtTA）与tTA的作用相反，因此rtTA只有在Tet或Dox的作用下才能与DNA结合并激活转录。如果没有药物刺激，目的基因就不能表达，因此rtTA的作用称Tet-On。

2009年，Karasaki等率先开展了家蚕Tet-On技术的研究。研究显示，在哺乳动物和果蝇中应用的四环素诱导系统在家蚕中不起作用，原因是四环素反式激活蛋白中的VP16在家蚕中没有激活功能。因此，研究人员通过引入草地贪夜蛾核型多角体病毒（Autographa californica nuclear polyhedrosis virus，AcNPV）*IE1*基因的转录激活元件和*SV40*大T抗原核定位信号序列，开发了适用于家蚕的rtTA。细胞检测结果表明，在添加强力霉素刺激后，改进后的rtTA能够激活TetO启动子的转录活性达到250倍以上。其后，Tatsuke等（2013）对家蚕Tet-On系统做了进一步改进，其在培养细胞中能够诱导目的基因的转录活性提高300倍。同年，Tan等（2013）利用四环素诱导技术成功建立了雌特异致死的转基因雄蚕素材。

（撰稿：徐汉福）

参考文献

[1] Brand AH, Perrimon N. Targeted gene expression as a means of altering cell fates and generating dominant phenotypes [J]. Development, 1993,118

(2): 401 - 415.

[2] Dai H, Jiang R, Wang J, et al. Development of a heat shock inducible and inheritable RNAi system in silkworm [J]. Biomolecular Engineering, 2007, 24(6): 625 - 630.

[3] Dai H, Ma L, Wang J, et al. Knockdown of ecdysis-triggering hormone gene with a binary UAS/GAL4 RNA interference system leads to lethal ecdysis deficiency in silkworm [J]. Acta Biochimica et Biophysica Sinica, 2008,40(9): 790 - 795.

[4] Fischer JA, Giniger E, Maniatis T, et al. GAL4 activates transcription in *Drosophila* [J]. Nature, 1988,332(6167): 853 - 856.

[5] Imamura M, Nakai J, Inoue S, et al. Targeted gene expression using the GAL4/UAS system in the silkworm *Bombyx mori* [J]. Genetics, 2003,165 (3): 1 329 - 1 340.

[6] Karasaki N, Mon H, Takahashi M, et al. Establishment of tetracycline-inducible gene expression systems in the silkworm, *Bombyx mori* [J]. Biotechnology Letters, 2009,31(4): 495 - 500.

[7] Kobayashi I, Kojima K, Uchino K, et al. An efficient binary system for gene expression in the silkworm, *Bombyx mori*, using GAL4 variants [J]. Archives of Insect Biochemistry and Physiology, 2011,76(4): 195 - 210.

[8] Lee JM, Kojin Y, Tatsuke T, et al. Coexpression of *Escherichia coli* RNase III in silkworm cells improves the efficiency of RNA interference induced by long hairpin dsRNAs [J]. Insect Science, 2013,20(1): 69 - 77.

[9] Li Z, Zeng B, Ling L, et al. Enhancement of larval RNAi efficiency by over-expressing *Argonaute2* in *Bombyx mori* [J]. International Journal of Biological Sciences, 2015,11(2): 176 - 185.

[10] Ma L, Xu H, Zhu J, et al. $Ras1^{CA}$ overexpression in the posterior silk gland improves silk yield [J]. Cell Research, 2011,21(6): 934 - 943.

[11] Mon H, Kobayashi I, Ohkubo S, et al. Effective RNA interference in cultured silkworm cells mediated by over-expression of Caenorhabditis elegans SID-1 [J]. RNA Biology, 2012,9(1): 40 - 46.

[12] Tan A, Fu G, Jin L, et al. Transgene-based, female-specific lethality system for genetic sexing of the silkworm, *Bombyx mori* [J]. Proceedings of the National Academy of Sciences of the United States of America, 2013, 110(17): 6 766 - 6 770.

[13] Tatematsu K, Kobayashi I, Uchino K, et al. Construction of a binary transgenic gene expression system for recombinant protein production in the middle silk gland of the silkworm *Bombyx mori* [J]. Transgenic Research, 2010,19(3): 473 - 487.
[14] Tatsuke T, Lee JM, Kusakabe T, et al. Tightly controlled tetracycline-inducible transcription system for explosive gene expression in cultured silkworm cells [J]. Archives of Insect Biochemistry and Physiology, 2013, 82(4): 173 - 182.
[15] Tsubota T, Uchino K, Kamimura M, et al. Establishment of transgenic silkworms expressing GAL4 specifically in the haemocyte oenocytoid cells [J]. Insect Molecular Biology, 2014,23(2): 165 - 174.
[16] Uchino K, Sezutsu H, Imamura M, et al. Construction of a *piggyBac*-based enhancer trap system for the analysis of gene function in silkworm *Bombyx mori* [J]. Insect Biochemistry and Molecular Biology, 2008, 38 (12): 1 165 - 1 173.
[17] Uhlírová M, Asahina M, Riddiford LM, et al. Heat-inducible transgenic expression in the silkmoth *Bombyx mori* [J]. Development Genes Evolution, 2002,212(3): 145 - 151.
[18] Viktorinová I, Wimmer EA. Comparative analysis of binary expression systems for directed gene expression in transgenic insects [J]. Insect Biochemistry and Molecular Biology, 2007,37(3): 246 - 254.
[19] Xu H. The advances and perspectives of recombinant protein production in the silk gland of silkworm Bombyx mori [J]. Transgenic Research, 2014, 23(5): 697 - 706.
[20] Yamagata T, Sakurai T, Uchino K, et al. GFP labeling of neurosecretory cells with the *GAL4/UAS* system in the silkmoth brain enables selective intracellular staining of neurons [J]. Zoological Science, 2008,25(5): 509 - 516.
[21] Zhang HK, Cao GL, Zhang XR, et al. Effects of $BmKIT_3^R$ gene transfer on pupal development of *Bombyx mori* Linnaeus using a Gal4/UAS binary transgenic system [J]. Journal of Agricultural and Food Chemistry, 2012, 60(12): 3 173 - 3 179.
[22] 杨惠娟,庄兰芳,范伟,等. *A3* 启动子缺陷 *piggyBac* 转座子在家蚕中的转基因研究[J]. 蚕业科学,2008,34(1): 41 - 44.

第六章

家蚕基因组编辑技术

基因组编辑(genome editing)是一种通过插入、缺失或替换等手段,对目的基因组进行定点改造的技术。利用基因组编辑技术既能够通过以突变基因代替正常基因来研究基因的功能,又能够以正常基因代替突变基因来进行基因治疗,因而该技术在基因功能研究和疾病的基因治疗方面具有广阔的应用前景。基因组编辑技术的发展演化过程主要包括:建立在胚胎干细胞(embryonic stem cells, ESCs)与同源重组(homologous recombination, HR)技术基础之上的基因打靶技术(gene targeting)、基于位点特异性重组系统(site-specific recombination system)的条件基因打靶技术(conditional gene targeting)和基于人工核酸内切酶(engineered endonuclease, EEN)系统的基因组靶向编辑技术。

基因打靶技术是应用最早的基因组编辑技术。自20世纪80年代末通过基因打靶技术获得第一例基因敲除小鼠模型以来,研究人员能够选择性地修改载有生命密码的基因组,探讨基因的功能(Thomas et al., 1986)。然而遗憾的是,自然条件下昆虫细胞染色体与供体质粒发生同源重组的低效性以及昆虫干细胞研究与操作技术发展的滞后性,均严重制约了基因打靶技术在昆虫转基因研究中的应用和昆虫基因组编辑技术的发展。自1999年以来,虽然国内外多个不同研究机构都曾开展了利用基因打靶技术来编辑家蚕基因组的尝试(Yamao et al., 1999; Zhang et al., 1999;赵昀等,1999; Mori, 2002; Xue et al., 2012),但是目前尚无确切证据显示利用基因打靶技术实现家蚕基因组靶基因定点修饰的可行性。直到最近几年,条件基因打靶技术和基因组靶向编辑技术相继被证实具有实现家蚕外源与内源基因定点修饰的潜力,家蚕基因组编辑技术才开始迅速地发展与应用。

本章着重介绍家蚕条件基因打靶技术和家蚕基因组靶向编辑技术的来源与发展,概述利用以上技术实现家蚕基因组编辑的策略,并对家蚕基因组编辑技术的优缺点和发展趋势进行讨论。

第一节 家蚕条件基因打靶技术

利用胚胎干细胞并借助同源重组获得的哺乳类转基因动物，其体内所有细胞中的靶基因均发生了基因敲除（gene knockout）或基因敲入（gene knockin）等定点修饰，因此这类传统的基于胚胎干细胞实现的基因打靶技术又被称为完全基因打靶（complete gene targeting）。在转基因小鼠的研究中，虽然通过完全基因打靶能够有效克服外源基因整合的随机性和整合拷贝数的不确定性等缺点，但是研究人员在随后的深入研究中发现，完全敲除某些小鼠胚胎发育必需的重要基因时，往往会引起严重的胚胎发育缺陷甚至死亡，从而不利于成体发育阶段的基因功能分析。而基于位点特异性重组系统的条件基因打靶技术能够在宿主特定发育阶段的特定组织或细胞中实现目标基因的时空特异性敲除，从而有效克服对胚胎干细胞的完全基因打靶操作（主要是胚胎发育必需基因的完全敲除）所引起的胚胎致死现象。由于条件基因打靶技术不再完全依赖胚胎干细胞，因此目前该技术已经被成功应用于包括果蝇、家蚕等昆虫的细胞和个体水平的靶基因定点修饰。

一、位点特异性重组系统概述

基于位点特异性重组系统的条件基因打靶技术起源于 20 世纪 80 年代。通过利用特异位点重组酶（site-specific recombinases, SSRs）介导重组酶特异识别位点（recombination target sites, RTs）间的重组反应，可实现基因置换、倒置和组织特异性敲除等操作。由于位点特异性重组技术能够有效克服其他类型重组技术的随机整合而不具有靶向性、易受整合的位置效应影响以及重组效率低等缺点，该项技术逐渐在多种动植物物种的功能基因研究领域占据了主导地位（滕艳和杨晓，2007）。已知的广泛存在于原核与真核生物中的位点特异性重组系统多达百种，且多为双组分系统。根据重组酶序列的同源性及重组酶介导重组时与 DNA 靶序列形成共价连接的氨基酸不同，可将重组系统分为由酪氨酸介导的 λ 整合酶家族（包括 Cre 重组酶、FLP 重组酶、Dre 重组酶、XerC 蛋白等）和丝氨酸介导的解离酶/转化酶家族（包括 phiC31 整合酶、R4、Tn3、TP901-1 重组酶等)(Landy, 1999)。目前研究和运用最多的位点特异性重组系统包括 λ 整合酶家族的 FLP/*FRT* 和 Cre/*lox* 系统,以及解离酶家族的 phiC31/*att* 系统(滕艳和杨晓,2007)。

(一) FLP/*FRT* 系统的组成及作用原理

来源于酿酒酵母(saccharomy cescerevisiae)2 μm 双链环状 DNA 质粒(yeast 2 micron circle plasmid)的 FLP/*FRT* 系统是典型的双组分位点特异性重组系统。FLP 重组酶基因全长 1 272 bp,编码 1 个由 423 个氨基酸残基组成的 48 kDa 多肽单体蛋白(Volkert et al. , 1989)。FLP 重组酶作用的靶序列为 2 μm 环的 2 个反向重复序列(inverted repeat, IR)中 48 bp 的 *FRT* 位点(FLP recombination target)(Andrews et al. , 1985)。

FLP 作为 λ 整合酶家族的位点特异性重组酶,其蛋白活性部位在结构上与其他的整合酶家族重组酶类似,均具有 4 个相对保守的氨基酸残基(Argos et al. , 1986)。FLP 重组酶的活性部位是 1 个由 Arg191、His305、Arg308 和 Tyr343 残基共同组成的四分体结构(tetrad)(Abremski and Hoess, 1992),其中 Arg191、His305 和 Arg308 残基能介导相同 *FRT* 位点之间的连接反应,Tyr343 残基能使 *FRT* 序列发生断裂(Pan et al. , 1993)。有研究表明,Arg191 和 His305 残基与 *FRT* 位点间的连接反应直接相关,而 Arg308 残基与重组期间断裂的磷酸二酯键(phosphodiester bond)的活化以及结合期间磷酸酪氨酸(phosphotyrosine)的形成有关(Zhu and Sadowski, 1995)。如果 Arg308 发生突变,则会影响 FLP 单体对 *FRT* 位点的切割活性(Parsons et al. , 1990)。

FLP 重组酶识别位点 *FRT* 全长 48 bp,包含 3 个 13 bp 的重组酶结合区和 1 个 8 bp 的含 *Xba*I 位点的非对称间隔区(spacer)(Sadowski, 2003; Senecoff et al. , 1985)(图 6-1)。8 bp 间隔区相邻的 2 个 13 bp 的反向重复序列是重组酶识别和结合的位点,而 8 bp 间隔区序列是链的断裂、重接、Holliday 交叉(holliday junction)中间体分枝的移动等重组过程的发生区域,其不对称性显示整个重组位点具有方向性,重组位点的不同定位形式(同向或反向)决定其重组方式(Kilby et al. , 1993)。

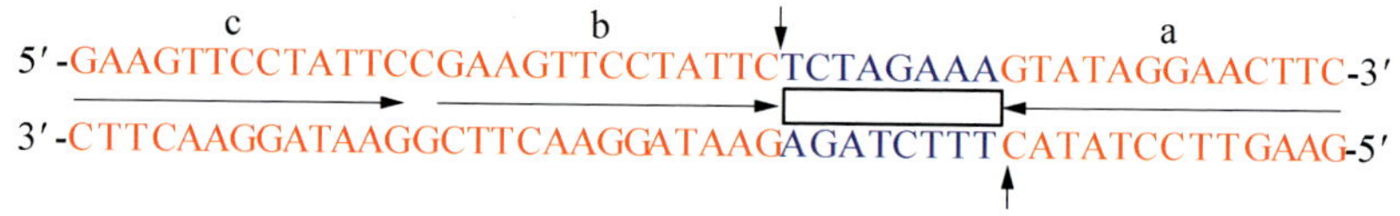

图 6-1　*FRT* 位点的结构(Sadowski，2003)

FRT 序列包含 3 个 13 bp 的重复元件(a、b、c 标记的水平箭头，红色字母)，其共同构成 FLP 特异结合位点。c 元件并非重组反应所必需元件；a 元件和 b 元件被 1 个 8 bp 的非对称间隔区隔开(空方框，蓝色字母)，间隔区记为重组发生的区域；垂直箭头表示断裂发生位置

如表 6-1 所示，FLP/*FRT* 系统中的突变型识别位点有 2 种，一种是反向重复突变型位点(即 *FRT* 位点 2 个 13 bp 的反向识别区域的碱基突变)(Senecoff et al.，1988)，另一种是间隔区突变型位点(即 *FRT* 位点 8 bp 间隔区域的碱基突变)(Schlake and Bode，1994)。FLP 重组酶介导左臂突变型 *FRT* 位点与右臂突变型 *FRT* 位点发生重组，生成 1 个双臂突变型 *FRT* 位点与 1 个野生型 *FRT* 位点。FLP 重组酶很难识别新生成的双臂突变型 *FRT* 位点，因此利用反向重复突变型位点可以介导外源基因片段稳定插入或倒置。FLP 重组酶介导 2 个相同间隔区突变型 *FRT* 位点对(如 *FRT3* 和 *FRT3*，*FRT5* 和 *FRT5*)之间的重组效率几乎与野生型 *FRT* 位点对间的重组效率相同；而间隔区突变型 *FRT* 位点与野生型 *FRT* 位点对(如 *FRT3* 和 *FRT*，*FRT5* 和 *FRT*)或者 2 个不同间隔区突变型 *FRT* 位点对(如 *FRT3* 和 *FRT5*)之间，由于具有异种特异性，其重组效率非常低。

表 6-1　部分 *FRT* 位点(赵爱春等，2011)

类型	靶位点	左臂反向重复序列	间隔区域	右臂反向重复序列
野生型位点	*FRT*	GAAGTTCCTATTC	TCTAGAAA	GTATAGGAACTTC
间隔区突变型位点	*FRT3*	GAAGTTCCTATTC	TtcAaAtA	GTATAGGAACTTC
间隔区突变型位点	*FRT5*	GAAGTTCCTATTC	TtcAaAAg	GTATAGGAACTTC
左臂突变型位点	*FRT* mutant－10	GAAGTTCaTATTC	TCTAGAAA	GTATAGGAACTTC
右臂突变型位点	*FRT* mutant＋10	GAAGTTCCTATTC	TCTAGAAA	GTATAtGAACTTC

对于 FLP/*FRT* 系统真实的作用机制尚无定论，其作用机制的主要模型假说包括 Holliday 模型、拓扑异构酶模型、随机卷曲模型、核小体模型和足迹模型等。如图 6－2 所示，目前比较公认的 Holliday 模型认为重组反应一般包含以下几个步骤(Jayaram et al.，1988；Sadowski，1995；Zhu and Sadowski，1995；Chen et al.，2000)：①FLP 重组酶识别并结合 *FRT* 位点的反向重复序列区，每个反向重复序列结合 1 个 FLP 单体构成重组四聚体(recombination tetramer)；②2 个具有活性的 FLP 单体的 Tyr343 残基亲核性地攻击 *FRT* 位点 spacer 断裂处的磷酸二酯键，形成共价中间产物 3′-磷酸酪氨酸(phosphotryosine)和 1 个自由的 5′-羟基(5′-OH)；③5′-羟基攻击相对的另 1 个 *FRT* 位点处形成的磷酸酪氨酸并与之交叉相连；④交叉相连的 DNA 链经旋转形成 Holliday 交叉中间体；⑤异构化的四聚体激活另外 2 个 FLP 单体，对 *FRT* 位点进行第二次切割及交叉连接，从而解开 Holliday 交叉，实现重组。在 FLP/*FRT* 系统介导的整个重组反应过程中，并没有额外 DNA 的合成和丢失，FLP 重组酶是除重组位点以外的唯一必需因子，而且仅需 48 bp 的 *FRT* 重组位点结构即可行使功能。

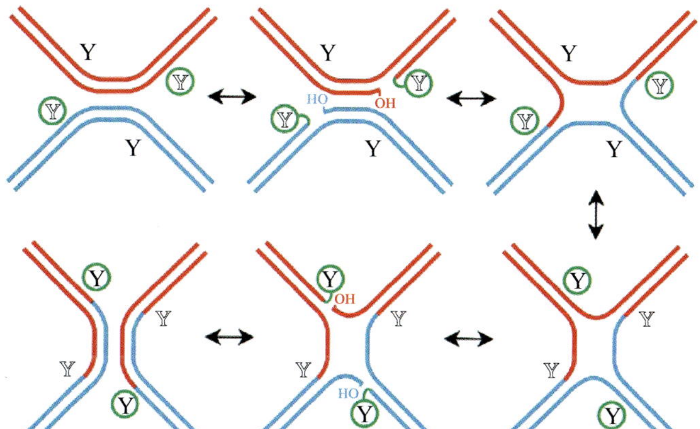

图 6－2　FLP 重组酶催化位点特异性重组的反应机制(Chen et al.，2000)

FLP 重组酶介导的 *FRT* 位点之间的删除、插入、倒位和易位等重组反应是一个动态、可逆的过程(Sauer，1994；Branda and Dymecki，2004)。具体来说，FLP 重组酶可以介导 3 种类型的特异位点重组反应(图 6－3)：①当 2 个

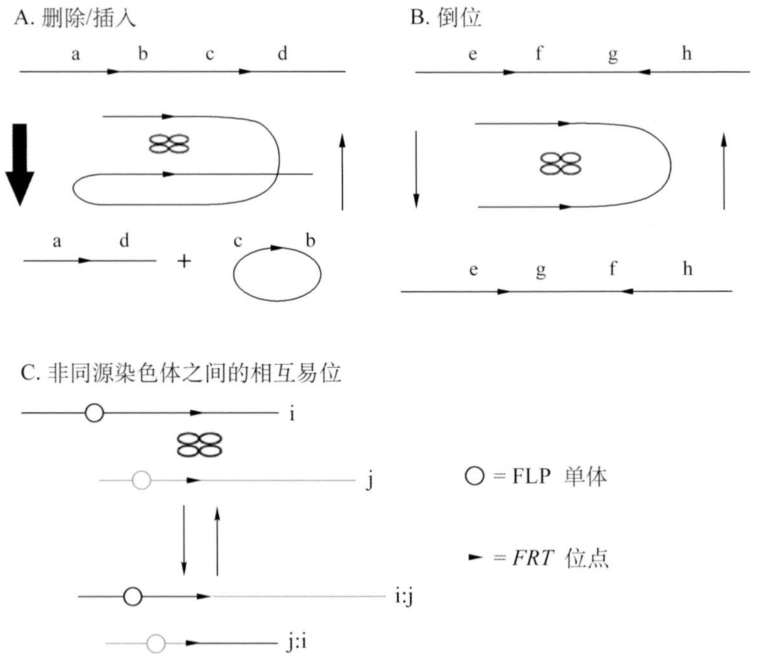

图 6－3　FLP 重组酶介导的重组反应(Branda and Dymecki，2004)

黑色和绿色的线条表示染色体 DNA 链，DNA 链的方向用字母 a～d 或者 e～h 表示；灰色箭头显示出重组反应的进行具有可逆性

FRT 位点位于同一条 DNA 链且同向排列时，重组结果会导致 2 个位点间的 DNA 片段被切除；②当 2 个 *FRT* 位点位于同一条 DNA 链且反向排列时，重组结果则会导致 2 个位点间的 DNA 片段发生倒位；③当 2 个 *FRT* 位点分别位于不同的 DNA 链上时，重组的结果则会导致 2 条 DNA 链发生相互易位。

(二) Cre/*lox* 系统的组成及作用原理

来源于大肠杆菌噬菌体 P1(*Escherichia coli* phage P1)的 Cre/*lox* 系统是目前应用最为广泛的位点特异性重组系统。Cre 重组酶编码 1 个由 343 个氨基酸组成的分子量约为 38 kDa 的多肽单体蛋白(Sternberg et al.，1986)。Cre 重组酶的 343 个氨基酸折叠形成 1 个较小的 N 末端结构域(NTD，由 110 个氨基酸残基组成)和 1 个较大的 C 末端结构域(CTD，由 210 个氨基酸残基组成)(Guo et al., 1997)。NTD由5个α螺旋(α-helices)通过环(loops)连接而成。CTD由2个β折叠(β-sheet)和9个α螺旋组成,包含Cre重组酶的活性中心,特别是具有切割活性的酪氨酸残基(Try324)。Cre重组酶的突变分析以及晶体结构研究显示,其活性中心主要由一个"Arg173-His289-Arg292"三联体结构,两个亲核型氨基酸残基Trp315、Try324,以及Glu176、Lys201共同构成(Guo et al., 1997)。当Cre分子结合*lox*位点时,2个结构域形成类似字母"C"的"夹子"结构,紧紧地"抓住"DNA分子,使这种蛋白—DNA的作用变得十分紧密。在这个结构中,NTD与*lox*位点交叉区域(crossover region)附近的大沟结合,CTD则结合在另一侧的大沟和小沟上(Van-Duyne, 2001)。在与*lox*位点作用的氨基酸残基中,Arg259可能起到了最为重要的作用(Kim et al., 2001)。如果Arg259发生突变,不仅会降低Cre重组酶的催化活性,而且会影响Cre重组酶对*lox*位点识别的特异性(Hartung and Kisters-Woike, 1998)。

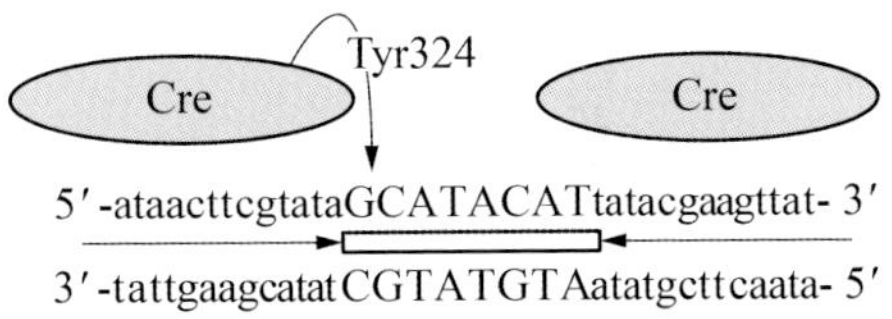

图6-4 *lox*P位点的结构(Hoess et al., 1982; Hoess and Abremski, 1984; Guo et al., 1997)

*lox*P序列包含2个13 bp的反向重复序列(水平箭头,小写字母),它们共同构成Cre特异结合的位点;2个反向重复序列被1个8 bp的非对称间隔区隔开(空方框,大写字母),间隔区即为重组发生的区域;垂直箭头表示断裂发生位置;如图显示,具有活性的Cre重组酶分子利用Tyr324切割*lox*P位点

来源于P1噬菌体的野生型*lox*位点(*lox*P位点)全长34 bp,包含2个13 bp的反向重复序列(IR)和1个8 bp的非对称间隔区(spacer)序列(Hoess et al., 1982; Hoess and Abremski, 1984; Guo et al., 1997)(图6-4)。13 bp的反向重复序列是Cre重组酶的识别和结合区域,8 bp的间隔区是DNA链的断裂与重接等重组交换过程的发生区域,间隔区序列的不对称性显示整个*lox*P位点具有方向性(Abremski et al., 1983; Hoess et al., 1986)。虽然反向重复序列部分碱基的修饰并不会对重组效率产生显著影响,但该区域的碱基缺失会使重组产物形成异常的拓扑结构,影响Cre重组酶与*lox*位点的结合(Abremski and Hoess, 1985)。间隔区序列的碱基突变会使体外重组反应的效率显著降低。该区域的碱基缺失则将导致重组不能进行(Hoess and Abremski, 1984; Hoess et al., 1986)。

如表 6-2 所示，Cre/*lox* 系统中的突变型 *lox* 位点与 *FRT* 位点结构类似，同样可分为反向重复突变型 *lox* 位点（即 *lox* 位点 2 个 13 bp 反向识别区域的碱基突变）和间隔区突变型 *lox* 位点（即 *lox* 位点 8 bp 间隔区域的碱基突变）。Cre 重组酶可介导左臂突变型 *lox* 位点与右臂突变型 *lox* 位点之间的重组反应，生成 1 个双臂突变型 *lox* 位点和 1 个野生型 *lox*P 位点（Albert et al.，1995）。Thomson 等（Thomson et al.，2003）和 Araki 等（Araki et al.，2010）利用 Cre 重组酶介导相应的左臂突变型 *lox* 位点与右臂突变型 *lox* 位点间的重组反应，比野生型 *lox*P 位点间的重组反应效率提高了 1 000 倍。这主要是由于 Cre 重组酶介导具有异种特异性的 *lox* 位点（如 *lox*511 和 *lox*P，*lox*511 和 *lox*512）间极低效率的重组反应所导致（Hoess et al.，1986）。

表 6-2　部分 *lox* 位点(龙定沛等，2012)

类型	靶位点	左臂反向重复序列	间隔区域	右臂反向重复序列
野生型 *lox* 位点	*lox*P	ATAACTTCGTATA	GCATACAT	TATACGAAGTTAT
左臂突变型 *lox* 位点	*lox*71	taccgTTCGTATA	GCATACAT	TATACGAAGTTAT
	*lox*75	taccgggCGTATA	GCATACAT	TATACGAAGTTAT
	*lox*44	AatgCaTgcTATA	GCATACAT	TATACGAAGTTAT
右臂突变型 *lox* 位点	*lox*66	ATAACTTCGTATA	GCATACAT	TATACGAA cggta
	*lox*76	ATAACTTCGTATA	GCATACAT	TATACG cccggta
	*lox*43	ATAACTTCGTATA	GCATACAT	TATA gGtAccgAg
双臂突变型 *lox* 位点	*lox*72	taccgTTCGTATA	GCATACAT	TATACGAA cggta
	*lox*78	taccgggCGTATA	GCATACAT	TATACG cccggta
	*lox*65	AatgCaTgcTATA	GCATACAT	TATA gGtAccgAg
间隔区突变型 *lox* 位点	*lox*511	ATAACTTCGTATA	G tATACAT	TATACGAAGTTAT
	*lox*512	ATAACTTCGTATA	GCAcACAT	TATACGAAGTTAT
	*lox*514	ATAACTTCGTATA	GCgTACAT	TATACGAAGTTAT

此外，有研究表明，在酵母（Sauer，1992）、人类（Thyagarajan et al.，2000）、小鼠（Thyagarajan et al.，2000）和果蝇（Heidmann and Lehner，2001）天然基因组中均存在一些与野生型 *lox* 位点具有同源性的序列，这些序列被

称为隐蔽 *lox* 位点(cryptic *lox*)或伪 *lox* 位点(pseudo-*lox*)。Cre 重组酶也能够介导野生型 *lox*P 位点与伪 *lox* 位点间的重组反应,结果将导致含有野生型 *lox*P 位点的供体质粒定点整合至宿主基因组。

Mack 等(1992)利用化学计量法研究表明,每个 *lox* 位点具有 2 个非同一性的 Cre 重组酶结合域(binding domain),且 1 个结合域只能与 1 个 Cre 分子结合,因此 1 个完整的 *lox* 位点最多只能结合 2 个 Cre 分子。目前较为公认的 Cre/*lox* 系统重组反应作用机制的模型假说同样为 Holliday 模型(Guo et al.,1997;Gopaul et al.,1998;Van-Duyne,2001;Martin et al.,2002)。值得注意的是,Cre 重组酶介导 2 个野生型 *lox*P 位点发生重组反应时,每个 *lox*P 位点的最外端 15 bp 序列(包括 1 个 13 bp 的反向重复序列和邻近的 2 bp 的间隔区序列)分别结合 1 个 Cre 分子。结合之后的 2 个 Cre 分子的 NTD 与 *lox*P 位点形成的复合物基本相同,但 CTD 与 *lox*P 位点形成的复合物却具有明显差异,呈不对称排列。2 个 C 末端复合物所表现的不对称性并非直接由间隔序列的不对称性造成(Guo et al.,1997)。这种差异还体现在 2 个 Cre 分子发挥活性的时间上:当其中 1 个 Cre 分子发挥切割活性时,另 1 个并不表现活性。利用 Cre/*lox* 系统介导的重组反应仅依赖于 Cre 重组酶及其识别位点 *lox*,不需要其他辅助因子的参与,同时也不需要消耗能量(Sternberg and Hamilton,1981;Abremski et al.,1983)。Cre 重组酶介导 2 个 *lox*P 位点间的重组反应是动态、可逆的过程,重组以反式(in trans)作用进行(Shaikh and Sadowski,1997),且参与重组的 2 个 *lox*P 位点的不同定位形式(同向或反向)决定了 DNA 链的重组方式(切除/插入、倒位或相互易位)(Hoess and Abremski,1984,1985)。

(三) phiC31/*att* 系统的组成及作用原理

来源于链霉菌噬菌体 phiC31(*Streptomyces* phage phiC31)的 phiC31/*att* 系统属于丝氨酸家族的重组酶系统。phiC31 整合酶由来自噬菌体 phiC31 基因组中的 1 个开放阅读框编码,包含 613 个氨基酸残基,其分子量约为 67 kDa(Kuhstoss and Rao,1991)。phiC31 整合酶可准确识别并介导噬菌体基因组上的附着位点 *attP*(phage attachment site)与其宿主细菌基因组上的附着位点 *attB*(bacterial attachment site)间的特异性重组反应,从而将噬菌体 DNA

整合至宿主基因组(Kuhstoss and Rao，1991)(图 6－5A)。

phiC31 整合酶包含 1 个保守的 N 末端催化结构域(NTD)和 1 个较长的 C 末端结构域(CTD)(Smith and Thorpe，2002)，其中 NTD 具有催化功能及蛋白—蛋白间的结合功能，而由 155～605 位的氨基酸残基组成的 CTD 则参与蛋白—蛋白互作和 DNA 识别。目前已经鉴定到的可识别基序包括："重组酶"基序(氨基酸 215～342)、假定的锌指结构基序(氨基酸 366～405)、假定的螺旋卷曲(coiled-coil)基序(氨基酸 445～524)，以及 C 末端 Leu-Ile-Val 富集区域(Smith et al.，2010)。有研究表明，当 phiC31 整合酶起关键作用的第 12 位丝氨酸(Ser12)突变为丙氨酸(Ala12)后，其催化 *attP* 位点和 *attB* 位点间重组反应的功能丧失，但仍具有 DNA 结合能力，由此推测 phiC31 整合酶 DNA 结合结构域可能位于蛋白 C 端，即 CTD 为 DNA 结合所必需(Thorpe et al.，2000；Ghosh et al.，2005；Rowley et al.，2008)。McEwan 等(2009)发现，CTD 内的螺旋卷曲基序在 phiC31 整合酶的定向中发挥了关键作用，并且该基序介导的蛋白—蛋白相互作用为稳定 DNA 结合所必需。最近的研究表明，phiC31 整合酶 NTD 和 CTD 的一些高度保守的氨基酸残基在该酶和底物的结合以及剪接过程中发挥了至关重要的作用，phiC31 整合酶的 Cys 富集域和 Val 富集域很可能是该酶的主要 DNA 结合域，其中 353～413 位的 Cys 富集域为 DNA 结合所必需，而 528～613 位的 C 末端区氨基酸残基为重组活性所必需(Liu et al.，2010；辛清婷等，2010)。

如图 6－5B 所示，phiC31 重组酶识别并结合的 *attP* 位点和 *attB* 位点在序列上并非完全一致，仅仅表现约 50%的同源性，其可识别的最小活性序列长度分别为 39 bp 和 34 bp(Rausch and Lehmann，1991)。*attP* 位点和 *attB* 位点侧翼均含有 2 个非完全对称的反向重复序列(IR)以及相同的 3 bp TTG 核心区域(Thorpe and Smith，1998)。在不存在任何其他辅助因子的条件下，phiC31 整合酶催化 *attP* 位点和 *attB* 位点间的重组反应，形成 2 个新的非同一性 *attL* 位点和 *attR* 位点；在缺乏如 XisF 蛋白等相关必需因子的条件下，phiC31 整合酶不能再介导 *attL* 和 *attR* 位点间的重组反应，因此由 phiC31 整合酶介导的位点特异性重组反应具有单向性，这也是解离酶家族的 phiC31/*att* 系统区别于 λ 整合酶家族来源的 FLP/*FRT* 以及 Cre/*lox* 系统的最大特点(Kuhstoss and Rao，1991；Thorpe and Smith，1998)。值得注意的是，与

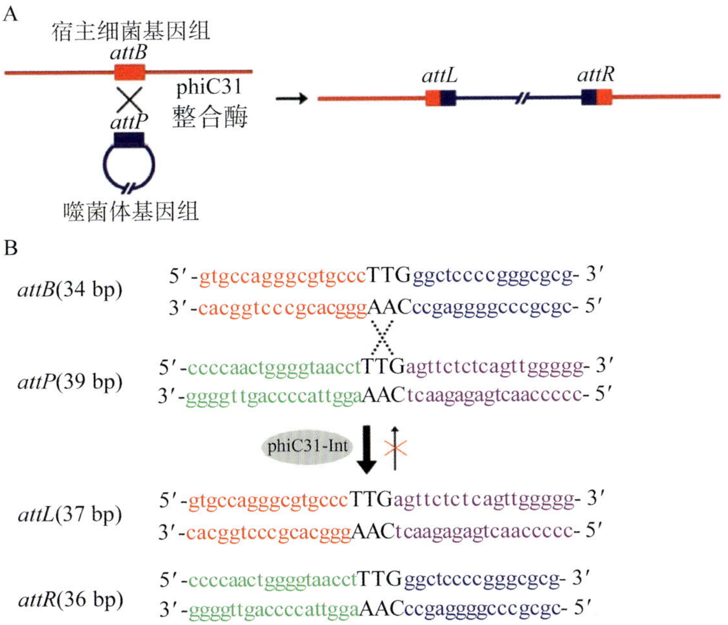

图 6-5　phiC31 整合酶介导 *attB* 和 *attP* 位点间的位点特异性重组反应

某些生物基因组中存在能够被 Cre 重组酶识别的伪 *lox*P 位点的现象相似，目前在包括人类(Thyagarajan et al.，2001)、小鼠(Thyagarajan et al.，2001)、果蝇(Groth et al.，2004)、爪蟾(Allen and Weeks，2005)、兔(Keravala et al.，2006)和牛(Ma et al.，2006)等动物基因组中均鉴定到了一些与野生型 *attP* 位点类似的同源序列，即伪 *attP* 位点(pseudo-*attP*)序列。phiC31 整合酶同样能够识别并结合这些伪 *attP* 位点，通过催化 *attB* 位点与伪 *attP* 位点间的重组反应，将携带 *attB* 位点的供体质粒定点整合至宿主染色体。

phiC31 整合酶介导 *attB* 和 *attP* 位点间的重组反应过程可归纳为 6 个步骤(图 6-6A)：①phiC31 整合酶(Int)亚基以二聚体形式识别并结合底物(*attP* 和 *attB* 位点)；②Int 亚基通过 CTD 四聚体将 *attP* 和 *attB* 位点联系在一起，并初步形成联会复合物；③CTD 的螺旋卷曲基序解除对 NTD 四聚体的接触抑制，形成稳定的整合酶—DNA 联会体；④整合酶催化核心区域位点的 DNA 断裂；⑤断裂 DNA 链的 2 bp 核心序列经碱基互补配对形成正确稳定的重组连接产物(*attL* 和 *attR* 位点)；⑥重组连接产物与整合酶分开，最终释放出 *attL* 和 *attR* 位点。从上述步骤可以看出，在这个单向性的重组过程中，识别位点（*attP* 和 *attB* 位点）及整合酶的 NTD、CTD 均参与对重组方向的控制。值得注意的是，当整合酶结合其他组合位点（*attL*/*attR*）时，可能由于螺旋卷曲基序封闭了 NTD 四聚体的联会界面，使得这种抑制没有被解除，因而不能形成稳定的联会体，进而导致重组无法进行；整合酶发生突变形成突变型整合酶 IntE449K，螺旋卷曲基序解除对整合酶 NTD 的接触抑制，所以 *attP*/*attB* 和 *attL*/*attR* 这 2 种底物组合都能与 IntE449K 形成稳定的 DNA 联会体（图 6－6B）。

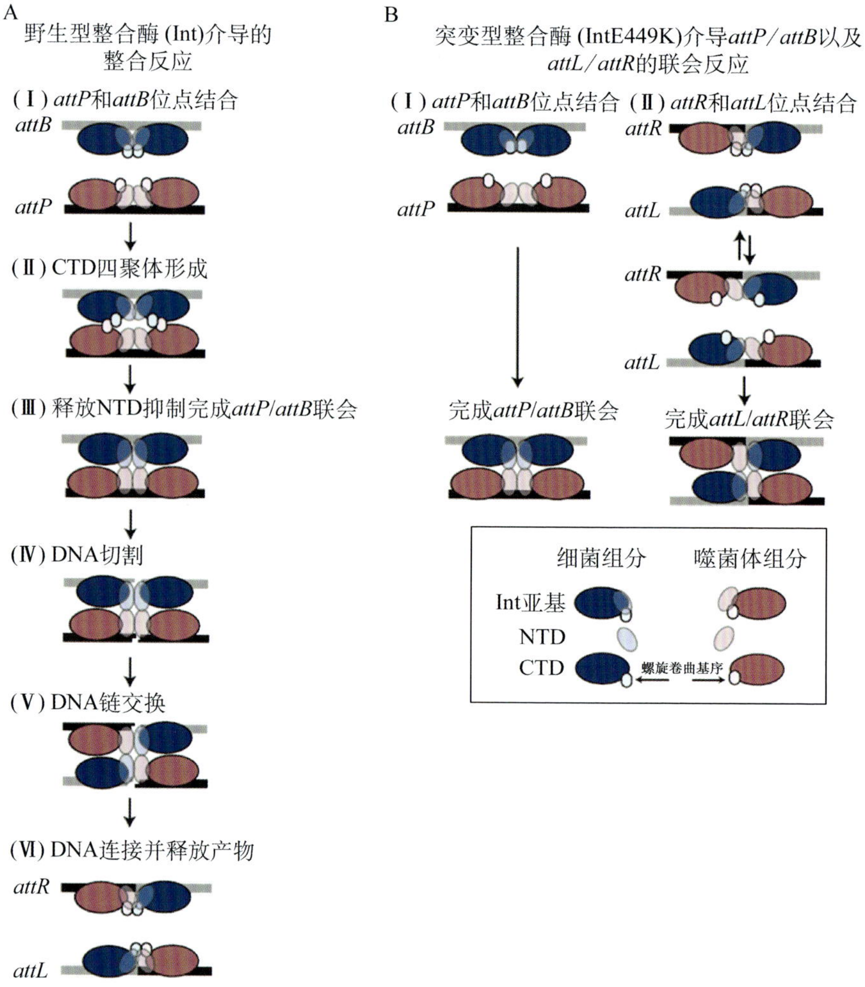

图 6－6　phiC31 整合酶催化重组模型（McEwan et al.，2009）

与 FLP/*FRT* 和 Cre/*lox* 系统相类似，phiC31 整合酶作用的 *att* 位点在染色体上的不同定位形式（同向或反向）决定了 DNA 链的切除/插入、倒位或相互易位等重组方式（Kuhstoss and Rao，1991；Thorpe and Smith，1998；Groth et al.，2000）。而与 FLP 和 Cre 重组酶介导可逆性的重组反应不同，phiC31 整合酶介导 *attP* 和 *attB* 位点间单向不可逆的重组反应，能够有效提高位点特异性重组反应的效率和稳定性。

二、基于位点特异性重组系统的家蚕条件基因打靶策略

自 1994 年第一例应用 Cre/*lox*P 位点特异性重组系统研制的组织特异性基因敲除小鼠问世以来（Gu et al.，1994），条件基因敲除技术迅速取代了传统的完全基因敲除而成为主流（Schmidt-Supprian and Rajewsky，2007）。目前，包括 FLP/*FRT*、Cre/*lox* 以及 phiC31/*att* 系统在内的多种不同来源位点特异性重组系统已经被广泛应用于小鼠、斑马鱼、拟南芥、烟草、水稻等多种高等真核生物的遗传改良研究（Xu et al.，2011；赵爱春等，2011；龙定沛等，2012）。利用位点特异性重组系统实现家蚕条件基因打靶的策略具有普遍性，国内外不同研究组目前已经相继建立了较为完善的基于多种不同位点特异性重组系统的家蚕条件基因打靶技术平台，实现了转基因的定点删除、定点整合/替换和目标基因表达激活等操作。

（一）基于 FLP/*FRT* 系统的家蚕转基因定点删除技术

1999 年，Tomita 等首次在家蚕胚胎和体外培养的家蚕细胞中利用 FLP/*FRT* 系统介导实现了独立于染色体的质粒上 2 个 *FRT* 位点间 DNA 序列的定点删除，证实了 FLP 重组酶在家蚕胚胎和细胞中介导发生位点特异性重组反应的活性（图 6-7）。但是在随后的多年时间里，位点特异性重组技术在家蚕个体水平应用的发展却较为缓慢，直至 2012 年才由 Long 等实现了基于 FLP/*FRT* 系统的家蚕个体水平转基因位点特异性删除操作。

利用 FLP/*FRT* 系统在家蚕中实现转基因定点删除的一般步骤包括：①借助 *piggyBac* 转座子介导的家蚕种系转化技术，通过筛选建立基因组中含有被同向排列 *FRT* 位点对锚定的待删除目标基因表达框序列的 G_1 代转基因家蚕；②通过胚胎显微注射或杂交等方法在 G_2 代转基因家蚕体内引入

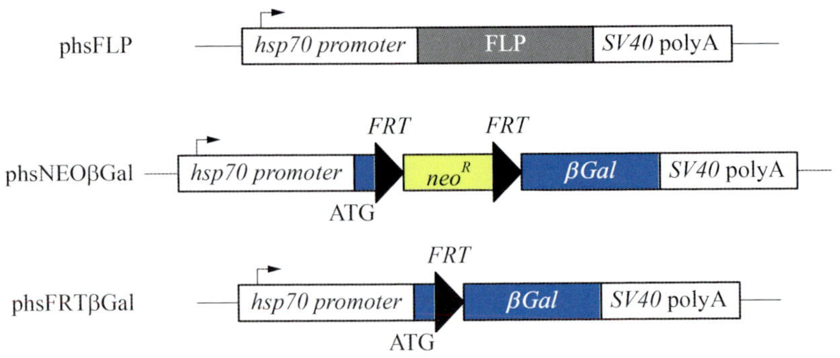

图 6-7 验证 FLP 重组酶在家蚕胚胎和细胞中重组反应活性的质粒 (Tomita et al., 1999)

phsFLP 表示由果蝇 *hsp70* 启动子调控的 FLP 重组酶表达载体质粒；phsNEOβGal 表示用于检测删除反应的含有被 *FRT* 位点对锚定待删除目标基因（neo^R）的指示标记质粒；phsFRTβGal 表示发生删除反应之后的阳性对照质粒

FLP 重组酶的表达，经由 FLP 重组酶介导 *FRT* 位点对间的重组反应，从而实现目标基因表达框序列在基因组中的定点删除；③通过回交制种，最终在 G_3 代家蚕中筛选目标基因发生定点删除的阳性个体。目前有报道的通过胚胎显微注射 FLP 重组酶表达载体方式，在 2 个不同的转基因家蚕系中获得的目标基因平均删除效率仅为 3.5%（Long et al., 2012）。通过胚胎显微注射 *FLP* 基因编码 mRNA 的方式，能够有效提高 FLP 重组酶在转基因家蚕发育早期胚胎的瞬时表达量，进而达到提高 FLP 重组酶在家蚕体内介导实现目标基因定点删除的效率(Long et al., 2016)。建立由组成型启动子(如家蚕 *A3* 或 *A4* 启动子)调控 FLP 重组酶表达的转基因家蚕，通过有性杂交的方式在双转基因家蚕体内持续性表达 FLP 重组酶，将最大限度地实现提高目标基因在其后代家蚕基因组中的删除效率(Long et al., 2016)。此外，建立由诱导型启动子(如果蝇 *hsp70* 启动子)调控 FLP 重组酶表达的转基因家蚕，能够通过有性杂交结合诱导表达的方式，实现对目标基因定点删除事件的人为调控(Kômoto and Tomita, 2012; Long et al., 2016)。

(二) 基于 phiC31/*att* 系统的家蚕转基因定点整合/替换技术

在昆虫研究领域，phiC31/*att* 系统已经被成功应用于果蝇(Groth et al., 2004; Bateman et al., 2006; Bischof et al., 2007)、实蝇(Labbé et al.,

2010)、蚊子(Nimmo et al., 2006; Labbé et al., 2010; Meredith et al., 2011)、小菜蛾(Haghighat-Khah et al., 2015)等物种中介导实现外源基因的定点整合或替换。2006年,Nakayama等利用phiC31整合酶瞬时表达载体作为整合酶来源,实现了供体质粒携带的目标基因表达框序列(*DsRed* cDNA)在家蚕BmN4细胞基因组的定点整合。该研究证实了phiC31整合酶在家蚕细胞中介导发生重组反应的活性,为phiC31/*att*系统在家蚕个体水平的应用奠定了坚实基础(图6-8)。2012年,Yonemura等证实phiC31整合酶具有在家蚕胚胎中介导实现染色体外质粒间的重组反应活性。随后,Yonemura等(2013)和Long等(2013)分别通过胚胎显微注射引入phiC31整合酶的表达,实现了供体质粒或目标基因序列在预先建立的转基因家蚕基因组接纳位点(也称为"靶位点")的精确定点整合/替换反应。

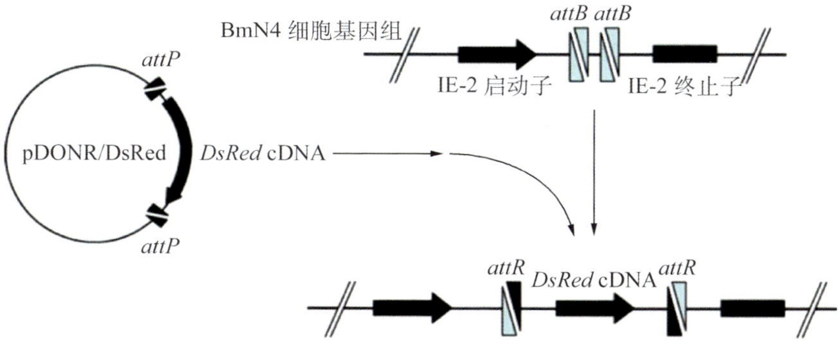

图6-8 phiC31整合酶介导目的基因表达框序列在BmN4细胞基因组的定点整合(Nakayama et al., 2006)

利用phiC31/*att*系统实现外源基因在家蚕基因组定点整合/替换的策略主要包含以下步骤:①借助*piggyBac*转座子介导的家蚕种系转化技术,筛选并建立起基因组中含有外源基因接纳位点(如*attP*、*attB*、*attB*/*attB*或*attP*/*attP*位点)的G_1代转基因家蚕;②通过胚胎显微注射在G_2代转基因家蚕体内引入phiC31整合酶表达,并同时导入携带含有单个*attB*或*attP*位点的供体质粒或者被*attP*或*attB*位点锚定的待整合目标基因表达框序列,经由phiC31整合酶介导位于靶位点与供体质粒或目标基因表达框两侧的1对或2对*attB*/*attP*位点对之间发生位点特异性重组反应,即单次交换或盒式交换(recombinase mediated cassette exchange, RMCE)反应,从而实现供体质粒或目标基因表达框序列在靶位点的定点整合或替换;③通过回交制种,最终在 G_3 代家蚕中筛选目标基因发生定点整合/替换的阳性个体。研究表明,通过胚胎显微注射 phiC31 整合酶基因编码 mRNA 的方式,能够有效提高 phiC31 整合酶介导目标基因在转基因家蚕基因组靶位点定点整合/替换的效率(Long et al., 2013)。值得注意的是,与 phiC31 整合酶介导 1 对 *attB*/*attP* 位点对间的重组反应实现整个供体质粒定点整合的方式相比,利用 phiC31 整合酶介导的盒式交换(phiC31-RMCE)反应的最主要优势在于:依靠 phiC31-RMCE 实现的目标基因定点整合/替换反应,不会引入除目标基因之外的任何载体骨架序列,从而有效地消除了载体骨架序列在家蚕基因组中保留引起的外源基因表达影响和潜在生物安全隐患(Long et al., 2013)。

(三) 基于 Cre/*lox* 系统的家蚕转基因激活技术

Cre/*lox* 系统是目前转基因动植物研究领域应用最为广泛的位点特异性重组系统。Cre 重组酶的热稳定性强于 FLP 重组酶,其在 46 ℃时仍具有较高活性,而 FLP 重组酶在高于 39 ℃后就很难再显示出催化活性(Buchholz et al., 1996)。但在昆虫转基因研究领域,FLP/*FRT* 系统比 Cre/*lox* 系统的应用更为成熟与广泛。其主要原因在于,昆虫的最适生长温度多为 22～30 ℃(如家蚕约 25 ℃)。相比较而言,FLP 重组酶的最适反应温度(30 ℃)更接近昆虫的最适生长温度,而 Cre 重组酶的最适反应温度(37 ℃)则与昆虫的最适生长温度差距较大(Buchholz et al., 1996)。由此可见,在 22～30 ℃时,相对较低的重组效率极大地限制了 Cre/*lox* 系统在转基因昆虫研究领域的应用。2012 年之前,Cre/*lox* 系统仅被应用于果蝇和埃及伊蚊(*Aedes aegypti*)这 2 个昆虫物种的遗传转化研究(Siegal and Hartl, 2000; Nijole et al., 2003; Oberstein et al., 2005)。2013 年 Duan 等通过有性杂交的方式在家蚕丝腺细胞中引入 Cre 重组酶的表达,介导实现了位于家蚕丝腺细胞基因组中 2 个 *lox*P 位点间终止片段(stop fragment)的删除及下游 *DsRed* 基因的表达激活,从而证实了 Cre 重组酶在家蚕中介导发生位点特异性重组反应的活性(图 6-9)。

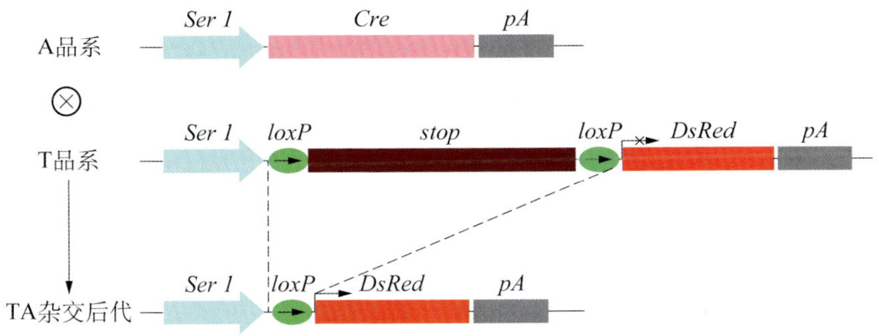

图 6-9　Cre 重组酶介导家蚕丝腺细胞 *DsRed* 基因表达激活(Duan et al., 2013)

A 品系为 Cre 重组酶表达激活品系；T 品系为携带终止片段(*stop*)的 *DsRed* 基因表达阻断品系；TA 杂交后代为 A 品系和 T 品系家蚕杂交获得的双转基因家蚕

利用 Cre/*lox* 系统实现的家蚕外源基因激活的原理与转基因定点删除相类似，主要包含以下步骤：①借助基于 *piggyBac* 转座子的家蚕种系转化技术，筛选并建立起基因组中含有被同向排列 *lox*P 位点锚定的终止序列或阻隔序列(block fragment)的 G_1 代转基因家蚕，其中阻隔序列下游含有待激活的目标基因 ORF 及终止子序列，阻隔序列下游含有调控目标基因表达的启动子序列；②通过胚胎显微注射或杂交等方法在 G_2 代转基因家蚕体内引入 Cre 重组酶的表达，经由 Cre 重组酶介导 *lox*P 位点对间的重组反应，实现阻隔序列在基因组中的定点删除，进而激活下游目标基因的转录和翻译；③通过回交制种，最终在 G_3 代家蚕中筛选可稳定遗传目标基因表达激活的阳性个体。尽管 Duan 等(2013)的研究是目前仅有的 Cre/*lox* 系统应用于转基因家蚕的报道，但该研究无疑为家蚕活体的基因操作提供了一项新的可选工具，有效地拓展和推动了基于位点特异性重组系统的家蚕条件基因打靶技术的发展与应用。

第二节　家蚕基因组靶向编辑技术

近年来发展起来的基于锌指核酸酶(zinc finger nuclease, ZFN)、类转录激活因子效应物核酸酶(transcription activator-like effector nuclease,

TALEN)和成簇规律间隔短回文重复序列(clustered regularly interspaced short palindromic repeats, CRISPR)/CRISPR 相关核酸酶 Cas9(CRISPR-associated nuclease Cas9)系统(即 CRISPR/Cas9 系统)而建立的 3 种主要人工核酸内切酶基因组靶向编辑技术。其原理均是,首先通过在生物基因组特定位点制造 DNA 双链断裂(double-strand break, DSB),然后在相应蛋白作用下依据机体自身的 DNA 损伤修复机制来修复 DSB,并在此过程中引发生物体基因组的点突变、基因组结构变异以及外源基因定点整合等修饰。目前,上述 3 种基因组靶向编辑技术均已经被成功应用于实现对家蚕内源基因的定点敲除或外源基因的定点整合操作,并逐渐在家蚕内源基因功能分析、突变模型建立与生物反应器开发等研究领域显示出巨大的应用潜力。

一、基因组靶向编辑技术概述

在生物进化过程中,真核生物细胞经演化形成了多种不同的 DNA 损伤修复机制,用于避免 DNA 损伤所引发的基因组不稳定现象(图 6-10)。其中,机体对 DSB 的修复主要依赖非同源末端连接(non-homologous end joining, NHEJ)与同源定向修复(homology-directed repair, HDR)这 2 种修

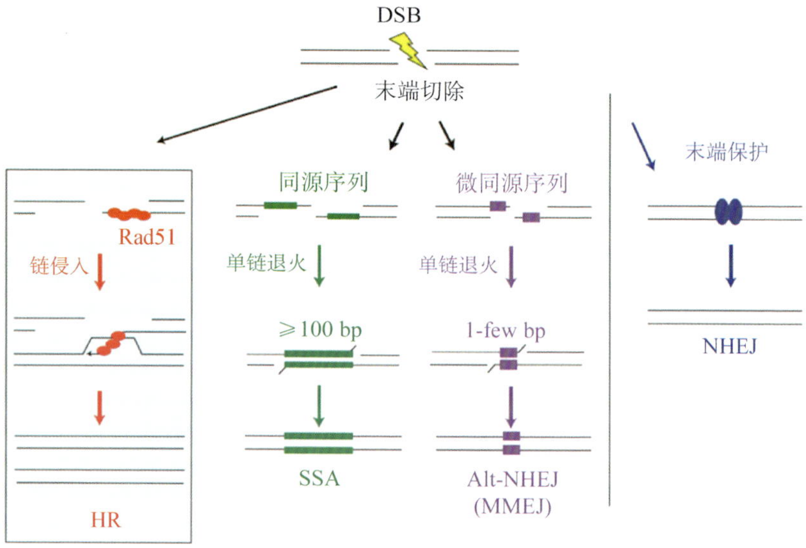

图 6-10　几种不同的 DNA 损伤修复途径(Jasin and Rothstein, 2013)

复机制(Wyman and Kanaar, 2006)。此外,依赖单链退火(single strand annealing, SSA)和新近发现的微同源介导末端连接(microhomology-mediated end-joining, MMEJ)修复机制实现的DSB修复也已经得到证实(Jasin and Rothstein, 2013)。由于DNA损伤会造成严重后果,细胞对于DNA损伤的感应与修复通常是非常灵敏和高效的,而基因组靶向编辑技术正是建立在机体DNA损伤修复机制原理之上的基因组编辑技术。

利用基因组靶向编辑技术可首先通过人为手段将外源DNA元件或具有特异性切割活性的蛋白(主要指人工核酸内切酶)导入细胞,并在标的基因组位点切割形成DSB,随后依赖机体自身的DNA损伤修复途径对DSB进行修复,并在修复过程中于基因组特定位点实现删除、替换、插入等定向修饰,最终实现对基因组的DNA序列进行包括基因敲除、基因敲入和基因特异突变引入等遗传改造操作。近年来发展的基于ZFN、TALEN和CRISPR/Cas9系统的新型基因组靶向编辑技术,即通过借助分子生物学手段,将天然存在的能够靶向识别并结合特定DNA序列的蛋白和核酸内切酶融合形成人工核酸内切酶(EEN),随后靶向切割基因组DNA形成DSB,进而在机体细胞对DSB的DNA损伤修复过程中引入靶位点的定点修饰,从而极大地提高宿主细胞的基因组编辑效率。

(一) ZFN的组成及作用原理

锌指核酸酶(ZFN)又名锌指蛋白核酸酶,是1种由锌指蛋白串(zinc finger array, ZF array)与非特异性的FokⅠ核酸酶融合而成的人工核酸内切酶,其也被称为第一代可编辑的人工核酸内切酶(Kim et al., 1996)。其中,组成ZF array的锌指蛋白(zinc finger protein, ZFP)能识别并结合特异DNA序列,FokⅠ则通过二聚化产生内切酶活性,进而对靶序列DNA进行切割(图6-11A)形成DSB(Carroll, 2011)。

ZFP是一类天然存在的具有手指状结构域的转录因子,在细胞分化、胚胎发育等方面起重要作用。ZFP通过与靶分子DNA、RNA、DNA-RNA的序列特异性结合,以及与自身或其他ZFP的结合,在转录和翻译水平上调控基因的表达。在人类基因组中共有757个包含ZFP结构的基因,占全部基因的3.21%(Klug, 2010)。根据ZFP保守结构域的不同,可将其分为含有2个

Cys 与 2 个 His 的 C2H2 型和含有 4 个 Cys 的 C4 型等(Miller et al., 1985)。其中,C2H2 型 ZFP 是真核生物中最广泛的 DNA 结合基序,能够介导蛋白质与核酸、小分子或其他蛋白质的相互作用。这类 ZFP 由大约 30 个氨基酸组成,并折叠形成 β-β-α 结构,α 螺旋的几个氨基酸可识别并结合 DNA 双链沟槽中的连续 3 个碱基(Beerli and Barbas, 2002)(图 6-11B)。由此可见,通常每个 ZFP 单体能够特异性地靶向 3 个碱基。因此,理论上至少需要 64 种 ZFP 单体,以满足针对任意序列构建 ZF array 的可能性。此外,考虑到不同 ZFP 单体间显著的互作效应,这要求远多于 64 种的 ZFP 单体。通常情况下,由 3～6 个 C2H2 型 ZFP 串联组成的 ZF array 能特异性识别 9～18 bp 的 DNA 序列(Liu et al., 1997)。而对于基因组而言,18 bp 的 DNA 序列即可保证靶位点的特异性,故经人工设计的 ZF array 对基因组靶位点的识别和结合具有很强的特异性。

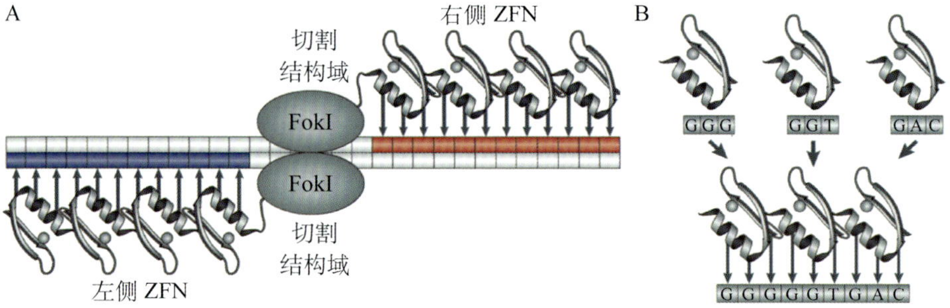

图 6-11 ZFN 的结构与设计原理示意图(Carroll, 2011)

非特异性的Fok Ⅰ切割结构域来源于 1 种 Ⅱ S 型限制性内切酶(Kim et al., 1996)。原始类型的Fok Ⅰ能够特异识别双链 DNA 上的靶位点,并在靶位点下游非特异性地对 DNA 双链进行切割。Fok Ⅰ切割结构域同 ZFP 的 C 端融合后构成 ZFN 单体。在切割过程中,2 个 ZFN 分别利用 ZF array 识别并结合 5′→3′方向和 3′→5′方向的目标 DNA 位点序列,且当 2 个位点的间隔区(spacer)符合一定要求时(通常为 5～7 bp), 2 个Fok Ⅰ切割结构域可形成二聚体的活性形式并在间隔区发生切割,产生 DSB 切口(Porteus and Carroll, 2005)。当机体对 DSB 进行修复时,如果存在一段双链或单链同源序列,则通过 HR 或 SSA 修复机制促使基因组实现 DNA 定点插入或置换;当不存在同源序列时，剪切位点以 NHEJ 方式修复，引发基因定点突变或插入碱基序列。ZFN 介导的基因组靶向编辑技术已经被成功应用于果蝇、斑马鱼、大鼠、小鼠、拟南芥等高等真核模式生物与哺乳动物细胞，实现了靶基因的敲除或定点修饰(Carroll，2011)。

值得注意的是，目前开发的 ZFP 单体尚不能满足靶向任意序列；并且研究表明，由靶向 GNN 三联体的 ZFP 组成的 ZF array 要优于其他 ZF array，这极大地提升了 ZFN 的设计与构建难度(Carroll et al.，2006)。ZFN 的构建通常需要数月时间并且工作量大，目前只有少数实验室掌握这一技术。通常实验室构建 ZFN 的方法主要是模块组装法(modular assembly，MA)和寡聚体库工程化筛选构建法(oligomerized pool engineering，OPEN)(Wright et al.，2006；Maeder et al.，2008)。虽然有如 Sangamo 等商业化公司可提供较高特异性的 ZFN，但对一般研究者而言，获得有效的 ZFN 仍是一个巨大的技术难题，再加上商业公司创制 ZFN 的费用十分昂贵，这也是限制基于 ZFN 的基因组靶向编辑技术广泛应用的重要原因。

(二) TALEN 的组成及作用原理

鉴于 ZFN 介导的基因组靶向编辑技术存在设计繁琐、构建周期长、成本高等缺点，极大地限制了该技术的发展和应用。自 2009 年开始，研究人员逐渐将注意力集中到一种新的人工核酸酶，即类转录激活因子效应物核酸酶(TALEN)介导的基因组靶向编辑技术(Jens et al.，2009；Moscou and Bogdanove，2009；Miller et al.，2011；Zhang et al.，2011)。TALEN 是在 ZFN 基础上发展而来的，将改造后能够靶向识别特异 DNA 序列的类转录激活因子效应物蛋白串(TALE array)与非特异性的FokⅠ核酸内切酶融合而得到的人工核酸酶(Heidi and Jens，2011)(图 6-12A)。TALEN 与 ZFN 的区别在于：TALEN 在保留 ZFN 中非特异性FokⅠ切割结构域的基础上，利用 TALE array 替代 ZF array 作为识别并结合目标 DNA 序列的结构域。TALEN 既能够像 ZFN 一样精确地修饰复杂的基因组，又具有比 ZFN 更易设计、构建灵活度高、成本低等优点。由于 TALEN 介导的基因组靶向编辑技术的出现及其在模式动物基因组编辑应用上的突破，极大地促进了遗传学的基础理论和应用研究的发展。TALEN 作为第二代可编辑人工核酸内切酶于

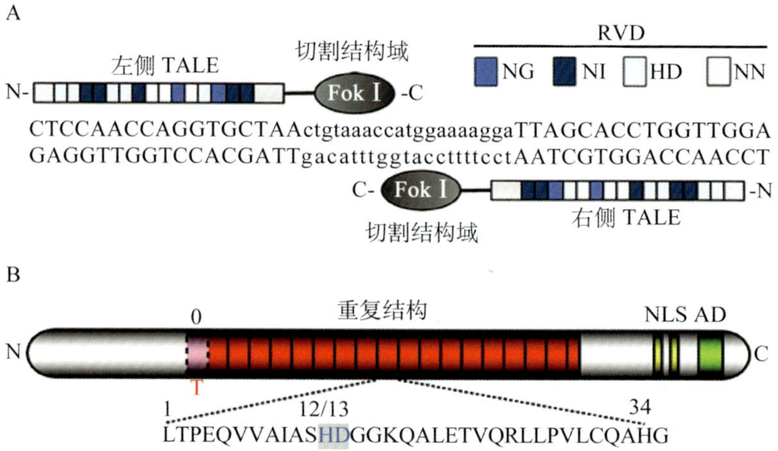

图 6-12　TALEN 特异性结合 DNA 形成二聚体及 TALE 蛋白结构示意图(Heidi and Jens, 2011; Gaj et al., 2013)

2012 年 12 月被 *Science* 杂志评为 2012 年度十大科学进展之一。

TALE 蛋白最早是从植物病原体黄单胞杆菌(*Xanthomonas* spp.)中发现的一种类似转录激活因子的蛋白(Boch and Bonas, 2010)。TALE 蛋白经植物病原细菌Ⅲ型分泌系统注入植物细胞,随后通过识别特异的 DNA 序列调控宿主植物内源基因表达,从而提高宿主对该病原体的易感性(Boch and Bonas, 2010)。TALE 蛋白主要由 3 个部分组成: C 端含有核定位信号(nuclear localization signal, NLS)和转录激活结构域(activation domain, AD),N 端含有转运结构域(translocation domain, TD),中间区域则是能够和 DNA 进行特异性结合的结构域(图 6-12B)。中间的 DNA 结合结构域是一段由 1.5～33.5 个 TALE 单元组成的重复氨基酸序列,而每个 TALE 单元又包含 33～35 个氨基酸,其中最后的重复结构是由 20 个氨基酸组成的半个 TALE 单元(Boch and Bonas, 2010)。TALE 蛋白的每个重复单元高度保守,除第 12 和第 13 位的氨基酸残基可变以外,其他的氨基酸完全相同。因此,第 12 和第 13 位的氨基酸残基被称为重复可变双残基(repeat variable diresidue, RVD)。TALE 蛋白中的 RVD 决定了其对 DNA 序列的特异性识别。与 ZFP 中每个锌指识别 3 个连续碱基不同,TALE 重复单元特异性识别并结合单个碱基。4 种不同碱基 A、T、C 和 G 对应的 RVD 分别是 NI(Asn-Ile)、NG

(Asn-Gly)、HD(His-Asp)和NN(Asn-Asn)(Gaj et al.,2013)(图6-12A)。有文献指出,NH(Asn-His)作为一种新鉴定的RVD也能够高效识别G碱基,并且比NN的特异性更高(Cong et al.,2012;Streubel et al.,2012)。

掌握TALE与碱基的识别机制后,理论上研究人员即可根据任意的特异性DNA序列设计和构建TALE array,并将其与非特异性FokⅠ切割结构域连接以获得具有高效、特异性切割活性的TALEN。TALEN的构建主要包括TALEN靶位点的选择、编码含特异TALE array的TALE蛋白氨基酸对应核苷酸序列(简称TALE核苷酸骨架)的构建,以及TALE蛋白与FokⅠ的组装。为了保证靶点在整个基因组中存在唯一性,靶序列一般会选择10~24 bp,即TALE蛋白与靶序列有效结合所需TALE重复单元数为9.5~23.5个。有研究表明,当重复单元数为15.5个或17.5个时,结合效率最高(Miller et al.,2011)。当TALE蛋白含有超过9.5个重复单元时,编码该TALE蛋白结构的TALE核苷酸骨架长度就会大于1 kb,且序列的重复性很强。因此,TALE核苷酸骨架的构建就成了TALEN构建与应用中的关键步骤和主要瓶颈。

目前,除了全序列人工合成TALE核苷酸骨架这一昂贵的方法之外(Miller et al.,2011),通过分子克隆途径人工构建TALE核苷酸骨架的方法主要包括以下四大类。①基于Golden Gate(GG)克隆的方法:根据单体的不同来源可分为基于PCR的GG法(GG-PCR)和传统的基于质粒载体的GG法(GG-Vector);②基于连续克隆组装的方法:包括限制性酶切—连接法(restriction enzyme and ligation,REAL)、单元组装法(unit assembly,UA)和idTALE一步酶切次序连接法;③基于固相合成的高通量方法:包括FLASH和ICA(iterative capped assembly);④基于长黏末端的LIC(ligation-independent cloning)组装方法等(沈延等,2013)。

TALE核苷酸骨架构建完成之后,还需要将其与FokⅠ连接。与ZFN的切割方式相同,由于FokⅠ需要形成二聚体才能发挥切割作用,因此每次切割至少需要1对TALEN共同作用。研究表明,连接TALE蛋白C端与FokⅠ的连接肽(linker)序列的有效长度为28~95个氨基酸,当序列长度为63个氨基酸时TALEN对靶序列的切割效率最高(Miller et al.,2011);DNA靶位点左右两侧TALE识别序列的间隔区(spacer)显著影响FokⅠ的切割活性,间隔区为13~30 bp时FokⅠ呈现明显活性,且15 bp时切割活性最强(Christian et al., 2010)。

由于每个 TALE 单体只靶向 1 个核苷酸,并且不同 TALE 单体随机组合并不产生显著的干扰效应,因此利用 TALEN 能够较好地解决 ZFN 存在的设计繁琐、构建困难、成本高以及周期长等问题。利用上述分子克隆方法,通常构建 1 对 TALEN 只需要一周时间即可。此外,TALEN 还具有结合特异性高、毒性低和脱靶效应低等优点。因此,在其于 2011 年被发明之后的短短 3 年时间内就已经发展成为超越 ZFN 的主流技术,被快速且广泛地应用于包括小鼠、果蝇、斑马鱼、大鼠、家蚕、爪蟾、猪、牛以及水稻、土豆、拟南芥等高等真核生物及哺乳动物细胞的基因组编辑(Chen and Gao, 2013)。当然,基于 TALEN 的基因组靶向编辑技术也并非完美无缺。由于针对不同的 DAN 靶位点每次都需要重新构建全新的 TALE array,使得 TALEN 的构建仍然显得较为繁琐。此外,如果需要利用 TALEN 同时对 2 个或 2 个以上的不同基因组靶位点进行敲除等遗传修饰,更会使得 TALE array 构建工作量成倍增加。

(三) CRISPR/Cas9 系统的组成及作用原理

1988 年,Ishino 等发现了 K12 大肠杆菌碱性磷酸酶基因附近的串联间隔重复序列,随后的研究显示这种间隔重复序列广泛存在于细菌和古细菌的基因组中。2002 年,Jansen 等根据该特异序列的结构特点,将其正式命名为成簇规律间隔短回文重复序列(CRISPR)。此外,Jansen 等还在 CRISPR 附近发现了 CRISPR 相关的 *Cas* 基因(CRISPR-associated genes, *Cas* genes)。2009 年,Marraffini 和 Sontheimer 率先证明了 CRISPR 与 Cas 蛋白联合具有切割 DNA 的能力。进一步研究发现,CRISPR 与 *Cas* 基因组成的间隔序列与一些噬菌体或质粒的序列存在高度同源性,CRISPR 和 *Cas* 基因家族组成的 CRISPR/Cas 免疫系统作为细菌以及古细菌中的一种类似 RNAi 的适应性免疫机制,主要用于抵抗病毒和外源 DNA 入侵(Rodolphe et al., 2007; Horvath and Barrangou, 2010)。近年来,经过众多科学家的共同努力,终于将细菌和古细菌获得性免疫的理论研究成果应用于基因组编辑技术之中,最终利用来源于化脓链球菌(*Streptococcus pyogenes*)的Ⅱ型 CRISPR/Cas 免疫系统,发明了目前应用最为广泛的、基于 CRISPR/Cas9 系统的新型基因组靶向编辑技术(Martin et al., 2012; Cong et al., 2013; Mali et al., 2013)。

相较于 ZFN 和 TALEN，CRISPR/Cas9 系统介导的基因组靶向编辑在原理上是全新的，其靶标序列的特异性决定于一段与靶标序列互补的较短 RNA。如图 6－13 所示，目前最为常用的 CRISPR/Cas9 系统是将 CRISPR 元件转录生成的 CRISPR RNA（crRNA）和 transactivating-CRISPR RNA（tracrRNA）这 2 个非编码 RNA 改造成 1 种单导向 RNA（single-guide RNA，sgRNA）。sgRNA 能够引导 Cas9 蛋白结合并切割靶位点 DNA 序列（Jinek et al.，2012；Ramalingam et al.，2013）。

CRISPR/Cas9 系统实际切割基因组靶位点序列的主要过程如图 6－14 所示：①经人工设计合成 CRISPR 的转录加工产物——具有靶向性的 crRNA 和 tracrRNA 组合而成的 sgRNA（Marraffini and Sontheimer，2010）；②sgRNA 复合体与 Cas9 蛋白形成 sgRNA-Cas9 蛋白复合体，由 crRNA 中的特异性序列引至紧挨前间区序列邻近基序（protospacer adjacent motif，PAM）的 DNA 靶位点（crRNA 结合靶序列）（Jinek et al.，2012）；③sgRNA 中具有靶向性的 crRNA 结构（crRNA 引导序列）与 DNA 靶位点序列以碱基互补配对结合并启动 Cas9 核酸酶切割 DNA 双链，其中 Cas9 蛋白的 HNH 核酸酶结构域剪切互补链，而 Cas9 的 RuvC-like（RuvC）结构域剪切非互补链，

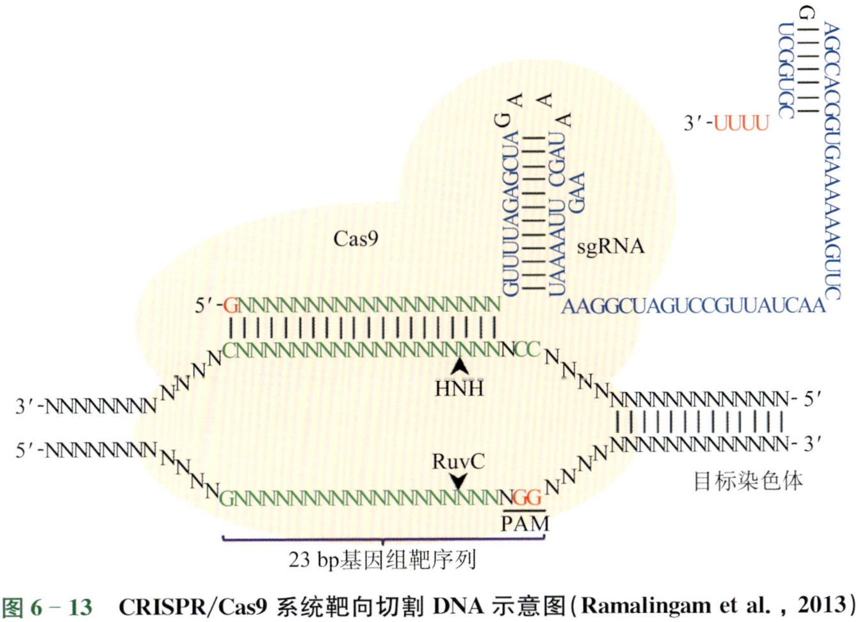

图 6－13　CRISPR/Cas9 系统靶向切割 DNA 示意图（Ramalingam et al.，2013）

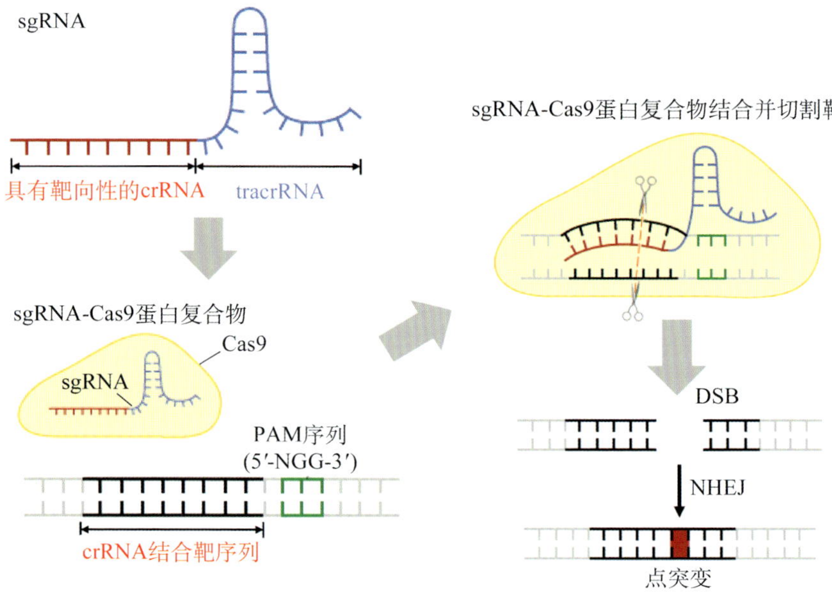

图 6-14　CRISPR/Cas9 系统介导的基因损伤修复过程(据 Clontech 公司产品说明修改)

从而在靶位点产生DSB(Makarova et al.，2011；Jinek et al.，2012)；④机体通过 NHEJ 等修复方式对 DSB 进行修复,并在修复过程中引入点突变。

sgRNA-Cas9 蛋白复合物仅需要在 sgRNA 引导下识别 23 bp 靶位点序列(包括 20 bp 结合位点序列和 3 bp PAM 序列),并通过碱基互补配对原则结合 20 bp 靶序列。这种结合方式比 ZFP 及 TALE 蛋白通过蛋白质与 DNA 之间相互作用的结合方式更加稳定和简单。此外,CRISPR/Cas9 系统与 ZFN 及 TALEN 相比,其主要优势在于可针对多个基因设计 sgRNA,并在一次打靶中同时完成多基因突变(Cong et al.，2013；Wang et al.，2013b；Zhou et al.，2014)。根据 Cas9 可多位点同时打靶的特点,在待删除片段两端设计 sgRNA,一次打靶即可实现片段的定向删除,此类特点可满足基因簇删除、多基因删除、调控区域删除、外源标记基因的大片段删除等不同靶位点的修饰需要(Canver et al.，2014；Han et al.，2014；据存祥等,2015)。

作为第三代可编辑人工核酸酶系统,CRISPR/Cas9 系统介导的基因组靶向编辑技术因具有载体构建简单快捷、效率高等优点,逐渐成为基因组编辑的主流技术。CRISPR/Cas9 系统首先被应用于肺炎链球菌和大肠杆菌中实现定向打靶，后续实验证实该系统在斑马鱼、线虫、果蝇、小鼠、大鼠、猪、家蚕、水稻、小麦、拟南芥、烟草等动植物个体以及多种哺乳动物细胞系和人多能干细胞中同样能实现有效的基因编辑（Hsu et al.，2014）。当然，CRISPR/Cas9技术也并非完美无缺。由于目前广泛使用的CRISPR/Cas9系统的特异性决定于sgRNA包含的20 bp识别位点序列，然而在复杂的生物基因组中，sgRNA的识别序列可能会与非靶点DNA发生局部匹配（partial match），因此使用该系统进行基因组编辑的脱靶效应与细胞毒性较ZFN和TALEN更为严重（Fu et al.，2013；Hsu et al.，2013）。

二、家蚕基因组靶向编辑技术的建立与发展

自从Kim等于1996年首次成功建立能靶向结合特定DNA位点并诱发双链断裂的人工ZFN技术以来，基因组靶向编辑技术经过近20年的发展已经日臻成熟，目前已经被广泛应用于多种不同种类高等真核生物的遗传操作研究。在转基因昆虫研究领域，基于ZFN、TALEN或CRISPR/Cas9系统的基因组靶向编辑技术已经被成功应用于果蝇、家蚕、蚊子、蟋蟀、赤拟谷盗和蝴蝶等昆虫，实现了内源基因的定点敲除及外源基因的定点敲入等操作。其中，果蝇和家蚕是目前基因组靶向编辑技术应用发展最为成熟的昆虫物种，伴随着近年来基于ZFN、TALEN和CRISPR/Cas9系统的基因组靶向编辑技术的快速发展，家蚕基因组靶向编辑技术的研究和利用也取得了重要进展，并跻身于众多模式生物基因组编辑技术的前沿阵列。

1999年，Yamao等尝试通过同源重组原理，借助杆状病毒将绿色荧光蛋白（GFP）基因定点插入到家蚕丝素轻链基因第7个外显子。这也是文献记载的对家蚕内源基因进行定向遗传操作的最早报道。随后，国内也相继出现了利用基于同源重组的基因打靶策略实现外源片段在家蚕基因组定点插入的少量研究报道（Wu and Cao，2004；Li et al.，2010；Xue et al.，2012）。但是，由于家蚕中的同源重组效率太低、外源基因整合不稳定，以及实验的可重复性差等缺点，导致这种基于同源重组的基因打靶方法并未在家蚕转基因研究领域得到普遍应用。2010年，Takasu等利用ZFN介导的基因组靶向编辑技术，首次实现了对家蚕内源基因*BmBLOS2*可稳定遗传的靶向敲除操作（Takasu et al.，2010）。在随后的短短3年时间里，TALEN及CRISPR/Cas9系统相

继被用于家蚕基因组靶向编辑研究，实现了内源基因的定点敲除、染色体大片段删除以及外源基因的定点敲入等操作。目前，以西南大学家蚕基因组生物学国家重点实验室、中国科学院上海生命科学研究院植物生理生态研究所和日本国立农业生物资源研究所等为代表的国内外不同研究机构，已经相继开发并完善了基于3种不同人工核酸内切酶的家蚕基因组靶向编辑技术体系平台。可以预见，利用家蚕基因组靶向编辑技术，将有望极大地促进蚕桑丝绸业界长期关注和难以解决的蚕丝遗传改良、丝腺生物反应器开发等问题的快速突破和发展。

（一）家蚕基因组靶向编辑技术的建立

2008年，Fujii等发现因幼虫皮肤内含有大量尿酸盐结晶物而使体壁呈现白色不透明状"油蚕"表型的突变体家蚕 *od*，其基因组 Z 染色体上的 *BmBLOS2* 基因外显子发生了缺失突变。2010年，Fujii等通过转基因回补实验，证实 *BmBLOS2* 作为尿酸合成代谢途径中的关键基因，其发生突变所造成的功能缺失是导致突变体 *od* 家蚕幼虫呈现"油蚕"表型的根本原因。同年，Takasu等(2010)根据这一研究结果，选取 *BmBLOS2* 基因和另一个同样促进家蚕表皮尿酸颗粒合成的必需基因 *Bmwh3* 为靶基因，分别设计合成并通过胚胎注射将用于靶向敲除这2个基因的ZFN mRNA导入 G_0 代家蚕受精卵，结果在 G_0 代家蚕中均观察到了嵌合体"油蚕"表型，并最终筛选获得了 *BmBLOS2* 基因敲除纯合 G_1 代突变家蚕个体(图6-15A和图6-16)。

虽然Takasu等(2010)通过家蚕胚胎显微注射ZFN mRNA获得的可遗传基因突变个体的效率较低(仅为0.28%)，但是他们的实验结果无疑对家蚕基因组编辑研究的发展起到了里程碑式的作用。Takasu等在研究过程中采用的通过胚胎显微注射导入人工核酸酶mRNA来实现基因定点敲除的策略，也对后续家蚕基因组靶向编辑技术研究的发展具有重要参考价值和借鉴意义。此外，*BmBLOS2* 基因作为验证ZFN在家蚕中工作效率的靶标基因，由于其具有突变体表型明显和易于筛选的优点，因此逐渐在之后的研究中成为了利用家蚕基因组靶向编辑技术实现内源基因定点突变、基因组结构变异以及外源基因定点整合的人工突变体家蚕筛选与建立的首选标记基因。

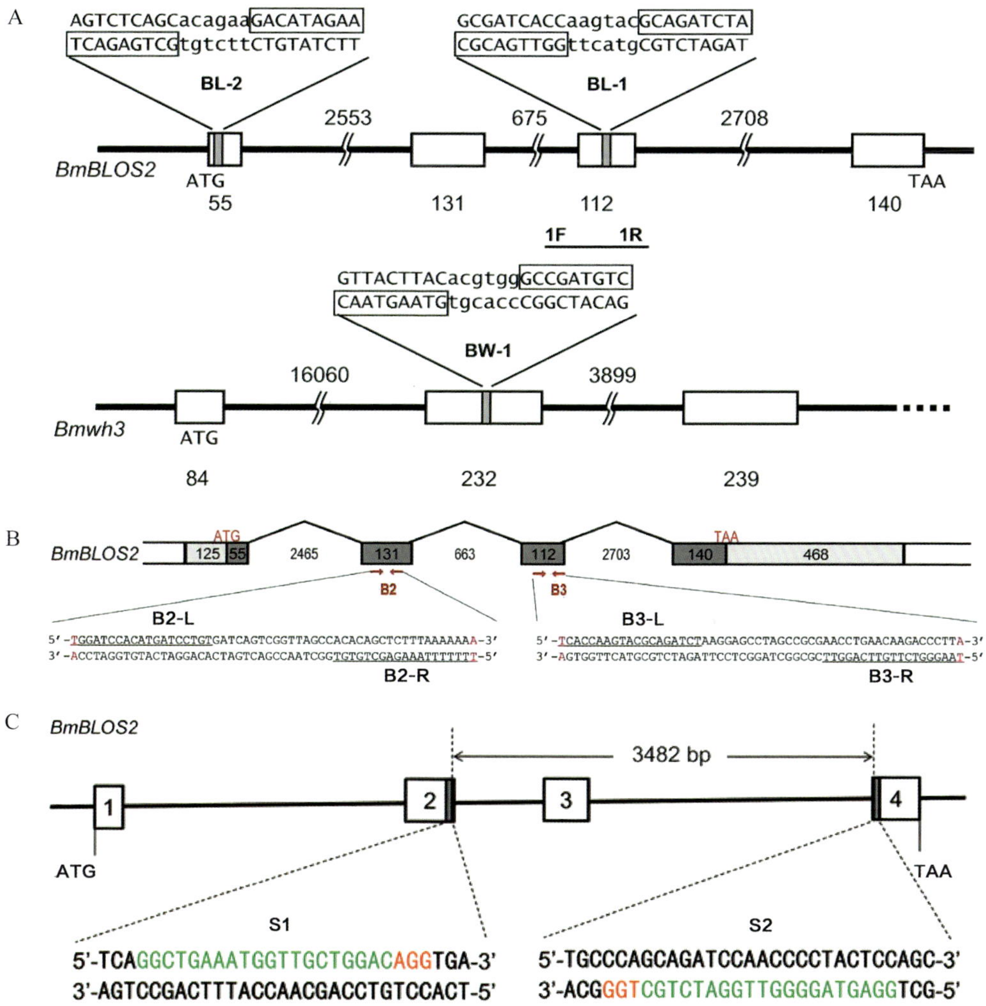

图 6-15 人工核酸内切酶系统介导实现 *BmBLOS2* 及 *Bmwh3* 基因敲除靶位点结构示意图（Takasu et al., 2010; Ma et al., 2012; Wang et al., 2013c）

图 6-16 种系突变的 *BmBLOS2* 基因敲除家蚕（Takasu et al., 2010）

A. 正常 5 龄家蚕；B. 发生种系突变的 G_1 代 5 龄突变体家蚕

Takasu 等(2010)首次利用基于 ZFN 的基因组靶向编辑技术成功实现了家蚕内源基因的定点敲除,引起了国内外蚕学科研人员对家蚕基因组靶向编辑技术利用与发展的广泛关注。在此后的 2 年时间里,TALEN 和 CRISPR/Cas9 系统相继发明,并作为第二代和第三代基因组靶向编辑工具被成功应用于实现多种高等真核生物基因组编辑研究,从而迅速取代 ZFN 成为实现基因组编辑的主流技术。2012 年,西南大学家蚕基因组研究团队的 Ma 等率先利用基于 TALEN 的基因组靶向编辑技术实现了对家蚕 *BmBLOS2* 基因的定点敲除,并获得了阳性纯合突变体家蚕(图 6-15B)。中国科学院上海植物生理生态研究所的 Wang 等(2013c)利用基于 CRISPR/Cas9 系统的家蚕基因组靶向编辑技术,介导实现了 *BmBLOS2* 基因定点敲除家蚕突变体的建立(图 6-15C)。随后,日本国立农业生物资源研究所、日本信州大学纤维学部以及浙江大学动物科学学院的研究人员,相继利用基于 TALEN 或 CRISPR/Cas9 系统的基因组靶向编辑技术实现了对家蚕 *BmBLOS2*(Sajwan et al., 2013)、*Bm-re*(Takasu et al., 2013)、*BmFib-H*(Wang and Nakagaki, 2014)和 *Bm-ok*(Wei et al., 2014)等内源基因的定点敲除。Wang 等(2013a)利用 Golden Gate 组装体系建立了一套适用于家蚕的 TALE 核苷酸骨架组装方法(Wang et al., 2013a)。日本国立农业生物资源研究所的 Takasu 等(2013)同样建立了基于 Golden Gate 策略快速组装 TALE 核苷酸骨架的方法,同时对 TALEN 表达载体的 N 端及 C 端序列进行优化并构建了基于家蚕胚胎的 TALEN 编辑家蚕基因组效率检测体系。2014 年,Liu 等将 sgRNA 和 Cas9 核酸酶表达载体质粒混合导入体外培养家蚕细胞,实现了对家蚕细胞基因组靶位点的精确定点敲除与染色体结构变异操作(图 6-17A 和 B)。此外,Liu 等还借助该表达操作系统,在家蚕细胞中成功实现了对位于 6 个不同基因的 10 个 DNA 靶位点的一次性敲除,从而证实了 CRISPR/Cas9 系统具有在家蚕中介导实现多基因敲除的潜力(图 6-17C 和 D)。自此,分别由 ZFN、TALEN 和 CRISPR/Cas9 系统这 3 类人工核酸酶系统介导的基因组靶向编辑技术均已在日本和中国的多个研究机构成功建立并逐步完善,截止至 2015 年 12 月底,已经有超过 30 篇涉及家蚕基因组靶向编辑技术应用研究的 SCI 论文发表。

目前,利用基因组靶向编辑技术实现对家蚕基因组操作的类型主要包括

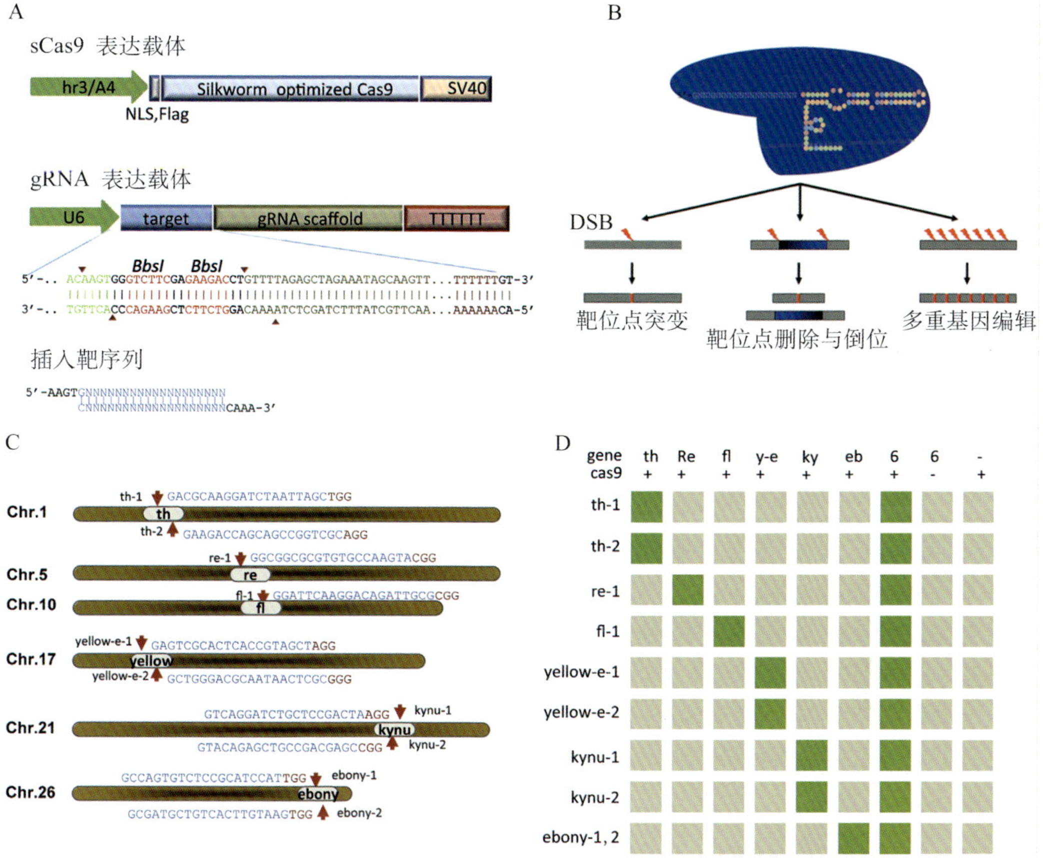

图 6-17　基于质粒载体的优化型 CRISPR/Cas9 系统在家蚕细胞中介导的基因敲除、基因组结构变异及多基因同步敲除(Liu et al., 2014)

A. 优化型家蚕 Cas9 核酸酶和 gRNA 载体表达系统结构示意图;B. CRISPR/Cas9 系统介导的基因编辑操作示意图;C. 6 个靶基因在家蚕染色体的分布及靶基因含有的 10 个识别靶位点序列示意图;D. 用不同组分(Cas9 核酸酶和针对各靶位点的 gRNA)组合处理细胞后的检测示意图,绿色方框表示经 T7E1 核酸酶酶切检测含有被切开 PCR 产物条带信号的组合

实现基因组靶位点序列的点突变、基因组结构变异以及介导外源基因在基因组靶位点的定点整合。通过上述基因组操作建立的基因敲除突变体家蚕模型,已经被广泛用于对家蚕未知内源基因的功能分析与鉴定、蚕丝合成与分泌机制研究、家蚕变态发育的激素调控研究以及转基因家蚕丝腺生物反应器开发等领域,极大地推动了后基因组时代家蚕基因功能的基础和应用研究的发展。

(二) 家蚕内源基因点突变操作

基因组靶向编辑技术最为常规且重要的应用是通过在生物体基因组靶位点产生 DSB,随后利用机体细胞自身的 NHEJ 机制对 DSB 进行修复,并在修复过程中于断裂的靶位点处引入碱基缺失或小片段插入等点突变,从而导致含有靶位点的内源基因敲除,这也是目前研究生物内源编码基因功能的最主要手段之一。基因组靶向编辑技术应用于家蚕中的最广泛作用方式同样是通过介导单个靶序列的点突变来实现内源基因的定点敲除,进而建立家蚕突变体。在家蚕基因组靶向编辑技术的发展初期,首先需要对 ZFN、TALEN 和 CRISPR/Cas9 系统这 3 种人工核酸酶系统在家蚕中介导实现目标 DNA 定点突变的可行性进行研究。如前文所述,由于 *BmBLOS2* 基因被点突变敲除后能够使家蚕幼虫产生易于观察的"油蚕"表型,因此该基因就成了验证这 3 种人工核酸酶系统是否能介导家蚕基因组 DNA 定点突变的首选标记基因(Takasu et al., 2010; Ma et al., 2012; Wang et al., 2013c)。当然,*BmBLOS2* 基因并非唯一能产生"油蚕"表型的标记基因,通过对位于常染色体上的 *Bmwh3* 或 *Bm-ok* 基因的敲除实验结果证实,这些基因的定点敲除同样能够引起明显的"油蚕"表型(Takasu et al., 2010; Wei et al., 2014)。此外,对家蚕眼色素生物合成途径中的转运因子相关基因 *Bm-re* 的敲除,能够使突变体蚕卵变为橙色且明显区别于野生型的红褐色,因此 *Bm-re* 基因也曾被用作鉴别人工核酸酶系统在家蚕中应用可行性的筛选标记(Takasu et al., 2013,2015)。

目前,家蚕基因组靶向编辑技术已经较为完善。基于该技术实现的家蚕内源基因点突变操作,主要被应用于以下 3 个方面。

1. 正向遗传学的基因功能验证

经由正向遗传学的定位克隆方法鉴定到自然突变体家蚕的突变靶基因所在染色体位点并对其序列进行分析,随后以野生型家蚕为材料,利用基因组靶向编辑技术通过点突变敲除鉴定到的靶基因,将其表型变化与自然突变体进行对比分析以验证定位克隆的准确性。例如,利用 CRISPR/Cas9 系统对野生型家蚕基因组中鸟苷酸环化酶基因 *BmGC-I* 的敲除结果显示,敲除突变体 *BmGC-I*^{KO}出现了与天然突变体 *quail* 幼虫相同的异常体色表型(图 6-18),从而证实 *BmGC-I* 基因是 1 个家蚕色素合成途径中起调控作用的关键基因

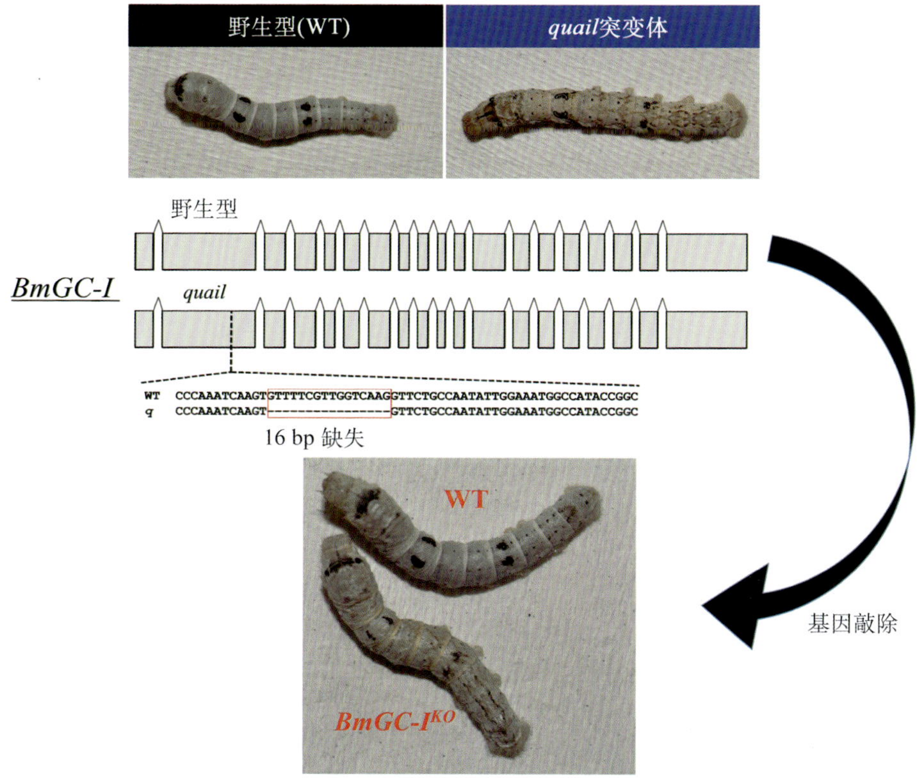

图 6－18　利用 CRISPR/Cas9 系统敲除家蚕 *BmGC-I* 基因的研究(Yuasa et al.，2015)

(Yuasa et al.，2015)。其余通过上述方法鉴定的家蚕内源基因还包括：细胞色素沉淀相关转录因子基因 *apt-like* (Yoda et al.，2014)和果蝇血红素过氧化物酶编码基因(*cardinal*)在家蚕中的直系同源基因 *Bm-cardinal*(Osanai-Futahashi et al.，2016)。

2. 反向遗传学的基因功能分析

经由反向遗传学的方式，选择其他昆虫(一般为果蝇)中已经鉴定过功能的基因，通过信息分析鉴定该基因在家蚕基因组中的直系同源基因并通过点突变对其进行敲除，然后通过直接观察和检测定点敲除突变个体表型、性状的变化来研究和分析靶基因的功能。例如，对果蝇谷胱甘肽 S－转移酶(glutathione S-transferase，GST)基因在家蚕中的直系同源基因 *nobo-Bm* (GSTe7)的敲除研究表明，纯合基因敲除家蚕(*nobo-Bm*$^{\triangle 85}$/*nobo-Bm*$^{\triangle 85}$)会出现体型变短且表皮光滑的突变表型(图 6－19)。进一步研究表明,这种突变表型是由于基因敲除家蚕前胸腺细胞中异常地积累了大量 7－脱氢胆固醇(7-dehydrocholesterol)所导致(Enya et al.,2015)。其余经由上述方法鉴定的家蚕内源基因还包括:性信息素气味受体 *BmOR1* 基因(Sakurai et al.,2015)、滞育激素(diapause hormone, DH)—信息素生物合成激活肽(pheromone biosynthesis activating neuropeptide, PBAN)基因 *DH-PBAN* 和*DHR*(Shiomi et al.,2015)、保幼激素酸甲基转移酶(juvenile hormone acid methyltransferase)基因 *JHAMT*、保幼激素受体基因 *Met1* 和 *Met2* 以及 *broad* 基因(Daimon et al.,2015)、蜕皮激素氧化酶(ecdysone oxidase, EO)基因 *BmEO*(Li et al.,2015)、家蚕 *miR-2* 的靶标基因 *Bmawd* 和 *Bmfng*(Ling et al.,2015)、调控家蚕翅膀发育关键基因 *BmWnt-1*(Zhang et al.,2015)、果蝇 *sage* 基因在家蚕中的同源基因 *Bmsage*(Xin et al.,2015)。

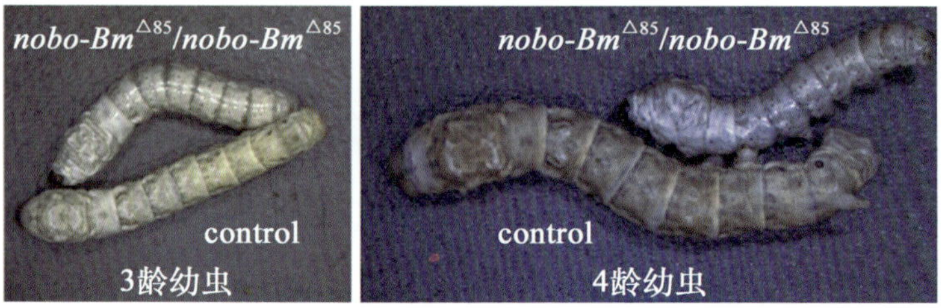

图 6－19 野生型家蚕(control)和纯合基因敲除突变体家蚕(*nobo-Bm*$^{\triangle 85}$/*nobo-Bm*$^{\triangle 85}$)表型检测(Enya et al.,2015)

3. 培育新型定向改造突变家蚕品种

首先通过点突变敲除某些功能已经较为明确的内源基因,从而创制出具有特定基因和表型差异的新型突变家蚕品种;随后甚至还能够以此突变家蚕品种为材料,通过转入外源基因对其进行进一步改造。例如,通过敲除家蚕 *Bmdsx*^{F}基因(家蚕 *doublesex* 基因的雌特异性拼接体)来建立外生殖器和蚕卵发育异常(图 6－20)的雌特异性不育转基因家蚕系统(Xu et al.,2014),或者通过敲除家蚕 *BmFib-H* 基因制备不含内源 Fib-H 蛋白的“丝胶茧”突变体家蚕作为理想的生物反应器模型(Ma et al.,2014b; Wang and Nakagaki, 2014)。

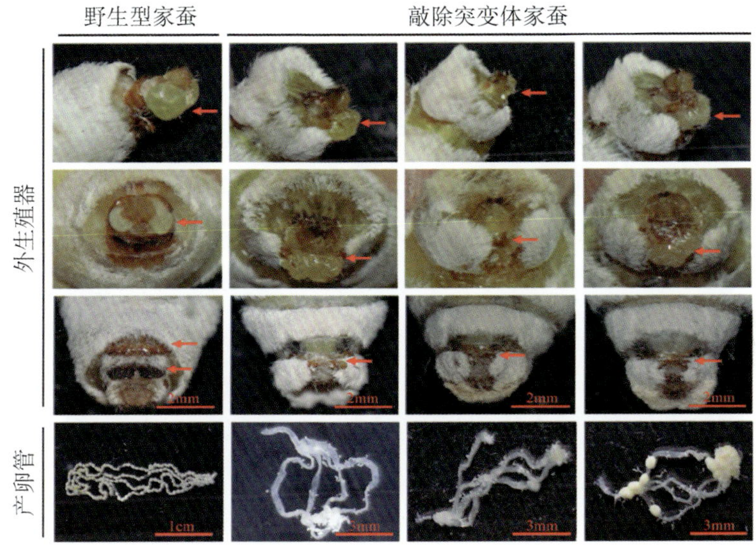

图 6-20 *Bmdsx*^{F}基因敲除的雌特异性不育突变体家蚕外生殖器和蚕卵发育检测(Xu et al., 2014)

(三) 家蚕基因组结构变异操作

基因组结构变异(genomic structure variations, GSVs)是指基因组内长度大于 1 kb 的 DNA 片段发生缺失、易位、重复、插入、倒位以及 DNA 拷贝数变异(copy number variations, CNVs)的现象。人类基因组的 GSVs 现象与遗传多样性和疾病的发生有着非常密切的关系(Korbel et al., 2007; Stankiewicz and Lupski, 2010)。目前，第二代测序(next-generation sequencing, NGS)和双末端测序等技术方法已经被开发并用于检测和分析 GSVs。但是,生物的 GSVs 现象与其生物学表型之间的关系尚不明确。为了揭示人类和其他生物的 GSVs 与其生物学表型之间的关联,甚至最终达到实现个性化基因治疗的目标,往往需要利用分子生物学手段在生物体内实现特定位点基因组结构变异的操作来进行分析,而基因组靶向编辑技术无疑是一种介导实现基因组结构变异的有效方法。

利用基因组靶向编辑技术介导单个靶序列的点突变可实现内源靶基因的定点敲除操作,而要实现大片段基因组 DNA 序列的删除、倒位和易位等结构变异,则需要同时对 2 个或 2 个以上的靶位点进行突变操作。Lee 等(2012)

证实，利用 ZFN 在人类细胞中同时对位于基因组 DNA 上的 2 个不同位点的 DSB 操作，可以诱导人类细胞基因组长片段 DNA 的删除、易位、重复和翻转等结构变异。研究家蚕的科研人员在 ZFN 首次被应用于家蚕中实现内源基因的定点突变以来，也曾试图利用 ZFN 实现对家蚕基因组的结构变异操作。但是，考虑到设计和合成 1 对具有高活性与高特异性 ZFN 的高难度和高成本，再加上 Takasu 等(2010)在家蚕中实现的 ZFN 介导单个靶位点突变反应的低效性(效率仅为 0.28%)，这些都为建立基于 ZFN 的家蚕基因组结构变异技术带来了困难。

2012 年，Ma 等通过胚胎显微注射 TALEN mRNAs 的方式，实现了对位于 *BmBLOS2* 基因的 2 个靶位点(B2 和 B3)间约 800 bp 基因组 DNA 片段的删除，从而证实 TALEN 可用于实现家蚕个体水平可遗传的大片段基因组删除。随后，Wang 等(2013c)利用 CRISPR/Cas9 系统介导实现了 *BmBLOS2* 基因约 3.5 kb DNA 大片段的高效删除，表明 CRISPR/Cas9 系统同样具有介导家蚕基因组结构变异的潜力。Ma 等(2014c)利用 TALEN 实现了介导长达 8.9 Mb(占整个染色体长度 1/3)的家蚕基因组大片段发生删除、重复和倒位等染色体结构变异。进一步的测序分析结果显示，这些基因组结构变异均通过 NHEJ 的 DNA 修复途径实现。此外，Ma 等(2014c)还通过将人工设计的单链寡核苷酸(single-stranded oligonucleotides, ssODN)与 TALEN mRNA 混合注射进入家蚕胚胎，实现了由 ssODN 介导的精确靶向基因组长片段 DNA 删除和倒位的结构变异。同年，Liu 等(2014)利用 CRISPR/Cas9 系统在家蚕细胞中介导实现了 *BmBLOS2* 基因 3.2 kb DNA 大片段的删除和倒位等结构变异(图 6-21)。

(四) 外源基因在家蚕基因组的定点整合操作

自 Tamura 等于 2000 年建立世界上首例由 *piggyBac* 转座子随机整合获得的转基因家蚕以来，通过转基因技术介导实现外源基因在家蚕基因组的定点整合就一直是国内外蚕学研究人员所关注的重点。如前文所述，同源重组是一种实现介导外源 DNA 片段在生物细胞有丝分裂或减数分裂过程中定点整合进入基因组的良好策略。但是，不同于小鼠、果蝇等生物中同源重组的高效性，在自然条件下通过同源重组介导实现外源基因在家蚕基因组靶位点定点

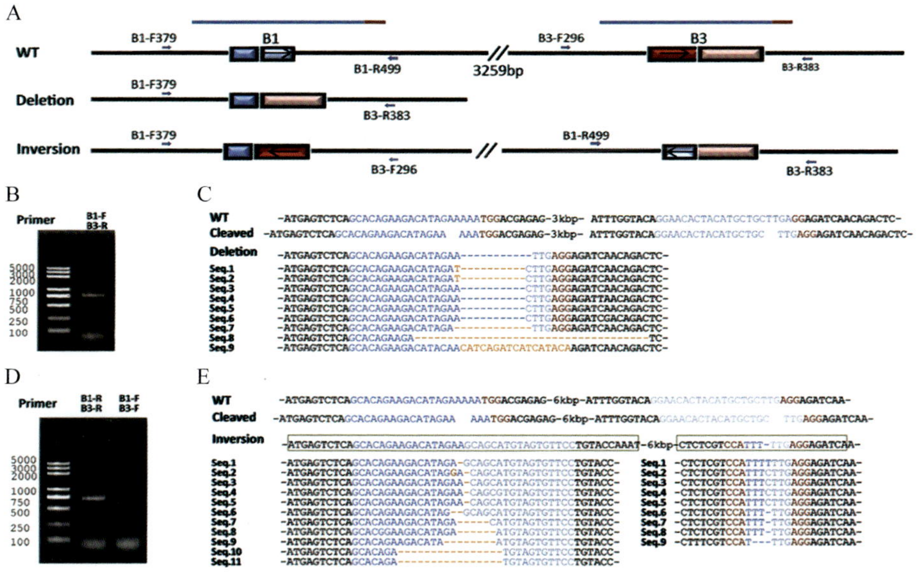

图 6-21　CRISPR/Cas9 系统介导实现家蚕细胞基因组染色体大片段结构变异(Liu et al., 2014)

A. 野生型家蚕细胞(WT)基因组的 gRNA 靶位点及染色体缺失/倒位结构示意图;B. PCR 检测结果与预计的 DNA 删除表型相一致;C. DNA 删除事件的测序鉴定;D. PCR 检测结果与预计的 DNA 倒位表型相一致;E. DNA 倒位事件的测序鉴定

整合的效率极低,从而使得基于同源重组的家蚕定点转基因研究陷入了困境。

早在 2004 年,Mon 等就发现,在家蚕基因组特定位点引入 DSB,可以提高家蚕 BmN4 细胞中发生同源重组的效率。而直到基于不同人工核酸内切酶的基因组靶向编辑技术的相继问世,才为研究人员利用人工核酸酶在家蚕细胞中介导产生 DSB,并依赖机体的同源定向修复(HDR)机制实现外源基因在家蚕基因组的定点整合研究带来了曙光。2014 年,Daimon 等利用 ZFN 介导产生 DSB 并基于 HDR 途径实现的 *GFP* 基因表达框(A3-GFP-SV40T)在家蚕基因组定点整合的效率仅为 0.008 5%(1/11 770),暗示家蚕细胞中的 DNA 断裂修复主要通过 NHEJ 途径实现。同年,Ma 等(2014a)建立了 NHEJ 修复途径关键基因 *BmKu70* 敲除的突变体家蚕,并观察到外源基因在突变体家蚕胚胎瞬时定点整合效率提高的现象。Zhu 等(2015)证实,分别敲除不同的家蚕 NHEJ 修复途径关键基因(包括 *BmKu70*、*BmKu80*、*BmLig IV*、*BmXRCC4* 和 *BmXLF* 等),均能够有效提高外源基因在家蚕 BmN4 细胞中的同源重组效率。

2014 年，Wang 等利用 TALEN 介导实现了携带同源臂序列的、由组成型 hr5-ie1 启动子组合调控的 *DsRed2* 基因在家蚕 *BmBLOS2* 基因靶位点的定点整合。Wang 等获得的定点整合转基因家蚕因外源基因的表达使得家蚕表皮发出强烈的红色荧光，同时由于 *BmBLOS2* 基因编码框被破坏而表现出突变的"油蚕"表型（图 6－22）。值得注意的是，Wang 等（2014）在实验中还观察到了仅含有红色荧光而不具有"油蚕"表型的转基因个体，经反向 PCR 检测结果证实，外源基因表达框整合于靶位点之外的染色体位点，即出现了脱靶效应（off-target effects）现象。同年，Nakade 等（2014）根据基于微同源重组介导末端连接（MMEJ）的修复机制，建立了 TALEN 结合目标染色体精确整合

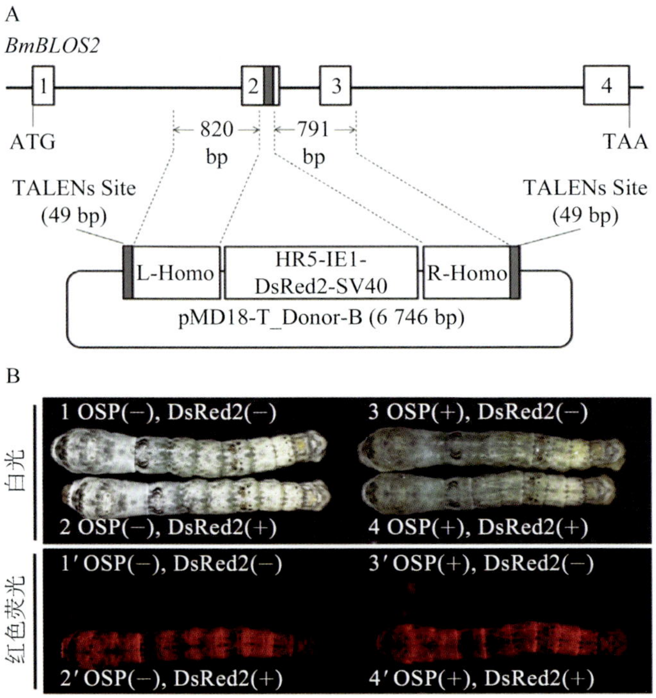

图 6－22　TALEN 介导实现 *DsRed2* 基因在 *BmBLOS2* 基因靶位点定点整合（Wang et al.，2014）

A. *BmBLOS2* 基因靶位点和含有同源臂序列及 *DsRed2* 基因的供体质粒结构示意图；B. 具有不同表型的后代突变体家蚕在白光与红色荧光下的照片，＋和－分别表示具有和不具有"油蚕"表型（OSP）或/和红色荧光表型（DsRed2）

(precise integration into target chromosome，PITCh)系统的外源基因整合策略(TAL-PITCh)，并实现了介导外源基因在家蚕 *BmBLOS2* 基因编码区靶位点的定点整合。此外，Nakade 等(2014)还提出基于 CRISPR/Cas9 系统的 PITCh 策略(CRIS-PITCh)，同样可用于实现介导外源基因在包括家蚕、爪蟾和哺乳动物细胞基因组靶位点的定点整合。

近年来有关 3 种不同人工核酸酶的家蚕基因组编辑报道增长迅速，特将主要研究结果列入表 6-3 以供参考。

表 6-3　基于人工核酸内切酶的基因组靶向编辑技术在家蚕中的应用
(截至 2015 年 12 月 31 日数据)

人工核酸酶	靶基因/靶序列	整合外源基因	作用方式	参考文献
ZFN	*BmBLOS2* 和 *Bmwh3*	—	基因敲除	Takasu et al.，2010
	未公布	*A3-GFP-SV40T* 片段	基因敲入	Daimon et al.，2014
	BmFib-H	—	基因敲除	Ma et al.，2014b
TALEN	*BmBLOS2*	—	基因敲除	Ma et al.，2012 Sajwan et al.，2013
	BmBLOS2 和 *Bm-re*	—	基因敲除	Takasu et al.，2013
	BmBLOS2、*Bm-re* 和 *Ser2* 等	—	基因敲除	Takasu et al.，2014
	BmFib-H	—	基因敲除	Wang and Nakagaki，2014
	BmBLOS2 和 *Bm702*	—	基因敲除/基因组结构变异	Ma et al.，2014c
	BmBLOS2	*hsp90p-EGFP-polyA* 片段	基因敲除/基因敲入	Nakade et al.，2014
	BmBLOS2	*HR5-IE1-DsRed2-SV40* 片段	基因敲除/基因敲入	Wang et al.，2014
	apt-like	—	基因敲除	Yoda et al.，2014
	JHAMT、*Met1*、*Met2* 和 *broad*	—	基因敲除	Daimon et al.，2015
	Bmdsx^{F}	—	基因敲除	Xu et al.，2014

（续表）

人工核酸酶	靶基因/靶序列	整合外源基因	作用方式	参考文献
	BmOR1	—	基因敲除	Sakurai et al.，2015
	nobo-Bm	—	基因敲除	Enya et al.，2015
	Bm-re	—	基因敲除	Takasu et al.，2015
	DH-PBAN 和 *DHR*	—	基因敲除	Shiomi et al.，2015
	Bm-cardinal	—	基因敲除	Osanai-Futahashi et al.，2016
CRISPR/Cas9	*BmBLOS2*	—	基因敲除	Wang et al.，2013c
	BmKu70	—	基因敲除	Ma et al.，2014a
	BmWnt1	—	基因敲除	Zhang et al.，2015
	Bm-ok、*BmKMO*、*BmTh* 和 *Bmtan*	—	基因敲除	Wei et al.，2014
	BmBLOS2、*BmTh*、*Bm-re*、*Bmyellow-e*、*Bmfringe*、*Bmebony* 和 *BmKynu*	—	基因敲除/基因组结构变异	Liu et al.，2014
	BmEO	—	基因敲除	Li et al.，2015
	Bmawd 和 *Bmfng*	—	基因敲除	Ling et al.，2015
	Bmsage	—	基因敲除	Xin et al.，2015
	BmGC-I	—	基因敲除	Yuasa et al.，2015
	BtR-175	—	基因敲除	Lin et al.，2015
	BmKu70、*BmKu80*、*BmLig IV*、*BmXRCC4* 和 *BmXLF*	—	基因敲除	Zhu et al.，2015
	BmTUDOR-SN	*EGFP* 基因编码序列	基因敲除/基因敲入	Zhu et al.，2015

第三节　家蚕基因组编辑技术的优缺点及其发展趋势

与小鼠、果蝇等物种基因组编辑技术发展历程相同，家蚕基因组编辑技术也经历了从早期的基因打靶探索，到随后的条件基因打靶尝试，再到近期的基因组靶向编辑体系开发等一系列发展演化过程。特别是随着家蚕条件基因打靶技术平台和基因组靶向编辑技术平台的相继建立与日臻成熟，基因组编辑技术近年来逐渐在家蚕基因功能研究和遗传改良操作研究领域显示出巨大的应用潜力。

目前在家蚕转基因研究领域，条件基因打靶技术和基因组靶向编辑技术均存在其各自应用的优缺点(表 6－4)。相比较而言，家蚕条件基因打靶技术的优点在于：利用位点特异性重组系统可实现介导外源 DNA 片段在预先确定家蚕基因组靶位点的精确插入、切除或替换，且可实现整合或替换的外源 DNA 片段较大，理论上甚至可超过 100 kb；此外，通过热激诱导等方式，还可实现调控整合后非目标外源 DNA 序列(如筛选标记、载体骨架等)在家蚕基因组的自动删除。家蚕条件基因打靶技术的缺点在于：首先必须利用 *piggyBac* 等转座子系统将特异性识别位点(如 *FRT*、*lox*P、*attP* 或 *attB* 等)整合进入家蚕基因组，随后才能通过引入重组酶来介导特异性识别位点对间的重组反应，且利用 *piggyBac* 转座子介导特异性识别位点在基因组的整合位置具有很大随机性。

家蚕基因组靶向编辑技术的优点在于：通过一步反应即可实现家蚕内源基因的定点敲除或外源 DNA 片段的定点插入，而且 CRISPR/Cas9 系统已经被证实可介导 8.9 Mb 的家蚕基因组大片段 DNA 的结构变异(删除、重复和倒位等)反应。家蚕基因组靶向编辑技术的缺点在于：家蚕内源基因定点敲除效率较低，且对某些家蚕特定生长发育必需基因(如 *Fib-H*、*Bmsage* 等)的直接完全敲除往往具有致死性；外源基因在家蚕基因组定点整合效率较低，且定点整合的外源 DNA 片段大小非常有限(<5 kb)；人工核酸内切酶尤其是 CRISPR/Cas9 系统切割家蚕基因组 DNA 时，存在较为严重的脱靶效应问题。

表 6-4　家蚕条件基因打靶技术和基因组靶向编辑技术比较

类　别	条件基因打靶技术			基因组靶向编辑技术		
包含系统	FLP/*FRT*	Cre/*lox*	phiC31/*att*	ZFN	TALEN	CRISPR/Cas9
靶向元件	FLP 重组酶	Cre 重组酶	phiC31 整合酶	TALE array 蛋白	TALE array 蛋白	sgRNA 核糖核苷酸
切割元件	FLP 重组酶	Cre 重组酶	phiC31 整合酶	Fok Ⅰ 蛋白	Fok Ⅰ 蛋白	Cas9 蛋白
靶向位点或序列(bp)	*FRT* 位点(48 bp)；*FRT3* 和 *FRT5* 等突变型 *FRT* 位点	*lox*P 位点（34 bp)；*lox*71 和 *lox*512 等突变型 *lox* 位点；伪 *lox* 位点	*attP* 位点（39 bp）和 *attB* 位点（34 bp)；伪 *attP* 位点	特定基因组序列(>18 bp)	特定基因组序列(>30 bp)	特定基因组序列(23 bp)
作用方式	特异性识别靶位点双链断裂与重接			基因组靶序列双链断裂或单链缺刻		
主要优点	① 实现外源 DNA 片段在预先确定家蚕基因组靶位点的精确插入、切除或替换； ② 可实现整合或替换外源大片段 DNA； ③ 可实现调控整合后非目标外源 DNA 序列的自动删除			① 通过一步反应即可实现内源基因的定点敲除或外源 DNA 片段的定点插入； ② 可实现介导家蚕基因组大片段 DNA 的结构变异反应		
主要缺点	① 首先需要在基因组中引入位点特异性识别位点，然后才能引入重组酶介导的位点特异性重组反应； ② 利用转座子介导特异性识别位点的整合具有随机性			① 家蚕内源基因定点敲除效率较低，且对某些特定生长发育必需基因的直接完全敲除具有致死性； ② 外源基因定点整合效率较低，且整合外源 DNA 片段大小非常有限； ③ 人工核酸内切酶切割家蚕基因组 DNA 存在脱靶效应		

在今后的研究中，为了有效克服2种家蚕基因组编辑技术单独应用的缺点和局限性，可尝试采取将这2种技术相结合的策略。首先利用基因组靶向编辑技术将包含*FRT*、*lox*P、*attP*或*attB*等特异性识别位点的小片段DNA序列(即靶位点，<100 bp)定点整合至家蚕基因组目标位点；随后利用位点特异性重组酶介导位于染色体上或染色体与外源载体上的靶位点对(如*FRT*/*FRT*、*lox*P/*lox*P、*attP*/*attB*等)间的重组反应，即可实现被靶位点对锚定的家蚕内源基因的高效、可调控的定点删除，或实现外源大片段DNA在家蚕基因组目标位点的高效、精确的定点整合或替换。上述策略结合了条件基因打靶技术与基因组靶向编辑技术的优点，不但能有效克服转座子介导靶位点随机整合的缺点，提高家蚕内源基因定点敲除和外源大片段DNA定点整合的效率，而且能有效克服内源基因直接完全敲除可能带来的致死性，并解决单独应用基因组靶向编辑系统所带来的脱靶效应问题。该策略也是家蚕基因组编辑技术今后发展的方向和趋势。

(撰稿：赵爱春　龙定沛)

参考文献

[1] Abremski K, Hoess R. Phage P1 Cre-loxP site-specific recombination. Effects of DNA supercoiling on catenation and knotting of recombinant products [J]. Journal of Molecular Biology, 1985,184(2): 211 - 220.

[2] Abremski K, Hoess R, Sternberg N. Studies on the properties of P1 site-specific recombination: evidence for topologically unlinked products following recombination [J]. Cell, 1983,32(4): 1 301 - 1 311.

[3] Abremski K, Hoess R. Evidence for a second conserved arginine residue in the integrase family of recombination proteins [J]. Protein Engineering, 1992,5(1): 87 - 91.

[4] Albert H, Dale E, Ow D. Site-specific integration of DNA into wild-type and mutant *lox* sites placed in the plant genome [J]. Plant Journal, 1995,7(4): 649 - 659.

[5] Allen B, Weeks D. Transgenic *Xenopus laevis* embryos can be generated

using phiC31 integrase [J]. Nature Methods, 2005,2(12): 975 - 979.
[6] Andrews B, Proteau G, Beatty L, et al. The FLP recombinase of the 2 micron circle DNA of yeast: interaction with its target sequences [J]. Cell, 1985,40(4): 795 - 803.
[7] Araki K, Okada Y, Araki M, et al. Comparative analysis of right element mutant lox sites on recombination efficiency in embryonic stem cells [J]. BMC Biotechnology, 2010,10: 29.
[8] Argos P, Landy A, Abremski K, et al. The integrase family of site-specific recombinases: regional similarities and global diversity [J]. EMBO Journal, 1986,5(2): 433 - 440.
[9] Bateman J, Lee A, Wu C. Site-specific transformation of *Drosophila* via phiC31 integrase-mediated cassette exchange [J]. Genetics, 2006,173(2): 769 - 777.
[10] Beerli R, Barbas C. Engineering polydactyl zinc-finger transcription factors [J]. Nature Biotechnology, 2002,20(2): 135 - 141.
[11] Bischof J, Maeda R, Hediger M, et al. An optimized transgenesis system for *Drosophila* using germ-line-specific phiC31 integrases [J]. Proceedings of the National Academy of Sciences of the United States of America, 2007, 104(9): 3 312 - 3 317.
[12] Boch J, Bonas U. *Xanthomonas* AvrBs3 family-type III effectors: discovery and function [J]. Annual Review of Phytopathology, 2010,48: 419 - 436.
[13] Branda C, Dymecki S. Talking about a revolution: The impact of site-specific recombinases on genetic analyses in mice [J]. Developmental Cell, 2004,6(1): 7 - 28.
[14] Buchholz F, Ringrose L, Angrand PO, et al. Different thermostabilities of FLP and Cre recombinases: implications for applied site-specific recombination [J]. Nucleic Acids Research, 1996,24(21): 4 256 - 4 262.
[15] Canver M, Bauer D, Dass A, et al. Characterization of genomic deletion efficiency mediated by clustered regularly interspaced palindromic repeats (CRISPR)/Cas9 nuclease system in mammalian cells [J]. Journal of Biological Chemistry, 2014,289(31): 21 312 - 21 324.
[16] Carroll D. Genome engineering with zinc-finger nucleases [J]. Genetics, 2011,188(4): 773 - 782.
[17] Carroll D, Morton J, Beumer K, et al. Design, construction and in vitro

testing of zinc finger nucleases [J]. Nature Protocols, 2006,1(3): 1 329 - 1 341.

[18] Chen K, Gao C. TALENs: customizable molecular DNA scissors for genome engineering of plants [J]. Journal of Genetics and Genomics, 2013, 40(6): 271 - 279.

[19] Chen Y, Narendra U, Iype L, et al. Crystal structure of a Flp recombinase-holliday junction complex-assembly of an active oligomer by helix swapping [J]. Molecular Cell, 2000,6(4): 885 - 897.

[20] Christian M, Cermak T, Doyle E, et al. Targeting DNA double-strand breaks with TAL effector nucleases [J]. Genetics, 2010, 186(2): 757 - 761.

[21] Cong L, Ran F, Cox D, et al. Multiplex genome engineering using CRISPR/Cas systems [J]. Science, 2013,339(6121): 819 - 823.

[22] Cong L, Zhou R, Kuo Y, et al. Comprehensive interrogation of natural TALE DNA-binding modules and transcriptional repressor domains [J]. Nature Communications, 2012,3: 968.

[23] Daimon T, Kiuchi T, Takasu Y. Recent progress in genome engineering techniques in the silkworm, *Bombyx mori* [J]. Development, growth & differentiation, 2014,56(1): 14 - 25.

[24] Daimon T, Uchibori M, Nakao H, et al. Knockout silkworms reveal a dispensable role for juvenile hormones in holometabolous life cycle [J]. Proceedings of the National Academy of Sciences of the United States of America, 2015,112(31): 4 226 - 4 235.

[25] Duan J, Xu H, Wang F, et al. Novel female-specific trans-spliced and alternative splice forms of dsx in the silkworm *Bombyx mori* [J]. Biochemical and Biophysical Research Communications, 2013, 431 (3): 630 - 635.

[26] Enya S, Daimon T, Igarashi F, et al. The silkworm glutathione S-transferase gene noppera-bo is required for ecdysteroid biosynthesis and larval development [J]. Insect Biochemistry and Molecular Biology, 2015, 61: 1 - 7.

[27] Fu Y, Foden J, Khayter C, et al. High-frequency off-target mutagenesis induced by CRISPR-Cas nucleases in human cells [J]. Nature Biotechnology, 2013,31(9): 822 - 826.

[28] Fujii T, Abe H, Katsuma S, et al. Mapping of sex-linked genes onto the genome sequence using various aberrations of the Z chromosome in *Bombyx mori* [J]. Insect Biochemistry and Molecular Biology, 2008, 38(12): 1 072 - 1 079.

[29] Fujii T, Daimon T, Uchino K, et al. Transgenic analysis of the *BmBLOS2* gene that governs the translucency of the larval integument of the silkworm, *Bombyx mori* [J]. Insect Molecular Biology, 2010, 19(5): 659 - 667.

[30] Gaj T, Gersbach C, Barbas C. ZFN, TALEN, and CRISPR/Cas-based methods for genome engineering [J]. Trends Biotechnol, 2013, 31(7): 397 - 405.

[31] Ghosh P, Pannunzio N, Hatfull G. Synapsis in phage Bxb1 integration: selection mechanism for the correct pair of recombination sites [J]. Journal of Molecular Biology, 2005, 349(2): 331 - 348.

[32] Gopaul D, Guo F, Van Duyne G. Structure of the Holliday junction intermediate in Cre-loxP site-specific recombination [J]. EMBO Journal, 1998, 17(14): 4 175 - 4 187.

[33] Groth A, Fish M, Nusse R, et al. Construction of transgenic *Drosophila* by using the site-specific integrase from phage phiC31 [J]. Genetics, 2004, 166(4): 1 775 - 1 782.

[34] Groth A, Olivares E, Thyagarajan B, et al. A phage integrase directs efficient site-specific integration in human cells [J]. Proceedings of the National Academy of Sciences of the United States of America, 2000, 97(11): 5 995 - 6 000.

[35] Gu H, Marth J, Orban P, et al. Deletion of a DNA polymerase beta gene segment in T cells using cell type-specific gene targeting [J]. Science, 1994, 265(5168): 103 - 106.

[36] Guo F, Gopaul D, Van Duyne G. Structure of Cre recombinase complexed with DNA in a site-specific recombination synapse [J]. Nature, 1997, 389(6646): 40 - 46.

[37] Haghighat-Khah R, Scaife S, Martins S, et al. Site-specific cassette exchange systems in the *Aedes aegypti* mosquito and the *Plutella xylostella* moth [J]. PloS One, 2015, 10(4): e0121097.

[38] Han J, Zhang J, Chen L, et al. Efficient *in vivo* deletion of a large

imprinted lncRNA by CRISPR/Cas9 [J]. RNA Biology, 2014, 11(7): 829 - 835.

[39] Hartung M, Kisters-Woike B. Cre mutants with altered DNA binding properties [J]. Journal of Biological Chemistry, 1998, 273(36): 22 884 - 22 891.

[40] Heidi S, Jens B. TAL effectors are remote controls for gene activation [J]. Current Opinion in Microbiology, 2011, 14(1): 47 - 53.

[41] Heidmann D, Lehner C. Reduction of Cre recombinase toxicity in proliferating *Drosophila* cells by estrogen-dependent activity regulation [J]. Development Genes Evolution, 2001, 211(8 - 9): 458 - 465.

[42] Hoess R, Abremski K. Mechanism of strand cleavage and exchange in the Cre-lox site-specific recombination system [J]. Journal of Molecular Biology, 1985, 181(3): 351 - 362.

[43] Hoess R, Abremski K. Interaction of the bacteriophage P1 recombinase Cre with the recombining site loxP [J]. Proceedings of the National Academy of Sciences of the United States of America, 1984, 81(4): 1 026 - 1 029.

[44] Hoess R, Wierzbicki A, Abremski K. The role of the loxP spacer region in P1 site-specific recombination [J]. Nucleic Acids Research, 1986, 14(5): 2 287- 2 300.

[45] Hoess R, Ziese M, Sternberg N. P1 site-specific recombination: nucleotide sequence of the recombining sites [J]. Proceedings of the National Academy of Sciences of the United States of America, 1982, 79(11): 3 398 - 3 402.

[46] Horvath P, Barrangou R. CRISPR/Cas, the immune system of bacteria and archaea [J]. Science, 2010, 327(5962): 167 - 170.

[47] Hsu P, Lander E, Zhang F. Development and applications of CRISPR-Cas9 for genome engineering [J]. Cell, 2014, 157(6): 1 262 - 1 278.

[48] Hsu P, Scott D, Weinstein J, et al. DNA targeting specificity of RNA-guided Cas9 nucleases [J]. Nature Biotechnology, 2013, 31(9): 827 - 832.

[49] Ishino Y, Shinagawa H, Makino K, et al. Nucleotide sequence of the iap gene, responsible for alkaline phosphatase isozyme conversion in Escherichia coli, and identification of the gene product [J]. Journal of Bacteriology, 1988, 169(12): 5 429 - 5 433.

[50] Jansen R, Embden J, Gaastra W, et al. Identification of genes that are associated with DNA repeats in prokaryotes [J]. Molecular Microbiology,

2002,43(6): 1 565 - 1 575.

[51] Jasin, Rothstein, Rodney R. Repair of strand breaks by homologous recombination [J]. Cold Spring Harbor Perspectives in Biology, 2013, 5 (11): a012740.

[52] Jayaram M, Crain K, Parsons R, et al. Holliday junctions in FLP recombination: resolution by step-arrest mutants of FLP protein [J]. Proceedings of the National Academy of Sciences of the United States of America, 1988,85(21): 7 902 - 7 906.

[53] Jens B, Heidi S, Sebastian S, et al. Breaking the code of DNA binding specificity of TAL-type III effectors [J]. Science, 2009,326(5959): 1 509 - 1 512.

[54] Jinek M, Chylinski K, Fonfara I, et al. A programmable dual-RNA-guided DNA endonuclease in adaptive bacterial immunity [J]. Science, 2012, 337 (6096): 816 - 821.

[55] Kômoto N, Tomita S. Development of a clonal analysis system in the silkworm, *Bombyx mori*, mediated by FLP and FRT [J]. Journal of Sericultural Science of Japan, 2012,81(2): 63 - 67.

[56] Keravala A, Portlock JL, Nash J, et al. phiC31 integrase mediates integration in cultured synovial cells and enhances gene expression in rabbit joints [J]. The Journal of Gene Medicine, 2006,8(8): 1 008 - 1 017.

[57] Kilby N, Snaith M, Murray J. Site-specific recombinases: tools for genome engineering [J]. Trends in Genetics, 1993,9(12): 413 - 421.

[58] Kim S, Kim G, Lee Y, et al. Characterization of Cre-loxP interaction in the major groove: hint for structural distortion of mutant Cre and possible strategy for HIV-1 therapy [J]. Journal of Cellular Biochemistry, 2001, 80 (3): 321 - 327.

[59] Kim Y, Cha J, Chandrasegaran S. Hybrid restriction enzymes: zinc finger fusions to Fok I cleavage domain [J]. Proceedings of the National Academy of Sciences of the United States of America, 1996, 93(3): 1 156 - 1 160.

[60] Klug A. The discovery of zinc fingers and their applications in gene regulation and genome manipulation [J]. Annual Review of Biochemistry, 2010, 79: 213 - 231.

[61] Korbel JO, Urban AE, Affourtit JP, et al. Paired-end mapping reveals extensive structural variation in the human genome [J]. Science, 2007, 318

(5849): 420 - 426.
[62] Kuhstoss S, Rao R. Analysis of the integration function of the streptomycete bacteriophage phiC31 [J]. Journal of Molecular Biology, 1991,222(91): 897 - 908.
[63] Labbé GM, Nimmo DD, Alphey L. *piggyBac*- and phiC31-mediated genetic transformation of the Asian tiger mosquito, *Aedes albopictus* (Skuse) [J]. PloS Neglected Tropical Diseases, 2010,4(8): e788.
[64] Landy A. Coming or going it's another pretty picture for the λ-int family album [J]. Proceedings of the National Academy of Sciences of the United States of America, 1999,96(17): 7 122 - 7 124.
[65] Lee HJ, Kweon J, Kim E, et al. Targeted chromosomal duplications and inversions in the human genome using zinc finger nucleases [J]. Genome Research, 2012,22(3): 539 - 548.
[66] Li Y, Cao G, Chen H, et al. Expression of the hGM-CSF in the silk glands of germline of gene-targeted silkworm [J]. Biochemical and Biophysical Research Communications, 2010,391(3): 1 427 - 1 431.
[67] Li Z, You L, Zeng B, et al. Ectopic expression of ecdysone oxidase impairs tissue degeneration in *Bombyx mori* [J]. Proceedings of the Royal Society of London B, 2015,282(1809): 20150513.
[68] Lin P, Cheng T, Jin S, et al. PC, a novel oral insecticidal toxin from *Bacillus bombysepticus* involved in host lethality via APN and BtR-175 [J]. Scientific Reports, 2015,5: 11 101.
[69] Ling L, Ge X, Li ZQ, et al. MiR-2 family targets awd and fng to regulate wing morphogenesis in *Bombyx mori* [J]. RNA Biology, 2015, 12(7): 742 - 748.
[70] Liu Q, Segal D, Ghiara J, et al. Design of polydactyl zinc-finger proteins for unique addressing within complex genomes [J]. Proceedings of the National Academy of Sciences of the United States of America, 1997, 94 (11): 5 525 - 5 530.
[71] Liu S, Ma J, Wang W, et al. Mutational analysis of highly conserved residues in the phage phiC31 integrase reveals key amino acids necessary for the DNA recombination [J]. PloS One, 2010,5(1): e8863.
[72] Liu Y, Ma S, Wang X, et al. Highly efficient multiplex targeted mutagenesis and genomic structure variation in *Bombyx mori* cells using

CRISPR/Cas9 [J]. Insect Biochemistry and Molecular Biology, 2014, 49 (6): 35 - 42.
[73] Long D, Lu W, Hao Z, et al. Highly efficient and inducible DNA excision in transgenic silkworms using the FLP/*FRT* site-specific recombination system [J]. Transgenic Research, 2016, 25(6): 795 - 811.
[74] Long D, Zhao A, Xu L, et al. *In vivo* site-specific integration of transgene in silkworm via phiC31 integrase-mediated cassette exchange [J]. Insect Biochemistry and Molecular Biology, 2013, 43(11): 997 - 1 008.
[75] Long DP, Zhao AC, Chen XJ, et al. FLP recombinase-mediated site-specific recombination in silkworm, *Bombyx mori* [J]. PloS One, 2012, 7 (6): e40150.
[76] Ma QW, Sheng HQ, Yan JB, et al. Identification of pseudo attP sites for phage phiC31 integrase in bovine genome [J]. Biochemical and Biophysical Research Communications, 2006, 345(3): 984 - 988.
[77] Ma S, Chang J, Wang X, et al. CRISPR/Cas9 mediated multiplex genome editing and heritable mutagenesis of *BmKu70* in *Bombyx mori* [J]. Scientific Reports, 2014a, 4(3): 528.
[78] Ma S, Shi R, Wang X, et al. Genome editing of *BmFib-H* gene provides an empty *Bombyx mori* silk gland for a highly efficient bioreactor [J]. Scientific Reports, 2014b, 4(4): 6 867.
[79] Ma S, Wang X, Liu Y, et al. Multiplex genomic structure variation mediated by TALEN and ssODN [J]. BMC Genomics, 2014c, 15: 41.
[80] Ma S, Zhang S, Wang F, et al. Highly efficient and specific genome editing in silkworm using custom TALENs [J]. PloS One, 2012, 7(9): e45035.
[81] Mack A, Sauer B, Abremski K, et al. Stoichiometry of the Cre recombinase bound to the lox recombining site [J]. Nucleic Acids Research, 1992, 20(17): 4 451 - 4 455.
[82] Maeder M, Thibodeau-Beganny S, Osiak A, et al. Rapid open-source engineering of customized zinc-finger nucleases for highly efficient gene modification [J]. Molecular Cell, 2008, 31(2): 294 - 301.
[83] Makarova K, Haft D, Barrangou R, et al. Evolution and classification of the CRISPR-Cas systems [J]. Nature Reviews Microbiology, 2011, 9(6): 467 - 477.
[84] Mali P, Yang L, Esvelt K, et al. RNA-guided human genome engineering

via Cas9 [J]. Science, 2013,339(6121): 823 - 826.

[85] Marraffini LA, Sontheimer EJ. CRISPR interference limits horizontal gene transfer in staphylococci by targeting DNA [J]. Science, 2009,322(5909): 1 843 - 1 845.

[86] Marraffini LA, Sontheimer EJ. CRISPR interference: RNA-directed adaptive immunity in bacteria and archaea [J]. Nature Reviews Genetics, 2010,11(3): 181 - 190.

[87] Martin J, Krzysztof C, Ines F, et al. A programmable dual-RNA-guided DNA endonuclease in adaptive bacterial immunity [J]. Science, 2012,337(6096): 816 - 821.

[88] Martin SS, Pulido E, Chu VC, et al. The order of strand exchanges in Cre-LoxP recombination and its basis suggested by the crystal structure of a Cre-LoxP holliday junction complex [J]. Journal of Molecular Biology, 2002,319(1): 107 - 127.

[89] McEwan AR, Rowley PA, Smith MC. DNA binding and synapsis by the large C-terminal domain of phiC31 integrase [J]. Nucleic Acids Research, 2009,37(14): 4 764 - 4 773.

[90] Meredith J, Sanjay B, Nimmo D, et al. Site-specific integration and expression of an anti-malarial gene in transgenic *Anopheles gambiae* significantly reduces *Plasmodium* infections [J]. PloS One, 2011, 6(1): e14587.

[91] Miller J, Mclachlan AD, Klug A. Repetitive zinc-binding domains in the protein transcription factor IIIA from *Xenopus oocytes* [J]. EMBO Journal, 1985,4(6): 1 609 - 1 614.

[92] Miller JC, Tan S, Qiao G, et al. A TALE nuclease architecture for efficient genome editing [J]. Nature Biotechnology, 2011, 29(2): 143 - 148.

[93] Mon H, Kusakabe T, Lee JM, et al. *In vivo* DNA double-strand breaks enhance gene targeting in cultured silkworm cells [J]. Comparative Biochemistry and Physiology Part B: Biochemistry and Molecular Biology, 2004,139(1): 99 - 106.

[94] Mori H. Expressing green fluorescent protein-silk fibroin light chain fusion protein in transgenic silkworms [J]. Methods in Molecular Biology, 2002, 183: 235 - 243.

[95] Moscou M, Bogdanove A. A simple cipher governs DNA recognition by TAL effectors [J]. Science, 2009,326(5959): 1 501.

[96] Nakade S, Tsubota T, Sakane Y, et al. Microhomology-mediated end-joining-dependent integration of donor DNA in cells and animals using TALENs and CRISPR/Cas9 [J]. Nature Communications, 2014, 5: 5 560.

[97] Nakayama G, Kawaguchi Y, Koga K, et al. Site-specific gene integration in cultured silkworm cells mediated by phiC31 integrase [J]. Molecular Genetics and Genomics, 2006,275(1): 1-8.

[98] Nijole J, Coates C, Aurora A, et al. High efficiency, site-specific excision of a marker gene by the phage P1 cre-loxP system in the yellow fever mosquito, *Aedes aegypti* [J]. Nucleic Acids Research, 2003, 31(22): 135-146.

[99] Nimmo DD, Alphey L, Meredith JM, et al. High efficiency site-specific genetic engineering of the mosquito genome [J]. Insect Molecular Biology, 2006,15(2): 129-136.

[100] Oberstein A, Pare A, Kaplan L, et al. Site-specific transgenesis by Cre-mediated recombination in *Drosophila* [J]. Nature Methods, 2005,2(8): 583-585.

[101] Osanai-Futahashi M, Tatematsu KI, Futahashi R, et al. Positional cloning of a *Bombyx pink-eyed white egg* locus reveals the major role of *cardinal* in ommochrome synthesis [J]. Heredity, 2016, 116(2): 135-145.

[102] Pan G, Luetke K, Sadowski P. Mechanism of cleavage and ligation by FLP recombinase: classification of mutations in FLP protein by *in vitro* complementation analysis [J]. Molecular and Cellular Biology, 1993, 13(6): 3 167-3 175.

[103] Parsons R, Evans B, Zheng L, et al. Functional analysis of Arg-308 mutants of Flp recombinase. Possible role of Arg-308 in coupling substrate binding to catalysis [J]. Journal of Biological Chemistry, 1990, 265(8): 4 527-4 533.

[104] Porteus MH, Carroll D. Gene targeting using zinc finger nucleases [J]. Nature Biotechnology, 2005,23(8): 967-973.

[105] Ramalingam S, Annaluru N, Chandrasegaran S. A CRISPR way to

engineer the human genome [J]. Genome Biology, 2013,14(2): 107.
[106] Rausch H, Lehmann M. Structural analysis of the actinophage phiC31 attachment site [J]. Nucleic Acids Research, 1991,19(19): 5 187 - 5 189.
[107] Rodolphe B, Christophe F, Hélène D, et al. CRISPR provides acquired resistance against viruses in prokaryotes [J]. Science, 2007,315(5819): 1 709- 1 712.
[108] Rowley PA, Smith ME, Smith MC. A motif in the C-terminal domain of phiC31 integrase controls the directionality of recombination [J]. Nucleic Acids Research, 2008,36(12): 3 879 -3 891.
[109] Sadowski PD. The Flp recombinase of the 2-mum plasmid of Saccharomyces cerevisiae [J]. Progress in Nucleic Acid Research and Molecular Biology, 1995,51: 53 - 91.
[110] Sadowski PD. The Flp double cross system a simple efficient procedure for cloning DNA fragments [J]. BMC Biotechnology, 2003,3(1): 245 - 261.
[111] Sajwan S, Takasu Y, Tamura T, et al. Efficient disruption of endogenous Bombyx gene by TAL effector nucleases [J]. Insect Biochemistry and Molecular Biology, 2013,43(1): 17 - 23.
[112] Sakurai T, Mitsuno H, Mikami A, et al. Targeted disruption of a single sex pheromone receptor gene completely abolishes *in vivo* pheromone response in the silkmoth [J]. Scientific Reports, 2015,5: 11 001.
[113] Sauer B. Site-specific recombination: developments and applications [J]. Current Opinion in Biotechnology, 1994,5(5): 521 - 527.
[114] Sauer B. Identification of cryptic lox sites in the yeast genome by selection for Cre-mediated chromosome translocations that confer multiple drug resistance [J]. Journal of Molecular Biology, 1992,223(4): 911 - 928.
[115] Schlake T, Bode J. Use of mutated FLP recognition target (FRT) sites for the exchange of expression cassettes at defined chromosomal loci [J]. Biochemistry, 1994,33(43): 12 746 - 12 751.
[116] Schmidt-Supprian M, Rajewsky K. Vagaries of conditional gene targeting [J]. Nature Immunology, 2007,8(7): 665 - 668.
[117] Senecoff JF, Bruckner RC, Cox MM. The FLP recombinase of the yeast 2-micron plasmid: characterization of its recombination site [J]. Proceedings of the National Academy of Sciences of the United States of America, 1985,82(21): 7 270 - 7 274.

[118] Senecoff J, Rossmeissl P, Cox M. DNA recognition by the FLP recombinase of the yeast 2 um plasmid. A mutational analysis of the FLP binding site [J]. Journal of Molecular Biology, 1988,201(2): 405 - 421.

[119] Shaikh A, Sadowski P. The Cre recombinase cleaves the lox site *in trans* [J]. Journal of Biological Chemistry, 1997,272(9): 5 695 - 5 702.

[120] Shiomi K, Takasu Y, Kunii M, et al. Disruption of diapause induction by TALEN-based gene mutagenesis in relation to a unique neuropeptide signaling pathway in *Bombyx* [J]. Scientific Reports, 2015,5: 15 566.

[121] Siegal M, Hartl D. Application of Cre/loxP in Drosophila. Site-specific recombination and transgene coplacement [J]. Methods in Molecular Biology, 2000,136: 487 - 495.

[122] Smith MCM, Brown WRA, Mcewan AR, et al. Site-specific recombination by phiC31 integrase and other large serine recombinases [J]. Biochemical Society Transactions, 2010,38(2): 388 - 394.

[123] Smith M, Thorpe H. Diversity in the serine recombinases [J]. Molecular Microbiology, 2002,44(2): 299 - 307.

[124] Stankiewicz P, Lupski JR. Structural variation in the human genome and its role in disease [J]. Annual Review of Medicine, 2010,61: 437 - 455.

[125] Sternberg N, Hamilton D. Bacteriophage P1 site-specific recombination. I. Recombination between loxP sites [J]. Journal of Molecular Biology, 1981,150(4): 467 - 486.

[126] Sternberg N, Sauer B, Hoess R, et al. Bacteriophage P1 cre gene and its regulatory region: Evidence for multiple promoters and for regulation by DNA methylation [J]. Journal of Molecular Biology, 1986, 187 (2): 197 - 212.

[127] Streubel J, Blücher C, Landgraf A, et al. TAL effector RVD specificities and efficiencies [J]. Nature Biotechnology, 2012,30(7): 593 - 595.

[128] Takasu Y, Kobayashi I, Beumer K, et al. Targeted mutagenesis in the silkworm *Bombyx mori* using zinc finger nuclease mRNA injection [J]. Insect Biochemistry and Molecular Biology, 2010,40(10): 759 - 765.

[129] Takasu Y, Sajwan S, Daimon T, et al. Efficient TALEN construction for *Bombyx mori* gene targeting [J]. PloS One, 2013,8(9): e73458.

[130] Takasu Y, Tamura T, Goldsmith M, et al. Targeted mutagenesis in *Bombyx mori* using TALENs [J]. Methods in Molecular Biology, 2015,

1338: 127 - 142.
[131] Takasu Y, Tamura T, Sajwan S, et al. The use of TALENs for nonhomologous end joining mutagenesis in silkworm and fruitfly [J]. Methods, 2014,69(1): 46 - 57.
[132] Tamura T, Thibert C, Royer C, et al. Germline transformation of the silkworm *Bombyx mori* L. using a *piggyBac* transposon-derived vector [J]. Nature Biotechnology, 2000,18(1): 81 - 84.
[133] Thomas KR, Folger KR, Capecchi MR. High frequency targeting of genes to specific sites in the mammalian genome [J]. Cell, 1986,44(3): 419 - 428.
[134] Thomson J, Rucker E, Piedrahita J. Mutational analysis of *loxP* sites for efficient Cre-mediated insertion into genomic DNA [J]. Genesis, 2003,36(3): 162 - 167.
[135] Thorpe HM, Smith MC. *In vitro* site-specific integration of bacteriophage DNA catalyzed by a recombinase of the resolvase/invertase family [J]. Proceedings of the National Academy of Sciences of the United States of America, 1998,95(10): 5 505 - 5 510.
[136] Thorpe H, Wilson S, Smith M. Control of directionality in the site-specific recombination system of the Streptomyces phage phiC31 [J]. Molecular Microbiology, 2000,38(2): 232 - 241.
[137] Thyagarajan B, Olivares E, Hollis R, et al. Site-specific genomic integration in mammalian cells mediated by phage phiC31 integrase [J]. Molecular and Cellular Biology, 2001,21(12): 3 926 - 3 934.
[138] Thyagarajan B, Guimarães M, Groth A, et al. Mammalian genomes contain active recombinase recognition sites [J]. Gene, 2000,244(1 - 2): 47 - 54.
[139] Tomita S, Kanda T, Imanishi S, et al. Yeast FLP recombinase-mediated excision in cultured cells and embryos of the silkworm, *Bombyx mori* (Lepidoptera: Bombycidae) [J]. Applied Entomology and Zoology, 1999, 34(3): 371 - 377.
[140] Van-Duyne G. A structural view of cre-loxp site-specific recombination [J]. Annual Review of Biophysics and Biomolecular Structure, 2001,30(1): 87 - 104.
[141] Volkert F, Wilson D, Broach J. Deoxyribonucleic acid plasmids in yeast

[J]. Microbiological Reviews, 1989,53(3): 299 - 317.

[142] Wang F, Ma S, Xu H, et al. High-efficiency system for construction and evaluation of customized TALENs for silkworm genome editing [J]. Molecular Genetics and Genomics, 2013a, 288(12): 683 - 690.

[143] Wang H, Yang H, Shivalila C, et al. One-step generation of mice carrying mutations in multiple genes by CRISPR/Cas-mediated genome engineering [J]. Cell, 2013b, 153(4): 910 - 918.

[144] Wang Y, Nakagaki M. Editing of the heavy chain gene of *Bombyx mori* using transcription activator like effector nucleases [J]. Biochemical and Biophysical Research Communications, 2014,450(1): 184 - 188.

[145] Wang Y, Li Z, Xu J, et al. The CRISPR/Cas System mediates efficient genome engineering in *Bombyx mori* [J]. Cell Research, 2013c, 23(12): 1 414 - 1 416.

[146] Wang Y, Tan A, Xu J, et al. Site-specific, TALENs-mediated transformation of *Bombyx mori* [J]. Insect Biochemistry and Molecular Biology, 2014,55: 26 - 30.

[147] Wei W, Xin H, Roy B, et al. Heritable genome editing with CRISPR/Cas9 in the silkworm, *Bombyx mori* [J]. PloS One, 2014,9(7): e101210.

[148] Wright D, Thibodeau-Beganny S, Sander J, et al. Standardized reagents and protocols for engineering zinc finger nucleases by modular assembly [J]. Nature Protocols, 2006,1(3): 1 637 - 1 652.

[149] Wu X, Cao C. Targeting of human aFGF gene into silkworm, *Bombyx mori* L. through homologous recombination [J]. Journal of Zhejiang Universityence, 2004,5(6): 644 - 650.

[150] Wyman C, Kanaar R. DNA double-strand break repair: all's well that ends well [J]. Annual Review of Genetics, 2006,40: 363 - 383.

[151] Xin H, Zhang D, Chen R, et al. Transcription factor Bmsage plays a crucial role in silk gland generation in silkworm, *Bombyx mori* [J]. Archives of Insect Biochemistry and Physiology, 2015,90(2): 59 - 69.

[152] Xu J, Wang Y, Li Z, et al. Transcription activator-like effector nuclease (TALEN)-mediated female-specific sterility in the silkworm, *Bombyx mori* [J]. Insect Molecular Biology, 2014,23(6): 800 - 807.

[153] Xu L, Zhao A, Long D, et al. phiC31 integrase mediates genome manipulation in higher eukar-yotes [J]. Science of Sericulture, 2011, 37

(3): 507 - 519.

[154] Xue R, Chen H, Cui L, et al. Expression of *hGM-CSF* in silk glands of transgenic silkworms using gene targeting vector [J]. Transgenic Research, 2012,21(1): 101 - 111.

[155] Yamao M, Katayama N, Nakazawa H, et al. Gene targeting in the silkworm by use of a baculovirus [J]. Genes and Development, 1999,13(5): 511 - 516.

[156] Yoda S, Yamaguchi J, Mita K, et al. The transcription factor Apontic-like controls diverse colouration pattern in caterpillars [J]. Nat Commun, 2014,5: 4 936.

[157] Yonemura N, Tamura T, Uchino K, et al. phiC31 integrase-mediated cassette exchange in silkworm embryos [J]. Molecular Genetics and Genomics, 2012,287(9): 731 - 739.

[158] Yonemura N, Tamura T, Uchino K, et al. phiC31-integrase-mediated, site-specific integration of transgenes in the silkworm, *Bombyx mori* (Lepidoptera: Bombycidae) [J]. Applied Entomology and Zoology, 2013,48(3): 265 - 273.

[159] Yuasa M, Kiuchi T, Banno Y, et al. Identification of the silkworm quail gene reveals a crucial role of a receptor guanylyl cyclase in larval pigmentation [J]. Insect Biochemistry and Molecular Biology, 2015,68: 33 - 40.

[160] Zhang F, Cong L, Lodato S, et al. Efficient construction of sequence-specific TAL effectors for modulating mammalian transcription [J]. Nature Biotechnology, 2011,29(2): 149 - 153.

[161] Zhang F, Zhao Y, Chen X, et al. Fluorescent transgenic silkworm [J]. Acta Biochimica et Biophysica Sinica, 1999,31(2): 119 - 123.

[162] Zhang Z, Aslam AFM, Liu X, et al. Functional analysis of *Bombyx Wnt1* during embryogenesis using the CRISPR/Cas9 system [J]. Journal of Insect Physiology, 2015,79: 73 - 79.

[163] Zhou J, Shen B, Zhang W, et al. One-step generation of different immunodeficient mice with multiple gene modifications by CRISPR/Cas9 mediated genome engineering [J]. International Journal of Biochemistry and Cell Biology, 2014,46: 49 - 55.

[164] Zhu L, Mon H, Xu J, et al. CRISPR/Cas9-mediated knockout of factors

in non-homologous end joining pathway enhances gene targeting in silkworm cells [J]. Scientific Reports, 2015,5: 18 103.

[165] Zhu XD, Sadowski PD. Cleavage-dependent ligation by the FLP recombinase. Characterization of a mutant FLP protein with an alteration in a catalytic amino acid [J]. Journal of Biological Chemistry, 1995,270(39): 23 044 - 23 054.

[166] 琚存祥,赵静,高翔. 基因组编辑技术与模式动物[J]. 生命科学,2015,27(1): 2 - 11.

[167] 龙定沛,谭兵,赵爱春,等. Cre/*lox* 位点特异性重组系统在高等真核生物中的研究进展[J]. 遗传,2012,34(02): 177 - 189.

[168] 马三垣. 基于基因组编辑的家蚕丝腺遗传改良与应用研究[D]. 重庆: 西南大学,2014.

[169] 沈延,肖安,黄鹏,等. 类转录激活因子效应物核酸酶(TALEN)介导的基因组定点修饰技术[J]. 遗传,2013,35(4): 395 - 409.

[170] 滕艳,杨晓. 基因打靶技术: 开启遗传学新纪元[J]. 遗传,2007,29(11): 1 291- 1 298.

[171] 辛清婷,马金芳,王玮,等. ΦC31 位点特异性整合酶 DNA 结合功能域的鉴定[J]. 中国生物化学与分子生物学报,2010,26(7): 622 - 629.

[172] 赵爱春,龙定沛,谭兵,等. FLP/*FRT* 位点特异性重组系统在高等真核生物中的研究进展[J]. 中国农业科学,2011,44(15): 3 252 - 3 263.

[173] 赵昀,张峰,陈秀,等. 用绿色荧光蛋白进行转基因蚕研究[J]. 高技术通讯,1999,6: 16 - 19.

第七章

转基因家蚕新品种培育

转基因家蚕诞生至今已近20年。随着家蚕遗传转化技术体系的建立、发展和完善,转基因家蚕的应用已经从基础研究发展到生产应用,受到农业、纺织业、医学与材料科学等不同学科领域的关注。家蚕转基因技术的应用范围主要包括新品种培育、生物反应器开发和基因功能鉴定研究等。本章围绕转基因家蚕有色茧的创制、高机械性能转基因茧丝的创制和滞育性蚕品种转基因技术的建立与应用等内容,对转基因家蚕新品种培育做一综合性讨论,供从事家蚕转基因育种工作者参考。

第一节　转基因有色茧家蚕新品种培育

生物体之所以能呈现多种颜色,主要取决于生物体内色素物质的存在及其组织或器官中含有的特殊蛋白等物质的光学结构,即化学色和结构色这两方面因素。家蚕丝蛋白特殊的空间结构赋予了蚕丝似珍珠般的光泽,而天然有色茧丝蛋白中的小分子色素则丰富了蚕茧的颜色。目前生产用蚕品种几乎全为白茧品种,利用白茧缫制的生丝及织物需要经过染色处理。由于蚕丝结构致密,使得染料与蚕丝的结合并不稳定,容易造成丝织物脱色。此外,蚕丝染整工艺中多使用含强酸或强碱的试剂和染料,这些化学物质不但会影响蚕丝的品质,还可能会污染环境、危害人类的健康。

近年来,国内外的研究者陆续开展了利用转基因技术创制新型有色茧的研究,用以克服上述天然茧丝不具颜色、染色及色牢度差、染整易污染环境及影响蚕丝品质等缺点。目前有报道的利用转基因技术获得有色茧的方法主要包括以下两种。

一、基于色素转运获得的转基因有色茧

由黄红茧系和绿茧系构成的天然有色茧蚕品种,其茧色是来自于桑叶中

的类胡萝卜素和叶黄素类色素(黄红茧系)以及体内代谢合成的黄酮类色素(绿茧系)。但是,包括大多数实用品种在内的众多天然白茧品系家蚕,因其基因组中缺乏能够编码色素结合及转运蛋白的基因,或者由于相关转运蛋白基因发生突变而造成的功能缺失,导致色素无法进入丝腺并分泌至茧丝。基于上述天然品系家蚕白茧的形成机理,利用转基因技术在家蚕体内(特别是丝腺组织)引入色素结合及转运蛋白的表达,就能够建立起丝蛋白中含有色素的转基因有色茧。

2007 年,Sakudoh 等建立了由 GAL4/UAS 系统调控胡萝卜素结合蛋白基因(*CBP*)在中部丝腺(MSG)特异表达的转基因家蚕,结果观察到茧丝颜色由非转基因品系家蚕的白色变为了转基因家蚕的黄色(图 7-1)。随后,Sakudoh 等(2010)又以脂质结合跨膜转运蛋白基因(*Cameo2*)表达被抑制的白茧突变品种家蚕$+^{C}$为材料,通过在突变体家蚕的 MSG 特异表达 *Cameo2* 基因,结果获得了颜色由白色恢复成微弱黄色的转基因蚕茧。最近,Sakudoh 等(2013)又建立了 β-胡萝卜素结合转运蛋白基因(*SCRB15*)或 *Cameo2* 在 MSG 特异性表达的转基因家蚕。由于其 MSG 细胞对 β-胡萝卜素或叶黄素的选择性吸收能力增强,从而使得转基因蚕茧呈黄色。

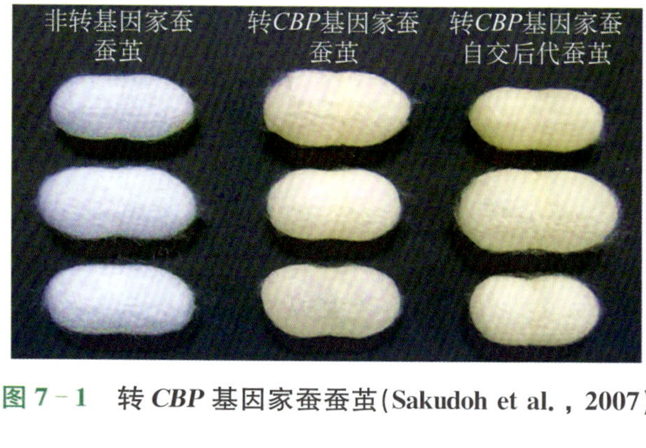

图 7-1　转 *CBP* 基因家蚕蚕茧(Sakudoh et al., 2007)

二、转荧光蛋白基因有色茧品种培育

无论是天然有色茧还是按照上述方法获得的转基因有色茧,其茧色均是源于色素着色。但是,除了少数天然绿茧系家蚕茧丝的部分色素存在于丝素中以外，其余有色茧中的色素均存在于丝胶之中，而丝胶在缫丝过程中会随脱胶而流失。为了克服上述问题，国内外学者开始寻求利用色素以外的物质来建立真正意义上的转基因有色茧的方法。随着家蚕茧色形成机制的阐明及丝蛋白合成与分泌机理的解析，研究者们开展了通过在家蚕茧丝的丝素层表达荧光蛋白的方法来创制转基因有色茧的一系列研究工作。

在早期的研究中，国内外的研究人员曾尝试利用杆状病毒载体或基因打靶载体，通过同源重组的方式将绿色荧光蛋白基因(*GFP*)整合进入家蚕内源 *Fib-L* 基因或 *Fib-H* 基因，但是他们均没有观察到 *GFP* 基因在家蚕茧丝中表达(Yamao et al., 1999; Zhang et al., 1999; Mori, 2002)。李静芝等(2013)利用基因打靶载体通过同源重组建立了 *GFP* 基因整合进入 *Fib-L* 基因的转基因家蚕，并在蓝光激发下观察到转基因茧丝发出绿色荧光。然而遗憾的是，此后并没有该转基因有色茧应用的后续报道。

2003 年，Tomita 等首次建立了 *Fib-L* 启动子调控重组 *EGFP* 基因在后部丝腺(PSG)丝素层特异表达的转基因家蚕，获得的转基因茧丝在 GFP 激发光下可发出绿色荧光(图 7-2)。此后，Inoue 等(2005)以内源 *Fib-L* 基因发生突变的 $Nd\text{-}s^D$ 裸蛹突变体为材料，同样成功建立了 *Fib-L* 启动子调控重组 *EGFP* 基因在茧丝中表达的转基因家蚕。但是，由于 *Fib-L* 启动子调控 *EGFP* 基因在蚕茧中的表达含量较低，因此无论是 Tomita 等还是 Inoue 等获得的转基因蚕茧在自然光(即白光)下均无法观察到绿色荧光。

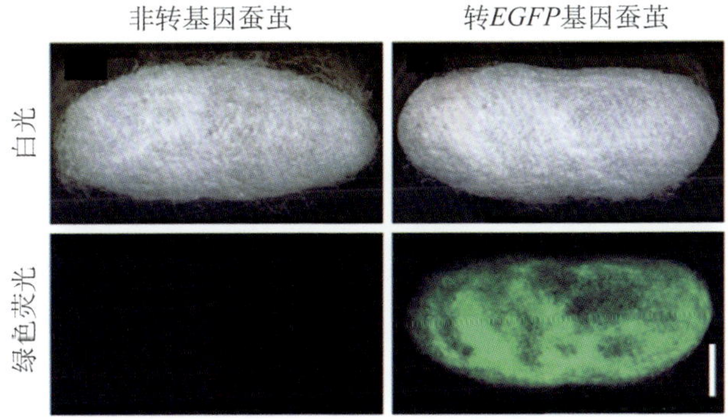

图 7-2 *Fib-L* 启动子调控 *EGFP* 基因表达的转基因蚕茧(Tomita et al., 2003)

为获得在白光下凭借裸眼即可观察到明显颜色的转荧光蛋白基因有色茧，赵爱春等（2006）和 Kojima 等（2007）先后建立了由 *Fib-H* 启动子调控 *EGFP/Fib-H* 融合基因在 PSG 特异表达的转基因家蚕，通过提高重组 EGFP/Fib-H 融合蛋白在茧丝中的含量，最终获得了在白光下呈浅绿色的转基因有色茧。此后，该 *Fib-H* 启动子表达系统经过进一步优化改进，目前已成为公认的建立转荧光蛋白基因有色茧最为有效的首选启动子系统（Shimizu et al.，2007；Zhao et al.，2010）。2007 年，赵爱春等利用 *Fib-H* 启动子表达系统结合滞育性蚕品种转基因技术，率先获得了可实际大规模饲养的实用品系转红色荧光蛋白基因（*DsRed*）和转绿色荧光蛋白基因（*EGFP*）有色茧（图 7－3A）。2013 年，日本研究人员 Iizuka 等通过将多化品系转荧光蛋白基因家蚕与实用品系家蚕回交选育的方式，分别筛选获得了转 *EGFP* 基因（绿色）、*DsRedM* 基因（红色）和 *mKO* 基因（橙色）的实用品种转基因有色茧（图 7－3B）。韩国研究人员 Kim 等（2014）也报道了利用 *Fib-H* 启动子表达系统并以实用品种家蚕为材料，成功获得了丝素中融合表达增强蓝色荧光蛋白（EBFP）的转基因有色茧（图 7－3C）。

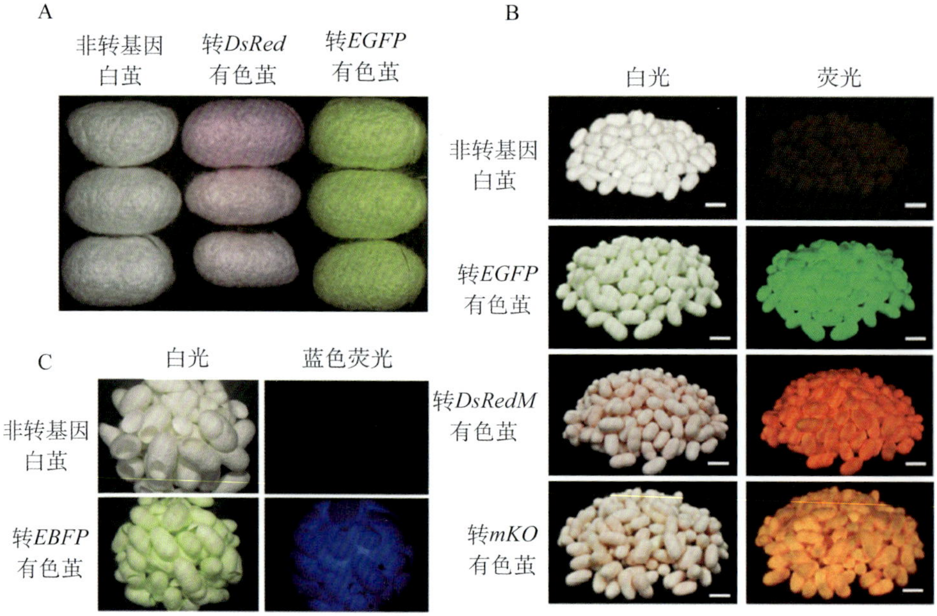

图 7－3　国内外不同研究小组获得的实用品系转荧光蛋白基因有色茧（Zhao et al.，2013；Iizuka et al.，2013；Kim et al.，2014）

国内外的不同研究机构也曾通过建立由 *Ser1* 启动子调控 *EGFP* 或 *DsRed* 基因在 MSG 特异表达的转基因家蚕，进而获得因丝胶层含有 EGFP 或 DsRed 蛋白而发出绿色或红色荧光的转基因有色茧（Tomita et al.，2007；Iizuka et al.，2008；Wang et al.，2013）。但是，由于 MSG 特异表达的外源荧光蛋白最终分泌至茧丝的丝胶层，而丝胶往往会在蚕茧缫丝过程中被脱去，荧光蛋白随脱胶流失而使茧丝失去颜色。因此，利用 *Ser1* 启动子调控荧光蛋白表达所获得的转基因有色茧，并不适用于进一步的缫丝等加工过程。目前公认，可用于下游加工过程的转荧光蛋白基因有色茧均是利用 *Fib-H* 启动子调控荧光蛋白表达所获得。

第二节　高机械性能转基因茧丝家蚕新品种培育

众所周知，茧丝是家蚕吐丝结茧时由丝腺分泌的液状丝蛋白固化及纤维化而形成的连续长纤维，属于多孔性蛋白纤维，因此茧丝用作纺织材料具有透气性好、吸湿性极佳等优点，再加上丝绸织物的轻薄、滑爽、富有光泽，以及穿着舒适、高贵典雅等优良特性，使蚕丝赢得了“纤维皇后”的美誉。然而，茧丝作为纺织材料在其应用方面仍存在一些缺点和不足，如丝绸织物在水洗日晒后会因为蛋白质变性而发生变黄褪色现象；天然蚕丝虽然可通过印染获得鲜艳颜色，但是其染色牢固度低，易发生印染后褪色现象（张光先等，2008）。特别是天然家蚕茧丝的摩擦强度、屈曲强度、拉伸系数等机械性能尚不如合成纤维（如碳素纤维），从而严重限制了蚕丝制品的高端推广和广泛应用（表 7－1）。

表 7－1　蚕丝与其他纤维材料机械特性比较

材料	杨氏模量 (GPa)	强度 (MPa)	断裂伸长率 (%)	刚性 (MJ/m^3)	密度 (g/cm^3)
家蚕茧丝	7	600	18	70	1.3
横纹金蛛(*Argiope bruennichi*)拖牵丝	11.8	1 320	22	134.5	—
横纹金蛛卵囊丝	9.1	390	40	128.6	—
三带金蛛(*Argiope trifasciata*)拖牵丝	9.3	1 290	22	145	—

(续表)

材料	杨氏模量(GPa)	强度(MPa)	断裂伸长率(%)	刚性(MJ/m^3)	密度(g/cm^3)
三带金蛛小瓶状腺丝	8.5	342	54	148	—
三带金蛛葡萄状腺丝	9.6	687	86	367	—
十字园蛛(*Araneus diadematus*)拖牵丝	10	1 100	27	160	1.3
十字园蛛横丝	0.003	500	270	150	—
弹性蛋白	0.001	2	150	2	—
胶原蛋白	1.5	150	12	7.5	—
碳素纤维	300	4 000	1.3	25	—
凯夫拉尔纤维(Kevlar 49)	130	3 600	3	50	1.4
尼龙(Nylon, type 6)	5	950	18	80	1.1
合成橡胶	0.001	50	850	100	—
骨骼	20	160	3	4	—
羊毛	0.5	200	50	60	1.3
高性能钢	200	1 500	1	6	7.8

注：据 Gosline et al., 1999；Kubik, 2002；Zhao et al., 2006；Omenetto and Kaplan, 2010；赵爱春等，2007c 文献数据整合。

为了有效克服天然茧丝和丝绸制品机械性能较差的缺点，国内外研究人员们陆续开展了通过创制具有高机械性能的转基因茧丝材料来提高蚕桑丝绸附加值和品质的研究工作。近年来的研究热点主要集中于，利用转基因技术在家蚕茧丝中表达蜘蛛丝结构蛋白，从而改良家蚕茧丝纤维机械性能。此外，西南大学赵爱春研究组也曾开展了利用羊毛角蛋白相关蛋白(KAP)基因改良茧丝机械性能与染色性能的研究。

一、转蜘蛛丝蛋白基因改良茧丝机械性能

蜘蛛丝纤维是目前公认的自然界力学性能最优良的天然纤维蛋白，其所具有的强固性、柔韧性、高弹性以及良好的生物可降解性，是包括蚕丝在内的其他天然或人造纤维材料所无法比拟的。因此，蜘蛛丝在国防、医疗与组织工程等方面均具有极大的应用潜力。大多针对蜘蛛丝的应用型研究均以能够最

终实现蜘蛛丝的工业化大规模生产为终极目标。然而，蜘蛛从来都不是一个勤奋的吐丝者。天然蛛丝主要用于结网，产量极低，且织网蛛所编织的蛛网并非由单根丝组成，所以不能通过类似茧丝缫丝的方法获得。另外，由于蜘蛛具有同类相食的特点，所以无法大规模养殖。许多生物化学家利用不同宿主、通过遗传工程手段等方式仿造蜘蛛丝，但是这些努力都没能成功地仿造出与天然蜘蛛丝具有相似机械性能的人工丝纤维。

家蚕是一个研究得较为透彻的泌丝昆虫。最近的研究发现，蚕丝和蜘蛛丝不但在包括蛋白质分子一级结构、二级结构及物理化学特性上具有相似性，而且通过家蚕基因组数据库与蜘蛛基因组数据库的比对分析发现，参与蚕丝蛋白和蛛丝蛋白形成的过氧化物酶等辅助因子的基因具有高度的同源性。此外，蜘蛛和家蚕都拥有相似的吐丝系统，利用蛛丝蛋白与蚕丝蛋白在基因结构、氨基酸组成及其分泌过程所具有的相似性，再加上家蚕易于饲养且吐丝量大的特点，从而使得基于转基因技术实现的、利用家蚕丝腺来表达蜘蛛丝蛋白成了一种较为理想的提高天然茧丝机械性能的途径。

（一）蜘蛛拖牵丝特性及其主要丝蛋白亚基结构特点

蜘蛛在其生命过程中，能通过体内的不同丝腺体产生具有不同用途和不同机械特性的蛛丝。蜘蛛共有 9 种丝腺体，但并非每种丝腺体都存在于同一蜘蛛体内。如图 7－4 所示，十字园蛛含有 7 种丝腺体，可产生包括蜘蛛网中呈放射状的纵丝、螺旋状的横丝、捕食过程中缠绕食物的包扎丝以及用于制作卵囊保护后代的卵囊丝等共计 7 种具有不同特性和生物学功能的蛛丝（Vollrath，2000）。这些蛛丝蛋白在蜘蛛体内的丝腺组织中均以可溶性液状形态存在。其中，由蜘蛛大囊状腺分泌的纵丝，即拖牵丝（dragline silk）或称牵引丝，因其具有超高的强度与弹性而备受关注。

蜘蛛拖牵丝的断裂能为同等直径钢铁纤维的 5～10 倍，为碳素纤维的 3.5 倍。如表 7－1 所示，蜘蛛拖牵丝的断裂强度达到 1.1×10^9～1.3×10^9 Pa，接近高性能钢的断裂强度；制作防弹背心的凯夫拉尔芳香族纤维（Kevlar）的断裂伸长率约为 3%，但是拖牵丝的断裂伸长率却能到达 27%（Hu et al.，2006）。蜘蛛丝拖牵丝纤维主要由 MaSp1（major ampullate spidroin 1）和 MaSp2 这两种蛋白亚基按照 3∶2 的比例构成。编码 MaSp1 和

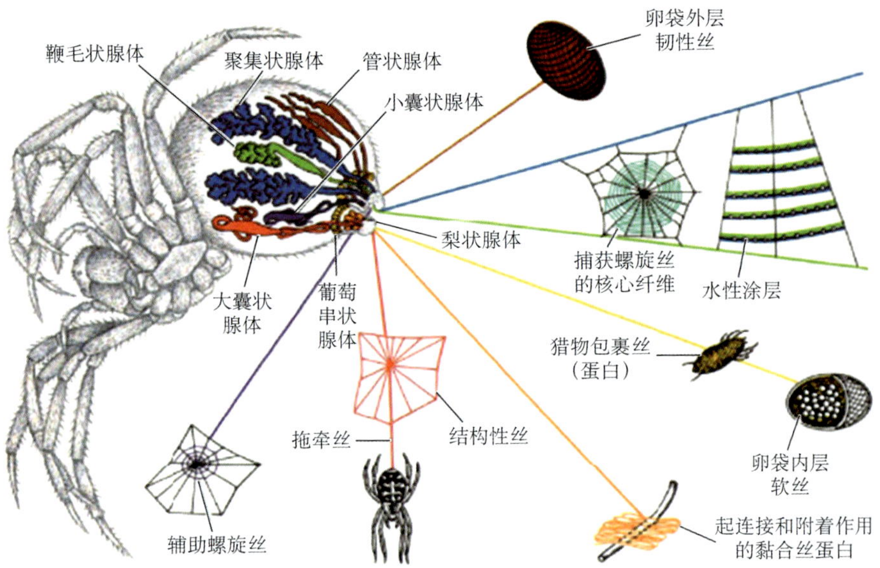

图 7-4　十字园蛛丝腺及丝纤维的种类与功能(Vollrath, 2000)

MaSp2 蛋白的基因在蜘蛛大囊状腺中联合表达,使这 2 种蛋白贯穿于整个丝纤维。拖牵丝蛋白的氨基酸序列具有高度重复的特点,其重复序列主要由富含甘氨酸和丙氨酸的基因序列构成。其中,MaSp1 蛋白的主要基因序列包括 GGX(X=A、Q 或 Y)、GX(X=Q、A 或 R)以及 polyA(含 4～10 个连续的 A,平均约为 7.7 个)。组成 MaSp1 的氨基酸重复单元可归纳为$[GGX]_{3\sim6}A_{4\sim10}$。该重复单元在 MaSp1 氨基酸序列中重复约 100 次(Ayoub et al., 2007)。而 MaSp2 蛋白的主要基因序列则包括 GPX(X=G 或 S)、QQ、GGX(X 通常为 A)、GSG 以及 polyA(含 3～9 个连续的 A,平均约为 6.7 个)。组成 MaSp2 的氨基酸重复单元可归纳为 $GGX[GPGXX]_nA_{3\sim9}$,该重复单元在 MaSp2 氨基酸序列中同样重复约 100 次(Ayoub et al., 2007)。MaSp1 和 MaSp2 氨基酸中普遍存在的 polyA 会形成疏水晶体结构,起到增强丝纤维抗张强度的效果;而 GGX 基序为亲水结构域,可形成 31 螺旋(31-helix)(Dong et al., 1991; Kümmerlen et al., 1996)。MaSp2 氨基酸中存在的 GPG 重复基因序列结构倾向于形成Ⅱ型 β 转角(β-turns),使拖牵丝展现出良好的延展性(Hayashi and Lewis, 1998; Sponner et al., 2005; Ayoub et al., 2007)。

(二) 转蜘蛛拖牵丝蛋白基因改良茧丝研究

仿蜘蛛丝研究一直是生物学界的热点和难点。这项研究的进展非常缓慢,距商业开发利用更是还有一段很长的距离。仿蜘蛛丝研究激发了蚕学研究者们利用蜘蛛丝去改善茧丝强度、韧性等特性的研究兴趣与热情,以期最终达到实现提高茧丝机械性能的目的。

早在 2002 年,日本信州大学教授中垣雅雄(Nakagaki Masao)研究组率先开展了通过转基因技术在家蚕丝腺中表达蜘蛛丝蛋白,用以改造家蚕丝纤维的研究。据报道,中垣雅雄研究组获得的转基因蚕丝中含有的蜘蛛横丝蛋白成分所占比例最高可达 10%,而且转基因蚕丝比非转基因蚕丝更具柔韧性。2007 年,中垣雅雄研究组与冈本制袜公司合作,将获得的转蜘蛛丝基因茧丝制成了袜子等样品,以促进转基因茧丝的工业化和商业化开发。此外,该研究组的 Zhang 等(2008)曾利用 Bac-to-Bac/BmNPV 杆状病毒表达系统,在家蚕 BmN 细胞和幼虫体内成功表达了来自棒络新妇(*Nephila clavata*)蜘蛛拖牵丝 MaSp1 和 EGFP 组成的融合蛋白。进一步研究发现,60%的融合蛋白在家蚕体内以不可溶形式存在,且通过检测绿色荧光蛋白发现融合蛋白倾向于以自组装的形式聚合。该研究结果表明,溶解性是限制蜘蛛丝蛋白在家蚕体内表达量的主要因素;同时暗示,通过利用转基因家蚕丝腺直接表达蜘蛛丝蛋白,可能会是一种更好的提高茧丝中蜘蛛丝蛋白含量的方式。

另外,国内研究人员在早期研究中也曾开展了转蜘蛛丝蛋白基因改良茧丝机械性能的研究。2006 年,刘辉芬等建立了 *Fib-L* 启动子调控来自棒络新妇蜘蛛的 *MaSp1* 基因重复序列在茧丝中表达的转基因家蚕。随后,王昌河等(2006)对上述转 *MaSp1* 基因家蚕茧丝的氨基酸组成及其机械性能进行了测定,结果发现转基因蚕茧丝素蛋白甘氨酸和丙氨酸的百分含量有少量增加,而获得转基因家蚕蚕丝的机械性能得到了一定程度的提高。但令人遗憾的是,此后一直未见上述转蜘蛛丝基因茧丝后续应用的报道。

在早期研究中,虽然国内外均曾有获得含蜘蛛丝蛋白的转基因茧丝的报道,但是直到 2010 年之前,由于这些转基因茧丝的强度和韧性与非转基因茧丝相比并未得到显著提高,因此尚未获得进一步开发与应用。此外,由于蜘蛛大囊状腺分泌的拖牵丝在多种不同类型的蜘蛛丝蛋白中所具有的强度与韧性最好，因此之后的研究几乎都集中于建立茧丝中含有蜘蛛拖牵丝主要结构蛋白亚基(MaSp1 和/或 MaSp2)的转基因家蚕，用以实现最大限度地提高转基因茧丝机械性能的目的。

2010 年，Wen 等建立了 *Ser1* 启动子调控丝胶层表达 MaSp1 蛋白的转基因家蚕。检测结果显示，转 *MaSp1* 基因茧丝的拉伸强度和弹性要强于非转基因茧丝，但与天然蜘蛛丝仍有较大的差距。同年，Zhu 等(2010)建立了 *Fib-H* 启动子调控 MaSp1 蛋白结晶区重复序列[DGG(A)$_6$GGA]$_4$ 和纵丝重复序列[(GPGGSGPGGGY)$_2$(GPGGAS)]$_4$ 在丝素层中表达的转基因家蚕，结果发现获得转基因茧丝的抗拉强度(tensile strength)与非转基因茧丝相比略有增加，但断裂伸长率(elongation-at-break)增加并不显著。2012 年，Teulé 等建立了 *Fib-H* 启动子(*Fhc* 启动子)调控金丝蜘蛛纵丝弹性基因序列 A2[(GPGGA)$_8$]和 MaSp2 蛋白强度基因序列 S8 组合而成的人工蜘蛛丝蛋白序列[A2S8]$_{14}$ 在丝素层中表达的转基因家蚕。结果发现，转基因茧丝中外源蛋白所占比例最高可达 5%，且转基因茧丝机械性能与非转基因茧丝相比显著提高，部分转基因茧丝韧性甚至接近天然蜘蛛丝水平(图 7-5)。

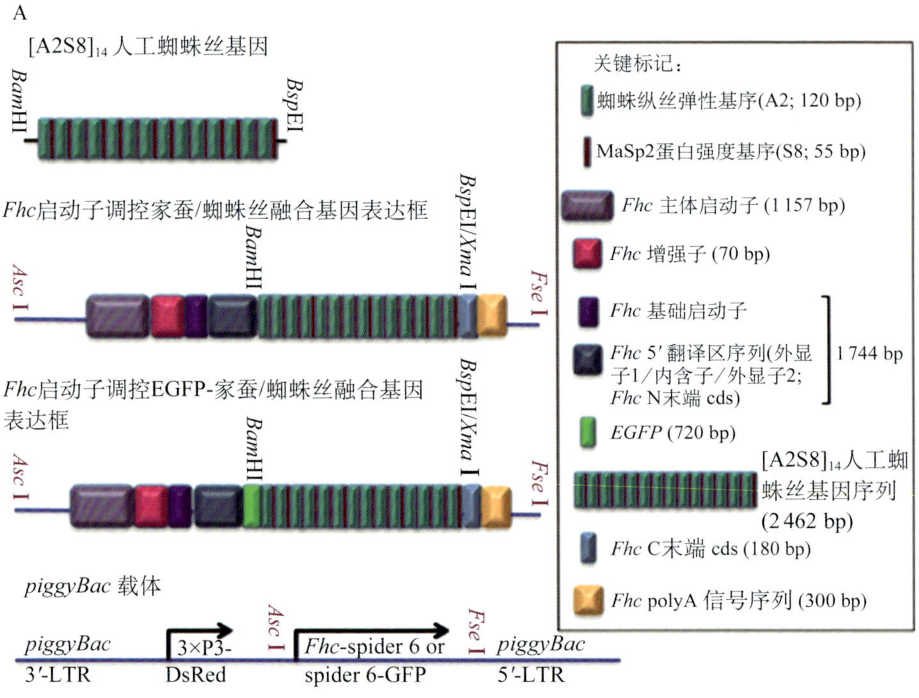

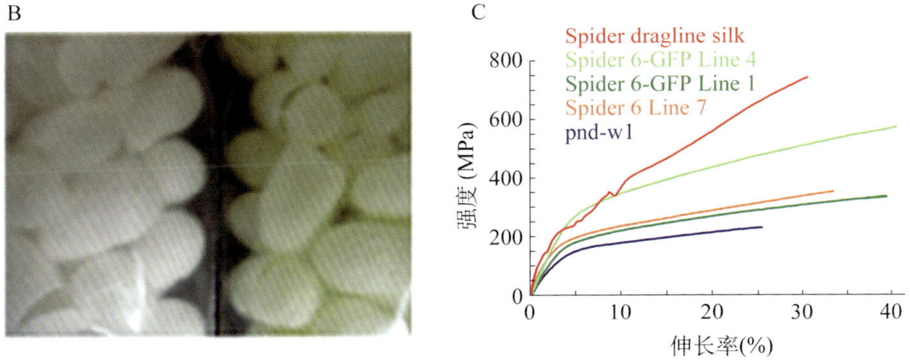

图 7-5　利用人工蚕丝/蜘蛛丝融合基因改良蚕丝纤维力学性能研究(Teulé et al., 2012)

A. 含有人工蚕丝/蜘蛛丝融合基因的转基因载体结构示意;B. 表达人工蚕丝/蜘蛛丝融合蛋白的转基因蚕茧;C. 几种不同转基因蚕丝(Spider 6 Line 7、Spider 6-GFP Line 1 和 Spider 6-GFP Line 4)、非转基因蚕丝(pnd-w1)及蜘蛛拖牵丝(Spider dragline silk)力学性能比较

在此后的研究中,国内的研究人员也曾建立由 *Fib-H* 启动子调控不同种类蜘蛛的 *MaSp1* 基因在 PSG 表达的转基因家蚕,但是由于研究人员仅是将未经优化的蜘蛛内源 *MaSp1* 基因部分序列与 *Fib-H* 基因融合表达,再加上获得的转基因茧丝中所含蜘蛛丝蛋白含量较低(仅为 2%～3%),因此即便转基因茧丝机械性能比非转基因茧丝略有提高,也远未达到天然蜘蛛丝的力学性能水平(张袁松等,2012;韩冷等,2013)。2014 年,Kuwana 等以日系生产用滞育家蚕品系为实验材料,建立了 *Fib-H* 启动子调控大腹园蛛(*Araneus ventricosus*)的内源性拖牵丝蛋白基因与 *Fib-H* 基因在 PSG 融合表达的实用品系转基因家蚕。不同于前人研究仅对未经缫丝处理的转基因茧丝进行初步的机械性能检测,Kuwana 等对脱胶之后的转基因茧丝机械性能进行了测量,结果发现其拉伸力与相同处理条件的非转基因茧丝相比提高了 53%。随后,经缫丝等一系列加工处理,Kuwana 等最终获得了由转蜘蛛丝基因茧丝材料编织的围巾、手套等织物成品。这也是转蜘蛛丝基因茧丝首次实用化的报道(图 7-6)。

西南大学赵爱春研究小组利用蜘蛛拖牵丝蛋白基因改良实用品种家蚕茧丝机械性能的研究,构建了由优化型 *Fib-H* 启动子表达系统调控人工设计并合成的蜘蛛 *MaSp1* 基因、*MaSp2* 基因和 *Fib-H* 基因融合表达的 *piggyBac*

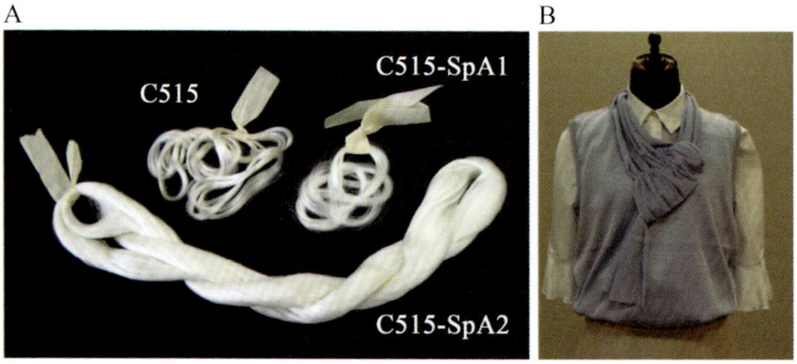

图 7-6　转蜘蛛丝基因茧丝脱胶后获得的茧丝材料及其织物(Kuwana et al.，2014)

A. 非转基因茧丝(C515)和转基因茧丝(C515-SpA1、C515-SpA2)脱胶后获得的茧丝材料；B. 转基因茧丝经缫丝、编织、染色和针织后获得的织物成品

转基因表达载体，并建立起了不同类型的转基因家蚕系，期望能够鉴定出使转基因茧丝机械性能最大限度增强的组合形式，并最终筛选获得机械性能最为优良的新型转蜘蛛丝家蚕茧丝材料。

二、转羊毛角蛋白相关蛋白基因改良茧丝机械性能与染色性能

实际上，除了蜘蛛拖牵丝结构蛋白基因外，其他编码天然动物纤维蛋白的基因也具有用于通过转基因技术创制高机械性能新型茧丝材料的潜力。自2010年以来，西南大学赵爱春研究小组开展了利用羊毛角蛋白相关蛋白(keratin associated protein，KAP)基因结合转基因技术来改良家蚕茧丝性能(包括机械性能、染色性能和生物相容性等)的研究工作，并获得了机械性能与染色性能显著提高的转基因茧丝。

(一) 羊毛和羊毛角蛋白相关蛋白的基本特性

羊毛是纺织工业的重要原料，具有弹性好、吸湿性强、保暖性好等优点。羊毛纺织品以其华贵高雅、穿着舒适的天然风格而著称。来自山羊外表皮层粗毛根部的一层薄薄的羊绒(cashmere)，更是因其具有目前可利用的所有纺织原料都无法比拟的优良品质和特性而享有“软黄金”的美名。如表 7-2 所示，羊毛的强度较其他纤维低，只有约 200 MPa，但断裂伸长率可达 40%。该特性可使羊毛制品很容易保持原有型式，也是羊毛之所以得到广泛应用所不

可或缺的特性之一(梅飞,2006)。羊毛公定回潮率可达15%～17%,极限回潮率可达40%,较其他天然纤维织品吸湿性好,甚至高于蚕丝(翟亚丽等,2003)。此外,羊毛是天然纤维中抵抗日光、气候能力最强的,60 ℃干热处理对羊毛品质并无太大影响,甚至高温短时间处理羊毛品质也无明显变化。

表7-2 羊毛和蚕丝的结构与性能比较(梅飞,2006)

结构与性能		羊毛	蚕丝
外观形态	纵向	表面有鳞片结构	外层丝胶包裹
	横截面	圆形或椭圆形	三角形或椭圆形
主要化学组成		角蛋白	丝素蛋白
物理结构		皮质层结构疏松	结构紧密,结晶度高,分子取向好
密度(g/cm^3)		1.32	1.36
断裂强度(MPa)		200	600
断裂伸长率(%)		25～35	15～25
回潮率(%)		15～16	11
内部容积(mL/g)		0.30	0.28
比表面积(m^2/g)		206	140
极性氨基酸含量(mmol/g)	酸性氨基酸	1.02	0.15
	碱性氨基酸	1.69	0.35
	羟基氨基酸	1.76	2.17
	含硫氨基酸	0.58	0.03

羊毛总体是由包覆在外部的鳞片层、组成羊毛实体的皮质层和毛干中心不透明的髓质层3部分构成(Fraser and Gillespie, 1976)。薄而透明的鳞片层由片状角朊细胞组成,是表面细胞经过变形失去原生质而形成的角状薄片。作为羊毛主体的皮质层位于鳞片层内部,羊毛所具有的强度、弹性、伸长率和吸湿性等特性均取决于皮质层的结构,其是决定羊毛理化性质的基本物质。由松散的、不规则形状的角朊细胞所组成的髓质层是有髓毛的中腔,细胞间充满空气,连接不牢固。

羊毛和蚕丝一样都属于天然蛋白质纤维,但两者在化学组成和物理结构上有较大的差别(表 7-2)。羊毛纤维中极性氨基酸含量约为蚕丝的 2 倍,其中酸性、碱性氨基酸分别为蚕丝的 6 倍和 4 倍,含硫氨基酸更是远远超过蚕丝。因此,羊毛的化学反应性较蚕丝活泼,染料在羊毛上的得色会高于蚕丝(梅飞,2006)。另外,羊毛的回潮率、比表面积、内部容积等表征均比蚕丝大,也使其化学反应活泼性比蚕丝高(梅飞,2006)。从分子高级结构上看,蚕丝丝素蛋白主要由 β 折叠结构组成的结晶区域和排列无序的无定形区域构成,纤维结构较紧密(Gong et al., 2009);羊毛则主要由 α 螺旋和复合螺旋结构构成,再逐级构成微原纤、原纤、巨原纤直至皮质细胞,原纤间充斥着由高硫蛋白质组成的基质,纤维结构相对疏松(Fraser and Gillespie, 1976)。从染色过程看,羊毛和蚕丝氨基酸组成不同,导致两种纤维在相同电解质溶液中的氨基和羧基的电离状态不同,进而使得两种纤维的表面电位和动电电位有高低差异(蚕丝 pI 为 3.5~5.2;羊毛 pI 为 4.2~4.8),最终使两者在染色中和染色后与染料结合能力呈现较大差异(Gulrajani, 1993)。此外,有研究表明,羊毛也具有较好的生物相容性。Pierschbacher 和 Ruoslahti(1984)证明,细胞外基质中的层粘连蛋白的细胞结合位点是 Arg-Gly-Asp(RGD)三肽序列,而羊毛角蛋白成分中含有 RGD 三肽序列,所以羊毛有促进细胞吸附的可能(Dowling et al., 1986)。Yamauch 等(1998)在羊毛角蛋白上培养小鼠成纤维细胞 L929,发现细胞生长速度和数目正常,初步显示了羊毛角蛋白的生物相容性。随后,Yamauch 等(2003)又将 Arg-Gly-Asp-Ser(RGDS)四肽序列接至羊毛角蛋白上,获得 RGDS/角蛋白复合蛋白。在此复合蛋白上培养 L929 细胞,发现复合蛋白对细胞生长有积极的促进作用,再次证明羊毛角蛋白具有作为细胞培养材料的潜力。

角蛋白(keratin)是一类结构纤维硬蛋白,存在于脊椎动物皮肤、毛发和指(趾)甲等部位。角蛋白富含的半胱氨酸残基和大量二硫键,使肽键间形成相当稳定的交互网络。羊毛中含有大量的纤维状角蛋白,也是维持毛囊结构并在毛囊中表达最丰富的一类蛋白质,并且在很大程度上决定了羊毛的结构特性。羊毛角蛋白包含 30 多种蛋白分子,由多基因家族编码。羊毛角蛋白可以分为角蛋白中间纤维(intermediate filament, IF)蛋白和角蛋白相关蛋白(KAP),羊毛 90%的纤维成分均由这 2 种成分组成(Parry and Steinert, 1992)。在羊毛发育过程中,等量的酸性和碱性 IF 蛋白配对形成 8~10 nm 的细丝填充在角蛋白相关蛋白的基质之间,角蛋白相关蛋白则在其外包裹形成一种基质：前者是羊毛的骨架，含量和结构都比较稳定；而后者在不同品种中结构和含量变化较大（Powell et al.，1991）。研究表明，羊毛中 KAP 含量越丰富，羊毛就显得越具有光泽，因此推测 KAP 数量和含量变化是决定羊毛品质的 1 个重要因素（Parsons et al.，1994）。

KAP 根据其氨基酸组分可被分成 3 个主要家族：①高甘氨酸—酪氨酸（Gly-Tyr）角蛋白相关蛋白家族（KAP6、KAP7、KAP8）；②高硫角蛋白相关蛋白家族（KAP1、KAP2、KAP3）；③超高硫角蛋白相关蛋白家族（KAP4、KAP5）（Powell et al.，1995；Powell and Rogers，1996；Shimomura and Ito，2005）。*KAP* 基因大小为 0.6～1.5 kb，且均为单外显子，其编码产物 KAP 通过二硫键头尾相接形成微丝束（Fratini et al.，1993；McLaren et al.，1997）。超高硫角蛋白相关蛋白家族包括 KAP4 与 KAP5 这 2 个大家族及其下属的小家族。该家族的半胱氨酸（Cys）含量是所有 KAP 中最高的，为 25%～33%。研究表明，KAP4 家族是对绵羊半胱氨酸系统性变化有反应的唯一的角蛋白家族（Fratini et al.，1994）。已经鉴别出的 KAP4.1 与 KAP4.2 分别含有 151 和 211 个氨基酸，主要包括了 Cys、Ser、Pro、Arg 和 Thr（Powell and Rogers，1996）。KAP4.3 是 1 个新发现的超高硫羊毛角蛋白，含有 311 个氨基酸。与以前报道的 2 个家族相比，该蛋白具有更长的半胱氨酸—丝氨酸（Cys-Ser）富集区（Yu et al.，2009）。KAP5 家族占羊毛角蛋白总量的小部分，且主要在羊毛纤维的表皮层中表达。目前已发现 KAP5 家族的 5 个蛋白（Jenkins and Powell，1994）之间氨基酸组成差异较大，但均富含 Gly 和 Cys。含 10～20 个氨基酸残基的长 Gly 片段和短 Cys 片段交替重复出现，是该家族与其他角蛋白相关蛋白家族最显著的区别（MacKinnon et al.，1990）。

（二）转羊毛角蛋白相关蛋白基因改良茧丝研究

2013 年，西南大学赵爱春研究组构建了利用 *Fib-H* 启动子分别调控人工合成的重组羊毛角蛋白相关蛋白基因（*KAP4.3* 和 *KAP5.4*）与 *Fib-H* 基因融合表达的转基因载体，并通过胚胎显微注射筛选获得了 PSG 特异表达 Fib-H/KAP4.3 或 Fib-H/KAP5.4 融合蛋白的转基因家蚕系（分别命名为转 KAP4.3 系和转 KAP5.4 系）（张阳，2013）。随后，研究人员对获得的转基因茧丝机械性能（含丝胶层面积进行计算）、染色性能以及生物相容性进行了测定。结果发现,转基因茧丝的弹性与强度较非转基因茧丝均有显著提高,尤其是2种转基因茧丝的弹性较非转基因茧丝增强达1倍以上(图7-7A和B);转基因茧丝固色率较非转基因茧丝有较大提升,其中转KAP4.3系茧丝总固色率可达50%以上(图7-7C)。此外,研究人员还将茧丝制成可用于培养小鼠成纤维细胞L929的三维支架,用来检测转基因茧丝的毒性及细胞黏附性。研究结果显示,茧丝制成的三维支架可黏附细胞,其中转KAP5.4系茧丝的细胞黏附率与非转基因茧丝相比显著上升,而转KAP4.3系茧丝的细胞黏附性相对于非转基因茧丝稍有下降,表明其生物相容性虽有所降低,但仍可满足其作为生物材料的要求(图7-7D)。上述研究结果证实,创制由家蚕丝素重链表达系统调控KAP相关基因与*Fib-H*基因融合表达的转基因家蚕,可获得机械性能和染色性能显著提高的转基因茧丝材料。

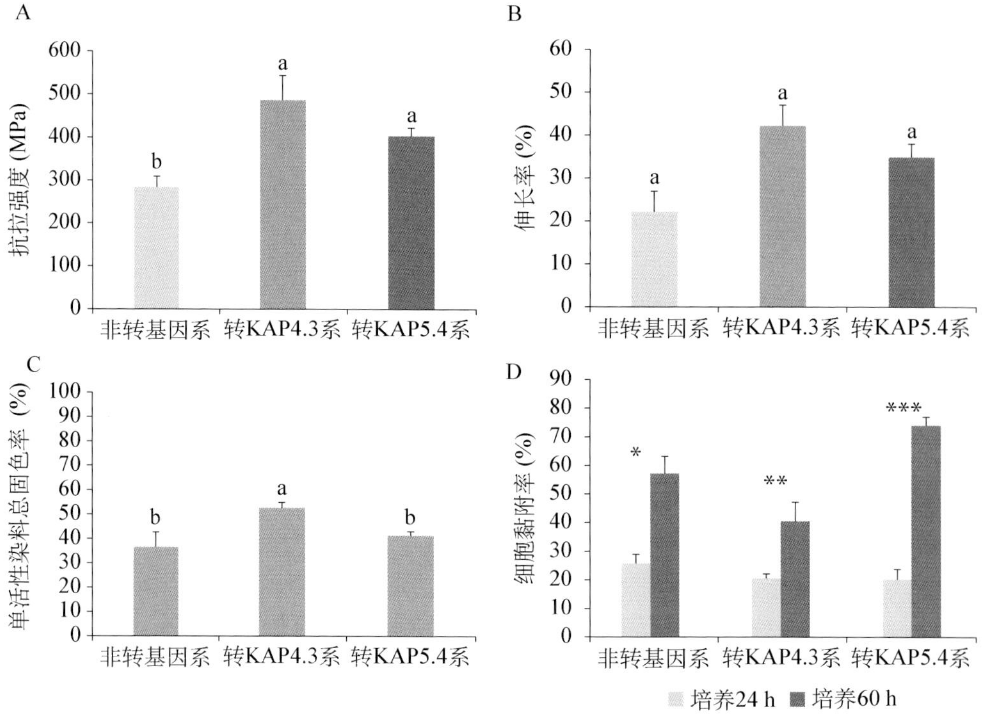

图7-7 转*KAP*基因茧丝性能表征检测(张阳,2013)

A. 转基因茧丝强度检测;B. 转基因茧丝弹性检测;C. 转基因茧丝固色性能检测;D. 转基因茧丝的细胞黏附性检测。图中字母相同的表示差异不显著,字母不同的表示差异显著($p=0.01$);* 表示差异显著($p<0.05$),** 表示差异极显著($p<0.01$),*** 表示差异极其显著($p<0.001$)

虽然国内外不同研究小组通过转入不同基因获得一些机械性能发生显著变化的转基因茧丝材料，但对这些材料实用化和商业化应用的后续报道和对引起这些材料机械性能变化的内在分子和结构机理解析极少。这也说明，获得的这些材料到真正商业化应用和解析其性能变化的内在原因是今后需要加强和努力的方向。

第三节　实用性蚕品种转基因技术的建立与应用

Tamura 等(2000)建立了家蚕早期胚胎显微注射导入外源 DNA 的技术，其后随即成为国内外应用最为广泛、最为有效的方法。然而这种方法要求必须把注射时间严格控制在产卵后 6 h 内，同时因注射打孔已破坏了卵壳结构，注射后的蚕卵在自然环境中易失水而导致孵化不良，更不能经受冷藏、浸酸等解除滞育的人工处理。此期的研究者多选用无滞育的多化性蚕品种作为受体材料(表 7－3)，虽然满足了转基因操作的要求，但用于育种存在以下两个难以克服的缺点。一是多化性蚕品种其经济性状低下，所获得的转基因材料必须经过多代回交转育和复杂的选育过程，待经济性状全面达到实用水平才能推广应用，这将是一个漫长的过程。例如，日本第一个转荧光蛋白基因有色茧实用品种的育成，首先以多化性蚕品种为受体品种建立具有荧光蛋白基因的转基因有色茧系统，然后再将其与实用蚕品种后代连续回交转育，历经 8 年(2000～2008 年)的选育始达实用水平(Iizuka et al.，2013)。二是多化性品种为受体的转基因材料仍为多化性，其继代维持只能采用连续的饲养繁殖，不仅要花费大量人力和物力，同时也增加了转基因资源丢失的风险。因此，建立以实用品种为转基因受体的技术对推进家蚕转基因育种有重要意义。

表 7－3　截止至 2007 年家蚕转基因研究报道所用受体品种及其化性统计

时间	品种	化性	表达外源蛋白/基因	参考文献
2000	*pnd-w1* 和 *Nistari*	多化	GFP	Tamura et al.，2000
2002	*Nistari*	多化	EGFP	Thomas et al.，2002

（续表）

时间	品种	化性	表达外源蛋白/基因	参考文献
2002	*Nistari*	多化	BmFtz-F1 蛋白	Uhlířová et al.，2002
2003	*pnd-w1*	多化	*Bmdsx*^{F}基因	Suzuki et al.，2003
2003	*pnd-w1*	多化	EGFP	Imamura et al.，2003
2003	*pnd-w1*	多化	人Ⅲ型原胶原蛋白	Tomita et al.，2003
2004	*Nd-s*^{D}	二化	*BmFib-L* 基因编码 cDNA	Inoue et al.，2004
2004	*pnd-w1*	多化	*lef1* 基因 dsRNA 干涉片段	Isobe et al.，2004
2005	*Nd-s*^{D}	二化	GFP	Inoue et al.，2005
2005	*Nistari*	多化	DsRed 蛋白	Royer et al.，2005
2005	*pnd-w1*	多化	家蚕保幼激素酯酶(JHE)	Tan et al.，2005
2005	*Nistari*	多化	EGFP	代红久等,2005
2005	*pnd-w1*	多化	*Bmdsx*^{M}基因	Suzuki et al.，2005
2006	*pnd-w1*	多化	EGFP	Imamura et al.，2006
2006	*pnd-w1*	多化	家蚕脯氨酰-4-羟化酶α亚基(BmP4Hα)和人Ⅲ型胶原蛋白	Adachi et al.，2006
2006	*pnd-w1*	多化	人碱性成纤维细胞生长因子(hbFGF)	Hino et al.，2006
2007	*pnd-w1*	多化	EGFP	Kojima et al.，2007；Shimizu et al.，2007；Tomita et al.，2007
2007	*pnd-w1*	多化	家蚕类胡萝卜素结合蛋白(CBP)	Sakudoh et al.，2007
2007	*Nistari*、Golden-yellow-cocoon(金黄茧，越南品种)和 Jiaqiu(加秋，中国品种)	多化	EGFP	Zhong et al.，2007
2007	*Nistari*	多化	家蚕蜕皮激素(EH)基因 dsRNA 干涉片段	Dai et al.，2007

（续表）

时间	品种	化性	表达外源蛋白/基因	参考文献
2007	*pnd-w1*	多化	家蚕犬尿氨酸-3-单氧化酶(KMO)	Kobayashi et al., 2007; Quan et al., 2007
2007	*pnd-w1*	多化	猫干扰素(FeIFN)	Kurihara et al., 2007
2007	*Nd-s*^{D}	二化	胶原蛋白多肽(Coll-F)和纤连蛋白多肽(RGD)	Yanagisawa et al., 2007
2007	*Nistari*	多化	*iel* 基因 dsRNA 干涉片段	Kanginakudru et al., 2007
2007	*pnd-w1*	多化	人血清白蛋白(HAS)	Ogawa et al., 2007

注：Inoue 等(2004,2005)和 Yanagisawa 等(2007)以二化性滞育家蚕品系 *Nd-s*^{D}为受体材料建立转基因家蚕的方法：产卵后 1.5～2.5 h 用 20%盐酸＋2%甲醛混合液在室温下浸渍蚕卵 30 min，然后将解除滞育的卵用早期胚胎显微注射法制作转基因家蚕。

一、实用性蚕品种转基因技术的建立

家蚕按化性可以分为一化性、二化性和多化性三类。一化性是每年发生一代，产滞育卵，次年孵化。二化性是每年发生二代，第一代产非滞育卵，第二代产滞育卵越冬。多化性是每年发生三代以上，产非滞育卵。由于一化性蚕品种幼虫经过长、体质弱，多化性蚕品种茧丝性状差，所以生产上均饲养体质强、好养且经济性状好的二化性品种。现今的实用品种均为二化性，所以家蚕转基因育种最好的受体材料是二化性蚕品种。

二化性蚕品种可以产生滞育卵和非滞育卵，用高温(25 ℃)催青均产滞育卵，用低温(15 ℃)催青产非滞育卵，用中间温度(20 ℃)催青产滞育与非滞育的混合卵。蚕卵化性转化最敏感的时期是胚胎反转以后到转青期。二化性蚕品种化性的转化也受催青中光照长短，以及孵化后蚕的生长发育各阶段的温度、光线、湿度和营养等因素的影响，但这些因素在中间温度催青时才得以显现。

西南大学赵爱春将二化性蚕品种低温催青可产生化性转化而产生非滞育卵的生物学特性巧妙地用于转基因育种的非滞育卵获得方面。首先选取现行推广的二化性蚕品种以催青温度为重点探索生产非滞育卵的催青条件，获得大量适于早期胚胎显微注射的受体品种非滞育卵，大大提高了转基因育种的效率(赵爱春等,2007b)。

生产上均采用二化性蚕品种滞育卵,但常用冷藏、浸酸的人工孵化法解除滞育。然而,各种冷藏、浸酸法的时期均远超过蚕卵显微注射的有效期。赵爱春等(2007a)系统研究了适于家蚕转基因操作的早期即时浸酸解除滞育的方法。在卵龄 3 h 内实施浸酸,可以使滞育卵解除滞育,直接用于显微注射操作。但其效果与蚕品种有关,实施前必须找出该品种最适浸酸条件。赵爱春等(2012)进一步研究发现,华系蚕品种低温催青效果显著优于日系蚕品种,而早期即时浸酸效果则日系蚕品种显著优于华系蚕品种。徐汉福等(2011)以低温催青法为基础发展了复式催青法,应用于家蚕转基因操作,也获得良好效果。

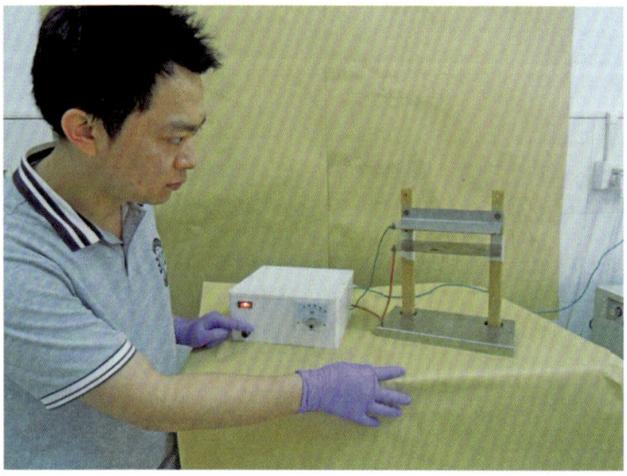

图 7-8　研究人员进行电晕处理解除蚕卵滞育的操作

赵爱春研究组开发出一种更为简便、高效的极早期电晕解除蚕卵滞育并制备转基因家蚕的方法(图 7-8)。将产下 2～4 h 的滞育蚕卵经电晕处理解除其滞育性,随后直接用于显微注射操作,从而有效地克服了现有实用性蚕品种转基因方法的所有缺陷。可以预见,这种极早期电晕解除蚕卵滞育并制备转基因家蚕的方法将在实用性蚕品种转基因研究领域具有重要的推广应用价值与潜力。

二、实用性蚕品种转基因技术的应用

自赵爱春等于 2007 年发表实用性蚕品种的转基因方法以来,以实用性品种为受体创制的转基因家蚕,已经成功应用于家蚕内源或外源基因/启动子的功能分析、茧丝素材创新、抗病素材创新、生物反应器开发和家蚕安全转基因技术体系研究等领域,极大地推动和拓展了家蚕基础与应用研究的发展。下面以我国第一个转基因绿茧家蚕品种——“西绿”的育成为例,介绍实用性蚕品种转基因技术的应用。

(一) 转基因绿茧实用品种

2007 年，赵爱春等利用极早期浸酸解除实用品系家蚕滞育并制备转基因家蚕的方法，以日系二化实用品种家蚕“碧/波”为材料，建立了茧丝丝素层高效表达 EGFP/Fib-H 融合蛋白且蚕茧呈明显淡绿色的实用品种转基因家蚕。2008 年 5 月至 2009 年 12 月，与广西蚕业技术推广总站合作，以获得的转 *EGFP* 基因“碧/波”品种家蚕为研究对象，通过快速选纯性状的方法育成了 1 对目的性状稳定且其他经济性状良好的转基因绿茧家蚕品种——“西绿”(图 7－9)。

图 7－9　转基因绿茧家蚕品种——“西绿”的选育

A.“西绿”5 龄蚕的饲养；B.“西绿”茧；C.“西绿”茧缫的丝

此后，广西蚕业技术推广总站的张雨丽等(2013a、b，2014a、b)系统地开展了“西绿”转基因家蚕的饲养技术改进、品系杂交组配试验以及综合经济性状改良等育种研究，其在“西绿”转基因家蚕品种的育种过程中获得的大量原始数据，对今后的家蚕转基因育种研究具有重要启示。“西绿”转基因家蚕各个世代自交及与其他实用家蚕品种杂交的绿茧比率如表 7－4 所示。这些数据表明：①转基因性状(绿茧色)只需要经过 4～6 代简单的同圈蛾后代自交便能快速选纯；②选纯的转基因绿茧家蚕品系与其他实用品种杂交后转基因性状也能快速选纯，杂交转基因绿茧品系中容易筛选获得且同时具有注射材料实用原种“碧/波”和被杂交实用品种优良性状的育种素材；③选纯的转基因绿茧家蚕品系在大量饲养过程中除了出现极少量颜色极浅的绿茧和白茧外，目的基因性状表现稳定。另外，“西绿”等品种选育过程中对这些转基因材料的综合经济性状进行了详细调查和比较分析(表 7－5)。结果表明：选纯的转基因绿茧家蚕品系综合经济性状良好，且与对应的注射受体材料实用原种“碧/波”或“洞/庭”相似。

表 7-4 “西绿”品种家蚕自交及与其他实用家蚕品种杂交各世代绿茧比率

品系 世代	“西绿 1-6”（深绿色,%）	“西绿 1-7”（绿色,%）	“西绿 1-1”（浅绿色,%）	“7532”×“西绿”(%)	“洞/庭”(%)	“932”×“洞/庭”(%)	“C7”×“西绿”(%)	“湘晖”×“西绿”(%)	“芙蓉”×“西绿”(%)
G_1	87.55	68.97	57.58	94.85	5	78.56	80.58	100	91.46
G_2	90.08	79.76	72.19	93.37	90.23	76.06	85.96	93.36	94.3
G_3	98.03	95.92	94.26	100	100	96.16	100	89.2	87.78
G_4	100	100	88.50	99.08	100	100	95.88	94.48	99.39
G_5	100	100	100	100	100	100	100	98.66	98.5
G_6	100	100	91.61	100	100	100	100	100	100
G_7	97.44	99.35	98.82	100	100	100	100	100	74.26
G_8	100	99.17	99.18	100	100	100	100	99.18	100
G_9	100	100	93.77	100	100	100	100	100	100
G_{10}	98.72	100	89.46	100	100	100	97.8	100	100
G_{11}	100	99.69	97.17	98.36	100	—	98.54	100	100
G_{12}	95.92	100	100	95.39	100	100	100	100	100
G_{13}	100	100	100	99.75	100	100	100	100	100
G_{14}	92.83	100	100	98.72	—	100	100	100	100
G_{15}	98.75	91.43	100	98.48	90.04	100	100	100	100
G_{16}	91.07	100	93.30	100	100	100	100	100	100

（续表）

品系 世代	“西绿 1-6”（深绿色，%）	“西绿 1-7”（绿色，%）	“西绿 1-1”（浅绿色，%）	“7532”×“西绿”（%）	“洞/庭”（%）	“932”×“洞/庭”（%）	“C7”×“西绿”（%）	“湘晖”×“西绿”（%）	“芙蓉”×“西绿”（%）
G_{17}	100	99.31	100	100	100	100	100	100	100
G_{18}	100	98.12	100	97.39	100	100	100	100	100
G_{19}	100	100	100	92.98	100	100	100	100	100
G_{20}	100	99.24	100	96.14	100	100	100	100	100
G_{21}	100	100	100	100	100		100	100	100
G_{22}	100	99.30	100	99.76			100	100	100
G_{23}	100	100	100	100			100		

表 7-5　转基因绿茧与其对应的受体品种综合经济性状调查表

品种名	世代	5 龄期（h）	全龄期（h）	蔟中经过（h）	病蚕率（%）	蔟中减蚕率（%）	幼虫生命率（%）	死笼茧率（%）	虫蛹生命率（%）	全茧量（g）	茧层量（g）	茧层率（%）	收蚁日期（年-月-日）
“碧/波”		196	529	336	0	1.47	98.53	1.87	96.69	1.45	0.32	22.12	2012-4-7
“西绿”（浅色品系）	14	172	505	312	0	1.81	98.19	0	98.19	1.32	0.28	21.26	2012-4-7
“西绿”（中色品系）	14	172	505	312	0	0.71	99.29	1.41	97.89	1.25	0.25	20.21	2012-4-7
“西绿”（深色品系）	14	172	505	312	0	0.38	99.62	1.13	98.49	1.32	0.27	20.71	2012-4-7

（续表）

品种名	世代	5龄期(h)	全龄期(h)	蔟中经过(h)	病蚕率(%)	蔟中减蚕率(%)	幼虫生命率(%)	死笼茧率(%)	虫蛹生命率(%)	全茧量(g)	茧层量(g)	茧层率(%)	收蚁日期(年-月-日)
“碧/波”		162	508	332	—	—	—	0	—	1.39	0.32	22.77	2013-3-20
“西绿”(浅色品系)	16	162	508	284	—	—	—	1.39	—	1.23	0.27	21.9	2013-3-20
“西绿”(中色品系)	16	158	504	336	—	—	—	3.01	—	1.38	0.31	22.24	2013-3-20
“西绿”(深色品系)	16	158	504	312	—	—	—	4.12	—	1.37	0.29	20.98	2013-3-20
“洞/庭”		192	582	360	—	—	—	—	—	1.38	0.31	22.15	2011-9-8
“洞/庭绿茧”	9	163	510	336	—	—	—	—	—	1.23	0.28	22.42	2011-9-8
“洞/庭”		177	510	312	0	1	99	2.36	96.66	1.39	0.3	21.57	2012-4-7
“洞/庭绿茧”	10	177	510	312	0	1.39	98.61	1.41	97.22	1.21	0.27	22.41	2012-4-7
“洞/庭”		151	486	336	0	4.99	95.01	14.58	81.16	1.61	0.33	20.73	2012-7-31
“洞/庭绿茧”	12	168	510	312	0.8	2.02	97.2	6.17	91.2	1.4	0.3	21.14	2012-7-31
“洞/庭”		163	509	307	—	—	—	3.08	—	1.54	0.37	23.8	2013-3-20
“洞/庭绿茧”	14	163	509	307	—	—	—	1.07	—	1.4	0.33	23.37	2013-3-20
“洞/庭”		175	535	305	—	—	—	5.74	—	1.22	0.27	22.02	2013-9-22

（续表）

品种名	世代	5龄期（h）	全龄期（h）	蔟中经过（h）	病蚕率（%）	蔟中减蚕率（%）	幼虫生命率（%）	死笼茧率（%）	虫蛹生命率（%）	全茧量（g）	茧层量（g）	茧层率（%）	收蚁日期（年-月-日）
“洞/庭绿茧”	16	168	528	336	—	—	—	2.77	—	1.11	0.25	22.5	2013-9-22
“洞/庭”		151	509	306	0	2.87	97.13	0.84	96.31	1.38	0.28	20.55	2014-4-24
“洞/庭绿茧”	17	151	509	306	0	0.87	99.13	0.53	98.6	1.11	0.24	21.15	2014-4-24
“洞/庭”		185	556	284	—	—	—	20.22	—	1.67	0.37	21.86	2014-9-30
“洞/庭绿茧”	18	185	556	284	—	—	—	12.7	—	1.31	0.32	24.07	2014-9-30
“洞/庭”		161	507	308	—	—	—	12.32	—	1.27	0.27	21.48	2015-4-28
“洞/庭绿茧”	19	161	507	308	—	—	—	10.92	—	1.02	0.22	21.46	2015-4-28
“洞/庭”		162	509	307	—	—	—	0.98	—	1.53	0.33	21.77	2015-9-21
“洞/庭绿茧”	20	164	511	305	—	—	—	0	—	1.21	0.25	20.75	2015-9-21

2009 年,“西绿”品种在广西和重庆进行了小规模的农村饲养试验。结果表明,“西绿”品种各种重要经济性状与当地推广品种处同一水平。2010 年 9 月,由西南大学提交的“转 *EGFP* 基因品质改良家蚕‘西绿-1’等在重庆和广西的中间试验安全评价报告书”经农业部转基因生物安全委员会审查合格(文件编号:农基安办字 2010—T317),批准在重庆和广西进行中间试验。自此,“西绿”成为我国国内第一个获准进行中间试验的转基因家蚕品种。

(二)“西绿”转基因茧丝加工及丝织品开发

2008 年 10 月至 2009 年 8 月,西南大学蚕学研究团队与重庆纤维织品检验所和广西蚕业推广总站合作,以获得的转基因“西绿”品种家蚕为材料,开展了转基因绿茧的烘茧、缫丝和织绸等工艺优化实验。为了避免高温多湿破坏转基因茧丝中 EGFP 的正确空间结构,研究人员对工业生产的缫丝和织绸工艺进行了优化和改良,采用了低温真空渗透法并添加助剂对转基因绿茧进行缫丝和改良高温多湿的织绸工艺环节,最终获得在自然光下为黄绿色,在紫外光下呈漂亮的绿色的转基因绿茧和茧丝(图 7-10)。张玲(2012)和高维全等(2012)还系统地分析与研究了转基因绿茧的外观特征、温度适应性、结构特征、性能特征和缫丝特征等,获得了大量的转基因绿茧主要性状表现与特征数据,为转基因绿茧缫丝工艺和产品的进一步开发奠定了基础。杨佩等(2015)通过观察转基因茧丝经不同酶类脱胶后的绿色荧光强度,筛选出了适合转基因绿茧茧

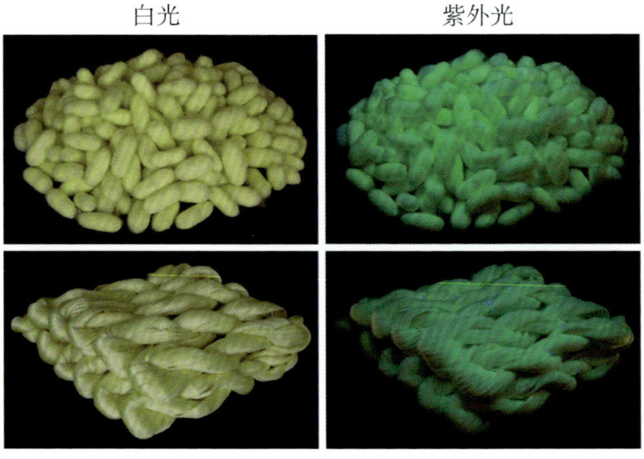

图 7-10　白光和紫外光下的转基因绿茧和茧丝

丝酶法脱胶的酶种类，并进一步开发了最适脱胶工艺条件。

2009年，用转基因绿茧丝纺织出了转基因丝绸并制成了丝绸服装（郝杰，2009）。转基因丝绸和服装在白光下即呈现漂亮的黄绿色，且转基因丝绸服装织法细密结实但很透气，在捏揉后不易起皱，手感与一般丝绸有较大差异（图7-11A）。2010年，该科研成果入选在上海举行的第41届世界博览会并在中国馆展出（图7-11B）。2012年，中央电视台CCTV-10科教频道"走近科学"栏目在"纺织中国——原料的革命"专题中对西南大学蚕学研究团队研制的转基因绿茧蚕丝制品进行了报道（图7-11C）。

图7-11　转基因绿茧丝绸、织物的开发及推广应用

A. 转基因绿茧、丝、绸和织物照片；B. 上海世博会中国馆展出的转基因绿茧和丝绸；C. 中央电视台CCTV-10科教频道对转基因绿茧蚕丝制品的报道

在"西绿"转基因品种的培育、研发和安全评价过程中，首次积累了转基因家蚕实用化的大量原始数据和经验，可作为今后转基因家蚕的商业化推广应用的有价值参考。

第四节　其他转基因家蚕新品种培育

近年来，转基因技术在家蚕新品种培育研究方面，还开展了利用转基因育种手段培育抗病性家蚕品种、提高蚕丝产量以及将转基因家蚕用作药物筛选模型的探索。

一、抗病性转基因家蚕品种培育

我国的养蚕业一直面临严重的病害威胁。据统计，每年因蚕病暴发造成的损失占蚕业生产总收入的20%左右。培育抗病性家蚕品种是应对疾病威胁的有效方法。一直以来，蚕业科研工作者都在尝试培育抗病性家蚕品种，但是通过长期的杂交育种实现培育抗病性实用家蚕品种的效果并不理想。近年来，国内外的研究人员在对病原微生物浸染机理及家蚕抗病机理深入研究和理解的基础上，广泛地开展了利用转基因育种技术来培育对BmNPV、黑胸败血芽孢杆菌(*Bacillus bombysepticus*)等具有较高抗性家蚕品种的研究。

(一) 抗BmNPV转基因家蚕研究

在家蚕转基因育种研究领域，研究最为系统、广泛和深入的无疑是抗BmNPV转基因家蚕的创制。目前报道的实现建立抗BmNPV转基因家蚕的方法主要包括：增量表达BmNPV抗性基因、抑制BmNPV复制必需基因表达和调控家蚕免疫通路等。

利用转基因技术增量表达内源或外源抗性基因，已经在烟草、水稻和小鼠等动植物中被证实能够有效提高宿主抵抗疾病的能力(Ohshimax et al., 1999; Fabienne et al., 2009; Nishiyama et al., 2010; Wally and Punja, 2010)。Jiang等(2012b)建立了由BmNPV的*ie1*组成型启动子调控家蚕脂肪酶基因(*Bmlipase-1*)增量表达的转基因家蚕，添食BmNPV实验结果表明，增量表达*Bmlipase-1*基因能够提高转基因家蚕体的抗性，而转基因家蚕的生长发育和经济性状与非转基因家蚕相比没有差异。同年，Jiang等(2012a)还制备了由诱导型hr3-39k启动子调控来自美国白蛾核型多角体病毒(HycuNPV)的早期非必需基因*hycu-ep32*表达的转基因家蚕，用于实现通过添食BmNPV诱导*hycu-ep32*基因过量表达，进而提高转基因家蚕对BmNPV的抗性。

核型多角体病毒(NPV)的DNA复制和表达是一种有序的级联反应事件，前一阶段的基因产物直接或间接地反式作用于下一阶段的基因转录。早期研究表明，NPV的极早期表达基因(*ie1*)、晚期表达基因(*lef1*)、DNA解旋酶基因(*dnahel*)和囊膜糖蛋白基因(*gp64*)等NPV病毒感染宿主细胞复制的必需基因缺失将导致病毒不能复制增殖，因此通过抑制这些必需基因的表达是防止家蚕感染BmNPV的有效策略之一。在早期研究中，Isobe等(2004)和Kanginakudru等(2007)曾分别以*lef1*基因和*ie1*基因作为靶标基因，通过建立表达靶标基因干涉片段的转基因家蚕，依靠转基因 RNAi 抑制 BmNPV 增殖，进而实现提高转基因家蚕的抗性(图 7－12)。此后，越来越多的国内外不同研究组陆续开展了利用转基因 RNAi 技术创制抗 BmNPV 转基因家蚕的研究。Jiang 等(2013)发现通过优化可能影响转基因 RNAi 效率的因素——包括转基因干涉载体的启动子、正反向干涉片段排列位置、间隔序列和终止信号序列等，均能够进一步提高转基因家蚕对 BmNPV 的抗性。印度学者 Subbaiah 等(2013)和苏州大学贡成良团队(Zhang et al.，2014b)分别通过同时干涉多个 BmNPV 基因的方式，制备了病毒抗性进一步增强的转基因家蚕。西南大学 Zhang 等(2014a)证实，通过在家蚕细胞系中导入 BmNPV 的 *lef11* 基因人工 microRNA 前体的方式，能够在一定程度上抑制 BmNPV 在家蚕细胞中的增殖。最近，Dong 等(2016)在家蚕细胞水平证实，利用新近发展起来的 CRISPR/Cas9 基因组编辑系统对 BmNPV 复制必需基因 *ie1* 的定点敲除，也具有实现建立抗 BmNPV 转基因家蚕的潜力。

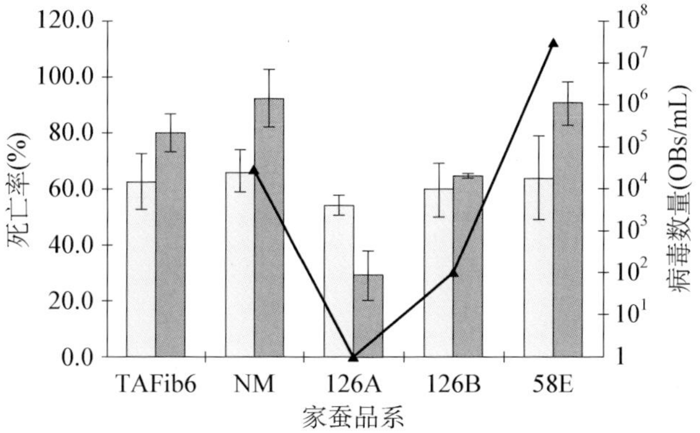

图 7－12　转基因家蚕对 BmNPV 的抗性(Kanginakudru et al.，2007)

非转基因家蚕(NM)、表达非靶基因 dsRNA 片段的转基因家蚕(TAFib6)和表达 *ie1* 基因 dsRNA 片段的 3 个不同品系转基因家蚕(126A、126B 和 58E)，通过在 3 龄或 4 龄幼虫时期经口感染 BmNPV-p10GFP 病毒(添食量分别为 6 000 OBs/头和 12 000 OBs/头)。浅色和深色柱状图分别表示 3 龄和 4 龄不同家蚕品系感染的死亡率；黑色线条表示感染病毒的 4 龄幼虫每毫升血淋巴中的 OBs 数量

早期研究表明，部分免疫信号通路参与了宿主对病毒的防御，通过调控宿主免疫信号通路可以对病毒的复制增殖产生影响。Katsuma 等(2007)发现，

家蚕的ERK和JNK免疫通路在BmNPV感染晚期被激活，通过RNAi或者特异抑制剂抑制该通路，能够显著抑制BmNPV在家蚕BmN细胞中的增殖。Jin等(2014)证实，家蚕ERK和JNK通路的上游负调控基因*BmSpry*，会受到BmNPV诱导而下调表达，在家蚕BmE细胞中增量表达*BmSpry*能够抑制BmNPV的增殖。肽聚糖识别蛋白(PGRP)是昆虫的主要模式识别受体之一。家蚕模式识别受体基因*BmPGRP2*会受到BmNPV诱导而上调表达。蒋亮(2013)发现，通过转基因干涉*BmPGRP2*基因，会使家蚕的某条未知免疫通路发生变化，从而提高转基因家蚕对BmNPV的抵抗力。上述研究结果表明，利用转基因技术调控家蚕的免疫通路来抑制病毒增殖，可能是提高家蚕抗病性的有效途径之一。

(二) 其他抗病转基因家蚕研究

除了上述建立抗BmNPV的转基因家蚕外，利用转基因技术培育抗其他类型疾病转基因家蚕的研究则相对较少。Ito等(2008)通过定位克隆鉴定到少数几个不同家蚕品系所具有的家蚕浓核病毒2型(BmDNV-2，山梨和佐久株)抗性，均是由其基因组中$+^{nsd\text{-}2}$基因ORF区域的一段6 kb序列缺失所引起。该结果暗示，利用家蚕基因组编辑技术敲除$+^{nsd\text{-}2}$基因也许可以制备抗BmDNV-2的人工突变体家蚕。最近，Lin等(2015)利用CRISPR/Cas9系统敲除了家蚕内源基因*BtR-175*，获得了对家蚕病原微生物黑胸败血芽孢杆菌(*Bacillus bombyseptieus*)伴孢晶体毒素(parasporal crystal toxin, PC)具有抗性的人工突变体家蚕。

虽然利用转基因开展了家蚕各种抗病研究并取得了大量的成果，但是令人遗憾的是，利用转基因技术对家蚕最重要的检疫性病——家蚕微孢子病的抗病研究却没有报道。利用家蚕转基因技术开发家蚕微孢子特异诱导启动子启动毒素基因杀死卵细胞或能阻止卵巢发育成蚕卵的相关基因解决胚胎垂直传播，这也许是今后转基因家蚕抗病研究值得关注的问题。

二、提高蚕丝产量的转基因家蚕品种培育

杂交育种曾为蚕丝业生产带来了巨大利益。但是在过去的40多年时间里，家蚕吐丝量已经达到了一个平台期，通过传统的杂交育种已经很难使蚕丝

产量获得明显提高，而转基因分子育种技术的出现与发展，无疑为该问题的解决带来了曙光。早期研究表明，家蚕丝蛋白的合成主要取决于 PSG 合成丝素蛋白的能力以及丝腺的大小这两个因素(Miura et al.，1964；Tashiro et al.，1968；Shigematsu et al.，1978)。由于蚕丝所含蛋白成分相对复杂，通过转基因技术改变 1 种或数种丝蛋白，可能会引起蚕丝构造和理化性质改变，降低蚕丝的品质，且无法从根本上实现提高蚕丝产量的目的。因此，研究人员拟采取通过转基因育种手段使丝腺增大而不改变其他组织器官的方法来提高蚕丝产量。

Ras 致癌基因编码的一种小分子量鸟苷三磷酸酶(GTPase)参与了机体的正常发育以及肿瘤发生、发育障碍等异常生物学过程。激活后的 Ras 蛋白会与 Raf 和 PI3K110 等下游效用蛋白产生高亲和性的相互作用，而 Raf-MAPK 和 PI3K-Akt-TORC1-S6K/4EBP 通路则参与了多种细胞与分子发生事件，特别与细胞的生长和蛋白的合成相关(Karnoub and Weinberg，2008)。Ras^{CA} 基因在果蝇前胸腺中的过量表达，会使得前胸腺细胞体积增大并促进蜕皮激素分泌，从而引起果蝇躯体减小(Caldwell et al.，2005)。家蚕基因组中曾鉴定到 3 个内源性 *Ras* 基因(*BmRas1*、*BmRas2* 和 *BmRas3*)，这 3 个 *Ras* 基因均在家蚕各组织中呈组成性表达模式，但是其在家蚕体内的生物学活性尚不清楚(Ogura et al.，2009)。

2011 年，中国科学院上海植物生理生态研究所与西南大学家蚕研究团队的科研人员构建了由 GAL4/UAS 系统调控家蚕 *Ras1* 基因突变体 $Ras1^{V12}$(命名为 $Ras1^{CA}$)在 PSG 特异性过表达的转基因家蚕(Ma et al.，2011)。研究结果显示，$Ras1^{CA}$ 在杂交获得的双转基因家蚕(FibL-GAL4/UAS-$Ras1^{CA}$)PSG 中过表达，使得双转基因家蚕 5 龄幼虫 PSG 体积增大了 60%，全茧量增加了 40%(图 7-13)；双转基因家蚕幼虫体重增加 20%，但蛹体重没有改变；双转基因家蚕幼虫 5 龄龄期比非转基因家蚕延长约 6 h，而桑叶消耗量仅增加 20%，估计蚕丝产量净增比例高达 30%。qRT-PCR 检测结果表明，双转基因家蚕 PSG 中的 $Ras1^{CA}$ 基因 mRNA 表达水平显著高于非转基因家蚕，而 $Ras1^{CA}$ 蛋白的大量合成激活了 MAPK、Akt、S6K 和 4EBP 的磷酸化水平，同时也激活了 $Ras1^{CA}$ 蛋白下游效应蛋白 Raf 和 PI3K110 的表达。进一步研究结果显示，$Ras1^{CA}$ 蛋白的合成提高了 Fib-H 蛋白 mRNA 水平的表达及 PSG 总

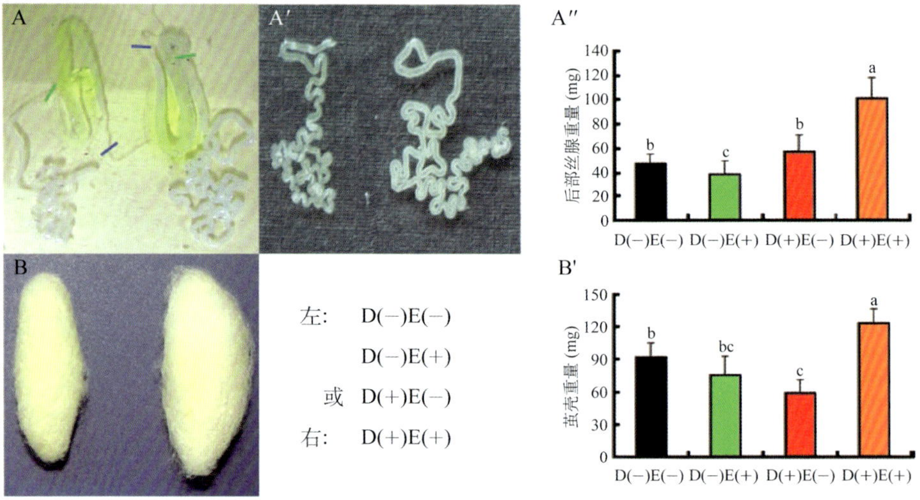

图 7－13　*Ras1*^{CA}基因过量表达引起的转基因家蚕丝腺和蚕茧变化(Ma et al.，2011)

A～A″. 双转基因家蚕[FibL-GAL4/UAS-Ras1^{CA}，D(＋)E(＋)]、单转基因家蚕[FibL-GAL4，D(＋)E(－)]和[UAS-Ras1^{CA}，D(－)E(＋)]，以及非转基因家蚕[D(－)E(－)]的 PSG 大小比较；B～B′. 转基因家蚕和非转基因家蚕的蚕茧大小比较。图中字母相同的表示差异不显著，字母不同的表示差异显著(p=0.01)

DNA 含量，从而使得 PSG 细胞体积变大并促进 PSG 细胞合成丝蛋白的能力。

为了进一步探究 *Ras1*^{CA} 基因过量表达提高转基因家蚕产丝能力的分子机制，Ma 等(2013)通过比较蛋白组学的方法，利用荧光差异双向凝胶电泳(two-dimensional fluorescence difference gel electrophoresis，2D-DIGE)结合串联质量光谱(tandem mass spectrum，MS/MS)分析技术(2D-DIGE-MS/MS)对 *Ras1*^{CA} 基因过量表达转基因家蚕和非转基因家蚕 PSG 的差异蛋白进行了分析，结果在转基因家蚕 PSG 中鉴定到 24 种由 *Ras1*^{CA} 基因诱导上调表达的蛋白，其中家蚕半胱氨酸蛋白酶抑制剂(*Bombyx* cysteine protease inhibitor，BCPI)的蛋白水平和 mRNA 水平含量分别为非转基因家蚕的 2.4 倍和 3.4 倍。进一步研究结果表明，转基因家蚕在 PSG 中经由 Raf-MAPK 和 PI3K-TORC1 通路，通过 *Ras1*^{CA} 基因促使 *bcpi* 基因上调表达来抑制组织蛋白酶的活性，从而防止 PSG 组织在化蛹过程中的降解和破坏(图 7－14)。随后，Ma 等(2014)和马倩等(2015)又通过转录组学的方法对 *Ras1*^{CA} 基因过量表达转基因家蚕和非转基因家蚕 PSG 差异表达基因进行了分析。结果发

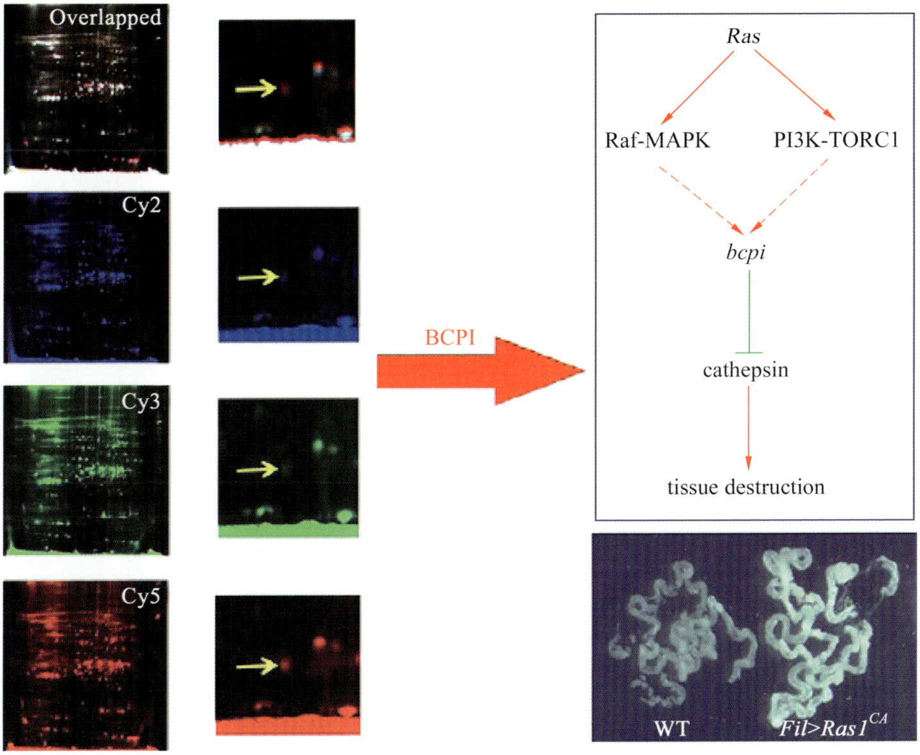

图 7-14　2D-DIGE-MS/MS 技术检测差异蛋白表达及过表达 *Ras1*^{CA} 基因防止 PSG 组织降解模式图(Ma et al., 2013)

现,*Ras1*^{CA} 基因能够在转录水平上通过磷酸化调控方式激活 Raf-MAPK 和 PI3K-TORC1 通路,并通过上调细胞的核苷酸代谢和细胞周期方式,影响后部丝腺组织的细胞分裂和器官生长,从而促进蚕丝蛋白的合成。

三、用作药物筛选模型的转基因家蚕品种培育

药物筛选是指针对可能作为药物使用的天然产物、化学合成物等,应用适当方法和技术检测其可能存在的药理活性、药物毒性并推测其可能的药理作用机制,为新药开发提供实验参考和依据。新型药物的研发离不开药物筛选模型的发展。随着制药工业的发展,目前大量的新药筛选模型已经建立。按照作用对象可将药物筛选模型分为细胞分子水平、组织器官水平和整体动物水平(Zuegg and A Cooper, 2012)。将动物个体作为模式生物,从整体动物水

平出发进行药物筛选，可以从个体水平直观地反映出药物的药理和药效学特点(Lavecchia and Di Giovanni, 2013)。多年以来，人类相关疾病模式动物研究主要以哺乳动物模型为主，如大鼠、小鼠和家兔等。但是，使用哺乳动物作为模式生物，除了存在生物伦理和生物安全方面的问题之外，还需要投入大量的经费进行哺乳动物的饲养和繁殖，从而致使实验成本较高(Sekimizu et al., 2012)。随着药物筛选模型研究的发展，最近国际上已经开始提倡使用低等动物代替高等动物进行药物筛选(Scully and Bidochka, 2006; Sekimizu et al., 2012)。目前，包括秀丽隐杆线虫和黑腹果蝇等无脊椎动物都曾被用作药物筛选研究的动物模型。但是，这类动物模型存在体积太小、难以处理，甚至无法实现对注射药物样品进行定量的缺点。

使用家蚕幼虫作为药物筛选动物模型可以有效解决上述问题。家蚕幼虫除了大小适中之外，还具有易于取材、能够进行准确的体腔注射(相当于哺乳动物的静脉注射)、中肠内部注射(相当于哺乳动物口服)和器官易隔离等优点(Tamura et al., 2000; Kaito et al., 2002; Hamamoto et al., 2004; Kaito and Sekimizu, 2007)。此外，家蚕体内存在跟哺乳动物相同的药物代谢酶(Hamamoto et al., 2009)，家蚕肠道对药物的吸收率跟哺乳动物相似(Hamamoto et al., 2004)，以及家蚕与哺乳动物对病原体有相似的敏感性且药物疗效一致(Kaito et al., 2002)。再加上，饲养家蚕成本低、不存在伦理问题、家蚕行动迟缓而不易造成生物公害，以及家蚕显性表型(如颜色变化、尺寸伸长或缩短、运动减慢等)容易区分等优势，均说明家蚕是一种非常适用的药物筛选动物模型。实际上，家蚕幼虫作为动物模型曾被用于评估人类病原菌的毒性，已有研究证明金黄色葡萄球菌、铜绿假单胞菌和霍乱弧菌对蚕具有致命性(Kaito et al., 2002; Hamamoto et al., 2004; Kaito and Sekimizu, 2007)。目前报道的转基因家蚕在药物筛选动物模型研究领域的应用，主要包括转基因家蚕用作治疗糖尿病药物筛选模型和化学药物引起的组织损伤评估模型。

(一) 转基因家蚕用作治疗糖尿病药物筛选模型

近年来，研究人员开发了带有功能性人类基因、细胞或组织的人源化小鼠疾病模型(humanized mouse model)，其主要可分为 3 种类型：①含有引入的人类基因；②含有移植的人类细胞；③含有移植的人体组织或器官（Nelson et al.，1991；Islas-Ohlmayer et al.，2004；Bente et al.，2005；Morosan et al.，2006；Shultz et al.，2007）。目前，这些人源化小鼠疾病动物模型已经被广泛应用于包括肿瘤、感染性疾病、自身免疫性疾病和代谢性疾病等多种不同类型人类疾病治疗药物的筛选研究（路杰和崔凌凌，2014）。但是，人源化小鼠动物模型的建立存在大规模饲养费用昂贵和伦理道德问题的限制，而利用无脊椎动物家蚕作为疾病研究模型则能够有效克服上述问题。

2011 年，Matsumoto 等研究发现，喂食家蚕含有葡萄糖的食物会使家蚕血糖含量升高，而将人胰岛素注入高血糖含量的家蚕血液则能够使血糖降低，表明家蚕与哺乳动物一样拥有维持体内血淋巴含糖量平衡的调节系统。随后，Matsumoto 等（2014）建立了由 GAL4/UAS 系统调控人类胰岛素受体（human insulin receptor，hIR）基因组成性表达的转基因家蚕，用于评估胰岛素激动剂的治疗效果。研究结果表明，转基因家蚕注射人胰岛素会降低血糖水平，并能够促进脂肪体中 Akt 蛋白激酶的磷酸化；通过将磷脂酰肌醇 3-激酶（PI3K）抑制剂——渥曼青霉素（wortmannin）与胰岛素共同注射进入转基因家蚕体内，能够抑制血糖含量降低；而通过注射 hIR 配体——牛胰岛素，也能够有效降低转基因家蚕的血糖含量（图 7-15）。Matsumoto 等的研究结果证实，表达 hIR 的人源化家蚕（humanized silkworm）可用作一种有效评价胰岛素受体激动剂降血糖活性的活体动物模型。此外，由于家蚕与人类等哺乳动物具有相似的病理与生理机制，转基因家蚕动物模型还可在今后用于研究人类因代谢失调而引发的其他疾病，例如肥胖症和高血压等。

（二）转基因家蚕用作化学药物引起的组织损伤评估模型

由化学物质引起的包括人类在内的哺乳动物组织损伤，容易导致机体在自身解毒过程中迅速出现严重的器官功能障碍，如暴发性肝功能衰竭（Bernuau et al.，2008）。因此，预测和评估由药物引起的组织损伤，特别是肝中毒现象，是新药研发过程中不可忽视的重要研究内容。表 7-6 列示了目前常用评估药物引起组织损伤的细胞和动物模型的优缺点。小鼠和大鼠无疑是应用最为广泛的评估化学合成药物与天然药物毒性的哺乳动物实验

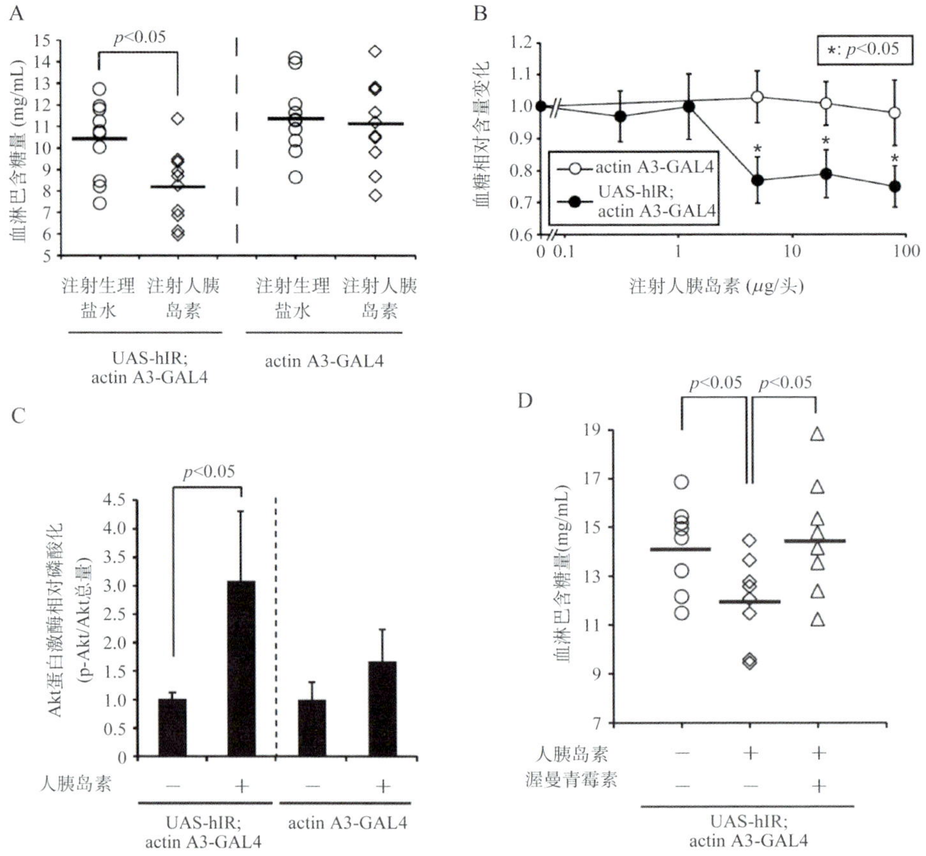

图 7-15 人类胰岛素、渥曼青霉素对表达 hIR 的转基因家蚕血糖含量及 Akt 蛋白激酶磷酸化水平的影响(Matsumoto et al., 2014)

A. 注射人类胰岛素(5 μg/头)对表达 hIR 的转基因家蚕(UAS-hIR; actin A3-GAL4)血糖含量的影响,不表达 hIR 的转基因家蚕(actin A3-GAL4)用作对照;B. 注射不同含量人类胰岛素(0.3~80 μg/头)引起的转基因家蚕血糖相对含量变化;C. 注射人类胰岛素(5 μg/头)引起转基因家蚕脂肪体 Akt 蛋白激酶磷酸化水平变化;D. 注射人类胰岛素(100 μg/头)或注射人类胰岛素(100 μg/头)及渥曼青霉素(12.5 nmol/头)混合溶液引起的转基因家蚕血糖变化。图中 $p<0.05$ 表示差异显著

模型(Tanaka et al., 2008; Xia et al., 2014),但该动物模型存在费用昂贵和伦理问题等(Rollin, 2003)。使用人类肝细胞体外检测系统来检测响应肝中毒的各种不同基因的表达变化,能够有效地预测肝中毒现象(Martin et al., 2006; Rodrigues et al., 2016),从而有助于在一定程度上解决伦理和高费用的问题(Butterworth et al., 1989; Yeon et al., 2010)。然而,体外检测系统仍然存在哺乳动物细胞较难收集、体外环境与活体内环境条件不

同等问题。最近,果蝇和线虫等小型无脊椎动物模型也开始被应用于药物毒性评估研究,但是由于这些动物的体型较小,因此存在难以对注射药物样品进行定量的缺点(Ong et al. , 2015; Tejeda-Benitez and Olivero-Verbel, 2016)。相比较而言,家蚕体型较大,因此容易按照常规方法进行定量注射(Hamamoto et al. , 2004; Sekimizu et al. , 2012)。此外,家蚕用作药物筛选模型的另一主要优势在于,其具有与哺乳动物相似的药代动力学特征。

表 7-6 体外模型和活体模型用于评估药物引起组织损伤的优缺点(Inagaki et al. , 2016)

模 型	优 点	缺 点
肝细胞 (体外模型)	适用于高通量分析、适用于细胞成像、无伦理问题	不具有体内药物动力学,如机体在体内对药物的处置过程(ADME)的再现性,哺乳动物肝细胞较难收集
小型无脊椎动物 (活体模型)	适用于高通量分析、遗传背景清晰、无伦理问题	难以对注射药物样品进行定量
家蚕 (活体模型)	适用于高通量分析、与哺乳动物相似的药代动力学特征、无伦理问题	对于外来化学物质的代谢机制的理论基础知识较少
脊椎动物 (活体模型)	与人类相似的药代动力学特征	存在成本过高和伦理问题,需要大量样品

2012 年,Inagaki 等发现将化学药品 CCl_4 注射进家蚕体内可造成家蚕组织损伤,进而导致家蚕血淋巴中的丙氨酸转氨酶(alanine aminotransferase, ALT)活性增强。该研究结果表明,家蚕可作为动物模型被应用于检测化学毒性诱发的组织损伤(图 7-16)。2015 年,Inagaki 等又建立了 1 种可用于通过非侵入性毒性检测来进行药物筛选的家蚕活体成像技术。为实现该技术策略,研究人员首先建立了由 GAL4/UAS 系统调控 *GFP* 基因在所有类型细胞组成性表达的转基因家蚕;随后将 CCl_4 注射进转基因家蚕体内,结果观察到了 GFP 从损坏的组织细胞中泄漏至血淋巴的现象。进一步研究发现,细胞色素 P450 抑制剂——西咪替丁(cimetidine)或自由基清除剂——N-乙酰半胱氨酸(N-acetyl cysteine, NAC)能够抑制 GFP 泄漏。该结果说明,CCl_4 引起

的 GFP 泄漏现象是由 CCl_4 与细胞色素 P450 反应所生成的自由基所致。此外，Inagaki 等还观察到了注射水杨酸(salicylic acid)和硫酸亚铁($FeSO_4$)引起转基因家蚕脂肪体组织 GFP 荧光减弱的现象。上述研究结果表明，利用表达 GFP 荧光的转基因家蚕作为动物模型，通过观察和检测 GFP 荧光强度，就能够更为直观和简便地评估化学物质诱导的组织损伤毒性(图 7－16)。

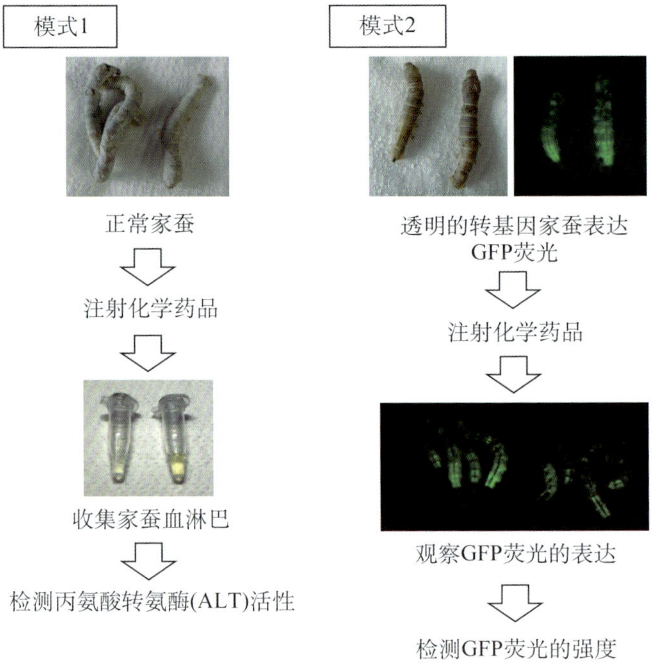

图 7－16　家蚕动物模型评估药物引起组织损伤的 2 种模式 (Inagaki et al. , 2016)

模式 1：显示利用非转基因家蚕动物模型，通过检测家蚕血淋巴中丙氨酸转氨酶(ALT)活性来评估化学药品引起组织损伤的步骤；模式 2：显示利用表达 GFP 荧光的转基因家蚕动物模型，通过检测 GFP 荧光强度来评估化学药品引起组织损伤的步骤

（撰稿：赵爱春　龙定沛　向仲怀）

参考文献

[1] Adachi T, Tomita M, Shimizu K, et al. Generation of hybrid transgenic

silkworms that express *Bombyx mori* prolyl-hydroxylase α-subunits and human collagens in posterior silk glands: Production of cocoons that contained collagens with hydroxylated proline residues [J]. Journal of Biotechnology, 2006,126(2): 205 - 219.
[2] Ayoub NA, Garb JE, Tinghitella RM, et al. Blueprint for a high-performance biomaterial: full-length spider dragline silk genes [J]. PloS One, 2007,2(6): e514.
[3] Bente DA, Melkus MW, Garcia JV, et al. Dengue fever in humanized NOD/SCID mice [J]. Journal of Virology, 2005,79(21): 13 797 - 13 799.
[4] Bernuau J, Rueff B, Benhamou JP. Fulminant and subfulminant liver failure: definitions and causes [J]. Seminars in Liver Disease, 2008,6(2): 97 - 106.
[5] Butterworth BE, Smith-Oliver T, Earle L, et al. Use of primary cultures of human hepatocytes in toxicology studies [J]. Cancer Research, 1989,49(5): 1 075 - 1 084.
[6] Caldwell PE, Walkiewicz M, Stern M. Ras activity in the *Drosophila* prothoracic gland regulates body size and developmental rate via ecdysone release [J]. Current Biology, 2005,15(20): 1 785 - 1 795.
[7] Dai H, Jiang R, Wang J, et al. Development of a heat shock inducible and inheritable RNAi system in silkworm [J]. Biomolecular Engineering, 2007, 24(6): 625 - 630.
[8] Dong Z, Lewis RV, Middaugh CR. Molecular mechanism of spider silk elasticity [J]. Archives of Biochemistry and Biophysics, 1991,284(1): 53 - 57.
[9] Dong ZQ, Chen TT, Zhang J, et al. Establishment of a highly efficient virus-inducible CRISPR/Cas9 system in insect cells [J]. Antiviral Research, 2016,130: 50 - 57.
[10] Dowling LM, Crewther WG, Inglis AS. The primary structure of component 8c-1, a subunit protein of intermediate filaments in wool keratin. Relationships with proteins from other intermediate filaments [J]. Biochemical Journal, 1986,236(3): 695 - 703.
[11] Fabienne DB, Denis A, Moll T, et al. *In vivo* over-expression of interleukin-10 increases resistance to focal brain ischemia in mice [J]. Journal of Neurochemistry, 2009,110(1): 12 - 22.

[12] Fraser R, Gillespie J. Wool structure and biosynthesis [J]. Nature, 1976, 261: 650 - 654.

[13] Fratini A, Powell BC, Hynd PI, et al. Dietary cysteine regulates the levels of mRNAs encoding a family of cysteine-rich proteins of wool [J]. Journal of Investigative Dermatology, 1994,102(2): 178 - 185.

[14] Fratini A, Powell BC, Rogers G. Sequence, expression, and evolutionary conservation of a gene encoding a glycine/tyrosine-rich keratin-associated protein of hair [J]. Journal of Biological Chemistry, 1993,268(6): 4 511 - 4 518.

[15] Gong Z, Huang L, Yang Y, et al. Two distinct β-sheet fibrils from silk protein [J]. Chemical Communications, 2009,(48): 7 506 - 7 508.

[16] Gosline J, Guerette P, Ortlepp C, et al. The mechanical design of spider silks: from fibroin sequence to mechanical function [J]. Journal of Experimental Biology, 1999,202(23): 3 295 - 3 303.

[17] Gulrajani M. Dyeing of silk with reactive dyes [J]. Review of progress in coloration and related topics, 1993,23(1): 51 - 56.

[18] Hamamoto H, Kurokawa K, Kaito C, et al. Quantitative evaluation of the therapeutic effects of antibiotics using silkworms infected with human pathogenic microorganisms [J]. Antimicrobial Agents and Chemotherapy, 2004,48(3): 774 - 779.

[19] Hamamoto H, Tonoike A, Narushima K, et al. Silkworm as a model animal to evaluate drug candidate toxicity and metabolism [J]. Comparative Biochemistry and Physiology Part C: Toxicology and Pharmacology, 2009, 149(3): 334 - 339.

[20] Hayashi CY, Lewis RV. Evidence from flagelliform silk cDNA for the structural basis of elasticity and modular nature of spider silks [J]. Journal of Molecular Biology, 1998,275(5): 773 - 784.

[21] Hino R, Tomita M, Yoshizato K. The generation of germline transgenic silkworms for the production of biologically active recombinant fusion proteins of fibroin and human basic fibroblast growth factor [J]. Biomaterials, 2006,27(33): 5 715 - 5 724.

[22] Hu X, Vasanthavada K, Kohler K, et al. Molecular mechanisms of spider silk [J]. Cellular and Molecular Life Sciences, 2006,63(17): 1 986 - 1 999.

[23] Iizuka M, Tomita M, Shimizu K, et al. Translational enhancement of

recombinant protein synthesis in transgenic silkworms by a 5′-untranslated region of polyhedrin gene of Bombyx mori Nucleopolyhedrovirus [J]. Journal of Bioscience and Bioengineering, 2008,105(6): 595 - 603.

[24] Iizuka T, Sezutsu H, Tatematsu K, et al. Colored fluorescent silk made by transgenic silkworms [J]. Advanced Functional Materials, 2013,23(42): 5 232- 5 239.

[25] Imamura M, Nakahara Y, Kanda T, et al. A transgenic silkworm expressing the immune-inducible cecropin B-GFP reporter gene [J]. Insect Biochemistry and Molecular Biology, 2006,36(5): 429 - 434.

[26] Imamura M, Nakai J, Inoue S, et al. Targeted gene expression using the GAL4/UAS system in the silkworm *Bombyx mori* [J]. Genetics, 2003,165 (3): 1 329 - 1 340.

[27] Inagaki Y, Matsumoto Y, Ishii M, et al. Fluorescence imaging for a noninvasive in vivo toxicity-test using a transgenic silkworm expressing green fluorescent protein [J]. Scientific reports, 2015,5: 11 180.

[28] Inagaki Y, Matsumoto Y, Kataoka K, et al. Evaluation of drug-induced tissue injury by measuring alanine aminotransferase (ALT) activity in silkworm hemolymph [J]. BMC Pharmacology and Toxicology, 2012,13 (1): 13.

[29] Inagaki Y, Matsumoto Y, Sekimizu K. Using silkworms to establish alternative animal models for evaluation of drug-induced tissue injury [J]. Drug Discoveries and Therapeutics, 2016,10(1): 40 - 43.

[30] Inoue S, Kanda T, Imamura M, et al. A fibroin secretion-deficient silkworm mutant, *Nd-s*^{D}, provides an efficient system for producing recombinant proteins [J]. Insect Biochemistry and Molecular Biology, 2005,35(1): 51 - 59.

[31] Inoue S, Tanaka K, Tanaka H, et al. Assembly of the silk fibroin elementary unit in endoplasmic reticulum and a role of L-chain for protection of alpha1,2-mannose residues in N-linked oligosaccharide chains of fibrohexamerin/P25 [J]. European Journal of Biochemistry, 2004,271 (2): 356 - 366.

[32] Islas-Ohlmayer M, Padgett-Thomas A, Domiati-Saad R, et al. Experimental infection of NOD/SCID mice reconstituted with human CD34^{+} cells with Epstein-Barr virus [J]. Journal of Virology, 2004,78(24): 13 891 - 13 900.

[33] Isobe M, Kai H, Kurahashi T, et al. The molecular mechanism of the termination of insect diapause, Part 1: A timer protein, TIME-EA4, in the diapause eggs of the silkworm *Bombyx mori* is a metallo-glycoprotein [J]. Chembiochem, 2006,7(10): 1 590 - 1 598.

[34] Isobe R, Kojima K, Matsuyama T, et al. Use of RNAi technology to confer enhanced resistance to BmNPV on transgenic silkworms [J]. Archives of Virology, 2004,149(10): 1 931 - 1 940.

[35] Ito K, Kidokoro K, Sezutsu H, et al. Deletion of a gene encoding an amino acid transporter in the midgut membrane causes resistance to a *Bombyx* parvo-like virus [J]. Proceedings of the National Academy of Sciences of the United States of America, 2008,105(21): 7 523 - 7 527.

[36] Jenkins BJ, Powell BC. Differential expression of genes encoding a cysteine-rich keratin family in the hair cuticle [J]. Journal of Investigative Dermatology, 1994,103(3): 310 - 317.

[37] Jiang L, Cheng T, Zhao P, et al. Resistance to BmNPV via overexpression of an exogenous gene controlled by an inducible promoter and enhancer in transgenic silkworm, *Bombyx mori* [J]. PloS One, 2012a, 7(8): e41838.

[38] Jiang L, Wang G, Cheng T, et al. Resistance to *Bombyx mori* nucleopolyhedrovirus via overexpression of an endogenous antiviral gene in transgenic silkworms [J]. Archives of Virology, 2012b, 157(7): 1 323 - 1 328.

[39] Jiang L, Zhao P, Wang G, et al. Comparison of factors that may affect the inhibitory efficacy of transgenic RNAi targeting of baculoviral genes in silkworm, *Bombyx mori* [J]. Antiviral Research, 2013, 97(3): 255 - 263.

[40] Jin S, Cheng T, Jiang L, et al. Identification of a new Sprouty protein responsible for the inhibition of the Bombyx mori nucleopolyhedrovirus reproduction [J]. PloS One, 2014,9(6): e99200.

[41] Kümmerlen J, Van Beek J, Vollrath F, et al. Local structure in spider dragline silk investigated by two-dimensional spin-diffusion nuclear magnetic resonance [J]. Macromolecules, 1996,29(8): 2 920 - 2 928.

[42] Kaito C, Akimitsu N, Watanabe H, et al. Silkworm larvae as an animal model of bacterial infection pathogenic to humans [J]. Microbial Pathogenesis, 2002,32(4): 183 - 190.

[43] Kaito C, Sekimizu K. A silkworm model of pathogenic bacterial infection [J]. Drug Discoveries and Therapeutics, 2007,1(2): 89 - 93.

[44] Kanginakudru S, Royer C, Edupalli SV, et al. Targeting *ie-1* gene by RNAi induces baculoviral resistance in lepidopteran cell lines and in transgenic silkworms [J]. Insect Molecular Biology, 2007,16(5): 635 - 644.

[45] Karnoub AE, Weinberg RA. Ras oncogenes: split personalities [J]. Nature Reviews Molecular Cell Biology, 2008,9(7): 517 - 531.

[46] Katsuma S, Mita K, Shimada T. ERK-and JNK-Dependent Signaling Pathways Contribute to *Bombyx mori* Nucleopolyhedrovirus Infection [J]. Journal of Virology, 2007,81(24): 13 700 - 13 709.

[47] Kim SW, Yun EY, Choi KH, et al. Expression of the blue fluorescent protein in fibroin H-chain of transgenic silkworm [J]. Journal of Sericultural and Entomological Science, 2014,52: 25 - 32.

[48] Kobayashi I, Uchino K, Sezutsu H, et al. Development of a new *piggyBac* vactor for generating transgenic silkworms using the kynurenine 3-mono oxygenase gene [J]. Journal of Insect Biotechnology and Sericology, 2007, 76: 145 - 148.

[49] Kojima K, Kuwana Y, Sezutsu H, et al. A new method for the modification of fibroin heavy chain protein in the transgenic silkworm [J]. Bioscience Biotechnology and Biochemistry, 2007,71(12): 2 943 - 2 951.

[50] Kubik S. High-performance fibers from spider silk [J]. Angewandte Chemie International Edition, 2002,41(15): 2 721 - 2 723.

[51] Kurihara H, Sezutsu H, Tamura T, et al. Production of an active feline interferon in the cocoon of transgenic silkworms using the fibroin H-chain expression system [J]. Biochemical and Biophysical Research Communications, 2007,355(4): 976 - 980.

[52] Kuwana Y, Sezutsu H, Nakajima K, et al. High-toughness silk produced by a transgenic silkworm expressing spider (*Araneus ventricosus*) dragline silk protein [J]. PloS One, 2014,9(8): e105325.

[53] Lavecchia A, Di Giovanni C. Virtual screening strategies in drug discovery: a critical review [J]. Current Medicinal Chemistry, 2013,20(23): 2 839 - 2 860.

[54] Lin P, Cheng T, Jin S, et al. PC, a novel oral insecticidal toxin from

Bacillus bombysepticus involved in host lethality via APN and BtR-175 [J]. Scientific Reports, 2015,5: 11 101.

[55] Ma L, Liu S, Shi M, et al. *Ras1*^{CA}-upregulated bcpi inhibits cathepsin activity to prevent tissue destruction of the *Bombyx* posterior silk gland [J]. Journal of Proteome Research, 2013,12(4): 1 924 - 1 934.

[56] Ma L, Ma Q, Li X, et al. Transcriptomic analysis of differentially expressed genes in the *Ras1*^{CA}-overexpressed and wildtype posterior silk glands [J]. BMC Genomics, 2014,15: 182.

[57] Ma L, Xu H, Zhu J, et al. *Ras1*^{CA} overexpression in the posterior silk gland improves silk yield [J]. Cell research, 2011,21(6): 934 - 943.

[58] MacKinnon P, Powell B, Rogers G. Structure and expression of genes for a class of cysteine-rich proteins of the cuticle layers of differentiating wool and hair follicles [J]. The Journal of Cell Biology, 1990,111(6): 2 587 - 2 600.

[59] Martin R, Rose D, Yu K, et al. Toxicogenomics strategies for predicting drug toxicity [J]. Pharmacogenomics, 2006,7(7): 1 003 - 1 016.

[60] Matsumoto Y, Ishii M, Ishii K, et al. Transgenic silkworms expressing human insulin receptors for evaluation of therapeutically active insulin receptor agonists [J]. Biochemical and Biophysical Research Communications, 2014,455(3 - 4): 159 - 164.

[61] Matsumoto Y, Sumiya E, Sugita T, et al. An invertebrate hyperglycemic model for the identification of anti-diabetic drugs [J]. PloS One, 2011, 6(3): e18292.

[62] McLaren RJ, Rogers GR, Davies KP, et al. Linkage mapping of wool keratin and keratin-associated protein genes in sheep [J]. Mammalian Genome, 1997,8(12): 938 - 940.

[63] Miura Y, Ito H, Sunaga K, et al. Studies on the Protein Synthesis in Silkglands. V. The relation of ribosomes to endoplasmic reticulum during fibroin synthesis [J]. Journal of Biochemistry, 1964,55: 623 - 628.

[64] Mori H. Expressing green fluorescent protein-silk fibroin light chain fusion protein in transgenic silkworms [J]. Methods in Molecular Biology, 2002, 183: 235 - 243.

[65] Morosan S, Hez-Deroubaix S, Lunel F, et al. Liver-stage development of plasmodium falciparum in a humanized mouse model [J]. Journal of

Infectious Diseases, 2006,193(7): 996 - 1 004.
[66] Nelson FK, Greiner DL, Shultz L, et al. The immunodeficient SCID mouse as a model for human lymphatic filariasis [J]. The Journal of Experimental Medicine, 1991,173(3): 659 - 663.
[67] Nishiyama S, Shitara H, Nakada K, et al. Over-expression of Tfam improves the mitochondrial disease phenotypes in a mouse model system [J]. Biochemical and Biophysical Research Communications, 2010,401(1): 26 - 31.
[68] Ogawa S, Tomita M, Shimizu K, et al. Generation of a transgenic silkworm that secretes recombinant proteins in the sericin layer of cocoon: Production of recombinant human serum albumin [J]. Journal of Biotechnology, 2007, 128(3): 531 - 544.
[69] Ogura T, Tan A, Tsubota T, et al. Identification and expression analysis of ras gene in silkworm, *Bombyx mori* [J]. PloS One, 2009,4(11): e8030.
[70] Ohshimax M, Mitsuhara I, Okamoto M, et al. Enhanced resistance to bacterial diseases of transgenic tobacco plants overexpressing sarcotoxin IA, a bactericidal peptide of insect [J]. Journal of Biochemistry, 1999, 125(3): 431 - 435.
[71] Omenetto FG, Kaplan DL. New opportunities for an ancient material [J]. Science, 2010,329(5991): 528 - 531.
[72] Ong C, Yung LY, Cai Y, et al. *Drosophila melanogaster* as a model organism to study nanotoxicity [J]. Nanotoxicology, 2015, 9 (3): 396 - 403.
[73] Parry DA, Steinert PM. Intermediate filament structure [J]. Current Opinion in Cell Biology, 1992,4(1): 94 - 98.
[74] Parsons Y, Piper L, Cooper D. Linkage relationships between keratin-associated protein (KRTAP) genes and growth hormone in sheep [J]. Genomics, 1994,20(3): 500 - 502.
[75] Pierschbacher MD, Ruoslahti E. Variants of the cell recognition site of fibronectin that retain attachment-promoting activity [J]. Proceedings of the National Academy of Sciences of the United States of America, 1984,81 (19): 5 985 - 5 988.
[76] Powell B, Rogers G. The role of keratin proteins and their genes in the growth, structure and properties of hair [J]. Formation and Structure of

Human Hair, 1997,78: 59 - 148.
[77] Powell BC, Arthur J, Nesci A. Characterization of a gene encoding a cysteine-rich keratin associated protein synthesized late in rabbit hair follicle differentiation [J]. Differentiation, 1995,58(3): 227 - 232.
[78] Powell BC, Nesci A, Rogers GE. Regulation of keratin gene expression in hair follicle differentiation [J]. Annals of the New York Academy of Sciences, 1991,642(1): 1 - 20.
[79] Quan GX, Kobayashi I, Kojima K, et al. Rescue of white egg 1 mutant by introduction of the wild-type *Bombyx kynurenine 3-monooxygenase* gene [J]. Insect Science, 2007,14(2): 85 - 92.
[80] Rodrigues RM, Heymans A, De Boe V, et al. Toxicogenomics-based prediction of acetaminophen-induced liver injury using human hepatic cell systems [J]. Toxicology letters, 2016,240(1): 50 - 59.
[81] Rollin BE. Toxicology and new social ethics for animals [J]. Toxicologic pathology, 2003,31(1): 128 - 131.
[82] Royer C, Jalabert A, Da Rocha M, et al. Biosynthesis and cocoon-export of a recombinant globular protein in transgenic silkworms [J]. Transgenic Research, 2005,14(4): 463 - 472.
[83] Sakudoh T, Iizuka T, Narukawa J, et al. A CD36-related transmembrane protein is coordinated with an intracellular lipid-binding protein in selective carotenoid transport for cocoon coloration [J]. Journal of Biological Chemistry, 2010,285(10): 7 739 - 7 751.
[84] Sakudoh T, Kuwazaki S, Iizuka T, et al. CD36 homolog divergence is responsible for the selectivity of carotenoid species migration to the silk gland of the silkworm *Bombyx mori* [J]. Journal of Lipid Research, 2013, 54(2): 482 - 495.
[85] Sakudoh T, Sezutsu H, Nakashima T, et al. Carotenoid silk coloration is controlled by a carotenoid-binding protein, a product of the Yellow blood gene [J]. Proceedings of the National Academy of Sciences of the United States of America, 2007,104(21): 8 941 - 8 946.
[86] Scully LR, Bidochka MJ. Developing insect models for the study of current and emerging human pathogens [J]. FEMS Microbiology Letters, 2006, 263(1): 1 - 9.
[87] Sekimizu N, Paudel A, Hamamoto H. Animal welfare and use of silkworm

as a model animal [J]. Drug Discoveries and Therapeutics, 2012, 6(4): 226 - 229.

[88] Shigematsu H, Kurata K, Takeshita HO. Nucleic acids accumulation of silk gland of *Bombyx mori* in relation to silk protein [J]. Comparative Biochemistry and Physiology Part B: Comparative Biochemistry, 1978, 61(2): 237 - 242.

[89] Shimizu K, Ogawa S, Hino R, et al. Structure and function of 5′-flanking regions of *Bombyx mori* fibroin heavy chain gene: Identification of a novel transcription enhancing element with a homeodomain protein-binding motif [J]. Insect Biochemistry and Molecular Biology, 2007, 37(7): 713 - 725.

[90] Shimomura Y, Ito M. Human hair keratin-associated proteins [J]. J Investig Dermatol Symp Proc, 2005, 10(3): 230 - 233.

[91] Shultz LD, Ishikawa F, Greiner DL. Humanized mice in translational biomedical research [J]. Nature Reviews Immunology, 2007, 7(2): 118 - 130.

[92] Sponner A, Unger E, Grosse F, et al. Differential polymerization of the two main protein components of dragline silk during fibre spinning [J]. Nature Materials, 2005, 4(10): 772 - 775.

[93] Subbaiah EV, Royer C, Kanginakudru S, et al. Engineering silkworms for resistance to baculovirus through multigene RNA interference [J]. Genetics, 2013, 193(1): 63 - 75.

[94] Suzuki MG, Funaguma S, Kanda T, et al. Analysis of the biological functions of a doublesex homologue in *Bombyx mori* [J]. Development Genes Evolution, 2003, 213(7): 345 - 354.

[95] Suzuki MG, Funaguma S, Kanda T, et al. Role of the male BmDSX protein in the sexual differentiation of *Bombyx mori* [J]. Evolution and Development, 2005, 7(1): 58 - 68.

[96] Tamura T, Thibert C, Royer C, et al. Germline transformation of the silkworm *Bombyx mori* L. using a *piggyBac* transposon-derived vector [J]. Nature Biotechnology, 2000, 18(1): 81 - 84.

[97] Tan A, Tanaka H, Tamura T, et al. Precocious metamorphosis in transgenic silkworms overexpressing juvenile hormone esterase [J]. Proceedings of the National Academy of Sciences of the United States of America, 2005, 102(33): 11 751 - 11 756.

[98] Tanaka H, Uchida Y, Kaibori M, et al. Na^+/H^+ exchanger inhibitor, FR183998, has protective effect in lethal acute liver failure and prevents iNOS induction in rats [J]. Journal of Hepatology, 2008,48(2): 289 - 299.

[99] Tashiro Y, Morimoto T, Matsuura S, et al. Studies on the posterior silk gland of the silkworm, Bombyx mori I. Growth of posterior silk gland cells and biosynthesis of fibroin during the fifth larval instar [J]. The Journal of Cell Biology, 1968,38(3): 574 - 588.

[100] Tejeda-Benitez L, Olivero-Verbel J. *Caenorhabditis elegans*, a biological model for research in toxicology [J]. Reviews of Environmental Contamination and Toxicology, 2016,237: 1 - 35.

[101] Teulé F, Miao YG, Sohn BH, et al. Silkworms transformed with chimeric silkworm/spider silk genes spin composite silk fibers with improved mechanical properties [J]. Proceedings of the National Academy of Sciences of the United States of America, 2012,109(3): 923 - 928.

[102] Thomas JL, Rocha MD, Besse A, et al. 3×P3-EGFP marker facilitates screening for transgenic silkworm *Bombyx mori* L. from the embryonic stage onwards [J]. Insect Biochemistry and Molecular Biology, 2002,32(3): 247 - 253.

[103] Ti X, Tani N, Isobe M, et al. Time-measurement-regulating peptide PIN may alter a timer conformation of time interval measuring enzyme (TIME) [J]. Journal of Insect Physiology, 2006,52(5): 461 - 467.

[104] Tomita M, Hino R, Ogawa S, et al. A germline transgenic silkworm that secretes recombinant proteins in the sericin layer of cocoon [J]. Transgenic Research, 2007,16(4): 449 - 465.

[105] Tomita M, Munetsuna H, Sato T, et al. Transgenic silkworms produce recombinant human type Ⅲ procollagen in cocoons [J]. Nature Biotechnology, 2003,21(1): 52 - 56.

[106] Uhlířová M, Asahina M, Riddiford LM, et al. Heat-inducible transgenic expression in the silkmoth *Bombyx mori* [J]. Development Genes Evolution, 2002,212(3): 145 - 151.

[107] Vollrath F. Strength and structure of spiders' silks [J]. Reviews in Molecular Biotechnology, 2000,74(2): 67 - 83.

[108] Wally O, Punja ZK. Enhanced disease resistance in transgenic carrot

(*Daucus carota* L.) plants over-expressing a rice cationic peroxidase [J]. Planta, 2010,232(5): 1 229 - 1 239.

[109] Wang F, Xu H, Yuan L, et al. An optimized sericin-1 expression system for mass-producing recombinant proteins in the middle silk glands of transgenic silkworms [J]. Transgenic Res, 2013,22(5): 925 - 938.

[110] Wen HX, Lan XQ, Zhang YS, et al. Transgenic silkworms (*Bombyx mori*) produce recombinant spider dragline silk in cocoons [J]. Molecular Biology Reports, 2010,37(4): 1 815 - 1 821.

[111] Xia J, Chen J, Zhang Z, et al. A map describing the association between effective components of traditional Chinese medicine and signaling pathways in cancer cells *in vitro* and *in vivo* [J]. Drug Discoveries and Therapeutics, 2014,8(4): 139 - 153.

[112] Yamao M, Katayama N, Nakazawa H, et al. Gene targeting in the silkworm by use of a baculovirus [J]. Genes and Development, 1999,13(5): 511 - 516.

[113] Yamauchi K, Hojo H, Yamamoto Y, et al. Enhanced cell adhesion on RGDS-carrying keratin film [J]. Materials Science and Engineering: C, 2003,23(4): 467 - 472.

[114] Yamauchi K, Maniwa M, Mori T. Cultivation of fibroblast cells on keratin-coated substrata [J]. Journal of Biomaterials Science, 1998,9(3): 259 - 270.

[115] Yanagisawa S, Zhu Z, Kobayashi I, et al. Improving cell-adhesive properties of recombinant *Bombyx mori* silk by incorporation of collagen or fibronectin derived peptides produced by transgenic silkworms [J]. Biomacromolecules, 2007,8(11): 3 487 - 3 492.

[116] Yeon JH, Na D, Park JK. Hepatotoxicity assay using human hepatocytes trapped in microholes of a microfluidic device [J]. Electrophoresis, 2010, 31(18): 3 167 - 3 174.

[117] Yu Z, Gordon SW, Nixon AJ, et al. Expression patterns of keratin intermediate filament and keratin associated protein genes in wool follicles [J]. Differentiation, 2009,77(3): 307 - 316.

[118] Zhang F, Zhao Y, Chen X, et al. Fluorescent transgenic silkworm [J]. Acta Biochimica et Biophysica Sinica, 1999,31(2): 119 - 123.

[119] Zhang J, He Q, Zhang CD, et al. Inhibition of BmNPV replication in

silkworm cells using inducible and regulated artificial microRNA precursors targeting the essential viral gene *lef11* [J]. Antiviral Research, 2014a, 104: 143 - 152.

[120] Zhang P, Wang J, Lu Y, et al. Resistance of transgenic silkworm to BmNPV could be improved by silencing *ie1* and *lef1* genes [J]. Gene Therapy, 2014b, 21(1): 81 - 88.

[121] Zhang Y, Hu J, Miao Y, et al. Expression of EGFP-spider dragline silk fusion protein in BmN cells and larvae of silkworm showed the solubility is primary limit for dragline proteins yield [J]. Molecular Biology Reports, 2008,35(3): 329 - 335.

[122] Zhao A, Zhang Y, Long D. Potential for genetic improvement of silkworm through molecular and transgenic approaches [J]. CAB Reviews, 2013,8(9): 1 - 9.

[123] Zhao A, Zhao T, Nakagaki K, et al. Novel molecular and mechanical properties of egg case silk from wasp spider, *Argiope bruennichi* [J]. Biochemistry, 2006,45(10): 3 348 - 3 356.

[124] Zhao A, Zhao T, Zhang Y, et al. New and highly efficient expression systems for expressing selectively foreign protein in the silk glands of transgenic silkworm [J]. Transgenic Research, 2010,19(1): 29 - 44.

[125] Zhao AC, Long DP, Ma SY, et al. Efficient strategies for changing the diapause character of silkworm eggs and for the germline transformation of diapause silkworm strains [J]. Insect Science, 2012,19(2): 172 -182.

[126] Zhong B, Li J, Chen JE, et al. Comparison of transformation efficiency of *piggyBac* transposon among three different silkworm *Bombyx mori* strains [J]. Acta Biochimica et Biophysica Sinica, 2007,39(2): 117 - 122.

[127] Zhu ZH, Kikuchi Y, Kojima K, et al. Mechanical properties of regenerated *Bombyx mori* silk fibers and recombinant silk fibers produced by transgenic silkworms [J]. Journal of Biomaterials Science-Polymer Edition, 2010,21(3): 395 - 412.

[128] Zuegg J, A Cooper M. Drug-likeness and increased hydrophobicity of commercially available compound libraries for drug screening [J]. Current Topics in Medicinal Chemistry, 2012,12(14): 1 500 - 1 513.

[129] 代红久,徐国江,Thomas Jean-luc,等. 利用鳞翅目来源的转座子 *piggyBac* 建立高效稳定的转基因家蚕技术[J]. 科学通报,2005,50(14): 1 470 -

1 474.
[130] 高维全，陈丽华，何勇，等. 转基因彩色蚕茧缫丝基本性能的研究[J]. 丝绸，2012，49(2)：25－27.
[131] 韩冷，张磊，中垣雅雄. 蜘蛛丝基因 *MaSp1* 在转基因家蚕中的表达分析(英文)[J]. 安徽农业大学学报，2013，40(2)：169－174.
[132] 郝杰. 中国科学家破解桑蚕基因转基因彩色蚕丝服装面世[J]. 纺织服装周刊，2009，(33)：33.
[133] 蒋亮. 基于转基因工程的家蚕核型多角体病毒(BmNPV)抗性素材创新及抗性机制研究[D]. 重庆：西南大学，2013.
[134] 李静芝，曹广力，杨李阳，等. 基于同源重组的产绿色荧光蚕丝转基因家蚕的制备[J]. 蚕业科学，2013，4：702－709.
[135] 刘辉芬，李维，王宇，等. 蜘蛛拖牵丝蛋白基因转家蚕表达质粒的构建[J]. 湖南大学学报：自然科学版，2006，33(5)：105－109.
[136] 隆耀航，李姣蓉，赵天福，等. 用于家蚕转基因的二化性品种蚕卵的预处理研究[J]. 西南大学学报：自然科学版，2013，12：9－15.
[137] 路杰，崔凌凌. 人源化小鼠模型研究及应用进展[J]. 医学综述，2014，20(18)：3 281－3 284.
[138] 马倩，马俐，李胜，等. 基于 RNA-Seq 分析 $Ras1^{CA}$ 在家蚕后部丝腺过表达对细胞周期通路基因的影响[J]. 应用昆虫学报，2015，52(2)：390－399.
[139] 梅飞. 羊毛/蚕丝纺织品同色染色技术[J]. 染整技术，2006，28(5)：13－17.
[140] 唐顺明，沈兴家，赵巧玲，等. 家蚕二化性品种(品系)转基因用蚕卵的预处理技术研究[J]. 蚕业科学，2009，35(4)：872－876.
[141] 王昌河，蒋平，刘辉芬，等. 转蜘蛛拖牵丝蛋白基因家蚕蚕丝氨基酸组成及其机械性能[J]. 四川动物，2006，25(3)：451－454.
[142] 徐汉福，马三垣，王峰，等. 适用于实用家蚕品种转基因的蚕卵滞育解除方法[J]. 蚕业科学，2011，37(01)：64－68.
[143] 杨佩，王峰，彭章川，等. 适合转基因绿色荧光茧丝护色脱胶的酶类及脱胶工艺条件[J]. 蚕业科学，2015，41(3)：503－510.
[144] 翟亚丽，毛慧贤，张慧. 烘箱法测试纺织材料回潮率的比较[J]. 中原工学院学报，2003，14(2)：44－46.
[145] 张光先，鲁成，宋世洪. 真丝绸活性艳蓝 X-BR140%染色研究[J]. 西南大学学报：自然科学版，2008，30(3)：158－159.
[146] 张玲. 转基因彩茧性状与特征研究[J]. 中国纤检，2012，7：80－83.
[147] 张阳. 转羊毛 *KAP* 基因家蚕的茧丝改性研究[D]. 重庆：西南大学，2013.

[148] 张雨丽,龙定沛,张桂征,等.杂交转育和累代选育对转基因家蚕外源基因整合位点及拷贝数的影响[J].西南农业学报,2014a, 27(2): 892-895.
[149] 张雨丽,张桂征,闭立辉,等.转绿色荧光蛋白基因家蚕品系的纯化与综合经济性状改良[J].蚕业科学,2013a, 39(2): 384-389.
[150] 张雨丽,张桂征,黄玲莉,等.亚热带型 EGFP 荧光绿茧转基因家蚕品系杂交组配试验[J].广西蚕业,2013b, 50(4): 1-6.
[151] 张雨丽,张桂征,韦博尤,等.亚热带型 EGFP 荧光绿茧转基因家蚕安全饲养技术要点[J].广西蚕业,2014b, 51(1): 28-30.
[152] 张袁松,赵天福,赵爱春,等.转基因家蚕生产含蜘蛛丝蛋白的新型复合茧丝纤维[J].纺织学报,2012,33(5): 1-5.
[153] 赵爱春,马三垣,夏庆友,等.家蚕滞育品种的早期浸酸转基因方法 200710303904.1,2007a[P].2010-06-02.
[154] 赵爱春,马三垣,徐汉福,等.家蚕滞育品种的低温催青转基因方法 200710303903.7,2007b[P].2011-01-04.
[155] 赵爱春,夏庆友,鲁成,等.利用家蚕丝心蛋白重链启动子大量表达外源蛋白的方法 200610054442.X, 2006[P].2009-10-28.
[156] 赵爱春,夏庆友,鲁成,等.超级纤维蜘蛛丝的研究动向[J].蚕学通讯,2007c, 27(2): 28-34.

第八章

转基因家蚕生物反应器

利用家蚕生产高附加值蛋白的设想萌发于20世纪70年代，即DNA重组技术建立之后。家蚕不仅具有高效的蛋白质合成能力和高等真核生物蛋白质翻译后的修饰加工能力，而且还具有生长周期短、饲养成本低、易于规模化和无菌化饲养、无人畜疾病传播风险等突出特点。1985年，日本学者Maeda等利用家蚕杆状病毒表达系统首次在家蚕中生产出了具有生物活性的重组蛋白——重组人α干扰素。这项研究开创了利用昆虫作为生物反应器生产重组外源蛋白的先河，特别是吸引了许多研究者开展了家蚕生物反应器研究。据不完全统计，利用杆状病毒表达系统在家蚕中表达或生产的重组蛋白已达百种之多。

早在20世纪90年代，研究者就尝试利用转基因蚕表达外源蛋白。尽管这些前期探索未获成功，但相关研究为后来基于转基因技术的家蚕生物反应器研究打下了坚实的基础。2000年，Tamura等建立了基于*piggyBac*转座子介导的转基因蚕技术。其后，利用转基因蚕生产高附加值蛋白的研究开始受到重视，至今相关研究仍然十分活跃。与昆虫杆状病毒表达系统相比，尽管转基因蚕的制作较为繁杂且通常需要专门的仪器设备，但其优势也十分突出：利用转基因蚕生产重组蛋白，只需一次性将目的基因导入家蚕体内并表达；获得的转基因蚕能够稳定遗传和继代，并且容易扩大饲养规模。2003年，Tomita等报道了首个利用转基因家蚕生产重组蛋白的成功案例。此后，利用转基因家蚕生物反应器生产重组蛋白的研究开始步入快速发展阶段。本章将对转基因家蚕生物反应器进行简要概述。

第一节　丝腺生物反应器

一、丝腺特异表达系统

在家蚕的所有组织器官中，丝腺是唯一能高效而专一合成、加工和分泌丝蛋白的场所。理论上,1头蚕的1对绢丝腺可分泌约0.5 g丝蛋白。因而,就家蚕而言,丝腺毫无疑问是最具吸引力和开发潜力的表达重组外源蛋白的受体器官。众所周知,茧丝的主要成分是丝素蛋白和丝胶蛋白(统称为丝蛋白)。其中,丝素蛋白分别由丝素重链基因(*Fib-H*)、丝素轻链基因(*Fib-L*)和具有类似分子伴侣功能的*P25*基因在丝腺特异表达合成;在丝素蛋白复合体中,Fib-H和Fib-L含量最多。丝胶蛋白分别由丝胶基因1(*Ser1*)、丝胶基因2(*Ser2*)、丝胶基因3(*Ser3*)等基因在中部丝腺特异表达合成。研究表明,*Ser1*是丝胶蛋白的主要表达基因,其表达部位位于中部丝腺的中区和后区,所编码的Ser1蛋白位于丝蛋白的最内层;Ser2和Ser3蛋白位于丝蛋白的最外层,且两者的含量均低于Ser1蛋白。这些有关丝蛋白研究的信息充分提示,*Fib-H*、*Fib-L*和*Ser1*基因启动子应是开发丝腺特异表达系统和表达重组蛋白的理想调控元件。

为开发能够在转基因家蚕丝腺中特异表达外源蛋白的表达系统,近十多年来,研究人员分别对已确认了编码序列的6个丝蛋白基因的启动子进行了改造和表达系统构建。其中,Fib-H、Fib-L、P25、Ser1和Ser3表达系统能够在转基因丝腺中特异表达外源蛋白(图8-1),而利用Fib-H、Fib-L和Ser1表达系统表达的外源蛋白含量相对较高,因而也是研究和开发利用的重点。

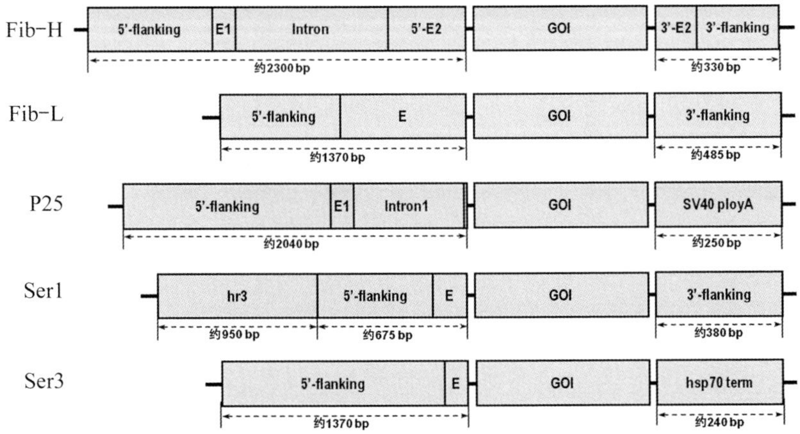

图8-1 丝腺特异表达系统结构示意图(Xu, 2014)

E代表外显子,即exon; GOI代表目的基因,即gene of interest

(一) Fib-L 表达系统

该系统于 2003 年由 Tomita 等最先报道。Fib-L 表达系统的启动元件由丝素轻链蛋白编码基因 *Fib-L* 的启动子及其 N 端的一小段编码序列构成，总长度约 1 370 bp。利用该系统表达的外源蛋白含量较高，每毫克转基因茧壳蛋白中的重组蛋白含量约为 8.4 μg。

(二) P25 表达系统

2005 年，Royer 等报道了 P25 表达系统。该表达系统的启动元件由 *P25* 基因启动子及其第 1 外显子、第 1 内含子和第 2 外显子的首个核苷酸序列构成，总长度约 2 040 bp。利用该系统表达的外源蛋白含量较低，每个转基因蚕茧中的外源蛋白含量约为 10 μg。

(三) Fib-H 表达系统

2007 年，Kojima 等首先报道了在转基因家蚕中建立的 Fib-H 表达系统，但该系统的外源蛋白表达能力较低。其后，Zhao 等(2010)通过载体调控元件的改造，构建了 1 个非常高效的 Fib-H 表达系统，简称 R3 系统。R3 系统的启动元件由 *Fib-H* 基因启动子及其第 1 外显子、第 1 内含子和第 2 外显子的 5′端序列构成，总长度约 2 300 bp。利用该系统生产的外源蛋白含量相当可观，约占整个转基因茧壳重量的 15%。

(四) Ser1 表达系统

丝胶蛋白具有良好的亲水性。与丝素表达系统相比，在丝胶层中表达的外源蛋白更易于分离纯化和保持生物活性。2007 年，Tomita 等报道了 Ser1 表达系统的建立。该系统的启动元件由分离自昆虫杆状病毒的 *hr3* 增强子、*Ser1* 基因启动子及其第 1 外显子的 5′端序列构成，总长度约 1 625 bp，其中 *hr3* 具有增强目的基因转录的作用。其后，Wang 等(2013)通过替换 *hr3* 增强子和改造载体中的 3′端终止序列，构建了一个更为高效的 Ser1 表达系统。利用该系统表达的外源蛋白含量颇为可观，约占整个转基因茧壳重量的 9.5%。

(五) Ser3 表达系统

2010 年，Tatematsu 等报道了利用 *Ser2* 和 *Ser3* 基因启动子表达外源基因的研究结果，发现只有 *Ser3* 基因启动子能够调控目的基因在丝腺特异表达，但重组蛋白的表达水平显著低于 Ser1 表达系统。

二、丝腺生物反应器表达的外源蛋白

在转基因丝腺生物反应器开发的初期阶段，研究者通常选用功能清楚、易于获得的荧光蛋白基因(如 *EGFP*、*DsRed*)作为外源靶标，因为这类蛋白既易于通过荧光观察判断重组蛋白有无活性，又易于评估转基因丝腺中重组蛋白的表达水平。自 2003 年 Tomita 等报道了重组人Ⅲ型原胶原蛋白(human type Ⅲ procollagen)的案例之后，利用转基因技术在丝腺中表达的重组蛋白种类日益增多，包括人源性重组蛋白和动物源性重组蛋白等超过 20 个(表 8 - 1)。特别有意义的是，在转基因丝腺中表达的重组蛋白大都具有生物活性，表明家蚕丝腺是生产重组蛋白的理想宿主。

(一) 人源性重组蛋白

1. 重组胶原蛋白

胶原蛋白是一类由 3 条 α 链组成的具有三螺旋结构的功能性蛋白，其生物合成需要一种关键酶——脯氨酰- 4 -羟化酶(prolyl 4-hydroxylase, P4H)，为 $\alpha_2\beta_2$ 四聚体结构，通过 P4H 的羟基化修饰后方能保持其生物活性。胶原蛋白具有良好的生物相容性、可生物降解性以及生物活性，被广泛应用于食品、医药、组织工程、化妆品等领域。尽管胶原蛋白的类型较多，但工业制备的天然胶原蛋白大多价格昂贵，不宜大量生产，远远不能满足庞大的市场需求。利用转基因等基因工程技术是实现规模化生产重组胶原蛋白的一个有效途径。

2003 年，Tomita 等率先开展了利用转基因家蚕丝腺表达重组人胶原蛋白的研究。该项工作分 2 个阶段：一是制作表达重组人胶原蛋白的转基因蚕。研究人员以删除 C 端前肽的人Ⅲ型原胶原蛋白小链基因(human type Ⅲ procollagen mini-chains with C-propeptide deleted)为靶标，构建了由 *Fib-L* 基因启动子控制、目的基因与 *EGFP* 报告基因融合的分泌型 *piggyBac* 表达载体。通过对转基因蚕丝腺及茧壳中的目的蛋白的免疫组化检测，确认了重

表 8－1　转基因家蚕丝腺中表达的主要重组内源和外源基因

蛋白来源/应用类型	目标基因/片段	启动子/表达系统	表达部位	载体类型	参考文献
荧光蛋白	增强绿色荧光蛋白(EGFP)	*Fib-L*	PSG	基因打靶载体	Mori，2002;李静芝等,2013
		Fib-L	PSG	*piggyBac*	Tomita et al.，2003；Inoue et al.，2005；Shimizu et al.，2007；Sato et al.，2012
		Fib-H	PSG	*piggyBac*	赵爱春等,2006；Kojima et al.，2007；Shimizu et al.，2007；Zhao et al.，2010；Iizuka et al.，2013；Kuwana et al.，2014；Ma et al.，2014；Long et al.，2015a、b
		Fib-H-GAL4	PSG	*piggyBac*	Sezutsu et al.，2009
		Ser1	MSG	杆状病毒载体	Liu et al.，2006；Guo et al.，2008
		Ser1	MSG	*piggyBac*	Tomita et al.，2007；Iizuka et al.，2008；Wang et al.，2015c
		Ser1-GAL4	MSG	*piggyBac*	Tatematsu et al.，2010
		Ser3-GAL4	MSG	*piggyBac*	Tatematsu et al.，2010
	红色荧光蛋白(DsRed 或 DsRedM)	*Fib-H*	PSG	*piggyBac*	Iizuka et al.，2013
		P25	PSG	*piggyBac*	Royer et al.，2005
		Ser1	MSG	*piggyBac*	Wang et al.，2013,2015c
	橙色荧光蛋白(mKO)	*Fib-H*	PSG	*piggyBac*	Iizuka et al.，2013
	增强蓝色荧光蛋白(EBFP)	*Fib-H*	PSG	*piggyBac*	Kim et al.，2014
家蚕内源蛋白	家蚕 P 型 ATP 酶 BmNKAα 和 BmSERCA	*BmCP231*	ASG	*piggyBac*	Wang et al.，2015b

（续表）

蛋白来源/应用类型	目标基因/片段	启动子/表达系统	表达部位	载体类型	参考文献
	家蚕 Fib-L 蛋白	*Fib-L*	PSG	*piggyBac*	Inoue et al.，2004
	家蚕脯氨酰－4－羟化酶 α 亚基(BmP4Hα)	*Fib-L*	PSG	*piggyBac*	Adachi et al.，2006
	家蚕苯丙氨酸－tRNA 合成酶突变体(BmPheRS-α)	*Fib-L*	PSG	*piggyBac*	Hidetoshi and Katsura，2014；Teramoto and Kojima，2015
	家蚕内源癌基因 *Ras1* 突变体 *Ras1*^{CA} 编码蛋白	*Fib-L-GAL4*	PSG	*piggyBac*	Ma et al.，2011
	家蚕类胡萝卜素结合蛋白(CBP)	*Ser1-GAL4*	MSG	*piggyBac*	Sakudoh et al.，2007
	家蚕脂质结合跨膜转运蛋白(Cameo2)	*Ser1-GAL4*	MSG	*piggyBac*	Sakudoh et al.，2010
	家蚕 β－胡萝卜素结合转运蛋白(SCRB15)	*Ser1-GAL4*	MSG	*piggyBac*	Sakudoh et al.，2013
	家蚕细胞色素 P450 酶(BmCYP18A1)	*Ser1-GAL4*	MSG	*piggyBac*	Li et al.，2014b
	家蚕蜕皮素氧化酶(BmEO)	*Ser1-GAL4*	MSG	*piggyBac*	Li et al.，2015b
人源医药用蛋白	人Ⅲ型原胶原蛋白	*Fib-L*	PSG	*piggyBac*	Tomita et al.，2003；Adachi et al.，2006
	人碱性成纤维细胞生长因子(hbFGF)	*Fib-L*	PSG	*piggyBac*	Hino et al.，2006；Kambe et al.，2016
	人粒细胞—集落细胞刺激因子(hGM-CSF)	*Fib-L*	PSG	基因打靶载体	李艳梅等,2009；Li et al.，2010
		Fib-H	PSG	基因打靶载体	Xue et al.，2012a
		Fib-H	PSG	*piggyBac*	李曦等,2009；Li et al.，2014a

（续表）

蛋白来源/应用类型	目标基因/片段	启动子/表达系统	表达部位	载体类型	参考文献
	人胰岛素样生长因子Ⅰ(hIGF-I)	*Fib-H*	PSG	*piggyBac*	Cong et al., 2011
		P25	PSG	*piggyBac*	Li et al., 2011; Xue et al., 2012b
		Ser1	MSG	*piggyBac*	Zhao et al., 2009;赵越等,2009; Song et al., 2014
	人表皮生长因子(hEGF)	*Fib-H*	PSG	*piggyBac*	陆威健,2015
	人 μ 型阿片受体	*Fib-L-GAL4*	PSG	*piggyBac*	Tateno et al., 2009
	多角体蛋白和含有多角体蛋白 H1 螺旋结构的 hbFGF	*Fib-H-GAL4*	PSG	*piggyBac*	Kotani et al., 2015
	人酸性成纤维细胞生长因子(haFGF)	*Fib-L*	PSG	基因打靶载体	Wu and Cao, 2004
		Ser1	MSG	*piggyBac*	Wang et al., 2014,2015a
	人Ⅰ型胶原蛋白 α1 链	*Ser1*	MSG	*piggyBac*	Adachi et al., 2010
	人血清白蛋白(HSA)	*Ser1*	MSG	*piggyBac*	Ogawa et al., 2007
	人指联素	*Ser1*	MSG	*piggyBac*	Shin et al., 2014
	人脑源性神经营养因子(hBDNF)	*Ser1*	MSG	*piggyBac*	段建平等,2009
	人鼠嵌合抗 CD20 抗体	*Ser1-GAL4*	MSG	*piggyBac*	Tada et al., 2015
动物或微生物源医药用蛋白	植酸酶(phyA)	*Fib-L*	PSG	*piggyBac*	李春峰等,2009
	猫干扰素(FeIFN)	*Fib-H*	PSG	*piggyBac*	Kurihara et al., 2007
	鼠单克隆抗体	*Ser1*	MSG	*piggyBac*	Iizuka et al., 2009
	传染性法氏囊病毒(IBDV)衣壳蛋白 VP2	*Ser1*	MSG	*piggyBac*	Xu et al., 2014c

（续表）

蛋白来源/应用类型	目标基因/片段	启动子/表达系统	表达部位	载体类型	参考文献
	狂犬病病毒核蛋白(RVNP)	*Ser1*	MSG	*piggyBac*	尤征英等,2013
蚕丝生物材料	胶原蛋白多肽(Coll-F)	*Fib-L*	PSG	*piggyBac*	Yanagisawa et al.，2007；Nakazawa et al.，2010
	纤连蛋白多肽(RGD)	*Fib-L*	PSG	*piggyBac*	Yanagisawa et al.，2007；Yusuke et al.，2010
	单链抗体(scFv)	*Fib-L*	PSG	*piggyBac*	Sato et al.，2012,2014
	天蚕素抗菌肽(cecropin)	*Fib-L*	PSG	基因打靶载体	Li et al.，2015a
	层粘连蛋白B1链多肽(YIGSR)及YIGSR与RGD融合多肽	*Fib-L*	PSG	*piggyBac*	Asakura et al.，2014
		Fib-H	PSG	*piggyBac*	Asakura et al.，2014
	血管内皮生长因子(VEGF)和RGD	*Fib-H*	PSG	*piggyBac*	Saotome et al.，2015
	Ca结合序列{[(AGSGAG)4E8AS]4}	*Fib-H*	PSG	*piggyBac*	Nagano et al.，2011
	基质金属蛋白酶2切割位点(MMP-2 cleavage site)序列(GGGGSPLGLWAGGGGS)	*Fib-H*	PSG	*piggyBac*	Huang et al.，2014
	羊毛KAP4.3和KAP4.5	*Fib-H*	PSG	*piggyBac*	张阳,2013
	金丝蜘蛛(*Nephila clavipes*)拖牵丝MaSp1蛋白结晶区重复序列$\{DGG(A)_6GGA\}_4$和纵丝重复序列$\{(GPGGSGPGGGY)_2(GPGGAS)\}_4$	*Fib-H*	PSG	*piggyBac*	Zhu et al.，2010

（续表）

蛋白来源/应用类型	目标基因/片段	启动子/表达系统	表达部位	载体类型	参考文献
	金丝蜘蛛纵丝弹性基序 A2 [(GPGGA)$_8$]及拖牵丝 MaSp2 蛋白强度基序 S8 组合而成的人工蜘蛛丝蛋白序列[A2S8]$_{14}$	*Fib-H*	PSG	*piggyBac*	Teulé et al.，2012
	大腹园蛛（*Araneus ventricosus*）拖牵丝蛋白重复区序列 SpA	*Fib-H*	PSG	*piggyBac*	Kuwana et al.，2014
	棒络新妇蜘蛛（*Nephila clavata*）拖牵丝 MaSp1 蛋白部分序列	*Fib-H*	PSG	*piggyBac*	张袁松等，2012
		Ser1	MSG	*piggyBac*	Wen et al.，2010
	斑络新妇蜘蛛（*Nephila pilipes*）拖牵丝 MaSp1 蛋白部分序列	*Fib-H*	PSG	*piggyBac*	韩冷等，2013
	胶原结合域（CBD）与骨形态发生蛋白 4（BMP4）组成的融合蛋白（CBD-BMP4）	*Ser1*	MSG	*piggyBac*	Lu et al.，2012
其他类型外源蛋白	人源糖基转移酶 MGAT2 和牛源糖基转移酶 B4GALT1	*Fib-L*	PSG	*piggyBac*	Mabashi-Asazuma et al.，2015

注：表达部位中 ASG、MSG 和 PSG 分别表示前部丝腺、中部丝腺和后部丝腺；启动子/表达系统中 *BmCP231* 是 1 个家蚕前部丝腺特异表达基因启动子。

组人Ⅲ型原胶原蛋白成功在后部丝腺中表达(图 8-2)。遗憾的是,该重组蛋白没有生物活性。二是解决重组人胶原蛋白无活性的问题。Adachi 等(2005)分析发现,在家蚕的后部丝腺中,内源性 P4H(BmP4H)的 α 亚基(BmP4Hα)的表达水平极低,难以与表达量高的 β 亚基(BmP4Hβ)形成 $\alpha_2\beta_2$ 四聚体结构而造成 BmP4H 的活性极低,无法对重组人胶原蛋白进行羟基化修饰而导致其没有生物活性。随后,Adachi 等(2006)制作了一个由 *Fib-L* 基因启动子控制、在后部丝腺特异表达 BmP4Hα 的转基因系,检测发现表达的 BmP4Hα 与内源性 BmP4Hβ 形成了 $\alpha_2\beta_2$ 结构,BmP4H 活性增加了约 130 倍。将该转基因系与 Tomita 等最初建立的转基因系进行杂交,发现杂交后代中

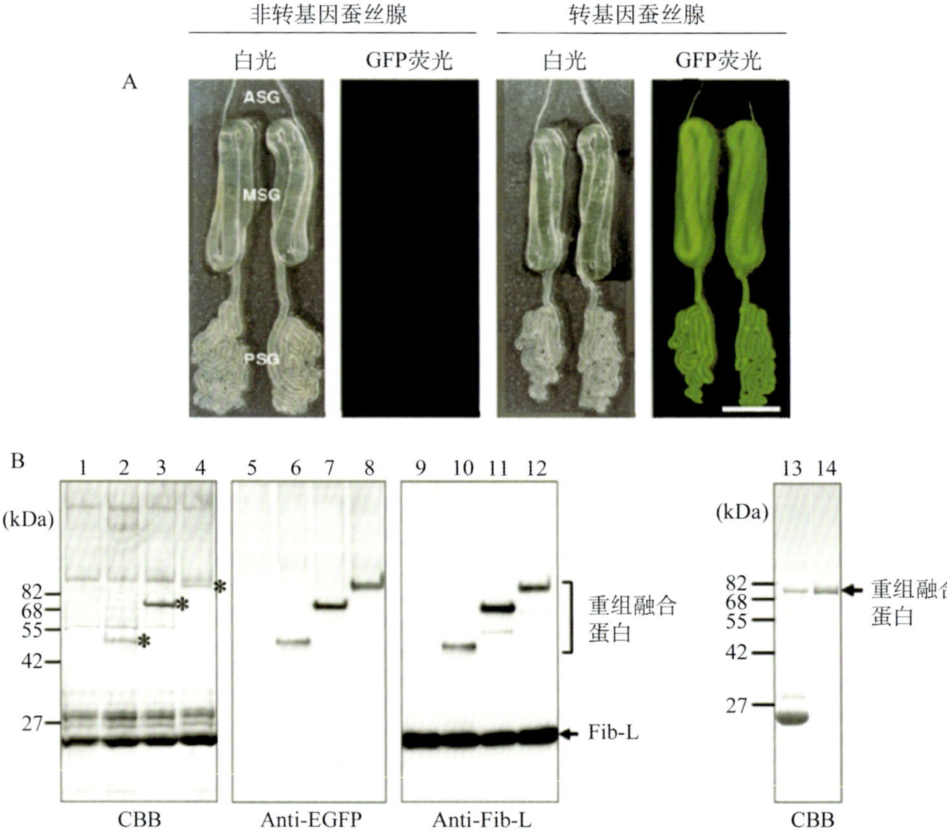

图 8-2　转基因蚕后部丝腺(A)表达的重组胶原蛋白(B)(Tomita et al., 2003)

B 中 1、5、9 表示非转基因家蚕蚕茧;2、6、10 表示转 *GFP* 基因家蚕;3、7、11 和 4、8、12 分别表示 2 种不同大小(PMOSRA-7 与 PMOSRA-8)的转 *GFP* 与人Ⅲ型原胶原蛋白融合基因家蚕蚕茧;13 表示 $(NH_4)_2SO_4$ 溶解的 PMOSRA-7 蚕茧析出沉淀,14 表示纯化的重组外源融合蛋白

重组人胶原蛋白的羟基化修饰水平显著提升，达到天然胶原蛋白的 87%。

2010 年，Adachi 等报道了利用转基因蚕中部丝腺表达重组人Ⅰ型胶原蛋白 α1 链（human type Ⅰ collagen α1 chain）的研究，目的是生产易于纯化的无三螺旋结构的重组胶原蛋白 α 链，评估其作为细胞培养用凝胶替代品的可行性。作者选取了 α1 链的全长三螺旋结构域序列，构建了由 *Ser1* 基因启动子控制的分泌型 *piggyBac* 表达载体，获得的转基因蚕茧中重组 α1 链蛋白的含量最高达 4.24 mg。如前所述，由于丝腺中的 BmP4H 没有活性，重组 α1 链蛋白未经过羟基化修饰，因而没有形成三螺旋结构。利用纯化的重组 α1 链蛋白分别培养人皮肤成纤维细胞（Human skin fibroblast cells，HSF cells）和猕猴胚胎干细胞（Cynomolgus monkey embryonic stem cells，CMES cells），细胞生长状态良好（图 8-3）。结果表明，该研究表达的重组人Ⅰ型胶原蛋白 α1 链是一种具有应用潜力的细胞培养用凝胶替代品。

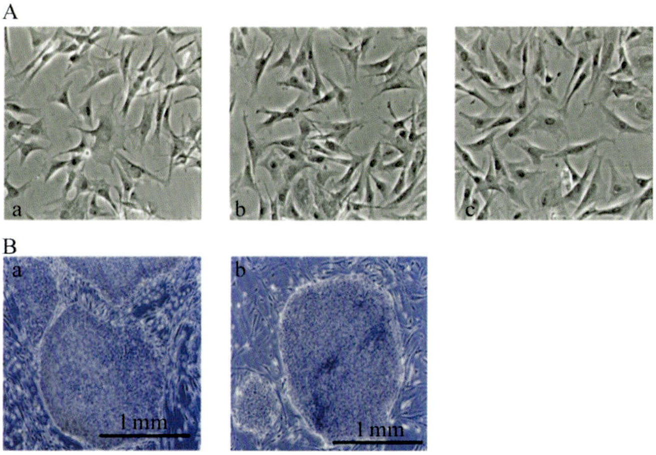

图 8-3　利用重组胶原蛋白 α1 链培养 HSF cells（A）和 CMES cells（B）（Adachi et al.，2010）

A-a. 重组人Ⅰ型胶原蛋白 α1 链，A-b. 牛Ⅰ型胶原蛋白，A-c. 猪明胶；B-a. 重组人Ⅰ型胶原蛋白 α1 链，B-b. 猪明胶

2. 重组细胞因子

细胞生长因子是一类具有刺激细胞生长活性的细胞因子，因而具有深层修复作用，在现代临床医学及外科手术和美容等领域具有不可估量的作用。目前研究报道较多的细胞生长因子包括血小板类纤维细胞生长因子

(hPDGF)、表皮纤维细胞生长因子(hEGF)、转化纤维细胞生长因子(hTGF)、成纤维细胞生长因子(hFGF)、类胰岛素纤维细胞生长因子(hIGF)、红细胞生长素(hEPO)和集落刺激因子(hCSF)等。利用转基因等基因工程技术生产具有生物活性的重组人细胞因子是近年来研究的热点内容。研究人员利用转基因技术在家蚕丝腺中成功表达出了多种具有生物活性的重组人细胞因子,证实了利用转基因蚕丝腺表达该类因子的可行性。

(1) 重组 hFGF:利用转基因蚕表达重组 hFGF 的报道最早见于 2004 年,由浙江大学吴小峰等采用同源重组方法完成(Wu and Cao,2004)。其后,Hino 等(2006)以人碱性成纤维细胞生长因子(hbFGF)为靶标,构建了由 *Fib-L* 启动子调控的分泌型 *piggyBac* 表达载体。分子和细胞水平检测结果表明,重组 hbFGF 蛋白能够促进 HUVEC 培养细胞(human umbilical vein endothelial cells)的生长。2014 年,Wang 等报道了在转基因蚕中部丝腺表达重组人酸性成纤维细胞生长因子(haFGF)的研究。细胞活性检测结果显示,无论是否在培养基中添加肝素(heparin),与非转基因生丝样品(WT silk)相比,含有重组 haFGF 蛋白的生丝样品(FGF1 silk)能够显著促进小鼠胚胎成纤维细胞 NIH/3T3 的生长和增殖,其生物活性优于商业化的重组 haFGF 蛋白标准品(FGF1 Std)(图 8-4)。

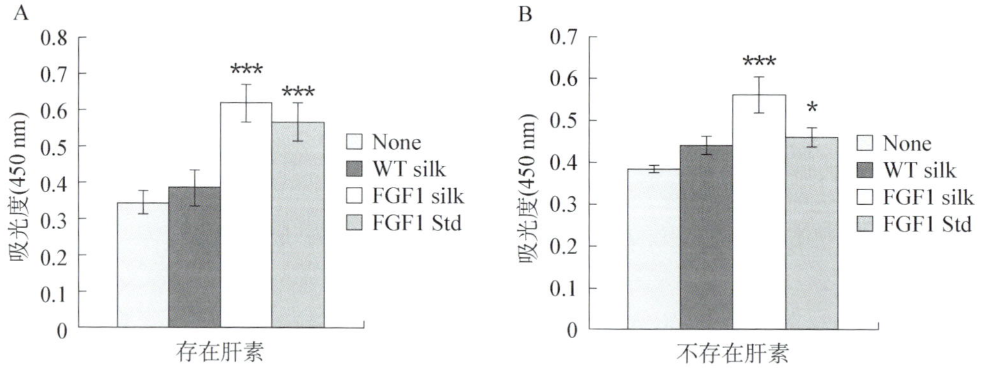

图 8-4 重组 haFGF 蛋白的生物活性检测(Wang et al.,2014)

图中 * 表示差异显著($p<0.05$),*** 表示差异极其显著($p<0.005$)

(2) 重组 hIGF:苏州大学贡成良课题组开展了利用转基因蚕丝腺表达重组 hIGF 的系列研究。该课题组最先制作了由 *Ser1* 启动子调控 hIGF 的转基因蚕，但未能检测到重组蛋白的分泌表达(Zhao et al.，2009)。其后，Li 等(2011)制作了由 *P25* 启动子调控 hIGF 的转基因蚕，经检测，每克新鲜的后部丝腺中含有约 150 ng 重组蛋白。同年，Cong 等(2011)制作了由 *Fib-H* 启动子调控 hIGF 的转基因蚕，每克后部丝腺冻干粉中含有约 19.18 μg 重组蛋白。将该冻干粉添食Ⅰ型糖尿病小鼠模型，发现供试小鼠的血糖水平显著下降，表明重组 hIGF 蛋白具有较好的生物活性。2014 年，Song 等制作了由 *Ser1* 启动子调控 hIGF 的转基因蚕，每克茧壳中含有约 162.7 ng 重组蛋白，将含有目的蛋白的转基因茧壳提取物添食Ⅰ型糖尿病小鼠模型，证实其能够显著抑制供试小鼠的血糖水平。

(3) 重组 hCSF：Xue 等(2012)报道，利用 *Fib-H* 启动子调控的重组 hCSF 蛋白能够在转基因蚕后部丝腺中表达，每克后部丝腺冻干粉中含有约 2.7 μg 重组蛋白。将该冻干粉添食经环磷酰胺处理的 ICR 小鼠后，白细胞数量明显增加，表明重组 hCSF 具有生物活性。

3. 其他重组蛋白

(1) 重组 HSA：人血清白蛋白(human serum albumin，HSA)是血浆中含量最丰富的蛋白质，具有结合和运输内源性与外源性物质、维持血液胶体渗透压、清除自由基、抑制血小板聚集和抗凝血等生理功能，在临床上可用于治疗休克与烧伤，补充因手术、意外事故或大出血所致的血液丢失，也可以作为血浆增容剂。Ogawa 等(2007)利用 Ser1 表达系统，建立了 1 个在家蚕中部丝腺中高量表达和分泌重组 HSA 的转基因系，茧壳中的重组蛋白含量达到 3.0 μg/mg，每克茧壳中可制备 1.4 mg 纯度达 99%的重组蛋白。圆二色谱结果显示，该重组 HSA 具有与天然蛋白类似的二级和三级结构，表明其可能具有生物活性(图 8-5A)。

西南大学徐汉福课题组也开展了利用改进的 Ser1 表达系统表达重组 HSA 的研究，建立了重组蛋白含量更高(约占中部丝腺溶出总蛋白的 15%)的转基因系(结果待发表)。细胞活性检测结果显示，重组 HSA 蛋白具有促小鼠胚胎成纤维细胞 NIH/3T3 增殖的生物活性，其活性略优于商业化的重组 HSA 蛋白标准品(图 8-5B)。

(2) 重组 hμOR：G 蛋白偶联受体(G protein-coupled receptors，GPCRs)是一大类膜蛋白受体的统称。它们的共同点是，其立体结构中都有 7 个跨膜

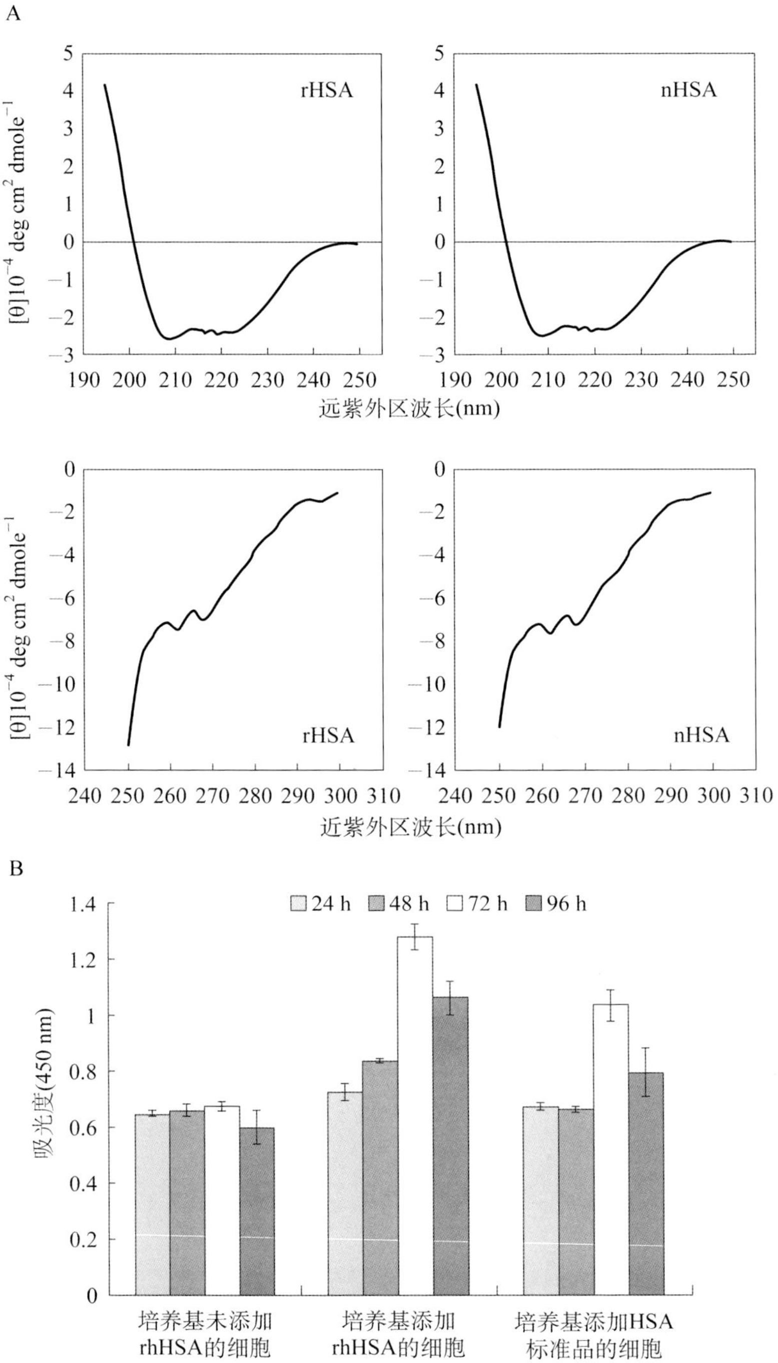

图 8-5　重组 HAS 的蛋白结构(A)(Ogawa et al., 2007)及生物活性(B)分析

α螺旋，且其肽链的C端和连接第3和第4个跨膜螺旋的胞内环上都有G蛋白的结合位点。与GPCRs相关的疾病众多，约40%的现代药物都以G蛋白偶联受体作为靶点。为探索利用转基因蚕表达重组GPCRs的可行性，Tateno等(2009)以人μ型阿片受体(human μ-opioid receptor，hμOR)基因为靶标，利用酵母GAL4/UAS表达工具，建立了分别由UAS元件、*Fib-L*和*Actin3*(*A3*)启动子调控的转基因系UAS-hμOR、LG4、A3G4和A3-hμOR。分子检测结果显示，重组hμOR在UAS-hμOR/LG4、UAS-hμOR/A3G4杂交后代以及A3-hμOR后代个体中均有转录表达，其中在UAS-hμOR/A3G4脂肪体中的表达水平较高，在UAS-hμOR/LG4后部丝腺中的表达水平最高(图8-6A)，且与供试药物阿片受体配基[^{3}H]-Diprenorphine具有良好的亲和性(图8-6B)。该研究表明，转基因蚕(丝腺)也适合生产类似于hμOR的重组膜蛋白。

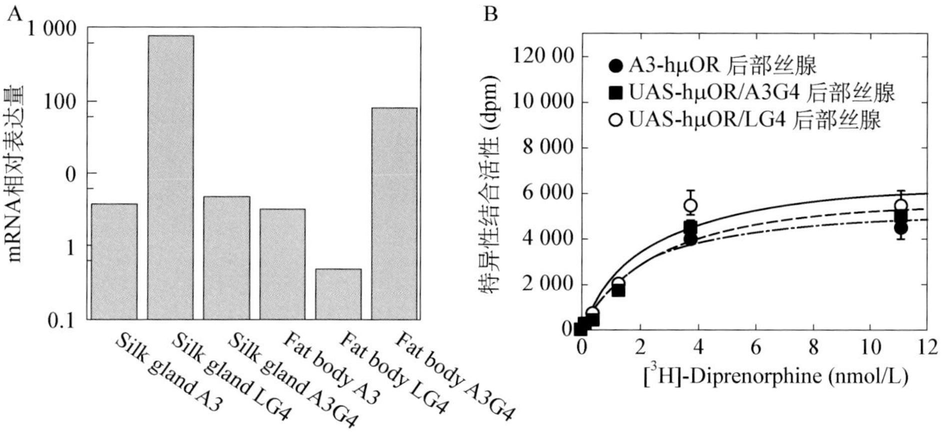

图8-6 重组hμOR的转录检测(A)及配体结合试验(B)(Tateno et al.，2009)

(二)动物源性重组蛋白

利用家蚕生产动物源性重组蛋白的研究很早便有成功报道。其主要技术策略是，利用携带目的基因的杆状病毒表达系统侵染家蚕幼虫或蛹体，进而实现目的基因在蚕(蛹)体内的瞬时表达。自家蚕转基因技术建立后，国内外学者开展了利用转基因蚕丝腺表达动物源性重组蛋白的研究。

1. 重组猫干扰素

干扰素(IFN)是一类具有广谱抗病毒功能的活性糖蛋白,在临床上有着广泛用途。1985 年,Maeda 等报道了利用杆状病毒表达系统在家蚕中表达具有生物活性的重组人 α 干扰素的结果。2007 年,Kurihara 等以猫干扰素(Feline interferon, FeIFN)基因为靶标,分别构建了以 *Fib-H* 为启动子的分泌型 *piggyBac* 表达载体 StFeIFN 和 PreFeIFN。两者的不同之处在于,后者的 *Fib-H* 启动子元件较前者长约 348 bp,且 FeIFN 两端均添加了蛋白酶切位点。分子及活性检测结果显示,重组 FeIFN 在 StFeIFN 和 PreFeIFN 转基因系的后部丝腺中均有表达,每个茧壳中的重组蛋白含量为 1～5 mg。未经蛋白酶处理(－)的重组 FeIFN 几乎没有活性,但经 Prescission 蛋白酶处理(＋)的重组 FeIFN 蛋白具有非常高的生物活性(图 8－7)。

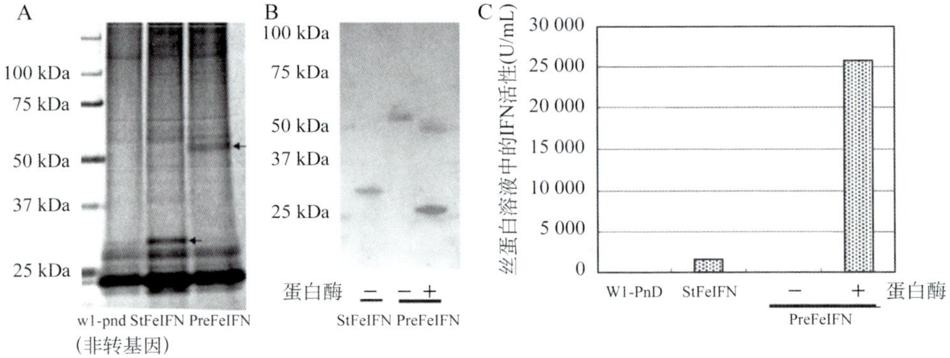

图 8－7 重组 FeIFN 蛋白(A、B)及活性检测结果(C)(Kurihara et al., 2007)

2. 重组鼠单克隆抗体

单克隆抗体简称单抗。单抗是一类仅针对同一抗原决定簇的高度同质的抗体,在生物医学科学的各个领域应用极其广泛。为探索利用转基因蚕制备重组单抗的可行性,Iizuka 等(2009)利用改进的 Ser1 表达系统,制作了分别表达鼠 IgG 重链(H-chain)和轻链(L-chain)编码基因的转基因系 H 和 L。对其杂交后代的分析显示,重组 H-chain 蛋白和 L-chain 蛋白能够装配形成 H_2L_2 四聚体结构并分泌至丝腺腔中。抗原结合实验表明,纯化的重组单抗与采用杂交瘤细胞制备的天然单抗具有几乎完全一致的抗原结合特性(图 8－8A)。

Tada 等(2015)报道了利用丝胶特异的 GAL4/UAS 系统在转基因蚕中部丝腺中表达重组人鼠嵌合抗 CD20 单抗的研究。通过与中国仓鼠卵巢细胞生产的商业化单抗 MabThera 进行比较发现,自家蚕中纯化的重组单抗具有与 MabThera 类似的抗原结合特性(图 8-8B),但其抗体依赖性细胞介导的细胞毒作用(antibody-dependent cell-mediated cytotoxicity)相对更强,而补体依赖细胞毒作用(complement-dependent cytotoxicity)相对较弱。翻译后修饰分析显示,重组单抗具有丰富的 N-糖基化修饰。这可能是其保持较好抗原结合特性的重要原因,进一步表明转基因蚕是生产重组单克隆抗体的 1 个理想宿主。

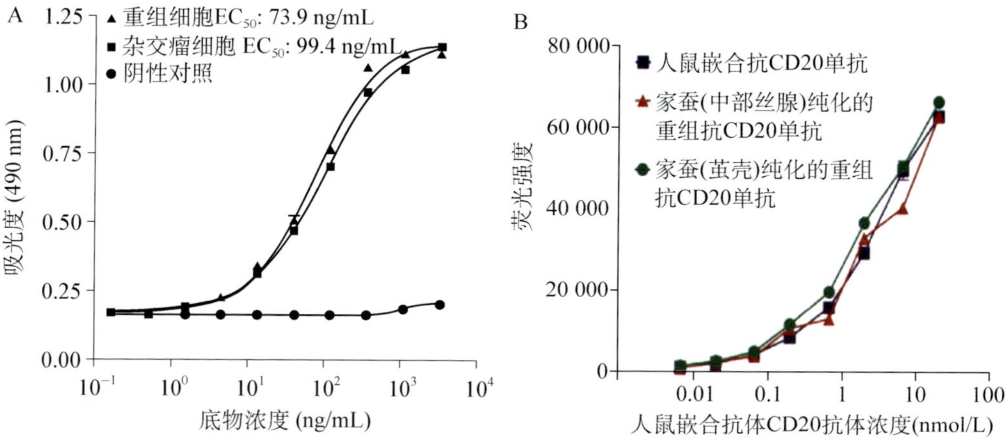

图 8-8　重组鼠单抗(A)及人鼠嵌合单抗(B)的抗原结合特性检测(Iizuka et al., 2009; Tada et al., 2015)

3. 其他重组蛋白

近年来,研究人员利用丝胶或丝素特异表达系统,还尝试了其他动物源性重组蛋白的表达分析。例如,尤征英等(2013)报道了在转基因蚕中部丝腺表达重组狂犬病病毒核蛋白(RVNP)。Western blot 分析表明,重组蛋白可能附着于丝胶蛋白并随家蚕吐丝行为分泌到蚕茧中;Xu 等(2014c)报道了在转基因蚕中部丝腺表达重组鸡法氏囊病毒(IBIV)衣壳蛋白 VP2,检测证实该重组蛋白具有抗原结合活性。这些研究结果表明,转基因家蚕丝腺也适合于表达动物疫病病毒抗原等的重组蛋白,但该类重组蛋白的翻译后修饰机制、抗原特性等还有待深入研究。

第二节 脂肪体生物反应器

脂肪体是蚕的营养与能量的储存及供给中心，是蚕体内非常发达的一个组织器官。特别在5龄幼虫中后期至化蛹这段时间内，脂肪体约占体重的30%。按一头蚕(5龄盛食期)平均体重为5g计算，其脂肪体蛋白的含量最高可达1.5g左右。由此可见，家蚕(蛹)脂肪体在生产重组蛋白方面也有巨大的开发潜力。

西南大学徐汉福等在家蚕脂肪体生物反应器开发方面开展了系统研究，取得的主要结果包括以下3个方面。

一是鉴定克隆了脂肪体特异表达基因启动子 *BmLSP* 和 *BmLP3*，经对转基因蚕的表达检测，发现 *BmLSP* 调控的报告基因在1～4龄幼虫期特异表达，*BmLP3* 调控的报告基因在5龄幼虫后期至化蛹阶段特异表达(邓党军等，2011；Deng et al.，2013)(图8-9)。

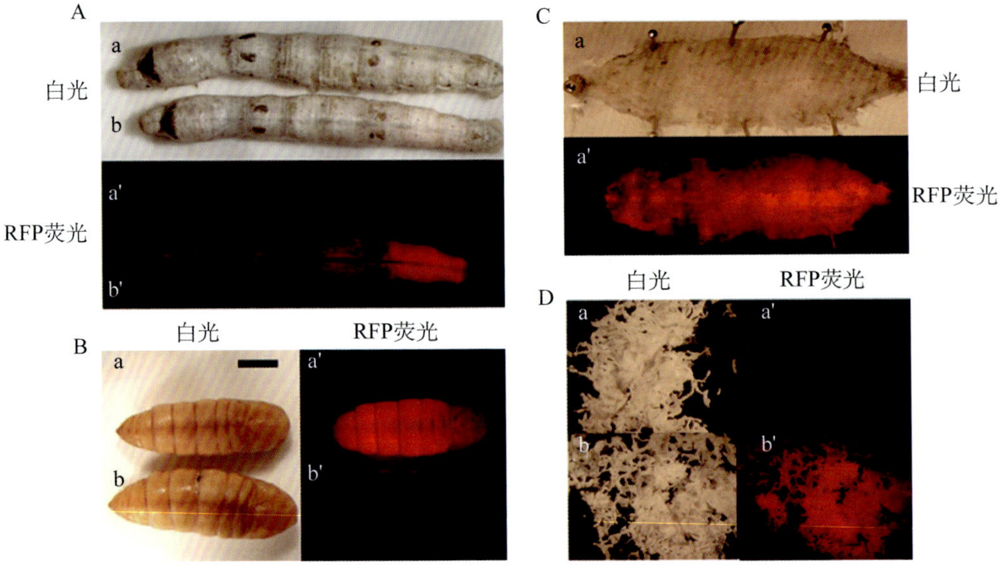

图8-9 BmLP3-DsRed转基因蚕的荧光观察(Deng et al.，2013)

A. 非基因(a、a′)和转基因(b、b′)5龄幼虫；B. 非转基因(a、a′)和转基因(b、b′)蚕蛹；C. 转基因5龄幼虫脂肪体；D. 非转基(a、a′)和转基因(b、b′)脂肪体对比

二是对 *BmLP3* 启动子的调控特征进行了系统分析，鉴定了 *BmLP3* 启动子的核心调控元件(Xu et al.，2014a)。

三是开展了在转基因家蚕脂肪体表达重组植酸酶的实验。构建了由 *BmLP3* 启动子调控经密码子优化的植酸酶基因(*phyA*)的 *piggyBac* 表达载体。对转基因蚕的分子及酶活检测结果显示，重组植酸酶在脂肪体中高量表达，转基因蚕的脂肪体提取物以及新鲜蚕蛹中的重组植酸酶的酶活分别达到 99.05 U/g 和 54.80 U/g(Xu et al.，2014b)(图 8－10)。

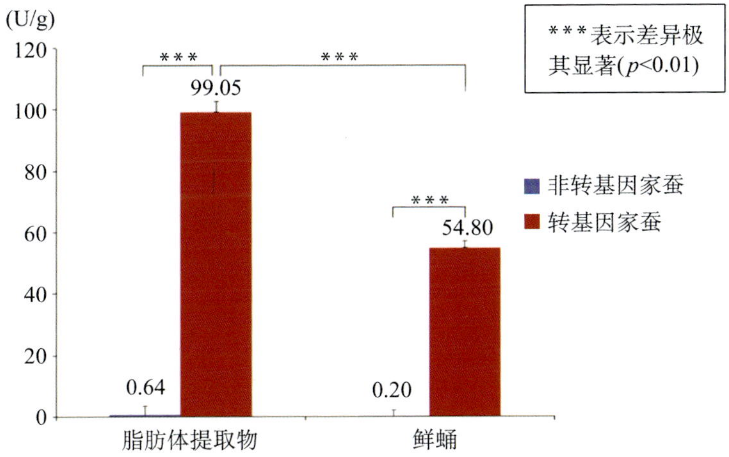

图 8－10　重组植酸酶的酶活检测结果(Xu et al.，2014b)

以上这些研究结果表明，家蚕(蛹)脂肪体具有生产重组外源蛋白的潜力，值得进一步研究开发。

第三节　转基因蚕表达外源蛋白存在的问题

自 2003 年以来的十余年间，国内外学者基于家蚕转基因技术开发出了颇为有效的丝腺、脂肪体等表达系统，累计利用转基因蚕表达了包括荧光蛋白、人源蛋白、动物源蛋白等在内的重组外源蛋白 30 余种，并在细胞或个体水平上验证了大多数重组蛋白的生物活性。这些丰富的研究积累为家蚕生物反应器的研发打下了坚实的基础，充分表明转基因蚕是一个能够表达多种类型的重组蛋白、具有开发潜力的生物反应器宿主。但也应清醒地看到，基于转基因技术的家蚕生物反应器的产业化尚未取得实质性的突破，特别是理论、技术等方面仍存在瓶颈制约，亟待加强研发。

（一）载体表达系统

重组蛋白在宿主细胞中具有可观的表达量是生物反应器开发的基本条件。研究表明，外源基因的调控元件（如启动子、终止子等）、外源基因的基因组整合位点两侧的序列（即“位置效应”）、外源基因的密码子偏好等，均对重组蛋白的表达水平具有重要影响。因此，通过改造和利用影响外源基因表达和翻译的调控元件和辅助因子，构建更加高效的转基因载体表达系统，仍是未来值得研究的内容之一。

（二）分离纯化工艺

通常，每一种重组蛋白均需单独建立相应的蛋白纯化工艺。利用转基因家蚕表达的重组蛋白至今未能实现产业化，复杂的纯化工艺和过高的纯化成本应是一个关键的制约因素。因此，对于在转基因家蚕中具有较好生物活性的一些重组蛋白来说，探索建立工艺更优、成本更低的纯化体系，辅之以通过载体改造提高重组蛋白的表达量、通过共表达分子伴侣促进重组蛋白的溶解度或溶出率等策略，是今后家蚕生物反应器实现产业化必须要解决的问题。

（三）翻译后修饰机制

无论是何种生物反应器，利用其生产的重组蛋白具有较好生物活性是决定其能否进行产业化的核心要素。家蚕具有高等真核生物的翻译后修饰机制，如糖基化修饰、磷酸化修饰等。这是转基因蚕能够生产具有生物活性的重组蛋白的分子基础。然而，由于家蚕蛋白质翻译后修饰机制研究的薄弱，目前尚无法客观判断和评价家蚕更适合于生产哪些或哪类重组蛋白。这也是造成外源基因选择仍存在盲目性的重要原因。因此，加强家蚕蛋白质翻译后修饰机制的基础研究，特别是阐明丝腺、脂肪体等组织器官的翻译后修饰机制，对于有目的性地选择在家蚕中表达的外源基因以及准确评价重组蛋白的生物活性等，都具有十分重要的意义。

（撰稿：徐汉福　龙定沛）

参考文献

[1] Adachi T, Tomita M, Shimizu K, et al. Generation of hybrid transgenic silkworms that express Bombyx mori prolyl-hydroxylase α-subunits and human collagens in posterior silk glands: Production of cocoons that contained collagens with hydroxylated proline residues [J]. Journal of Biotechnology, 2006,126(2): 205 - 219.

[2] Adachi T, Tomita M, Yoshizato K. Synthesis of prolyl 4-hydroxylase α subunit and type IV collagen in hemocytic granular cells of silkworm, *Bombyx mori*: Involvement of type IV collagen in self-defense reaction and metamorphosis [J]. Matrix Biology, 2005,24(2): 136 - 154.

[3] Adachi T, Wang XB, Murata T, et al. Production of a non-triple helical collagen alpha chain in transgenic silkworms and its evaluation as a gelatin substitute for cell culture [J]. Biotechnology and Bioengineering, 2010,106(6): 860 - 870.

[4] Asakura T, Isozaki M, Saotome T, et al. Recombinant silk fibroin incorporated cell-adhesive sequences produced by transgenic silkworm as a possible candidate for use in vascular graft [J]. Journal of Materials Chemistry B, 2014,2(42): 7 375 - 7 383.

[5] Cong L, Cao GL, Xue RY, et al. Reducing blood glucose level in TIDM mice by orally administering the silk glands of transgenic hIGF-I silkworms [J]. Biochemical and Biophysical Research Communications, 2011,410(4): 721 - 725.

[6] Guo XY, Zhang YZX, Wang SP, et al. Recognition of signal peptide by protein translocation machinery in middle silk gland of silkworm *Bombyx mori* [J]. Acta Biochimica et Biophysica Sinica, 2008,40(1): 38 - 46.

[7] Hidetoshi T, Katsura K. Production of *Bombyx mori* silk fibroin incorporated with unnatural amino acids [J]. Biomacromolecules, 2014,15(7): 2 682 - 2 690.

[8] Hino R, Tomita M, Yoshizato K. The generation of germline transgenic silkworms for the production of biologically active recombinant fusion proteins of fibroin and human basic fibroblast growth factor [J]. Biomaterials, 2006,27(33): 5 715 - 5 724.

[9] Huang G, Yang D, Sun C, et al. A quicker degradation rate is yielded by a

novel kind of transgenic silk fibroin consisting of shortened silk fibroin heavy chains fused with matrix metalloproteinase cleavage sites [J]. Journal of Materials Science: Materials in Medicine, 2014,25(8): 1 833 - 1 842.

[10] Iizuka M, Ogawa S, Takeuchi A, et al. Production of a recombinant mouse monoclonal antibody in transgenic silkworm cocoons [J]. FEBS Journal, 2009,276(20): 5 806 - 5 820.

[11] Iizuka M, Tomita M, Shimizu K, et al. Translational enhancement of recombinant protein synthesis in transgenic silkworms by a 5′-untranslated region of polyhedrin gene of Bombyx mori Nucleopolyhedrovirus [J]. Journal of Bioscience and Bioengineering, 2008,105(6): 595 - 603.

[12] Iizuka T, Sezutsu H, Tatematsu K, et al. Colored fluorescent silk made by transgenic silkworms [J]. Advanced Functional Materials, 2013,23(42): 5 232- 5 239.

[13] Inoue S, Kanda T, Imamura M, et al. A fibroin secretion-deficient silkworm mutant, *Nd-s*^{D}, provides an efficient system for producing recombinant proteins [J]. Insect Biochemistry and Molecular Biology, 2005,35(1): 51 - 59.

[14] Inoue S, Tanaka K, Tanaka H, et al. Assembly of the silk fibroin elementary unit in endoplasmic reticulum and a role of L-chain for protection of alpha1,2-mannose residues in N-linked oligosaccharide chains of fibrohexamerin/P25 [J]. European Journal of Biochemistry, 2004,271(2): 356 - 366.

[15] Kambe Y, Kojima K, Tamada Y, et al. Silk fibroin sponges with cell growth-promoting activity induced by genetically fused basic fibroblast growth factor [J]. Journal of Biomedical Materials Research Part A, 2016, 104(1): 80 - 91.

[16] Kim SW, Yun EY, Choi KH, et al. Expression of the blue fluorescent protein in fibroin H-chain of transgenic silkworm [J]. Journal of Sericultural and Entomological Science, 2014,52: 25 - 32.

[17] Kojima K, Kuwana Y, Sezutsu H, et al. A new method for the modification of fibroin heavy chain protein in the transgenic silkworm [J]. Bioscience Biotechnology and Biochemistry, 2007,71(12): 2 943 - 2 951.

[18] Kotani E, Yamamoto N, Kobayashi I, et al. Cell proliferation by silk gut incorporating FGF-2 protein microcrystals [J]. Scientific Reports, 2015,5:

11 051.
[19] Kurihara H, Sezutsu H, Tamura T, et al. Production of an active feline interferon in the cocoon of transgenic silkworms using the fibroin H-chain expression system [J]. Biochemical and Biophysical Research Communications, 2007,355(4): 976 - 980.
[20] Kuwana Y, Sezutsu H, Nakajima K, et al. High-toughness silk produced by a transgenic silkworm expressing spider (*Araneus ventricosus*) dragline silk protein [J]. PloS One, 2014,9(8): e105325.
[21] Li Y, Cao G, Chen H, et al. Expression of the hGM-CSF in the silk glands of germline of gene-targeted silkworm [J]. Biochemical and Biophysical Research Communications, 2010,391(3): 1 427 - 1 431.
[22] Li YM, Cao GL, Wang Y, et al. Expression of the hIGF-I gene driven by the Fhx/P25 promoter in the silk glands of germline silkworm and transformed BmN cells [J]. Biotechnology Letters, 2011,33(3): 489 - 494.
[23] Li Z, Cao G, Xue R, et al. Methods for transferring gene into silkworm and expression of hGM-CSF in silk glands of transgenic silkworm [J]. Journal of Chemical and Pharmaceutical Research, 2014a, 6(5): 118 - 129.
[24] Li Z, Jiang Y, Cao G, et al. Construction of transgenic silkworm spinning antibacterial silk with fluorescence [J]. Molecular Biology Reports, 2015a, 42(1): 19 - 25.
[25] Li Z, You L, Zeng B, et al. Ectopic expression of ecdysone oxidase impairs tissue degeneration in *Bombyx mori* [J]. Proceedings of the Royal Society B Biological Sciences, 2015b, 282(1809): 3 238 - 3 248.
[26] Li ZQ, Ge X, Ling L, et al. CYP18A1 regulates tissue-specific steroid hormone inactivation in *Bombyx mori* [J]. Insect Biochemistry and Molecular Biology, 2014b, 54: 33 - 41.
[27] Liu Y, Yu L, Guo X, et al. Analysis of tissue-specific region in sericin 1 gene promoter of *Bombyx mori* [J]. Biochemical and Biophysical Research Communications, 2006,342(1): 273 - 279.
[28] Long D, Lu W, Zhang Y, et al. An efficient strategy for producing a stable, replaceable, highly efficient transgene expression system in silkworm, *Bombyx mori* [J]. Scientific Reports, 2015a, 5: 8 802.
[29] Long DP, Lu WJ, Zhang Y, et al. New insight into the mechanism underlying fibroin secretion in silkworm, *Bombyx mori* [J]. FEBS J.,

2015b, 282(1): 89 - 101.

[30] Lu HX, Kawazoe N, Kitajima T, et al. Spatial immobilization of bone morphogenetic protein-4 in a collagen-PLGA hybrid scaffold for enhanced osteoinductivity [J]. Biomaterials, 2012,33(26): 6 140 - 6 146.

[31] Ma L, Xu H, Zhu J, et al. *Ras1*^{CA} overexpression in the posterior silk gland improves silk yield [J]. Cell research, 2011,21(6): 934 - 943.

[32] Ma SY, Shi R, Wang XG, et al. Genome editing of BmFib-H gene provides an empty *Bombyx mori* silk gland for a highly efficient bioreactor [J]. Scientific Reports, 2014,4.

[33] Mabashi-Asazuma H, Sohn BH, Kim YS, et al. Targeted glycoengineering extends the protein N-glycosylation pathway in the silkworm silk gland [J]. Insect Biochemistry and Molecular Biology, 2015,65: 20 - 27.

[34] Maeda S, Kawai T, Obinata M, et al. Production of human alpha-interferon in silkworm using a baculovirus vector [J]. Nature, 1985,315 (6020): 592 - 594.

[35] Mori H. Expressing green fluorescent protein-silk fibroin light chain fusion protein in transgenic silkworms [J]. Methods in Molecular Biology, 2002, 183: 235 - 243.

[36] Nagano A, Tanioka Y, Sakurai N, et al. Regeneration of the femoral epicondyle on calcium-binding silk scaffolds developed using transgenic silk fibroin produced by transgenic silkworm [J]. Acta Biomaterialia, 2011,7 (3): 1 192 - 1 201.

[37] Nakazawa Y, Sato M, Takahashi R, et al. Development of small-diameter vascular grafts based on silk fibroin fibers from *Bombyx mori* for vascular regeneration [J]. Journal of Biomaterials Science Polymer Edition, 2010,22 (1): 195 - 206.

[38] Ogawa S, Tomita M, Shimizu K, et al. Generation of a transgenic silkworm that secretes recombinant proteins in the sericin layer of cocoon: Production of recombinant human serum albumin [J]. Journal of Biotechnology, 2007,128(3): 531 - 544.

[39] Royer C, Jalabert A, Da Rocha M, et al. Biosynthesis and cocoon-export of a recombinant globular protein in transgenic silkworms [J]. Transgenic Research, 2005,14(4): 463 - 472.

[40] Sakudoh T, Iizuka T, Narukawa J, et al. A CD36-related transmembrane

protein is coordinated with an intracellular lipid-binding protein in selective carotenoid transport for cocoon coloration [J]. Journal of Biological Chemistry, 2010, 285(10): 7 739 - 7 751.

[41] Sakudoh T, Kuwazaki S, Iizuka T, et al. CD36 homolog divergence is responsible for the selectivity of carotenoid species migration to the silk gland of the silkworm *Bombyx mori* [J]. Journal of Lipid Research, 2013, 54(2): 482 - 495.

[42] Sakudoh T, Sezutsu H, Nakashima T, et al. Carotenoid silk coloration is controlled by a carotenoid-binding protein, a product of the Yellow blood gene [J]. Proceedings of the National Academy of Sciences of the United States of America, 2007, 104(21): 8 941 - 8 946.

[43] Saotome T, Hayashi H, Tanaka R, et al. Introduction of VEGF or RGD sequences improves revascularization properties of *Bombyx mori* silk fibroin produced by transgenic silkworm [J]. Journal of Materials Chemistry B, 2015, 3(35): 7 109 - 7 116.

[44] Sato M, Kojima K, Sakuma C, et al. Production of scFv-conjugated affinity silk powder by transgenic silkworm technology [J]. PloS One, 2012, 7(4): e34632.

[45] Sato M, Kojima K, Sakuma C, et al. Production of scFv-conjugated affinity silk film and its application to a novel enzyme-linked immunosorbent assay [J]. Scientific Reports, 2014, 4: 4 080.

[46] Sezutsu H, Uchino K, Kobayashi I, et al. Conservation of fibroin gene promoter function between the domesticated silkworm *Bombyx mori* and the wild silkmoth *Antheraea yamamai* [J]. Journal of Insect Biotechnology and Sericology, 2009, 78(1): 1 - 10.

[47] Shimizu K, Ogawa S, Hino R, et al. Structure and function of 5′-flanking regions of Bombyx mori fibroin heavy chain gene: Identification of a novel transcription enhancing element with a homeodomain protein-binding motif [J]. Insect Biochemistry and Molecular Biology, 2007, 37(7): 713 - 725.

[48] Shin S, Kim BY, Jeon HY, et al. Expression system for production of bioactive compounds, recombinant human adiponectin, in the silk glands of transgenic silkworms [J]. Archives of Pharmacal Research, 2014, 37(5): 645 - 651.

[49] Song ZW, Zhang MY, Xue RY, et al. Reducing blood glucose levels in

TIDM mice with an orally administered extract of sericin from hIGF-I-transgenic silkworm cocoons [J]. Food and Chemical Toxicology, 2014,67: 249 - 254.

[50] Tada M, Tatematsu K-I, Ishii-Watabe A, et al. Characterization of anti-CD20 monoclonal antibody produced by transgenic silkworms (*Bombyx mori*). MAbs, 2015,7(6): 1 138 - 1 150.

[51] Tamura T, Thibert C, Royer C, et al. Germline transformation of the silkworm *Bombyx mori* L. using a *piggyBac* transposon-derived vector [J]. Nature Biotechnology, 2000,18(1): 81 - 84.

[52] Tatematsu K, Kobayashi I, Uchino K, et al. Construction of a binary transgenic gene expression system for recombinant protein production in the middle silk gland of the silkworm *Bombyx mori* [J]. Transgenic Research, 2010,19(3): 473 - 487.

[53] Tateno M, Toyooka M, Shikano Y, et al. Production and characterization of the recombinant human μ-opioid receptor from transgenic silkworms [J]. Journal of Biochemistry, 2009,145(1): 37 - 42.

[54] Teramoto H, Kojima K. Incorporation of methionine analogues into *Bombyx mori* silk fibroin for click modifications [J]. Macromolecular Bioscience, 2015,15(5): 719 - 727.

[55] Teulé F, Miao Y-G, Sohn B-H, et al. Silkworms transformed with chimeric silkworm/spider silk genes spin composite silk fibers with improved mechanical properties [J]. Proceedings of the National Academy of Sciences of the United States of America, 2012,109(3): 923 - 928.

[56] Tomita M, Hino R, Ogawa S, et al. A germline transgenic silkworm that secretes recombinant proteins in the sericin layer of cocoon [J]. Transgenic Research, 2007,16(4): 449 - 465.

[57] Tomita M, Munetsuna H, Sato T, et al. Transgenic silkworms produce recombinant human type III procollagen in cocoons [J]. Nature Biotechnology, 2003,21(1): 52 - 56.

[58] Wang F, Wang R, Wang Y, et al. Large-scale production of bioactive recombinant human acidic fibroblast growth factor in transgenic silkworm cocoons [J]. Scientific Reports, 2015a, 5: 16 323.

[59] Wang F, Xu H, Yuan L, et al. An optimized sericin-1 expression system for mass-producing recombinant proteins in the middle silk glands of

transgenic silkworms [J]. Transgenic Research, 2013,22(5): 925 - 938.

[60] Wang F, Xu HF, Wang YC, et al. Advanced silk material spun by a transgenic silkworm promotes cell proliferation for biomedical application [J]. Acta Biomaterialia, 2014,10(12): 4 947 - 4 955.

[61] Wang X, Zhao P, Li Y, et al. Modifying the mechanical properties of silk fiber by genetically disrupting the ionic environment for silk formation [J]. Biomacromolecules, 2015b, 16(10): 3 119 - 3 125.

[62] Wang Y, Wang F, Wang R, et al. 2A self-cleaving peptide-based multi-gene expression system in the silkworm *Bombyx mori* [J]. Scientific Reports, 2015c, 5: 16 273.

[63] Wen HX, Lan XQ, Zhang YS, et al. Transgenic silkworms (*Bombyx mori*) produce recombinant spider dragline silk in cocoons [J]. Molecular Biology Reports, 2010,37(4): 1 815 - 1 821.

[64] Wu X, Cao C. Targeting of human aFGF gene into silkworm, *Bombyx mori* L. through homologous recombination [J]. Journal of Zhejiang University Science, 2004,5(6): 644 - 650.

[65] Xu H. The advances and perspectives of recombinant protein production in the silk gland of silkworm *Bombyx mori* [J]. Transgenic Research, 2014, 23(5): 697 - 706.

[66] Xu H, Deng D, Yuan L, et al. Identification of a functional element in the promoter of the silkworm (*Bombyx mori*) fat body-specific gene *Bmlp3* [J]. Gene, 2014a, 546(1): 129 - 134.

[67] Xu HF, Liu YW, Wang F, et al. Overexpression and functional characterization of an *Aspergillus niger* phytase in the fat body of transgenic silkworm, *Bombyx mori* [J]. Transgenic Research, 2014b, 23 (4): 669 - 677.

[68] Xu HF, Yuan L, Wang F, et al. Overexpression of recombinant infectious bursal disease virus (IBDV) capsid protein VP2 in the middle silk gland of transgenic silkworm [J]. Transgenic Research, 2014c, 23 (5): 809 - 816.

[69] Xue R, Chen H, Cui L, et al. Expression of hGM-CSF in silk glands of transgenic silkworms using gene targeting vector [J]. Transgenic research, 2012a, 21(1): 101 - 111.

[70] Xue R, Yang W, Cao G, et al. Lowering the blood glucose of diabetes

mellitus mice by oral administration with transgenic human insulin-like growth factor I silkworms [J]. Journal of Agricultural and Food Chemistry, 2012b, 60(26): 6 559 - 6 564.
[71] Yanagisawa S, Zhu Z, Kobayashi I, et al. Improving cell-adhesive properties of recombinant *Bombyx mori* silk by incorporation of collagen or fibronectin derived peptides produced by transgenic silkworms [J]. Biomacromolecules, 2007,8(11): 3 487 - 3 492.
[72] Yusuke K, Yuji T, Koji Y, et al. Effect of RGDS-expressing fibroin dose on initial adhesive force of a single chondrocyte [J]. Bio-medical Materials and Engineering, 2010,20(6): 309 - 316.
[73] Zhao A, Zhao T, Zhang Y, et al. New and highly efficient expression systems for expressing selectively foreign protein in the silk glands of transgenic silkworm [J]. Transgenic Research, 2010,19(1): 29 - 44.
[74] Zhao Y, Li X, Cao GL, et al. Expression of hIGF-I in the silk glands of transgenic silkworms and in transformed silkworm cells [J]. Science in China Series C-Life Sciences, 2009,52(12): 1 131 - 1 139.
[75] Zhu ZH, Kikuchi Y, Kojima K, et al. Mechanical properties of regenerated *Bombyx mori* silk fibers and recombinant silk fibers produced by transgenic silkworms [J]. Journal of Biomaterials Science-Polymer Edition, 2010,21(3): 395 - 412.
[76] 邓党军,徐汉福,王峰,等. *BmLSP* 基因启动子驱动 *DsRed* 在转基因家蚕中的表达分析[J]. 蚕业科学,2011,37(2): 200 - 205.
[77] 段建平,徐汉福,马三垣,等. 人脑源性神经营养因子基因(*hBDNF*)在转基因家蚕丝腺中的特异表达[J]. 蚕业科学,2009,35(2): 248 - 252.
[78] 韩冷,张磊,中垣雅雄. 蜘蛛丝基因 *MaSp1* 在转基因家蚕中的表达分析(英文)[J]. 安徽农业大学学报,2013,40(2): 169 - 174.
[79] 李春峰,黄科,甘进锋,等. 转植酸酶基因家蚕的制作及表达检测[J]. 昆虫学报,2009,52(7): 713 - 720.
[80] 李静芝,曹广力,杨李阳,等. 基于同源重组的产绿色荧光蚕丝转基因家蚕的制备[J]. 蚕业科学,2013,39(4): 702 - 709.
[81] 李曦,赵越,曹广力,等. *Fib-H* 启动子驱动 *hGM-CSF* 在转基因家蚕丝腺中的表达研究[C]//中国蚕学会第六届青年学术研讨会论文集,2009: 158 - 167.
[82] 李艳梅,陈慧梅,贾海芳,等. 家蚕丝腺表达 hGM-CSF 的丝素重链基因打靶

[C]//中国蚕学会第六届青年学术研讨会论文集,2009：186－195.
[83] 陆威健. hEGF 生物活性新型蚕丝材料的创制与研究[D]. 重庆：西南大学,2015.
[84] 尤征英,危浩,阮系真,等. 家蚕丝腺生物反应器表达狂犬病病毒核蛋白[J]. 中国农业科学,2013,46(18)：3 922－3 929.
[85] 张阳. 转羊毛 *KAP* 基因家蚕的茧丝改性研究[D]. 重庆：西南大学,2013.
[86] 张袁松,赵天福,赵爱春,等. 转基因家蚕生产含蜘蛛丝蛋白的新型复合茧丝纤维[J]. 纺织学报,2012,33(5)：1－5.
[87] 赵爱春,夏庆友,鲁成,等. 利用家蚕丝心蛋白重链启动子大量表达外源蛋白的方法 200610054442. X，2006[P]. 2009－10－28.
[88] 赵越,李曦,曹广力,等. 转基因家蚕丝腺组织和转化家蚕培养细胞表达 hIGF-I[J]. 中国科学-生命科学(中文版),2009,39(7)：677－684.

第九章

家蚕基因功能鉴定与应用

鉴定家蚕关键基因的功能、阐明家蚕关键品质性状的分子机理并针对靶标基因进行遗传改良，以及促进蚕丝产业发展，是后基因组时代家蚕研究的重要课题。基因功能鉴定最理想的方法是将该基因导入家蚕体内鉴定其所具有的生物学功能。利用家蚕转基因技术和基因组编辑技术鉴定1个已知基因的新功能或未知基因的功能，是家蚕基因功能研究最重要的基本方法。本章简要介绍相关研究进展。

第一节　丝蛋白合成与分泌机理

家蚕因食桑产丝，才可供人类利用。家蚕生理学上的最重要特征是拥有一对可以大量生产蚕丝的器官——绢丝腺。蚕丝所具有的纤度（茧丝粗细）、茧丝长度、净度（茧丝表面结构）、强伸力、抱和力以及解舒性能（丝胶溶解性）等重要工艺性状，要么与丝蛋白本身结构有关，要么与绢丝腺的结构与功能相关。可以说，整个蚕丝学的核心，其实就是家蚕绢丝腺合成、加工和分泌蚕丝蛋白，乃至最终吐丝结茧的机制研究。同时，由于绢丝腺是一个功能特异化的、比较单一的高效合成蛋白质的生物器官，因此家蚕丝腺为人们研究基因调控机理提供了一个良好的模型。有关家蚕丝蛋白基因功能的研究始于20世纪70年代。近40年来的研究工作主要集中在对丝腺特异表达和分泌的主要丝蛋白基因的鉴定、克隆及其结构分析、结构基因的时空表达调控、其他丝腺特异表达转录调控元件的鉴定、转录调控因子及其互作关系等。近年来，基于家蚕转基因技术实现的对家蚕丝蛋白合成与分泌机理的研究，主要包括丝蛋白基因表达与调控研究以及茧丝突变家蚕的突变机理研究等。

一、丝蛋白基因表达与调控

丝腺是家蚕幼虫末龄期体内最大的器官，是合成、分泌绢丝物质的外分泌腺。家蚕拥有 2 条左右对称的绢丝腺，幼虫自孵化开始经过 25 天左右的生长发育时期，通过吞食桑叶，由绢丝腺特异合成、加工并分泌形成丝蛋白，最后吐丝结茧。丝腺从形态和功能上可分为前部丝腺（ASG）、中部丝腺（MSG）和后部丝腺（PSG）（图 9 - 1A）。其中，PSG 特异地合成丝素蛋白（约占丝蛋白总质量 75%），MSG 特异地合成丝胶蛋白（约占丝蛋白总质量 25%），ASG 是液态丝蛋白流通的管道。从家蚕头部经吐丝器吐出的蚕丝从形态上可分为丝胶层（sericin layer）和丝素层（fibroin layer）。单根蚕丝由丝胶及包裹于内部的丝素组成（图 9 - 1B）。丝蛋白基因的表达与调控由蛋白基因自身结构、启动子介导的组织特异性表达和相关转录调控因子共同作用决定。

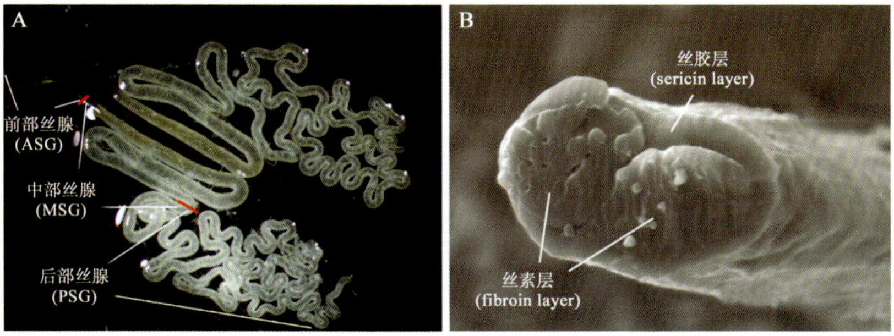

图 9 - 1　家蚕丝腺与蚕丝横切面示意图

A. 5 龄 2 天家蚕幼虫丝腺照片；B. 单根蚕丝横截面的扫描电镜照片（×2 000 倍）

(一) 丝素基因的结构及表达

作为蚕丝内芯的丝素（fibroin，又称“丝心蛋白”），是一种主要由 350 kDa 的丝素重链（Fib-H，约 5 112 aa）（Shimura，1983）、25.8 kDa 的丝素轻链（Fib-L，约 244 aa）（Yamaguchi et al.，1989）及 23.55 kDa 的 P25 糖蛋白（简记为 P25，203 aa，含有 3 个寡糖链）组成的蛋白复合体（Inoue et al.，2000）。早期研究表明，家蚕 PSG 细胞合成的 Fib-H、Fib-L 和 P25 蛋白分别以 6 : 6 : 1 的摩尔分子比组成分子量约为 2 286 kDa 的丝素基本单元（elementary unit）（Inoue et al.，2000）。如图 9 - 2 所示，Fib-L 的 Cys172 与 Fib-H 的 Cys-c20（羧基端第 20 个氨基酸残基）通过二硫键连接成为重链—轻链（H-L）异源二聚体；6 分子的 H-L 异源二聚体与 1 分子的 P25 蛋白以非共价形式相互作用，于内质网上形成丝素基本单元（$H_6L_6P25_1$）并在高尔基体进行加工，最后分泌至

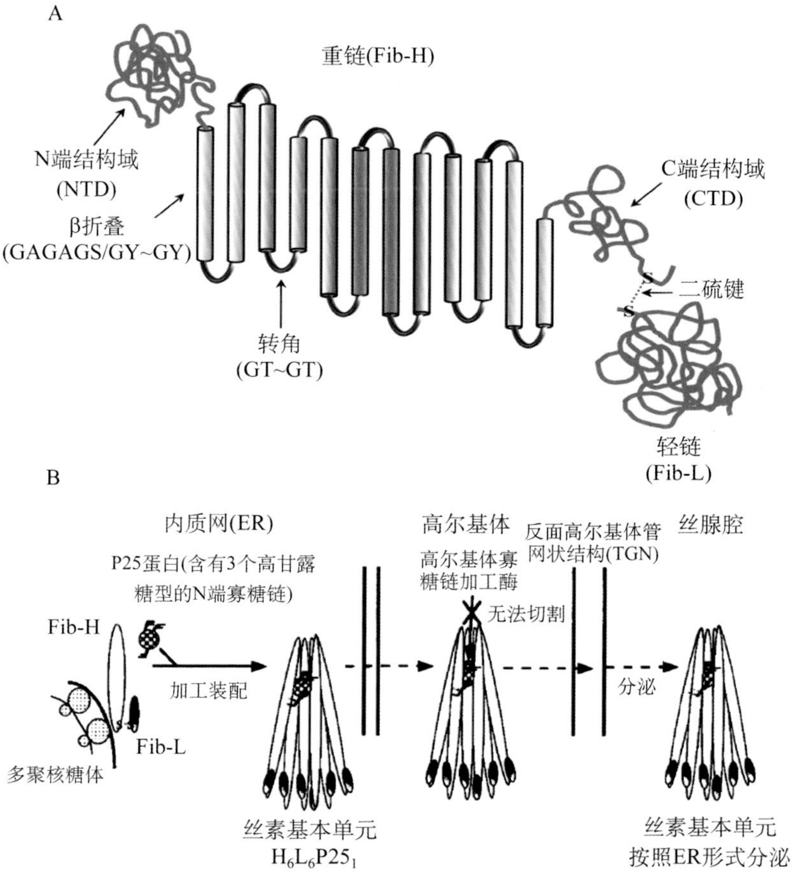

图 9-2　重链—轻链异源二聚体结构及丝素基本单元形成与分泌示意图 (Inoue et al., 2000; Ha et al., 2005)

丝腺腔;P25 蛋白的 3 个 N 端寡糖链起到了维持丝素基本单元完整性的作用(Tanaka et al., 1999; Inoue et al., 2000; Ha et al., 2005)。

1. *Fib-H* 基因

由 *Fib-H* 基因编码的 Fib-H 包含 3 个主要的结构域：N 端结构域(NTD)、重复区域(repeated region)和 C 端结构域(CTD)(Zhou et al., 2000, 2001)。其中,NTD 有助于 Fib-H 的溶解(Hyoung-Joon and Kaplan, 2003)并含有调控 Fib-H 分泌的信号肽(signal peptide)(Wang et al., 2006)。重复区域是 Fib-H 的主要组成部分,由疏水结晶区域(GAGAGS/Y)n 和亲水非结晶区域组成,其主要作用为维持丝素的物理性质(Mita et al., 1994; Zhou et al., 2000,2001)。

赵爱春等(2006)和 Kojima 等(2007)先后利用 *EGFP* 基因序列替换 *Fib-H* 基因的重复区域编码序列,建立了由 *Fib-H* 启动子调控 *EGFP*/*Fib-H* 融合基因(包含 Fib-H 的 NTD、CTD 以及 EGFP 编码序列)在 PSG 特异表达的转基因家蚕。结果发现,EGFP/Fib-H 融合蛋白能够在 PSG 合成并成功分泌至转基因茧丝的丝素层。由此可推断,Fib-H 的重复区域并非是 Fib-H 分泌的必需结构。

2010 年,Zhao 等建立了含有 3 种不同长度 *Fib-H* 启动子调控 *EGFP*/*Fib-H* 融合基因表达的转基因家蚕(分别简记为 R1、R2 和 R3,图 9-3A),其分别能够在 PSG 特异性表达具有相同 CTD 结构和不同 NTD 结构的 3 种

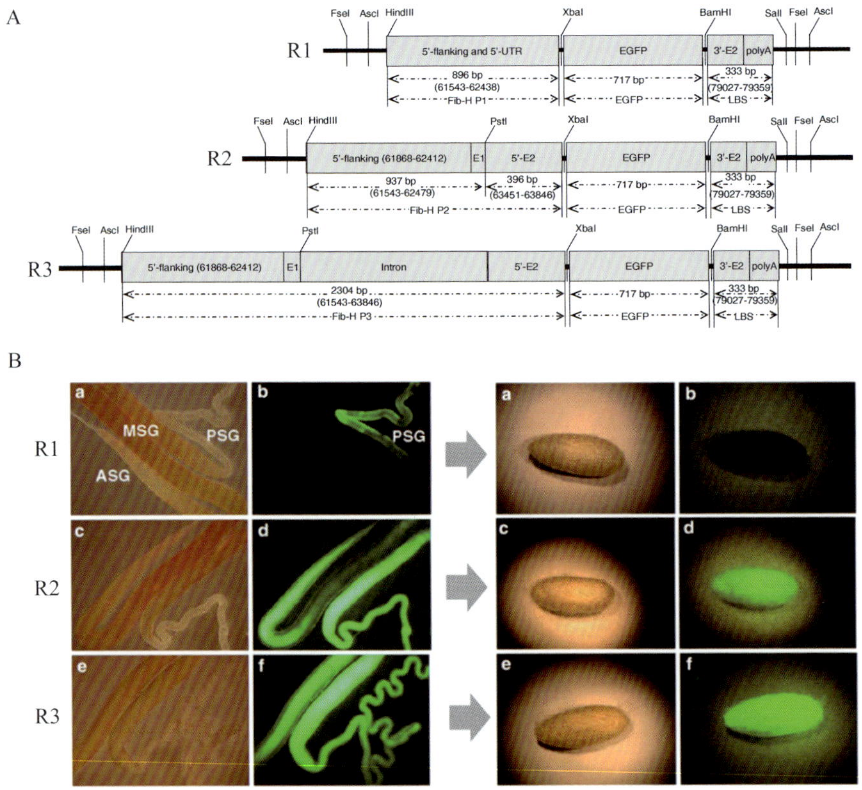

图 9-3　3 种不同 *Fib-H* 启动子调控 *EGFP*/*Fib-H* 融合基因表达的转基因结构及相应 EGFP/Fib-H 融合蛋白在丝腺和茧壳中的荧光检测(Zhao et al., 2010)

A. 转基因家蚕 R1、R2 和 R3 分别含有的 3 种不同长度 *Fib-H* 启动子调控 *EGFP*/*Fib-H* 融合基因表达框结构;B. 转基因家蚕 R1、R2 和 R3 的 5 龄 4 天幼虫丝腺组织(左)和相应转基因茧壳(右)在白光及绿色荧光下的照片,ASG、MSG 和 PSG 分别代表前部丝腺、中部丝腺和后部丝腺

EGFP/Fib-H 融合蛋白。Zhao 等(2010)通过荧光检测和分子鉴定发现,由转基因家蚕 R1 表达产生的融合蛋白(R1-FP,不含有 NTD)能够在 PSG 细胞中合成但不能分泌至 PSG 腔,而由转基因家蚕 R2 和 R3 表达产生的融合蛋白(R2R3-FP,含有 NTD)则能够在 PSG 细胞合成并分泌至 PSG 腔(图 9-3B 和图 9-4)。该研究结果表明,包含信号肽的 NTD 是 Fib-H 从 PSG 细胞分泌至 PSG 腔的必需结构。2015 年,Long 等创制了能够在 PSG 表达具有相同 NTD结构和不同 CTD 结构的 2 种 EGFP/Fib-H 融合蛋白(TSL-FP 即 R2R3-FP 和 TSP-FP)的转基因家蚕,其中 TSL-FP 蛋白含有 CTD 而 TSP-FP 蛋白不含 CTD(图 9-4)。荧光检测和分子鉴定显示,TSL-FP 和 TSP-FP 蛋白均能分泌至 PSG 腔并吐丝成茧。该研究结果表明,仅有非重复的 NTD 结构才是 Fib-H 分泌至家蚕 PSG 腔的必需结构(Long et al., 2015)。国内外的研究人员利用基因组编辑技术对家蚕 *Fib-H* 基因编码 NTD 结构的核苷酸序列的定点敲除研究结果也表明,Fib-H 的 NTD 结构为家蚕 Fib-H 分泌所必需(Ma et al., 2014; Wang and Nakagaki, 2014)。值得注意的是,早期研究曾认为 H-L 异源二聚体的形成为丝素蛋白分泌所必需(Mori et al., 1995),然而 Long 等(2015)观察到分泌至 PSG 腔及转基因茧丝中的 TSP-FP 融合蛋白并没有与 Fib-L 形成 H-L 异源二聚体。该研究结果表明,H-L 异源二聚体的

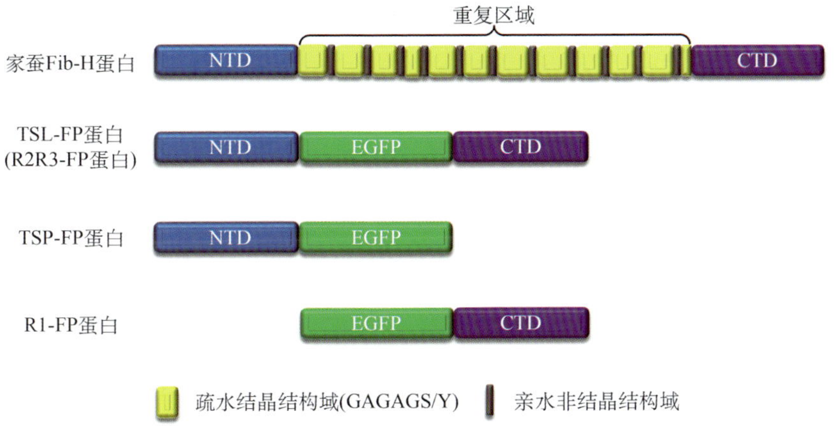

图 9-4　家蚕 Fib-H 蛋白及 3 种不同 EGFP/Fib-H 融合蛋白结构示意图 (Long et al., 2015)

家蚕 Fib-H 蛋白、TSL-FP 蛋白和 TSP-FP 蛋白能够分泌至 PSG 腔和茧丝,而 R1-FP 蛋白不能分泌至 PSG 腔和茧丝

形成并非丝素蛋白分泌所必需，而 Fib-H 的 CTD 仅是形成 H-L 异源二聚体所必需的结构。

综合 Zhao 等(2010)、Long 等(2015)以及前人研究的结果，可得出关于 Fib-H 以及外源重组 Fib-H 融合蛋白分泌机制的几点结论：①H-L 异源二聚体的形成有助于丝素基本单元的形成，但是 H-L 异源二聚体的形成并非是 Fib-H 从 PSG 细胞分泌至 PSG 腔的必要条件；②Fib-H 和 Fib-H 融合蛋白可以不用与 Fib-L 连接形成 H-L 异源二聚体，就能够直接被分泌至 PSG 腔和茧丝中，特别是小分子或亲水性的 Fib-H 融合蛋白；③由于家蚕 PSG 细胞合成的正常 Fib-H 是 1 个含有 12 个占 Fib-H 总质量超过 94%的疏水结晶域的高分子量(约 391 kDa)蛋白，H-L 异源二聚体的形成和包装有助于正常 Fib-H 的分泌；④当 Fib-H 或 Fib-H 融合蛋白(如 TSL-FP)存在 CTD 结构时，Fib-H 和 Fib-H 融合蛋白会优先与 Fib-L 通过二硫键连接形成 H-L 异源二聚体，随后经与 P25 蛋白结合包装成丝素基本单元并分泌至 PSG 腔。

2. *Fib-L* 基因

Fib-L 基因编码的成熟 Fib-L 含有 3 个 Cys 残基，其中前 2 个 Cys 残基形成分子内二硫键，第 172 位 Cys 残基与 Fib-H 的 Cys-c20 通过分子间二硫键形成 H-L 异源二聚体(Yamaguchi et al., 1989)。2003 年，Tomita 等构建了由 *Fib-L* 启动子调控 *Fib-L* 基因 cDNA 与外源基因融合表达的转基因表达载体并成功创制转基因家蚕(图 9-5)。研究结果证明，利用 *Fib-L* 启动子可实现调控 *Fib-L* 基因与外源基因在 PSG 中的特异性融合表达，并能够将融合蛋白成功分泌至转基因茧丝。2005 年，Inoue 等进一步证实，与 *Fib-L* 基因融合表达的重组外源蛋白会通过二硫键与 Fib-H 连接组成 H-L 融合蛋白异源二聚体，从而促进重组外源蛋白在转基因家蚕 PSG 细胞中的分泌。然而，Ma 等(2014)研究发现，*Fib-H* 基因定点敲除人工突变体家蚕分泌的少量“丝胶茧”(sericin cocoon)中仍含有 Fib-L。该结果暗示 H-L 异源二聚体的形成并非家蚕内源性 Fib-L 分泌所必需。

3. *P25* 基因

P25 基因编码的 P25 蛋白是丝素蛋白复合体的重要组成部分。它以一种疏水连接方式与 Fib-H 和 Fib-L 连接。与 P25 蛋白 N 端连接的寡糖链有 2 种，因此糖基化后的 P25 蛋白由于带有 3 个寡糖链，其总分子量约为 30 kDa或者 28 kDa。与 Fib-H 和 Fib-L 不同，P25 蛋白是 1 种类似分子伴侣

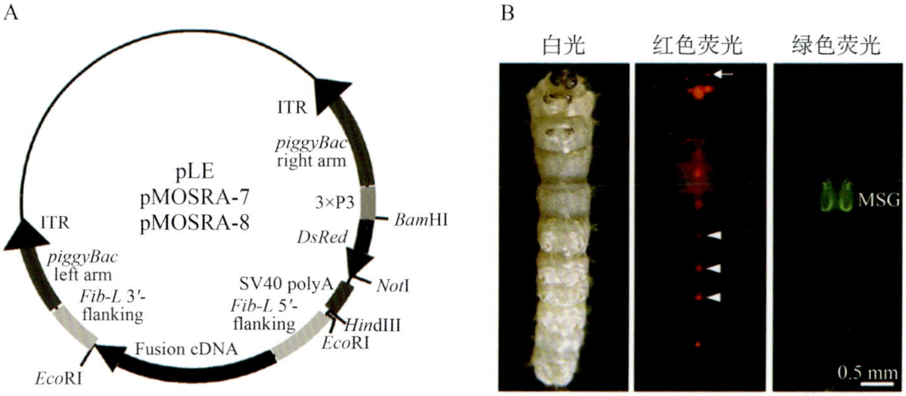

图 9-5　*Fib-L* 启动子调控 *Fib-L* 基因与外源基因融合表达的表达框结构及获得的转基因家蚕检测(Tomita et al., 2003)

A. 含有 *Fib-L* 启动子调控 *Fib-L* 基因 cDNA 及外源基因表达框的转基因载体；B. 1 龄转基因家蚕在白光、红色荧光和绿色荧光下的照片

(chaperonin-like)蛋白，其作用是参与丝蛋白复合体的正确折叠，从而使难溶的 Fib-H 能够进行细胞运输和分泌(Chevillard et al., 1986)。2005 年，Royer 等构建了由 *P25* 启动子调控 *DsRed* 基因在 PSG 特异性表达的转基因家蚕，获得的转基因茧丝经电镜扫描结果显示，重组 DsRed 蛋白呈球状结构附着在单丝表面(图 9-6)。Royer 等(2005)的研究表明，利用 *P25*

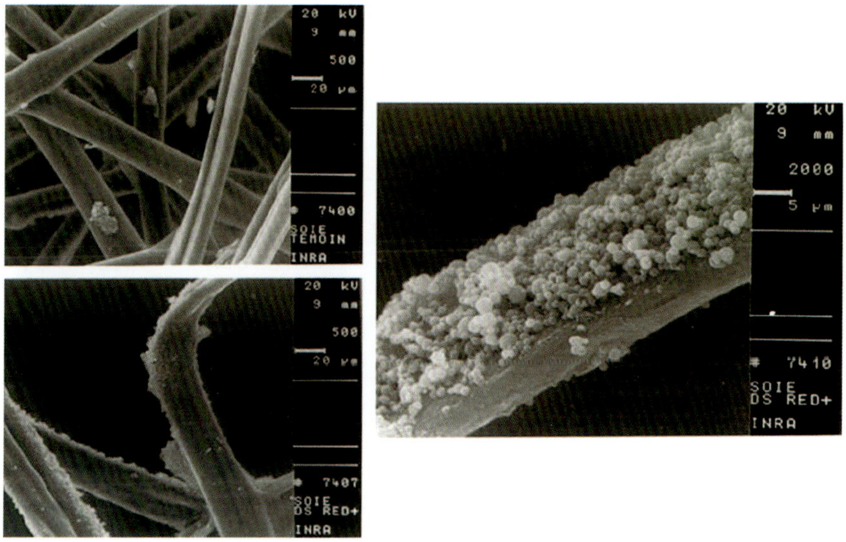

图 9-6　*P25* 启动子调控表达的重组 DsRed 蛋白电镜扫描结果(Royer et al., 2005)

启动子可调控外源基因表达产物分泌至转基因家蚕 PSG 腔和茧丝。通过对家蚕 *Fib-H* 基因敲除突变体家蚕分泌的“丝胶茧”蛋白分析结果显示，突变体家蚕 PSG 细胞表达的 P25 蛋白能够表达并分泌到茧丝中，暗示 P25 蛋白与 Fib-L 的分泌相类似，均不依赖其与 Fib-H 形成的复合体（Ma et al.，2014）。

（二）丝胶基因的结构及表达

目前克隆和分离获得的 5 种丝胶基因分别为 *Ser1*、*Ser2*、*Ser3*、*MSGS4* 和 *MSGS5*。这些丝胶基因均在家蚕 MSG 特异性表达（Okamoto et al.，1982；Michaille et al.，1986；Takasu et al.，2007）。*Ser1* 基因是丝胶蛋白的主要表达基因，其编码产生的前体 mRNA 经可变剪接可形成 4 种不同长度的成熟 mRNA，包括 *Ser1A*（2.8 kb）、*Ser1B*（4 kb）、*Ser1C*（10.5 kb）和 *Ser1D*（9 kb）（Michaille et al.，1986）。*Ser2* 基因的前体 mRNA 经可变剪接可产生 2 种大小分别为 5.0～6.4 kb（依等位基因而不同）和 3.1 kb 的成熟 mRNA（Kludkiewicz et al.，2009）。*Ser3* 基因编码丝胶蛋白产物 Seriein A 含 1 271 个氨基酸，分子量约 250 kDa（Takasu et al.，2007）。值得注意的是，*Ser1* 基因编码产生内层丝胶蛋白，而 *Ser2* 和 *Ser3* 基因则表达合成外层丝胶蛋白。此外，从家蚕基因组文库中还分离获得了大小分别为 3 500 nt、2 950 nt 和 450 nt 的 *MSGS3*、*MSGS4* 和 *MSGS5* 基因编码的成熟 mRNA。但这些基因的结构目前尚不明确。

2007 年，Tomita 等建立了由不含信号肽的 *Ser1* 启动子调控 *EGFP* 基因在 MSG 细胞特异表达的转基因家蚕，结果观察到合成的重组 EGFP 能够分泌至转基因茧丝的丝胶层（图 9 - 7）。2010 年，Tatematsu 等证实，利用 *Ser1-GAL4*/UAS-EGFP 系统，通过杂交方式同样能够实现介导 EGFP 在转基因家蚕 PSG 细胞中特异表达并分泌至茧丝的丝胶层。Tomita 等（2007）和 Tatematsu 等（2010）的研究结果均暗示，Ser1 蛋白从 MSG 细胞分泌至 MSG 腔不依赖 Ser1 蛋白的信号肽序列。此外，*Ser3* 启动子也能够与 GAL4/UAS 系统联合应用于调控外源基因在 MSG 特异性表达并分泌至丝胶层（Tatematsu et al.，2010）。

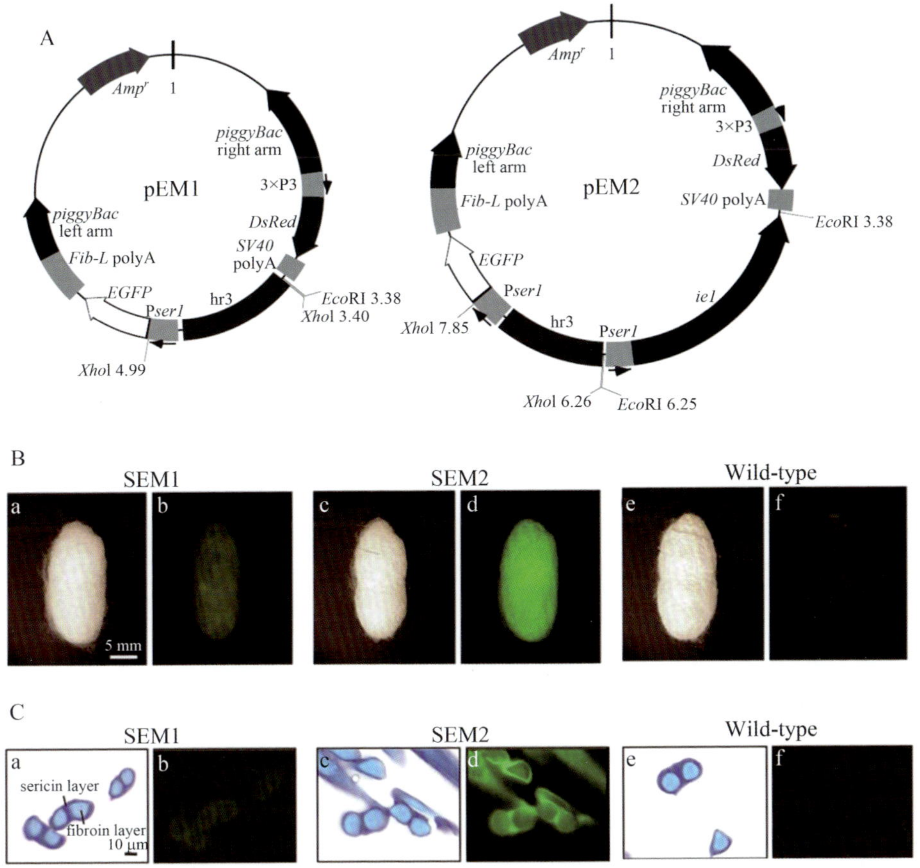

图 9-7　*Ser1* 启动子调控 *EGFP* 基因表达的转基因载体及获得的转 *EGFP* 基因茧壳与茧丝检测(Tomita et al.，2007)

A. 含有 *Ser1* 启动子调控 *EGFP* 基因表达框的转基因表达载体结构示意图；B. 转基因茧壳(SEM1 和 SEM2)和非转基因茧壳(Wild-type)在白光(a、c 和 e)和绿色荧光(b、d 和 f)下的照片；C. 转基因茧丝(SEM1 和 SEM2)和非转基因茧丝(Wild-type)冷冻切片在白光(a、c 和 e)和绿色荧光(b、d 和 f)下的照片

2015 年，Ye 等在 *Ser1* 基因上游远端约 4 kb 大小的启动子序列中鉴定到了许多潜在的转录因子结合位点(TFBSs)。通过结合荧光素酶报告基因系统与家蚕转基因技术，Ye 等证实，增加 TFBSs 的数量能够促进 *Ser1* 启动子对下游报告基因的转录，而增加 *Ser1* 启动子的拷贝数会使外源基因转录效率降低。最近，西南大学赵爱春课题组利用 CRISPR/Cas9 系统对家蚕 *Ser1* 基因进行了敲除，结果发现敲除突变体家蚕 5 龄幼虫出现了不吐丝的“裸蛹”表型，

且大多数突变体家蚕在化蛹期死亡，暗示 *Ser1* 基因不但对家蚕丝蛋白分泌具有决定性作用，而且还可能会直接影响家蚕的生长发育（数据待发表）。

（三）丝蛋白基因的转录调控因子

家蚕丝腺在胚胎期完成分化后，即能够合成和分泌液状丝物质，但直到5龄3天以后才开始大量合成和分泌丝蛋白。其中，PSG合成和分泌丝素蛋白，MSG合成和分泌丝胶蛋白。家蚕丝蛋白基因这种时空、组织特异的表达模式，主要通过转录调控因子介导丝蛋白基因启动子转录水平决定。目前鉴定到的丝蛋白基因转录调控因子包括 SGF-1～SGF-4、SGFB、PSGF、FMBP-1～FMBP-3、TRIO、UB2a、UB2b 和 BMFA 等。这些转录因子大多是通过丝腺核抽提物与丝蛋白基因的上游调控序列的体外结合发现的，其中部分转录因子已鉴定出蛋白序列和核酸序列，并利用家蚕转基因技术对其调控丝蛋白基因的转录活性进行了分析。

2011年，Takiya 等鉴定到了1个表达具有组织与时期特异性的中部丝腺蜕皮期特异表达复合物 MIC（MSG-intermolt-specific complex）。其通过结合在 *Ser1* 基因启动子所必需的－70活性区域序列来激活 *Ser1* 基因的表达。随后，Kimoto 等（2014）发现，来源于 Hox 基因家族编码的 Antp 蛋白及其辅酶因子 Exd 和 Hth 是 MIC 的组成成分。Antp 蛋白在转基因家蚕体内的异位表达研究结果显示，Antp 蛋白能够调控 *Ser1* 基因在家蚕已分化 PSG 中的表达。

SGF-2 因子能够与丝素蛋白基因的启动子元件序列结合，从而调控丝素蛋白基因在家蚕 PSG 特异表达。Ohno 等（2013）发现，SGF-2 蛋白至少包含4种基因产物：LIM 同源异型结构域蛋白（Awh）、LIM 结构域结合蛋白（Ldb）、1个序列特异性单链 DNA 结合蛋白（Lcaf）和 P25 蛋白。Ohno 等（2013）和 Kimoto 等（2015）建立了 *Awh* 基因全身性过表达的转基因家蚕，结果观察到 Awh 蛋白错误表达诱导 *Fib-H*、*Ldb*、*Lcaf*、*Fib-L* 和 *P25* 基因在转基因家蚕 MSG 异位表达，以及诱导 *Fib-L* 和 *P25* 基因在转基因家蚕 ASG 异位表达的现象（图9－8）。这些研究结果表明，Awh 蛋白是1个可调控3个主要丝素蛋白基因过表达的关键激活因子。

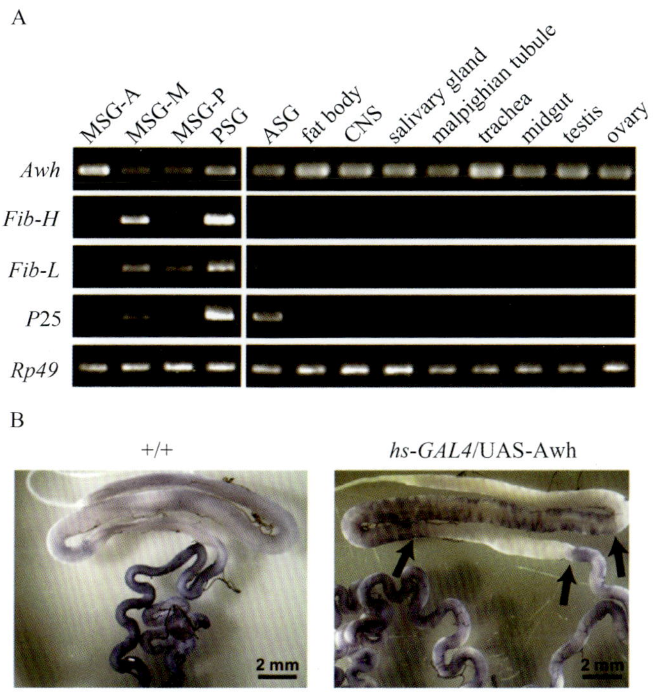

图 9-8　Awh 蛋白错误表达诱导 *Fib-H*、*Fib-L* 和 *P25* 基因在丝腺异位表达检测(Kimoto et al.，2015)

A. RT-PCR 检测 *Fib-H*、*Fib-L* 和 *P25* 基因在转基因家蚕丝腺的异位表达；B. *Fib-H* 基因 mRNA 在非转基因家蚕(+/+)和转基因家蚕(*hs-GAL4*/UAS-Awh)5 龄 2 天幼虫丝腺中的原位杂交检测

果蝇 *sage* 基因在果蝇唾液腺的形成和发育过程中具有重要作用(Rebecca et al.，2013)，而家蚕 *sage* 基因(*Bmsage*)作为果蝇 *sage* 基因的同源基因，其主要在被视为果蝇唾液腺同源器官的家蚕丝腺(MSG 和 PSG)中表达。Zhao 等(2014)证实，Bmsage 蛋白是 1 个含有碱性螺旋—环—螺旋(basic helix-loop-helix，bHXH)结构域且与 *Fib-H* 基因启动子区域结合，并能够与 SGF-1 发生相互作用的转录调控因子。最近，Xin 等(2015)建立了 *Bmsage* 基因定点敲除人工突变体家蚕，结果发现 G_2 代纯合敲除突变体家蚕的 PSG 和 MSG 发育缺失，几乎所有纯合突变家蚕都无法吐丝结茧且大部分在化蛹期死亡(图 9-9)。该研究结果表明，*Bmsage* 基因参与了家蚕发育早期幼虫体内的丝腺形成与调控。

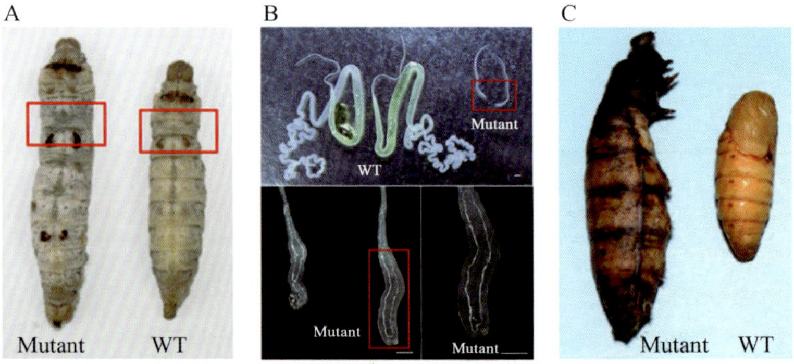

图 9-9　*Bmsage* 基因敲除突变体家蚕丝腺发育缺陷和蛹期致死表型 (Xin et al., 2015)

A. 突变体家蚕(Mutant)和野生型家蚕(WT)成熟幼虫；B. 突变体家蚕(Mutant)和野生型家蚕(WT)幼虫丝腺，白色标尺标示 1 mm；C. 突变体家蚕(Mutant)和野生型家蚕(WT)蚕蛹

二、茧丝突变家蚕的突变机理

家蚕丝腺的突变，其表型往往会呈现于蚕茧。蚕茧具有多样性，不仅有茧色多样，还有茧形特征鲜明和茧丝组成异常。茧色反映的是，色素成分和运输机制的遗传差异；茧形反映的是，蚕吐丝结茧行为的不同，各地理型品种间在茧形特征上表现鲜明；茧丝组成异常反映的是，泌丝功能的缺陷或特殊性，典型的有“裸蛹”、“丝胶茧”、“薄纸茧”等类型。对丝蛋白基因的功能及丝蛋白合成与分泌机制的研究，在很大程度上得益于茧丝突变品系家蚕。其中，借助转基因技术且研究较为深入的丝蛋白相关突变品系包括茧丝合成突变品种和茧色突变品种。

突变体家蚕茧丝的分泌或组成异常一般反映其泌丝功能的缺陷或特殊性。早期研究发现，呈“裸蛹”表型的茧丝合成突变家蚕品种 *Nd-s* 和 $Nd\text{-}s^D$，均是由于 *Fib-L* 基因的第 3 个外显子下游区域序列发生了缺失，结果导致表达产生的突变 Fib-L 蛋白缺少 Cys172，不能与 Fib-H 蛋白通过二硫键形成 H-L 异源二聚体，进而使得 Fib-H 无法进行高效的 PSG 细胞内包装、运输和分泌，最终导致“丝胶茧”表型的出现；同时，Fib-L 蛋白缺失的丝素蛋白在内质网内的积累也可能会阻碍 PSG 细胞的发育(Mori et al., 1995; Tanaka et al.，1999)。2004 年，Inoue 等以 *Nd-s*^{D}突变体家蚕为材料，利用转基因技术将完整的 *Fib-L* 基因表达框序列(包含 Cys172)插入突变体家蚕基因组，结果观察到突变体家蚕的丝蛋白分泌(即吐丝)量得到了一定程度的恢复。此后，Inoue 等(2005)同样以 *Nd-s*^{D}突变体为材料，建立了由 *Fib-L* 启动子调控 *EGFP/Fib-L* 融合基因表达的转基因家蚕，结果观察到转基因家蚕 PSG 发育恢复正常，并可形成正常蚕茧(图 9－10)。Inoue 等(2005)经进一步研究发现，EGFP/Fib-L 融合蛋白在转基因家蚕 PSG 腔和茧丝中按照 Fib-H：

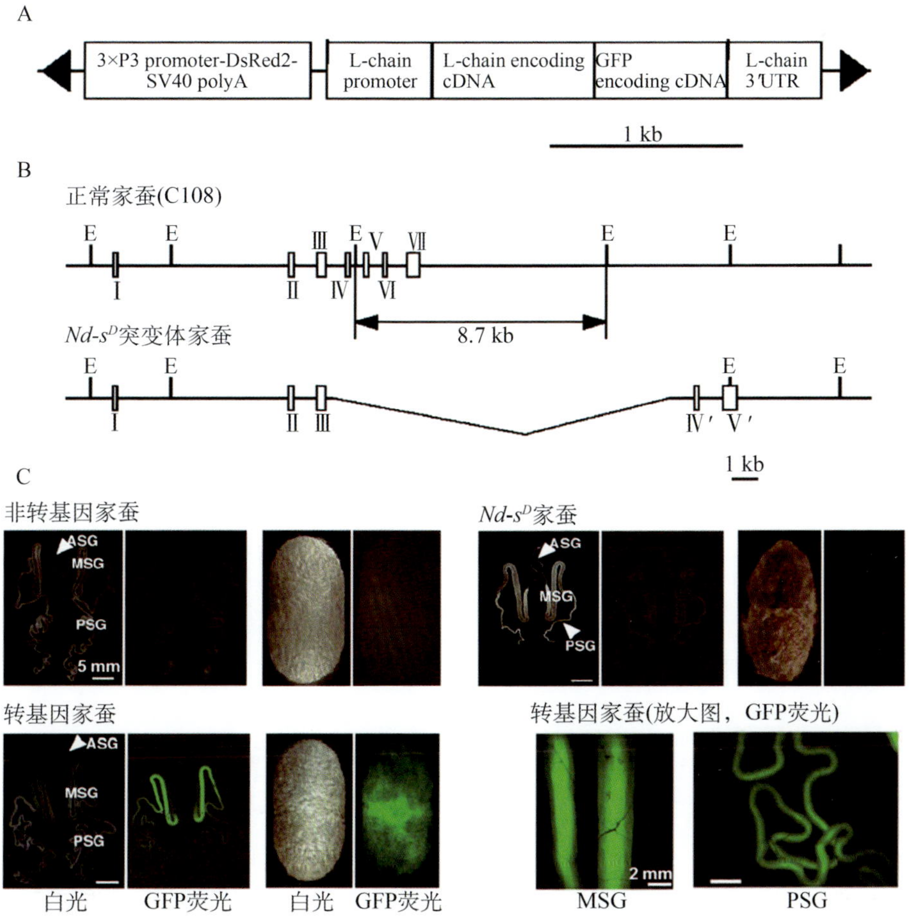

图 9－10　以 *Nd-s*^{D}突变体家蚕为材料建立的转基因家蚕(Inoue et al.，2005)

A. 转基因载体结构示意图；B. 正常家蚕和 *Nd-s*^{D}家蚕的 *Fib-L* 基因结构示意图；C. 非转基因正常家蚕、*Nd-s*^{D}家蚕以及转基因家蚕丝腺和茧壳在白光和荧光下的照片

EGFP/Fib-L∶P25为6∶6∶1的摩尔分子比例存在。上述研究结果表明,利用转基因技术在 $Nd\text{-}s^D$ 家蚕体内引入含有Cys172的Fib-L蛋白或EGFP/Fib-L融合蛋白,可促使其与Fib-H蛋白形成异源二聚体,进而促进家蚕内源丝素蛋白或外源重组丝素蛋白在PSG细胞的组装、加工以及向PSG腔的分泌。

在长期人工驯化过程中,家蚕逐渐形成了具有白色、绿色、黄色、金黄色、红色、锈色等不同蚕茧颜色的茧色突变品种。类胡萝卜素和类黄酮类色素被证实与天然有色茧的成色机制密切相关(Takashi and Kozo, 2009)。其中,类胡萝卜素是使黄红茧系突变品种家蚕茧丝呈色的主要色素。家蚕不能在体内合成类胡萝卜素,其体内的类胡萝卜素均是通过进食从桑叶中获取的。类胡萝卜素首先被家蚕中肠组织吸收,然后进入血液并使血液着色,最后进入丝腺(主要是MSG)并被丝蛋白吸附,引起茧丝着色。通过早期关于类胡萝卜素进入茧层的途径及发挥调控作用的关键基因的研究已经基本明确,黄茧系家蚕茧丝颜色的形成主要受黄血基因(*Y*)和黄茧基因(*C*)的控制,而*C*基因的表达依赖于*Y*基因的表达。当2个基因同时存在,蚕茧才表现为黄色;而当仅有其中1个基因表达,蚕茧表现为白色。2007年,Sakudoh等证实,类胡萝卜素结合蛋白(CBP)即为*Y*基因编码蛋白,并利用GAL4/UAS系统通过转基因技术介导*CBP*基因在白茧突变品种家蚕 $+^Y$(体内*CBP*基因发生突变)的MSG细胞特异性表达或所有细胞组成性表达,结果观察到蚕茧和血淋巴液颜色由非转基因家蚕的白色转变为黄色的现象(图9-11)。2010年,Sakudoh等又证实,脂质结合跨膜转运蛋白Cameo2即为*C*基因的编码产物。该蛋白能够选择性地从体液中将叶黄素转运到丝腺腔内。Sakudoh等(2010)以白茧突变品种家蚕 $+^C$(体内*Cameo2*基因表达被抑制)为材料,通过利用GAL4/UAS系统介导*Cameo2*基因在转基因家蚕的MSG细胞特异性表达,结果使转基因茧丝恢复成了较为微弱的黄色表型。此后,Sakudoh等(2013)还鉴定获得了1个编码产生β-胡萝卜素结合转运蛋白(SCRB15)的*Flesh*(*F*)基因。研究发现,*SCRB15*基因在转基因家蚕的MSG细胞特异性过表达,能够增强MSG细胞对β-胡萝卜素的选择性吸收能力,进而获得颜色呈黄色的转基因蚕茧。

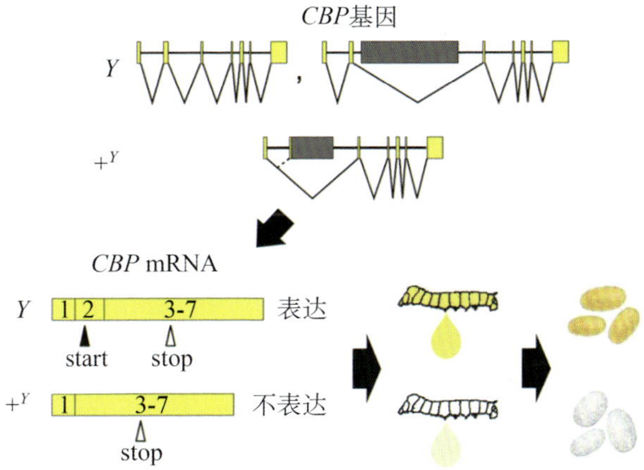

图 9-11 *CBP* 基因结构特征及黄茧形成机制示意图(Sakudoh et al.，2007)

三、丝腺离子环境变化对蚕丝分泌的影响

丝蛋白的形成与分泌除了由丝蛋白的氨基酸序列(即丝蛋白一级结构)决定之外,实际上还与丝腺中的液态丝(通常称为"纺丝原液",即丝蛋白液晶态的水溶胶)在丝腺中的拉伸、脱水过程密不可分,并受 pH 变化甚至金属离子浓度变化的影响(Terry et al.，2004；Zhou et al.，2005；Hakimi et al.，2007)。早期研究表明,Ca^{2+}有助于稳定丝蛋白水凝胶结构的形成,而 Na^{+} 和 K^{+} 则能够破坏丝蛋白水凝胶的形成(Zhou et al.，2005)。Wang 等(2015)建立了 ASG 分别特异性过表达家蚕内源 Na^{+}/K^{+}-ATP 酶 α 亚基(BmNKAα)和内质网 Ca^{2+}-ATP 酶(BmSERCA)基因的转基因家蚕。结果发现,ASG 通道的离子强度和蚕丝纤维形成离子环境的变化,会导致转基因茧丝的二级结构(α 螺旋与 β 折叠)和力学性能发生显著变化。

第二节　变态发育与激素调节

变态(metamorphosis)是指昆虫由幼虫到成虫的形态变化。变态过程是一个昆虫从形态、习性、内部组织器官和生理功能都发生巨大变化的过程。因此,变态发育历来是昆虫学的重大科学问题。家蚕变态发育是在内分泌激素与环境的协同调控下，由多个基因参与的级联反应过程。早期研究表明，家蚕咽侧体合成分泌的保幼激素(JH)用于维持幼虫形态，家蚕前胸腺合成分泌的蜕皮激素(Ecd)能够促进幼虫蜕皮与变态，JH 和 Ecd 的滴度随家蚕发育阶段的不同而发生有规律的变化，从而调控家蚕的变态发育(Nijhout, 1994)。此外，家蚕脑等器官表达分泌的部分神经肽激素也参与了家蚕的变态发育调控。近年来，通过利用转基因技术实现的对家蚕 *JH*、*Ecd* 和其他变态发育相关基因的过表达、转基因 RNAi 或基因敲除操作，极大地促进了变态发育的内分泌系统和激素调节机制的研究。

一、家蚕保幼激素调控研究

保幼激素酯酶(JHE)是大多数昆虫中最主要的 1 种 JH 代谢酶，其能够将 JH 降解为保幼激素酸(JHa)。2005 年，Tan 等利用 GAL4/UAS 系统建立了 JHE 全身性过表达的转基因家蚕，结果发现 JHE 过表达将引起转基因家蚕体内的 JH 被大量降解成为 JHa，最终使转基因幼虫 3 龄期即出现死亡或发育为早熟蛹与幼虫—蛹中间态的现象(图 9－12)。该研究结果表明，JHE

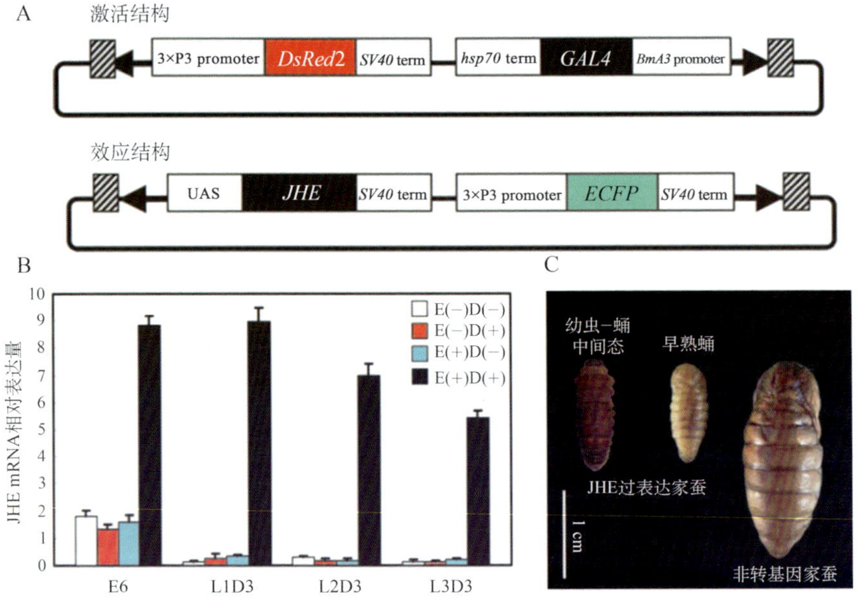

图 9－12　JHE 过表达引起的转基因家蚕早熟现象(Tan et al., 2005)

A. GAL4/UAS 系统转基因表达载体；B. RT-PCR 检测 JHE 在转基因家蚕体内的过表达；C. JHE 过表达产生的早熟蛹与幼虫—蛹中间态

在 JH 代谢中具有重要作用，同时也暗示 JH 在 3 龄之前甚至胚胎发育时期并未起关键作用，而在 3 龄后期对维持家蚕幼虫正常发育、阻止变态发生具有重要意义。

实际上，利用 GAL4/UAS 系统在家蚕体内引入内源基因的过表达，已经成为研究 JH 合成代谢相关基因功能的常用手段之一。例如，在血淋巴中不含有 JH 的 *mod* 突变体家蚕（具有早熟蛹和幼虫—蛹中间态表型）中过表达家蚕细胞色素 P450 家族 *CYP15C1* 基因，会使 *mod* 突变体家蚕表型恢复正常，表明 *CYP15C1* 是 *mod* 突变体家蚕的靶标基因，且 CYP15C1 蛋白为 JH 生物合成途径所必需（Daimon et al.，2012）；在家蚕体内组成性过表达转录因子 *BmKr-h1* 基因，会使转基因家蚕在吐丝阶段以前发育正常，但最终在化蛹初期死亡，表明 BmKr-h1 具有抑制家蚕幼虫向蛹期的变态发育作用（Kayukawa et al.，2014）。

保幼激素酸甲基转移酶（JHAMT）在鳞翅目昆虫的法尼酸（farnesoic acid，FA）至 JH 的生物合成途径中具有重要作用，即 FA 首先由 FA 环氧酶（FA epoxidase）氧化生成 JHa，再由 JHAMT 转移甲基到 JHa 生成 JH（Cusson et al.，2006）。Daimon 等（2015）通过观察家蚕 *JHAMT* 基因和 2 个 JH 受体基因 *Met1* 与 *Met2* 的定点敲除突变体的生长发育并结合分子鉴定研究发现，家蚕胚胎的形成与发育在很大程度上并不依赖于家蚕体内 JH 的调控，甚至在 *JHAMT* 基因或 JH 受体基因敲除的突变体家蚕早期幼虫发育（1～2 龄）阶段，JH 和 JH 信号在维持幼虫正常发育过程中也并未起到决定性作用。Daimon 等（2015）还鉴定到了 1 个在末龄家蚕幼虫发育最后阶段显著上调表达的标记基因 *broad*，经观察发现，*broad* 基因敲除的嵌合体蛹（图 9-13A）或蚕蛾（图 9-13B）表皮细胞仍旧维持幼虫表皮的形态，从而证实 *broad* 基因为蛹期表皮组织形成所必需。此外，分子鉴定结果显示，*broad* 基因 mRNA 的表达水平受到 JH 及 JH 信号的抑制，但是在野生型、JH 或 JH 信号被破坏的突变体家蚕（如 $JHAMT^{-/-}$、$Met1^{-/-}$ 和 $Met2^{-/-}$ 等）中，*broad* 基因在胚胎发育阶段及 3 龄期以前的家蚕幼虫体内维持着非常低的本底表达水平（Daimon et al.，2015）。

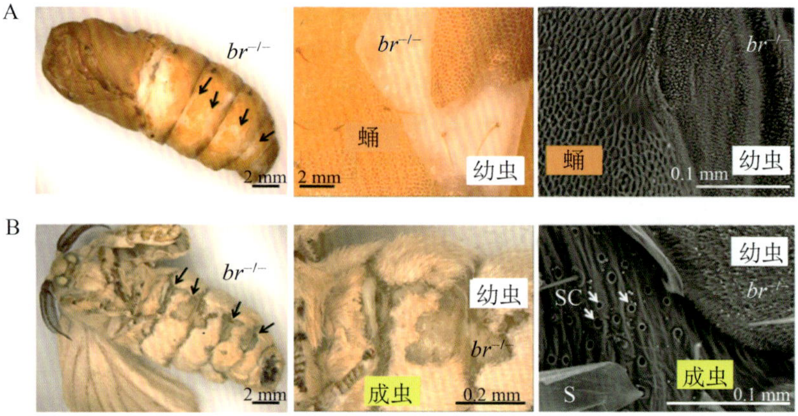

图 9-13 *broad* 基因敲除家蚕的表型(Daimon et al., 2015)

二、家蚕蜕皮激素调控研究

蜕皮激素(Ecd)是一类具有昆虫蜕皮活性的天然甾醇类化合物。昆虫体内的 Ecd 主要以昆虫摄食的胆固醇或植物固醇类物质为原料合成(Blais and Lafont, 1991)。当家蚕血液中 Ecd 浓度达到一定的阈值时,幼虫开始合成新表皮并进一步完成幼虫蜕皮,从而发育至新龄期;在幼虫每个龄期初期,咽侧体大量分泌 JH,从而使家蚕维持幼虫特征;至幼虫最后一个龄期的中期,咽侧体停止分泌 JH,在高浓度的 Ecd 作用下,幼虫完成向蛹转变的变态蜕皮。Zhang 等(2012)发现,杆状病毒蜕皮甾醇葡萄糖苷转移酶(EGT)基因 *egt* 在转基因家蚕体内的过表达能够引起 Ecd 失活而表达下调,进而引起蚕卵孵化率下降、幼虫发育延缓、蛹期延长且 G_2 代 3 龄眠蚕血液中 Ecd 含量显著下降(达 90%)的现象。该研究结果说明,Ecd 对家蚕胚胎、幼虫和蛹期的正常发育均具有至关重要的影响。

来自黑腹果蝇的细胞色素 P450 酶(CYP18A1)具有使 Ecd 含量下调,从而影响多种生理发育过程特别是幼虫化蛹时期的变态发育过程的功能。果蝇 *CYP18A1* 基因的表达缺失或异位表达均具有致死性(Rewitz et al., 2010; Guittard et al., 2011)。Li 等(2014)在家蚕中鉴定到了 2 个与果蝇细胞色素 CYP18A1 直系同源的基因 *BmCYP18A1* 和 *BmCYP18B1*,随后分别建立了 *BmCYP18A1* 基因在 MSG 或全身性过表达的转基因家蚕,结果均观察到转基因个体在 5 龄后期出现发育停滞的现象(图 9－14)。该研究结果表明,*BmCYP18A1* 基因表达产物参与了家蚕体内包括 Ecd 在内的甾醇类物质的组织特异性失活途径。

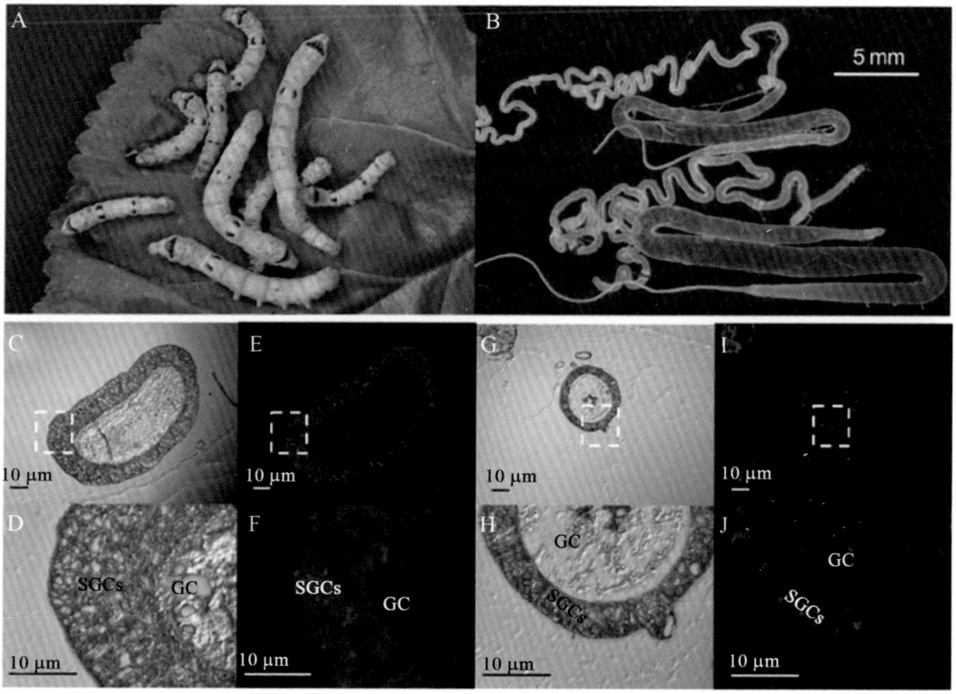

图 9－14 *BmCYP18A1* 基因在 MSG 过表达导致幼虫发育停滞(Li et al. , 2014)

A. *BmCYP18A1* 基因过表达转基因家蚕(体型较小)和非转基因家蚕(体型较大)5 龄末期幼虫表型;B. *BmCYP18A1* 基因过表达转基因家蚕(上)和非转基因家蚕(下)5 龄末期幼虫丝腺;C~J. *BmCYP18A1* 基因非过表达转基因家蚕(C、D、E 和 F)和过表达转基因家蚕(G、H、I 和 J)MSG 切片的白光(C、D、G 和 H)和 DAPI 染色(E、F、I 和 J)检测

蜕皮激素氧化酶(EO)是 Ecd 失活途径中的关键酶。Ecd 在 EO 的作用下合成 3 位脱氢蜕皮激素,3 位脱氢蜕皮激素进一步在 3DE－α－还原酶(3DE-α-reductase)的作用下形成非活性形式的 3 位差向异构化蜕皮激素,从而使 Ecd 活性丧失(Nigg et al. , 1974)。Li 等(2015)发现,家蚕 *BmEO* 基因主要在化蛹初期家蚕的中肠组织中表达。经进一步研究发现,*BmEO* 基因定点敲除突变体家蚕 5 龄幼虫发育时间延长;*BmEO* 基因全身性过表达会引起转基因家蚕在幼虫化蛹期死亡;*BmEO* 基因在 MSG 特异性过表达会阻碍转基因

家蚕丝腺组织在蛹期蜕变中的退化(Li et al., 2015)。上述研究对家蚕*BmEO*基因的敲除与过表达操作，为Ecd调控家蚕变态发育过程中的组织退化研究提供了有用参考。

三、其他家蚕变态发育相关神经肽激素调控研究

除了家蚕保幼激素和蜕皮激素外，其他通过家蚕转基因技术或基因组编辑技术鉴定的、参与家蚕变态发育调控的神经肽激素还包括滞育激素(DH)和蜕皮触发激素(ETH)等。

早期研究表明，Ecd作用于昆虫INKA细胞，使其合成蜕皮前触发激素(pre-ecdysis-triggering hormone, PETH)；PETH再诱导形成具有生物活性的ETH，进而引起蜕皮发生。2008年，Dai等通过有性杂交的方式在双转基因家蚕体内引入双链*ETH*基因RNAi片段表达，实现了转基因家蚕体内*ETH*基因的下调表达，结果证实ETH具有促进2龄家蚕幼虫蜕皮的重要作用。

DH是由昆虫咽下神经节分泌的神经肽激素，其主要通过作用于家蚕卵巢，影响卵巢中糖原含量的变化来调控家蚕卵的滞育。家蚕DH信号的传递，需要依赖FXPRLa家族神经肽中的DH与DHR(DH受体)之间的相互作用。2015年，Shiomi等建立了滞育激素—信息素生物合成激活肽(PBAN)基因*DH-PBAN*及*DHR*基因敲除的人工突变体家蚕，并在适合滞育的外界条件(主要包括温度、湿度和光照等)下饲养突变体家蚕，结果观察到突变体幼虫和蛹的蜕皮及变态发育过程与野生型家蚕并没有任何差异，但是雌性突变体蚕蛾所产下的蚕卵均为非滞育卵(图9-15)。该研究结果证实，由DH与DHR相互作用所传导的DH信号是诱导家蚕滞育所必需的。

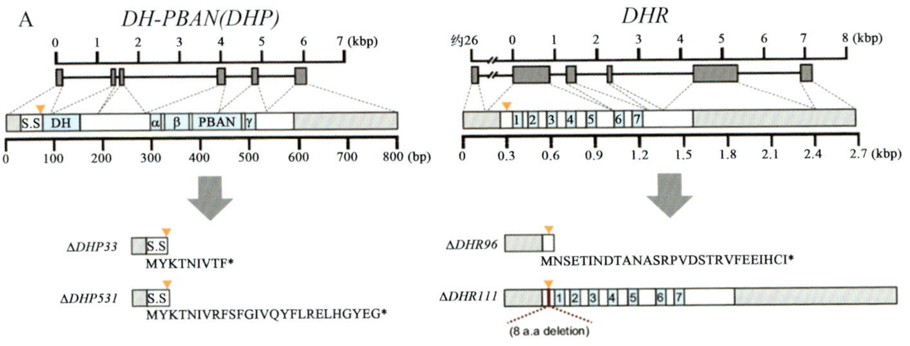

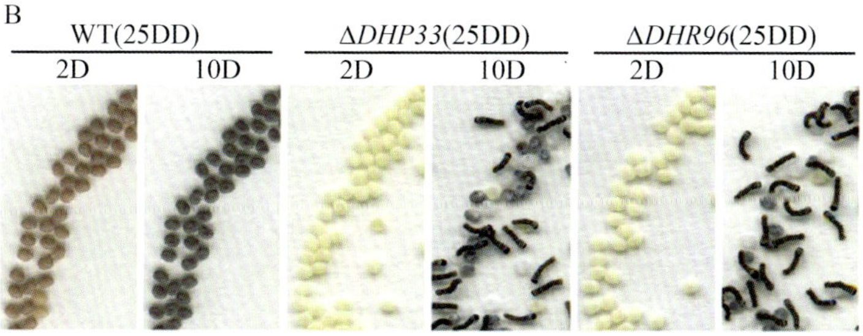

图 9-15　敲除 *DH-PBAN* 基因和 *DHR* 基因家蚕的蚕卵滞育性被破坏(Shiomi et al.，2015)

A. *DH-PBAN*(*DHP*)和 *DHR* 基因结构及敲除突变体表达产物结构示意图；B. 相同处理的敲除突变体家蚕(△*DHP33* 和△*DHR96*)蚕卵滞育性被破坏，野生型家蚕(WT)蚕卵用作阴性对照

第三节　性别决定与调控

性别决定和生殖发育调控是生物界基本的科学问题之一。性别决定系统在不同的生物中存在很大差异，即使在昆虫中性别决定遗传系统也呈现高度差异。家蚕的性染色体为雌异配子型，即 ZZ 为雄、ZW 为雌。家蚕的性别决定机制与目前研究得最为清楚的模式昆虫果蝇相比，既有共性，也有特殊性。因此，家蚕性别决定机制及其调控研究，可为研究人员更好地理解昆虫性别决定提供了一个新的模式。此外，由于性别调控在产业上具有重要的应用价值，所以家蚕性别决定系统一直是蚕业科学的重要研究课题之一。近年来，基于转基因技术和基因组编辑技术的家蚕性别决定与调控的研究热点，主要集中于家蚕双性基因 *Bmdsx* 的功能分析和基于 *Bmdsx* 基因实现的性别调控研究等。

一、*Bmdsx* 基因的功能分析

为了鉴定与家蚕性别决定相关的调节基因，研究人员们以研究较为深入和清楚的果蝇性别调节级联作为参考，对比分析家蚕性别决定基因。2001 年，Ohbayashi 等从家蚕 EST 数据库中鉴定到了果蝇性别决定双性基因 *dsx*

在家蚕中的直系同源基因 *Bmdsx*。进一步研究发现，*Bmdsx* 基因是家蚕性别决定级联调控信号通路最下游的 1 个关键基因，其前体 mRNA(pre-mRNA)在不同性别家蚕的幼虫、蛹和成虫时期的不同组织中经选择性剪接，分别形成编码雄特异性和雌特异性蛋白的性别特异剪接体——$Bmdsx^{M}$ 和 $Bmdsx^{F}$(Suzuki et al., 2001)。*Bmdsx* 基因开放阅读框包含 5 个外显子，其中第 3 和第 4 外显子因具有雌特异性而只出现在 $Bmdsx^{F}$ 中，*Bmdsx* 基因的 pre-mRNA 默认加工方式为雌特异性拼接(图 9-16)。

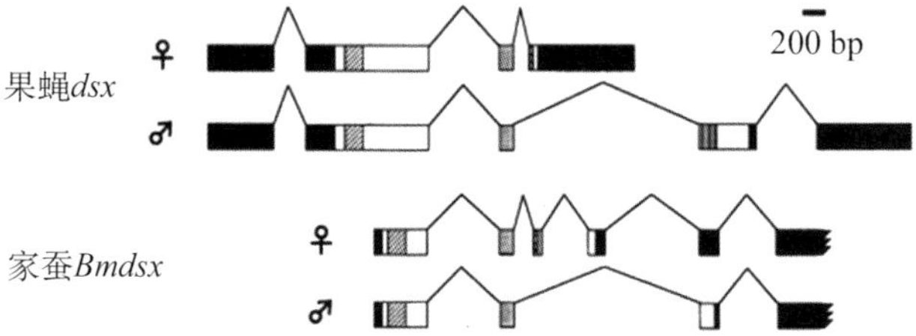

图 9-16　家蚕 *Bmdsx* 基因与果蝇 *dsx* 基因的结构比较 (Suzuki et al., 2001)

中部方框代表外显子，折线代表内含子，黑色方框代表非编码区

此后，国内外研究人员相继开展了利用转基因技术异体表达 *Bmdsx* 基因的方式来研究其功能。结果发现，$Bmdsx^{F}$ 基因在雄性转基因家蚕体内的异体表达，可显著激活原本在雌性表达的卵黄原蛋白(vitellogenin)和贮藏蛋白(SP1)基因表达，抑制原本在雄性优先表达的信息素结合蛋白(PBP)基因表达，但是并没有影响雄性家蚕性别特异性特征的形成与形态发育(Suzuki et al., 2003)；$Bmdsx^{M}$ 基因在雌性转基因家蚕体内的异体表达和过量表达，影响转基因雌蛾第 8 腹节表皮处的组织细胞向锯齿板方向的发育(图 9-17A)，导致转基因雌蚕出现部分雄性生殖器特性，并抑制卵黄原蛋白基因表达，引起信息素结合蛋白的表达激活，最终使得转基因雌蛾不能进行交配行为，无法产生后代(Suzuki et al., 2005; Duan et al., 2014)。Duan 等(2014)经进一步研究发现，$Bmdsx^{M}$ 基因在雌性转基因家蚕体内的表达会激活 EGFR 信号通路并诱导 Hox 基因家族 *BmAbd-B* 基因的表达量显著提高，进而调控家蚕尾部的两性异型(图 9-17B)。此外，Duan 等(2013)发现，*Bmdsx* 基因的雌特异反式剪接体——$Bmdsx^{F3}$ 基因在雄性转基因家蚕体内的异体表达，会

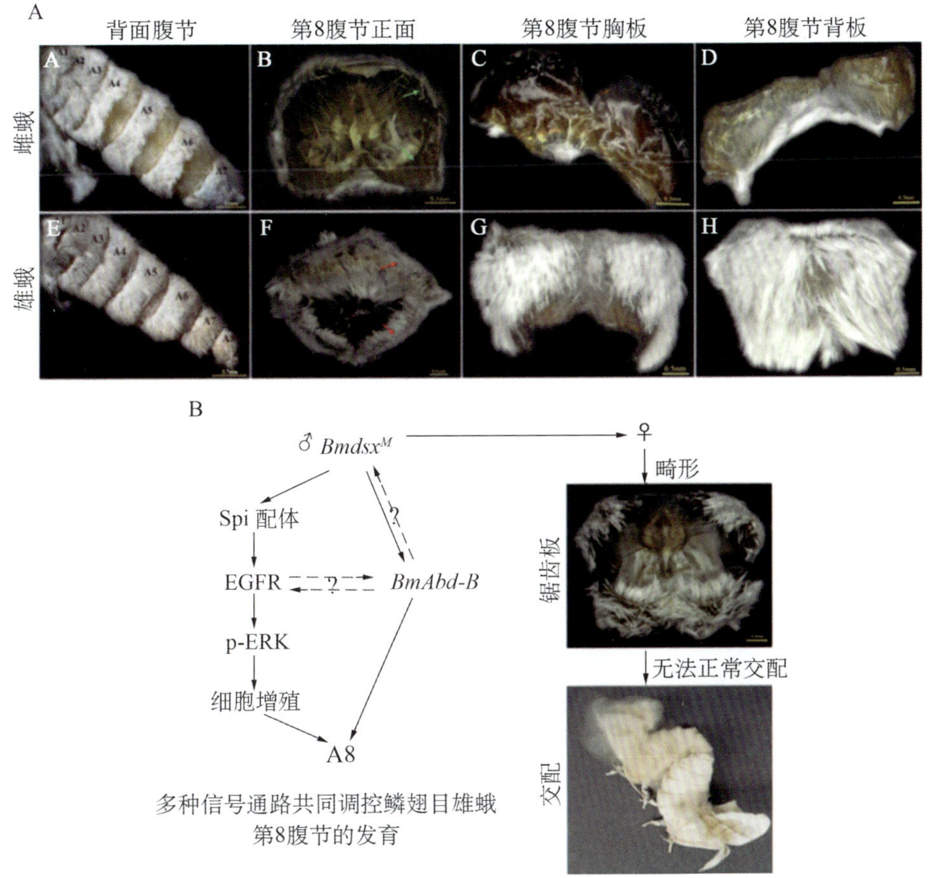

图 9-17　异体表达 $Bmdsx^M$ 基因抑制雌蛾第 8 腹节正常发育(Duan et al.，2014)

A. 转基因蚕蛾腹节的两性异型特征；B. $Bmdsx^M$ 通过 *Abd-B* 和 EGFR 信号通路抑制雌蚕第 8 腹节的正常发育

抑制信息素结合蛋白(PBP)基因和精巢特异表达基因 *A2* 表达，并激活贮藏蛋白(SP1)基因表达。该研究结果表明，$Bmdsx^{F3}$ 参与了雌性家蚕的性别分化与调控。

二、基于 *Bmdsx* 基因的性别调控研究

虽然 *Bmdsx* 基因 pre-mRNA 经性别特异的选择性剪接可形成雄特异性剪接体 $Bmdsx^M$ 和雌特异性剪接体 $Bmdsx^F$，但是由于 *Bmdsx* 基因的内含子序列非常长，尤其是第 4 内含子的长度已经超过了 40 kb，因此通过构建含有

不同截短型内含子的 *Bmdsx-mini* 基因的方式，难以鉴定内含子中所含的 *Bmdsx* 基因 pre-mRNA 雄性特异性剪接顺式作用元件。为了探明 *Bmdsx* 基因内含子的顺式作用元件序列，Funaguma 等(2005)建立了由组成型 *ie1* 启动子调控截短型 *Bmdsx* 基因(*Bmdsx-mini*)表达的转基因载体，其中 *Bmdsx-mini* 基因含有完整的第 1 和第 5 外显子以及内部截短型第 2 至第 4 内含子，*Bmdsx-mini* 基因编码框与原始 *Bmdsx* 基因相比，其总长缩短至不足 3 kb(图 9－18)。Funaguma 等(2005)经进一步研究发现，转基因家蚕转录产生 *Bmdsx-mini* 基因 pre-mRNA 的剪接方式具有性别特异性，表明 *Bmdsx-mini* 基因包含了涉及性别特异选择性剪接的必需顺式调控元件。

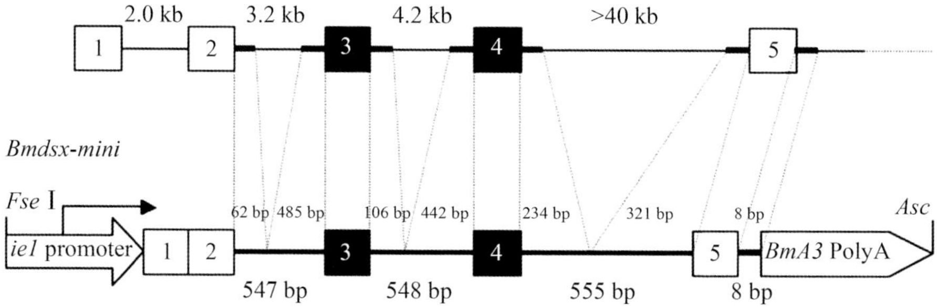

图 9－18　*Bmdsx-mini* 基因系统示意图(Funaguma et al., 2005)

2013 年，Tan 等将上述 *Bmdsx-mini* 基因系统与四环素诱导表达系统(Tet-Off)结合，实现了雌特异致死转基因家蚕的创制(图 9－19A)。其作用原理如图 9－19B 所示：①将转录激活因子蛋白(tTAV)编码基因置于 *Bmdsx-mini* 基因雌特异性选择剪接的外显子 3(E3)序列之间组成 *Bmdsx-mini/tTAV* 融合基因，构建由 Tet-Off 系统调控 *Bmdsx-mini/tTAV* 融合基因表达的 *piggyBac* 重组载体并建立转基因家蚕；②*Bmdsx-mini/tTAV* 融合基因转录产生的 pre-mRNA 经性别特异性选择剪接，*tTAV* 基因在雌性转基因家蚕体内被保留，并经 Tet-Off 系统诱导驱动形成持续性的正向循环表达，从而使得 tTAV 毒性蛋白在雌性幼虫体内大量积累，最终导致雌性幼虫死亡；③*tTAV* 基因在转基因雄性家蚕体内经 pre-mRNA 选择性剪接被去除，因此雄蚕幼虫体内不存在 tTAV 毒性蛋白积累，雄蚕幼虫得以存活；④通过在食物中添加四环素，使得转基因雌性家蚕体内 *tTAV* 基因的持续性表达活性

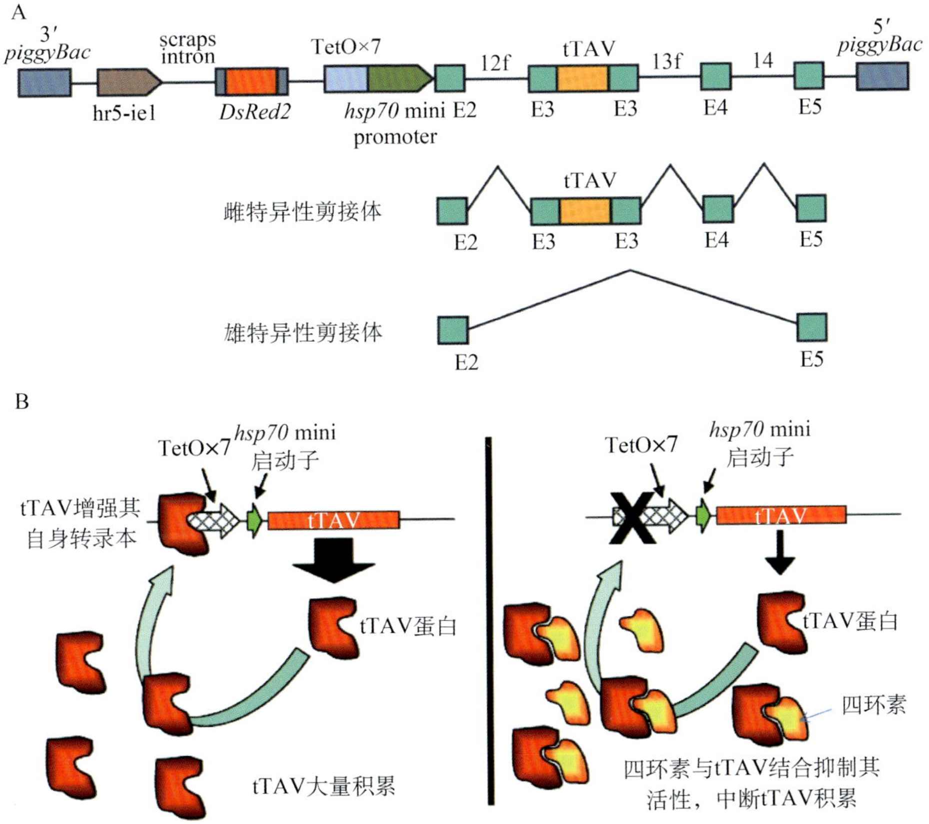

图 9－19　家蚕雌特异性致死载体结构和致死原理示意图(根据文献 Tan et al.，2013 和生物秀网站图片修改)

被抑制，雌性幼虫体内 *tTAV* 蛋白积累被中断，进而解除致死效果，转基因品系得以传代保持。Tan 等(2013)开发的这项通过转基因育种实现“单养雄蚕”的策略和技术，理论上能够被应用于任意家蚕品种中实现雄性选育，以满足不同的研究与应用需求。

除了利用 *Bmdsx-mini* 基因系统建立家蚕雌特异性致死系统外，基因组编辑技术也曾被应用于建立雌特异性不育的突变体家蚕。Xu 等(2014a)将基于 TALEN 的基因组靶向编辑技术与家蚕转基因技术相结合，通过有性杂交方式在双转基因雌性家蚕细胞中实现了 $Bmdsx^F$ 基因的定点敲除。由于 $Bmdsx^F$ 基因敲除突变体雌蚕卵巢中的蚕卵及其外生殖器发育异常，因而导致其不育，而雄蚕则不会受到任何影响(Xu et al.，2014a)。

三、性别特异性基因启动子鉴定研究

家蚕转基因技术除了被应用于 *Bmdsx* 基因的异位表达和性别调控研究之外,还曾被应用于家蚕生殖腺或性别特异性基因启动子的鉴定研究。近年来,利用家蚕转基因技术鉴定到的家蚕生殖腺特异表达基因启动子包括:雌特异性表达的家蚕卵黄原蛋白(Vg)编码基因 *Bmvg* 启动子(Xu et al., 2014b)和雄特异性表达的家蚕内源性辐射丝头端 1 基因 *BmR1* 启动子与 β 微管蛋白 4 基因 *Bmβ4* 启动子(Xu et al., 2015)。Xue 等(2014)建立了由家蚕生殖腺特异表达基因 *Bmvlg* 启动子调控卵巢发育相关基因 *Bmovo-1* 在生殖腺过量表达的转基因家蚕,结果发现 *Bmovo-1* 基因过量表达能够提高转基因家蚕的产卵量,并能使血淋巴与卵巢组织中的海藻糖(trehalose)含量升高。

第四节　抗病机理研究

家蚕属于无脊椎动物,不具备脊椎动物高度专一性的获得性免疫机制,再加上家蚕生命周期短,无足够的治疗周期,因此家蚕对疾病的抗性主要取决于家蚕的先天性免疫能力。目前生产上主要通过综合防治和饲养抗病品种两大措施防治传染性蚕病的发生。有关家蚕抗病机理的研究,不仅将极大地促进了昆虫病理学发展,而且将为通过增强家蚕的先天性免疫能力来提高家蚕的抵抗性研究提供了有效的理论指导和技术支撑。家蚕转基因技术和基因组编辑技术在家蚕抗病机理研究领域的应用主要包括家蚕内源抗病或免疫相关基因功能的鉴定和病毒抗性相关基因启动子的鉴定研究。

一、家蚕内源抗病或免疫相关基因功能鉴定

家蚕浓核病病毒(*B. mori* densovirus, BmDNV)宿主域较窄,并具有严格的组织特异性。其中,家蚕浓核病毒 2 型(BmDNV-2,山梨和佐久株)是一种家蚕细小病毒样病毒。该病毒能够感染家蚕中肠柱状细胞并引起致命性疾病。2008 年,Ito 等通过图位克隆比较发现,易感染 BmDNV-2 的家蚕品系(No. 908)基因组中的 *nsd-2* 基因包含 14 个外显子,推测其编码具有 12 个跨

膜结构域(12-pass transmembrane)的膜蛋白;而对 BmDNV-2 具有抗性的家蚕品系(J150)的 *nsd-2* 基因发生突变(+*nsd-2*),致使一段包含 5~13 外显子的序列缺失(图 9-20A)。随后,Ito 等(2008)以含有+*nsd-2* 突变基因的抗性家蚕为材料,通过在转基因家蚕体内(主要是中肠组织)引入完整结构的野生型 *nsd-2* 基因的过表达,结果观察到原抗性家蚕变成了转基因易感染家蚕(图 9-20B)。该研究证明,+*nsd-2* 突变基因编码的缺陷型跨膜蛋白负责家蚕对 BmDNV-2 的抗性。

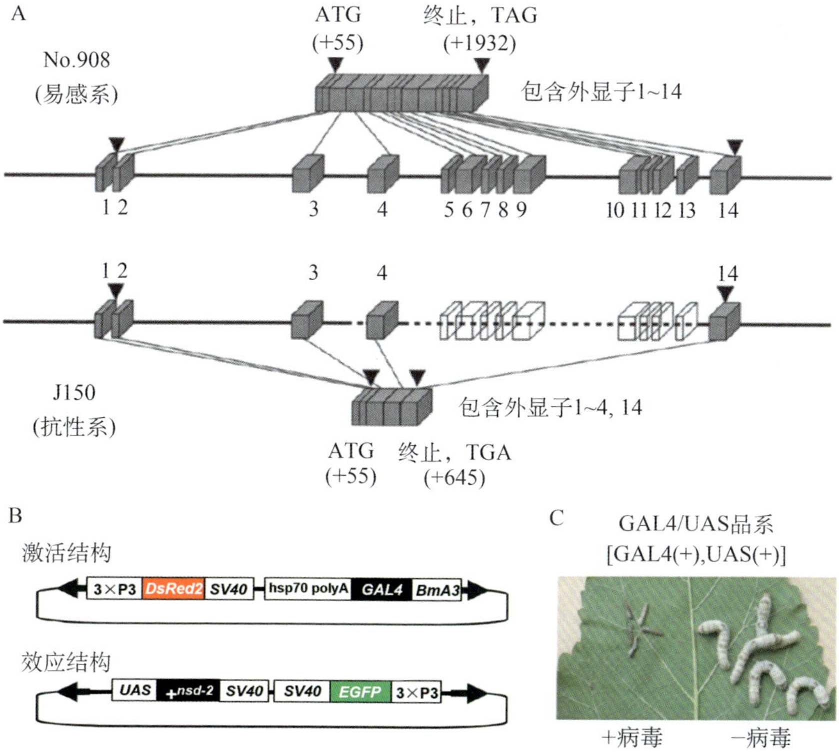

图 9-20 +*nsd-2* 野生和突变型基因结构示意图及转基因家蚕病毒接种实验 (Ito et al., 2008)

2012 年,Atsumi 等利用与 Ito 等(2008)相类似的方法鉴定到了 1 个家蚕内源性 Cry1Ab 毒素(1 种苏云金芽孢杆菌 Bt 毒素蛋白)抗性基因——*BGIBMGA007792-93*(简记为 *007792-93*)。Atsumi 等(2012)通过比对多种不同 Bt 抗性及易感品系家蚕的 *007792-93* 基因序列发现,不同抗性品系家蚕

的 *007792-93* 基因仅比易感系家蚕多 1 个酪氨酸（Y）残基。Atsumi 等（2012）利用转基因技术将 Bt 易感染型 *007792-93* 基因（不含 Y 残基）整合进入抗性品系家蚕基因组，结果发现原抗性家蚕变为了易感型转基因家蚕，从而证实 *007792-93* 基因编码的含有单个氨基酸突变的 ATP 结合转运蛋白赋予家蚕 Cry1Ab 毒素抗性。

转基因 RNAi 技术已经被广泛应用于研究家蚕抗病或免疫相关基因的功能或创制抗病性转基因家蚕。Tanaka 等（2005、2007）曾分别构建了家蚕免疫相关蛋白基因 *BmRel* 和 *BmRelish* 的 RNAi 片段组成型表达的转基因家蚕。进一步的研究发现，*BmRel* 基因的下调表达将使得感染革兰阳性菌（滕黄微球菌，*Micrococcus luteus*）的转基因家蚕体内一些抗菌肽基因的表达受到强烈抑制；*BmRelish* 基因的下调表达则会使得感染革兰阴性菌（大肠杆菌）的转基因家蚕体内抗菌肽基因的激活表达受到抑制（Tanaka et al.，2005、2007）。2015 年，Hu 等创制了中肠组织特异性表达家蚕内源翻译控制肿瘤蛋白（TCTP）基因 *BmTCTP* 的 RNAi 片段的转基因家蚕，结果观察到转基因家蚕抗金黄色葡萄球菌（*Staphylococcus aureus*）等致病微生物的感染能力降低。进一步的研究结果证实，转基因家蚕抵抗口腔微生物的能力下降，是由于 *BmTCTP* 基因在中肠组织下调表达所引起的中肠组织 ERK 天然免疫途径被破坏所致（Hu et al.，2015）。2013 年，蒋亮建立了利用转基因 RNAi 技术调控家蚕肽聚糖识别蛋白（PGRP）编码基因 *BmPGRP2* 在所有组织细胞中均下调表达的转基因家蚕，检测发现感染 BmNPV 之后，转基因家蚕的部分免疫通路基因被诱导显著上调表达，同时观察到转基因家蚕对 BmNPV 的抗性增强。

基因组编辑技术逐渐被应用于研究家蚕内源抗病相关基因的功能。Lin 等（2015）利用基于 CRISPR/Cas9 系统的家蚕基因组编辑技术，定点敲除了 1 个能够与黑胸败血芽孢杆菌（*Bb*）新型伴孢晶体毒素（PC）相结合的家蚕内源性钙黏蛋白基因 *BtR-175*，结果获得了具有一定程度 PC 抗性的人工突变体家蚕（图 9－21）。上述实验结果表明，来自于 *Bb* 的 PC 能够通过与受体蛋白 BtR-175 相互作用导致家蚕死亡。该研究有助于对 *Bb* 毒性的认识，以及对病原微生物引起寄主昆虫致病机理的进一步理解。

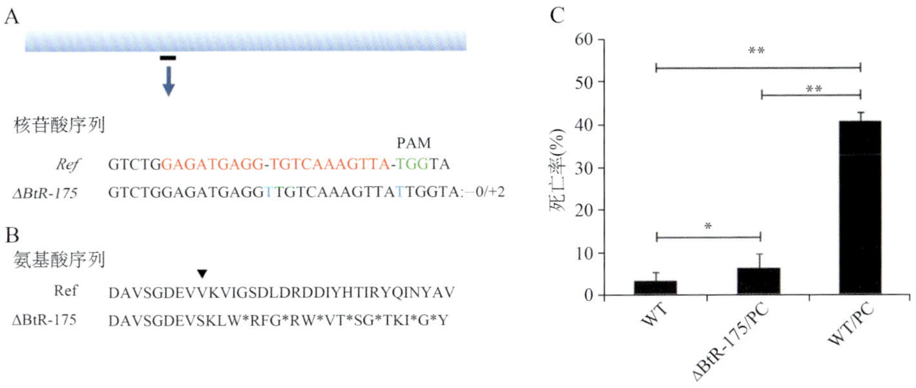

图 9-21 *BtR-175* 基因敲除突变体家蚕的 PC 抗性检测(Lin et al., 2015)

A. CRISPR/Cas9 系统介导的家蚕 *BtR-175* 基因突变位点序列；B. *BtR-175* 基因突变位点的氨基酸序列，星号代表终止密码子；C. *BtR-175* 基因敲除突变体家蚕 3 龄幼虫被 PC 侵染之后的死亡率统计，* 表示差异不显著($p>0.05$)，** 表示差异极显著($p<0.01$)

二、病毒抗性相关基因启动子鉴定研究

近年来，家蚕转基因技术常被用于鉴定筛选获得的家蚕病毒抗性相关基因启动子的诱导性或组织特异性活性验证研究。例如，受注射大肠杆菌诱导，在家蚕脂肪体和血细胞中调控外源基因表达的细菌诱导型启动子——家蚕抗菌肽 B 基因(P-*CecB*)启动子(Imamura et al., 2006)；在家蚕 BmN 细胞中调控 *piggyBac* 转座酶表达，实现介导外源标记基因在 BmN 细胞基因组稳定整合的、来源于 AcNPV 的 hr5-ie1 启动子组合(王娜等，2010)等。最近，来源于 BmNPV 基因组的延迟早期基因 *39k* 启动子，以及由 BmNPV 的 hr3 序列、PU(polh-up)增强元件序列与 *39k* 启动子组成的增强型 En39k 启动子，均被证实是在家蚕细胞中能够被 BmNPV 感染激活的诱导型启动子(潘敏慧等，2010、2013)。其中，En39k 启动子在经 BmNPV 感染的家蚕卵巢细胞 Bm-SWU1 中，驱动外源基因表达的活性为 *39k* 启动子的 155 倍(潘敏慧等，2013)。2012 年，Jiang 等建立了 hr3-39k 启动子组合调控外源 *hycu-ep32* 基因表达的转基因家蚕。添毒实验结果显示，*hycu-ep32* 基因在感染 BmNPV 的转基因家蚕体内表达量显著增加，而转基因家蚕抗 BmNPV 能力显著提高。

第五节　食性及化学感受受体研究

取食是昆虫最基本的行为之一。植食性昆虫主要通过主动采食或寄生方式从植物中获得营养物质。家蚕属于独嗜桑叶的寡食性昆虫，长时间取食非桑植物会导致其发育不良或中毒死亡，表明非桑植物不仅很难满足家蚕生长发育和繁殖的营养需求，而且还可能含有对蚕有毒的物质（Fraenkel，1959）。决定家蚕食性的1个重要原因在于，家蚕需要从桑叶中摄取其自身无法合成的营养物质，而且这些营养物质是家蚕生长发育所必需的。利用转基因技术在家蚕体内表达宿主桑树来源的基因，通过观察转基因家蚕体内物质和能量代谢的变化，可用于研究家蚕取食桑树的食性及蚕—桑协同进化等问题。此外，家蚕的食性包括视觉、嗅觉、味觉和触觉在内的感觉能力，而化学感受系统在以上感觉能力形成过程中起了至关重要的作用。家蚕转基因技术也曾被用于家蚕化学感受受体的研究。

一、桑树尿素酶基因在家蚕体内表达研究

尿素（urea）是植物重要的氮源，植物不会将其直接排出体外，而是利用尿素酶（urease）在植物氮代谢过程中将尿素进一步分解为氨。这些氨随后又被纳入氨基酸代谢，从而保证了氮源的稳态。家蚕基因组中不存在编码尿素酶的基因，其体内的尿素酶完全来自于桑叶。通过进食桑叶进入家蚕中肠的尿素酶会被中肠上皮的柱状细胞选择性地吸收，随后穿过中肠壁进入家蚕血浆并参与家蚕尿素循环（Hirayama et al.，2000；Sugimura et al.，2001；Kurahashi et al.，2005）。2015年，Jiang等建立了家蚕中肠组织特异性*P2*启动子调控桑树尿素酶基因表达的转基因家蚕。RT-PCR和qRT-PCR鉴定结果显示，尿素酶在转基因幼虫发育时期的中肠组织中表达；通过人工饲料喂养的转基因家蚕幼虫中肠和血淋巴中的尿素含量显著低于非转基因家蚕（图9-22），而转基因家蚕和非转基因4龄和5龄幼虫的体重与食物转化率以及经济性状并没有显著差异。Jiang等（2015）的研究结果证实，利用转基因技术在中肠组织过表达桑树来源的尿素酶能够促进转基因家蚕体内的氮代谢过

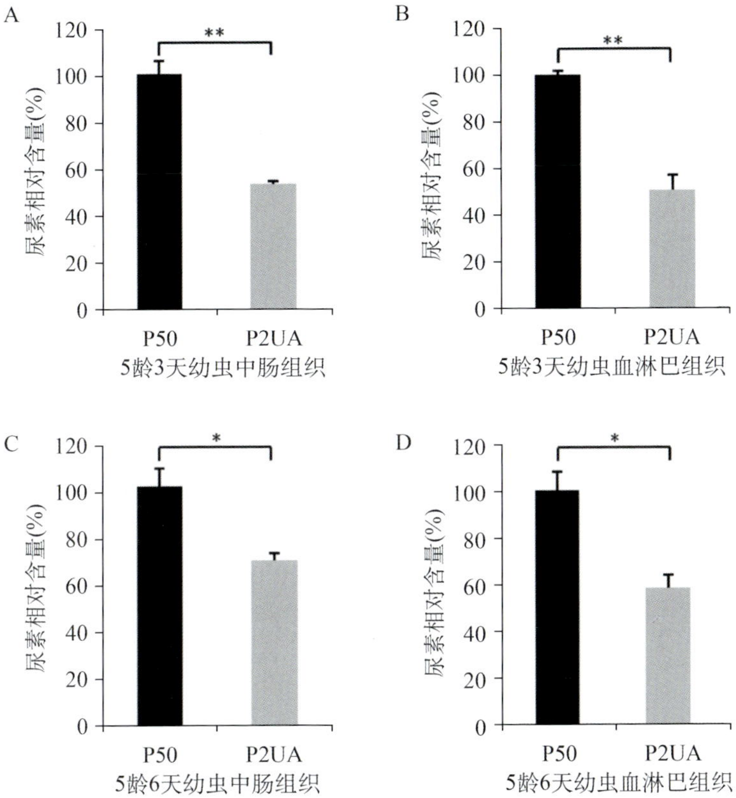

图 9－22　转基因家蚕幼虫中肠和血淋巴中的尿素含量(Jiang et al., 2015)

P50 和 P2UA 分别表示非转基因家蚕和转基因家蚕；图中 * 表示差异显著($p<0.05$)，** 表示差异极显著($p<0.01$)

程。该报道为家蚕食性及蚕—桑协同进化关系研究提供了 1 种新途径。

二、家蚕化学感受受体研究

家蚕化学感受系统通常分为嗅觉(olfaction)感受与接触性化学感受(contact chemoreception)即味觉(gustation)感受系统(Dethier, 1963)。家蚕转基因技术在家蚕化学感受受体研究领域的应用，主要集中于对家蚕性信息素受体基因的功能鉴定研究和家蚕性信息素相关基因功能研究工具的开发。

（一）家蚕性信息素受体基因的功能鉴定研究

嗅觉受体(olfactory receptor, OR)是一群参与嗅觉效应的膜整合蛋白质，属于G蛋白偶联受体(G protein-coupled receptors, GPCRs)。嗅觉受体对动物找寻食物、识别配偶以及躲避危险等具有至关重要的作用。昆虫嗅觉受体基因数量较少，在不同昆虫物种中变化较小。其中，昆虫性信息素受体(pheromone receptors)是一类特殊的嗅觉受体，用于特异性识别蛾类昆虫分泌的性信息素。蛾类昆虫性信息素受体最早从烟芽夜蛾(*Heliothis virescens*)和家蚕中鉴定获得(Krieger et al., 2004; Sakurai et al., 2004)。

早期研究表明，家蚕性信息素受体蛋白BmOR1和BmOR3是雌蛾释放的性信息素蚕蛾醇(bombykol)和蚕蛾醛(bombykal)的特异识别受体，BmOR1或BmOR3蛋白通过与家蚕嗅觉受体蛋白BmOR2在蛾触角嗅觉神经细胞中协同表达来增强其对性信息素的识别能力(Nakagawa et al., 2005)。大多数蛾类昆虫的交配行为，严重依赖雄蛾识别同种类雌蛾发出的具有物种特异性的性信息素的能力。雄蛾的嗅觉系统能够极度敏感地检测和识别在空气中分散并被极度稀释的同种性信息素。研究表明，仅170个分子的家蚕性诱醇就足以诱发蚕蛾的交配行为。2011年，Sakurai等在转基因家蚕的ORNs中引入小菜夜蛾(*Plutella xylostella*)性信息素气味受体基因*PxOR1*的特异性表达，结果发现转基因家蚕能够响应小菜夜蛾特异性性信息素(Z11-16: Ald)信号并表现出明显的剂量依赖性，且转基因雄蛾对Z11-16: Ald和雌性小菜夜蛾表现出典型的信息素取向和尝试交配行为；而转基因雄蛾对蚕蛾醇信号的响应及与雌蛾的交配行为并无任何影响。该研究结果证实了单个基因对性信息素信号的响应就能够诱发蛾类的交配行为(Sakurai et al., 2011)。2013年，Tabuchi等建立了由*BmOR1*启动子调控光敏感通道蛋白(ChR2)基因在ORNs特异性表达的转基因家蚕。研究发现，转基因家蚕ORNs能够接收到极为微弱的性信息素信号，进而诱导家蚕触角叶二阶投射神经元(PNs)瞬时合成并诱发行为反应；而较为强烈的性信息素信号却会受到神经递质伽马氨基丁酸(GABA)的抑制(Tabuchi et al., 2013)。Sakurai等(2015)建立了家蚕性信息素受体基因*BmOR1*人工敲除突变体。经检测发现，突变体雄蛾的嗅觉受体神经元(ORNs)丧失了对蚕蛾醇的敏感性，同时也丧失了识别与响应性信息素的行为能力(图9-23)。随后，Sakurai等

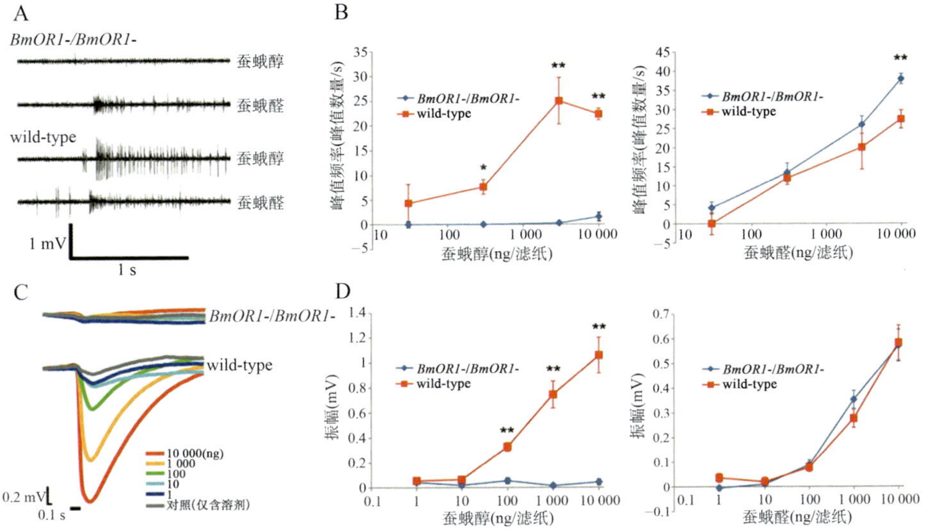

图 9－23 *BmOR1* 基因敲除雄蛾响应蚕蛾醇的电生理反应测试(Sakurai et al.，2015)

A. *BmOR1* 基因敲除突变体雄蛾(*BmOR1-/BmOR1-*)和野生型雄蛾(wild-type)长毛型感受器响应 10 μg 蚕蛾醇或蚕蛾醛的典型单感器记录实验；B. 突变体雄蛾和野生型雄蛾对蚕蛾醇或蚕蛾醛剂量依赖性增加的峰电位频率变化；C. 突变体雄蛾和野生型雄蛾触角响应不同气味浓度蚕蛾醇脉冲信号的典型触角电位(EAG)反应实验；D. 突变体雄蛾和野生型雄蛾响应蚕蛾醇或蚕蛾醛剂量依赖性增加的 EAG 振幅峰值检测。图中 * 表示差异显著($p<0.05$)，** 表示差异极显著($p<0.01$)

(2015)通过转基因回补实验在突变体家蚕体内重新引入 *BmOR1* 基因表达。观察发现，突变体雄蛾响应蚕蛾性诱醇的能力恢复正常，从而证实 BmOR1 作为雄蚕响应性信息素的受体蛋白，为家蚕生理与行为上响应蚕蛾性诱醇所必需。

(二) 家蚕性信息素相关基因功能研究工具开发

2012 年，Moto 和 Matsumoto 通过分析家蚕性信息素腺(pheromone gland，PG)特异性表达基因的 EST 数据，克隆获得了 1 个家蚕性信息素腺特异性去饱和酶 1(Bmpgdesat1)基因的启动子序列，并利用该启动子成功实现调控 *EGFP* 基因在转基因雌蛾信息素腺中的特异表达。Moto 和 Matsumoto(2012)鉴定到的 *Bmpgdesat1* 基因启动子可用于对性信息素生产相关基因功能的分析研究。2013 年，Kiya 等建立了基于 GAL4/UAS 系统实现神经元和神经细胞核的可视化定位，以及通过热刺激来实现控制神经兴奋的分析工具。Kiya 等(2013)首先分别利用 UAS-mCD8GFP 和 UAS-GFP. nls 表达框标记转基因家蚕的神经元及神经细胞核；然后利用 GAL4 蛋白调控热诱导型阳离子通道蛋白基因 *dTrpA1* 的错误表达，人为控制家蚕幼虫与成虫的行为。研究结果显示，全身组成性过表达 *dTrpA1* 基因将使家蚕幼虫和成虫表现出类似癫痫的表型，而 *dTrpA1* 基因在雄蛾性信息素神经元中的特异性表达则能够实现通过调节温度来控制雄蛾的交配行为(图 9-24)，从而证实热激诱导表达 *dTrpA1* 基因的方法能够被成功应用于鳞翅目昆虫物种，并实现对家蚕交配等本能行为的热激诱导性分析(Kiya et al., 2014)。

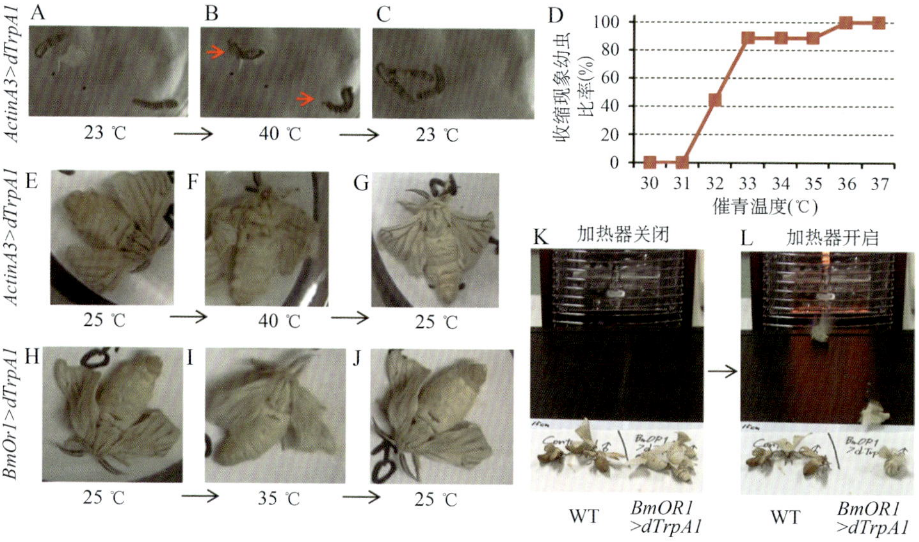

图 9-24　通过热诱导方式调控家蚕的行为(Kiya et al., 2014)

图中 A～G 为将含有 UAS-dTrpA1 表达框的转基因家蚕与含有 A3-GAL4 表达框的转基因家蚕以杂交的方式介导 *dTrpA1* 基因的全身组成性过表达。其中，A～C 为通过 40 ℃热激诱导 2 龄家蚕幼虫出现身体收缩现象；D 为催青温度与出现收缩现象幼虫的累积响应曲线；E～G 为通过 40 ℃热激诱导蚕蛾出现类似癫痫的表型。图中 H～J 为通过 35 ℃热激诱导 *dTrpA1* 基因在蚕蛾醇受体神经元的特异性表达，能够调控蚕蛾发生交配行为。图中 K 和 L 为热激诱导 *dTrpA1* 基因在蚕蛾醇受体神经元的激活表达，引起蚕蛾表现出与性信息素诱导相同的交配行为

近年来有关家蚕基因功能研究的报道极为丰富，特将主要研究结果列入表 9-1 以供参考。

表 9-1　基于转基因技术和基因组编辑技术的家蚕基因功能鉴定与应用研究（截至 2015 年 12 月 31 日数据）

研究领域	目标基因/序列	遗传操作工具	操作策略	主要研究结果	参考文献
丝蛋白基因表达及调控研究	*Fib-H*	*piggyBac* 转座子、组织特异性启动子	基因随机整合、组织特异性表达	（1）*Fib-H* 启动子可调控 *Fib-H* 基因与外源基因在后部丝腺（posterior silk gland，PSG）特异性融合表达并分泌至茧丝丝素层； （2）仅有 Fib-H 蛋白包含信号肽的非重复 N 端结构域（N-terminal domain，NTD）才是 Fib-H 分泌至家蚕后部丝腺腔的必需结构	赵爱春等，2006；Kojima et al.，2007；Zhao et al.，2010；Long et al.，2015
		ZFN、TALEN	基因敲除		Ma et al.，2014；Wang and Nakagaki，2014
	Fib-L	*piggyBac* 转座子、组织特异性启动子	基因随机整合、组织特异性表达	（1）*Fib-L* 启动子可调控 *Fib-L* 基因与外源基因在 PSG 特异性融合表达并分泌至茧丝丝素层； （2）家蚕 Fib-L 蛋白的分泌并不需要依赖于重链-轻链（Fib-H-Fib-L，H-L）异源二聚体的形成	Tomita et al.，2003；Inoue et al.，2005
	P25	*piggyBac* 转座子、组织特异性启动子	基因随机整合、组织特异性表达	（1）*P25* 启动子可调控外源基因在 PSG 特异性表达并分泌至丝素层； （2）*P25* 启动子在转基因家蚕 PSG 调控表达的人胰岛素样生长因子 Ⅰ（hIGF-Ⅰ），具有降低糖尿病小鼠血糖的活性	Royer et al.，2005；Li et al.，2011；Xue et al.，2012
	Ser1	*piggyBac* 转座子、GAL4/UAS 系统	基因随机整合、组织特异性表达	（1）*Ser1* 启动子可调控外源基因在中部丝腺（middle silk gland，MSG）特异性表达并分泌至茧丝丝胶层； （2）Ser1 蛋白从 MSG 细胞分泌至丝腺腔不依赖于 Ser1 蛋白的信号肽序列；	Tomita et al.，2007；Tatematsu et al.，2010；Ye et al.，2015

（续表）

研究领域	目标基因/序列	遗传操作工具	操作策略	主要研究结果	参考文献
				（3）*Ser1* 基因上游远端启动子序列（约 4 kb）含有许多潜在转录因子结合位点（transcriptional factor binding sites，TFBSs），增加 TFBSs 数量能够促进下游基因转录，增加 *Ser1* 启动子拷贝数反而会抑制下游基因转录	
	Ser3	*piggyBac* 转座子、GAL4/UAS 系统	基因随机整合、组织特异性表达	*Ser3* 启动子可调控外源基因在 MSG 特异性表达并分泌至丝胶层	Tatematsu et al.，2010
	Antp	*piggyBac* 转座子、GAL4/UAS 系统	基因随机整合、目标基因异位表达	家蚕 Antp 蛋白在转基因家蚕体内异位表达，将诱导 *Ser1* 基因在家蚕已分化的 PSG 中表达	Kimoto et al.，2014
	Awh	*piggyBac* 转座子、GAL4/UAS 系统	基因随机整合、目标基因错位表达	家蚕 Awh 蛋白在转基因家蚕体内的错误表达，将诱导 *Fib-H*、*Fib-L* 以及 *P25* 基因在丝腺组织不同部位的异位表达	Ohno et al.，2013；Kimoto et al.，2015
	Bmsage	CRISPR/Cas9 系统	基因敲除	（1）家蚕 *Bmsage* 基因参与了家蚕发育早期幼虫体内的丝腺形成与调控；（2）*Bmsage* 基因纯合敲除突变体家蚕的 PSG 和 MSG 发育缺失，几乎所有纯合突变家蚕都无法吐丝结茧且大部分在化蛹期死亡	Xin et al.，2015

（续表）

研究领域	目标基因/序列	遗传操作工具	操作策略	主要研究结果	参考文献
茧丝突变家蚕的突变机理研究	*Fib-L*	*piggyBac* 转座子、组织特异性启动子	基因随机整合、组织特异性表达	以 *Fib-L* 基因发生突变而缺少 Cys172 的 *Nd-s*^{D}突变体家蚕为材料，将包含 Cys172 的完整 *Fib-L* 基因或 *Fib-L*/*GFP* 融合基因表达框序列插入突变体基因组，发现转基因家蚕 PSG 发育恢复正常并可形成正常蚕茧	Inoue et al.，2004，2015
	CBP	*piggyBac* 转座子、GAL4/UAS 系统	基因随机整合、组织特异性表达	家蚕类胡萝卜素结合蛋白(carotenoid-binding protein，CBP)基因在转基因家蚕 MSG 细胞特异性表达或全身所有细胞的组成性表达，将导致转基因家蚕血淋巴和转基因蚕茧颜色由白色转变为黄色	Sakudoh et al.，2007
	Cameo2	*piggyBac* 转座子、GAL4/UAS 系统	基因随机整合、组织特异性表达	家蚕脂质结合跨膜转运蛋白编码基因 *Cameo2* 在白茧突变品种家蚕＋^{C}(其体内 *Cameo2* 基因表达被抑制)的 MSG 细胞特异性表达，能够使转基因家蚕茧丝恢复成较为微弱的黄色表型	Sakudoh et al.，2010
	SCRB15	*piggyBac* 转座子、GAL4/UAS 系统	基因随机整合、组织特异性表达	β-胡萝卜素结合转运蛋白编码基因 *SCRB15* 在 MSG 细胞特异性过表达，将增强转基因家蚕 MSG 细胞对 β-胡萝卜素的选择性吸收能力，进而获得颜色呈黄色的转基因蚕茧	Sakudoh et al.，2013
丝腺离子环境变化对蚕丝分泌影响的研究	*BmNKAα*、*BmSERCA*	*piggyBac* 转座子、组织特异性启动子	基因随机整合、组织特异性表达	家蚕 Na^{+}/K^{+}-ATP 酶 α 亚基(BmNKAα)和内质网 Ca^{2+}-ATP 酶(BmSERCA)基因在转基因家蚕前部丝腺(anterior silk gland，ASG)特异性过表达，将导致转基因家蚕 ASG 通道离子强度及丝纤维形成的离子环境发生变化，最终使得转基因茧丝的二级结构(α 螺旋与 β 折叠)和力学性能与非转基因茧丝相比发生显著变化	Wang et al.，2015

(续表)

研究领域	目标基因/序列	遗传操作工具	操作策略	主要研究结果	参考文献
家蚕保幼激素调控研究	*JHE*	*piggyBac* 转座子、GAL4/UAS系统	基因随机整合、全身性过表达	保幼激素酯酶(juvenile hormone esterase, JHE)在转基因家蚕体内全身性过表达,将使得体内的保幼激素(juvenile hormone, JH)被大量降解成为保幼激素酸(JH acid, JHa);转基因幼虫3龄期即出现死亡、发育为早熟蛹或幼虫-蛹中间态的现象	Tan et al., 2005
	CYP15C1	*piggyBac* 转座子、GAL4/UAS系统	基因随机整合、组织特异性表达	以血淋巴中不含JH的 *mod* 突变体家蚕(具有早熟蛹和幼虫-蛹中间态表型)为材料,在转基因家蚕体内(特别是咽侧体)引入家蚕细胞色素P450家族 *CYP15C1* 基因表达,观察到 *mod* 突变体家蚕表型恢复正常,表明 *CYP15C1* 是 *mod* 突变体家蚕的靶标基因,且CYP15C1蛋白为家蚕JH生物合成途径所必需	Daimon et al., 2012
	BmKr-h1	*piggyBac* 转座子、GAL4/UAS系统	基因随机整合、全身性过表达	(1) 无论是否摘除家蚕的咽侧体,均观察到全身性过表达转录因子Krüppel homolog 1 (Kr-h1)的转基因家蚕在化蛹初期死亡的现象,表明BmKr-h1因子具有抑制家蚕幼虫向蛹期变态发育的作用; (2) 仅过表达 *BmKr-h1* 基因不能够诱导幼虫正常蜕皮,*BmKr-h1* 基因并不参与涉及变态发育的家蚕体内早期蜕皮激素(ecdyseriod, Ecd)相关响应基因(如 *E74*、*E75* 和 *Broad* 等)依赖JH的调控模式	Kayukawa et al., 2014

（续表）

研究领域	目标基因/序列	遗传操作工具	操作策略	主要研究结果	参考文献
	JHAMT、*Met1*、*Met2* 和 *broad*	TALEN	基因敲除	（1）家蚕胚胎形成与发育在很大程度上并不依赖于家蚕体内 JH 的调控，甚至在保幼激素酸甲基转移酶（JHa methyltransferase，JHAMT）基因或 JH 受体基因 *Met1* 与 *Met2* 敲除的突变体幼虫早期发育（1～2 龄）阶段，JH 和 JH 信号对维持幼虫正常发育也并未起决定性作用； （2）家蚕化蛹期特异标记基因 *broad* 在末龄家蚕幼虫发育的最后阶段显著性上调表达，*broad* 基因敲除的蛹或蚕蛾表皮细胞仍旧维持着幼虫表皮的形态，表明 *broad* 基因为蛹期表皮组织形成所必需	Daimon et al.，2015
家蚕蜕皮激素调控研究	*egt*	*piggyBac* 转座子、诱导型启动子	基因随机整合、全身性过表达	杆状病毒蜕皮甾醇葡萄糖苷转移酶（ecdysteroid UDP-glucosyltransferase，EGT）基因 *egt* 在转基因家蚕体内过表达会引起 Ecd 失活而表达下调，进而使得蚕卵孵化率下降，幼虫发育延缓和蛹期延长，且 G_2 代 3 龄幼虫血液中 Ecd 含量水平显著下降	Zhang et al.，2012
	BmCYP18A1	*piggyBac* 转座子、GAL4/UAS 系统	基因随机整合、全身性过表达	（1）家蚕中鉴定到了 2 个与果蝇细胞色素 P450 酶（CYP18A1）直系同源的基因 *BmCYP18A1*（主要在家蚕 MSG 表达）和 *BmCYP18B1*（在家蚕所有组织和器官中均有表达）；	Li et al.，2014

（续表）

研究领域	目标基因/序列	遗传操作工具	操作策略	主要研究结果	参考文献
				(2) *BmCYP18A1* 基因在转基因家蚕 MSG 或全身性过量表达，将引起幼虫在 5 龄后期发育停滞的现象，表明 *BmCYP18A1* 基因表达产物参与了家蚕体内包括 Ecd 在内的甾醇类物质的组织特异性失活途径	
	BmEO	CRISPR/Cas9 系统、GAL4/UAS 系统	基因敲除、全身性过表达、组织特异性表达	(1) 家蚕蜕皮激素氧化酶（ecdysone oxidase，EO）基因 *BmEO* 主要在化蛹初期家蚕的中肠组织表达； (2) 敲除 *BmEO* 基因将引起人工突变体 5 龄幼虫发育时间延长；*BmEO* 基因全身性过量表达将引起转基因幼虫在化蛹期死亡；*BmEO* 基因在 MSG 特异性过量表达将阻碍转基因家蚕丝腺在蛹期蜕变过程中的退化	Li et al.，2015
家蚕其他变态发育相关神经肽激素调控研究	*ETH*	GAL4/UAS 系统、转基因 RNAi	基因下调表达	家蚕蜕皮触发激素（ecdysis-triggering hormone，ETH）基因 *ETH* 在转基因家蚕体内的下调表达，将引起 2 龄幼虫因无法蜕皮而死亡的现象，表明家蚕 ETH 具有促进 2 龄幼虫蜕皮的重要作用	Dai et al.，2008
	DH-PBAN 和 *DHR*	TALEN	基因敲除	(1) 建立家蚕滞育激素-信息素生物合成激活肽（pheromone biosynthesis activating neuropeptide，PBAN）基因 *DH-PBAN* 及 DH 受体（DH receptor，DHR）基因 *DHR* 敲除的人工突变体家蚕；	Shiomi et al.，2015

（续表）

研究领域	目标基因/序列	遗传操作工具	操作策略	主要研究结果	参考文献
				(2) 突变体幼虫和蛹的蜕皮及变态发育过程与野生型家蚕并没有任何差异，但是雌性突变体蚕蛾所产下的蚕卵均为非滞育卵，表明由 DH 与 DHR 相互作用所传导的 DH 信号是诱导家蚕滞育所必需的	
性别决定与调控研究	*Bmdsx*^{F} 和 *Bmdsx*^{M}	*piggyBac* 转座子、组成型启动子	基因随机整合、全身性过表达、异体表达	(1) 家蚕性别决定基因 *Bmdsx* 的雌特异剪接体——*Bmdsx*^{F} 基因在雄性转基因家蚕体内的异体表达，可显著激活雌特异性表达的卵黄原蛋白（vitellogenin）和贮藏蛋白（storage protein 1，SP1）的表达，抑制雄特异性优先表达的信息素结合蛋白（pheromone-binding protein，PBP）的表达，但是并未影响雄性家蚕性别特异性特征的形成与形态发育； (2) *Bmdsx* 基因的雄特异剪接体——*Bmdsx*^{M} 基因在雌性转基因家蚕体内的异体表达和过表达，将影响雌蛾第 8 腹节表皮处的组织细胞向锯齿板方向的发育，导致转基因雌蛾出现部分雄性生殖器特性，并抑制卵黄原蛋白基因表达，引起信息素结合蛋白的表达激活，最终使得转基因雌蛾交配行为不能进行，无法产生后代； (3) *Bmdsx*^{M} 基因的表达会影响 EGFR 信号通路的活性以及 Hox 基因家族的 *BmAbd-B* 基因的表达，进而调控家蚕尾部的两性异型	Suzuki et al.，2003，2005；Duan et al.，2014

（续表）

研究领域	目标基因/序列	遗传操作工具	操作策略	主要研究结果	参考文献
	Bmdsx^{F3}	*piggyBac* 转座子、组成型启动子	基因随机整合、全身性过表达、异体表达	*Bmdsx* 基因的雌特异反式剪接体——*Bmdsx*^{F3} 基因在雄性转基因家蚕体内的异体表达，会抑制信息素结合蛋白(PBP)基因和精巢特异表达基因 *A2* 表达，并激活贮藏蛋白(SP1)基因表达，表明 *Bmdsx*^{F3} 参与了雌性家蚕性别分化与调控	Duan et al.，2013
	Bmdsx-mini	*piggyBac* 转座子、组成型启动子、四环素诱导表达(Tet-Off)系统	基因随机整合、全身性过表达、性别特异性诱导表达	(1) 建立由组成型启动子调控 *Bmdsx-mini* 基因(含有外显子 1 和 5 以及内部截短内含子 2～4)表达的转基因家蚕，检测发现 *Bmdsx-mini* 基因转录的 pre-mRNA 剪接方式具有性别特异性，表明 *Bmdsx-mini* 基因包含了涉及性别特异选择性剪接的必需顺式调控元件； (2) *Bmdsx-mini* 基因表达系统与四环素诱导表达(Tet-Off)系统相结合，实现了雌特异性致死转基因家蚕的创制	Funaguma et al.，2005；Tan et al.，2013
	Bmdsx^{F}	*piggyBac* 转座子、组成型启动子、TALEN	基因随机整合、基因敲除	结合家蚕转基因技术和基于 TALEN 的基因组编辑技术，通过有性杂交方式实现雌性双转基因家蚕基因组中 *Bmdsx*^{F} 基因的敲除，成功获得了外生殖器发育异常的雌特异性不育突变体家蚕	Xu et al.，2014a

（续表）

研究领域	目标基因/序列	遗传操作工具	操作策略	主要研究结果	参考文献
	Bmovo-1	*piggyBac* 转座子、组织特异性启动子	基因随机整合、组织特异性表达	（1）家蚕生殖腺特异表达基因 *Bmvlg* 启动子可调控卵巢发育相关基因 *Bmovo-1* 在生殖腺过量表达； （2）*Bmovo-1* 基因在生殖腺中的过量表达能够提高转基因家蚕的产卵量，并能使血淋巴与卵巢组织中的海藻糖（trehalose）含量升高	Xue et al.，2014
	Bmvg 启动子	*piggyBac* 转座子、组织特异性启动子	基因随机整合、组织特异性表达	（1）家蚕卵黄原蛋白（vitellogenin，Vg）基因 *Bmvg* 启动子可调控 *EGFP* 基因在雌性家蚕蛹期第 3 天的脂肪体中特异性表达； （2）5 龄 3 天转基因幼虫脂肪体中的 *EGFP* 基因表达与家蚕内源 *Bmvg* 基因相一致，均会受到 20-羟基蜕皮激素（20-hydroxyecdysone，20E）的调控，表明 *Bmvg* 启动子是 1 个具有性别特异性的可调控外源基因在雌性转基因家蚕体内表达的启动子	Xu et al.，2014b
	BmR1 启动子和 *Bmβ 4* 启动子	*piggyBac* 转座子、组织特异性启动子	基因随机整合、组织特异性表达	家蚕内源性辐射丝头端 1 基因（*B. mori* Radial spoke head 1 gene，*BmR1*）和 β 微管蛋白 4 基因（*B. mori* betatubulin 4 gene，*Bmβ4*）启动子均能调控 *EGFP* 基因在雄性转基因家蚕精巢组织中的特异性表达	Xu et al.，2015

（续表）

研究领域	目标基因/序列	遗传操作工具	操作策略	主要研究结果	参考文献
抗病机理研究	*nsd-2*	*piggyBac* 转座子、GAL4/UAS 系统	基因随机整合、全身性过表达	（1）易感染家蚕浓核病毒 2 型（BmDNV-2，山梨和佐久株）的家蚕品系（No. 908）基因组中含有 1 个包含 14 个外显子的 *nsd-2* 基因；对 BmDNV-2 具有抗性的家蚕品系（J150）则含有 1 个 5～13 外显子序列缺失的突变型 *nsd-2* 基因（$+^{nsd\text{-}2}$）； （2）以含有 $+^{nsd\text{-}2}$ 突变基因的抗性家蚕品系为材料，通过引入野生型 *nsd-2* 基因在转基因家蚕体内的过表达（主要是中肠组织），发现原抗性品系变为转基因易感染品系，表明 $+^{nsd\text{-}2}$ 突变基因编码的缺陷型跨膜蛋白决定了家蚕对 BmDNV-2 的抗性	Ito et al.，2008
	BGIBMGA 007792-93	*piggyBac* 转座子、GAL4/UAS 系统	基因随机整合、全身性过表达	（1）鉴定获得 1 个位于 15 号染色体的具有苏云金芽孢杆菌（*Bacillus thuringiensis*，*Bt*）Cry1Ab 毒素抗性的候选基因（编号：*BGIBMGA007792-93*，简记为 *007792-93*）；该基因能够编码产生 1 个类似人类多药耐药性蛋白 4（human multidrug resistance protein 4，hMRP4）的含有 12 个跨膜结构域的 ATP 结合转运蛋白；不同 *Bt* 抗性品系家蚕的 *007792-93* 基因仅比易感系家蚕多 1 个酪氨酸残基； （2）以抗性品系家蚕为材料，引入 *Bt* 易感染型 *007792-93* 基因（不含酪氨酸残基）在转基因家蚕体内的表达，发现原抗性品系变为	Atsumi et al.，2012

（续表）

研究领域	目标基因/序列	遗传操作工具	操作策略	主要研究结果	参考文献
				转基因易感染品系，表明 *007792-93* 基因编码的含有单个氨基酸突变的 ATP 结合转运蛋白赋予了家蚕 Cry1Ab 毒素抗性	
	BmTCTP	组织特异性启动子、转基因 RNAi	组织特异性表达、基因下调表达	（1）建立调控家蚕翻译控制肿瘤蛋白（translationally controlled tumor protein，TCTP）基因 *BmTCTP* 的 RNAi 片段在中肠组织特异性表达的转基因家蚕； （2）利用含有金黄色葡萄球菌（*Staphylococcus aureus*）等致病微生物的溶液浸泡桑叶并喂食转基因家蚕，发现抗菌肽基因在中肠组织表达水平降低且中肠组织的 ERK 蛋白磷酸化动态平衡被破坏，转基因家蚕抗微生物感染能力降低； （3）*BmTCTP* 基因在转基因家蚕中肠组织下调表达所引起的中肠组织 ERK 天然免疫途径被破坏，是导致其抵抗口腔微生物能力下降的原因	Hu et al.，2015
	BmPGRP2	组成型启动子、转基因 RNAi	全身组成性过表达、基因下调表达	（1）建立调控家蚕肽聚糖识别蛋白 2（peptidoglycan recognition protein 2，PGRP2）基因 *BmPGRP2* 的 RNAi 片段组成性表达的转基因家蚕； （2）添毒实验显示转基因家蚕对 BmNPV 的抗性增强，且在感染 BmNPV 之后，转基因家蚕的部分免疫通路基因被诱导显著上调，表明 BmPGRP2 蛋白参与了家蚕对病毒的免疫反应	蒋亮，2013

（续表）

研究领域	目标基因/序列	遗传操作工具	操作策略	主要研究结果	参考文献
	BtR-175	CRISPR/Cas9 系统	基因敲除	（1）从黑胸败血芽孢杆菌（*Bacillus bombyseptieus*，*Bb*）中鉴定获得 1 个新型伴孢晶体毒素（parasporal crystal toxin，PC），添食实验显示 PC 对家蚕具有致死性； （2）通过敲除可与 PC 相结合的家蚕内源钙黏蛋白编码基因 *BtR-175*，获得了具有一定程度 PC 抗性的人工突变体家蚕	Lin et al.，2015
	BmRel 和 *BmRelish*	组成型启动子、转基因 RNAi	全身组成性过表达、基因下调表达	（1）构建分别调控家蚕免疫相关蛋白基因 *BmRel* 和 *BmRelish* 的 RNAi 片段在所有细胞中组成性表达的转基因家蚕； （2）*BmRel* 基因的下调表达将使得感染革兰阳性菌的转基因家蚕体内的抗菌肽基因表达受到强烈抑制；*BmRelish* 基因的下调表达会使得感染革兰阴性菌的转基因家蚕体内抗菌肽基因的激活表达受到抑制	Tanaka et al.，2005，2007
	BmCPT1	*piggyBac* 转座子、诱导型启动子	基因随机整合、全身可诱导性过表达	（1）克隆获得 1 个受转录因子 NF-κB 与保幼激素（JH）的共同调控的家蚕 Tweedle 家族表皮蛋白编码基因 *BmCPT1*； （2）*BmCPT1* 基因在转基因家蚕体内全身可诱导性过表达，会引起家蚕肽聚糖识别蛋白基因 *BmPGRP-S5*、革兰阴性细菌结合蛋白基因 *BmLBP* 的上调表达、家蚕免疫缺陷因子 *BmRelish1* 基因以及 2 种抗菌肽基因 *BmGlv1* 和 *BmGlv4* 的上调表达；	Liang et al.，2015

（续表）

研究领域	目标基因/序列	遗传操作工具	操作策略	主要研究结果	参考文献
				(3) 结果暗示 *BmCPT1* 基因在 *BmPGRP-S5* 和 *BmLBP* 基因协同作用下识别家蚕血液中的革兰阴性细菌，并通过间接激活 *BmRelish1* 基因的表达来诱导抗菌肽的合成	
	P-*CecB* 启动子	*piggyBac* 转座子、诱导型启动子	基因随机整合、可诱导表达	(1) 构建由家蚕抗菌肽 B 基因(P-*CecB*)启动子调控 *EGFP* 基因表达的转基因家蚕； (2) 注射大肠杆菌可诱导转基因幼虫脂肪体和血细胞中 *EGFP* 基因的显著上调表达；注射酵母则无法诱导 *EGFP* 基因表达，表明 P-*CecB* 基因启动子是 1 种可调控外源基因表达的细菌诱导型启动子	Imamura et al.，2006
	hr5-ie1 启动子组合	*piggyBac* 转座子、组成型启动子	基因随机整合、组成性表达	利用源于 AcMNPV 的 hr5-ie1 启动子组合调控 *piggyBac* 转座酶在 BmN 细胞中表达，可成功实现介导标记基因在家蚕细胞基因组的稳定整合	王娜等，2010
	39k 启动子、En39k 启动子和 hr3-*39k* 启动子组合	*piggyBac* 转座子、诱导型启动子	基因随机整合、可诱导表达	(1) 鉴定发现来源于 BmNPV 基因组的延迟早期基因 *39k* 启动子是 1 个能够被 BmNPV 感染激活的诱导型启动子； (2) 由 BmNPV 的 hr3 序列、PU(polh-up)增强元件序列和 *39k* 启动子组成的增强型 En39k 启动子，在经 BmNPV 感染的家蚕 Bm-SWU1 细胞中驱动报告基因表达的活性比 *39k* 启动子提高近 155 倍； (3) 建立 hr3-39k 启动子组合调控外源 *hycu-ep32* 抗性基因表达的转基因家蚕，添毒实验	潘敏慧等，2010，2013；Jiang et al.，2012

（续表）

研究领域	目标基因/序列	遗传操作工具	操作策略	主要研究结果	参考文献
				结果显示 *hycu-ep32* 基因在感染 BmNPV 的转基因家蚕体内表达量显著增加，转基因家蚕抗 BmNPV 的能力也得到显著提高	
桑树尿素酶基因在家蚕体内表达研究	*urease*	*piggyBac* 转座子、组织特异性启动子	基因随机整合、组织特异性过表达	（1）建立调控桑树尿素酶（urease）基因在中肠组织特异性表达的转基因家蚕，检测发现尿素酶在转基因幼虫整个发育时期的中肠组织中表达； （2）人工饲料喂养的转基因幼虫中肠和血淋巴中的尿素含量显著低于非转基因家蚕，而转基因幼虫和非转基因幼虫的体重、食物转化率以及经济性状并没有显著差异，表明中肠组织过表达桑树来源的尿素酶能够促进转基因家蚕体内的氮代谢过程	Jiang et al.，2015
家蚕化学感受受体研究	*PxOR1*	GAL4/UAS 系统、组织特异性启动子	组织特异性表达	（1）建立由家蚕性信息素受体基因 *BmOR1* 和 *BmOR3* 启动子调控 *GAL4* 基因在 ORNs 中特异性表达，以及含有 UAS-PxOR1 基因表达框的不同类型转基因家蚕系； （2）小菜夜蛾（*Plutella xylostella*）性信息素气味受体基因 *PxOR1* 在转基因家蚕 ORNs 中的组织特异性表达，会使得转基因蚕蛾响应小菜夜蛾特异性性信息素（Z11-16：Ald）信号并表现出明显剂量依赖性，且转基因雄蛾对 Z11-16：Ald 和雌性小菜夜蛾表现出典型的信息素取向和尝试交配行为；转基因雄蛾对蚕蛾醇信号的响应及与雌蛾的交配行为并无任何影响	Sakurai et al.，2011

（续表）

研究领域	目标基因/序列	遗传操作工具	操作策略	主要研究结果	参考文献
	ChR2	GAL4/UAS 系统、组织特异性启动子	组织特异性表达	(1) 结合光遗传学技术与 GAL4/UAS 系统，建立由 *BmOR1* 启动子调控光敏感通道蛋白(channelrhodopsin-2，ChR2)基因在 ORNs 特异性表达的转基因家蚕； (2) 转基因家蚕 ORNs 能接收极为微弱的性信息素信号，进而诱导家蚕触角叶二阶投射神经元(projection neurons，PNs)瞬时合成并诱发行为反应；较为强烈的性信息素信号却会受到神经递质伽马氨基丁酸(gamma-aminobutyric acid，GABA)的抑制	Tabuchi et al.，2013
	BmOR1	TALEN、*piggyBac* 转座子	基因敲除、随机整合、转基因回补	(1) 家蚕性信息素受体(pheromone receptors) *BmOR1* 基因人工敲除突变体雄蛾的嗅觉受体神经元(olfactory receptor neurons，ORNs)丧失了对蚕蛾醇(bombykol)的敏感性，同时也丧失了识别与响应性信息素的行为能力； (2) 转基因回补实验在突变体家蚕体内重新引入 *BmOR1* 基因，发现突变体雄蛾响应蚕蛾性诱醇的能力又恢复正常，表明 BmOR1 作为雄蚕响应性信息素的受体蛋白，为家蚕生理与行为响应蚕蛾性诱醇所必需	Sakurai et al.，2015
	Bmpgdesat1 启动子	*piggyBac* 转座子、组织特异性启动子	基因随机整合、组织特异性表达	家蚕性信息素腺特异性去饱和酶 1(Bmpgdesat1)基因启动子可调控 *EGFP* 基因在雌蛾信息素腺中特异表达	Moto and Matsumoto，2012

(续表)

研究领域	目标基因/序列	遗传操作工具	操作策略	主要研究结果	参考文献
	dTrpA1	GAL4/UAS系统、组成型启动子、组织特异性启动子	组成性过表达、组织特异性表达	(1) 热诱导型阳离子通道蛋白基因 *dTrpA1* 在转基因家蚕体内的组成性过表达，将使转基因幼虫和成虫表现出类似癫痫的表型； (2) 热激诱导 *dTrpA1* 基因在转基因雄蛾性信息素神经元中的特异性表达，可用于实现通过调节温度来控制雄蛾的交配行为	Kiya et al.，2014

（撰稿：赵爱春　龙定沛　李春峰）

参考文献

[1] Atsumi S, Miyamoto K, Yamamoto K, et al. Single amino acid mutation in an ATP-binding cassette transporter gene causes resistance to Bt toxin Cry1Ab in the silkworm, *Bombyx mori* [J]. Proceedings of the National Academy of Sciences of the United States of America, 2012,109(25): 1 591 - 1 598.

[2] Blais C, Lafont R. Ecdysteroid biosynthesis by prothoracic glands of *Pieris brassicae* (Lepidoptera, Insecta): Conversion *in vitro* of a radiolabelled precursor of 3-dehydroecdysone [J]. Comptes Rendus de l'Academie des Sciences Serie 3 Sciences de la Vie (France),1991,313(8): 359 - 364.

[3] Chevillard M, Couble P, Prudhomme JC. Complete nucleotide sequence of the gene encoding the *Bombyx mori* silk protein P25 and predicted amino acid sequence of the protein [J]. Nucleic acids research, 1986, 14(15): 6 341- 6 342.

[4] Cusson M, Béliveau C, Sen SE, et al. Characterization and tissue - specific expression of two lepidopteran farnesyl diphosphate synthase homologs: Implications for the biosynthesis of ethyl - substituted juvenile hormones [J]. Proteins: Structure, Function, and Bioinformatics, 2006,65 (3): 742 - 758.

[5] Dai H, Ma L, Wang J, et al. Knockdown of ecdysis-triggering hormone gene with a binary UAS/GAL4 RNA interference system leads to lethal ecdysis deficiency in silkworm [J]. Acta Biochimica et Biophysica Sinica, 2008,40(9): 790 - 795.

[6] Daimon T, Kozaki T, Niwa R, et al. Precocious metamorphosis in the juvenile hormone-deficient mutant of the silkworm, *Bombyx mori* [J]. PloS Genetics, 2012,8(3): e1002486.

[7] Daimon T, Uchibori M, Nakao H, et al. Knockout silkworms reveal a dispensable role for juvenile hormones in holometabolous life cycle [J]. Proceedings of the National Academy of Sciences of the United States of America, 2015,112(31): 4 226 -4 235.

[8] Dethier VG. The physiology of insect senses [M]. London: Methuen & Co. , Ltd. , John New York: Wiley & Sons, Inc. , 1963: 266.

[9] Duan J, Xu H, Wang F, et al. Novel female-specific trans-spliced and

alternative splice forms of dsx in the silkworm *Bombyx mori* [J]. Biochemical and Biophysical Research Communications, 2013, 431(3): 630 - 635.

[10] Duan JP, Xu HF, Ma SY, et al. Ectopic expression of the male *BmDSX* affects formation of the chitin plate in female *Bombyx mori* [J]. Molecular Reproduction and Development, 2014, 81(3): 240 - 247.

[11] Fraenkel G. The raison d'Etre of secondary plant substances [J]. Science, 1959, 29: 1 466 - 1 470.

[12] Funaguma S, Suzuki MG, Tamura T, et al. The *Bmdsx* transgene including trimmed introns is sex-specifically spliced in tissues of the silkworm, *Bombyx mori* [J]. Journal of Insect Science, 2005, 5(2): 17.

[13] Guittard E, Blais C, Maria A, et al. CYP18A1, a key enzyme of *Drosophila* steroid hormone inactivation, is essential for metamorphosis [J]. Developmental Biology, 2011, 349(1): 35 - 45.

[14] Ha SW, Gracz HS, Tonelli AE, et al. Structural study of irregular amino acid sequences in the heavy chain of *Bombyx mori* silk fibroin [J]. Biomacromolecules, 2005, 6(5): 2 563 - 2 569.

[15] Hakimi O, Knight DP, Vollrath F, et al. Spider and mulberry silkworm silks as compatible biomaterials [J]. Composites Part B: Engineering, 2007, 38(3): 324 - 337.

[16] Hirayama C, Sugimura M, Saito H, et al. Host plant urease in the hemolymph of the silkworm, *Bombyx mori* [J]. Journal of Insect Physiology, 2000, 46(10): 1 415 - 1 421.

[17] Hu C, Wang F, Ma S, et al. Suppression of intestinal immunity through silencing of TCTP by RNAi in transgenic silkworm, *Bombyx mori* [J]. Gene, 2015, 574(1): 82 - 87.

[18] Hyoung-Joon J, Kaplan DL. Mechanism of silk processing in insects and spiders [J]. Nature, 2003, 424(6952): 1 057 - 1 061.

[19] Imamura M, Nakahara Y, Kanda T, et al. A transgenic silkworm expressing the immune-inducible cecropin B-GFP reporter gene [J]. Insect Biochemistry and Molecular Biology, 2006, 36(5): 429 - 434.

[20] Inoue S, Kanda T, Imamura M, et al. A fibroin secretion-deficient silkworm mutant, $Nd\text{-}s^D$, provides an efficient system for producing recombinant proteins [J]. Insect Biochemistry and Molecular Biology, 2005, 35(1): 51 -

59.

[21] Inoue S, Tanaka K, Arisaka F, et al. Silk fibroin of *Bombyx mori* is secreted, assembling a high molecular mass elementary unit consisting of H-chain, L-chain, and P25, with a 6: 6: 1 molar ratio [J]. Journal of Biological Chemistry, 2000,275(51): 40 517 - 40 528.

[22] Inoue S, Tanaka K, Tanaka H, et al. Assembly of the silk fibroin elementary unit in endoplasmic reticulum and a role of L-chain for protection of alpha1,2-mannose residues in N-linked oligosaccharide chains of fibrohexamerin/P25 [J]. European Journal of Biochemistry, 2004,271 (2): 356 - 366.

[23] Ito K, Kidokoro K, Sezutsu H, et al. Deletion of a gene encoding an amino acid transporter in the midgut membrane causes resistance to a *Bombyx* parvo-like virus [J]. Proceedings of the National Academy of Sciences of the United States of America, 2008,105(21): 7 523 - 7 527.

[24] Jiang L, Cheng T, Zhao P, et al. Resistance to BmNPV via overexpression of an exogenous gene controlled by an inducible promoter and enhancer in transgenic silkworm, *Bombyx mori* [J]. PloS One, 2012,7(8): e41838.

[25] Jiang L, Huang CL, Sun Q, et al. Overexpression of host plant urease in transgenic silkworms [J]. Molecular Genetics and Genomics, 2015,290 (3): 1 117 - 1 123.

[26] Kayukawa T, Murata M, Kobayashi I, et al. Hormonal regulation and developmental role of Kruppel homolog 1, a repressor of metamorphosis, in the silkworm *Bombyx mori* [J]. Developmental Biology, 2014,388(1): 48 - 56.

[27] Kimoto M, Tsubota T, Uchino K, et al. Hox transcription factor Antp regulates *sericin-1* gene expression in the terminal differentiated silk gland of *Bombyx mori* [J]. Developmental Biology, 2014,386(1): 64 - 71.

[28] Kimoto M, Tsubota T, Uchino K, et al. LIM-homeodomain transcription factor Awh is a key component activating all three fibroin genes, *Fib-H*, *Fib-L* and *fhx*, in the silk gland of the silkworm, *Bombyx mori* [J]. Insect Biochemistry and Molecular Biology, 2015,56: 29 - 35.

[29] Kiya T, Morishita K, Uchino K, et al. Establishment of tools for neurogenetic analysis of sexual behavior in the silkmoth, *Bombyx mori* [J]. PloS One, 2014,9(11): 467 - 476.

[30] Kludkiewicz B, Takasu Y, Fedic R, et al. Structure and expression of the silk adhesive protein Ser2 in *Bombyx mori* [J]. Insect Biochemistry and Molecular Biology, 2009,39(12): 938 - 946.

[31] Kojima K, Kuwana Y, Sezutsu H, et al. A new method for the modification of fibroin heavy chain protein in the transgenic silkworm [J]. Bioscience Biotechnology and Biochemistry, 2007,71(12): 2 943 - 2 951.

[32] Krieger J, Grosse-Wilde E, Gohl T, et al. Genes encoding candidate pheromone receptors in a moth (*Heliothis virescens*) [J]. Proceedings of the National Academy of Sciences of the United States of America, 2004, 101(32): 11 845 - 11 850.

[33] Kurahashi H, Atiwetin P, Nagaoka S, et al. Absorption of mulberry root urease to the hemolymph of the silkworm, *Bombyx mori* [J]. Journal of Insect Physiology, 2005,51(9): 1 055 - 1 061.

[34] Li Z, You L, Zeng B, et al. Ectopic expression of ecdysone oxidase impairs tissue degeneration in *Bombyx mori* [J]. Proceedings of the Royal Society B Biological Sciences, 2015,282(1809): 3 238 - 3 248.

[35] Li Z, Ge X, Ling L, et al. CYP18A1 regulates tissue-specific steroid hormone inactivation in *Bombyx mori* [J]. Insect Biochemistry and Molecular Biology, 2014,54: 33 - 41.

[36] Liang J, Wang T, Xiang Z, et al. Tweedle cuticular protein BmCPT1 is involved in innate immunity by participating in recognition of *Escherichia coli* [J]. Insect Biochemistry and Molecular Biology, 2015,58: 76 - 88.

[37] Lin P, Cheng T, Jin S, et al. PC, a novel oral insecticidal toxin from *Bacillus bombysepticus* involved in host lethality via APN and BtR-175 [J]. Scientific Reports, 2015,5: 11 101.

[38] Long DP, Lu WJ, Zhang Y, et al. New insight into the mechanism underlying fibroin secretion in silkworm, *Bombyx mori* [J]. FEBS J., 2015,282(1): 89 - 101.

[39] Ma SY, Shi R, Wang XG, et al. Genome editing of *BmFib-H* gene provides an empty *Bombyx mori* silk gland for a highly efficient bioreactor [J]. Scientific Reports, 2014,4(4): 6 867.

[40] Michaille J, Couble P, Prudhomme J, et al. A single gene produces multiple sericin messenger RNAs in the silk gland of *Bombyx mori* [J]. Biochimie, 1986,68(10 - 11): 1 165 - 1 173.

[41] Mita K, Ichimura S, James TC. Highly repetitive structure and its organization of the silk fibroin gene [J]. Journal of Molecular Evolution, 1994,38(6): 583 - 592.

[42] Mori K, Tanaka K, Kikuchi Y, et al. Production of a chimeric fibroin light-chain polypeptide in a fibroin secretion-deficient naked pupa mutant of the silkworm *Bombyx mori* [J]. Journal of Molecular Biology, 1995,251(2): 217 - 228.

[43] Moto K, Matsumoto S. Construction of an *in vivo* system for functional analysis of the genes involved in sex pheromone production in the silkmoth, *Bombyx mori* [J]. Frontiers in Endocrinology, 2012,3(2): 30.

[44] Nakagawa T, Sakurai T, Nishioka T, et al. Insect sex-pheromone signals mediated by specific combinations of olfactory receptors [J]. Science, 2005, 307(5715): 1 638 - 1 642.

[45] Nigg H, Svoboda J, Thompson M, et al. Ecdysone metabolism: ecdysone dehydrogenase-isomerase [J]. Lipids, 1974,9(12): 971 - 974.

[46] Nijhout HF. Insect hormones [M]. Princeton: Princeton University Press, 1994.

[47] Ohbayashi F, Suzuki MG, Mita K, et al. A homologue of the *Drosophila* doublesex gene is transcribed into sex-specific mRNA isoforms in the silkworm, *Bombyx mori* [J]. Comparative Biochemistry and Physiology Part B: Biochemistry and Molecular Biology, 2001,128(1): 145 - 158.

[48] Ohno K, Sawada J, Takiya S, et al. Silk gland factor-2, involved in Fibroin gene transcription, consists of LIM homeodomain, LIM-interacting, and single-stranded DNA-binding proteins [J]. Journal of Biological Chemistry, 2013,288(44): 31 581 - 31 591.

[49] Okamoto H, Ishikawa E, Suzuki Y. Structural analysis of sericin genes. Homologies with fibroin gene in the 5′ flanking nucleotide sequences [J]. Journal of Biological Chemistry, 1982,257(24): 15 192 - 15 199.

[50] Rebecca MF, Aria V, Rika M, et al. Organ-specific gene expression: the bHLH protein Sage provides tissue specificity to *Drosophila* FoxA [J]. Development, 2013,140(10): 2 160 - 2 171.

[51] Rewitz KF, Yamanaka N, O'Connor MB. Steroid hormone inactivation is required during the juvenile-adult transition in *Drosophila* [J]. Developmental Cell, 2010,19(6): 895 - 902.

[52] Royer C, Jalabert A, Da Rocha M, et al. Biosynthesis and cocoon-export of a recombinant globular protein in transgenic silkworms [J]. Transgenic Research, 2005,14(4): 463 - 472.

[53] Sakudoh T, Iizuka T, Narukawa J, et al. A CD36-related transmembrane protein is coordinated with an intracellular lipid-binding protein in selective carotenoid transport for cocoon coloration [J]. Journal of Biological Chemistry, 2010,285(10): 7 739 - 7 751.

[54] Sakudoh T, Kuwazaki S, Iizuka T, et al. CD36 homolog divergence is responsible for the selectivity of carotenoid species migration to the silk gland of the silkworm *Bombyx mori* [J]. Journal of Lipid Research, 2013, 54(2): 482 - 495.

[55] Sakudoh T, Sezutsu H, Nakashima T, et al. Carotenoid silk coloration is controlled by a carotenoid-binding protein, a product of the Yellow blood gene [J]. Proceedings of the National Academy of Sciences of the United States of America, 2007,104(21): 8 941 - 8 946.

[56] Sakurai T, Mitsuno H, Haupt SS, et al. A single sex pheromone receptor determines chemical response specificity of sexual behavior in the silkmoth *Bombyx mori* [J]. PloS Genetics, 2011,7(6): 171 - 177.

[57] Sakurai T, Mitsuno H, Mikami A, et al. Targeted disruption of a single sex pheromone receptor gene completely abolishes *in vivo* pheromone response in the silkmoth [J]. Scientific Reports, 2015,5: 11 001.

[58] Sakurai T, Nakagawa T, Mitsuno H, et al. Identification and functional characterization of a sex pheromone receptor in the silkmoth Bombyx mori [J]. Proceedings of the National Academy of Sciences of the United States of America, 2004,101(47): 16 653 - 16 658.

[59] Shimura K. Chemical composition and biosynthesis of silk proteins [J]. Cellular and Molecular Life Sciences Cmls, 1983,39(5): 455 - 461.

[60] Shiomi K, Takasu Y, Kunii M, et al. Disruption of diapause induction by TALEN-based gene mutagenesis in relation to a unique neuropeptide signaling pathway in *Bombyx* [J]. Scientific Reports, 2015,5: 15 566.

[61] Sugimura M, Hirayama C, Nakamura M. Selective transport of the mulberry leaf urease from the midgut into the larval hemolymph of the silkworm, *Bombyx mori* [J]. Journal of Insect Physiology, 2001,47(10): 1 133 - 1 138.

[62] Suzuki MG, Funaguma S, Kanda T, et al. Analysis of the biological functions of a doublesex homologue in *Bombyx mori* [J]. Development Genes Evolution, 2003,213(7): 345 - 354.

[63] Suzuki MG, Funaguma S, Kanda T, et al. Role of the male BmDSX protein in the sexual differentiation of *Bombyx mori* [J]. Evolution and Development, 2005,7(1): 58 - 68.

[64] Suzuki MG, Ohbayashi F, Mita K, et al. The mechanism of sex-specific splicing at the doublesex gene is different between *Drosophila melanogaster* and *Bombyx mori* [J]. Insect Biochemistry and Molecular Biology, 2001,31(12): 1 201 - 1 211.

[65] Tabuchi M, Sakurai T, Mitsuno H, et al. Pheromone responsiveness threshold depends on temporal integration by antennal lobe projection neurons [J]. Proceedings of the National Academy of Sciences of the United States of America, 2013,110(38): 15 455 - 15 460.

[66] Takashi S, Kozo T. How is cocoon colored [J]. Seikagaku the Journal of Japanese Biochemical Society, 2009,81(1): 27 - 31.

[67] Takasu Y, Yamada H, Tamura T. Identification and characterization of a novel sericin gene expressed in the anterior middle silk gland of the silkworm *Bombyx mori* [J]. Insect Biochemistry and Molecular Biology, 2007,37(11): 1 234 - 1 240.

[68] Takiya S, Inoue H, Mai K. Novel enhancer and promoter elements indispensable for the tissue-specific expression of the *sericin-1* gene of the silkworm *Bombyx mori* [J]. Insect Biochemistry and Molecular Biology, 2011,41(8): 592 - 601.

[69] Tan A, Tanaka H, Tamura T, et al. Precocious metamorphosis in transgenic silkworms overexpressing juvenile hormone esterase [J]. Proceedings of the National Academy of Sciences of the United States of America, 2005,102(33): 11 751 - 11 756.

[70] Tan A, Fu G, Jin L, et al. Transgene-based, female-specific lethality system for genetic sexing of the silkworm, *Bombyx mori* [J]. Proceedings of the National Academy of Sciences of the United States of America, 2013, 110(17): 6 766 - 6 770.

[71] Tanaka H, Matsuki H, Furukawa S, et al. Identification and functional analysis of Relish homologs in the silkworm, *Bombyx mori* [J]. Biochimica

et Biophysica Acta (BBA)-Gene Structure and Expression, 2007,1769(9): 559 - 568.

[72] Tanaka H, Yamamoto M, Moriyama Y, et al. A novel Rel protein and shortened isoform that differentially regulate antibacterial peptide genes in the silkworm *Bombyx mori* [J]. Biochimica et Biophysica Acta (BBA)-Gene Structure and Expression, 2005,1730(1): 10 - 21.

[73] Tanaka K, Kajiyama N, Ishikura K, et al. Determination of the site of disulfide linkage between heavy and light chains of silk fibroin produced by *Bombyx mori* [J]. Biochimica et Biophysica Acta (BBA),1999,1432(1): 92 - 103.

[74] Tatematsu K, Kobayashi I, Uchino K, et al. Construction of a binary transgenic gene expression system for recombinant protein production in the middle silk gland of the silkworm *Bombyx mori* [J]. Transgenic Research, 2010,19(3): 473 - 487.

[75] Terry AE, Knight DP, Porter D, et al. pH induced changes in the rheology of silk fibroin solution from the middle division of *Bombyx mori* silkworm [J]. Biomacromolecules, 2004,5(3): 768 - 772.

[76] Tomita M, Hino R, Ogawa S, et al. A germline transgenic silkworm that secretes recombinant proteins in the sericin layer of cocoon [J]. Transgenic Research, 2007,16(4): 449 - 465.

[77] Tomita M, Munetsuna H, Sato T, et al. Transgenic silkworms produce recombinant human type III procollagen in cocoons [J]. Nature Biotechnology, 2003,21(1): 52 - 56.

[78] Wang SP, Guo TQ, Guo XY, et al. In vivo analysis of fibroin heavy chain signal peptide of silkworm Bombyx mori using recombinant baculovirus as vector [J]. Biochemical and Biophysical Research Communications, 2006, 341(4): 1 203 - 1 210.

[79] Wang X, Zhao P, Li Y, et al. Modifying the mechanical properties of silk fiber by genetically disrupting the ionic environment for silk formation [J]. Biomacromolecules, 2015,16(10): 3 119 - 3 125.

[80] Wang YJ, Nakagaki M. Editing of the heavy chain gene of Bombyx mori using transcription activator like effector nucleases [J]. Biochemical and Biophysical Research Communications, 2014,450(1): 184 - 188.

[81] Xin HH, Zhang DP, Chen RT, et al. Transcription factor Bmsage plays a crucial role in silk gland generation in silkworm, *Bombyx mori* [J].

Archives of Insect Biochemistry and Physiology, 2015,90(2): 59 - 69.
[82] Xu J, Bi H, Chen R, et al. Transgenic characterization of two testis-specific promoters in the silkworm, *Bombyx mori* [J]. Insect Molecular Biology, 2015,24(2): 183 - 190.
[83] Xu J, Wang Y, Li Z, et al. Transcription activator-like effector nuclease (TALEN)-mediated female-specific sterility in the silkworm, *Bombyx mori* [J]. Insect Molecular Biology, 2014a, 23(6): 800 - 807.
[84] Xu J, Wang YQ, Li ZQ, et al. Functional characterization of the vitellogenin promoter in the silkworm, *Bombyx mori* [J]. Insect Molecular Biology, 2014b, 23(5): 550 - 557.
[85] Xue RY, Hu XL, Cao GL, et al. Bmovo-1 regulates ovary size in the silkworm, *Bombyx mori* [J]. PloS One, 2014,9(8): e104928.
[86] Yamaguchi K, Kikuchi Y, Takagi T, et al. Primary structure of the silk fibroin light chain determined by cDNA sequencing and peptide analysis [J]. Journal of Molecular Biology, 1989,210(1): 127 - 139.
[87] Ye L, Qian Q, Zhang Y, et al. Analysis of the sericin1 promoter and assisted detection of exogenous gene expression efficiency in the silkworm *Bombyx mori* L [J]. Scientific Reports, 2015,5: 8 301.
[88] Zhang X, Xue R, Cao G, et al. Effects of *egt* gene transfer on the development of *Bombyx mori* [J]. Gene, 2012,491(2): 272 - 277.
[89] Zhao A, Zhao T, Zhang Y, et al. New and highly efficient expression systems for expressing selectively foreign protein in the silk glands of transgenic silkworm [J]. Transgenic Research, 2010,19(1): 29 - 44.
[90] Zhao XM, Liu C, Li QY, et al. Basic helix-loop-helix transcription factor Bmsage is involved in regulation of fibroin H-chain gene via interaction with SGF1 in *Bombyx mori* [J]. PloS One, 2014,9(4): e94091.
[91] Zhou CZ, Confalonieri F, Medina N, et al. Fine organization of *Bombyx mori* fibroin heavy chain gene [J]. Nucleic Acids Research, 2000,28(12): 2 413- 2 419.
[92] Zhou CZ, Confalonieri F, Jacquet M, et al. Silk fibroin: Structural implications of a remarkable amino acid sequence [J]. Proteins Structure Function and Bioinformatics, 2001,44(2): 119 - 122.
[93] Zhou L, Chen X, Shao Z, et al. Effect of metallic ions on silk formation in the mulberry silkworm, *Bombyx mori* [J]. The Journal of Physical Chemistry

B, 2005,109(35): 16 937 - 16 945.
[94] 蒋亮. 基于转基因工程的家蚕核型多角体病毒(BmNPV)抗性素材创新及抗性机制研究[D]. 重庆: 西南大学,2013.
[95] 潘敏慧,鲁成,匡秀秀,等. 增强型家蚕核型多角体病毒诱导型启动子 En39k 及其应用: 201310641709.5[P]. 2014 - 03 - 19.
[96] 潘敏慧,鲁成,李娜,等. 家蚕核型多角体病毒 *39k* 诱导型启动子及其应用: 201010231957.9[P]. 2010 - 12 - 15.
[97] 王娜,杜希宽,蒋明星,等. 家蚕 BmN 细胞中 8 种启动子的活性比较及利用 hr5-ie1 启动子实现 EGFP 的稳定表达[J]. 昆虫学报,2010,53(3): 279 - 285.
[98] 赵爱春,夏庆友,鲁成,等. 利用家蚕丝心蛋白重链启动子大量表达外源蛋白的方法: 200610054442.X[P]. 2009 - 10 - 28.

第十章

家蚕安全转基因技术体系的建立与应用

近年来,转基因技术在功能基因组研究、定向遗传育种、人类疾病模型构建和生物反应器开发等方面都发挥了巨大的作用。但是,自转基因技术诞生之日起,科学界和社会公众对转基因生物(genetically modified organisms, GMOs)安全性的担忧就一直存在,对转基因生物是否安全的争论也从未停止。转基因生物安全问题主要包括转基因操作技术安全问题与转基因产品(genetically modified products, GMPs)安全问题这两个方面。转基因操作技术安全问题主要指转入的外源基因是否会对受体动植物生长产生不良影响,以及是否会对生态环境造成破坏;转基因产品安全问题主要指转基因食品(主要指农作物)、利用转基因生物反应器生产的抗体和疫苗等医药制品以及经其他基因工程下游技术生产的生物类制品是否会对人类健康造成潜在危害。因此,如何利用并结合不同的遗传操作手段解决转基因生物潜在的安全隐患,进而消除公众对转基因生物安全性的担心等,已经成为转基因生物新品种培育、推广和产业化开发应用中必须解决的关键问题。

转基因技术已经被广泛应用于家蚕基因功能鉴定的基础研究和品种改良的应用研究领域。与其他转基因生物一样,转基因家蚕的安全性也引起了蚕学研究者们的广泛关注。本章阐述转基因家蚕存在的主要安全问题、基于条件基因打靶技术的家蚕安全转基因体系建立,以及家蚕安全转基因技术的发展趋势。

第一节　转基因家蚕存在的主要安全问题

近年来,随着转基因技术逐渐被应用于家蚕品种改良等研究领域,越来越多的业内研究人员意识到,转基因家蚕的生物安全问题是转基因家蚕新品种推广过程中不容忽视的问题。但是,由于目前业内对家蚕转基因安全问题的研究还较为薄弱,从而使得转基因家蚕安全问题成了转基因家蚕产业化开发和大规模应用的关键阻碍。家蚕作为非食用性经济昆虫，其转基因研究的安全问题主要体现在转基因操作技术安全方面，具体包括转基因家蚕自身的安全性问题和转基因家蚕带来的生态环境安全隐患问题两个方面。

一、转基因家蚕自身安全性问题

目前创制转基因家蚕的主要方法，仍旧是基于转座子（主要是 *piggyBac* 转座子）介导外源基因在基因组随机整合的家蚕种系转化技术。转座子在基因组随机整合的性质可用于筛选含有能使外源蛋白高效表达插入位点的转基因家蚕，从而有助于推动利用转基因家蚕生物反应器生产外源蛋白的产业化开发。但是，由转座子随机整合引起的诸如基因表达变化、内源基因结构破坏、转基因个体生长发育受限等非预期负面效应，会严重影响转基因家蚕自身的安全(Schetelig et al.，2011)。此外，家蚕内源或外源基因在转基因个体中的过量或异位表达，同样可能引起转基因家蚕生长发育受限甚至致死现象。Tomita 等(2007)曾观察到外源 *ie1* 基因在丝腺中的过量表达破坏 *Ser1* 启动子的组织特异性，从而使得 *Ser1* 启动子调控 *EGFP* 基因全身性过量异位表达和累积，最终导致转基因家蚕死亡的现象。Li 等(2015)利用 GAL4/UAS 系统调控蜕皮激素氧化酶基因 *BmEO* 在转基因家蚕中部丝腺中的异位表达，结果引起转基因家蚕在化蛹过程中死亡。另外，通过转基因 RNAi 技术对家蚕生长发育必需基因 *ETH*(Dai et al.，2008)等的下调表达，或者由基因组靶向编辑技术介导包括 *BmFib-H*(Ma et al.，2014)、*BmWnt-1* (Zhang et al.，2015)、*BmEO*(Li et al.，2015)、*JHAMT*(Daimon et al.，2015)等家蚕重要内源基因的定点敲除，均会对其生长发育产生不良影响。

二、转基因家蚕带来的生态环境安全隐患

转基因生物的环境或生态安全风险主要来自于转基因逃逸(transgene escape)。转基因逃逸是指外源基因通过天然杂交(或异交)渗入到非转基因品种或其野生近缘种的现象。转基因逃逸通过基因漂移来实现，主要包括基因的垂直漂移(vertical gene flow)和水平转移(horizontal gene transfer)(卢宝荣等，2003；卢宝荣，2008)。基因的垂直漂移指通过有性杂交方式发生于亲缘关系很近或同一物种不同群体之间的基因交换。基因水平转移指

基因在亲缘关系很远的物种之间进行交换和移动，多发生于微生物物种之间。

转基因家蚕带来的生态环境安全隐患是家蚕转基因研究面临的最主要安全问题。由于家蚕体内的某些微生物（包括病原微生物）没有宿主的物种特异性，再加上转座子的作用，使得家蚕基因组中的转基因存在通过水平转移方法逃逸至其他物种基因组的可能。但是从另一方面考虑，作为转基因的目标基因进入原本不含有该基因的远缘物种，从进化上不具有选择优势（除非在人为添加的选择压力条件下，如转基因植物中的抗除草剂基因等），因此在自然选择下易被淘汰。此外，虽然目前存在基因水平转移的报道，但是转基因水平转移的机制还存在争议，即使对于植物，目前尚无充足证据表明基因的水平转移会导致转基因逃逸和带来明显的生态环境安全问题（卢宝荣，2008）。所以，外源目标基因在转基因家蚕的水平转移现象理论上不会产生严重后果。

转基因通过近缘杂交的方式实现垂直漂移的逃逸一般需要满足 3 个条件：①转基因生物和非转基因生物或野生近缘种在空间上分布重叠，相邻生长；②转基因生物和非转基因生物或野生近缘种的生殖季节在时间上相交；③转基因生物和非转基因生物与相关野生近缘种在生物学上有一定的杂交亲和性，且杂种后代能正常繁殖（鲁兴萌，2012）。由于家蚕和野桑蚕（*Bombyx mandarina*）杂交可育，因此两者并非是遗传学上严格定义的 2 个不同物种。实际上，家蚕育种过程中也常采用家蚕与野桑蚕杂交的方式，以期获得具有某些优良性状的杂交后代。由此可见，转基因家蚕与非转基因家蚕和野桑蚕之间显然满足通过垂直漂移而发生转基因逃逸的条件。转基因家蚕携带的外源基因经由垂直漂移的转基因逃逸现象所带来的生态环境安全隐患问题，主要可归纳为以下 3 点：①筛选标记基因（包括荧光蛋白基因、抗性筛选基因等）和转座子骨架等非目标基因序列在转基因家蚕基因组的保留，可能带来的潜在生物安全隐患；②转座子在家蚕基因组的不稳定整合现象，可能会导致转基因在传代过程中的丢失或者逃逸，从而对生态环境造成破坏；③携带外源基因的转基因蚕种在实际大规模推广应用过程中具有不可控性，从而可能引发转基因不可控扩散的生产和环境安全问题。

第二节 基于条件基因打靶的家蚕安全转基因体系建立

家蚕转基因研究中存在的主要安全问题是转基因家蚕新品种研发和实现产业化推广过程中必须考虑并解决的关键问题。上述问题的解决方案可以从两方面考虑：一方面要求管理人员加强对已获得的转基因家蚕的生长发育、繁殖、遗传以及各种生物性状的监测和评估，淘汰具有明显异常或缺陷表型的个体，保留正常生长发育、繁殖和遗传稳定的个体，并建立严格和完善的针对转基因家蚕的管理制度和措施；另一方面则要求研究人员对现有的家蚕转基因技术进行整合和改进，力争从根本上解决转基因操作技术手段所引起的转基因家蚕潜在的生物安全隐患。近年来，国内外的研究人员相继开展了利用家蚕条件基因打靶技术来解决转基因家蚕安全隐患问题的研究。自 2007 年以来，西南大学赵爱春课题组系统地开展了建立基于条件基因打靶技术的家蚕安全转基因体系的研究工作，通过利用不同种类的位点特异性重组系统并将其与复合型 *piggyBac* 转座载体系统相结合，在一定程度上有效地解决了家蚕转基因研究中的潜在生物安全隐患问题。

一、克服转座子随机整合引起的家蚕转基因安全隐患

针对由转座子随机整合导致目标基因表达变化（异位、上调或下调表达），进而引起非预期负面效应的转基因家蚕自身安全问题，目前主要可利用组织特异性启动子（Thomas et al.，2002；Tomita et al.，2003，2007；Kojima et al.，2007）、热激或病菌诱导型启动子（Uhlířová et al.，2002；Imamura et al.，2006）、药物诱导表达系统（Karasaki et al.，2009；Tan et al.，2013；Tatsuke et al.，2013）和 GAL4/UAS 双元诱导表达系统（Imamura et al.，2003）等来实现调控内源或外源目标基因在转基因家蚕不同发育时期和不同组织中的时空特异性表达，从而达到在一定程度上克服目标基因表达变化对转基因个体生长发育带来不良影响的生物安全问题。但是，上述策略并没有从根本上解决转座子介导目标基因随机整合所带来的转基因家蚕自身安全隐患。

2013 年，Long 等建立了一种基于 phiC31/*att* 系统的重组酶介导盒式交

换(phiC31-RMCE)反应,实现外源基因在转基因家蚕基因组预先确定的染色体位点(靶位点)精确定点整合/替换的策略,用于克服转座子随机整合所带来的家蚕转基因生物安全隐患。如图 10-1A 所示,Long 等首先通过胚胎显微注射并经筛选建立起基因组中含有单拷贝 *attB1*/*attB2* 位点(或 *attP1*/*attP2* 位点)的 G_1 代转基因靶品系(TTS1)家蚕;随后将 TTS1 家蚕经先回交再自交

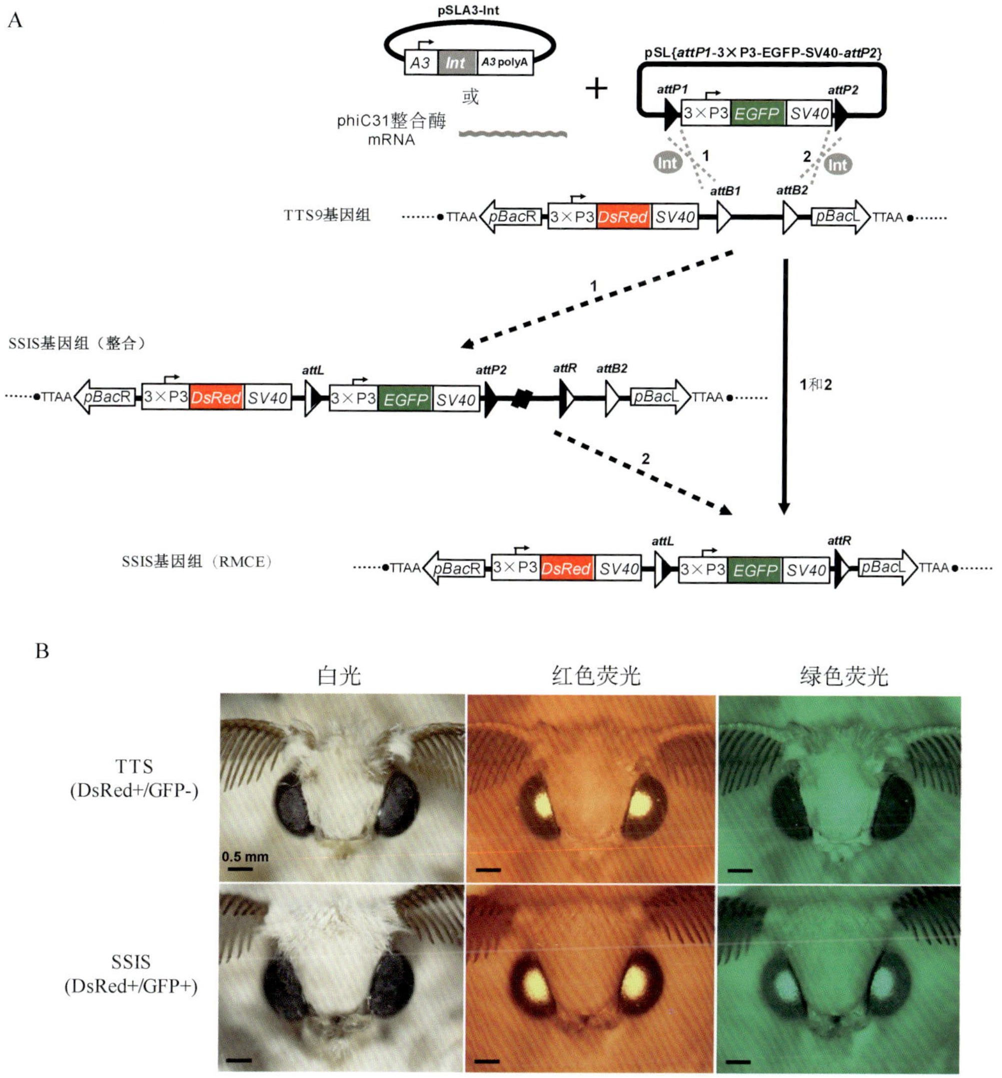

图 10-1　经由 phiC31-RMCE 反应实现外源基因在转基因家蚕基因组定点整合的策略及荧光表达检测(Long et al., 2013)

的方式连续培养 7 代，获得含有纯合 *attB1*/*attB2* 位点(或 *attP1*/*attP2* 位点)的 TTS8 家蚕；通过胚胎显微注射分别将 phiC31 整合酶表达载体 pSLA3-Int 或整合酶 mRNA 与供体质粒 pSL{*attP1*-3×P3-EGFP-SV40-*attP2*}或 pSL{*attB1*-3×P3-EGFP-SV40-*attB2*}共同导入纯合 TTS9 家蚕受精卵，phiC31 整合酶介导 TTS9 家蚕生殖细胞基因组和供体质粒上的 1 对或 2 对 *attB*/*attP* 位点对之间发生位点特异性重组反应(即单次交换或 RMCE)，结果将导致整个供体质粒或 3×P3-EGFP 表达框序列定点整合至基因组，最终在 TTS10 家蚕中筛选同时含有红色和绿色眼荧光的阳性位点特异性整合品系(site-specific integration strain, SSIS)家蚕个体(图 10－1B)。Long 等(2013)通过进一步研究证实，phiC31/*att* 系统所特有的单向不可逆的整合特性，确保了定点整合的外源目标基因在 SSIS 家蚕后代基因组中的稳定遗传和表达。

基于 phiC31-RMCE 反应的策略可实现外源目标基因在家蚕基因组靶位点的精确定点整合/替换，而且不会在靶位点引入载体骨架等非目标基因序列。利用该策略不但能够克服 *piggyBac* 转座子在家蚕基因组随机整合可能引起的非预期负面效应对转基因家蚕生长发育带来不良影响的生物安全隐患，而且通过 RMCE 反应还有助于在一定程度上消除转座子随机整合位置效应和插入突变以及非目标基因序列对目标基因表达及基因功能研究的影响。

二、克服筛选标记基因保留带来的家蚕转基因安全隐患

为了实现对阳性转基因家蚕的快速筛选鉴定，目前通过转座子建立的转基因家蚕，几乎都在转基因个体基因组中引入并保留了包括 *DsRed*、*EGFP* 和 neo^R 等筛选标记基因。然而，筛选标记基因的保留可能会增加转基因逃逸现象的发生概率，进而带来不可预知的生态环境安全隐患。此外，筛选标记基因还可能会对目标外源基因的表达产生影响。因此，筛选标记基因的安全问题是转基因家蚕实际推广应用过程中必须要解决的安全问题之一。

位点特异性重组法是目前在转基因动植物中应用最为广泛和有效的实现筛选标记基因删除的方法。其在实验设计上具有普遍性：用 2 个同向排列的重组酶识别位点(*FRT*、*lox*P、*attP* 或 *attB* 等)锚定筛选标记基因，随后通过有性杂交、温度或化学处理等条件诱导、二次转化等方法，在宿主个体或细胞中引入位点特异性重组酶(FLP、Cre 或 phiC31 等)的表达来介导识别位点间

的重组反应,进而实现选择标记基因的删除。2012 年,Long 等建立了基于FLP/*FRT* 系统实现家蚕个体基因组水平筛选标记基因定点删除的策略。如图 10-2A 所示,Long 等首先通过家蚕胚胎显微注射将重组载体 pBac{3×P3-DsRed; *FRT*-3×P3-EGFP-SV40-*FRT*}与整合酶表达载体 pHA3PIG 共同导入 G_0 代非滞育家蚕胚胎,经筛选建立基因组中含有被 *FRT* 位点锚定 3×P3-EGFP 表达框的 G_1 代转基因靶品系(transgenic target strain, TTS)家蚕;随后同样通过显微注射将 FLP 重组酶表达载体 pSLA3-FLP 导入 G_2 代杂合 TTS 家蚕受精卵,FLP 重组酶介导 2 个同向 *FRT* 位点间发生重组反应,从而实现位于 *FRT* 位点之间的 3×P3-EGFP 表达框序列的定点删除;最终在 G_3 代转基因家蚕中筛选到不含 3×P3-EGFP 表达框的阳性位点特异性重组品系(site-specific recombination strain, SSRS)家蚕。TTS 家蚕和 SSRS 家蚕可通过荧光标记(3×P3-DsRed 和 3×P3-EGFP)表型的不同进行筛选,其中 TTS 家蚕含有红色和绿色眼荧光,而 SSRS 家蚕仅含有红色眼荧光而不

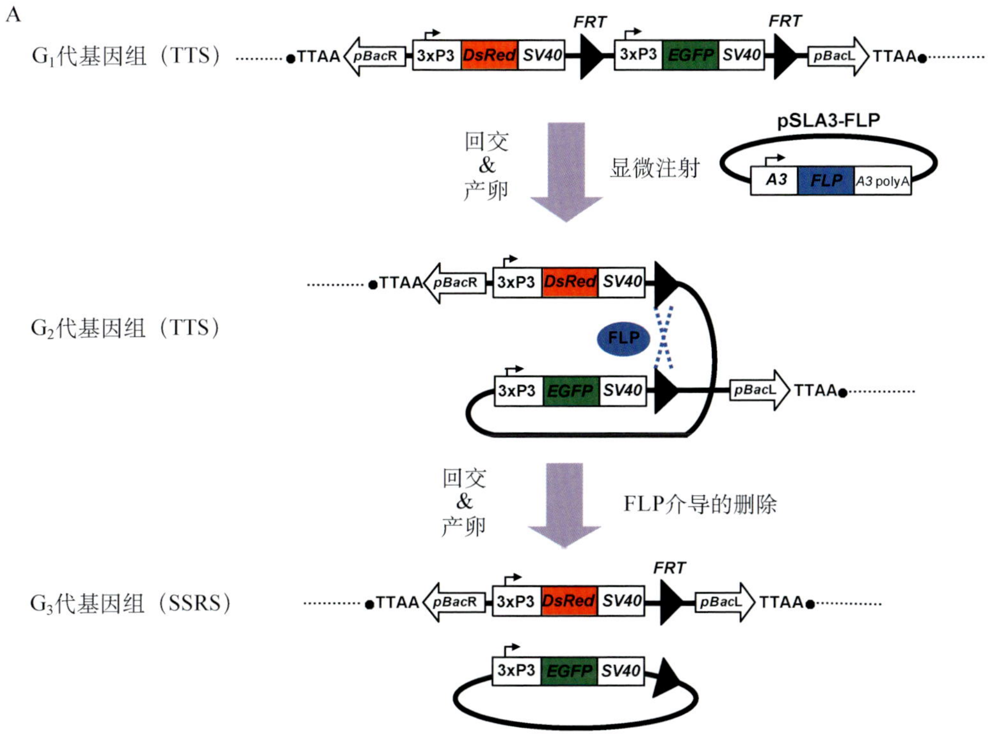

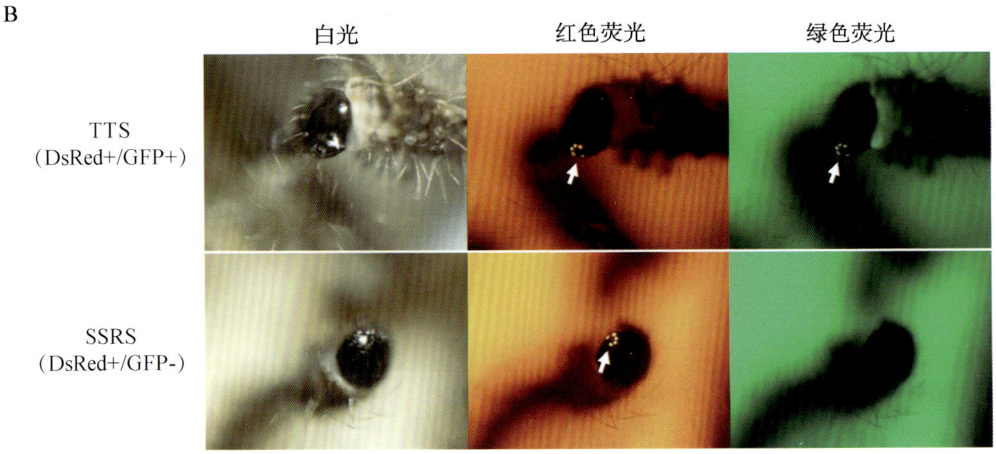

图 10-2 FLP 重组酶介导筛选标记基因在转基因家蚕基因组定点删除的策略及荧光表达检测(Long et al., 2012)

再含有绿色眼荧光(图 10-2B)。Long 等(2012)通过上述策略,利用 pSLA3-FLP 质粒作为重组酶来源,在 2 个不同的 TTS 家蚕中获得的标记基因(3×P3-EGFP 表达框)平均删除效率为 3.5%。在随后的研究中,Long 等(2016)比较了胚胎显微注射 pSLA3-FLP 质粒和 FLP 重组酶 mRNA 作为重组酶来源介导实现标记基因的定点删除效率。结果证实,胚胎显微注射 FLP 重组酶 mRNA 能够有效提高被 *FRT* 位点锚定的标记基因(A3-EGFP 表达框)在 TTS 家蚕体内的定点删除效率。

为进一步提高 FLP 重组酶介导筛选标记基因在 TTS 家蚕基因组中的删除效率,Long 等(2016)建立了由家蚕 *A3* 启动子调控 *FLP* 基因在所有细胞中组成性表达的转基因表达辅助品系(H-A-1)家蚕,通过有性杂交方式在双转基因家蚕(TTS&H-A-1)后代中实现筛选标记基因(A3-EGFP 表达框)的删除效率高达 97.1%~100%(图 10-3A)。此外,为利用 FLP/*FRT* 系统实现对转基因家蚕基因组中筛选标记基因的可诱导性定点删除,Long 等(2016)还构建了由黑腹果蝇 *hsp70* 基因启动子调控 FLP 重组酶表达的转基因表达辅助品系(H-H-1)家蚕。通过有性杂交结合 42 ℃热激处理(heat shock treatment, HST)方式,在双转基因家蚕(TTS&H-H-1)后代中实现 A3-EGFP 表达框的可诱导性删除效率达到 32.14%~36.67%(图 10-3B)。

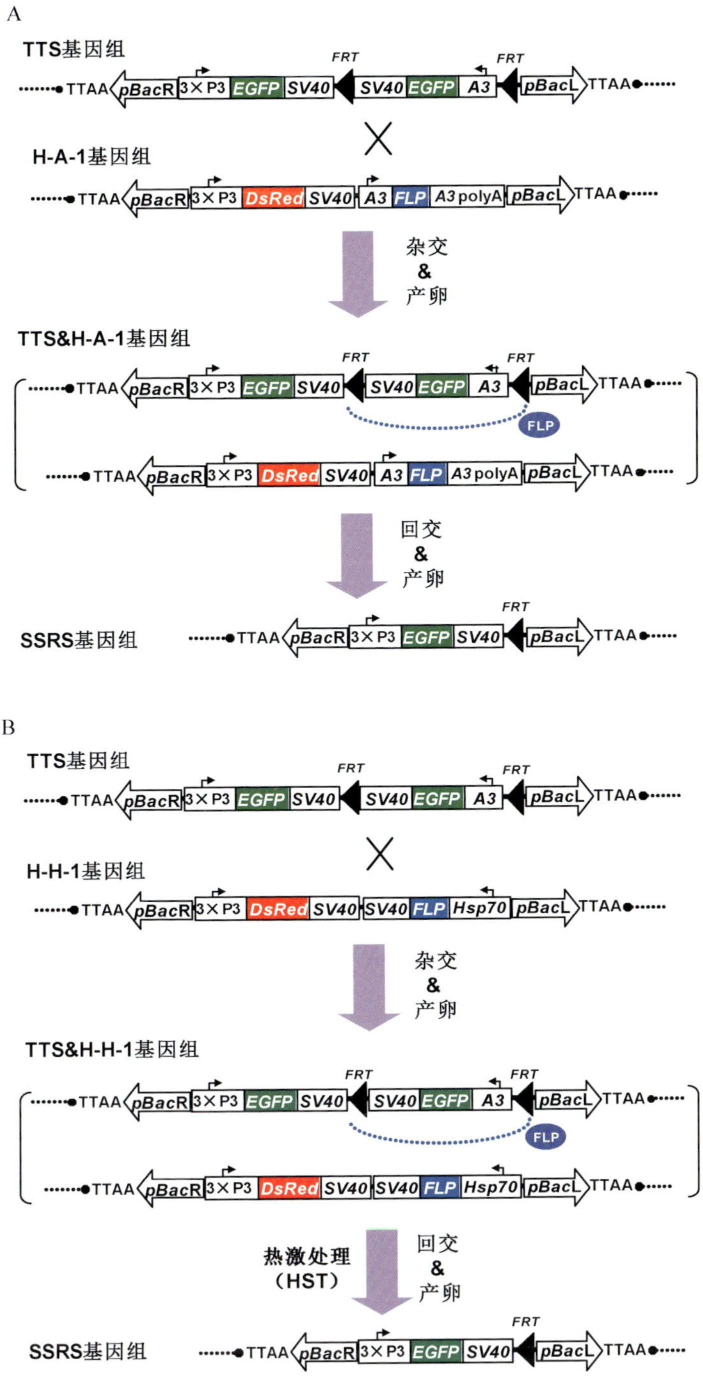

图 10-3　有性杂交方式实现的 FLP 重组酶介导转基因家蚕标记基因定点删除示意图(Long et al.，2016)

日本研究人员 Kômoto 和 Tomita(2012)同样利用 FLP/*FRT* 系统,通过将含有 hsp70-FLP 表达框的 FLP 重组酶表达系(FLP strain)家蚕和含有 OpIE2-FRT-GFP-FRT-DsRed 表达框的转基因报告品系(reporter strain)家蚕进行有性杂交结合热激处理的方式,实现了被 *FRT* 位点锚定的 *GFP* 标记基因表达框在杂交 F_1 代双转基因家蚕体细胞中的定点删除,以及下游 *DsRed* 基因的表达激活。

三、实现外源基因稳定整合、表达以及精确替换的家蚕安全转基因策略

外源目标基因在宿主基因组的不稳定整合现象是转基因生物最主要的潜在安全隐患之一。由转座子在宿主基因组中的再转座所引起的外源基因不稳定整合现象,可能会带来诸如外源基因表达不稳定、转基因丢失和逃逸等生物安全问题。目前在包括小鼠(Wang et al.,2008)、果蝇(Horn et al.,2003)和家蚕(Uchino et al.,2008)等动物中均观察到了 *piggyBac* 转座子在宿主细胞基因组中的再转座现象。张雨丽等(2013)在广西大面积试点饲养含有单拷贝外源基因插入的转基因家蚕品种"西绿"的过程中,曾观察到外源基因在传代培养和杂交选育过程中丢失的现象。引起转基因丢失现象的关键原因,可能在于宿主细胞中出现了非预期的具有转座酶活性的蛋白。这些具有转座酶活性的蛋白可能是由宿主基因组中存在的未经鉴定的内源性 *piggyBac*-like 转座子所编码,也可能是外源转座酶基因通过水平基因转移进入宿主基因组所编码(Schetelig et al.,2011)。家蚕是人工驯化的昆虫,其生存与繁殖完全依赖于人工饲养(Goldsmith et al.,2005),因此家蚕通过水平基因转移获得具有转座酶活性的外源蛋白的可能性相对较小。早期研究证实,家蚕基因组中至少存在 100 条 *piggyBac*-like 转座子序列(BmPBLE1-98、yabusame-1 和 yabusame-W),其中不少转座子序列均具有编码产生具有转座酶活性的内源蛋白的潜力(Xu et al.,2006;Daimon et al.,2010)。因此,*piggyBac*-like 转座子序列编码的具有转座酶活性的内源蛋白在家蚕体内是无法消除的。

由于 *piggyBac* 的转座需要依赖转座酶 5′端和 3′端的末端反向重复(ITR)序列及其邻近 DNA 序列的作用,其中还可能包括内部反向重复(TR)序列(Finnegan,1992),因此理论上只要删除 *piggyBac* 转座子臂单侧或两侧的末端反向重复序列,就可实现 *piggyBac* 转座子介导插入的外源基因在宿主基因组

的稳定整合。为了克服 *piggyBac* 转座子在家蚕基因组中的不稳定整合现象所带来的转基因家蚕潜在生物安全问题，Long 等(2015)联合 phiC31/*att* 系统、FLP/*FRT* 系统以及改造的复合型 *piggyBac* 转座载体系统，开发了一项通用且能有效实现外源目标基因在家蚕基因组稳定整合、表达以及精确替换的策略，并利用该策略成功地建立了一种稳定、可置换型高效转基因家蚕丝腺表达系统。如图 10-4 所示，Long 等首先将含有 4 个转座子臂序列(L1、R1、L2 和 R2)的复合型 *piggyBac* 转座载体 PB-TP 和转座酶表达载体 pHA3PIG 共同导入非滞育的 G_0 代蚕卵，并筛选含有单拷贝的 R1-L1 转座子结构插入基因组的 G_1 代转基因系(G_1 transgenic strain, TS1)家蚕 TS1-RgG；随后通过热激诱导

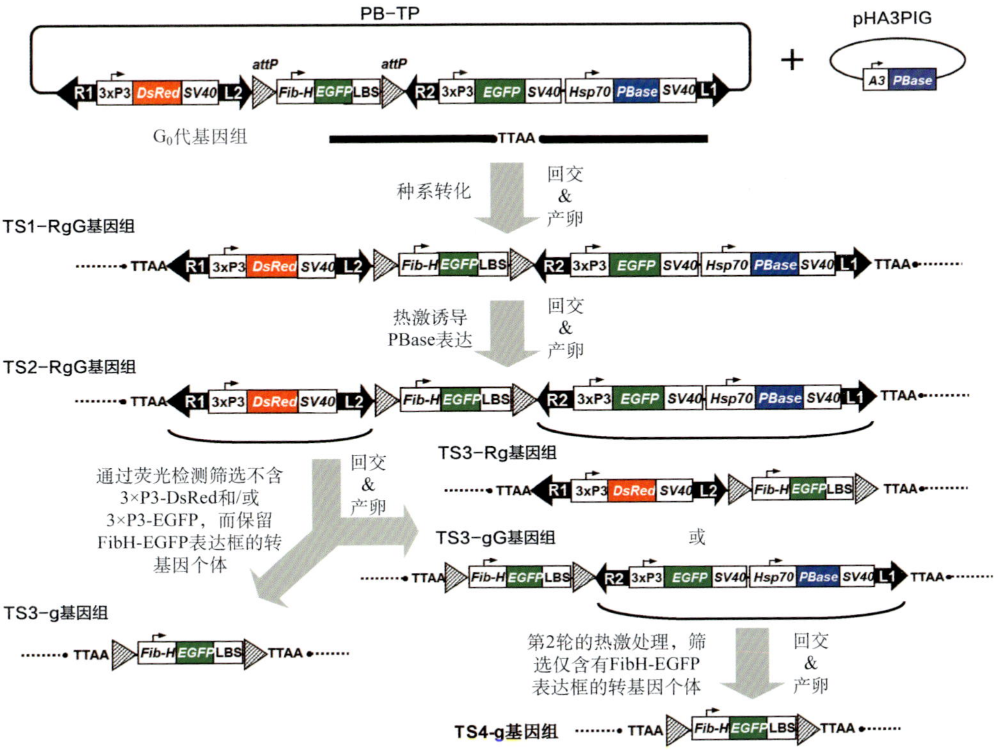

图 10-4　利用复合型 *piggyBac* 转座载体建立高效、稳定和可置换型转基因家蚕的策略(Long et al., 2015)

L1、R1、L2 和 R2 分别表示 4 个 *piggyBac* 转座子臂；G_1 代 TS 命名为 TS1，其后代依次命名为 TS2、TS3……；含有不同荧光表型的 TSn 家蚕，根据其荧光表型的不同，如 3×P3-DsRed(R)、FibH-EGFP(g)或 3×P3-EGFP(G)，分别缩写为 TSn-R、TSn-g 或 TSn-G(“n”代表世代)，比如来自 G_1 代的转基因家蚕个体同时含有 3 种不同的荧光表型，则记为“TS1-RgG”

piggyBac 转座酶(PBase)在胚胎或幼虫发育阶段的杂合 TS2-RgG 家蚕体内表达,从而使得位于 TS2-RgG 家蚕生殖细胞基因组转基因结构两侧的转座子(R1-L2 和 R2-L1)发生再转座,进而导致单侧的转座子(R2-L1 或 R1-L2)或两侧的转座子在 TS3-Rg、TS3-gG 或 TS3-g 家蚕基因组的删除;仅实现 R1-L2 转座子删除的 TS3-gG 家蚕可以按照上述策略进行第 2 轮实验,最终实现所有转座子序列在其生殖细胞基因组中的完全删除,进而在其后代中筛选到仅含有被 2 个同向排列 *attP* 位点锚定目标基因(FibH-EGFP 表达框)的 TS4-g 家蚕。

利用上述策略可实现包括转座子臂和筛选标记基因在内的所有除目标基因以外载体骨架序列的完全消除,从而确保了 *piggyBac* 介导的外源目标基因在家蚕基因组的稳定整合而不发生再转座事件。此外,通过 phiC31-RMCE 反应可实现将由 *Fib-H* 启动子或其他丝腺特异性启动子(如 *Fib-L* 启动子和 *Ser1* 启动子),或者其他类型组织特异性启动子(如脂肪体和中肠组织特异性启动子)调控的不同外源蛋白基因精确地整合进入与 TS3-g2 家蚕所含 FibH-EGFP 表达框相同的基因组位点,从而创制出外源蛋白表达更为优化的家蚕生物反应器(Zhao et al. , 2010)。值得注意的是,Long 等(2015)还描述了 1 种联合复合型 *piggyBac* 转座载体、phiC31-RMCE 系统以及 FLP/*FRT* 系统实现对预先插入家蚕基因组的外源基因进行定点修饰的家蚕安全转基因策略。如图 10－5 所示,该策略首先利用复合型 *piggyBac* 转座载体建立基因组中仅含有被 *attP* 位点锚定目标基因表达框(Target 1)的转基因家蚕系;随后通过 phiC31-RMCE 反应实现携带其他目标基因表达框(Target 2)以及被 *FRT* 位点锚定的筛选标记基因表达框(Marker2)和 FLP 重组酶表达框的外源 DNA 序列,与基因组靶位点稳定整合的 Target 1 发生定点替换;最后通过诱导型启动子调控 FLP 重组酶的表达,实现对 Marker2 以及 FLP 重组酶表达框自身的自动定点删除。

综上所述,Long 等开发的这项实现建立稳定、可置换型家蚕转基因表达系统的策略,在确保实现外源基因稳定整合于家蚕基因组靶位点的同时,还能够有效克服转座子随机整合位置效应及载体骨架序列保留对基因功能分析的影响,可实现对不同外源基因在相同染色体插入位点功能的比较研究。最为关键的是,该策略对真正意义上的安全转基因家蚕的建立具有重要的理论和实践意义。另外,上述策略还具有应用的通用性,适用于其他鳞翅目类转基因昆虫的生物安全防控研究领域。

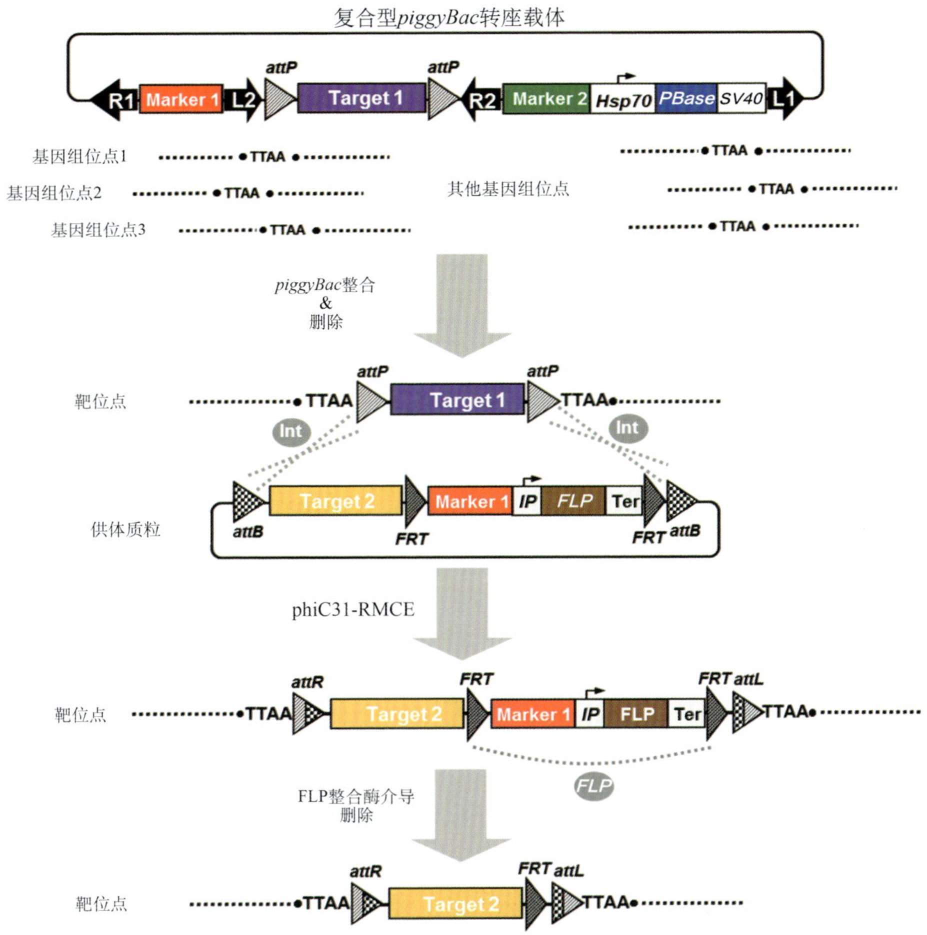

图 10-5　联合复合型 *piggyBac* 转座载体、phiC31-RMCE 系统以及 FLP/*FRT* 系统实现外源目标基因稳定整合、替换以及筛选标记基因删除的家蚕安全转基因策略(Long et al.，2015)

Marker 1 和 Marker 2 分别代表不同的筛选标记基因表达框；Target 1 和 Target 2 分别代表不同的目标基因表达框；*IP* 代表诱导型启动子，Ter 代表终止子

第二节　家蚕安全转基因技术的发展趋势

一、不同位点特异性重组系统的联合应用

FLP/*FRT*、Cre/*lox* 和 phiC31/*att* 系统作为目前应用最为广泛的 3 种位

点特异性重组系统，均已经被证实能够应用于家蚕个体基因组水平的遗传操作，而且不同类型系统介导的位点特异性重组形式（整合或删除）具有偏好性（Long et al.，2012，2013；Duan et al.，2013）。因此，基于位点特异性重组系统的家蚕条件基因打靶技术，往往需要将多种不同类型重组系统进行组合运用，才能通过对基因组的精细操作来实现安全转基因家蚕的创制。如上文所述，Long 等（2015）建立的实现对预先插入家蚕基因组的外源基因进行定点修饰的家蚕安全转基因策略，即结合了 phiC31/*att* 系统更适用于通过 RMCE 反应介导外源目标 DNA 在靶位点的定点整合，以及 FLP/*FRT* 系统更适用于介导目标 DNA 定点删除的特性。

早在 2005 年，基于 FLP/*FRT* 和 Cre/*lox* 系统的 RMCE（FLP-RMCE 和 Cre-RMCE）反应就已经被成功应用于黑腹果蝇的转基因研究（Horn and Handler，2005；Oberstein et al.，2005；Wimmer，2005）。2013 年，Schetelig 和 Handler 在加勒比按实蝇（*Anastrepha suspensa*）中证实了通过 Cre-RMCE 反应实现外源目标基因在基因组靶位点定点整合的可行性。与 phiC31-RMCE 相比，FLP-RMCE 和 Cre-RMCE 的最主要优势在于，其能够实现转基因在单个靶位点的反复插入/删除反应（Horn and Handler，2005；Schetelig and Handler，2013）。Haghighat-Khah 等（2015）联合 phiC31/*att* 和 Cre/*lox*（或 FLP/*FRT*）系统开发了一种整合酶—重组酶介导的盒式交换（integrase-recombinase mediated cassette exchange，iRMCE）策略，并利用该策略分别在埃及伊蚊和小菜蛾中实现了基于 phiC31/*att* 系统介导的外源供体质粒定点整合以及随后的基于 Cre/*lox*（或 FLP/*FRT*）系统介导的载体骨架序列定点删除。由此可见，随着昆虫遗传转化技术的不断进步与发展，在今后的研究中，包括 FLP-RMCE、Cre-RMCE 以及多种不同类型位点特异性重组系统相结合的策略，均具有应用于实现更为精细的家蚕遗传操作，从而克服转基因家蚕所带来的自身及环境安全隐患的潜力，这也是家蚕安全转基因技术发展的一大趋势。

二、基因组靶向编辑技术与位点特异性重组系统的联合应用

基于不同类型人工核酸内切酶（包括 ZFN、TALEN 和 CRISPR/Cas9 系统等）系统的基因组靶向编辑技术，已经成功应用于实现对家蚕内源基因的定

点敲除或介导外源基因在家蚕基因组的定点整合操作(Takasu et al.，2010；Ma et al.，2012；Wang et al.，2013)。显而易见，利用这些基因组靶向编辑技术有望实现介导不含任意非目标序列的外源基因在家蚕基因组的定点整合，从而能够克服外源目标基因随机整合和不稳定整合所带来的转基因家蚕生物安全隐患。此外，这些基因组靶向编辑技术同样具有应用于实现转基因家蚕筛选标记基因删除的潜力，从而能够克服筛选标记基因保留可能增加的转基因逃逸风险。但是，目前报道的家蚕基因组靶向编辑技术仍存在介导外源基因整合效率较低、整合外源片段大小较为有限、定点整合供体质粒同源臂构建较为困难等缺点和局限性。

针对上述基因组靶向编辑技术在单独应用时存在的缺点或局限性，在以后的研究中可首先利用人工核酸内切酶系统将 *FRT*、*lox*P、*attP* 或 *attB* 等整合酶识别位点序列定点整合至家蚕基因组靶位点，随后即可借助 FLP、Cre 或 phiC31 等位点特异性重组酶/整合酶介导大片段外源基因在基因组靶位点的定点整合。可以预见，如果能够将位点特异性重组系统与基因组靶向编辑技术联合应用于建立更为完善的家蚕转基因操作体系，必将有助于克服基因组编辑系统单独应用的缺点和局限性，进而推动家蚕安全转基因研究和转基因家蚕产业化推广研究的发展。

（撰稿：龙定沛　赵爱春）

参考文献

[1] Dai H, Ma L, Wang J, et al. Knockdown of ecdysis-triggering hormone gene with a binary UAS/GAL4 RNA interference system leads to lethal ecdysis deficiency in silkworm [J]. Acta Biochimica et Biophysica Sinica, 2008,40(9): 790 - 795.

[2] Daimon T, Mitsuhiro M, Katsuma S, et al. Recent transposition of *yabusame*, a novel *piggyBac*-like transposable element in the genome of the silkworm, *Bombyx mori* [J]. Genome, 2010,53(8): 585 - 593.

[3] Daimon T, Uchibori M, Nakao H, et al. Knockout silkworms reveal a dispensable role for juvenile hormones in holometabolous life cycle [J].

Proceedings of the National Academy of Sciences of the United States of America, 2015,112(31): 4 226 - 4 235.

[4] Duan J, Xu H, Ma S, et al. Cre-mediated targeted gene activation in the middle silk glands of transgenic silkworms (*Bombyx mori*) [J]. Transgenic Research, 2013,22(3): 607 - 619.

[5] Finnegan DJ. Transposable elements [J]. Current Opinion in Genetics and Development, 1992,2(6): 861 - 867.

[6] Goldsmith MR, Shimada T, Abe H. The genetics and genomics of the silkworm, *Bombyx mori* [J]. Annual Review of Entomology, 2005,50: 71 - 100.

[7] Haghighat-Khah RE, Scaife S, Martins S, et al. Site-specific cassette exchange systems in the *Aedes aegypti* mosquito and the *Plutella xylostella* moth [J]. PloS One, 2015,10(4): e0121097.

[8] Horn C, Handler AM. Site-specific genomic targeting in *Drosophila* [J]. Proceedings of the National Academy of Sciences of the United States of America, 2005,102(35): 12 483 - 12 488.

[9] Horn C, Offen N, Nystedt S, et al. *piggyBac*-based insertional mutagenesis and enhancer detection as a tool for functional insect genomics [J]. Genetics, 2003,163(2): 647 - 661.

[10] Imamura M, Nakahara Y, Kanda T, et al. A transgenic silkworm expressing the immune-inducible cecropin B-GFP reporter gene [J]. Insect Biochemistry and Molecular Biology, 2006,36(5): 429 - 434.

[11] Imamura M, Nakai J, Inoue S, et al. Targeted gene expression using the GAL4/UAS system in the silkworm *Bombyx mori* [J]. Genetics, 2003,165(3): 1 329 - 1 340.

[12] Kômoto N, Tomita S. Development of a clonal analysis system in the silkworm, Bombyx mori, mediated by FLP and FRT [J]. Journal of Sericultural Science of Japan, 2012,81(2): 63 - 67.

[13] Karasaki N, Mon H, Takahashi M, et al. Establishment of tetracycline-inducible gene expression systems in the silkworm, *Bombyx mori* [J]. Biotechnology Letters, 2009,31(4): 495 - 500.

[14] Kojima K, Kuwana Y, Sezutsu H, et al. A new method for the modification of fibroin heavy chain protein in the transgenic silkworm [J]. Bioscience Biotechnology and Biochemistry, 2007,71(12): 2 943 - 2 951.

[15] Li Z, You L, Zeng B, et al. Ectopic expression of ecdysone oxidase impairs tissue degeneration in *Bombyx mori* [J]. Proceedings of the Royal Society of London B, 2015,282(1809): 20 150 513.

[16] Long D, Lu W, Hao Z, et al. Highly efficient and inducible DNA excision in transgenic silkworms using the FLP/*FRT* site-specific recombination system [J]. Transgenic Research, 2016,25(6): 795 - 811.

[17] Long D, Lu W, Zhang Y, et al. An efficient strategy for producing a stable, replaceable, highly efficient transgene expression system in silkworm, *Bombyx mori* [J]. Scientific Reports, 2015,5: 8 802.

[18] Long D, Zhao A, Xu L, et al. *In vivo* site-specific integration of transgene in silkworm via phiC31 integrase-mediated cassette exchange [J]. Insect Biochemistry and Molecular Biology, 2013,43(11): 997 - 1 008.

[19] Long DP, Zhao AC, Chen XJ, et al. FLP recombinase-mediated site-specific recombination in silkworm, *Bombyx mori* [J]. PloS One, 2012, 7(6): e40150.

[20] Ma S, Zhang S, Wang F, et al. Highly efficient and specific genome editing in silkworm using custom TALENs [J]. PloS One, 2012,7(9): e45035.

[21] Ma S, Shi R, Wang X, et al. Genome editing of *BmFib-H* gene provides an empty *Bombyx mori* silk gland for a highly efficient bioreactor [J]. Scientific Reports, 2014,4: 6 867.

[22] Oberstein A, Pare A, Kaplan L, et al. Site-specific transgenesis by Cre-mediated recombination in *Drosophila* [J]. Nature methods, 2005,2(8): 583 - 585.

[23] Schetelig MF, Götschel F, Viktorinová I, et al. Recombination technologies for enhanced transgene stability in bioengineered insects [J]. Genetica, 2011,139(1): 71 - 78.

[24] Schetelig MF, Handler AM. A functional comparison of the *3 × P3* promoter by recombinase-mediated cassette exchange in *Drosophila* and a tephritid fly, *Anastrepha suspensa* [J]. G3 (Bethesda), 2013,3: 687 - 693.

[25] Takasu Y, Kobayashi I, Beumer K, et al. Targeted mutagenesis in the silkworm *Bombyx mori* using zinc finger nuclease mRNA injection [J]. Insect Biochemistry and Molecular Biology, 2010,40(10): 759 - 765.

[26] Tan A, Fu G, Jin L, et al. Transgene-based, female-specific lethality system for genetic sexing of the silkworm, *Bombyx mori* [J]. Proceedings

of the National Academy of Sciences of the United States of America, 2013, 110(17): 6 766 - 6 770.

[27] Tatsuke T, Lee JM, Kusakabe T, et al. Tightly controlled tetracycline-inducible transcription system for explosive gene expression in cultured silkworm cells [J]. Archives of insect biochemistry and physiology, 2013, 82(4): 173 - 182.

[28] Thomas JL, Rocha MD, Besse A, et al. 3×P3-EGFP marker facilitates screening for transgenic silkworm *Bombyx mori* L. from the embryonic stage onwards [J]. Insect Biochemistry and Molecular Biology, 2002, 32 (3): 247 - 253.

[29] Tomita M, Hino R, Ogawa S, et al. A germline transgenic silkworm that secretes recombinant proteins in the sericin layer of cocoon [J]. Transgenic Research, 2007, 16(4): 449 - 465.

[30] Tomita M, Munetsuna H, Sato T, et al. Transgenic silkworms produce recombinant human type III procollagen in cocoons [J]. Nature Biotechnology, 2003, 21(1): 52 - 56.

[31] Uchino K, Sezutsu H, Imamura M, et al. Construction of a *piggyBac*-based enhancer trap system for the analysis of gene function in silkworm *Bombyx mori* [J]. Insect Biochemistry and Molecular Biology, 2008, 38 (12): 1 165 - 1 173.

[32] Uhlířová M, Asahina M, Riddiford LM, et al. Heat-inducible transgenic expression in the silkmoth *Bombyx mori* [J]. Development Genes and Evolution, 2002, 212(3): 145 - 151.

[33] Wang W, Lin C, Lu D, et al. Chromosomal transposition of *piggyBac* in mouse embryonic stem cells [J]. Proceedings of the National Academy of Sciences of the United States of America, 2008, 105(27): 9 290 - 9 295.

[34] Wang Y, Li Z, Xu J, et al. The CRISPR/Cas System mediates efficient genome engineering in *Bombyx mori* [J]. Cell Research, 2013, 23 (12): 1 414 - 1 416.

[35] Wimmer EA. Insect transgenesis by site-specific recombination [J]. Nature Methods, 2005, 2(8): 580 - 582.

[36] Xu HF, Xia QY, Liu C, et al. Identification and characterization of *piggyBac*-like elements in the genome of domesticated silkworm, *Bombyx mori* [J]. Molecular Genetics and Genomics, 2006, 276(1): 31 - 40.

[37] Zhang Z, Aslam AFM, Liu X, et al. Functional analysis of *Bombyx* Wnt1 during embryogenesis using the CRISPR/Cas9 system [J]. Journal of Insect Physiology, 2015,79: 73 - 79.

[38] Zhao A, Zhao T, Zhang Y, et al. New and highly efficient expression systems for expressing selectively foreign protein in the silk glands of transgenic silkworm [J]. Transgenic Research, 2010,19(1): 29 - 44.

[39] 卢宝荣. 我国转基因水稻的环境生物安全评价及其关键问题分析[J]. 农业生物技术学报,2008,16(4): 547 - 554.

[40] 卢宝荣,张文驹,李博. 转基因的逃逸及生态风险[J]. 应用生态学报,2003,14(6): 989 - 994.

[41] 鲁兴萌. 蚕桑高新技术研究与进展[M]. 北京: 中国农业大学出版社,2012.

[42] 张雨丽,张桂征,闭立辉,等. 转绿色荧光蛋白基因家蚕品系的纯化与综合经济性状改良[J]. 蚕业科学,2013(2): 384 - 389.

第十一章

家蚕细胞转基因技术及其应用

早在1925年，美国细胞生物学家威尔逊(E. B. Wilson)就意识到细胞生物学的重要性，并宣称："解决生物学问题的关键最终将在细胞中找出。"回顾过去的几十年里，哺乳动物和各种模式生物细胞系的快速建立和培养为加快细胞生物学研究提供了可靠平台，对生物学的发展起到了巨大的促进作用。

家蚕作为鳞翅目的重要模式昆虫，不仅具有重要的经济价值，而且相关研究也为家蚕细胞生物学、发育生物学、病理学和家蚕工程细胞研究提供了大量的素材。随着家蚕基因组测序的完成，大量的家蚕基因功能有待解析。近年来，越来越多的家蚕细胞系建立起来，如家蚕胚胎细胞系、家蚕卵巢细胞系等；细胞水平过表达和干涉实验技术也已非常成熟，且细胞水平的研究较个体水平更简易、更直观，已成为家蚕功能基因组研究的重要平台。

第一节　家蚕细胞系种类与特征

家蚕细胞系的建立和培养始于20世纪50年代，目前已经建立并应用的细胞系超过30个。这些细胞系大部分来源于胚胎、卵巢、丝腺等组织。表11-1描述了部分已有家蚕细胞系的有关信息，包括建系时间、细胞来源、基本特征等。所有细胞系的培养过程都必须严格遵守无菌操作，包括工作环境及表面的处理、细胞培养所用玻璃器皿及塑料制品的处理、实验者的操作过程以及培养液的无菌处理。

表11-1　已建立的家蚕细胞系

名　称	细胞来源	细胞形态/核型	基本特征	参考文献
BmN4	吐丝期幼虫卵巢	纺锤形	贴壁细胞系，染色体数目异倍化	Grace, 1967

（续表）

名　称	细胞来源	细胞形态/核型	基本特征	参考文献
SES-BoMo-15A	胚胎	圆形	100小染色体，对BmNPV、BmCPV和二化螟虹彩病毒敏感	Inoue et al.，1988
NIAS-Bm-oyanagi2	胚胎	圆形	BmNPV敏感，转染效率高，lhRNA或shRNA干涉	Imanishi et al.，2002
NISES-Anya-0611	柞蚕蛹卵巢	圆形和纺锤形	大量小染色体，BmNPV和AnyaNPV敏感，转染效率高	Imanishi et al.，2003
BmE-SWU1	胚胎	圆形或纺锤形、二倍体	贴壁细胞系，对BmNPV高度敏感，染色体数目异倍化	潘敏慧等，2005
BmE-SWU2	胚胎	短梭形或圆形、较小、二倍体	上皮型贴壁生长细胞系，对BmNPV高度敏感	潘敏慧等，2006
DZNU-Bm-1	幼虫卵巢	圆形、二倍体或三倍体	上皮样贴壁细胞系，BmNPV高度敏感	Khurad et al.，2006
NIAS-Boma-529b	野桑蚕幼虫脂肪体	圆形和纺锤形	对BmNPV敏感而对AcNPV无显著敏感性	Iwanaga et al.，2009
DZNU-Bm-12	幼虫卵巢	圆形、二倍体	贴壁细胞系，BmNPV敏感，转染效率高，可转染dsRNA进行干涉	Khurad et al.，2009
BmN-SWU1	幼虫卵巢	短梭形和圆形、二倍体	贴壁细胞系，BmNPV敏感，转染效率高	Zhang et al.，2014
Bme21	t91(原e21)胚胎	圆形	贴壁细胞系，BmNPV敏感，转染效率很高	Lee et al.，2012
BmSG-SWU1	刚孵化蚕幼虫丝腺	长梭形、二倍体	贴壁细胞系，具有丝腺特异基因，BmCyclinB和B3较丝腺高量表达	Feng et al.，2014
BmN-SWU2	幼虫卵巢	梭形和圆形、二倍体	贴壁细胞系，BmNPV不敏感，转染效率很高	Zhang et al.，2014
BmE-SWU3	胚胎	圆形或纺锤形	贴壁细胞系，BmNPV高敏感，转染效率高	Xu et al.，2015

注：基本特征中BmNPV(*Bombyx mori* Nucleopolyhedrovirus)为家蚕核型多角体病毒；BmCPV(*Bombyx mori* cytoplasmic polyhedrosis virus)为家蚕质型多角体病毒；*Anya*(*Antheraea yamamai*)为天蚕；*Ac*(*Autographa californica*)为苜蓿银纹夜蛾；dsRNA(Double-stranded RNA)为双链RNA；lhRNA/shRNA(long/short hairpin RNA)为长/短发卡结构RNA；BmCyclinB和BmCyclinB3为家蚕2个B型细胞周期蛋白，是细胞G_2期向M期转化的重要调控因子。

从表 11-1 中对家蚕细胞系的统计发现，卵巢细胞系和胚胎细胞系居多(Grace，1967；Inoue，1988；Imanishi et al.，2002、2003；潘敏慧等，2005、2006；Khurad et al.，2006、2009；Pan et al.，2010；Lee et al.，2012；Xu et al.，2015)。此外，还有少数脂肪体、丝腺等组织来源的细胞系(Iwanaga et al.，2009；Feng et al.，2014)。不同细胞系的建立对研究家蚕生命机制的不同方面具有重要作用。几乎所有的细胞系均表现出对 BmNPV(家蚕核型多角体病毒)的高度敏感性，因此这些细胞系可用于杆状病毒表达系统和 BmNPV 病毒复制的机制研究。其中，NIAS-Boma-529b 对 BmNPV 亲缘关系很近的 AcNPV(*Autographa californica* NPV)并不敏感，只是产生细胞病变，表现出细胞表面粗糙、变圆、核扩张和细胞皱缩等现象，暗示该细胞系可以用于阐明两种 NPV 决定宿主范围的机制(Iwanaga et al.，2009)。在 Bme21 细胞系中，NPV 感染细胞后 BmNPV 多角体蛋白驱动表达的荧光蛋白超高量表达，预示着该细胞系可用于病毒驱动的大量外源蛋白的表达(Lee et al.，2012)。而在众多细胞系中，BmN-SWU2 作为 BmN-SWU1 的突变细胞系，表现出对 BmNPV 的高度抗性，因此这两个细胞系成为研究家蚕细胞对 BmNPV 感染抗性机制的极佳材料(Dong et al.，2015a；Zhang et al.，2014a)。另外，所有细胞系都可用于基因过表达和药物处理等实验，还有一些细胞系经过改造可用于 RNAi 实验。这些细胞系的存在为家蚕基因功能的研究提供了简易、有效的平台。

第二节　家蚕细胞转基因技术的建立

一、常用载体

虽然通过原核表达可以表达外源蛋白，但是由于原核细胞中无法进行翻译后的加工修饰，导致得到的蛋白往往无生物活性，而蛋白质功能的研究都需要有活性的蛋白质。家蚕细胞表达体系主要由家蚕细胞和表达载体两部分构成。将体外通过各种途径获得的目的基因重组到合适的真核表达载体上，导入家蚕细胞，从而得到目的蛋白质进行后续研究。目前有很多商业化载体可供选择,可根据需要选择不同的载体、增强子、终止子和启动子来获得外源基因的高效表达。

真核表达载体主要有 3 种类型:质粒载体、整合载体和病毒载体。其中,质粒载体是将启动子、目的基因、终止子和 polyA 信号组装成盒式结构,然后插入质粒载体而获得。利用质粒载体只能在家蚕细胞中瞬时表达外源目的基因。整合载体可以将盒式表达框整合至真核细胞基因组,实现稳定表达外源目的基因。病毒载体则能够在真核细胞中自主复制,同样可实现外源目的基因的稳定表达。

(一) 质粒载体

(1) pIZ/V5-His 和 pIZT/V5-His 是 Invitrogen 公司生产的商业化鳞翅目昆虫表达载体,用于鳞翅目昆虫细胞内进行蛋白的稳定表达,是家蚕细胞最常用的质粒载体(图 11-1)。使用 OpIE2 启动子和 OpIE2 polyA 信号控制多克隆位点插入目的基因的表达,并且含有博来霉素(Zeocin)抗生素筛选标记,V5 和 His 标签能够与目的基因融合表达用于检测。其中,pIZT/V5-His 在博来霉素筛选标记上融合表达 1 个 GFP 蛋白标签。

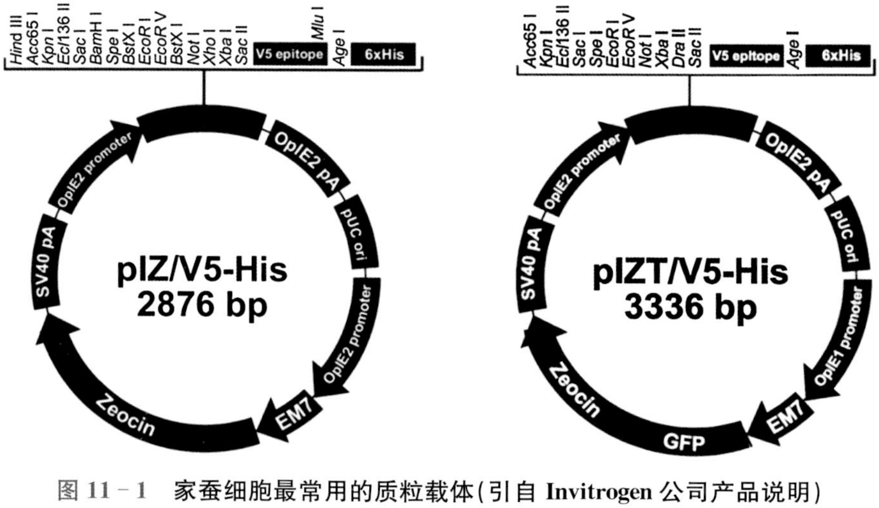

图 11-1 家蚕细胞最常用的质粒载体(引自 Invitrogen 公司产品说明)

(2) pFastBac 系列载体同样是来自 Invitrogen 公司的商业化载体,其中 pFastBac™1 和 pFastBac™HT A 使用杆状病毒多角体启动子和 SV40 polyA

信号控制外源基因的表达(图 11-2)。将片段整合到杆状病毒基因组中时,Tn7L 和 Tn7R 元件是杆状病毒基因组中起始转录的元件。pFastBac™ Dual 可以同时在昆虫细胞中控制两个外源基因的表达,第 1 个盒式表达框由杆状病毒 p10 启动子和 HSV tk polyA 信号控制,第 2 个由杆状病毒多角体启动子和 SV40 polyA 信号控制(Park et al., 2009)。

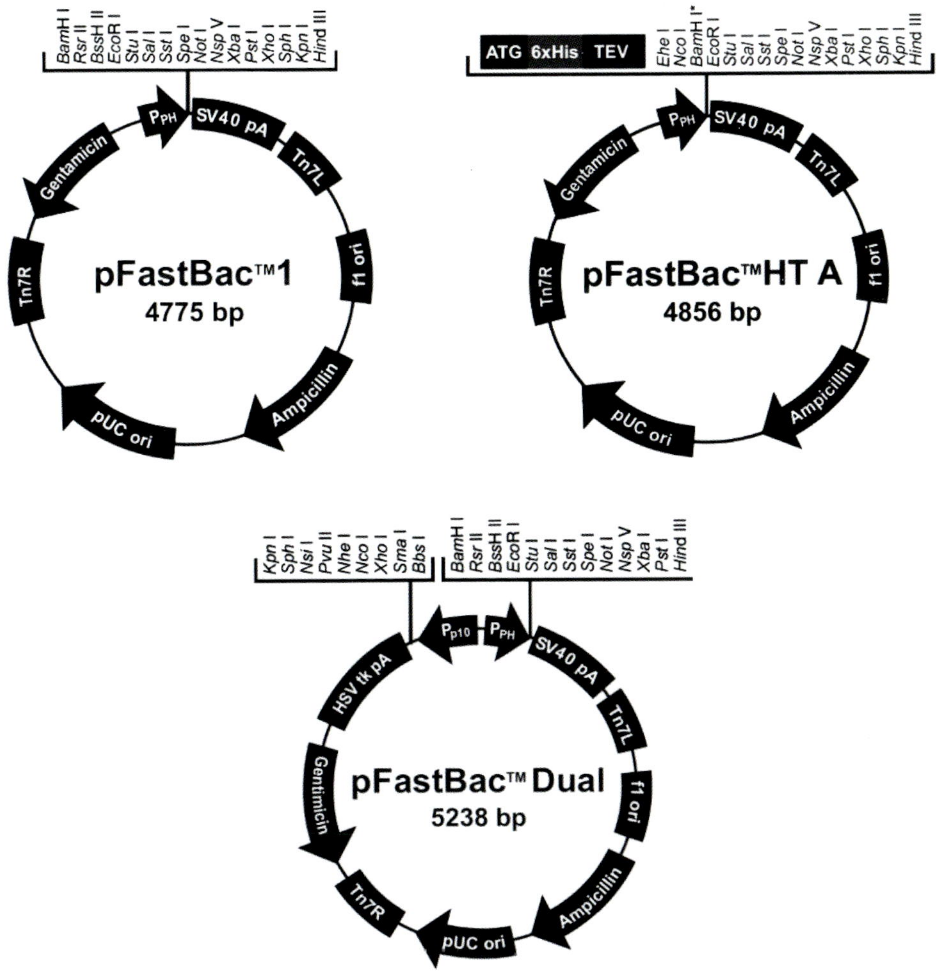

图 11-2 pFastBac 系列载体结构示意图(引自 Invitrogen 公司产品说明)

(3) pMIB/V5-His 载体主要用于鳞翅目细胞内稳定表达分泌型外源蛋白,使用 OpIE2 启动子和 OpIE2 polyA 信号控制多克隆位点插入目的基因的表达,带有氨苄青霉素抗生素筛选标记(图 11 - 3)。其中,蜜蜂蜂毒肽分泌信号(HBM)为外源蛋白融合表达的信号肽,能够引导外源目的蛋白的分泌表达(Gouveia et al. , 2010)。

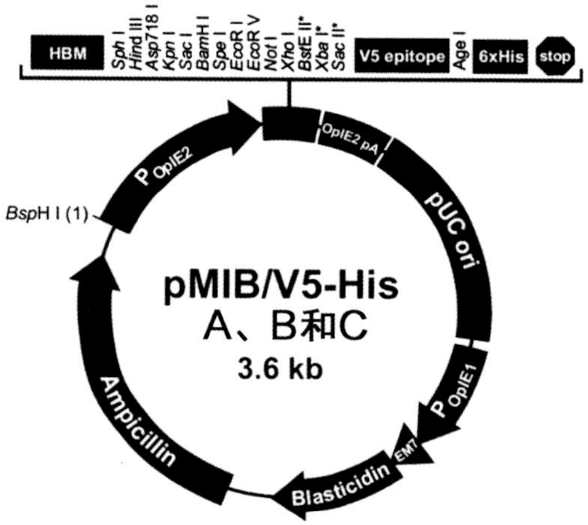

图 11 - 3　pMIB/V5-His A、B 和 C 载体结构示意图(引自 Invitrogen 公司产品说明)

除了上述商业化的质粒载体外,还有许多质粒载体均能用于介导实现外源基因在家蚕细胞内的表达。这些载体一般会选用杆状病毒的启动子,如 *ie1* 等;或家蚕内源组成型基因的强启动子,如 *Actin3* 和 *Actin4* 基因启动子等。此外,研究人员还可以在实际研究过程中,根据研究需要对载体进行改造,替换所需要的调控元件。

(二) 整合载体

PBac[3×P3-EGFPafm]载体是基于 *piggyBac* Ⅱ型转座子系统而来的一个载体,含有转座元件,其中在转座酶的作用下对载体上的转座子进行切割,并且随机整合到细胞基因组上(图 11 - 4)。转座子中间有双表达框,分别是 3×P3-EGFP 筛选标记表达框和插入的目的基因表达框,转座过程中 2 个表达框会一同整合至宿主细胞基因组,从而实现外源基因的稳定表达(Mitra et al. , 2008)。

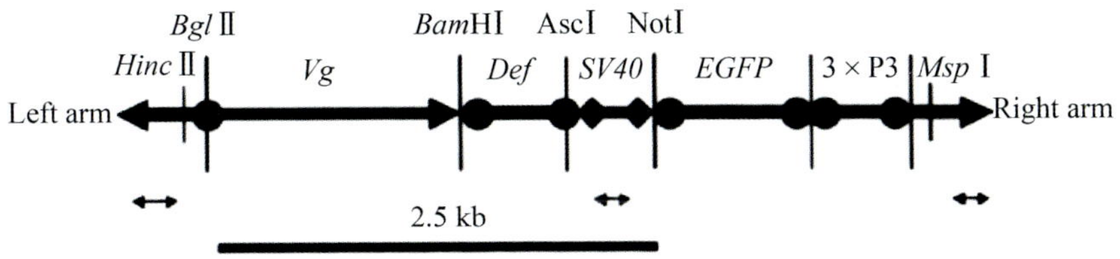

图 11－4　PBac[3×P3-EGFPafm]载体结构示意图(Kokoza et al.，2001)

(三) 病毒载体

如图 11－5 所示，利用 Bac-to-Bac 杆状病毒载体表达系统在家蚕细胞中实现目的基因表达的步骤：首先将外源目的基因克隆至上述 pFastBac 系列载体获得重组供体质粒；随后将重组供体质粒转化感受态 DH10Bac™大肠杆菌细胞，在大肠杆菌中含有的 helper 质粒表达的转座酶作用下，介导携带目的基因的重组杆状病毒质粒经同源重组整合至大肠杆菌杆粒；筛选阳性

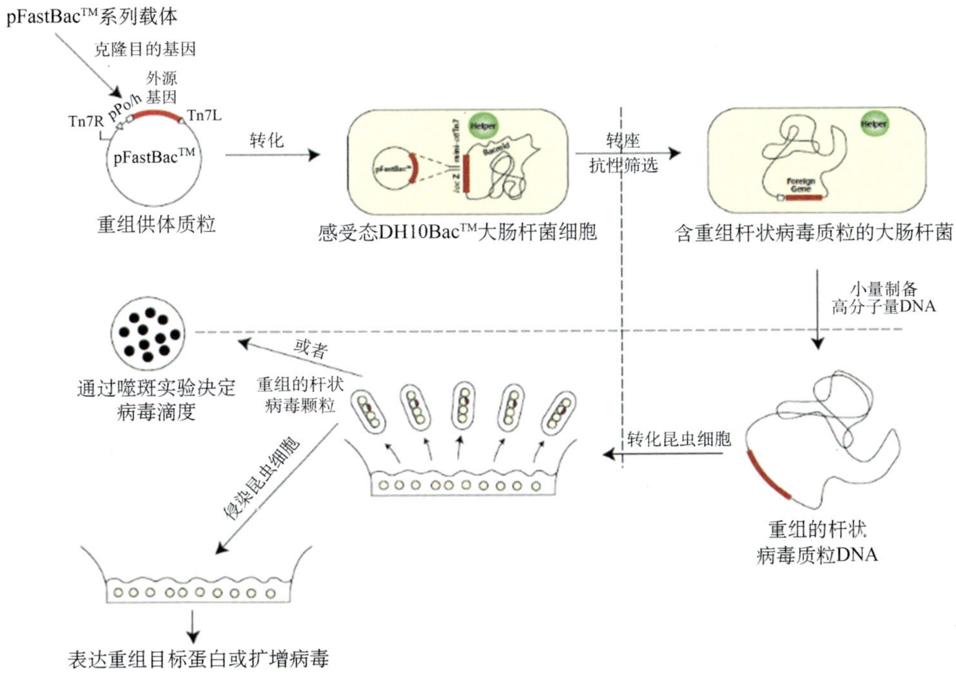

图 11－5　利用 Bac-to-Bac 杆状病毒表达系统产生重组杆状病毒及表达目的基因(引自 Invitrogen 公司产品说明)

克隆，提取重组杆粒并将其转染家蚕细胞，获取完整的重组杆状病毒；反复感染家蚕细胞，扩增病毒，同时获得稳定表达外源目的蛋白的家蚕细胞系。该方法是目前家蚕细胞中大量表达外源蛋白常用的手段（Miao et al.，2006）。

二、家蚕细胞转染方法

在真核细胞的表达研究中，外源分子导入细胞系是一个关键步骤。在研究和控制基因功能、调控基因表达和外源生物蛋白生产等生物学实验中，细胞转染的应用日趋广泛。家蚕细胞转染主要分物理、化学和生物介导三种途径。由于不同家蚕细胞系导入和表达外源蛋白的能力相差极大，因此需要选用适当的细胞转染方法。理想的细胞转染方法应具有转染效率高、细胞毒性小、操作简单、可重复性好等优点，但选择时还要考虑到细胞类型、生长状态和耐受性等。

（一）物理途径

细胞转染中的物理途径主要包括光穿孔、电穿孔、冲击波、超声波、基因枪和显微注射法等。光穿孔、电穿孔、超声波和冲击波法都能使细胞膜通透性增加或者产生小孔，从而能够使外源 DNA 进入细胞。基因枪法又称为微粒子轰击法，使用微小金或钨离子携带 DNA 穿透细胞膜进入细胞。显微注射法是通过毛细管直接将外源质粒注入细胞内部。上述方法都需要专门的操作仪器，其中显微注射法效果明显但对操作技术要求较高，而且也不适合大规模细胞转染。

（二）化学途径

化学途径主要包括磷酸钙共沉淀法、二乙胺乙基(DEAE)葡聚糖法和阳离子脂质体介导法。磷酸钙共沉淀法指将核酸与磷酸钙转染液混合加入到转染细胞，可以介导外源 DNA 整合到细胞基因组中。但是这种方法对细胞选择性较强，转染效率比较低（Wigler et al.，1979）。二乙胺乙基葡聚糖法指带负电的核酸磷酸骨架可以与带正电的二乙胺乙基葡聚糖相互结合形成复合物被细胞内吞而转入(Lopata et al., 1984)。虽然该方法转染效率高,但由于突变性高,只能用于瞬时转染表达,而不能用于转染筛选稳定转基因细胞。阳离子型脂质体是一种含有阳离子型脂类的脂质体,其辅助脂类的类型通常是 DOPE(二油酰磷脂酰乙醇胺)。这种脂质体可以与多聚阴离子性状的 DNA 分子形成复合物并使之带弱正电,然后此复合物与带负电的细胞表面相结合并最终被摄入细胞内。经内吞或膜融合进入细胞的核酸会形成包涵体或者进入溶酶体,其中小部分核酸能从包涵体中释放,从而进入细胞质,再进一步进入核内转录和表达(Behr et al., 1989)。脂质体介导法是目前家蚕细胞转入外源核酸最常用的方法,其转染效率主要由细胞类型、细胞生长密度和 DNA 纯度等决定。脂质体对细胞有一定的毒性,目前非脂质体的纳米聚合物已经研制成功,可替换脂质体用于细胞转染。

(三) 生物途径

生物途径主要指病毒介导感染法。在哺乳动物中,目前应用很成熟的有腺病毒介导法和逆转录病毒介导法。腺病毒(Ad)是一种无包膜的线状双链 DNA 病毒,可以通过受体介导的内吞作用进入细胞内,病毒基因组会转移到细胞核内,但不会整合到宿主细胞基因组,其复制不依赖于细胞分裂。目前被用作病毒载体表达系统,高效表达外源基因。其优点是,转染效率接近 100%,可用于不同类型的细胞,不整合到宿主基因组,安全性高。逆转录病毒载体是具有感染性的病毒,能够将非病毒的外源基因导入细胞体内。然后,载体产生单一拷贝并整合到宿主染色体,从而得到稳定表达外源基因的细胞。逆转录病毒主要应用于不易转染的细胞,进行稳定、高效的单一或多基因转导,如原代细胞、非分裂细胞系和体内细胞等。慢病毒(Lentivirus)是逆转录病毒中的一种,可作为 siRNA/miRNA 干涉的载体。成熟载体经过慢病毒包装后,可以感染细胞系并整合到被感染细胞的基因组,进行长时间稳定表达。在家蚕中,病毒介导法主要是基于 Bac-to-Bac 杆状病毒表达系统建立的 BmNPV 病毒介导法,能够特异性地感染家蚕细胞,用于外源基因的表达(Miao et al., 2006)。

第三节　家蚕转基因细胞的应用

一、家蚕转基因细胞系

转基因细胞系是指通过转基因技术并经过相应改造而用于细胞生物学研究的细胞系。家蚕转基因细胞系可以概括为以下几类。

(1) 几乎所有的细胞系通过普通表达载体(如 PIZ/V5、Pfast 等)过表达目的基因,进而通过载体上的特异抗性标签进行筛选,即可获得稳定过表达目的基因的细胞系。

(2) 通过转座载体(如 *piggyBac*)对目标基因进行转染,并同时加入转座酶 A3H,从而定向将目的基因转座到细胞基因组中,经过复制分裂,目的基因可在后代中持续表达(Zhou et al., 2014; Ye et al., 2015)。

(3) 利用 CRISPR/Cas9 系统构建转基因细胞系,通过将核酸酶 Cas9 蛋白转入家蚕细胞系中,并利用相应的目标基因 sgRNAs 来指导目标基因序列的降解,从而剪切降解掉细胞基因组中的目标基因,形成靶标基因敲除细胞系(Liu et al., 2014; Zhang et al., 2015)。

(4) 少数细胞系经过改造可用于简化干涉实验,提高干涉效率等,如 DZNU-Bm-12、BmN4-SID1 等细胞系可以通过转染甚至直接吸收 dsRNA 而对内源性靶标基因进行有效干涉。DZNU-Bm-12 细胞中的 RNAi 敲除,即通过利用有效的转染试剂,按终浓度 2 μg/mL dsRNA 转染 48 h 即可对目的基因进行有效干涉。目前已有文献报道,在 DZNU-Bm-12 细胞中通过该方法成功干涉 *Met1* 基因,验证了 MET 通过与 EcR 和 USP 相互作用对 20E 诱导的基因表达是必需的(Guo et al., 2012)。BmN4-SID1 是通过转染秀丽隐杆线虫转膜蛋白 SID1(systemic RNA interference defective-1)到细胞中后,筛选稳定细胞系,随后利用 *SID1* 基因在细胞系中的稳定表达可以增加细胞对双链 RNA 吸收效率的原理,加入靶标 dsRNA 孵育即可完成对目的基因的有效干涉(Mon et al., 2012; Xu et al., 2014)。目前已有不少研究报道,利用 BmN4-SID1 细胞系成功完成了对目标基因的干涉实验,并取得可靠的结果。

2013 年，Mon 等利用 BmN4-SID1 对 6 个细胞周期进程相关基因（*CDK1*、*MYC*、*MYB*、*RNRS*、*CDT1* 和 *GEMININ*）进行干涉实验，通过定量和流式细胞分析发现 BmN4-SID1 细胞中的周期相关基因表达量显著下调，细胞周期进程出现相应阻滞现象，证明 BmN4-SID1 细胞在家蚕基因高通量功能缺失分析中具有高效性。Wei 等（2014）利用 BmN4-SID1 细胞沉默 *SoxE* 基因发现 BmN4 细胞增殖活力受抑制。Tatsuke 等（2014）利用 BmN4-SID1 细胞转染 dsRNA 干涉实验，证实了 Piwi 蛋白的转录调控功能需要 HP1a 和 HP1b 介导完成。

二、基因功能研究

（一）基因定位与过表达

导入家蚕细胞的外源基因会分布在其发生作用的位置或在外界的影响下发生定位变化，从而暗示蛋白可能的功能。2012 年，Zhang 等在家蚕细胞水平对家蚕细胞周期因子 *BmGeminin* 等基因的表达进行了定位研究。结果显示，细胞周期蛋白和 DNA 复制相关的蛋白一般会定位于细胞核内，调控细胞增殖复制。随后，Zhang 等（2014b）通过家蚕细胞对 BmNPV 复制关键基因 *lef11* 表达进行了定位，结果证明了 *lef11* 基因的核定位信号功能域，并鉴定了 1 种新的核定位方式。Dong 等借助家蚕细胞的蛋白质组分析，对 BmNPV 受体蛋白的表达进行了定位研究，结果发现跨膜运输相关蛋白通常分布于细胞内膜或外膜，进而介导物质转运（数据待发表）。2014 年，Pan 等利用家蚕细胞，对凋亡相关基因进行了定位研究，证明了在外界条件刺激下发生凋亡的细胞，其细胞色素 C 将从线粒体中被释放，通过免疫荧光和线粒体探针标记的方法可以观察到蛋白的定位发生转移。

外源基因过表达后必然或多或少地影响与该基因相关的细胞生命机制的运转，在此过程中存在大量基因产物的相互调控。2013 年，潘敏慧等通过家蚕细胞转基因解析了家蚕细胞周期蛋白 BmCyclin B 和 BmCyclin B3 调控细胞周期进程的功能，进而填补了家蚕细胞周期蛋白在这一方向研究的空白。2014 年，Pan 等通过家蚕细胞转基因解析了家蚕*Bmbuffy*基因在线粒体凋亡途径中发挥的作用与功能。同年，Dong 等（2014b）通过家蚕细胞转基因证明了 BmNPV 中 ORF79 的相互作用蛋白，同时解析了 ORF79 在 BmNPV 感染家蚕后口服感染因子的调控网络。目前,家蚕细胞转基因在验证蛋白之间的相互作用、鉴定目的基因的转录调控元件、研究家蚕细胞的基本特性等方面应用广泛,并都取得了大量的研究成果(Dong et al., 2014a, 2015b; Wang et al., 2014)。

此外,在家蚕核型多角体病毒浸染机制的研究中,过表达一些重要的抗病毒基因可能会延缓细胞中病毒的进入、复制增殖或组装释放等过程。通过家蚕细胞转抗性关键基因检测病毒各个环节的感染情况即可初步推断该基因在抗病毒机制中发挥作用的分子机制。Dong 等(2014b)通过细胞转基因干涉 BmNPV 复制关键基因 *lef11* 有效地抑制了病毒的增殖复制。随后,Dong 等通过家蚕细胞转基因证明了家蚕 *BmNHR96* 基因在病毒感染中具有受体识别及调控 BmNPV 进入细胞的功能(数据待发表)。

(二) 家蚕细胞 RNAi

因外源 RNA 的导入导致生物体内基因功能特异性关闭的现象称作 RNA 干扰(RNAi)。RNAi 是目前研究家蚕基因功能利用最多和最行之有效的方法,也是在基因功能研究中研究最为透彻的方法之一(Masumoto et al., 2009; Suzuki et al., 2014)。

RNA 干扰的生物学功能主要体现在病毒防御、调节基因表达、抑制转座元件的跳跃及参与异染色质形成等方面。2012 年,Mon 等报道在家蚕 BmN4 细胞中过表达秀丽小杆线虫的 *SID-1* 基因可以触发有效的 RNAi 效果。随后,Mon 等(2013)又发现在家蚕细胞中过表达 *SID-1* 基因可以介导细胞对 dsRNA 的摄取。但是,dsRNA 在家蚕细胞中仍不能介导长时间的基因沉默,为了能长期使小 RNA 在家蚕细胞中转录,Zhang 等(2014c)建立了可诱导的 miRNA 抑制基因表达的方法。目前利用该方法已经能够在家蚕细胞中非常成熟地诱导目标基因的沉默。

随着科学技术的不断发展,RNAi 作为一种非常有效的基因操纵工具已经被广泛应用于动物抗病毒防治。2004 年,Isobe 等首次报道了利用 RNAi 技术提高家蚕对病毒的抗性。2007 年,Kaninakudru 等以 *ie1* 基因为目标基因构建 dsRNA 载体,结果发现转入 dsRNA 的家蚕细胞在感染病毒早期表现出极强的抗病毒效果。2013 年,Roy 等发现使用 shRNA 技术可在家蚕细胞和个体水平增强家蚕对核型多角体病毒的抗性。2014 年，Zhou 等利用 *piggyBac* 表达载体构建了 shRNA 干涉系统，结果使得 BmN 转基因细胞系获得了显著的抵抗 BmNPV 能力。但是利用 shRNA 在家蚕细胞中沉默内源性基因所获得的抗病毒效果尚不太理想（Jiang et al.，2013；Zhou et al.，2014）。Zhang 等（2014c）利用家蚕成熟 miRNA 为骨架，构建干涉 *lef11* 基因载体，在家蚕 BmN-SWU1 细胞中获得了显著的抗病毒效果。该研究为利用 miRNA 在家蚕细胞中沉默内源性基因的研究奠定了基础。

（三）基于 CRISPR/Cas9 系统的基因敲除技术

CRISPR/Cas9 技术是近年来发展非常迅速的基因组编辑技术之一，也是目前编辑效率最高、构建最简单和成本最节约的一种方法。因其操作简单、成本低，大部分细胞生物学实验室均可建立该技术体系。因此，在家蚕细胞系中建立这个技术，在未来的基因组编辑及基因功能研究中将具有重要的应用价值（Daimon et al.，2014）。

2013 年，Wang 等首次在家蚕中成功建立 CRISPR/Cas9 系统。随后，Ma 等（2014）报道，在家蚕细胞中实现定点诱变；Liu 等（2014）报道，在家蚕细胞中同时实现 6 个基因的定点敲除。虽然很多实验室迅速建立了基于 CRISPR/Cas9 系统的家蚕基因定点敲除技术平台，但是利用该系统实现的家蚕内源基因编辑效率普遍较低（Daimon et al.，2014；Liu et al.，2014）。西南大学潘敏慧课题组优化了 CRISPR/Cas9 系统，成功构建了能够在一个载体中同时表达 Cas9 蛋白和 sgRNA 靶蛋白的密码子优化载体，将基因编辑效率提高至 20%～30%，从而很大程度上提高了该系统在家蚕功能研究中的应用（Dong et al.，2016）。

BmNPV 是蚕业生产上最常见且危害最严重的一类病原，对蚕业生产影响巨大。利用当今发展迅速的基因工程技术，从根本上提高家蚕的抗病毒能力，是蚕业领域重要的研究课题。潘敏慧课题组将基于 CRISPR/Cas9 系统的基因组编辑技术应用于家蚕抗病毒领域，利用高效的基因编辑手段敲除病毒复制必需基因来抑制 BmNPV 在家蚕细胞中的增殖（Dong et al.，2016）。另外，针对 CRISPR/Cas9 系统在应用过程中存在的脱靶问题，潘敏慧课题组还尝试建立高效的新型病毒诱导型 CRISPR/Cas9 系统来解决该问题（Dong et al.，2016)。该新型系统利用病毒诱导型高效启动子调控 *Cas9* 基因的表达，在未感染病毒的条件下，启动子不具有活性，*Cas9* 基因表达被抑制，基因组编辑系统活性关闭，因此对靶细胞无任何危害作用；当感染病毒后，启动子快速调控 *Cas9* 基因表达，进而激活基因组编辑系统通过负反馈调节来抑制病毒增殖。

三、高效表达外源蛋白

家蚕细胞具有高效表达外源蛋白的能力。在家蚕细胞中高效表达外源基因主要有两种策略：一是应用家蚕杆状病毒作载体携带外源基因在感染后的家蚕细胞中大量表达目的蛋白；二是通过建立稳定转化的家蚕细胞系来持续表达外源蛋白。

利用携带外源目的基因的重组杆状病毒对家蚕细胞系的高效感染能力，是目前在家蚕细胞中高效表达外源蛋白的主要方法。在家蚕细胞转化研究中，多以 BmNPV 作为携带外源基因的表达载体。BmNPV 的多角体蛋白基因具有强启动子，在感染末期有选择地调控下游目的蛋白表达，表达水平可达到被感染细胞总蛋白质的 20%～30%(张雨青，1994)。BmNPV 编码的多角体蛋白往往只起到包埋病毒粒子的作用，而与病毒粒子的形成无直接关系，因而是介导外源基因进入家蚕细胞的最常用载体(杨瑞丽等，2001)。将编码的多角体蛋白基因的全部或部分用其他外源目的基因取代，就能获得由多角体启动子调控外源基因高效表达的重组家蚕杆状病毒(Gomi et al.，1997)。有研究表明，由家蚕核型多角体重组病毒表达的真核基因产物的折叠和加工方式与天然蛋白相似。到目前为止，已有多种外源蛋白利用家蚕核型多角体病毒在家蚕细胞中获得了高效表达，涉及医用药物蛋白、疫苗生产等领域。在医用药物蛋白方面，目前已用该方法生产出人类 *a* -干扰素(Maeda et al.，1985)、小鼠白细胞介素 3(Miyajima et al.，1987)、重组人丁酰胆碱酯酶(魏婉新，1990)、类胰岛素样生长因子(Marumoto et al.，1987)、人成纤维生长因子(Katsuma et al.，2006)、人粒细胞—巨噬细胞集落刺激因子(Shi et al.，1996)等多种医用外源蛋白。在疫苗生产方面，已有多种人和动物病毒的保护性抗原基因，经家蚕细杆状病毒载体表达系统制造出具有免疫效力的实验室亚单位疫苗，如禽流感病毒疫苗、鸡贫血病毒疫苗、乙型肝炎表面抗原疫苗

(Higashihashi et al., 1991)、口蹄疫亚单位疫苗(Li et al., 2008,2011b)等。

在家蚕细胞系中高效表达外源蛋白的另一种方法是建立稳定转化的家蚕细胞系来持续表达外源基因。目前,有关家蚕稳定转化细胞的报道尚不多见。2007年,周文林等将 *GFP* 克隆至转座子载体 *piggyBac*,构建成转基因载体,随后将该载体转染家蚕 BmN 细胞,经抗生素筛选获得了表达绿色荧光的稳定转化细胞,呈现绿色荧光的细胞数达 80%以上(周文林等,2007)。随后,赵越等(2009)也通过类似的方法构建了稳定表达人胰岛素样生长因子(hIGF-I)的家蚕 BmN 转化细胞系。2010年,陈慧梅等将人粒细胞—巨噬细胞集落刺激因子(h*GM-CSF*)表达盒克隆至 pIZT/V5-His 载体,获得了重组转基因载体,家蚕 BmN 细胞转染该载体后,通过博莱霉素(Zeocin)筛选获得了稳定表达 h*GM-CSF* 的稳定转化细胞系,经检测发现 h*GM-CSF* 在转化细胞系中的表达水平约为 2 814.7 pg/10^6 个细胞。利用稳定转化的家蚕细胞表达外源基因,虽然没有 BmNPV 表达系统的表达水平高,但是转化家蚕细胞表达系统具有其自身优势。例如,杆状病毒是一种瞬时表达系统,家蚕细胞会因为病毒感染而死亡,外源基因不能实现连续传代表达;而转化家蚕细胞克服了上述杆状病毒表达系统的缺点,其作为一种永久性的表达系统,形成的稳定转化系细胞可以持续传代培养,并且安全性远高于杆状病毒表达系统(Shi et al., 2007; 陈慧梅等,2010; Li et al., 2011a)。

(撰稿:潘敏慧)

参考文献

[1] Behr JP, Demeneix B, Loeffler JP, et al. Efficient gene-transfer into mammalian primary endocrine-cells with lipopolyamine-coated DNA [J]. Proceedings of the National Academy of Sciences of the United States of America, 1989,86(18): 6 982 - 6 986.

[2] Grace TD. Establishment of a cell line from the silkworm, *Bombyx mori* [J]. Nature, 1967,216(5115): 613.

[3] Daimon T, Kiuchi T, Takasu Y. Recent progress in genome engineering techniques in the silkworm, *Bombyx mori* [J]. Development Growth and

Regeneration, 2013,56(1): 14 - 25.

[4] Dong X L, Liu T H, Wang W, et al. *BmREEPa* is a novel gene that facilitates BmNPV entry into silkworm cells [J]. PloS One, 2015a, 10 (12): e0144575.

[5] Dong Z, Chai C, Dai F, et al. Expression pattern and tissue localization of the class B scavenger receptor BmSCRBQ4 in *Bombyx mori* [J]. Insect Science, 2014a, 22(6): 739 - 747.

[6] Dong ZQ, Chen TT, Zhang J, et al. Establishment of a highly efficient virus-inducible CRISPR/Cas9 system in insect cells [J]. Antiviral Research, 2016,130: 50 - 57.

[7] Dong ZQ, Hu N, Zhang J, et al. Oligomerization of baculovirus LEF-11 is involved in viral DNA replication [J]. PloS One, 2015b, 10 (12): e0144930.

[8] Dong ZQ, Zhang J, Chen XM, et al. *Bombyx mori* nucleopolyhedrovirus ORF79 is a per os infectivity factor associated with the PIF complex [J]. Virus Research, 2014b, 184(5): 62 - 70.

[9] Feng ZY, Pan C, Liu M, et al. Establishment and gene expression characteristics of the silk gland cell line BmSG-SWU1 of *Bombyx mori* (Lepidoptera: *Bombycidae*) [J]. Annals of the Entomological Society of America, 2014,107(5): 1 018 - 1 026.

[10] Gomi S, Zhou C, Yih W, et al. Deletion analysis of four of eighteen late gene expression factor gene homologues of the baculovirus, BMNPV [J]. Virology, 1997,230(1): 35 - 47.

[11] Gouveia R, Kandzia S, Conradt HS, et al. Production and N-glycosylation of recombinant human cell adhesion molecule L1 from insect cells using the stable expression system. Effect of dimethyl sulfoxide [J]. Journal of Biotechnology, 2010,145(2): 130 - 138.

[12] Guo E, He Q, Liu S, et al. MET is required for the maximal action of 20-hydroxyecdysone during *Bombyx metamorphosis* [J]. PloS One, 2012,7 (12): e53256.

[13] Higashihashi N, Arai Y, Enjo T, et al. High-level expression and characterization of hepatitis B virus surface antigen in silkworm using a baculovirus vector [J]. Journal of Virological Methods, 1991, 35 (2): 159 - 167.

[14] Imanishi S, Akiduki G, Haga A. Novel insect primary culture method by using newly developed media and extra-cellular matrix [J]. Proceeding of the Congress on *in Vitro* Biology, 2002: 16A.

[15] Imanishi S, Inoue H, Kawarabata T, et al. Establishment and characterization of a continuous cell line from pupal ovaries of Japanese oak silkworm *Antheraea yamamai* Guerin-Meneville [J]. Vitro Cellular and Developmental Biology Animal, 2003,39(1-2): 1-3.

[16] Inoue H, Mitsuhashi J. Characterization of a new continuous cell-line from silkworm (*Bombyx mori*) embryos [J]. Applied Entomology and Zoology, 1988,23: 8-14.

[17] Isobe R, Kojima K, Matsuyama T, et al. Use of RNAi technology to confer enhanced resistance to BmNPV on transgenic silkworms [J]. Archives of Virology, 2004,149(10): 1 931-1 940.

[18] Iwanaga M, Arai R, Shibano Y, et al. Establishment and characterization of the Bombyx mandarina cell line [J]. Journal of Invertebrate Pathology, 2009,101(2): 124-129.

[19] Jiang L, Zhao P, Wang G, et al. Comparison of factors that may affect the inhibitory efficacy of transgenic RNAi targeting of baculoviral genes in silkworm, *Bombyx mori* [J]. Antiviral Research, 2013, 97(3): 255-263.

[20] Kanginakudru S, Royer C, Edupalli SV, et al. Targeting *ie-1* gene by RNAi induces baculoviral resistance in lepidopteran cell lines and in transgenic silkworms [J]. Insect Molecular Biology, 2007, 16(5): 635-644.

[21] Katsuma S, Daimon T, Horie S, et al. N-linked glycans of *Bombyx mori* nucleopolyhedrovirus fibroblast growth factor are crucial for its secretion [J]. Biochemical and Biophysical Research Communications, 2006,350(4): 1 069-1 075.

[22] Khurad AM, Kanginakudru S, Qureshi SO, et al. A new *Bombyx mori* larval ovarian cell line highly susceptible to nucleopolyhedrovirus [J]. Journal of Invertebrate Pathology, 2006,92(2): 59-65.

[23] Khurad AM, Zhang MJ, Deshmukh CG, et al. A new continuous cell line from larval ovaries of silkworm, *Bombyx mori* [J]. In Vitro Cellular and Developmental Biology-Animal, 2009,45(8): 414-419.

[24] Kokoza V, Ahmed A, Wimmer EA, et al. Efficient transformation of the yellow fever mosquito *Aedes aegypti* using the *piggyBac* transposable element vector pBac[3 × P3-EGFP afm] [J]. Insect Biochemistry and Molecular Biology, 2001,31(12): 1 137 - 1 143.

[25] Lee JM, Kawakami N, Mon H, et al. Establishment of a *Bombyx mori* nucleopolyhedrovirus (BmNPV) hyper-sensitive cell line from the silkworm e21 strain [J]. Biotechnology Letters, 2012,34(10): 1 773 - 1 779.

[26] Li Y, Cao G, Wang Y, et al. Expression of the hIGF-I gene driven by the Fhx/P25 promoter in the silk glands of germline silkworm and transformed BmN cells [J]. Biotechnology Letters, 2011a, 33(3): 489 - 494.

[27] Li Z, Yi Y, Yin X, et al. Expression of foot-and-mouth disease virus capsid proteins in silkworm-baculovirus expression system and its utilization as a subunit vaccine [J]. PloS One, 2008,3(5): e2273.

[28] Li Z, Yin X, Yi Y, et al. FMD subunit vaccine produced using a silkworm-baculovirus expression system: protective efficacy against two type Asia1 isolates in cattle [J]. Veterinary Microbiology, 2011,149(1 - 2): 99 - 103.

[29] Liu Y, Ma S, Wang X, et al. Highly efficient multiplex targeted mutagenesis and genomic structure variation in *Bombyx mori* cells using CRISPR/Cas9 [J]. Insect Biochemistry and Molecular Biology, 2014,49 (1): 35 - 42.

[30] Lopata MA, Cleveland DW, Sollnerwebb B. High-level transient expression of a chloramphenicol acetyl transferase gene by deae-dextran mediated DNA transfection coupled with a dimethylsulfoxide or glycerol shock-treatment [J]. Nucleic Acids Research, 1984,12(14): 5 707 - 5 717.

[31] Ma S, Chang J, Wang X, et al. CRISPR/Cas9 mediated multiplex genome editing and heritable mutagenesis of BmKu70 in *Bombyx mori* [J]. Scientific Reports, 2014,4(4): 528.

[32] Maeda S, Kawai T, Obinata M, et al. Production of human alpha-interferon in silkworm using a baculovirus vector [J]. Nature, 1985,315 (6020): 592 - 594.

[33] Marumoto Y, Sato Y, Fujiwara H, et al. Hyperproduction of polyhedrin-IGF II fusion protein in silkworm larvae infected with recombinant *Bombyx mori* nuclear polyhedrosis virus [J]. Journal of General Virology, 1987,68 (10): 2 599 - 2 606.

[34] Masumoto M, Yaginuma T, Niimi T. Functional analysis of Ultrabithorax in the silkworm, *Bombyx mori*, using RNAi [J]. Development Genes and Evolution, 2009,219(9): 437 - 444.

[35] Miao YG, Zhang YS, Nakagaki K, et al. Expression of spider flagelliform silk protein in *Bombyx mori* cell line by a novel Bac-to-Bac/BmNPV baculovirus expression system [J]. Applied Microbiology and Biotechnology, 2006,71(2): 192 - 199.

[36] Mitra R, Fain-Thornton J, Craig NL. *piggyBac* can bypass DNA synthesis during cut and paste transposition [J]. EMBO Journal, 2008,27(7): 1 097 - 1 109.

[37] Miyajima A, Schreurs J, Otsu K, et al. Use of the silkworm, *Bombyx mori*, and an insect baculovirus vector for high-level expression and secretion of biologically active mouse interleukin-3 [J]. Gene, 1987,58(2 - 3): 273 - 281.

[38] Mon H, Kobayashi I, Ohkubo S, et al. Effective RNA interference in cultured silkworm cells mediated by overexpression of *Caenorhabditis elegans SID-1* [J]. RNA Biology, 2012,9(1): 40 - 46.

[39] Mon H, Li Z, Kobayashi I, et al. Soaking RNAi in *Bombyx mori* BmN4-SID1 cells arrests cell cycle progression [J]. Journal of Insect Science, 2013,13: 115.

[40] Pan C, Hu YF, Yi HS, et al. Role of Bmbuffy in hydroxycamptothecine-induced apoptosis in BmN-SWU1 cells of the silkworm, *Bombyx mori* [J]. Biochemical and Biophysical Research Communications, 2014, 447 (2): 237 - 243.

[41] Pan MH, Cai XJ, Liu M, et al. Establishment and characterization of an ovarian cell line of the silkworm, *Bombyx mori* [J]. Tissue Cell, 2010,42 (1): 42 - 46.

[42] Park EY, Ishikiriyama M, Nishina T, et al. Human IgG1 expression in silkworm larval hemolymph using BmNPV bacmids and its N-linked glycan structure [J]. Journal of Biotechnology, 2009,139(1): 108 - 114.

[43] Roy B. Short hairpin RNA expression for enhancing the resistance of *Bombyx mori* (Bm) to nucleopolyhedrovirus *in vitro* and *in vivo* [J]. African Journal of Biotechnology, 2013,12(49): 6 801 - 6 808.

[44] Shi X, Harrison RL, Hollister JR, et al. Construction and characterization of

new *piggyBac* vectors for constitutive or inducible expression of heterologous gene pairs and the identification of a previously unrecognized activator sequence in *piggyBac* [J]. BMC Biotechnology, 2007,7: 5.

[45] Shi X, Qin J, Zhu J, et al. Expression of biologically active human granulocyte-macrophage colony-stimulating factor in the silkworm (*Bombyx mori*) [J]. Biotechnology and Applied Biochemistry, 1996, 24 (3): 245 - 249.

[46] Suzuki MG, Ito H, Aoki F. Effects of RNAi-mediated knockdown of histone methyltransferases on the sex-specific mRNA expression of Imp in the silkworm *Bombyx mori* [J]. International Journal of Molecular Sciences, 2014,15(4): 6 772 - 6 796.

[47] Tatsuke T, Zhu L, Li Z, et al. Roles of Piwi proteins in transcriptional regulation mediated by HP1s in cultured silkworm cells [J]. PloS One, 2014,9(3): e92313.

[48] Wang W, Huang MH, Dong XL, et al. Combined effect of Cameo2 and CBP on the cellular uptake of lutein in the silkworm, *Bombyx mori* [J]. PloS One, 2014,9(1): e86594.

[49] Wang Y, Li Z, Xu J, et al. The CRISPR/Cas system mediates efficient genome engineering in *Bombyx mori* [J]. Cell Research, 2013,23(12): 1 414- 1 416.

[50] Wei L, Li Z, Cheng D, et al. RNAi silencing of the *SoxE* gene suppresses cell proliferation in silkworm BmN4 cells [J]. Molecular Biology Reports, 2014,41(7): 4 769 - 4 781.

[51] Wigler M, Pellicer A, Silverstein S, et al. DNA-mediated transfer of the adenine phosphoribosyltransferase locus into mammalian-cells [J]. Proceedings of the National Academy of Sciences of the United States of America, 1979,76(3): 1 373 - 1 376.

[52] Xu HF, Yuan L, Wang F, et al. Overexpression of recombinant infectious bursal disease virus (IBDV) capsid protein VP2 in the middle silk gland of transgenic silkworm [J]. Transgenic Research, 2014,23(5): 809 - 816.

[53] Xu M, Tan J, Wang X, et al. Establishment and characterization of a new embryonic cell line from the silkworm, *Bombyx mori* [J]. Invertebrate Survival Journal, 2015,12: 13 - 18.

[54] Ye L, You Z, Qian Q, et al. TAL effectors mediate high-efficiency

transposition of the *piggyBac* transposon in silkworm *Bombyx mori* L [J]. Scientific Reports, 2015,5: 17 172.

[55] Zhang CD, Li FF, Chen XY, et al. DNA replication events during larval silk gland development in the silkworm, *Bombyx mori* [J]. Journal of Insect Physiology, 2012,58(7): 974 – 978.

[56] Zhang J, Chen XM, Zhang CD, et al. Differential susceptibilities to BmNPV infection of two cell lines derived from the same silkworm ovarian tissues [J]. PloS One, 2014a, 9(9): e105986.

[57] Zhang J, Dong ZQ, Zhang CD, et al. Identification of a novel nuclear localization signal of baculovirus late expression factor 11 [J]. Virus Research, 2014b, 184(5): 111 – 119.

[58] Zhang J, He Q, Zhang CD, et al. Inhibition of BmNPV replication in silkworm cells using inducible and regulated artificial microRNA precursors targeting the essential viral gene lef-11 [J]. Antiviral Research, 2014c, 104: 143 – 152.

[59] Zhang Z, Aslam AF, Liu X, et al. Functional analysis of Bombyx Wnt1 during embryogenesis using the CRISPR/Cas9 system [J]. J Insect Physiol, 2015,79: 73 – 79.

[60] Zhou F, Chen RT, Lu Y, et al. *piggyBac* transposon-derived targeting shRNA interference against the *Bombyx mori* nucleopolyhedrovirus (BmNPV) [J]. Molecular Biology Reports, 2014,41(12): 8 247 – 8 254.

[61] 陈慧梅,曹广力,薛仁宇,等. 非转座子载体介导的稳定转化家蚕 BmN 细胞表达人粒细胞-巨噬细胞集落刺激因子[J]. 生物工程学报,2010,26(6): 830 – 836.

[62] 潘敏慧,陈敏,丁裕斌,等. 家蚕胚胎细胞系 BmE-SWU2 的建立及其生物学特性研究[J]. 昆虫学报,2006,49(5): 719 – 725.

[63] 潘敏慧,洪开丽,陈向云,等. BmCyclin B 和 BmCyclin B3 是家蚕细胞周期进程所必需的[J]. 中国科学: 生命科学,2013,3: 240 – 246.

[64] 潘敏慧,肖仕全,洪锡钧,等. 家蚕胚胎细胞系 BmE-SWU1 的建立及其生物学特性[J]. 细胞生物学杂志,2005,27: 708 – 712.

[65] 魏婉新,张翰,秦浚川,等. 家蚕系统表达的重组人丁酰胆碱酯酶的生化性质[J]. 生物化学与分子生物学报,1990,15(5): 791 – 801.

[66] 杨瑞丽,金勇丰,吴玉澄,等. 利用家蚕生物反应器生产有用蛋白的研究[J]. 浙江大学学报,2001,27(2): 173 – 178.

[67] 张雨青. 以核多角体病毒为载体在家蚕中生产外源蛋白[J]. 生物化学与生物物理进展，1994，21(5)：406－410.
[68] 赵越，李曦，曹广力，等. 转基因家蚕丝腺组织和转化家蚕培养细胞表达 hIGF [J]. 中国科学 C 辑：生命科学，2009，39(7)：677－684.
[69] 周文林，王崇龙，刘波，等. *piggyBac* 转座子介导的家蚕细胞转基因研究初探[J]. 蚕业科学，2007，33(1)：30－35.

第十二章

转基因家蚕的安全评价与安全管理

转基因生物安全是国际社会和科技界广泛关注的重要课题。许多研究均集中在植物及食品安全领域。家蚕的相关研究尚处于初始阶段，迄今尚无成型方案报道。本章主要介绍有关转基因生物安全评价与安全管理的理念、制度和实施体系，以供建立家蚕的相关体系参考。

第一节 概 述

一、转基因生物及其安全性

转基因生物又称遗传修饰生物(GMO)，是指通过基因工程技术在基因水平对某些性状进行了遗传改良的生物，包括植物、动物和微生物。由于转基因工程技术能打破生物种间甚至动植物间的界线，实现基因的跨类转移，从而解决用传统工程技术所不能解决的重大问题。因此，自20世纪80年代转基因生物诞生以来，发展迅速，成为当今生物技术领域的核心技术，并带来巨大的经济效益和社会效益。另一方面，由于基因可以在跨物种间实现无障碍转移，外源基因能以超过自然进化千万倍的速度导入受体生物，则可能产生各种非期望效应。这种超自然的进化速度可能带来许多安全风险，包括目前还未认知的潜在风险。这就引发了人们对转基因生物安全性的担忧，再加上某些政治、经济、文化和宗教等综合因素的影响，以及利益取向的差异，导致广泛的、无休止的争论。实际上，转基因生物也同其他新生事物一样，当其对人类带来巨大利益的同时，也会存在某些可能出现风险的因素，从而引起人们的担忧，这是发展中的必然现象。科学家的责任就是必须充分重视和深入研究这些可能出现的风险因素，用科学的方法、科学的管理最大限度化解这些风险因素，确保安全性，促进转基因生物研究和应用的不断发展。

二、转基因生物安全性评价与安全管理

转基因生物安全性评价是对转基因生物及其产品可能存在的安全风险进行科学、精准、系统分析，对各类可能存在的安全风险进行客观、公正、全面评价；研究并提出减少安全风险出现的可能性和降低风险危害的措施。为决策者和管理者科学决策和制定政策法规、管理办法提供科学依据，为研究者和从业者制定和实施相关标准和规程提供科学依据。

转基因生物安全管理是相关管理者和管理部门为确保人类健康和生态环境安全，建立严格的监管体制和行动机制，用体制与机制来防范风险。我国转基因生物安全管理体系包括法规体系、评价体系、检测体系、技术支持体系等，是国际上较为完备的管理体系之一。

第二节　安 全 评 价

一、评价体系

各国对于转基因生物的研究和生产具有严格的管理法规和审批程序，根据这些管理法规和审批程序形成了与之相匹配的转基因生物安全评价法规、制度、要求和申报程序。下面将分别就国外主要国家（或组织联盟）和我国的转基因生物安全评价政策和程序进行阐述。

1. 国际食品法典委员会

国际食品法典委员会（Codex alimentarius commission，CAC）是由联合国粮农组织和世界卫生组织共同建立，以保障消费者的健康和确保食品贸易公平为宗旨的一个制定国际食品标准的政府间组织。随着生物技术的发展，CAC 也相应地制定了有关生物制品的食用安全评价标准（CAC，2011a）。2008 年，CAC 在瑞士的日内瓦召开了第 31 届 CAC 食品大会，对以上食品安全评价标准重新进行了修正（CAC，2011b），文件的附录 II 专门就转基因动物源食品的安全评价进行了规范（CAC，2011c）。

CAC 对转基因食品具有非常严格的评价程序，从文件提交到最后审批通

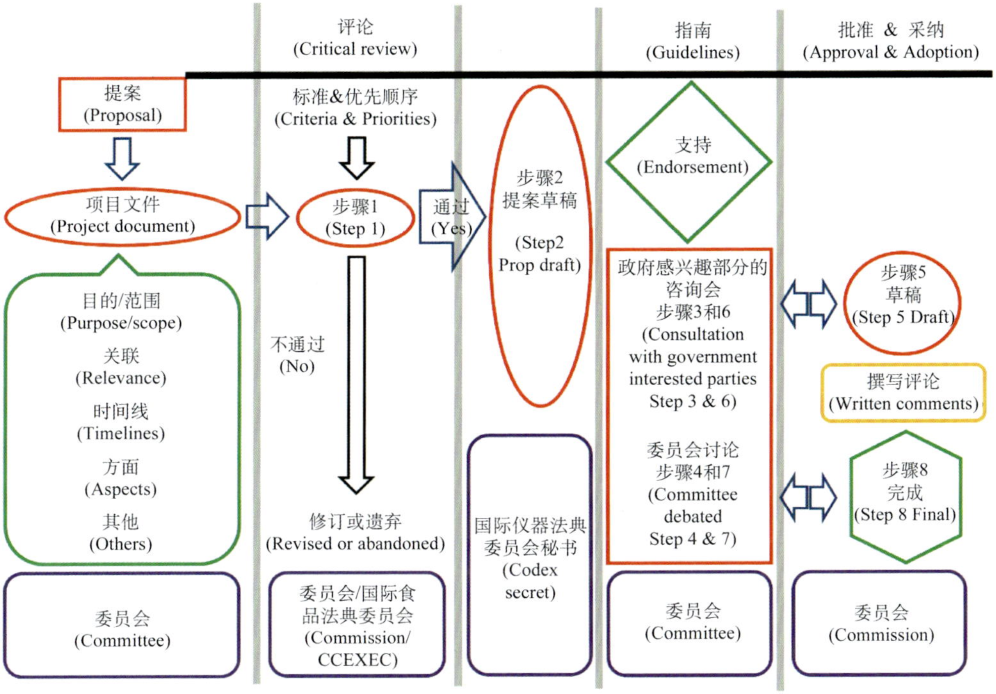

图 12-1　CAC 对转基因食品的评价程序

过要经过 8 个阶段(CAC,2011d)(图 12-1)。

2. 欧盟

欧盟委员会(European commission, EC)委托欧洲食品安全署(European food safety authority, EFSA)就转基因动物对于食品、饲料、环境、动物健康与人类安全等带来的潜在风险进行评价。EFSA 参照国际标准(比如 CAC 标准),发布了一系列有关转基因动物及其产品风险评价的初步指导文件。这些文件包括食品与饲料安全、环境安全、动物健康和人类安全等。欧盟对转基因产品(包括转基因动物产品)的评价程序基本遵循 CAC 的程序。

3. 美国

美国食品和药物管理局(Food and drug administration, FDA)出台并颁发了一系列有关转基因动物生物安全的管理措施和指导文件,其中最重要的是 2009 年 1 月 15 日发布的 187 号终稿文件(CVM,2009),为有关转基因动物生物安全管理的指导性文件。美国的转基因动物及其产品上市前要经历从产品定义到批准等一系列严格的审批程序(Melanie,2008)(图 12-2)。

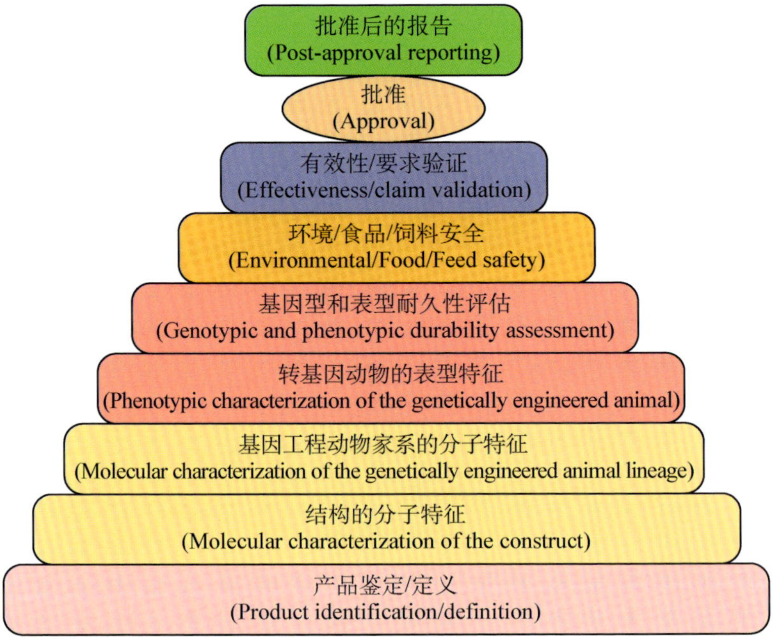

图 12-2　美国 FDA 对转基因动物及其产品的审批程序

4. 日本

日本社会各界非常重视转基因动物的研究与开发，同时也制定了相应的法律文件对其进行规范。参照《卡塔赫拉生物安全议定书》的要求，日本于 2004 年出台了有关转基因生物的法律文件，文件将转基因生物分为 1 型和 2 型两类。1 型转基因生物的环境释放不受管制，2 型转基因生物的环境释放受严格管理。其中，有关转基因动物尤其是转基因家畜的研究受日本科教文体部(Ministry of education, culture, sports, science and technology, MEXT)的联合管制，环境释放受日本农林渔业部(Ministry of agriculture, forest and fisheries, MAFF)管制。MEXT 从实验研究方面对转基因家畜的研究与开发进行严格规范，MAFF 从环境风险方面对转基因家畜的环境释放进行严格管理(Yamanouchi, 2007)。

日本对转基因食品实行的是“垂直监管为主、地方监管为辅”的模式。在此模式下，食品安全委员会、厚生劳动省、农林渔业部分别就各自职责对转基因食品实行垂直管理，地方政府则负责本区域内转基因食品问题的综合协调管理。日本有关转基因动物及其产品的审批程序主要参照欧盟和美国 FDA

的标准，采取比较折中的管理措施。

5. 中国

我国从1979年起出台了一系列有关生物安全的管理办法。其中，2001年5月23日，国务院颁发了《农业转基因生物安全管理条例》。该条例涉及转基因动物、植物和微生物的安全管理。2002年1月5日，农业部发布了第8号令，颁发了《农业转基因生物安全评价管理办法》，自2002年3月20日起施行。该令的附录2为《转基因动物安全评价办法》，专门对转基因动物的生物安全评价进行了规范和指导。该办法明确规定，中国的转基因动物及其产品上市前要经过实验研究、中间试验、环境释放、生产性试验、安全证书等审批程序。

二、评价原则

1. 实质等同性原则

该概念最早是由经济合作与发展组织(Organization for economic co-operation and development, OECD)于1993年在转基因食品安全中提出的，指的是转基因生物及其产品与已有安全历史的传统生物及其产品具有同等安全性。自提出以来，已被很多国家在转基因生物安全评价上广泛采纳(OECD,1993)。此原则意味着转基因生物及其产品与传统生物及其产品相比，除外源基因外，其他指标无显著性差别就可以说具有实质等同性。

转基因动物生物安全评价中，实质等同性要比较的主要内容有以下两点。

(1) 生物学特性：包括各发育时期的生物学特性和生命周期食性、遗传、繁殖方式和繁殖能力；迁移方式和能力；建群能力；形态和健康状况；对人畜的攻击性、毒性等；在自然界中的存活能力；对生态环境影响的可能性。

(2) 营养(化学)成分：包括主要营养因子(脂肪、蛋白质、碳水化合物、矿物质、维生素等)和抗营养因子(影响人对食品中营养物质吸收)等化学成分。

虽然转基因动物与传统动物相比，除了目的基因外，其他指标没有显著差别就是实质等同性，但是1999年Millstone等提出要用最终的转基因产品的化学成分来评价产品的安全性，而不是转基因产品的整个生产过程的安全性，只要转基因产品与市场上的传统产品成分相似，就认为该转基因产品与传统产品一样安全(Millstone et al. 1999)。但就目前的科学技术水平而言，难以通过产品成分准确预测其生化或毒理学影响，因此实质等同性依然被大家广泛采用。

2. 个案分析原则

在转基因生物中，其外源基因的来源、功能等因供体生物及受体生物的不同而发生改变，同时还受到转基因技术、基因的插入位置、拷贝数等的约束。所以，对于转基因生物及其产品而言，必须逐个进行评价。目前世界各国大多数都需要遵守个案分析原则(许建香等，2012)。

3. 预防原则

虽然没有具体的实例及科学证据证明转基因生物及其产品对于人类及环境会产生危害，但从生物安全的角度进行考虑，对转基因生物及其产品具有的潜在安全而言必须实施预防措施。基于最大限度地保护人类健康和生态环境安全，应对转基因生物及其产品进行风险分析，提前防范。

4. 逐步深入原则

就目前我国的法律法规而言，转基因生物的应用需要经过实验研究、中间试验、环境释放、生产性试验和申请安全证书 5 个不同的阶段进行报告或审批。进行下一阶段需要通过上一阶段的申请，这 5 个阶段层层递进，以确保转基因生物及其产品的安全性，保障人类健康和生态环境安全。

5. 科学基础原则

安全性评价要以科学为依据，不能凭空想象。对于转基因生物要用生物学相关知识和实验对其进行鉴定，采取合理的方式方法和手段，以严谨、科学的态度对转基因生物及其产品进行安全性评价。

6. 公正、透明原则

政府在对转基因生物及其产品进行安全评价时要坚持公正、透明的原则，让公众对于在市场上销售的转基因产品放心使用，让民众信服。

三、评价内容和方法

转基因生物及其产品的潜在安全问题主要体现在转基因生物自身安全、对环境安全及人类健康与食品安全等方面。这也是安全评价的主要内容。微生物、植物和动物的生物学特性存在较大差异，各自的转基因安全评价方法也有较大差异。下面以转基因动物为例，详述其安全评价的内容和方法。

1. 生物安全

转基因动物的生物安全主要是针对转基因动物的遗传稳定性和健康状况进行评价，主要考察转基因动物的目的基因及性状的遗传稳定性，并用一般健康指标、生理学指标以及其他适合的指标评价转基因动物的健康情况。

遗传稳定性主要考察转基因动物世代之间目的基因的整合与表达情况：一是目的基因整合的稳定性，可用 Southern 印迹杂交、PCR 等方法检测目的基因在转基因动物中的整合情况，明确目的基因在转基因动物中的拷贝数以及在后代中的分离情况；二是目的基因表达的稳定性，可用 qRT-PCR、Northern 印迹杂交和 Western 印迹杂交等方法分析目的基因在转基因动物不同世代的转录和翻译水平表达的稳定性；三是目标性状表现的稳定性，通过连续多代观察和统计分析转基因动物后代目的性状来评估性状表现的稳定性。

健康状况安全评价方法主要是通过普通动物的一般指标、生理学指标以及其他适合的指标评价转基因动物的健康状况，如行为、生长发育和繁殖能力等。当然，不同动物之间这些评价指标差异较大，对不同的动物还应根据个案分析的原则提交有针对性的试验数据。

2. 环境安全

环境安全评价包括 4 个方面：一是通过与传统动物相比较的方法，评价转基因动物的生存竞争能力和环境适应能力，观察转基因动物的存活能力、运动能力、生长发育和繁殖能力以及对疾病的抵抗能力等；二是通过对目的基因、蛋白和性状存在于周围环境野生和家养动物可能性的连续而大规模监测的方法，评价转基因动物逃逸、外源基因水平转移及木马基因效应，转基因动物在其饲养、散养时与同类交配将外源基因遗传下去而对环境的影响；三是转基因动物功能效率的评价，转基因动物的优势之一为产量高或品质优，对不同的目的基因与性状采用其公认的评价方法与对应的普通动物进行比较评价分析的方法，提供转基因动物生产性能的试验数据；四是对生物多样性的影响，转基因的遗传会影响到生物多样性，在对转基因动物进行安全评价的过程中要加强此方面的安全评价工作，特别是需要释放到大自然环境实现应用的转基因动物。

3. 食品安全

食品安全主要从 6 个方面进行评价：一是转基因动物表达产物的毒理学

评价，如表达产物的资料和毒理学试验等；二是致敏性评价，如外源基因插入产生新蛋白质或改变代谢途径产生新蛋白质的，应对其蛋白质的致敏性进行评价；三是关键成分分析，如转基因动物的肉、乳、蛋等可食部分的主要营养成分，以及可能的有害物质、抗营养因子等的检测数据；四是全食品安全性评价；五是营养学评价，如转基因动物在营养、生理作用等方面有改变，应提供营养学评价资料；六是生产加工对转基因动物安全性影响的评价，应提供与非转基因对照动物相比的、生产加工与贮运过程是否可能改变转基因动物产品特性的资料(连庆等，2012)。

由于食品安全涉及人类健康，转基因动植物的食用安全评价是转基因产品开发中最重要环节。其评价方法要求都很严格，主要是通过不同动物实验的方法进行评价。不同动物实验的综合评价数据主要解决转基因食品在生物整体水平上对人类健康的影响(罗云波，2016)。

第三节 安 全 管 理

一、安全管理的目标、任务和原则

转基因生物安全管理的目标是将转基因生物的风险因素发生后可能造成的对人类健康和生态环境的危害控制到最小。转基因生物安全管理的主要任务是保证人类健康和生态环境安全。为了达到上述目标并有效完成安全管理任务，一般应遵循以下原则。

1. 安全性原则

对转基因生物的管理应将人类健康和生态环境安全放于首位。自转基因生物出现以来，其安全性一直存在争议。虽没有科学证据证明转基因生物及其产品对于人类健康和环境会产生不利影响，但也无确凿的证据表明长期使用转基因产品对人类健康和环境没有任何间接性的影响。对于转基因生物及其产品所带来的潜在安全问题都应引起世界各国尤其是政府部门的高度重视。转基因生物及其产品可以通过国家间的贸易来往、动物的迁徙等方式进行流动，是一个全球性的问题。对于转基因生物及其产品的研究和经营活动，首先要进行安全性审查，全程监测其研究和经营活动，制定相应的法律法规，坚持研究开发与安全防范并重的原则(吴易雄等，2008)。

2. 风险收益原则

转基因生物及其产品的出现是为了更好地为人类服务，对于它们的研究与发展的基本要求是避免给人类造成伤害。转基因生物及其产品在进行大量生产并应用到人类和环境之前，应严格按照国家的相关法律法规进行相应的试验，以确保其安全性。

3. 分配公正原则

一旦转基因生物及其产品在市场活动，要做到公平、公正的分配原则，在确保其安全的前提下，使民众均能从中获得利益。

4. 动物福利原则

对于受体生物和供体生物而言，在获得转基因生物所进行的转基因操作过程中应避免造成不必要的伤害，要兼顾生物本身的健康和福利。对转基因生物的培育、饲喂和饲养条件等方面都要有严格的操作规程。

5. 尊重自主原则

民众有知情权。政府在对转基因生物及其产品进行管理活动时，要尊重不同民众对转基因的不同态度。

6. 参与管理原则

在政府对转基因生物及其产品进行管理的决策讨论活动时，应鼓励和安排有关专家、学者和民众积极参与其中。

二、我国的安全管理体系

1. 法规体系

我国吸取了国际相关组织及世界多数国家的管理经验，为促进我国农业转基因生物技术的研究，保障人体健康和动植物、微生物的安全，保护生态环境，推进我国的科技创新，农业部先后制定并颁布了转基因生物安全管理的各项法规。1993 年 12 月 24 日，原国家科委发布《基因工程安全管理办法》，将基因工程分为 4 个安全等级(Ⅰ、Ⅱ、Ⅲ、Ⅳ级)，分别为对人类健康和生态环境尚不存在、具有低级、具有中度、具有高度危险。此为我国管理生物技术的协调大纲，也是我国对于转基因生物安全管理最早的框架文件。在此基础上，农业部于1996年7月发布了《农业生物基因工程安全管理实施办法》。该办法对我国生物基因工程的安全等级、安全性评价、申报和审批、安全控制措施和法律责任等做了较为详细的描述及规定。1997年，农业部决定每年开展2次全国农业生物基因工程安全性的评价申报与审批，期间结合我国的实际情况，将农业转基因生物研究和生产应用纳入安全管理的范围，对农业生物基因工程实施了更为有效的管理。为了进一步加强和规范管理，2001年5月国务院颁布了《农业转基因生物安全管理条例》(国家安全生产监督管理局，2001)，首次将转基因生物的安全管理上升到行政法规的层次，旨在加强农业转基因生物安全管理。此管理条例将农业转基因生物安全管理从研究试验延伸到生产、加工、经营和进出口各环节。2002年1月5日，农业部根据此管理条例的相关规定，以农业部部长令的形式先后发布了与此管理条例相配套的4个管理办法，即《农业转基因生物安全评价管理办法》(中华人民共和国农业部，2002)、《农业转基因生物进口安全管理办法》(国家安全生产监督管理局，2002a)、《农业转基因生物标识管理办法》(国家安全生产监督管理局，2002b)和《农业转基因生物加工审批办法》(中华人民共和国农业部，2006)。

2002年4月8日，卫生部根据《中华人民共和国食品卫生法》和《农业转基因生物安全管理条例》，制定并公布了《转基因食品卫生管理办法》。该办法于2002年7月1日起开始正式实施，目的是为加强对转基因食品的监督管理，保障消费者的健康权和知情权。该办法将转基因食品作为一类新资源食品，要求其食用安全性和营养质量不得低于对应的原有食品。卫生部建立转基因食品食用安全性和营养质量评价制度，制定并颁布转基因食品食用安全性和营养质量评价制度、生产或者进口转基因食品审批制度和标识制度，评价采用危险性评价、实质等同、个案处理等原则。

上述1个"条例"和4个"办法"构成了我国农业转基因生物安全管理的基本法律框架。这些法律、法规的实施，标志着中国农业转基因生物安全管理进入法制化、规范化的管理轨道并建立了较为完善的法规体系。

2. 评价体系

评价体系主要是根据法规体系中农业部颁布的4个"办法"制定的。《农业转基因生物安全评价管理办法》评价的内容是农业转基因生物对人类、动植物、微生物和生态环境构成的危险或潜在的风险；评价工作分植物、动物和微生物 3 个类别，以个案审查为原则，以科学为依据，实行分级分阶段管理。该办法具体规定了转基因植物、动物和微生物安全性评价的项目、试验方案和各阶段安全性评价的申报要求。《农业转基因生物进口安全管理办法》规定，对于进口的农业转基因生物，按照用于研究和试验、用于生产以及用作加工原料 3 种用途区别实行管理。进口农业转基因生物，若无国务院农业行政主管部门颁发的农业转基因生物安全证书及相关批准文件的，或者与证书、批准文件不符的，应作退货或者销毁处理。《农业转基因生物标识管理办法》规定，不得销售或进口未标识和不按规定标识的农业转基因生物；如有特殊销售范围要求的，还应另加明确标注，并在指定范围内销售；进口的农业转基因生物及其产品不按规定标识的，需重新标识后方可入境。《农业转基因生物加工审批办法》规定了从事农业转基因生物加工的单位和个人应具备的条件、管理制度及申请材料。

为了确保我国转基因生物安全管理法规体系顺利且有效地实施，建立了 6 个管理制度来评价在我国从事转基因生物及其产品研发、生产和加工等行为是否合法和安全。

（1）安全评价制度：凡在中国境内从事农业转基因生物的研究、试验、生产和进口活动，必须按规定进行安全评价。安全评价按照植物、动物和微生物 3 个类别实行分级、分阶段管理，根据安全等级Ⅰ（受体动物对人类、动植物、微生物和生态环境尚不存在危险）、Ⅱ（受体动物对人类、动植物、微生物和生态环境具有低度危险）、Ⅲ（受体动物对人类、动植物、微生物和生态环境具有中度危险）、Ⅳ（受体动物对人类、动植物、微生物和生态环境具有高度危险）的不同，以及按 5 个不同的阶段（试验研究、中间试验、环境释放、生产性试验和申请安全证书）进行报告或审批。总之，该制度适用于所有农业转基因生物的安全性评价，批准后方可开展相应的工作。

（2）生产许可证制度：生产单位和个人在生产转基因植物种子、种畜禽和水产苗种前，只有在安全评价的基础上，取得农业部颁发的生产许可证的前提下，才能够开展相应的农业转基因生物的生产活动。

（3）经营许可证制度：经营单位和个人想要经营已经取得了生物安全证书的转基因植物种子、种畜禽和水产苗种，应当申请并取得农业部颁发的农业转基因生物经营许可证之后，才能够从事相应农业转基因生物的经营活动。

(4) 标识制度：凡在中国境内销售已经列入由农业部同国务院有关部门制定、调整的标识目录的农业转基因生物时，必须实行标识措施，不得进口或销售未标识和不按规定标识的农业转基因生物。标识方法：①转基因动植物（含种子、种畜禽、水产苗种）和微生物，转基因动植物和微生物产品，含有转基因动植物、微生物或者其产品成分的种子、种畜禽、水产苗种、农药、兽药、肥料和添加剂等产品，直接标注"转基因 XX"。②转基因农产品的直接加工品，标注为"转基因 XX 加工品（制成品）"或者"加工原料为转基因 XX"。③用农业转基因生物或用含有农业转基因生物成分的产品加工制成的产品，但最终销售产品中已不再含有或检测不出转基因成分的产品，标注为"本产品为转基因 XX 加工制成，但本产品中已不再含有转基因成分"或者标注为"本产品加工原料中有转基因 XX，但本产品中已不再含有转基因成分"。

(5) 进出口管理制度：对进口农业转基因生物按照 3 种类型（研究试验、用于生产、用作加工原料）实施安全管理，根据不同的类型制定了相应的管理措施，确保进入中国的转基因农产品的环境安全和食用安全。

(6) 加工审批制度：对以具有活性的农业转基因生物为原料生产农业转基因生物产品的单位和个人，应当在取得加工所在地省级人民政府农业行政主管部门颁发的农业转基因生物加工许可证后，才能开展相应的农业转基因生物的加工活动（汪其怀，2006）。

3. 监测体系

为了对在我国从事农业转基因生物的各项活动进行有效监测，已建立了一套行政监管体系来监管。

一是部际联席会议制度。农业部作为负责全国农业转基因生物安全监督管理的牵头部门和主管部门，建立了由农业、科技、卫生、商务、环境保护、检验检疫等部门组成的部际联席会议，负责研究、协调农业转基因生物安全管理工作中的重大问题。

二是农业部成立了农业转基因生物安全管理办公室，负责领导农业转基因生物的安全监管工作。

三是各省、自治区和直辖市农业行政主管部门成立相应的管理机构，负责本行政区域的农业转基因生物安全监管工作。

为应对转基因生物的环境释放和商业化生产涉及的环境污染问题，国家环保总局设立了国家生物安全管理办公室。国家环保总局作为我国环境保护的主管部门，而且我国政府已向联合国环境署和《生物多样性公约》确认国家环保总局作为我国生物安全的国家联络点和主管部门，因而，它在农业转基因生物安全管理方面也履行着一定的职责。

4. 技术支撑体系

为了保证上面这些安全管理体系顺利而准确地实施，我国建立了以下 3 个机构作为技术支撑体系。

(1) 安全评价咨询机构：由从事农业转基因生物研究、生产、加工、检验检疫、卫生、环境保护等方面的专家组成国家农业转基因安全委员会，负责农业转基因生物的安全评价工作，确保农业转基因生物研发的安全。

(2) 安全检测机构：包括 3 类(环境安全、食品安全和产品检验)农业转基因生物安全检测机构，分别负责对农业转基因生物的环境安全检测、食品安全检测和产品检验工作，确保农业转基因生物及其产品的研究与应用安全。

(3) 标准制定机构：逐步完善农业转基因生物安全管理标准体系，通过制(修)订农业转基因生物安全管理标准，实现对农业转基因生物安全评价管理的规范化和科学化。

三、安全管理的理念与问题

世界各国在政治、经济、社会、文化等诸多方面都存在不同，使得各个国家之间在管理理念上会存在差异，具有代表性的是美国和欧盟。

美国持积极态度，管理理念是遵循“可靠科学原则”，即科学是法律管制体制的基石，其基本思想体现于 1986 年美国白宫科技政策办公室颁布的《生物工程产品管理框架性文件》，认为只有可靠的科学证据证明存在风险并可能导致损害时，政府才能采取措施对其进行管制。美国认为，转基因产品和常规产品相比在本质上是没有区别的，监控管理的对象不应该是生物技术本身，而应该是转基因生物及其产品。

欧盟则持严谨态度——“预防原则”，即科学认识具有局限性，其认为以现有的科学知识评估转基因生物产品，所需的完整数据要在多年后才能获得；无论运用多么严格的研究方法，所得结论总会有某些不确定性，而政府不能等到最坏的结果发生后才采取行动。欧盟认为，转基因技术本身具有潜在危险，只要是通过转基因技术得到的转基因生物都要进行安全评价和监控。目前，欧盟是世界上对转基因生物及其产品管理最严格的。

其他国家在管理理念及制定的相关法律法规上均介于美国与欧盟之间。澳大利亚、印度和巴西为转基因作物生产国，考虑到出口问题，其管理理念接近美国。日本和韩国由于土地面积、农业资源匮乏，农产品依赖进口，公众对转基因食品安全问题高度关注，因此对待转基因生物及其产品奉行“不鼓励，不抵制，适当发展”的原则。肯尼亚的管理理念接近欧盟。中国由于人口众多，粮食需求大，在借鉴世界各国制定的相关法律法规的基础上，对待转基因生物及其产品也是比较严谨的，在对待转基因食品的政策上与日本相近，即管理理念处于美国与欧盟之间。

各国通过制定相关法律法规防止食品污染、保障消费者健康权益。在转基因生物及其产品的安全管理上，各个国家都采取行政法规和技术标准结合的方式。管理理念决定政策走向，由于不同国家在政治、经济、文化、宗教等方面的差异及不同国家和地区转基因生物技术发展和产业化程度的不同，使得在对转基因生物及其产品的安全管制上存在很大区别。欧美两大阵营对转基因生物及其产品采取不同的管理理念，使得在管理水平上形成了 3 个相对应的管理模式：一为美国模式，以产品为基础，而不是生物技术本身，实行实质等同性原则，不单独立法，多部门分工协作管理；二为欧盟模式，以过程为基础，实行预防原则，单独立法，统一管理；三为中间模式，兼顾过程和产品，实行实质等同原则和(或)预防原则(李宁等，2010)。

第四节　我国转基因家蚕的安全评价与管理

一、我国转基因家蚕的安全评价与管理现状

随着高效实用的家蚕转基因技术体系的建立与发展，国内外有关家蚕转基因研究日益增多，获得的转基因系统也与日俱增，仅国内已有的转基因系统

就有数百个。我国政府对转基因生物技术采取“科学规划、积极研究、稳步推进、加强管理”的发展方针。可以预见，今后一定会有更多的研究单位和更多的研究者参与，也必将获得更多的成果。因此，相关的研究者和管理者都把建立可以依循的相关安全评价管理体系作为十分紧迫的期求。我国转基因家蚕的安全评价与管理，尚处于依照相关法定程序、参照已有评价内容、开始起步的阶段。到目前为止，仅有“农基安办字 2010—T 317”，“农基安办报告字(2014)第 361 号”和“农基安办报告字(2014)第 362 号”3 个转基因家蚕品系获得了农业部转基因生物中间试验安全评价许可。我们对这种宝贵的起步，期希在探索中不断发展成完善的体系、体制。

栽桑养蚕源于我国，其后遍布欧亚大陆，在 7 000 多年的悠久历史中，没有出现一例对人类健康和生态环境造成不利影响的记录。有史以来，家蚕均是以蚕丝相关用途为主的非食用性经济昆虫。家蚕经数千年驯化，一旦失去人工饲养则毫无生存繁殖和继代能力，是最为安全的一种转基因受体昆虫。根据我国安全评价原则中安全等级的划分，家蚕作为转基因受体动物，“对人类、动植物、微生物和生态环境尚不存在危险，属于安全等级最高的转基因受体生物”，安全等级应为Ⅰ级。然而，家蚕因其用途不同也难一概而论，如现今用作生物材料和生物反应器等研究也有许多转基因产品，均需按个例原则建立相应的安全评价和安全管理体系。

二、我国转基因家蚕实验室研究的安全管理

农业部《农业转基因生物安全评价管理办法》附件Ⅳ中农业转基因生物及其产品安全控制措施中规定，从事农业转基因生物实验和生产的单位，要制定安全控制措施和事故发生后的应急措施。以著者实验室的实际情况体会，首先要有科学家的责任感和科学精神，自觉遵守这些规定，转基因家蚕实验室研究的安全管理应该从转基因家蚕饲养场所的安全管理和转基因家蚕交流扩散的安全管理两个方面开展。同时，实验室研究的安全管理还应在相应研究院所农业转基因生物安全小组的指导下开展工作，并接受地方农业行政主管部门和农业部主管部门的检查和监督。

转基因家蚕的研发和生产均需在专用蚕房内进行，严格避免与常规生产的非转基因家蚕混群而发生转基因扩散。为了防止转基因家蚕饲养阶段的扩

散繁殖，转基因实验蚕房应为专用的室内封闭蚕房。在研究过程中应遵守以下安全管理措施。

1. 转基因家蚕蚕房的安全管理措施

（1）蚕房严格执行门禁制度，严禁与研究无关的人员进入蚕房。

（2）蚕房周围环境安全可靠，配备相关监视和安全装置。如在蚕房内外安装监控装置，蚕房和周围环境有安全隔离带等，可防止转基因家蚕的逃逸以及监控相关人员和其他动物的进入。

（3）蚕房门窗应保持随时关闭状态，特别是人员进出蚕房，应确认里层安全门处于关闭状态后再打开外面，以确保无其他动物进入以及转基因家蚕的逃逸。

2. 转基因家蚕运输流通的安全管理措施

（1）转基因实验蚕种应由专人负责存储在专门的存储设备，做到转基因蚕种流通运输安全可靠并可追溯。

（2）不允许将实验室的蚕、茧、蛹和蛾等活体带出，也不允许将其他的活体生物带入。

（3）实验剩余的蚕、蚕蛾、蚕蛹、蚕种和所产生的蚕沙等必须进行专门的无公害发酵处理，杜绝将转基因家蚕活体及其转基因产品扩散到实验地以外的地方。

（撰稿：赵爱春　郝占章　向仲怀）

参考文献

[1] CAC. Guideline for the conduct of food safety assessment of foods derived from reco-mbinant DNA animals (CAC/GL 68 - 2008) [EB/OL]. [2011c - 11 - 13]. http://www.codexalimentarius.net/download/standards/11023/CXG_068e.pdf.

[2] CAC. Joint FAO/WHO food standards programme/Codex alimentarius commission (31st session, Alinorm 08/31/34) [EB/OL]. [2011b - 11 - 13]. http://www.codexalimentarius.net/download/report/693/al31_34e.pdf.

[3] CAC. Principle for the risk analysis of food derived from modern

biotechnology (CAC/GL 44－2003) [EB/OL]. [2011a－11－13]. http://www.codexalimentarius.net/download/standards/10007/CXG_044e.pdf.

[4] CAC. Report of the 1*st* session of the codex ad hoc intergovernmental task force on a-ntimicrobial resistance(Alinorm 08/31/42) [EB/OL]. [2011d－11－14]. http://www.codexalimentarius.net/download/report/692/al31_42e.pdf.

[5] FDA. Guidance for industry 187: Regulation of genetically engineered animals containing heritable recombinant DNA constructs. Final Guidance. Washington, DC: U.S. Food and Drug Administration (2009).

[6] Melanie M. CVM uses seven-step process to evaluate safety, effectiveness of GE animals [J]. FDA Veterinarian Newsletter, 2008, XXIII(VI).

[7] Millstone E, Brunner E, Mayer S. Beyond 'substantial equivalence' [J]. Nature, 1999,401(6753):525－526.

[8] OECD. Safety evaluation of foods derived by modern biotechnology: concepts and principles [M]. OECD Publishing,1993:1－80.

[9] Yamanouchi K. Regulatory considerations on transgenic livestock in Japan in relation to the Cartagena protocol [J]. Theriogenology, 2007,67(1): 185－187.

[10] 国家安全生产监督管理局.农业转基因生物安全管理条例[J].中国食品卫生杂志,2001,41(5):50－54.

[11] 国家安全生产监督管理局.农业转基因生物标识管理办法[N].中华人民共和国国务院公报,2002b(35):11.

[12] 国家安全生产监督管理局.农业转基因生物进口安全管理办法[J].湖北畜牧兽医,2002a(4):9－10.

[13] 李宁,付仲文,刘培磊,等.全球主要国家转基因生物安全管理政策比对[J].农业科技管理,2010,29(1):1－6.

[14] 连庆,王伟威.我国转基因动物研究进展及安全评价管理[J].江苏农业科学,2012,40(8):287－288.

[15] 罗云波.生物技术食品安全的风险评估与管理[M].北京:科学出版社,2016.10:38－70.

[16] 汪其怀.中国农业转基因生物安全管理回顾与展望[J].世界农业,2006(6):18－20.

[17] 吴易雄,田勇泉.转基因动物研究与发展的管理战略[J].科技与管理,2008,10(3):8－11.

[18] 许建香,李宁.转基因动物生物安全研究与评价[J].生物工程学报,2012,28(3):267-281.
[19] 中华人民共和国农业部.农业转基因生物安全评价管理办法[N].中华人民共和国对外贸易经济合作部文告,2002(35):28-33.
[20] 中华人民共和国农业部.农业转基因生物加工审批办法[N].中华人民共和国农业部公报,2006(2):34-35.

后 记

《家蚕转基因技术及应用》一书历经三年多艰苦努力，终于出版了。这是我20多年蚕学生涯的第一部学术专著，回顾往事，感慨万千。1995年9月，懵懵懂懂的我进入了西南农业大学蚕桑丝绸学院开始了我的蚕桑人生，大三时在家蚕基因库的养蚕实习让我有机会了解家蚕基因库，能近距离地接触各种各样的蚕儿并对蚕（生物）的多样性、经济和文化价值产生了浓厚的兴趣，从而决定继续考研学习。1999年我如愿以偿考上了西南农业大学的硕士研究生，师从鲁成教授开始了家蚕分子生物学相关研究。期间（2001年10月至2002年9月）非常幸运地获得了去日本信州大学纤维学部留学一年交流学习的机会，也恰逢 *piggyBac* 胚胎显微注射的家蚕转基因技术体系建立不久，日本是当时唯一掌握该技术的国家，这样的机会燃起了我开展家蚕转基因研究的渴望。2003年2月获得了到日本信州大学纤维学部中垣雅雄教授研究室攻读博士学位的许可并于3月赴该校攻读博士学位，期间与另两位来自西南农业大学攻读博士学位的赵天福和张袁松老师合作开展了蜘蛛丝合成基因克隆和利用家蚕胚胎显微注射技术制作转基因家蚕的探索。2004年底完成了黄蜂蜘蛛5种丝基因的克隆并成功获得了转基因家蚕。在此基础上，我利用该室的家蚕转基因平台开展了家蚕高效丝腺生物反应器和家蚕转蜘蛛卵囊丝基因的研究并取得了阶段性成果。2006年取得博士学位后回到西南大学工作并于同年底作为向仲怀院士的博士后研究生继续开展家蚕转基因研究。向先生对我博士后的研究工作提出了3项任务：一是建立高效、实用的研究平台；二是建立适于国情的技术体系；三是开展研究培养队伍。经两年多的努力，幸未负先生之望，建立了高效的第三代显微注射操作平台；建立了以实用蚕品种为受体的转基因技术体系；建立了以丝素重链启动子为基础的高效丝腺外源蛋白表达系统；培养了一批掌握显微注射技术的人员；获得了实用型转基因家蚕绿色茧品系，并获农业部批准进入安全评价试验阶段。

根据研究需要，我也同时参与桑树育种室的研究。从 2010 年开始，我的主要工作便放在桑树方面，但同时继续开展了转蜘蛛丝、人类表皮生长因子和羊毛角蛋白等实用性新育种材料的创新、家蚕安全转基因技术体系的建立、以实用蚕品种为受体的转基因技术体系的完善、其他转基因技术的不断提升和维护转基因平台正常运行等工作。2014 年，在向仲怀院士推荐下，我接替他成为国家蚕桑产业技术体系岗位科学家，随之我的研究大部分转移到桑功能基因组研究、多元化桑资源筛选、多元化桑品种培育与推广等基础和应用研究方面。同年 5 月，向仲怀院士对我说："家蚕转基因也到了做阶段性总结的时候了。"这是组织撰写本书的起因。

我们希望通过本书系统总结家蚕转基因平台与技术体系建立阶段的研究成果：一是理清思路，凝练研究方向；二是推动建立开放合作的家蚕转基因平台；三是为全国家蚕转基因研究和应用做一点微薄贡献。这也是编写本书的愿望。

本书出版，首先是向仲怀院士的组织和引领。没有他的策划、敦促和认真修改终稿，本书也不可能得以面世。本书执笔者均是本领域的一线研究者。他们在繁忙的研究工作中及时完成初稿并在其后的编校过程中高度合作，使本书得以顺利完成。

不忘初心，砥砺前行，方得始终。家蚕转基因技术及应用一直是我研究兴趣和坚持之所在，所以本书的出版并不是我们在家蚕转基因相关研究的终点，而是一个新的起点，希望能为推动家蚕转基因开放合作平台的建立和全国家蚕转基因的发展贡献一份绵薄之力。

鉴于我们有限的水平，虽经三年多努力，全书也经过详细的勘校，但难免有遗误和不足之处，敬请同行专家和读者给予批评指正。

赵爱春

于西南大学蚕学宫

2017 年 6 月 1 日